# Wasserstofftechnologien

Reimund Neugebauer
(Hrsg.)

# Wasserstofftechnologien

Springer Vieweg

*Hrsg.*
Reimund Neugebauer
Fraunhofer-Gesellschaft
München, Deutschland

ISBN 978-3-662-64834-6 ISBN 978-3-662-64939-8 (eBook)
https://doi.org/10.1007/978-3-662-64939-8

Die Deutsche Nationalbibliothek verzeichnet diese Publikation in der Deutschen Nationalbibliografie; detaillierte bibliografische Daten sind im Internet über http://dnb.d-nb.de abrufbar.

Springer Vieweg


Springer Vieweg ist ein Imprint der eingetragenen Gesellschaft Springer Fachmedien Wiesbaden GmbH und ist ein Teil von Springer Nature.
Die Anschrift der Gesellschaft ist: Abraham-Lincoln-Str. 46, 65189 Wiesbaden, Germany

# Inhaltsverzeichnis

# Der Stoff, aus dem die Zukunft ist 1

Reimund Neugebauer
Präsident der Fraunhofer-Gesellschaft

## 1.1 Einleitung: Wasserstoff als Teil des Lebens

Wasserstoff ist das häufigste Element im Universum. Da es aus einem Proton und einem Elektron besteht, hat es die geringste Atommasse und wird daher im Periodensystem links oben eingeordnet. Unter Normalverhältnissen kommt es auf der Erde praktisch nur in chemischen Verbindungen vor und als molekularer Wasserstoff, in dem sich zwei Atome zu $H_2$ verbunden haben.

Wasserstoff ist eine essenzielle Voraussetzung für die Entstehung und den Bestand des Lebens, wie wir es kennen. Pflanzen und einige Mikroorganismen spalten Wasser mithilfe der Energie des Sonnenlichts. Von jenen Spaltprodukten wird der Sauerstoff an die Luft abgegeben; den Wasserstoff nutzt die Zelle direkt dazu, aus gebundenem Kohlenstoffdioxid organische Substanzen aufzubauen. Die vereinfachte Gleichung dieser Photosynthese lautet:

$$6\,H_2O + 6\,CO_2 + \text{Lichtenergie} = 6\,O_2 + C_6H_{12}O_6$$

In Worten ausgedrückt: Wasser und Kohlenstoffdioxid werden mithilfe von Lichtenergie in Sauerstoff und Glucose umgewandelt. Die Glucose dient als Ausgangsprodukt für weitere organische Substanzen, die dann zum Aufbau von Zellen oder zur Energiespeicherung verwendet werden. Damit speichert die Photosynthese die Energie aus Sonnenlicht in organischem Material für das irdische Leben – sei es für den photosynthetisch aktiven Organismus selbst oder zum Nutzen aller anderen, die sich von ihnen ernähren.

Leben bedeutet Stoffwechsel und damit auch Energieverbrauch. Pflanzen, Tiere und andere Organismen nutzen die gespeicherte Energie für den Ablauf ihrer Lebensprozesse. Auch der Mensch braucht Energie – nicht nur für den eigenen



R. Neugebauer (Hrsg.), *Wasserstofftechnologien*,
https://doi.org/10.1007/978-3-662-64939-8_1

Stoffwechsel. Wir erschließen immer neue Energiequellen und nutzen sie intensiv. Auf der einen Seite ist dies ein Vorteil angesichts der wachsenden Weltbevölkerung, die ernährt und versorgt werden muss. Auf der anderen Seite geht der steigende Energieverbrauch mit unerwünschten Konsequenzen wie Ressourcenrückgang, Zerstörung von Lebensräumen und klimatischen Auswirkungen einher.

Vor diesem Hintergrund bedarf es der Suche nach verträglichen und nachhaltigen Möglichkeiten, unseren Energiebedarf zu decken. Dafür lohnt es sich, einen genaueren Blick auf die natürlichen Abläufe zu werfen, die bereits seit vielen Millionen Jahren evolutionstechnisch in Richtung Effizienz, dauerhaften Nutzen und nachhaltige Wirkung optimiert worden sind. Bei organischen Brennmaterialien wie Stroh, Holz, Wachs und Tran hielten sich die Nachteile für die Umwelt in Grenzen. Mit wachsender Bevölkerungszahl stieg allerdings der Bedarf nach neuen Energiequellen wie Kohle, Erdöl sowie Erdgas und auch nach Erzen, deren Metalle die weitere Energiebeschaffung beschleunigten.

Heute wissen wir, dass die Nutzung dieser Rohstoffe umsichtig erfolgen muss, um Folgeschäden für Mensch, Klima und Umwelt gering zu halten. Hierbei spielt Wasserstoff eine entscheidende Rolle.

## 1.2 Wissenschaftliche Entdeckung und wirtschaftliche Nutzung

Zu einem der ersten dokumentierten Kontakte von Menschen mit gasförmigem Wasserstoff gehört die Entdeckung eines „brennbaren Gases“ durch den britischen Naturwissenschaftler Henry Cavendish im Jahr 1766. Mit der Auflösung von Eisen in verdünnter Schwefelsäure erzeugte er eine luftförmige, entzündbare Substanz – erkannte aber nicht, dass es sich dabei um ein chemisches Element handelte. Diese Erkenntnis lieferte nach weiteren Versuchen der französische Chemiker und Naturwissenschaftler Antoine Laurent de Lavoisier, der mit seinen quantitativen Analysen im Jahr 1785 auch bewies, dass Wasser aus Wasser- und Sauerstoff besteht. Lavoisier prägte auch den Namen des neu entdeckten Elements: Hydrogenium, direkt übersetzt „Wasserbildner“, im deutschen Sprachgebrauch „Wasserstoff“.

Im Folgenden begann die Grundlagenerforschung der wissenschaftlichen und technischen Bedeutung dieses Elements. Allein die organische Chemie, definiert als Chemie mit Beteiligung des Kohlenstoffatoms, kennt bisher mehr als 40 Millionen Substanzen, die fast alle Wasserstoff enthalten. Viele dieser Verbindungen haben entscheidenden Einfluss auf unsere Gesundheit, etwa in Form von Nahrung, Pflegemitteln und Medikamenten, sowie auf andere Aspekte des täglichen Bedarfs wie Kleidung, Möbel, Farben, Aromen und Gewebe. Auch unsere Energieversorgung für Heizung, Mobilität oder Elektronik benötigt zum Großteil fossile Kohlenwasserstoffe.

Doch diese benötigen wir nicht nur zum täglichen Leben. Jeder uns bekannte Organismus basiert auf Verbindungen mit Kohlenstoff und Wasserstoff und braucht für seinen Stoffwechsel Wasser. Lebensformen ohne Beteiligung von Wasserstoff kennen wir nicht. Säuren und Basen – und damit ein essenzieller Teil der Chemie – funktionieren durch Abgabe bzw. Aufnahme von Wasserstoff-Ionen. Großindustrielle Verfahren mit Beteiligung von Wasserstoff haben viel für die Menschen bewirkt, wie beispielsweise das Haber-Bosch-Verfahren zur Herstellung von Ammoniak aus Wasserstoff und Stickstoff. Indem sie die Fertigung von Düngemitteln wie Harnstoff und Ammoniumnitrat ermöglichte, revolutionierte die großtechnische Herstellung von Ammoniak Anfang des vorigen Jahrhunderts sowohl die angewandte Chemie als auch die Landwirtschaft und bildete die Basis für die Ernährung eines Großteils der heutigen Weltbevölkerung.

## 1.3 Wasserstoff als Energieträger

Erste Versuche mit Wasserstoff zeigten schnell ein weiteres Potenzial des Gases: Durch seine hohe Reaktionsfreudigkeit verbindet sich molekularer Wasserstoff nach Zündung durch Verbrennung und unter Entwicklung von Wärmeenergie mit Sauerstoff zu Wasser. Bei richtigem Mischverhältnis findet die Verbrennung explosiv statt („Knallgas"). Diese Energie auch technisch zu nutzen, erschien von Anfang an interessant, aber schwierig umsetzbar.

Leichter wurde die Herstellung von Wasserstoff im Jahr 1799 nach Entwicklung der ersten brauchbaren und leistungsfähigen Batterie, der Voltaschen Säule, durch den italienischen Physiker Alessandro Volta. Bereits ein Jahr später führten die britischen Forscher William Nicholson und Anthony Carlisle die ersten Elektrolysen von Wasser durch. Der deutsche Physiker Johann Wilhelm Ritter wies nach, dass die dabei entstehenden Gase Wasserstoff und Sauerstoff sind. Auf Basis dieser Ergebnisse entwickelte die Forschung ihre Erkenntnisse über die Elektrochemie, speziell die Elektrolyse, weiter. Unter den klimafreundlichen, weil $CO_2$-neutralen Herstellungsmethoden für Wasserstoff gilt die Wasserelektrolyse heute als besonders ausgereift und vielversprechend.

Energietechnisch interessant ist, dass auch die umgekehrte Reaktion unter bestimmten Bedingungen genutzt werden kann: die direkte Umwandlung der chemischen Energie aus Wasserstoff und Sauerstoff zu elektrischer Energie in einer Brennstoffzelle. Entdeckt und verifiziert wurde dieses Prinzip vom deutsch-schweizerischen Chemiker und Physiker Christian Friedrich Schönbein im Jahr 1838. Es eröffnete die Option, elektrische Energie über die Elektrolyse als Wasserstoff und Sauerstoff zu speichern und später die aufgefangenen Gase zur Herstellung von Strom zu verwenden.

Eine Herausforderung bei der längerfristigen Speicherung von Wasserstoff war anfangs das unkontrollierte Austreten des Gases aus Behältern, bedingt durch die Fähigkeit der Moleküle, aufgrund ihrer geringen Größe Materialien zu durchdringen. Heute kann dies mit speziellen Oberflächenbeschichtungen verhindert werden. Als weitere Herausforderung galt der hohe Druck, unter dem reiner Wasserstoff gelagert werden muss. Für die problemlose Handhabung hat die Fraunhofer-Forschung eine „Powerpaste" entwickelt, in der das Gas absorbiert ist und druckfrei transportiert, umgefüllt und wieder freigesetzt werden kann.

Nicht zuletzt galt es auch, die Umwandlung von Wasserstoff und Sauerstoff zu Wasser auf einfache Weise nutzbar zu machen. Heute sind Brennstoffzellen dazu in der Lage, diese Reaktion bedarfsgerecht zu steuern und sowohl zur Strom- als auch zur Wärmeerzeugung zu nutzen. Darüber hinaus machen das geringe Eigengewicht der Gase und ihre heftige energieextensive Reaktion Sauerstoff und Wasserstoff zu einem idealen Antriebssystem für Raketenmotoren.

## 1.4 Perspektiven der Wasserstofftechnologien

Die enorme Bandbreite der Anwendungsmöglichkeiten hat Visionäre und Forschende bereits vor Jahrzehnten animiert, über eine auf Wasserstoff basierende Energiewirtschaft nachzudenken. Der französische Schriftsteller Jules Verne, der für seine Zeit interessante technologische Visionen entwarf, hielt dieses Element bereits im 19. Jahrhundert für den Energieträger der Zukunft. 1923 entwickelte der britische Wissenschaftler John Burdon Sanderson Haldane die Grundzüge einer Wasserstoffwirtschaft. In den 70er- und 80er-Jahren des 20. Jahrhunderts erfuhr dieses Thema Aufwind unter dem Eindruck von Energiekrisen und immer effizienter werdenden regenerativen Methoden der Energiegewinnung. Dezentral über Photovoltaik, Wind- und Wasserkraft erzeugter Strom konnte in den Folgejahren immer preisgünstiger angeboten werden, sodass die Speicherung als elektrolytisch erzeugter Wasserstoff – und damit die Entstehung der Wasserstoffwirtschaft – eine reale Option wurde. Die Fraunhofer-Forschung beispielsweise realisierte bei Mehrfachsolarzellen einen Rekord-Wirkungsgrad von 46 Prozent, der eine Speicherung überschüssiger Energie u. a. in Form von Wasserstoff attraktiv macht.

Weitere Erfolge bei der Optimierung der entsprechenden Technologien führten auch auf politischer Ebene zu einer Fokussierung auf die Förderung einer nachhaltigen und ökonomischen Wasserstoffwirtschaft: 2020 legte die Bundesregierung in Form der Nationalen Wasserstoffstrategie (NWS) fest, wie Deutschland durch die Nutzung von grünem Wasserstoff in Industrie, Verkehr und Energiesystemen Klimaschutzziele sowie Wettbewerbsfähigkeit erreichen und neue Märkte erschließen kann. Auch die Europäische Union hat im Rahmen des Europäischen Grünen Deals konkrete Ziele für einen effizienten Ausbau der Infrastruktur für die Wasserstoffwirtschaft formuliert.

Wasserstoff spielt eine entscheidende Rolle für die Defossilisierung von Industrieprozessen zur Erreichung der angestrebten Klimaneutralität. Ein globaler, technologieoffener und systemisch gedachter Ansatz über die gesamte Wertschöpfungskette ist eine zentrale Voraussetzung für die Etablierung einer zielgerichteten und nachhaltigen Wasserstoffwirtschaft. Hierzu möchte die Fraunhofer-Gesellschaft einen entscheidenden Beitrag leisten. Die Fraunhofer-Kompetenzen umfassen sowohl die Erforschung von Material und Systemen rund um Wasserstoff, einschließlich deren Produktion, Transport und Anwendung, als auch die Querschnittsthemen Sicherheit und Lebensdauer. Um die Kosten für die Elektrolyse zu reduzieren und damit einen flächendeckenden Einsatz von Wasserstofftechnologien zu ermöglichen, entwickeln die Forscherinnen und Forscher beispielsweise neue Membranmaterialien, verlängern die Lebensdauer der Zellen durch eine Anti-Korrosionsbeschichtung und führen entsprechende Lebensdauertests durch.

Mit Anwendungsnähe und wissenschaftlicher Exzellenz kann die Fraunhofer-Gesellschaft als Innovationstreiber im Wandel wirken und den Transfer von Wasserstofftechnologien in die Industrie über alle Themenfelder hinweg begleiten. Einer sicheren und effizienten, umweltfreundlichen und nachhaltig akzeptierten Energieversorgung kommt in einer technologieorientierten Gesellschaft der Zukunft eine maßgebliche – vielleicht die entscheidende – Rolle zu.

# 2 In der Wasserstoffwirtschaft liegen viele Chancen

Simon Harst • Bernhard Aßmus • Angelika Hackner •
Anja Haslinger
Fraunhofer-Gesellschaft

**Zusammenfassung**

Wasserstoff hat ein einzigartiges Potenzial aufgrund seiner vielseitigen Verwendbarkeit, etwa als Speicher für Strom aus regenerativen Energien oder als synthetischer Grund-, Kraft- und Brennstoff. Daher sind Wasserstofftechnologien ein Schlüssel zur $CO_2$-neutralen Wirtschaft: Sie liefern Lösungen für den weiteren Ausbau einer regenerativen Energieversorgung, für klimaneutrale Industrieprozesse und für nachhaltige Mobilität. Für Deutschland und Europa bedeuten sie eine Chance, industrielle Wertschöpfung zu erhalten und Exportchancen zu sichern.

Fraunhofer verfügt über Wissen und Erfahrung entlang der gesamten Wertschöpfungskette der Wasserstoffwirtschaft: von der Material- und Systementwicklung über die Produktion und das Upscaling der Systeme, die Anwendung in Energiewirtschaft, emissionsintensiven Industrieprozessen und Mobilität bis hin zu den praxisrelevanten Querschnittsthemen Sicherheit, Standardisierung und Lebensdauer.

## 2.1 Wasserstoffnutzung heute und morgen

Wasserstoff ist das kleinste Molekül und das häufigste im Weltall. Auf unserer Erde allerdings kommt es natürlicherweise nur selten und in geringen Mengen vor. Wenn die Menschheit Wasserstoff nutzen möchte, muss sie ihn mit großem technischen und Energieaufwand herstellen. Zur Nutzung in Raffinerien sowie zur Düngemittel- und Methanolherstellung tut sie das bereits seit langem und nutzt dabei meist Erdgas als Ausgangssubstrat [1].


R. Neugebauer (Hrsg.), *Wasserstofftechnologien*,
https://doi.org/10.1007/978-3-662-64939-8_2

Worin aber liegt begründet, dass dem Wasserstoff eine Schlüsselrolle für unser künftiges Leben und Wirtschaften zugestanden wird? Dass Autoren seit Jahrzehnten in wiederkehrenden Wellen von einem bevorstehenden „Wasserstoffzeitalter" schwärmen? Dass Forschung und Technik nach jeder Phase der Ernüchterung erneut Anlauf nehmen, die nötigen Verfahren zur Einsatz- und Marktreife zu bringen? Es sind die vermehrte Sorge um Nachhaltigkeit und das Suchen nach Lösungen, um unsere Gesellschaft klimaneutral zu machen. Sie haben dem Thema zu seiner Renaissance verholfen, denn immer deutlicher wird, dass Wasserstoff dieses Bemühen in vielfältiger Weise unterstützt: Er lässt sich direkt als Brennstoff verwenden oder mit Brennstoffzellen in elektrische Energie umwandeln; in beiden Fällen entstehen keine Abgase, sondern lediglich Wasserdampf. Wasserstoff wäre also ein umweltfreundlicher Energieträger. Voraussetzung dafür ist allerdings, dass er selbst auf klimaneutrale Weise hergestellt wird. Die meisten Szenarien beruhen dabei auf der Elektrolyse von Wasser: Mithilfe elektrischer Energie wird Wasser in Sauerstoff und Wasserstoff zerlegt. Stammt der Strom hierfür aus erneuerbaren Energien, dann ist die Herstellung klimaneutral; man spricht von „grünem Wasserstoff". Zum Gesamtbild einer Wasserstoffwirtschaft gehören überdies weitere Verfahren, die unter dem Schlagwort „Power-2-X" zusammengefasst werden. Dabei werden chemische Substanzen aus Wasserstoff und meist Kohlenstoffdioxid ($CO_2$) synthetisiert, wobei wiederum grüner Strom zum Einsatz kommen soll. Die Produkte können etwa Treibstoffe sein – sogenannte SynFuels – oder Basischemikalien, die als Ausgangsstoffe für die Synthese von Polymeren dienen und somit fossile Rohstoffe ablösen.

Die Fraunhofer-Gesellschaft ist Europas größte Organisation für anwendungsorientierte Forschung und als solche prädestiniert, sich den großen gesellschaftlichen Herausforderungen anzunehmen. So hat sie sich früh den technischen Fragen gestellt, die bei einem nachhaltigen Umbau der Energiesysteme auftauchen, und ihre Kompetenzen und Kapazitäten systematisch erweitert: von Aufbau oder Integration entsprechender Institute – etwa für Solare Energiesysteme ISE, für Umwelt-, Sicherheits- und Energietechnik UMSICHT oder für Windenergiesysteme IWES – bis hin zur Gründung des Verbunds Energietechnologien und Klimaschutz Anfang 2021 als sichtbares und leistungsfähiges Konsortium, das in der Forschung zur Energiewende weltweit in der ersten Liga spielt. Zahlreiche Institute liefern maßgebliche Beiträge zur Energiewende sowie zu ressourcenschonender Produktion oder Mobilität. So verwundert es kaum, dass die $H_2$-Forschung bei Fraunhofer bereits seit Jahrzehnten etabliert ist: 1994 empfahl die Enquete-Kommission des Deutschen Bundestags zum Schutz der Erdatmosphäre den Elektrolysewasserstoff als chemischen Energiespeicher und formulierte weiter: „Besonderes

Augenmerk und zügige Fortentwicklung verdient die Brennstoffzelle" [2]. Da war das erste energieautarke Solarhaus in Deutschland schon zwei Jahre alt, ausgestattet mit Elektrolyse- und Brennstoffzellensystemen des Fraunhofer ISE [3].

Beleuchten wir also im Folgenden kurz die Chancen, die sich durch eine Wasserstoffwirtschaft in den genannten Einsatzfeldern ergeben, sowie die Weichenstellungen, die Anfang der 2020er-Jahre dafür erfolgen müssen.

## 2.2 Wasserstoffmobilität als Problemlöser und Hebel

Wasserstoffbetriebene Fahrzeuge sind oft der erste Gedanke, der den Menschen kommt, wenn von der Anwendung des Wasserstoffs die Rede ist. Ein Treibstoff, der umweltfreundlich erzeugt wird und bei der Nutzung nur Wasserdampf hinterlässt – das erscheint als fast märchenhafte Lösung in einer Zeit, in der uns die Diskussion über den $CO_2$-Fußabdruck unserer wachsenden individuellen Mobilität ständig begleitet. Die wasserstoffbasierte, klimaneutrale Mobilität stellt aber nur eine von vielen Einsatzmöglichkeiten dar. Und es ist noch nicht einmal in erster Linie der künftige Pkw-Verkehr, für den Wasserstoff eine vielversprechende Lösung bedeutet. Denn dort steht er im Wettbewerb mit der batteriebetriebenen Elektromobilität, die für sich in Anspruch nehmen kann, Strom effizienter zu nutzen. Im Stadt- und Kurzstreckenverkehr kann daher die direkte Verwendung elektrischer Energie mit einem batteriebetriebenen Fahrzeug die bessere Alternative sein. Die Nutzung von Wasserstoff als Energieträger im Verkehr ist eine komplementäre Lösung: Er spielt seine Vorteile gegenüber einem direkten Stromantrieb erst dort richtig aus, wo große Lasten zu transportieren oder große Entfernungen zurückzulegen sind. Daher werden sich im Langstrecken- und Schwerlastverkehr oder auf nichtelektrifizierten Bahnstrecken wasserstoffgespeiste Brennstoffzellantriebe mittelfristig durchsetzen: Gewichtsersparnis, kurze Tankzeiten und hohe Reichweiten machen sie in diesen Fällen zur bevorzugten Option.

Chancen liegen dennoch auch und gerade in der Pkw-Mobilität auf Wasserstoffbasis. Zum einen kann sie der traditionell starken deutschen Automobil- und Maschinenbauindustrie einen Weg ermöglichen, ihre weltweit führende Stellung in der Transition auf eine klimaneutrale Wirtschaftsweise zu erhalten. Zum anderen wirkt sie in zweierlei Hinsicht als Türöffner zur Wasserstoffwelt und Beschleuniger der Transformation: Brennstoffzellengetriebene Fahrzeuge wären nämlich ein Massenmarkt. Das bedeutet, dass die zugrundeliegenden Technologien durch Skaleneffekte schneller marktgängige Preise erreichen könnten. Dies würde dem Einsatz auch in anderen Sektoren zugutekommen. Überdies wird Wasserstoff als

Treibstoff schon relativ zeitnah Preisparität mit fossilen Brennstoffen im Autoverkehr erreichen – viel früher, als sein Einsatz etwa in der Industrie wirtschaftlich wird. Die Nachfrage nach vermehrter Wasserstoffproduktion im Verkehr wird wiederum die Innovationszyklen verkürzen und einen wirtschaftlichen Einsatz auch in anderen Szenarien schneller möglich machen.

Das Europäische Konsortium „Fuel Cells and Hydrogen Joint Undertaking" entwickelte 2019 eine ambitionierte Roadmap für die europäische Wasserstoffwirtschaft und kalkulierte, dass dafür bis 2040 u. a. 15 bis 20 Prozent der Pkw und Kleintransporter Brennstoffzellenfahrzeuge sein sollten [4]. Auch die übrige Welt hat die Schlüsselrolle des Verkehrs für die Wasserstoffwirtschaft längst erkannt, und viele Regierungen wollen die Chancen nutzen, die für die heimische Wirtschaft darin liegen. So setzen etwa Japan und Südkorea auf die Exportchancen ihrer nationalen Industrien für Wasserstoffautos und bringen diese mit strategischen Programmen in eine günstige Ausgangsposition. Japan kalkuliert mit bis zu 800.000 Brennstoffzellenfahrzeugen auf den heimischen Straßen bereits im Jahr 2030. Für das globale Marktvolumen sagen japanische Marktforscher bis dahin eine Verdreißigfachung auf über 19 Mrd. US-Dollar voraus, verglichen mit 2018 [5].

Transport und Reisen finden nicht nur über Land statt. Wenn wir Schiff- und Luftfahrt in unsere Betrachtungen einbeziehen, kommt Mobilität endgültig nicht mehr ohne Wasserstoff aus. Ein batteriebetriebenes Schiff mag im Freizeitbereich noch funktionieren, aber Kreuzfahrtschiffe oder Containerfrachter benötigen einen Langstreckenantrieb mit hoher Energiedichte des Treibstoffs. Hier werden vorwiegend aus Wasserstoff synthetisierte Flüssigkraftstoffe zum Einsatz kommen. Auch die Luftfahrtkonzerne planen längst mit dem Einsatz von Wasserstoff und SynFuels, um ihre Flugzeuge klimaneutral zu machen.

Fraunhofer-Institute entwickeln wasserstoffbasierte Antriebssysteme sowie die dafür nötigen Betankungssysteme. In einer großen Initiative und mehreren regionalen Clustern konzipieren sie Produktionstechnologien für die Massenfertigung von Brennstoffzellen und entwickeln die Sensor-, Steuerungs- und Prüftechnik für die Integration ins Gesamtsystem Fahrzeug. Sie forschen für die effiziente und großskalige Produktion von synthetischen Treibstoffen aus Wasserstoff und entwickeln Mobilitätskonzepte für die Schiff- und Luftfahrt mit Wasserstoff und SynFuels. Wieder andere Initiativen kalkulieren auf der Basis neuester technologischer Ergebnisse die Umwelt- und Klimabilanzen verschiedener Antriebe und zeigen die Optionen für die Mobilität der Zukunft auf. Dabei beinhalten Fraunhofer-Technologien stets die Aspekte Sicherheit, Robustheit, Langlebigkeit und Wirtschaftlichkeit.

## 2.3 Eine klimaneutrale Industrie und ein geschlossener Kohlenstoffkreislauf

Ebenso ohne Alternative wird der Einsatz von Wasserstoff für wichtige Sparten der Grundstoffindustrie sein: Natürlich stehen auch deren Unternehmen vor der Herausforderung, die energiebedingten Emissionen ihrer Werke zu reduzieren – gerade, weil viele der Prozesse enorm energieintensiv sind. Aber darüber hinaus entstehen dort große Mengen $CO_2$ durch chemische Umwandlungsprozesse während der Produktion: die „prozessbedingten" Emissionen. Wasserstoff hilft auf vielerlei Weise, solche Prozesse durch klimaneutrale Verfahren zu ersetzen.

Im Fokus der Diskussion steht derzeit besonders die Stahlindustrie. Wenn sie in ihren Hochöfen das Eisenerz zum Rohstahl reduziert, dann setzt sie bislang meist Koks als Reduktionsmittel ein. Der Kohlenstoff wird dabei zu $CO_2$ oxidiert und riesige Mengen des klimawirksamen Gases entweichen. Würde stattdessen die Reduktion des Erzes mit Wasserstoff durchgeführt, entstünde anstelle von $CO_2$ nur Wasserdampf. Rund 80.000 GWh Wasserstoff[1] jährlich wären in der deutschen Stahlindustrie hierfür nötig [6]. Erste Großversuche haben begonnen, damit auch Stahl eines Tages „grün" wird.

In der Übergangszeit, in der die derzeitigen Hochöfen noch stehen, bietet sich ein anderes Verfahren an: Die Hüttengase mit ihrer hohen Konzentration an Kohlenstoffmonoxid (CO) und $CO_2$ können verwendet werden, um daraus in Power-2-X-Verfahren Grundstoffe für die Chemieproduktion zu erzeugen. Aus Kohlenstoffoxiden und grünem Wasserstoff lassen sich Methanol und höhere Alkohole herstellen. Dieses Verfahren verbessert also nicht nur die $CO_2$-Bilanz bei der Stahlherstellung, sondern hilft gleichzeitig der chemischen Industrie: Sie sieht sich mit der Erwartungshaltung konfrontiert, die fossilen Ausgangsstoffe für ihre Produkte zu substituieren. Die gesamte Palette der Kunststoffe und organischen Chemikalien beruht auf dem Element Kohlenstoff. Ausgangsstoffe für die Produktion sind bislang meist Erdgas und Erdöl. Dem Beispiel der Natur folgend, sollen die unzähligen Substanzen künftig schrittweise aus $CO_2$ aufgebaut werden, welches dem globalen Stoffkreislauf entzogen wird. Damit wäre der Kreislauf des Kohlenstoffs geschlossen. $CO_2$ aus der Luft zu binden, ist allerdings äußerst energieintensiv. Die Natur macht es uns in den Pflanzen vor und nutzt dafür Sonnenlicht. Aber pflanzliche, nachwachsende Rohstoffe werden für den Bedarf der Menschheit an

[1] Wasserstoffmengen werden in der Literatur in unterschiedlichen Einheiten angegeben, etwa als Masse, in Norm-Kubikmetern oder nach dem Energiegehalt. Letztere ist die international gebräuchlichste Angabe, die für diesen Text übernommen wurde. Dabei beträgt die Energiedichte von Wasserstoff etwa 33 MWh/t.

organischer Chemie und Polymeren nicht ausreichen, denn die Anbauflächen weltweit sind begrenzt und müssen vorrangig der Nahrungserzeugung dienen. Also benötigt auch die Chemieindustrie künftig grünen Wasserstoff, um gasförmiges $CO_2$ zu binden und in Grundsubstanzen umzusetzen. Durch die erwähnte Zusammenschaltung der Prozesse mit der Stahlherstellung kann an geeigneten Standorten das Power-2-X-Konzept in besonders effizienter Weise realisiert werden, weil in den Hüttengasen $CO_2$ in viel höherer Konzentration vorliegt als in der Atmosphäre. Für einige massenhaft hergestellte Produkte benötigt die chemische Industrie im Übrigen schon heute Wasserstoff: So verbraucht sie allein in Deutschland für die Ammoniak- und Methanolsynthese rund 22.000 GWh Wasserstoff jährlich, die überwiegend aus fossilen Rohstoffen erzeugt werden. Hier grünen Wasserstoff einzusetzen, wäre die Pionieranwendung auf dem Weg zur Klimaneutralität.

Ein weiterer industrieller Prozess, bei dem unweigerlich in großen Mengen $CO_2$ entsteht, ist die Kalkbrennerei für die Zementherstellung. Ihr liegt die Umwandlung von Kalk ($CaCO_3$) zu Branntkalk ($CaO$) zugrunde, wobei $CO_2$ entweicht. Auch hier könnte das konzentrierte $CO_2$ abgefangen und in Power-2-X-Verfahren stofflich genutzt werden. Die Nutzung der prozessbedingten $CO_2$-Emissionen in Power-2-X-Verfahren verbessert also die Klimabilanz der Grundstoffindustrie. Zu diesen Aspekten kommt hinzu, dass Prozesse etwa in der Chemie- oder Glasindustrie sehr hohe Temperaturen erfordern. Grüner Wasserstoff zur Erzeugung von Hochtemperaturwärme würde daher den Einsatz fossiler Energien und die Treibhausgasemissionen in solchen Industriezweigen weiter verringern.

Fraunhofer-Institute treiben die Forschung voran, damit solche Prozesse im großen Maßstab realisierbar und wirtschaftlich werden. Zusammen mit Unternehmen der Stahlindustrie testen sie die direkte Reduktion von Eisenerz mit Wasserstoff. Ebenso bringen sie die Nutzung der hohen Kohlenstoffmonoxid- und Kohlenstoffdioxidkonzentrationen in Hüttengasen oder aus der Zementherstellung für die Produktion von Methanol aus Wasserstoff zur Einsatzreife. Sie passen Power-2-X-Verfahren in Industrieprozesse und -umgebungen ein und kombinieren sie mit weiteren Synthesereaktionen, sodass aus Basischemikalien auch höherwertige Stoffe wie Wachse erzeugt werden können. Auf Basis von speziellen Verfahren der Wasserstoffherstellung wie der Hochtemperaturelektrolyse steigern sie durch die Nutzung der industriellen Abwärme die Gesamtenergieeffizienz noch weiter.

Die 2018 veröffentlichte Langfriststrategie der EU [7] enthält für die europäische Industrie ambitionierte Szenarien zur Minderung der Treibhausgase bis 2050. Ein Szenario, welches eine nahezu $CO_2$-neutrale Industrie darstellt, weist einen Wasserstoffbedarf von etwa 340 TWh aus und unterstreicht somit den potenziell sehr großen Beitrag von Wasserstoff für eine klimaneutrale Industrie.

## 2.4 Sektorkopplung – die nächste Phase der Energiewende

Die Energiewirtschaft selbst stellt die größten Aufgaben auf dem Weg in eine klimaneutrale Industriegesellschaft, denn rund vier Fünftel der $CO_2$-Emissionen Deutschlands haben ihre Ursache in der Bereitstellung von Energie [8].

Die deutschen Wissenschaftsakademien haben die Energiewende in vier Stufen unterteilt [9]. Demnach durchläuft die Transformation des Energiesystems mittlerweile ihre zweite Phase: Im vergangenen Jahrzehnt standen Entwicklung und Effizienz der Energieerzeugung im Vordergrund (v. a. durch Solar- und Windstrom). Nunmehr wird die Systemintegration immer bedeutender. Es folgen dann die Phasen drei und vier mit dem großskaligen Ausbau der Wasserstoffwirtschaft und schließlich der Verdrängung fossiler Brennstoffe aus dem System.

Welche Anforderungen bringt die nunmehr begonnene zweite Phase mit sich? Wenn Prozesse, die ihre Energie bislang aus fossilen Ressourcen bezogen haben, elektrifiziert werden und gleichzeitig immer mehr Strom aus volatilen Quellen stammt, geraten flexible Speicherung und Verteilung von Energie vermehrt in den Fokus. Der erreichte Anteil erneuerbarer Energien am Gesamtsystem erfordert daher eine zunehmende Kopplung aller Sektoren. Mit Wasserelektrolyse und Power-2-X lassen sich der Strommarkt und die Sektoren Wärme und Verkehr sinnvoll zusammenschalten. Diese Kopplung ergibt eine viel größere Flexibilität, als sie allein mit elektrischen Energiespeichern, die zudem auf regionale Gegebenheiten begrenzt (Pumpspeicherwerke) oder in großen Dimensionen unverhältnismäßig teuer wären (Batteriespeicher), möglich wäre. Die Notwendigkeit, auf volatile Energieerzeugung Rücksicht zu nehmen, sowie der Gewinn an Flexibilität durch die reversible Wandlung von elektrischer Energie in Wasserstoff und zurück sind der primäre Anlass dafür, dass viele Staaten ihre Forschung und Förderung intensivieren.

Die Langzeitspeicherung von grünem Strom sowie der Transport über große Entfernungen gelingen ebenfalls über die reversible Umwandlung in Wasserstoff bzw. Power-2-X-Produkte. So entstehen zusätzliche Optionen, um einen effizienten Einsatz erneuerbarer Energien zu gewährleisten – auch, wenn durch begrenzte Netzkapazität die verstärkte Nutzung von grünem Strom gebremst wird oder wenn Wirtschaftsräume dauerhaft mehr Energie verbrauchen, als sie selbst erzeugen können.

Fraunhofer-Institute untersuchen, mit welchen technischen Verfahren sich grüner Strom und Wasserstoff am besten reversibel ineinander umwandeln lassen, und optimieren die Anlagenkomponenten hierfür: So sind etwa Elektrolyseure mit hoher Dynamik gefragt, die mit schnellen Lastwechseln zurechtkommen, um die Energieversorgung flexibel und zuverlässig zu gestalten. Ebenso prüfen Fraunhofer-

Wissenschaftler:innen die Potenziale von Wasserstoff für die Wärmeversorgung von Gebäuden. Sie entwickeln Systemmodelle unterschiedlicher Detailtiefe und räumlicher Auflösung und erproben Konzepte mit ihren Partnern in Reallaboren und Modellregionen. Ihr Systemwissen vertiefen sie auch mit Modellierungen und Simulationen aller Komponenten von Wasserstofftechnologien, bis hin zur Schaffung eines digitalen Zwillings der gesamten Wasserstoffwirtschaft.

Wenn wir Wasserstoff in dieser Art als Scharnier und „Tauschwährung" im künftigen Energiesystem begreifen, dann liegt eine noch weitergehende Kopplung von Wirtschaftssektoren auf der Hand: Die Schlüsselindustrien benötigen in ihren

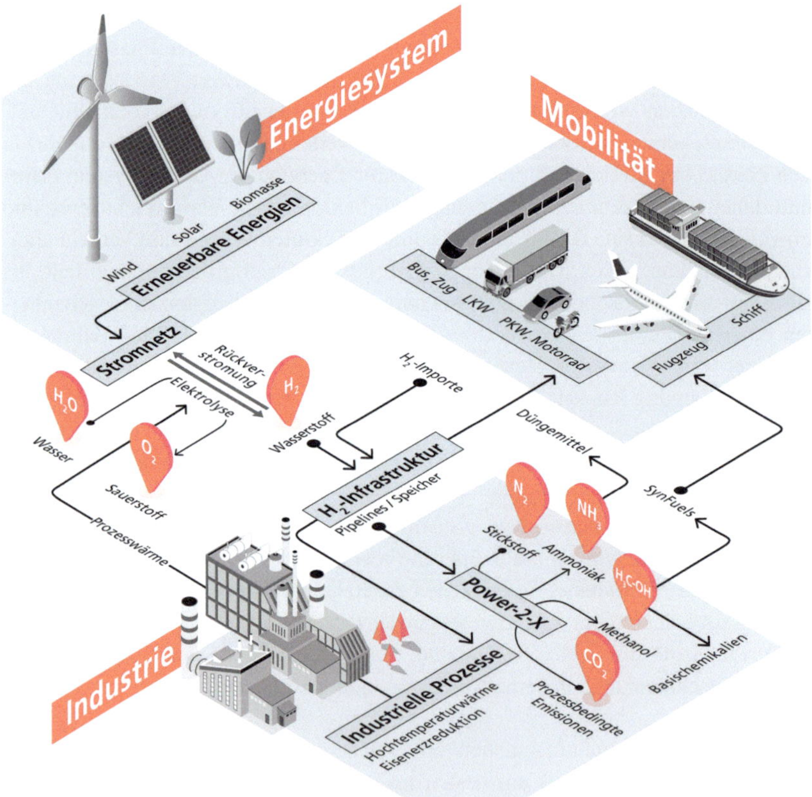


**Abb. 2.1** Übersicht über einige bedeutende Wertschöpfungsketten sowie das Zusammenspiel der Sektoren in einer künftigen Wasserstoffwirtschaft.
© Fraunhofer / A. Roth

Produktionsprozessen große Mengen von Wasserstoff, um Klimaneutralität zu erreichen. Wer die dortigen energetischen und stofflichen Bedarfe an Wasserstoff auf der einen Seite und die Wasserstofferzeugung als Nebenprodukt chemischer Verfahren oder die Nutzung von Abwärme aus Industrieprozessen andererseits mit in die Überlegungen einbezieht, der ermöglicht erst die umfassende Sektorkopplung von Energie, Mobilität und Produktion (Abbildung 2.1). Durch die Ansiedlung passfähiger Unternehmen in Industrieparks entstehen so industrielle Wertschöpfungsnetze mit optimaler Nutzung von Stoffströmen und Energieflüssen. Regionale Cluster können das Zusammenspiel von Technologien und Infrastruktur pionierhaft testen und dann zu $H_2$-Modelllandschaften zusammenwachsen.

## 2.5 Deutschlands Platz in einer $H_2$-Weltwirtschaft

Die Chancen der Wasserstoffwirtschaft betreffen unmittelbar Deutschlands wichtigste Branchen: die Automobilindustrie, den Maschinen- und Anlagenbau sowie die Chemie-, Stahl- und Zementindustrie. Mit den oben dargestellten Themen untrennbar verbunden sind Querschnittsfragen wie Sicherheit, Langlebigkeit und effiziente Herstellung aller nötigen Systeme sowie Infrastrukturen in großen Stückzahlen und Dimensionen. Erst wenn diese anwendungsorientierten Themen gelöst sind, kann Wasserstoff seine Versprechen in der Praxis einlösen. Zu diesen Aspekten können Fraunhofer-Institute dank ihrer langjährigen Expertise hervorragend beitragen. Sie widmen sich seit Jahrzehnten in Projekten der Haltbarkeit, Korrosionsbeständigkeit oder Versprödung von Materialien in Leitungen oder Tanks; ebenso entwickeln sie Sicherheitskonzepte und Sensorik für Wasserstoffinfrastrukturen. Ihre Forschung schafft darüber hinaus die Voraussetzung für eine industrielle Produktion von Komponenten und Systemen in Serie, damit Wasserelektrolyse wirtschaftlich wird. In Konsortien mit führenden Unternehmen demonstrieren und testen sie Wasserstofftechnologien im Praxiseinsatz in bisher nicht gekannten Dimensionen. Auf Versuchsplattformen und in Reallaboren bieten sie interessierten Industriekunden und Forschungspartnern eine hervorragende Basis, verschiedene Verfahren zur Wasserstofferzeugung oder -nutzung im technischen bis hin zum industriellen Maßstab und unter Praxisbedingungen zu testen.

Wasserstofftechnologien können also für die deutsche Industrie eine segensreiche Rolle spielen. Diese erschöpft sich aber nicht darin, den heimatlichen Produktionsstandorten auf dem Weg zu Nachhaltigkeit und Klimaneutralität zu helfen. Weitere Chancen liegen im Export: Wasserstofftechnologien und -systeme *made in Germany* können eine führende Rolle auf dem Weltmarkt spielen. Voraussetzung dafür ist, dass Deutschland auch einen starken heimischen Leitmarkt etabliert. Auf dem Weg dorthin müssen sich die Partner aus Wirtschaft, Politik und Gesellschaft allerdings mit den begrenzten Möglichkeiten auseinandersetzen, in Deutschland regenerativen Strom zu erzeugen. Die großvolumige Wasserstofferzeugung würde nämlich einen erheblichen zusätzlichen Strombedarf nach sich ziehen. Solche Limitierungen verlieren aber ihre hemmende Wirkung, wenn man vom Gedanken einer Energieautarkie Abstand nimmt und Importe in Betracht zieht. Aus guten Gründen hat der Wasserstoffpionier Ludwig Bölkow bereits Mitte der 80er-Jahre ganz selbstverständlich Überlegungen zum interkontinentalen Wasserstofftransport aufgenommen, als er seine künftige globale Energieversorgung auf der Basis von Solarstrom und Wasserstoff konzipierte [10].

Die Prognosen sind sich weitgehend einig, dass in Zukunft die erneuerbaren Energien die Weltwirtschaft antreiben werden. Die Energiewende ist eine globale Aufgabe. Wie in der Vergangenheit werden Regionen, in denen Energie besonders effizient gewonnen werden kann, in Handelsbeziehungen zu solchen stehen, die mehr Energie verbrauchen, als sie selbst bereitstellen können. Der Handel mit großen Energiemengen über weite Distanzen begrenzt aber ohnehin den Einsatz von Direktstrom. In Deutschland werden also Sonnen- und Windenergie bereits in Form von Wasserstoff ankommen – bzw. in Form von chemischen Energieträgern, die über Power-2-X-Verfahren aus Wasserstoff erzeugt wurden.

Daher arbeiten Fraunhofer-Institute seit langem an Prognosen und Simulationen, um die Rolle verschiedener Länder und globaler Regionen abschätzen zu können. So zeichnet sich ab, dass in den Tropen und Subtropen Länder mit Sonnenreichtum und konstantem Wind, langen Küsten und leistungsfähigen Häfen eine wichtige Rolle bei der Versorgung der Industrieregionen auf der Nordhalbkugel spielen werden. Mit ihren Bedarfs- und Potenzialanalysen unterstützen Fraunhofer-Institute Wirtschaft und öffentliche Hand dabei, die Energiemärkte von morgen zu konzipieren und heute die Weichen zu stellen, damit der Übergang in ein regeneratives Zeitalter im weltweiten Schulterschluss gelingt.

Deutschlands Wirtschaft ist intensiv mit jener der europäischen Nachbarn verbunden und ohne den EU-Binnenmarkt nicht mehr denkbar. Mit dem Green Deal wagte die Europäische Union das Commitment, als erster Kontinent klimaneutral zu werden. Dieses Ziel ist ohne Wasserstoff nicht erreichbar. Umgekehrt gelten auch die Chancen der Wasserstoffwirtschaft für ganz Europa. Die Wasserstoffstrategie der EU sieht daher einen zügigen Ausbau der Infrastruktur für Erzeugung und Transport vor. So hat sich die EU-Kommission zum Ziel gesetzt, 2030 eine Elektrolyseur-Kapazität von mindestens 40 GW installiert zu haben, die bis dahin bereits 333 TWh grünen Wasserstoff erzeugen konnten [11]. Ein optimistisches, aber durchaus fundiertes Szenario sagt für die Wasserstoffwirtschaft Europas bis zu 5,4 Mio. Jobs und einen jährlichen Umsatz von 800 Mrd. € im Jahr 2050 voraus [12].

Zahlreiche Staaten haben in den vergangenen Jahren nationale Wasserstoffstrategien entwickelt. Je nach deren Rahmenbedingungen und Stärken stehen dabei mal die Erzeugung und der Export von Wasserstoff, mal die wasserstoffgetriebene Mobilität oder andere Themen im Vordergrund. Die nationale Wasserstoffstrategie, welche die Bundesregierung im Sommer 2020 veröffentlicht hat, betont aus gutem Grund die Bedeutung der produzierenden Industrie und des Exports [13]. Sie stellt ebenso klar, dass die Wasserstoffwirtschaft eine starke internationale Dimension hat und dass Energiepartnerschaften mit Staaten, die als leistungsfähige Wasserstoffexporteure infrage kommen, im strategischen Interesse Deutschlands sind. Zu dieser Strategie hat Fraunhofer wesentliche Diskussionsbeiträge geliefert [14].

## 2.6 Ausblick

Eine Wasserstoffwirtschaft bietet also vielfältige Hebel für einen gelungenen Übergang in ein klimaneutrales, nachhaltiges und dabei weiterhin leistungsfähiges Wirtschaftssystem. Diese sollen in den weiteren Kapiteln dieses Buches näher beleuchtet werden.

Große Leistungen lassen sich nicht aus dem Stand erzielen. Wer im Sport weit springen will, braucht einen langen Anlauf. Ganz ähnlich bei der Wasserstoffwirtschaft: Deutschland und Europa können heute entschlossen anfangen, den Wandel zu gestalten und Weichen zu stellen, damit in Jahrzehnten die weitreichenden Vorstellungen von einer Wasserstoffwirtschaft Wirklichkeit werden. Häfen, Speicher und Pipelines müssen vorbereitet oder umgerüstet werden, Reallabore in Echtgröße müssen das Zusammenspiel der Technologien in der Praxis beweisen, bevor die Energiewende in die nächste Phase treten kann: Die Zeit, in der synthetische Brenn- und Treibstoffe mehr und mehr die fossilen verdrängen und Wasserelektrolyse im großen Stil benötigt wird. Infrastruktur bereitzustellen ist im Übrigen nicht nur ein technisches Thema. Wer rechtliche Rahmenbedingungen und wirtschaftliche Anreize frühzeitig richtig setzt, wer Industrienormen und Umweltlabels mitbestimmt, wird dem eigenen Wirtschaftsraum einen Vorsprung ermöglichen.

Gleichzeitig wäre es fatal, die Anstrengungen für Forschung erlahmen zu lassen, auch wenn viele Technologien heute schon als einsatzreif gelten: Gerade in Fragen wie Langlebigkeit, Robustheit und Effizienz der eingesetzten Systeme sind noch Fragen offen. Und wenn ab etwa 2035 Wasserstoff zum Massensegment in vielen Industrien wird, sind neue Technologiegenerationen im Einsatz. Wer nicht möchte, dass diese dann aus anderen Wirtschaftsräumen in die EU importiert werden, muss dafür sorgen, dass auf unserem Kontinent stets neueste Hochtechnologie zur Verfügung steht und fortwährend weiterentwickelt wird. Für die Überführung dieser Technologien in die Praxis sind die Fraunhofer-Institute auch künftig die idealen Partner der Wirtschaft. Wer kann heute mit Sicherheit sagen, was nach der Wasserelektrolyse kommt? Fraunhofer-Institute denken heute schon voraus: Werden wir Wasserstoff auf dem direkten, photochemischen Weg erzeugen oder weiterentwickelte biologische Mechanismen zu Hilfe nehmen? Das kleinste Molekül stellt uns weiter vor große Fragen und in diesem kleinsten Molekül liegen unsere größten Hoffnungen.

## Literatur


1. International Energy Agency (2019): The Future of Hydrogen. https://www.iea.org/reports/the-future-of-hydrogen, abgerufen am 16.11.2021
2. Deutscher Bundestag (1994): Schlussbericht der Enquete-Kommission „Schutz der Erdatmosphäre“, Drucksache 12/8600, 31.10.94, S. 507
3. https://www.ise.fraunhofer.de/de/ueber-uns/geschichte.html
4. Fuel Cells and Hydrogen Joint Undertaking (2019): Hydrogen Roadmap Europe: A sustainable pathway for the european energy transition. https://www.fch.europa.eu/news/hydrogen-roadmap-europe-sustainable-pathway-european-energy-transition, abgerufen am 16.11.2021
5. Zimmer K., Robaschik F., Sauermost M., Sundermann L. (2019): Unter Hochdruck. Markets International 6/2020: 35 ff. https://www.marketsinternational.de/wasserstoff
6. Deutsche Energie-Agentur (2018): dena-Factsheets: PowerFuels. https://www.dena.de/newsroom/publikationsdetailansicht/pub/dena-factsheets-powerfuels, abgerufen am 16.11.2021
7. Europäische Union (2018): A Clean Planet for all - A European strategic long-term vision for a prosperous, modern, competitive and climate neutral economy. https://eur-lex.europa.eu/legal-content/EN/TXT/?uri=CELEX:52018DC0773, abgerufen am 16.11.2018
8. Umweltbundesamt: Jährliche Treibhausgas-Emissionen in Deutschland. Nationales Treibhausgasinventar 2020. https://www.umweltbundesamt.de/daten/klima/treibhausgas-emissionen-in-deutschland#emissionsentwicklung, abgerufen am 26.11.2021
9. acatech/Leopoldina/Akademienunion (2017): Sektorkopplung - Optionen für die nächste Phase der Energiewende. Schriftenreihe zur wissenschaftsbasierten Politikberatung. ISBN 978-3-8047-3672-6, 100 S.
10. https://ludwig-boelkow-stiftung.org/die-stiftung/der-stifter, abgerufen am 16.11.2021
11. Europäische Union (2020): A hydrogen strategy for a climate-neutral Europe. https://eur-lex.europa.eu/legal-content/EN/TXT/?qid=1594897267722&uri=CELEX:52020DC0301, abgerufen am 16.11.2021
12. Fuel Cells and Hydrogen Joint Undertaking (2019): Hydrogen Roadmap Europe: A sustainable pathway for the european energy transition. https://www.fch.europa.eu/

news/hydrogen-roadmap-europe-sustainable-pathway-european-energy-transition, abgerufen am 16.11.2021

13. BMWi (2020): Die Nationale Wasserstoffstrategie. https://www.bmwi.de/Redaktion/DE/Publikationen/Energie/die-nationale-wasserstoffstrategie.html, abgerufen am 16.11.2021
14. Hebling C., Ragwitz M., Fleitner T. et al (2019): Eine Wasserstoff-Roadmap für Deutschland. https://www.fraunhofer.de/content/dam/zv/de/forschung/artikel/2020/Wasserstoff/Fraunhofer-Wasserstoffroadmap.pdf, abgerufen am 16.11.2021

# Potenziale einer Wasserstoffwirtschaft aus wirtschaftlicher und gesellschaftlicher Perspektive

3

Martin Wietschel • Elisabeth Dütschke • Marius Neuwirth • Aline Scherrer • Lin Zheng
Fraunhofer-Institut für System- und Innovationsforschung ISI

Norman Gerhard
Fraunhofer-Institut für Energiewirtschaft und Energiesystemtechnik IEE

Sebastian Herkel
Fraunhofer-Institut für Solare Energiesysteme ISE

Matthias Jahn
Fraunhofer-Institut für Keramische Technologien und Systeme IKTS

Aleksandar Lozanovski
Fraunhofer-Institut für Bauphysik IBP

Benjamin Pfluger • Natalia Pieton • Mario Ragwitz
Fraunhofer-Einrichtung für Energieinfrastrukturen und Geothermie IEG

Frieder Schnabel
Fraunhofer-Institut für Arbeitswirtschaft und Organisation IAO

**Zusammenfassung**

Um ein umfassendes Gesamtbild für eine zukünftige Wasserstoffwirtschaft zu zeichnen, werden unterschiedliche Szenarien für Klimaziele und Energienachfrage betrachtet und die wesentlichen Themen wirtschaftliche Relevanz, Wertschöpfung, Klimabeitrag, Akzeptanz und Nachfrage von Wasserstoff beleuch-



R. Neugebauer (Hrsg.), *Wasserstofftechnologien*,
https://doi.org/10.1007/978-3-662-64939-8_3

tet. Das Kapitel startet mit einem Abschnitt zur wirtschaftlichen Relevanz von Wasserstoff sowie darauf basierenden Syntheseprodukten und gibt einen Ausblick auf den potenziellen Wasserstoffmarkt der Zukunft. Es zeigt die Wertschöpfungskette einer klimaneutralen Wasserstoffwirtschaft auf und thematisiert resultierende Umsatz- und Arbeitsmarktpotenziale und letztlich die damit verbundenen Chancen für die deutsche Industrie. Im Anschluss wird der Beitrag zur Erreichung von Klima- und Umweltzielen durch den Einsatz von Wasserstoff diskutiert, wobei das Treibhausgasminderungspotenzial der Wasserstoffherstellung in Abhängigkeit seiner Rohstoffe beschrieben wird. Schließlich werden drei wesentliche Dimensionen für die Akzeptanz und den Abbau von Barrieren für eine Wasserstoffwirtschaft thematisiert und abschließend die Herausforderungen und Chancen einer Wasserstoffwirtschaft für die wesentlichen Nachfragesektoren Industrie, Verkehr, Wärme und Energie diskutiert.

## 3.1 Wirtschaftliche Relevanz von Wasserstoff

Verschiedene Studien haben sich mit dem weltweiten Potenzial von Wasserstoff und Syntheseprodukten auseinandergesetzt. Die weltweiten Marktpotenziale von Power-to-X (PtX) werden im Bereich von 320 bis 726 TWh für 2030 und 972 bis 6.180 TWh bis 2050 gesehen [1]. Dies entspricht einer Marktgröße von 45 bis 102 Mrd. Euro im Jahr 2030 und von 107 bis 680 Mrd. Euro im Jahr 2050. Zum Vergleich: Die Größe der Ölmärkte beträgt zu heutigen Preisen etwa 2.000 Mrd. Euro pro Jahr.

Für Deutschland wird in ambitionierten Klimaschutzszenarien je nach Studie und Szenario im Jahr 2050 ein Bedarf allein an synthetischen Brenn- und Kraftstoffen von 530 TWh bis 910 TWh gesehen [3], [4], [5]. Zum Vergleich: Im Jahr 2018 betrug die gesamte Stromnachfrage in Deutschland 560 TWh und der gesamte Endenergieverbrauch 2.500 TWh. Dies zeigt, welche Anstrengungen, aber auch welche wirtschaftlichen Chancen in diesem Bereich künftig notwendig bzw. möglich sein werden. Um diesen Bedarf zu decken, gehen wir von einem Markthochlauf der Wasserelektrolyse allein in Deutschland zwischen 50 und 80 GW im Stromnetz bis 2050 aus, zu dessen Erreichen jetzt zweistellige MW-Elektrolyseure installiert und bis Ende der 20er-Jahre bereits Zuwachsraten von etwa 1 GW pro Jahr erreicht werden müssen. In Tabelle 3.1 ist die mögliche Bandbreite für Wasserstoffnachfrage und Elektrolysekapazität für Deutschland und die EU dargestellt.

Wasserelektrolyseure werden großmaßstäblich in Regionen ihren Einsatz finden, in denen die Stromgestehungskosten durch PV- und Windanlagen bei un-

**Tab. 3.1** Plausible Bandbreiten für die Wasserstoffnachfrage 2030 und 2050 inkl. PtX-Nachfrage und die Elektrolysekapazität für die Regionen Deutschland und EU [6].

| Parameter | Region | 2030 | | 2050 | |
|---|---|---|---|---|---|
| | | Untere Bandbreite | Obere Bandbreite | Untere Bandbreite | Obere Bandbreite |
| Wasserstoff-nachfrage (TWh) | Deutschland | 4 | 20 | 250 | 800 |
| | EU | 30 | 140 | 800 | 2250 |
| Elektrolyse-kapazität (GW) | Deutschland | 1 | 5 | 50 | 80 |
| | EU | 7 | 35 | 341 | 511 |

ter 3 ct/kWh liegen und darüber hinaus die Volllaststundenzahl solcher Anlagenparks über 4000 h/Jahr betragen. Dies ermöglicht den Eintritt in einen globalen Erneuerbare-Energien-Handel, da sowohl Wasserstoff als auch darauf aufbauende Syntheseprodukte zu international konkurrenzfähigen Kosten hergestellt werden können. Die damit zunehmend hohen industriepolitischen Erwartungen spiegeln sich in dem zunehmenden Engagement von verschiedenen Akteuren in Deutschland wider. Insbesondere Unternehmensverbände und Bundesländer sind hier aktiv. Diese entwickeln Strategien und Roadmaps und setzen sich für die Gestaltung der Rahmenbedingungen ein (u. a. durch staatliche Förderungen sowie Änderungen in der bestehenden Regulierung, beispielsweise bei Steuern- und Abgaben), um der Technologie zu einem Durchbruch zu verhelfen.

## 3.2 Wertschöpfungspotenziale für die deutsche Industrie

Der Wasserstofftechnologie wird eine Schlüsselrolle zur Erreichung von Klima- und Umweltzielen zugeschrieben. Entsprechend groß und dynamisch ist die globale Marktentwicklung von Wasserstoffanwendungen. Von diesem zukünftigen Milliardenmarkt und dessen vielversprechenden Umsatzchancen möchte auch Deutschland profitieren, denn Wasserstoffanwendungen sind mit enormen Wertschöpfungspotenzialen verbunden. Ziel ist es, diese Potenziale zu heben, Arbeitsplätze zu schaffen und letztlich eine Vorreiterrolle in der weltweiten Wasserstoffwirtschaft einzunehmen [7].

Die erforderlichen Grundlagen hierfür sind in der deutschen Industrie bereits vorhanden. So wird durch zahlreiche Unternehmen und Forschungseinrichtungen bereits heute die gesamte Wertschöpfungskette von Wasserstoff und Brennstoffzellen in unterschiedlichen Integrationsstufen abgedeckt [8]. Viel Know-how existiert beispielsweise in der Herstellung von Brennstoffzellen oder Elektrolyseanlagen für die Erzeugung von grünem Wasserstoff. Nichtsdestotrotz erfordern diese Ziele aber auch neue Akteure und Technologieentwicklungen sowie innovative Geschäftsmodelle und Dienstleistungsangebote entlang der gesamten Wertschöpfungskette. Nur so können der Wissensvorsprung und die Exportmöglichkeiten von Produkten ausgebaut werden.

### 3.2.1 Die Wertschöpfungskette der Wasserstoffwirtschaft

Dem Sachverhalt, die Wertschöpfungspotenziale von Wasserstoffanwendungen zu heben, neue Technologien zu entwickeln, Arbeitsplätze zu schaffen sowie einen Wissensvorsprung aufzubauen, verleiht die Bundesregierung in der Nationalen Wasserstoffstrategie Nachdruck: „Damit Wasserstoff ein zentraler Bestandteil unserer Dekarbonisierungsstrategie werden kann, muss die gesamte Wertschöpfungskette [. . . ] in den Blick genommen werden.“ [9]. Diese Wertschöpfungskette umfasst im Wesentlichen die folgenden Stufen (Abbildung 3.1):

- **Energieerzeugung**
  Um Wasserstoff möglichst umweltfreundlich herzustellen, bedarf es vor allem der Gewinnung von Wasserstoff aus regenerativen Energiequellen (z. B. Wind, Sonne).
- **Umwandlung in Wasserstoff**
  Die Erzeugung von Wasserstoff kann auf mehrere Arten erfolgen. Angestrebt wird die Elektrolyse, in der ausschließlich Strom aus erneuerbaren Energien zum Einsatz kommt (grüner Wasserstoff). Weitere Herstellungsverfahren sind die thermische Spaltung von Methan in der Methanpyrolyse (türkiser Wasserstoff) oder die Dampfreformierung von fossilen Brennstoffen ohne (grauer Wasserstoff) sowie mit (blauer Wasserstoff) Abscheidung von $CO_2$ (Carbon Capture, Utilization and Sequestration, CCUS). Weitere Informationen zur Wasserstofferzeugung finden sich in Kap. 9.
- **Verteilung und Transport**
  Ein bedeutender Teil der Wertschöpfungskette liegt in der Verteil- und Transportlogistik. Die nationalen sowie globalen Lieferketten umfassen die Möglichkeit, Wasserstoff per Lkw, Bahn, Schiff oder in einer Pipeline zu transportieren.
- **Speicherung**
  Für die Produktion, den Transport und die Anwendungen von Wasserstoff sind geeignete Speichertechnologien notwendig. Neben der Druck- und Flüssiggasspeicherung in gekühlter oder verdichteter Form (z. B. Druckbehälter, Kavernen) kann Wasserstoff durch Absorption in festen Speicherstoffen wie Me-

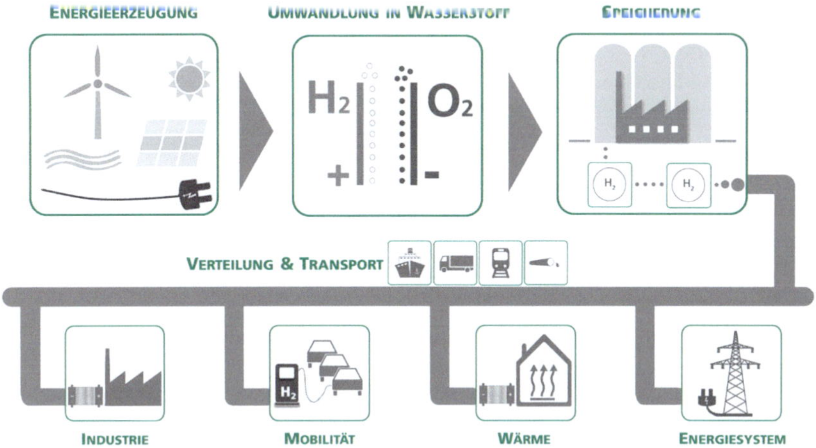


**Abb. 3.1** Wertschöpfungskette der Wasserstoffwirtschaft. (Fraunhofer IAO)

tallhydriden oder durch chemische Bindung in einem flüssigen Trägermedium gespeichert werden.

- **Nutzung**
  Die Anwendungsfelder von Wasserstoff sind breit gefächert. Sie reichen von der Strom- und Wärmeerzeugung über die direkte Nutzung für industrielle Prozesse bis hin zum Treibstoff im Verkehrswesen (vgl. Kapitel 4–7).

### 3.2.2 Umsatzpotenziale und Arbeitsplätze

Zum heutigen Zeitpunkt spielt der Einsatz von Wasserstoff im Energiesystem noch eine untergeordnete Rolle. Wie hoch der Wasserstoffbedarf zukünftig ist, wird von verschiedenen Studien unterschiedlich eingeschätzt. Gemeinsam haben sie jedoch, dass die Bedarfe deutlich anwachsen werden (Abschnitt 3.1).

Mit diesem Zuwachs von Bedarfen an Wasserstoff und entsprechenden Technologien wachsen auch die Umsatzpotenziale für die deutsche Industrie. Gemäß der europäischen Wasserstoff-Roadmap wird das Umsatzpotenzial für europäische Unternehmen im Wasserstoff- und Brennstoffzellensektor im Jahr 2030 auf ca. 130 Milliarden Euro geschätzt [10]. Davon entfallen im ambitionierten Szenario ca. 44 Mrd. Euro auf in Deutschland tätige Unternehmen entlang der gesamten Wertschöpfungskette.

Unterstützt wird diese Entwicklung von einer erwarteten signifikanten Reduktion der zukünftigen Technologiekosten, die Wasserstoff zunehmend wirtschaftlich wettbewerbsfähig machen wird [8]. Damit gehen wachsende Exportchancen und eine positive Entwicklung von Arbeitsplätzen einher. Laut einer europäischen Studie könnten bis 2050 in der Wasserstoffindustrie europaweit über 5,4 Millionen Arbeitsplätze entstehen [10]. Für Deutschland erwartet der Deutsche Wasserstoff- und Brennstoffzellen-Verband bereits bis 2030 positive Beschäftigungseffekte in Form von über 70.000 neuen Arbeitsplätzen [11].

### 3.2.3 Vielversprechende Wertschöpfungspotenziale für die deutsche Industrie

#### Industrie

Große Wertschöpfungspotenziale sind entlang der gesamten Wertschöpfungskette der deutschen Wasserstoffwirtschaft zu finden. Hier ist speziell der Sektor Industrie mit seinen Großverbrauchern an Energie zu nennen. Hohe Wasserstoffbedarfe innerhalb des Industriesektors weisen vor allem Raffinerien, die Stahlproduktion, die chemische Industrie sowie die allgemeine industrielle Hochtemperaturwärme (z. B. in der Zement-, Papier- und Glasherstellung) auf, in denen Wasserstoff herkömmliche Energieträger ersetzen kann.

Weitere bedeutende Potenziale liegen in den produzierenden Unternehmen von Wasserstofftechnologien des Maschinen- und Anlagenbaus sowie Dienstleistern im Bereich Wasserstoff. Wirtschaftliche Stärken deutscher Unternehmen umfassen vor allem die Kompetenz zur automatisierten Produktion von qualitativ hochwertigen Bauteilen und Komponenten sowie zu Prozessen der Industrialisierung, die für den beginnenden Markthochlauf benötigt werden. Dabei weist die deutsche Industrielandschaft sowohl mit ihren Großunternehmen als auch mit den vielen „Hidden Champions" aus dem Mittelstand eine hohe Exportorientierung auf und besitzt somit gute Voraussetzungen, die hohe erwartete Nachfrage nach Wasserstofftechnologien aus dem Ausland bedienen zu können. Dies gilt etwa für deutsche Hersteller von Elektrolyseuren, für die bis 2050 eine inländische Wertschöpfung von ungefähr 5,5 Mrd. Euro pro Jahr geschätzt wird [6]. Weitere Kompetenzen existieren in der chemischen Industrie – z. B. bei der Herstellung von synthetischen Kraftstoffen (Power-to-Liquid, PtL) oder im Bereich der Methanisierung –, aber auch in der Kohlendioxid-Sequestrierung (Carbon Capture and Storage, CCS) und/oder $CO_2$-Nutzung (Carbon Capture and Utilisation, CCU) sowie bei Gasturbinen für Wasserstoff.

### Verkehr und Mobilität

Ein besonderer Schwerpunkt der deutschen Wasserstoffwirtschaft liegt im Sektor Verkehr und Mobilität. Hierin sind viele Komponentenhersteller (z. B. von Brennstoffzellenantrieben) und Systemintegratoren (z. B. Kraftfahrzeughersteller) ansässig. Für diese Zulieferer und OEMs gilt es, sich frühzeitig an die Marktentwicklungen im Bereich alternativer Antriebe und Energieversorgungskonzepte beispielsweise für stationäre Lösungen anzupassen, um die Wertschöpfungspotenziale der Wasserstoff- und Brennstoffzellenindustrie zu heben. Insbesondere im aktuell ablaufenden Transformationsprozess der Automobilwirtschaft und der sich abzeichnenden Abkehr von fossilen Kraftstoffen können die mit dem Energieträger Wasserstoff verbundenen Technologiepotenziale einen erheblichen Beitrag zur Sicherung von Wertschöpfung und Beschäftigung in der automobilen Industrie leisten. Positive Effekte für den Standort können hierbei insbesondere durch Verortung von Arbeitsumfängen in den Unternehmen im Kontext des beschäftigungsintensiven Brennstoffzellensystems entstehen [12]. Der Wasserstoffbedarf für den Bereich Verkehr und Mobilität wird im Jahr 2050 knapp ein Drittel des gesamten Wasserstoffbedarfs weltweit ausmachen. In China und Kalifornien werden bis 2030 jeweils eine Mio. Brennstoffzellenfahrzeuge erwartet, in Korea gar 1,8 Mio. [13]. Die Wertschöpfung für deutsche Unternehmen allein für Brennstoffzellen im Verkehr beläuft sich auf ca. 2,4 Mrd. Euro pro Jahr bis 2030 und ungefähr 26 Mrd. Euro pro Jahr in der Dekade 2040 bis 2050 [6].

### Wärme

Für den Sektor Wärme spielen nicht nur die genannten industriellen Hochtemperaturprozesse eine Rolle, sondern auch die Versorgung von Wohn- und Nichtwohngebäuden. Dies erfolgt über (Mikro-) Kraft-Wärme-Kopplung (KWK) per Brennstoffzellen. Hier gilt es für die deutsche Industrie, auch Gasturbinen „wasserstoffready“ zu gestalten, die KWK-Anlagen also für einen Mischbetrieb mit Gas und Wasserstoff auszulegen.

### Energiesystem

Der vierte wichtige Sektor ist das Energiesystem mit der Erzeugung, Speicherung und Verteilung von Wasserstoff. Hier werden Akteure wie Energieversorger und -anlagenbetreiber, Netzbetreiber (Strom und Gas), der Stromhandel oder die Wasserstoffproduktion als wichtige Stakeholder adressiert. Großes Wertschöpfungspotenzial findet sich für deutsche Unternehmen im Bereich der Erzeugungstechnologien für erneuerbare Energien. Gleiches gilt – wie im Sektor Industrie bereits angedeutet – für Power-to-Gas-Technologien (PtG) sowie für die Technologieentwicklung und Nutzung von Wasserstoffspeichern. Bei Letzteren zeichnen

**Abb. 3.2** LOHC-Speicher im Micro Smart Grid des Fraunhofer IAO, Stuttgart. (Ludmilla Parsyak/Fraunhofer IAO)

sich beispielsweise neue technologische Möglichkeiten ab, Wasserstoff in Trägermaterialien wie Thermoölen vergleichsweise umweltfreundlich und sicher zu speichern (Liquid Organic Hydrogen Carrier, LOHC). Einer der europaweit ersten LOHC-Speicher im Regelbetrieb ist seit einigen Jahren im Micro Smart Grid des Fraunhofer IAO am Standort in Stuttgart aufgebaut (Abbildung 3.2)[1].

Nicht zuletzt liegen Wertschöpfungspotenziale im notwendigen Aufbau der Versorgungsinfrastruktur. Während für kleinere Mengen an Wasserstoff der Transport weiterhin per Lkw, Schiff und Bahn erfolgen wird, ist für den industriellen Einsatz größerer Mengen gleichzeitig der Auf- und Ausbau eines Pipeline-Netzes für Wasserstoff bzw. die Umwidmung von bereits bestehenden Erdgasnetzen notwendig. Aufgrund der Lage großer industrieller Verbraucher bietet sich ein Pipeline-Netz insbesondere entlang des Rheins an. Ebenfalls zur Infrastruktur zählt der Ausbau der Betankungsinfrastruktur für Pkw und Lkw zur Förderung der Brennstoffzellenmobilität.

[1] Weitere Informationen unter: https://www.muse.iao.fraunhofer.de/de/ueber_uns/labors/fraunhofer-iao-micro-smart-grid.html

Bei der (grünen) Wasserstoffversorgung ist Deutschland aufgrund vergleichsweise geringer Anteile an Sonnenstunden und Wind heute sowie zukünftig auf Energieimporte angewiesen. Hier muss es das Ziel sein, frühzeitig verlässliche Energiepartnerschaften und Importstrukturen aufzubauen.

Alle genannten Sektoren werden in Abschnitt 3.5 detaillierter beschrieben.

## 3.3 Beitrag von Wasserstoff zur Erreichung von Klima- und Umweltzielen

Wasserstoff ist essenziell für viele Wirtschaftssektoren, um klimaschädliche Treibhausgase massiv zu reduzieren. Die Elektrolyse ist hierbei eine etablierte und vielversprechende Technologie, um grünen Wasserstoff zu produzieren. Damit elektrolytisch hergestellter Wasserstoff nachweislich klimafreundlich(er) ist, wird $CO_2$-armer elektrischer Strom benötigt. In Abbildung 3.3 ist die Abhängigkeit des Treibhausgaspotenzials der Wasserstoffherstellung (orange Gerade) vom Treibhausgaspotenzial des verwendeten Stroms dargestellt. Es wurde ein heizwertbezogener Wirkungsgrad von 65 Prozent angenommen und die Herstellung des Elektrolyseurs berücksichtigt, wie in [14] empfohlen. Das Treibhausgaspotenzial wurde nach der im GaBi Software- und Datenbanksystem implementierten und von der EU empfohlenen Methode „Environmental Footprint 3.0" berechnet [15].

Wie in Abbildung 3.3 ersichtlich, ist das Treibhausgaspotenzial des elektrolytisch hergestellten Wasserstoffs direkt proportional abhängig vom Treibhausgaspotenzial des eingesetzten Stroms. Die horizontale, blau gestrichelte Referenzlinie

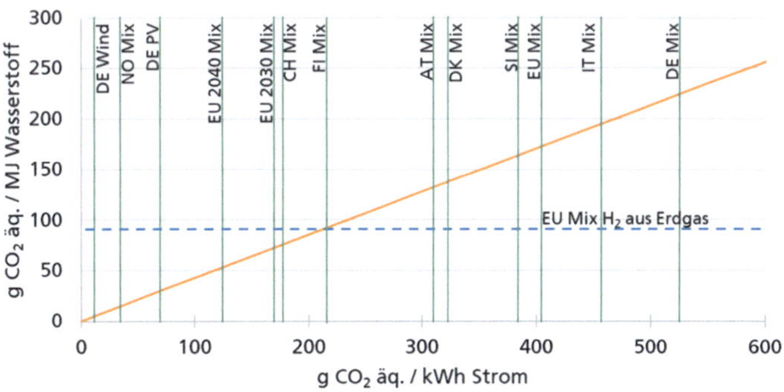


**Abb. 3.3** Treibhausgaspotenzial der Wasserstoffherstellung mittels Elektrolyseurs (y-Achse) in Abhängigkeit vom Treibhausgaspotenzial des verwendeten Strommixes (x-Achse)

entspricht dem Treibhausgaspotenzial von 92 g $CO_2$ äq./MJ Wasserstoff des EU-Mix von Wasserstoff aus Erdgas als häufig verwendete fossile Wasserstoffproduktion. Hierbei ist die gesamte Wertschöpfungskette inklusive Erdgasförderung, Erdgastransport und Wasserstofferzeugung durch Dampfreformierung berücksichtigt. Die vertikalen grünen Linien zeigen zur Orientierung das Treibhausgaspotenzial unterschiedlicher Strommixe. Links sind Windenergie und Photovoltaik aufgetragen, die eine deutliche Einsparung von 95 Prozent und 67 Prozent beim Treibhausgaspotenzial gegenüber fossilem erdgasbasiertem Wasserstoff ermöglichen. Unter der Annahme von signifikanten Bemühungen zur Einsparung von Treibhausgasen in den nächsten Jahren hat der mit dem EU-Durchschnitts-Strommix produzierte Wasserstoff bereits im Jahre 2030 ein niedrigeres Treibhausgaspotenzial im Vergleich zum fossilen Pendant. Der Break-Even-Punkt des Elektrolysewasserstoffs mit fossilem erdgasbasiertem Wasserstoff liegt bei ca. 215 g $CO_2$ äq./kWh. Würde man der Berechnung andere Elektrolysewirkungsgrade zugrunde legen, bliebe das prinzipielle Bild erhalten. Jedoch würde sich die Steigung der Kurve verändern. Bei einem höheren Wirkungsgrad wird weniger Strom benötigt und damit wäre die Steigung flacher und das Treibhausgaspotenzial geringer für gleiche Strommixe.

Lösungen zum Aufhalten des Klimawandels, ausgedrückt durch das Treibhausgaspotenzial, sind – zu Recht – das zentrale Thema vieler Projekte und Entwicklungen. Dabei bleiben jedoch andere ökologisch relevante Aspekte unberücksichtigt. Diese werden in der Ökobilanz häufig als Kontrollgrößen einbezogen, wie beispielsweise der Ressourcenverbrauch, der ebenfalls Bestandteil der oben erwähnten Methode „Environmental Footprint 3.0" ist. Abbildung 3.4 zeigt die Ergebnisse in der Kategorie „Ressourcennutzung Mineralien und Metalle" für dieselben Strommixe und in derselben Reihenfolge von links nach rechts wie in Abbildung 3.3. Es ist klar ersichtlich, dass es keine Korrelation zwischen dem Treibhausgaspotenzial und der Ressourcennutzung Mineralien und Metalle gibt. Beispielsweise hat Photovoltaik einen Abstand von mehr als einem Faktor 5 zu allen anderen Strommixen. Das führt in dieser Darstellung zu einer unterbrochenen y-Achse, um die Sichtbarkeit der Unterschiede der anderen Werte zu gewährleisten. Zusätzlich wird bei dieser Betrachtung die Herstellung des Elektrolyseurs relevant, die bei der vorherigen Betrachtung zum Treibhausgaspotenzial nicht relevant ist. Die Herstellung des Elektrolyseurs hat in Bezug auf die Ressourcennutzung Mineralien und Metalle einen Anteil von ca. 1 Prozent bis hin zu 49 Prozent je nach Strommix. Somit haben ein unterschiedlicher Materialeinsatz und verschiedene Herstellungsverfahren von Elektrolyseuren einen Einfluss auf das Gesamtergebnis je produziertem MJ Wasserstoff.

Die absoluten Werte des elektrolytisch hergestellten Wasserstoffs liegen zwischen $2{,}65^{-08}$ und $9{,}85^{-07}$ kg Antimon-Äquivalente. Der Wert von fossilem erdgas-

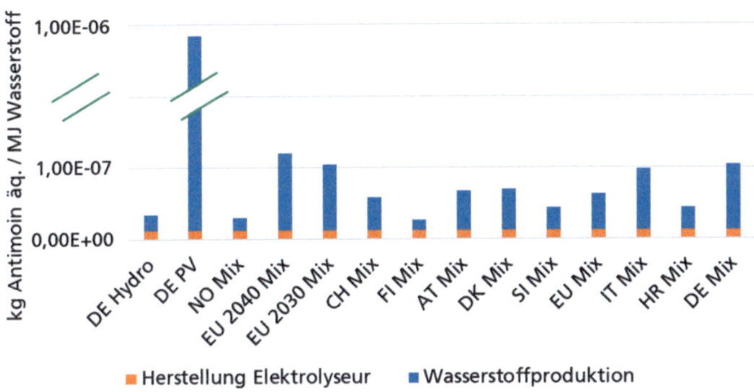


**Abb. 3.4** Ressourcennutzung Mineralien und Metalle der Wasserstoffherstellung durch Elektrolyseur unter Betrachtung verschiedener Strommixe

basiertem Wasserstoff ist in Abbildung 3.4 mangels Sichtbarkeit nicht dargestellt und liegt bei $5{,}13^{-09}$ kg Antimon-Äquivalente.

Wie an diesem Beispiel ersichtlich, kann es Problem- und Lastenverschiebungen zwischen verschiedenen Lebenszyklusphasen geben. Hierbei ermöglicht die Ökobilanz es, diese Verschiebung zu erfassen und zu berücksichtigen, um ein möglichst umfassendes Bild des betrachteten Systems zu generieren und unter verschiedenen Gesichtspunkten das Optimum für eine faktenbasierte Entscheidungsunterstützung auszuwählen.

## 3.4 Akzeptanz von Wasserstoff in der Gesellschaft

Soziale Akzeptanz beschreibt „a favourable or positive response (including attitude, intention, behaviour and – where appropriate – use) relating to a proposed or in situ technology or socio-technical system, by members of a given social unit (country or region, community or town and household, organization)" [16]. Diese Definition rückt mehrere Aspekte in den Mittelpunkt:

- Die Vielfalt der Manifestationen von Akzeptanz in Einstellung, Absichten, Verhalten und ggf. Nutzung. Was denken Personen über Konzepte, Geschäftsmodelle oder Anwendungen im Bereich Wasserstoff, welche Meinungen äußern sie und inwieweit sind sie bereit, diese aktiv durch Investitionen oder Adoption zu unterstützen?

- Die Unterschiedlichkeit von Akzeptanzobjekten, auch was deren Entwicklungsstadium (vorgeschlagen vs. anstehend) und Umfang (Technologie vs. soziotechnisches System) angeht. Es geht sowohl um Ideen im frühen Stadium wie eine internationale Wasserstoffwirtschaft als auch um ausgereifte Anwendungen wie etwa eine Brennstoffzelle.
- Die möglichen Akzeptanzsubjekte als verschiedene soziale Einheiten, die Individuen oder kleine Gruppen (Haushalt, Organisation) oder größere Kollektive (Stadt, Kommune, Region, Land) umfassen können. Soziale Akzeptanz lässt sich auf verschiedenen Ebenen analysieren.
- Die geographischen oder politischen Grenzen, innerhalb derer die Akzeptanz erhoben wird. Durch die Internationalität des Themas Wasserstoff und die diskutierten Herstellungs- und Nutzungsszenarien über verschiedene Länder hinweg ist eine Kontextualisierung der jeweiligen Akzeptanzergebnisse wichtig.

Für die Akzeptanzforschung im Bereich Wasserstoff lassen sich drei relevante Unterbereiche unterscheiden: (1) sozio-politische Akzeptanz, (2) Marktakzeptanz, (3) lokale Akzeptanz.

### 3.4.1 Sozio-politische Akzeptanz von Wasserstoff

Dieser Teilaspekt bezieht sich für soziale Akzeptanz für Wasserstoff auf das generelle gesellschaftliche Klima für eine Wasserstoffwirtschaft und die hierfür relevanten politischen Rahmenbedingungen.

Frühere Forschung (Projekt HYACINTH) verweist hier auf eine positive Einstellung in der Gesellschaft zu Wasserstoffinnovationen, aber einen niedrigen Wissensstand [17]. Von Wasserstoff-Pkw hatten in der Bevölkerung drei von fünf Personen gehört, von stationären Anwendungen wie Mikro-KWK nur eine von fünf Personen (Abbildung 3.5).

Eine Expertenbefragung ergab die Einschätzung, dass nicht nur in der Bevölkerung, sondern auch bei gesellschaftlichen Akteuren außerhalb von Industrie und Forschung ein geringer Wissensstand herrscht, auch im Hinblick auf die Politik. Die aktuellen Diskussionen könnten diese Befunde teilweise verändert haben, doch noch sind Wasserstofftechnologien für viele gesellschaftliche Akteure neu. In einer solchen Phase sind Einstellungen in der Regel noch wenig stabil und empfänglich für dominante Argumente oder den Einfluss von Meinungsführer:innen [18]. Insofern ist davon auszugehen, dass die Form, in der sich in nächster Zeit das gesellschaftliche Narrativ zu Wasserstofftechnologien entwickelt, einen wich-

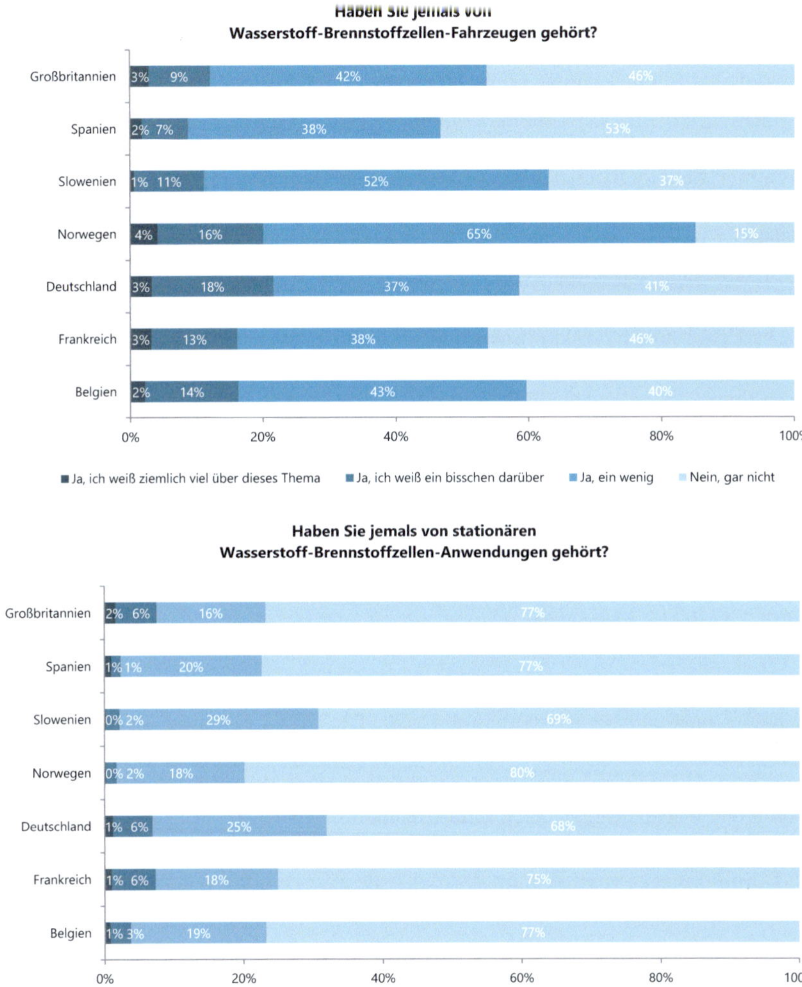


**Abb. 3.5** Bekanntheit von $H_2$-Brennstoffzellentechnologien in Europa. (Schneider et al. 2017)

tigen Einfluss auf die sozio-politische Akzeptanz haben wird. Hierbei spielen auch wichtige Ereignisse und deren Einordnung durch die Medien eine zentrale Rolle. Sozio-politische Akzeptanz stellt in der Regel eine Voraussetzung für Markt- und lokale Akzeptanz dar.

### 3.4.2 Marktakzeptanz

Ein weiterer Bereich ist die Marktakzeptanz von Wasserstoff und das damit verbundene Innovationssystem mit Vorlaufforschung, Angebots- und Nachfrageseite sowie politisch gestalteten Rahmenbedingungen und Finanzierungsmöglichkeiten. Auch hier stellt sich auf der Nachfrageseite die Herausforderung eines mangelnden Bewusstseins für Anwendungen von Wasserstoff. Kritisch sind das bisher fehlende Angebot sowie eine starke Konkurrenz etwa im Mobilitätsbereich durch elektrische Fahrzeuge, die zwischenzeitlich in ihrem technischen Entwicklungsgrad weiter vorangeschritten sind.

Die Erwartungen der künftigen Entwicklung des Wasserstoffbereichs hängt insofern stark zusammen mit der antizipierten ökonomischen und innovationspolitischen Entwicklung und beeinflusst darüber auch die Absicht der Expert:innen, das Feld aktiv voran zu treiben [19]. Die Wahrnehmungen in Deutschland waren in der jüngeren Vergangenheit dabei positiver als etwa in Spanien oder Großbritannien. Das heißt, dass die aktuellen Wasserstoffprogramme der Bundesregierung auf ein vergleichsweise positives Klima treffen.

### 3.4.3 Lokale Akzeptanz

Schließlich stellen sich Akzeptanzfragen auf lokaler Ebene, wenn es um die Ansiedelung notwendiger Infrastrukturen geht. Dies kann einerseits zu Widerstand aufgrund unerwünschter Veränderungen führen, andererseits aber über eine Stärkung der lokalen Wirtschaft sowie die Erfüllung des gesellschaftlichen Wunschs nach mehr Nachhaltigkeit auch eine Chance bieten. Hier sind Allianzen gesellschaftlicher Akteure (Wirtschaft, Politik, Wissenschaft) sowie die Partizipation der Bevölkerung gefragt. Sozialwissenschaftliche Forschung kann insbesondere zu passenden Partizipationsformaten einen Beitrag leisten.

Akzeptanzforschung zu Wasserstoffsystemen erfordert somit einen breiten Blick auf die Akteure im Innovationssystem sowie ein breites Verständnis von Akzeptanz als soziales Konstrukt. Neben Bürgerinnen und Bürgern als Wähler:innen und Anwohner:innen liegt der Fokus auch auf politischen, wirtschaftlichen und weiteren gesellschaftlichen Akteuren. Diese Akteure sind in ihren Rollen als Entscheidende, Beeinflussende, Investor:innen oder Betroffene ein zentraler Teil und Gestalter des Innovationssystems und müssen mit in den Blick genommen werden. Der Blick auf die Vielfalt der Akteure sowie die unterschiedlichen Interessen, Einflussmöglichkeiten sowie Anreizsysteme, innerhalb derer sie agieren, verweist gleichzeitig auf die weiteren Strukturen der wirtschaftlich-technischen Systeme und die dort herrschenden Machtverhältnisse und Abhängigkeiten.

## 3.5 Nachfragepotenziale von Wasserstoff und wirtschaftliche Situation

Die Entwicklung der Nachfrage nach Wasserstoff sowie auf Wasserstoff basierenden Syntheseprodukten ist mit großen Unsicherheiten belastet und zeigt in bestehenden Studien, welche vom Fraunhofer ISI zusammengefasst wurden [20], eine große Spannbreite auf. Hierbei bewegt sich die alleinige Wasserstoffnachfrage in den Sektoren Industrie, Verkehr, und Gebäude je nach Studie zwischen 10 bis 340 TWh im Jahr 2030 und 20 bis 650 TWh im Jahr 2050. Bei Hinzunahme wasserstoffbasierter Syntheseprodukte erweitert sich die Nachfrage für 2050 auf bis zu 1.000 TWh für die vorgenannten Sektoren (Abbildung 3.6). Für Syntheseprodukte ist zu beachten, dass diese nur anteilig aus Wasserstoff bestehen.

Für den Energiesektor liegt die Spannbreite der Wasserstoffnachfrage je nach Studie zwischen 0 und 20 TWh im Jahr 2030 und zwischen 50 und ca. 300 TWh in 2050 (Abbildung 3.7). Hierbei berücksichtigt die BMWI LF2-Studie neben dem grünen auch blauen Wasserstoff.

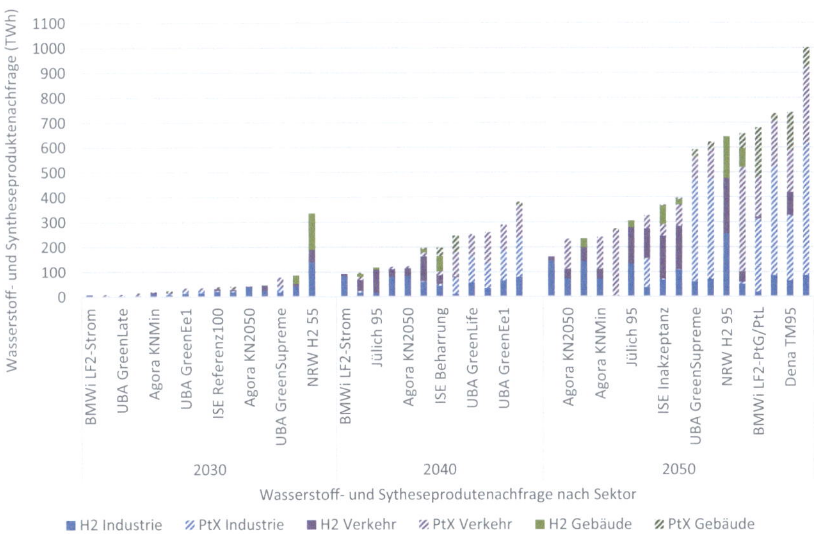


**Abb. 3.6** Spannbreite der Wasserstoff- und wasserstoffbasierter Syntheseproduktnachfrage in 2030, 2040 und 2050 in 95 % und in treibhausgasneutralen Szenarien für die Sektoren Industrie, Verkehr und Gebäude [20].

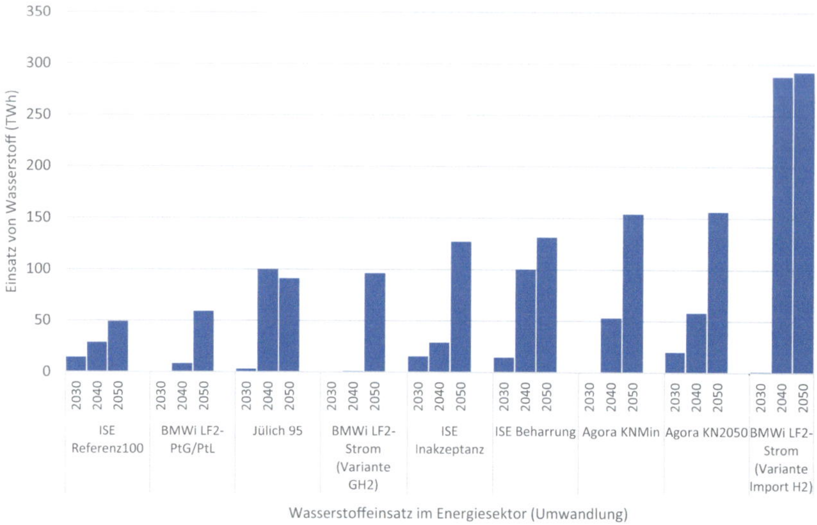


**Abb. 3.7** Spannbreite der Wasserstoffnachfrage in 2030, 2040 und 2050 in 95 % und in treibhausgasneutralen Szenarien für den Sektor Energie [20].

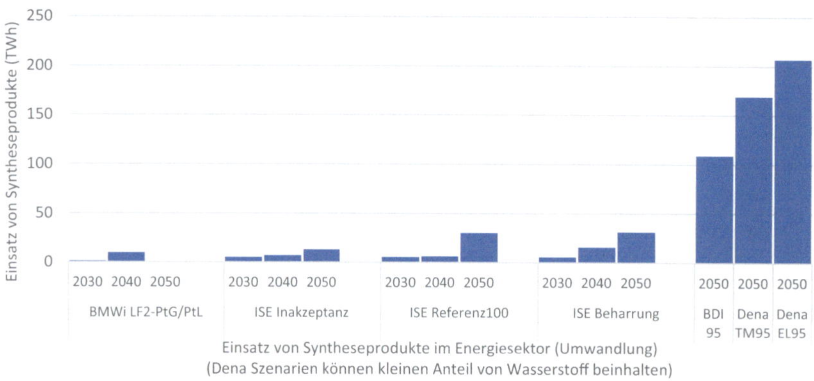


**Abb. 3.8** Spannbreite der wasserstoffbasierten Syntheseproduktnachfrage in 2030, 2040 und 2050 in 95 % und in treibhausgasneutralen Szenarien für den Sektor Energie [20].

Alternativ werden in einigen Studien Szenarien betrachtet, die einen stärkeren Fokus auf wasserstoffbasierte Synthesegasprodukte setzen, deren Beitrag zum Energiesektor bis 2050 etwa 200 TWh betragen könnte (Abbildung 3.8).

Für die Dekarbonisierung sind verschiedene Pfade darstellbar, die z. B. entweder stärker auf einer direkten Elektrifizierung basieren, die Nutzung von Wasserstoff in den Mittelpunkt stellen oder sehr stark die Nutzung synthetischer Energieträger forcieren und zu großen Unterschieden in der Nachfrage führen. In den nachfolgenden Abschnitten wird eine potenzielle Nachfrage in den unterschiedlichen Sektoren Industrie, Verkehr, (Gebäude-)Wärme sowie Energie erörtert.

## 3.5.1 Sektor Industrie

Im Gegensatz zu vielen anderen Sektoren ist in einigen Branchen der Industrie die Nutzung von Wasserstoff in großtechnischem Maßstab bereits lange erprobt und Stand der Technik. Speziell in der Chemieindustrie werden bei der Synthese von Ammoniak und Methanol sowie zur Rohölveredelung in Raffinerien bereits große Mengen Wasserstoff eingesetzt. Die Einführung von wasserstoffbasierten Produktionstechnologien in weiteren Industriebranchen kann zukünftig einen wichtigen Beitrag zur Dekarbonisierung der Industrie leisten, die mit aktuell etwa 23 Prozent der Emissionen [21] und 30 Prozent des Endenergiebedarfs [22] in Deutschland einen großen Hebel zur Erreichung der Klimaziele darstellt. Die einzelnen Industriebranchen stehen dabei vor unterschiedlichen Herausforderungen, welche u. a. durch ihre Marktstrukturen und Produktionstechnologien geprägt sind.

Grüner Wasserstoff, der über die Elektrolyse unter Nutzung von Strom aus erneuerbaren Energien erzeugt wird, kann eine Schlüsselrolle beim Übergang zu einer $CO_2$-neutralen Industrieproduktion einnehmen. Dabei ist der Einsatz sowohl als Energieträger als auch als Rohstoff in verschiedenen industriellen Prozessrouten vielversprechend. Grundsätzlich kann $CO_2$ aus industriellen Prozessen (Carbon Capture and Usage, CCU) genutzt werden, um in Kombination mit grünem Wasserstoff kohlenstoffhaltige Produkte herzustellen. Zudem können $CO_2$-Emissionen vermieden werden, wenn Wasserstoff als Ersatz für kohlenstoffhaltige Einsatzstoffe wie Kohle oder Erdgas verwendet wird (Carbon Direct Avoidance, CDA) (Abbildung 3.9).

### Aktuelle Wasserstoffnachfrage in der Industrie und dessen Erzeugung

Die heutige Wasserstoffnutzung ist durch die Abnehmer in der chemischen Industrie und der Raffinerietechnik geprägt. In der chemischen Industrie sind speziell die Herstellung von Ammoniak und Methanol zu nennen, für welche der Wasserstoff stofflich genutzt wird. Derzeit wird der für die Ammoniakproduktion benötigte

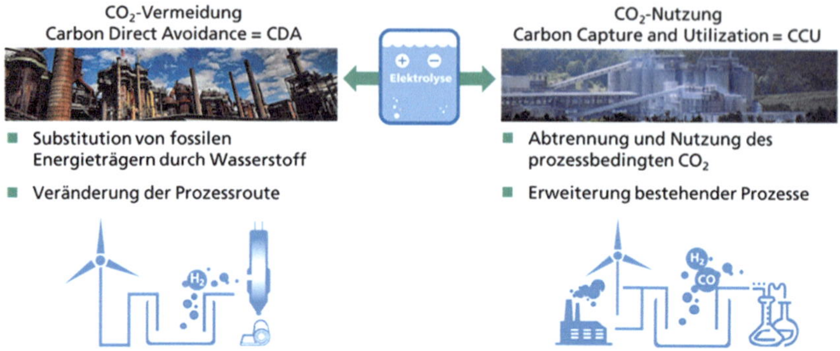


**Abb. 3.9** Einsatz von Wasserstoff zur Reduzierung industrieller $CO_2$-Emissionen

Wasserstoff hauptsächlich aus Erdgas über die Dampfreformierung erzeugt, welche hohe spezifische $CO_2$-Emissionen aufweist [6]. Die Produktion des benötigten Wasserstoffs wird hauptsächlich in wenigen großen, integrierten Anlagen in Chemieparks und Raffinerien betrieben oder fällt als Nebenprodukt in chemischen Prozessen an (z. B. Chlor-Alkali-Elektrolyse).

Ammoniak ist einer der wichtigsten anorganischen Grundstoffe und verzeichnet weltweit einen stetigen Anstieg mit zunehmender Weltbevölkerung. In Zukunft könnte die Bedeutung noch stärker steigen, da Ammoniak neben dem Einsatz in Düngemitteln zusätzliches Potenzial als Energieträger in Kraftwerken und Motoren sowie durch seine Transport- und Speicherfähigkeit die Möglichkeit der Rückgewinnung des chemisch gebundenen Wasserstoffs bietet. Methanol ist in der chemischen Industrie als Zwischenprodukt für eine Vielzahl von Industriechemikalien weit verbreitet. Darüber hinaus hat Methanol hervorragende Verbrennungseigenschaften, was den Einsatz als Kraftstoff oder Kraftstoffadditiv in Fahrzeugen ermöglicht. Eine verstärkte Nutzung von Methanol als Energieträger hätte den Vorteil, dass bestehende Infrastrukturen in der Energieversorgung, aber auch in der Chemieindustrie genutzt werden könnten.

Für die Verarbeitung von Rohöl in Raffinerien wird Wasserstoff in mehreren Prozessschritten großtechnisch eingesetzt. Ein Großteil (78 Prozent) des benötigten Wasserstoffs in deutschen Raffinerien sind Nebenprodukte (z. B. aus Reformern) aus der Rohölraffination und die restlichen 22 Prozent (5 TWh) werden zusätzlich lokal über Dampfreformierung von Erdgas hergestellt [23]. Langfristig wird voraussichtlich ein Großteil der fossilen Brennstoffe weitgehend verdrängt und durch alternative, $CO_2$-freie Kraftstoffe ersetzt werden. Einzig im Flugverkehr sowie in der chemischen Industrie werden jedoch weiterhin kohlenstoffhaltige Einsatzstoffe benötigt. Sowohl in der Grundstoffchemie als auch in Raffinerien müssen für eine dekarbonisierte Zukunft im Jahr 2050 die derzeitig auf fossilen Energieträgern basierten Prozesse durch kohlenstofffreie oder kohlenstoffneutrale Alternativen ersetzt werden. Der Kostendruck ist in diesem Bereich groß, wodurch der Einsatz von grünem Wasserstoff nur durch entsprechende Regulierungen hinsichtlich Anrechnung auf THG-Quoten und durch geeignete Umsetzung der RED II [24] wirtschaftlich abbildbar werden wird.

### Einsatzpotenziale für Wasserstoff in der emissionsfreien Produktion

Neben der Umstellung auf grünen Wasserstoff in den Prozessen, in denen heute schon Wasserstoff eingesetzt wird, sind zur Emissionsreduktion für eine zukünftige $CO_2$-neutrale Industrie neue Syntheserouten mit Wasserstoff zur Produktion neuer Rohstoffe eine Möglichkeit. Allgemein wird die Herstellung von Rohstoffen über Strom aus erneuerbaren Energien Power-to-X (PtX) genannt. Eine mögliche klimaneutrale Anwendung zur heutzutage emissionsintensiven Kunststoffproduktion über Steam Cracker ist die Produktion von Olefinen über Methanol als Zwischenprodukt, die sogenannte Prozessroute Methanol-to-Olefins (MtO-Prozessroute). Eine vielversprechende klimaneutrale Alternative zur primären Stahlproduktion über die Hochofenroute ist die Direktreduktion mit Wasserstoff (H2-DRI) [25]. Das Produkt wird als Eisenschwamm bezeichnet (Direct Reduced Iron, DRI) und in einem Elektrolichtbogenofen zu Stahl weiterverarbeitet.

### Emissionsfreie Erzeugung von Hochtemperaturwärme mit Wasserstoff

Aufgrund der hohen Verbrennungstemperaturen von Wasserstoff ist der energetische Einsatz in Hochtemperaturanwendungen eine Möglichkeit. Hierzu zählen vor allem die Glas- und Keramik- sowie die Zement- und Kalkindustrie. Es werden Temperaturen von 1.000 °C und höher benötigt, die heutzutage hauptsächlich durch den Einsatz von Erdgas bereitgestellt werden. Auch hier existieren bereits eine Reihe von Forschungsprojekten (HyGlass, HeidelbergZement, Brennertechnologien); derartige Anlagen sind bisher allerdings noch nicht errichtet worden.

### Wasserstoffpotenzial in der Industrie und Bedeutung für den Klimaschutz

Durch eine konsequente Weiterentwicklung der Technologien in der chemischen Industrie kann – bei weiterer Nutzung der bestehenden Prozesse und steigender

Wirtschaftlichkeit – grüner Wasserstoff kurz- bis mittelfristig als Substitut des derzeit genutzten grauen Wasserstoffs eingesetzt werden. Mittel- bis langfristig kann grüner Wasserstoff in vielen Bereichen Erdgas als Rohstoff und Energieträger verdrängen. Als Beispiel sei hier der MtO-Prozess genannt. Der Einsatz von Wasserstoff für die Erzeugung von höherwertigen PtX-Produkten hängt allerdings auch stark von der Nachfrage anderer Sektoren ab, z. B. dem Verkehr.

Da Kohlenstoff ein unverzichtbarer Rohstoff für PtX-Technologien ist und viele Prozesse der chemischen Industrie Kohlenstoff stofflich nutzen, sind Technologien wie CCU und DAC zur $CO_2$-Bereitstellung eng mit einer Wasserstoffwirtschaft verknüpft und sollten weiter erforscht werden. Langfristig wird die Nutzung des Wasserstoffs in PtX-Produkten nur zu einer $CO_2$-neutralen Wirtschaft beitragen, wenn eine $CO_2$-Kreislaufwirtschaft ermöglicht oder $CO_2$ aus Luftabscheidung verfügbar ist. In der Stahlherstellung wird von vielen Akteuren die Umstellung der primären Stahlerzeugung vom Hochofen auf die Direktreduktion gesehen. Hier ist mittelfristig zunächst der Betrieb mit Erdgas und Beimischung von grünem Wasserstoff anzustreben und langfristig der vollständige Betrieb mit grünem Wasserstoff. Tabelle 3.2 gibt einen Überblick über die erschließbaren Wasserstoffpo-

**Tab. 3.2** Überblick über potenzielle prozessspezifische industrielle Wasserstoffnachfragemengen in TWh mit Einschätzung der Technologiereife sowie Produktionsvolumina im Jahr 2018 [26]

| Industriebranche | Prozess | Produktionsvolumen in Mio. t | Spezifischer $H_2$-Bedarf in MWh/t[a] | $H_2$-Potenzial in TWh | TRL [1–9] |
|---|---|---|---|---|---|
| Basischemie | Ammoniak | 2,9 | 5,9 | 17 | 8–9 |
| | Methanol | 1,1 | 6,3 | 8 | 9 |
| | Olefine | 5,2 | 17,7 | 76 | 8–9 |
| Rohstahl | $H_2$-Direktreduktion | 29,6 | 3,2 | 56 | 7–8 |
| Metallverarbeitung | HT-Prozesswärme | 32,5 | 0,6 | 18 | |
| Nichteisen-Metalle | HT-Prozesswärme | – | 6,5 | 14 | |
| Raffinerien | Rohölveredelung | – | – | 18 | 8 |
| Glas & Keramik | HT-Prozesswärme | 21,2 | 1,6 | 16,5 | 6–7 |
| Zement & Kalk | HT-Prozesswärme | 30,9 | 0,9 | 13–37 | 6–7 |
| Papier | Dampferzeugung | 39,8 | 1,6 | 20–31 | |
| Weitere | NT-Prozesswärme Dampferzeugung | – | – | 77–105 | 6–7 |
| SUMME | – | – | – | 386–463 | – |

[a] Angaben zu spezifischem $H_2$-Bedarf sind gemittelte Werte über die jeweilige Branche. Der Bedarf einzelner Produkte und Prozessschritte innerhalb der Branchen variiert.

tenziale der Industrie in Deutschland, ausgehend von den heutzutage ansässigen Industrien und Produktionsvolumina.

Eine wichtige Voraussetzung für die Wirtschaftlichkeit $CO_2$-emissionsneutraler industrieller Produktionsprozesse auf Basis von grünem Wasserstoff bilden die regulatorischen Rahmenbedingungen. Diese bestimmen zum einen wesentlich den Preis, die Verfügbarkeit von Strom aus erneuerbaren Energien und zudem die Kosten der $CO_2$-intensiven Herstellungsrouten durch die $CO_2$-Steuer sowie $CO_2$-Zertifikatskosten. Die Weltwirtschaft ist sehr stark von den Produkten aus der Stahl- und Chemieindustrie abhängig und die derzeitige Produktion mit fossilen Rohstoffen ist mit sehr hohen spezifischen $CO_2$-Emissionen verbunden. Daher sollte der verfügbare grüne Wasserstoff mit einer hohen Priorität in diesen Industriebereichen zum Einsatz kommen.

### 3.5.2 Sektor Verkehr

Wasserstoff kann für eine Reihe von Anwendungen im Mobilitätssektor eingesetzt werden. Brennstoffzellen-Fahrzeuge sind schon heute im Pkw-Segment kommerziell in ersten Kleinserien verfügbar. Allerdings bieten derzeit nur asiatische Hersteller Modelle an. Im Bereich des Materialtransports sind Brennstoffzellen beispielsweise bei Gabelstaplern im Regelbetrieb zu finden. Weiterhin existieren Flottenversuche in Deutschland im Busverkehrs-Sektor (Nah- und Fernbusse). Im Lkw-Segment, insbesondere bei mittleren und schweren Lkw, gibt es starke Aktivitäten und der Produktionsstart ist in naher Zukunft vorgesehen. Im Schienenverkehr gibt es erste Flottenversuche bzw. Ankündigungen für nichtelektrifizierte Streckenteile.

Darüber hinaus sind erste Tests von Brennstoffzellen im maritimen Bereich von Fähren und Hochseepassagierschiffen geplant (Brennstoffzellen werden bereits seit Jahren im militärischen Bereich auf See eingesetzt, z. B. in U-Booten). Daneben wird die Anwendbarkeit im Luftverkehr erforscht. Auch in Nischenanwendungen besteht zukünftig ein Marktpotenzial, z. B. bei Straßendienstfahrzeugen, Baustellenfahrzeugen und weiteren vergleichbaren Spezialfahrzeugen wie Ground-Handling-Fahrzeugen an Flughäfen oder Lastfahrzeugen für Häfen [8].

Einschränkungen für Brennstoffzellenfahrzeuge existieren bei Anwendungen, bei denen eine sehr hohe Energiedichte gefordert wird, wie im internationalen Flug- und Seeverkehr. Dort werden vorrangig synthetische und erneuerbare Kraftstoffe auf Basis von Wasserstoff diskutiert. Im nationalen Flug- und Schiffsverkehr ist der Einsatz von Wasserstoff und Brennstoffzellen eher möglich und es gibt erste Entwicklungs- und Demonstrationsvorhaben. Auf der anderen Seite gibt es

Anwendungen, in denen die Anforderungen an die Energiedichte vergleichsweise gering sind. Hier dominieren aus wirtschaftlichen Gründen derzeit und wahrscheinlich auch künftig batterieelektrische Lösungen, z. B. bei der Micromobilität, Fahrrädern und kleinen und mittleren Pkw.

Nach Ansicht der Studie des Hydrogen Council [27] sind nach heutigem Kenntnisstand die vielversprechendsten Einsatzgebiete für Wasserstoff in Kombination mit der Brennstoffzelle (BZ) folgende Anwendungsbereiche: Lkw der mittleren und schweren Gewichtsklassen, Fernreisebusse und Langstreckenbusse im urbanen Umfeld, große Pkw und SUV mit hohen Reichweitenanforderungen, Taxiflotten, Regionalzüge und Flurförderfahrzeuge. Brennstoffzellen-Lkw spielen aktuell im Rahmen der nationalen Wasserstoffstrategie eine wichtige Rolle. Der Lkw-Sektor steht aufgrund der europäischen Flottengrenzwerte sowie der beschlossenen Treibhausgasminderungsziele im Verkehr in Deutschland vor der Herausforderung, Lösungen zur Dekarbonisierung zu finden. BZ-Lkw sind neben den elektrischen Lösungen (Batterie-Lkw und Oberleitungs-Lkw) eine wichtige Option.

Darauf reagieren Fahrzeughersteller, indem sie Brennstoffzellen-Fahrzeuge im Pkw-Sektor erst einmal zurückstellen und sich auf Brennstoffzellen-Lkw konzentrieren.

Brennstoffzellen-Busse waren eine der ersten Anwendungen von Wasserstoff in der Mobilität. Es gibt eine Reihe von Demonstrations- und Pilotprojekten und aktuell erste Kleinserien [28]. Platz- und Gewichtsverluste spielen hier keine so große Rolle wie bei Lkw und Pkw. In dieser Anwendung haben Brennstoffzellen eine recht hohe Lebensdauer gezeigt, weil sie permanent über längere Zeitabschnitte betrieben werden. Durch regionale Busverkehre konnte eine Betankungsinfrastruktur aufgebaut werden. Eine Tankstelle reicht für die Wasserstoffversorgung einer kleinen, regional agierenden Busflotte. Angesichts der Tatsache, dass viele städtische Busflotten heute subventioniert werden, ist dies ein Segment, in dem politische Entscheidungen eine frühzeitige Einführung fördern könnten. Brennstoffzellen-Busse spielen auch eine wichtige Rolle in der Diskussion um die lokale Emissionsbelastung in Städten. Nach Ansicht der Studie des Hydrogen Council können sie zu einer kosteneffizienten Möglichkeit werden, um insbesondere Langstreckenbussegmente zu dekarbonisieren [27].

Neben Bussen und Lkw sind aufgrund techno-ökonomischer Rahmenbedingungen und der Einflussmöglichkeiten politischer Entscheidungsträger Brennstoffzellenzüge künftig von Relevanz. Im Jahr 2017 wurden 242,5 Mio. Zug-km und damit 36 Prozent der gesamten im deutschen Schienenpersonennahverkehr erbrachten Betriebsleistung mit Dieseltriebzügen bzw. diesellokbespannten Zügen erbracht [29]. Zu dessen Ersatz wird in den letzten Jahren – neben der Elektrifizierung von Strecken oder dem Einsatz von Batterie-Zügen der Einsatz von Brennstoffzellen vermehrt verfolgt.

Wenn man die zukünftigen Nachfrageszenarien nach Wasserstoff im Verkehr betrachtet, so wird bis 2030 noch ein geringerer Wasserstoffbedarf gesehen (bis zu optimistischen 21 TWh bei einem Gesamtendenergiebedarf im Verkehr zwischen 600 bis 700 TWh je nach Studie und Szenario) [4], [5], [30], [31], [32], [33]. Syntheseprodukte auf der Basis von Wasserstoff können zusätzlich bis zu 10 TWh ausmachen. Ein Treiber für den frühen Einsatz sind die $CO_2$-Flottengrenzwerte der EU für Pkw und Lkw. Im Jahr 2050 hingegen werden hohe Potenziale für Wasserstoff und Syntheseprodukte gesehen (je nach Studie und Szenario 150 bis 320 TWh). Unbestritten existiert dabei ein hoher Bedarf beim internationalen Flug- und Schiffsverkehr. Die hier zum Einsatz kommenden Syntheseprodukte erreichen zusammen mit biogenen Kraftstoffen eine mögliche Nachfrage zwischen 150 bis 200 TWh. Im Straßengüterverkehr wird im Jahr 2050 ein Nachfragepotenzial nach Wasserstoff von 40 TWh gesehen [30], im Straßenpersonenverkehr wird ein Potenzial von über 50 bis über 80 TWh [33] für möglich erachtet.

### 3.5.3 Sektor Wärme

Die mögliche zukünftige Nachfrage von Wasserstoff als Energieträger zur Deckung des Wärmebedarfs wird von unterschiedlichen Determinanten geprägt. Zum einen ist dies die aktuelle Zusammensetzung des Wärmemarktes im Gebäudebereich. Der Wärmebedarf betrug in 2019 855 TWh [34]. Häufigste Technologie sind mit 50 Prozent Gaskessel, gefolgt von Ölkesseln (25 Prozent) und Fernwärme (14 Prozent). Es gibt daher ein sehr weit ausgebautes Erdgasnetz in Deutschland. Im Neubau haben Wärmepumpen bereits einen Anteil von 30 Prozent mit stark steigender Tendenz [35], [36]. Lösungsansätze für die Wärmewende adressieren die beiden grundsätzlichen Mechanismen: Wechsel von fossilen zu $CO_2$-freien Energieträgern und Reduktion des Wärmebedarfs durch Sanierung der Bestandsbauten oder höhere Dämmstandards bei Neubauten.

Der zweite Einflussfaktor ist die Verfügbarkeit von geeigneten Technologien und deren ökonomische Vorteilhaftigkeit. Für die Wärmeversorgung auf Basis erneuerbarer Energien stehen als Schlüsseltechnologien Wärmepumpen und sogenannte grüne Fernwärme zur Verfügung. Wärmepumpen nutzen zu zwei Dritteln Umgebungswärme, zu einem Drittel erneuerbaren Strom. Fernwärme kann durch den Einsatz von Wärmepumpen, Solarthermie oder auch Biomasse $CO_2$-arm erzeugt werden. Hinzu kommt als Option Wasserstoff, der in geeigneten Kesseln verbrannt werden oder in Brennstoffzellen in Wärme und Strom gewandelt werden kann. Das zukünftige Nachfragepotenzial von $H_2$ zur Bereitstellung von Wärme im Gebäudebereich ergibt sich daher aus dem Umfang der Bedarfsreduktion und der vergleichenden Bewertung der erneuerbaren Energieträger und Wandlungstechnologien.

Ein erstes Kriterium für diesen Vergleich ist die Energieeffizienz, d.h. wie viele kWh erneuerbarer Strom eingesetzt werden muss, um eine kWh Wärme zu erzeugen. Mit einer Jahresarbeitszahl von 3,5 bei Neubauten oder sanierten Bestandsbauten bzw. 2,8 in unsanierten Gebäuden sind Wärmepumpen rund fünfmal effizienter als die Verbrennung von Wasserstoff in einem Kessel. Auch wenn man die bei der Elektrolyse mit einem Wirkungsgrad von 54 Prozent anfallende Abwärme nutzen kann, ist die Effizienz der Wärmepumpe immer noch um einen Faktor drei größer. Ein weiteres wichtiges Kriterium sind die Herstell- und Transportkosten. Die Stromgestehungskosten sind gleich, die Nutzung von entfernten Standorten mit hoher Sonneneinstrahlung oder hohem Windkraftpotenzial wird durch geringere Transportkosten von Wasserstoff ökonomisch attraktiver. Die Umstellung der Gasverteilnetze auf Wasserstoff oder deren Neubau befindet sich sowohl in technischer Hinsicht als auch in Bezug auf damit verbundene Kosten noch in der Klärung. Erste Abschätzungen gehen von einer Verdopplung der Kosten für Gastransport und -verteilung aus. Das ist voraussichtlich dennoch etwas günstiger als Errichtung und Betrieb von Stromnetzen. Wärmeerzeuger, die $H_2$ nutzen können, sind marktverfügbar; z. B. Brennstoffzellen, auch wenn diese bisher nur in sehr kleinen Leistungsklassen als Heizgeräte angeboten werden. Die Entwicklung von Wasserstoffkesseln ist weit vorangeschritten und erste Geräte werden in Feldversuchen getestet (vgl. Kapitel 7) [37].

Die Nachfrage nach Wasserstoff in den Sektoren Haushalte (HH) sowie Gewerbe, Dienstleistung, Handel (GHD) wird in Szenarien zur Entwicklung des deutschen Energiesystems bis zum Jahre 2050 unterschiedlich bewertet. Für das Jahr 2030 wird in allen Szenarioanalysen keine oder nur eine sehr geringe Nachfrage für Wasserstoff angegeben (< 1 TWh). Lediglich in Szenarien, in denen die Nachfrage vorgegeben wurde, werden höhere Mengen angegeben [20]. Für 2050 sehen die Modellrechnungen eine sehr unterschiedliche Entwicklung der Nachfrage an Wasserstoff. Abbildung 3.10 stellt den in unterschiedlichen Studien ermittelten Endenergiebedarf für Heizen, Kühlen und elektrische Verbraucher dar. Strom und Umgebungswärme sowie Fernwärme dominieren im Jahr 2050 als Energieträger im Gebäudesektor. Die unterschiedlichen Gesamtmengen ergeben sich aus differierenden Annahmen zu Umfang und Qualität durchgeführter Sanierungsmaßnahmen und zur Entwicklung des Bedarfs an Wohn- oder Bürofläche. Für Wasserstoff,

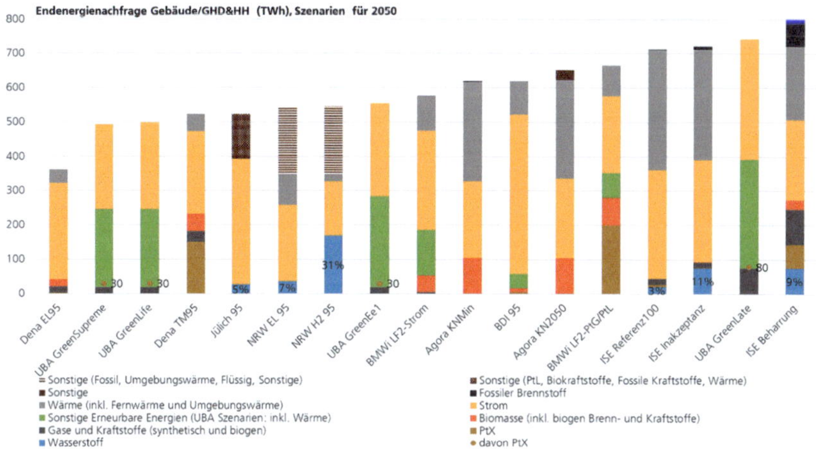


**Abb. 3.10** Vergleich von Szenarien der Endenergienachfrage in den Sektoren Haushalte (HH) sowie Gewerbe, Dienstleistung, Handel (GHD) im Jahre 2050. [20]

Syntheseprodukte und Biomasse werden insgesamt zwischen 17 und 281 TWh berechnet. Der ermittelte Bedarf an Wasserstoff beträgt für diese Sektoren 0 bis 36 TWh, das entspricht 0 bis 9 Prozent. In Studien mit Beschränkungen bei Wettbewerbstechnologien wie der direkten Nutzung von Strom (ISE Beharrung und Inakzeptanz) werden 76 TWh ermittelt, das sind rund 11 Prozent. Dezentrale, autarke Lösungen wurden in den Studien in der Regel nicht betrachtet [20].

### 3.5.4 Sektor Energiesysteme

Im Sektor Energiewirtschaft wird neben dem Haupttreiber des Ausbaus erneuerbarer Energien auch Wasserstoff eine Rolle spielen, um $CO_2$-Emissionen zu senken. Hieraus ergeben sich zwei wesentliche Fragestellungen, die nachfolgend diskutiert werden:

- Wieviel Wasserstoff muss langfristig (2050) zur Gewährleistung der Versorgungssicherheit verstromt werden?
- Kann durch die direkte Nutzung von Wasserstoff statt Erdgas als Brennstoff ein Effizienzvorteil erreicht werden? Welche Infrastrukturentscheidungen sind damit bis 2050 verbunden?

### Langfristperspektive

Im Rahmen der Publikation des Fraunhofer IEE [38] wurde ein europäisches Null-Emissionsszenario 2050 für eine Bandbreite von möglichen Wasserstoff-Importpreisen optimiert. Dabei wurde davon ausgegangen, dass alle Gasturbinen mit 100 Prozent Wasserstoff betrieben werden können. Bestehende Gaskraftwerke sind bei dieser Betrachtung ausgenommen. Für Deutschland liegt dabei der Stromverbrauch aus Rückverstromung von Wasserstoff bei ca. 1.000 TWh mit hohen Anteilen von Onshore-Winderzeugung.

### Nachfrage zur Verstromung von Wasserstoff

Die Nachfragekorridore für die (Rück-)Verstromung von Wasserstoff in der Europäischen Union (inkl. GBR, NOR, CHE) liegen zwischen 70 $TWh_{el}$ [6] und 271 bzw. 293 $TWh_{el}$ [38]. Für diese Betrachtungen wurden $H_2$-Importpreise in Höhe von 94 bzw. 79 Euro/MWh zugrunde gelegt. Bei einem Wirkungsgrad von 40 Prozent ergibt sich daraus ein $H_2$-Bedarf von bis zu 733 TWh. Aufgrund der zentralen Lage Deutschlands und den guten Möglichkeiten zum Stromimport aus Nachbarländern ergibt sich im EU-Vergleich ein sehr geringer Bedarf einer Wasserstoffverstromung. Es entfallen hier mit 31 bzw. 34 $TWh_{el}$ sehr geringe Anteile auf Deutschland.

Die vorgenannten Nachfragekorridore basieren auf Szenarien, die die Einspeisung erneuerbarer Energien (EE) in den Strommarkt umfassen. Im Vergleich zum Strom wird Wasserstoff meist in wenigen Stunden zu Zeiten sehr geringer EE-Einspeisung eingesetzt. Deshalb wird der europäische Stromsektor unter Berücksichtigung der Umwandlungsverluste zwar ein relevanter, aber im Vergleich zur Industrie ein kleinerer Treiber der Wasserstoffnachfrage sein. Die installierte Leistung von Stromerzeugern auf Basis von Wasserstoff in Europa beträgt in aktuellen Szenarien zwischen 100 GW [6] und 176 bzw. 184 GW [38].

### Technologien zur Verstromung von Wasserstoff

Technologisch erfordert die Wasserstoffverstromung flexible Anlagenfahrweisen, die auch mit geringer Auslastung ökonomisch betrieben werden können. Der Einsatz von neuen, wasserstofffähigen Gasturbinen bietet hier eine sinnvolle Option. Dabei findet der Großteil der Rückverstromung in KWK-Anlagen statt. Je nach Szenario zur Erreichbarkeit von negativen Emissionen (z. B. Einsatz von BECCS-Holzheizwerken in der Industrieprozesswärme) verschieben sich dabei die Anteile der erzeugten Wärmearten zwischen Fernwärme, Prozesswärme und reinen Kondensationskraftwerken. Dabei ist der KWK-Anteil an der Wärmeerzeugung für Fern- und Prozesswärme relativ gering. Die Wärmeerzeugung in diesen Systemen wird von Großwärmepumpen und Elektrodenkesseln dominiert. Sollten

Hochtemperatur-Brennstoffzellen mit niedrigeren spezifischen Investitionen verfügbar werden, könnten diese je nach dezentraler $H_2$-Infrastrukturverfügbarkeit auch im Bereich der Spitzenlastdeckung der Stromversorgung in Einzelgebäuden oder aggregiert in Fernwärme oder Industrieprozesswärme bis 200 °C zum Einsatz kommen.

Für bestehende Gasturbinen bliebe in Zukunft die Nutzung von synthetischem Erdgas (SNG), basierend auf Wasserstoff. Bei einer vollständigen Transformation des Gasnetzes auf Wasserstoff wäre der Übergang auf eine LNG-Infrastruktur eine Alternative, um bestehende Gasturbinen weiterhin betreiben zu können.

Back-Up-Kraftwerke, welche mit Fokus auf das Stromnetz und Extremereignisse Versorgungssicherheit bereitstellen und nicht im Strommarkt eingesetzt werden, können mit PtL-Brennstoffen infrastrukturunabhängig versorgt werden, wie die Netzstabilitätsanlage von EnBW AG für TransnetBW in Marbach[2] zeigt. Wenn für die Versorgung mit Wasserstoff keine großen Infrastrukturen in Form von Transportnetzen aufgebaut oder genutzt werden können, stellt sich die Frage, ob die Belieferung und die Speicherung von Wasserstoff in der unmittelbaren Nähe der Stromerzeugungsanlagen wirtschaftlich sein können.

## Transformationspfad

Für den Betrieb bestehender Gasturbinen gibt das DVGW-Arbeitsblatt G 262 (A) deutliche Restriktionen bzgl. des $H_2$-Anteils vor, der sich insbesondere auf die Dichtelemente und Probleme des Flammenrückschlags in der Gasturbine auswirken. Je nach Gasturbinenhersteller bewegen sich die Grenzwerte für $H_2$ für Bestandsanlagen im Bereich von 1 bis 5 Vol.-%. Um den Wasserstoffanteil in der Gasturbine indirekt zu erhöhen, kann eine Ammoniak-Beimischung zum fossilen Erdgas mit einem heizwertbezogenen Ammoniakanteil von bis zu 20 Prozent eine Alternative sein [39], [40]. Dieser Beimischungswert soll z. B. in Japan bis zum Jahr 2030 erreicht werden[3]. Ammoniak wird mit dem Haber-Bosch-Verfahren hergestellt, das gegenüber der Methanisierung von SNG einen höheren Wirkungsgrad und niedrigere Kosten aufzeigt. Ähnlich ergibt sich bei der direkten Wasserstoffnutzung im Transformationspfad ein Effizienzvorteil bezogen auf die EE-Stromerzeugung gegenüber PtL oder PtG.

Grundsätzlich weist die direkte Wasserstoffnutzung in neuen Gaskraftwerken gegenüber dem verlustbehafteten Synthetisieren von grünem Wasserstoff zu SNG

[2] Weitere Informationen unter: https://www.enbw.com/unternehmen/konzern/energieerzeugung/neubau-und-projekte/netzstabilitaetsanlage-marbach/

[3] Weitere Informationen unter: Japans „grüne Wachstumsstrategie" von Dezember 2020: https://www.meti.go.jp/english/press/2020/1225_001.html

für die Nutzung in konventionellen Gaskraftwerken je nach Transportverlusten Effizienzvorteile von ca. 30 Prozent bezogen auf die EE-Stromerzeugung auf. Standortspezifisch kann dabei eine frühzeitige Verfügbarkeit eines $H_2$-Netzes diese Technologie ermöglichen. In der Anlagenklasse unter 100 MW sind bereits heute Gasturbinen für den Einsatz von reinem Wasserstoff als Brennstoff erhältlich. Der Einsatz ist jedoch noch auf Spezialfälle der Industrie beschränkt. Es besteht teilweise noch Forschungsbedarf, um die Kosten zu senken und auch die größten Leistungsklassen auf den Betrieb mit Wasserstoff auszulegen sowie die Toleranzbreite für $H_2$-Beimischungen in den Anlagen zu erhöhen.

Hinsichtlich einer flächendeckenden und daher langwierigen Umwidmung der Gasnetze auf Wasserstoff stellt sich die Frage, ob die langlebigen Investitionen in neue, wasserstofftolerante Gasturbinen zu Lock-In-Effekten führen. Beimischungen von Wasserstoff zu Methan sind bis zu einem gewissen Prozentsatz möglich. Es existiert eine Selbstverpflichtung aller europäischen Turbinenhersteller, 2020 eine Verträglichkeit von 20 Vol.-% Wasserstoff für Neuanlagen und bis 2030 auch für 100 Prozent Wasserstoff zu ermöglichen.[4] Für neue Gasturbinen in der Fernwärme der Stadt Leipzig ist wenige Jahre nach Inbetriebnahme im Jahre 2022 ein Betrieb mit 30 bis 50 Vol.-% Wasserstoff vorgesehen.[5] Anderseits entspricht ein $H_2$-Anteil von 20 Vol.-% nur einem heizwertbezogenen Energieanteil von 7 bis 8 Prozent. Eine Steigerung auf 100 Prozent $H_2$ bedingt aber einen Austausch der Brennkammer in der Gasturbine und damit Kosten für eine Anlagenumrüstung.

Für (Hochtemperatur-)Brennstoffzellen sind Lock-In-Effekte ggf. noch zu diskutieren, da diese entweder für Wasserstoff oder Erdgas ausgelegt werden. Bei SOFC läuft die (teil-)integrierte Dampfreformierung von Erdgas durch die hohe Betriebstemperatur im Anodenraum als endotherme Teilreaktion, bei der der Stack die Abwärme für die Reformierungsreaktion liefert. Hier ist offen, ob ein höherer Kühlbedarf beim Stack, der durch eine Umstellung von $CH_4$ auf $H_2$ erforderlich wäre, nachträglich kompensiert werden könnte bzw. wie hoch die Kosten wären. Bei PEM läuft die Erdgasreformierung zwar extern ab, allerdings müsste bei einer $H_2$-Umstellung der Arbeitsdruck durch Umbaumaßnahmen angepasst werden.

Grundsätzlich ist die Lebensdauer von Brennstoffzellen aus heutiger Sicht geringer als die von Gasturbinen. Zudem werden Brennstoffzellen in Verteilnetzen betrieben, die durch niedrige Druckniveaus gekennzeichnet sind und erst zu einem

[4] Weitere Informationen unter: https://www.euturbines.eu/publications/spotlight-on/spotlight-on-turbines-and-renewablc-gases.html

[5] Weitere Informationen unter: https://press.siemens-energy.com/global/de/pressemitteilung/gasturbinen-von-siemens-energy-ermoeglichen-klimaneutrale-energieversorgung-der

späteren Zeitpunkt auf Wasserstoff umgestellt würden als die Netzbereiche, in denen Gasturbinen betrieben werden. Geringere Lock-In-Effekte sind ebenfalls für kleine gasmotorische BHKW zu erwarten, welche laut DVGW bis zu 20 Vol.-% Wasserstoffbeimischung tolerieren können [41] und deren Lebensdauer ebenfalls geringer anzusetzen ist als die von Gasturbinen. Eine vollständige Wasserstoffversorgung von gasmotorischen BHKW wird derzeit bereits in Pilotanlagen getestet.[6] Für einen Dauerbetrieb stellen sich noch Forschungsfragen.

## Literatur


1. Eichhammer W., Oberle S., Händel M. et al (2019): Etude sur les Opportunites et Priorites du "Power-to-X" au Maroc. Studie gefördert von BMWi, durchgeführt vom Fraunhofer ISI
2. Weichenhain U., Lange, S., Koolen J. et al (2020): Potenziale der Wasserstoff- und Brennstoffzellen- Industrie in Baden-Württemberg. https://www.e-mobilbw.de/service/meldungen-detail/neue-studie-zur-wasserstoff-und-brennstoffzellenindustrie-in-baden-wuerttemberg, abgerufen am 27.11.2021
3. NOW (2018): Studie IndWEDe – Industrialisierung der Wasserelektrolyse in Deutschland: Chancen und Herausforderungen für nachhaltigen Wasserstoff für Verkehr, Strom und Wärme. https://www.ipa.fraunhofer.de/content/dam/ipa/de/documents/Publikationen/Studien/Studie-IndWEDe.pdf, abgerufen am 27.11.2021
4. BDI, BCG, prognos (2018). Klimapfade für Deutschland. Studie. https://bdi.eu/publikation/news/klimapfade-fuer-deutschland/, abgerufen am 27.11.2021
5. Deutsche Energie-Agentur (2018): dena-Leitstudie Integrierte Energiewende. https://www.dena.de/themen-projekte/projekte/energiesysteme/dena-leitstudie-integrierte-energiewende/, abgerufen am 27.11.2021
6. Hebling C., Ragwitz M., Fleiter T. et al (2019): Eine Wasserstoff-Roadmap für Deutschland. Fraunhofer ISI & ISE, Karlsruhe und Freiburg
7. BMWi (2020): Wegbereiter für die Energieträger der Zukunft. Die nationale Wasserstoffstrategie – eine Weiterentwicklung der Energiewende. In: BMWi (Hrsg.): Schlaglichter der Wirtschaftspolitik. August 2020. Berlin, 64 S. 1
8. Weichenhain U., Lange, S., Koolen J. et al (2020): Potenziale der Wasserstoff- und Brennstoffzellen- Industrie in Baden-Württemberg. Roland Berger GmbH, München. 150 S.
9. BMWi (2020): Die Nationale Wasserstoffstrategie. Berlin, 32 S. 1
10. Fuel Cells and Hydrogen Joint Undertaking (2019): Hydrogen Roadmap Europe. A sustainable path for the european energy transition. https://www.fch.europa.eu/sites/default/files/Hydrogen%20Roadmap%20Europe_Report.pdf, abgerufen am 21.01.2019


[6] Weitere Informationen unter: https://www.stwhas.de/pressemitteilungen/hassfurt-nimmt-wasserstoff-blockheizkraftwerk-erfolgreich-in-betrieb

11. DWV (2018): Grüne Wasserstoff-Industrie – Lösung für den Strukturwandel? https://www.dwv-info.de/wp-content/uploads/2015/06/20181128-Pos.-Papier-zu-Strukturwandel-final.pdf, abgerufen 27.11.2021
12. Spath D., Bauer W., Voigt S. et al (2012): Elektromobilität und Beschäftigung – Wirkungen der Elektrifizierung des Antriebsstrangs auf Beschäftigung und Standortumgebung (ELAB). Fraunhofer Verlag, Stuttgart
13. Hydrogen Council (2017): Hydrogen scaling up – A sustainable pathway for the global energy transition. https://hydrogencouncil.com/wp-content/uploads/2017/11/Hydrogen-Scaling-up_Hydrogen-Council_2017.compressed.pdf
14. Lozanovski A., Schuller O., Faltenbacher M. et al (2013): Guidance document for performing LCA on hydrogen production systems. Fraunhofer-Verlag, Stuttgart
15. Sphera Solutions GmbH (1992): GaBi Software System and Database for Life Cycle Engineering. Leinfelden-Echterdingen
16. Upham P., Oltra C., Bosoc À. (2015): Towards a cross-paradigmatic framework of the social acceptance of energy systems. Energy Research & Social Science 8: 100–112
17. Schneider U., Dütschke E., Oltra C. et al (2017): Wasserstoff als neuer Energieträger. HYACINTH: Europaweite Akzeptanzbefragungen. HZwei. Das Magazin für Wasserstoff und Brennstoffzellen 17 (1): 31–32
18. Bögel P.M., Oltra C., Sala R. et al (2018): The role of attitudes in technology acceptance management. Reflections on the case of hydrogen fuel cells in Europe. Journal of cleaner production 188: 125–135. https://doi.org/10.1016/j.jclepro.2018.03.266
19. Upham P., Dütschk, E., Schneide, U. et al (2018): Agency and structure in a sociotechnical transition. Hydrogen fuel cells, conjunctural knowledge and structuration in Europe. Energy research & social science 37: 163–174. https://doi.org/10.1016/j.erss.2017.09.040
20. Wietschel M., Hebling, C., Ragwitz M. et al (2021): Metastudie Wasserstoff – Auswertung von Energiesystemstudien. Studie im Auftrag des Nationalen Wasserstoffrats. Karlsruhe, Freiburg, Cottbus: Fraunhofer ISI, Fraunhofer ISE, Fraunhofer IEG (Hrsg.).
21. BMU (2018). Klimaschutz in Zahlen (2018) – Fakten, Trends und Impulse deutscher Klimapolitik
22. AGEB (2020): Auswertungstabellen zur Energiebilanz Deutschland. 1990 bis 2018. Arbeitsgemeinschaft Energiebilanzen e.V.
23. Deutsche Energie-Agentur (2018): dena – Factsheet Erdölraffinerie
24. Europäisches Parlament (2018): Renewable Energy Directive. Official Journal of the European Union (61). http://data.europa.eu/eli/dir/2018/2001/2018-12-21
25. Herz G., Müller N., Adam P. et al (2020): Grüner Wasserstoff in der Rohstahlerzeugung. Stahl und Eisen 140: 14–18
26. Neuwirth, M. et al (2022): The future potential hydrogen demand in energy-intensive industries – a site-specific approach applied to Germany. Energy Conversion and Management 252: 115052. https://doi.org/10.1016/j.enconman.2021.115052
27. Hydrogen Council (2020): Path to hydrogen competitiveness – A cost perspective
28. Ehret O. (2020): Wasserstoffmobilität – Stand, Trends, Perspektiven. Studie des Center of Automotive Management (CAM). Bonn, 112 S.
29. NOW GmbH (2020): Marktanalyse alternativer Antriebe im deutschen Schienenpersonennahverkehr. Berlin, 19 S.

30. Prognos, Öko-Institut, Wuppertal-Institut (2020): Klimaneutrales Deutschland: In drei Schritten zu null Treibhausgasen bis 2050 über ein Zwischenziel von −65 % im Jahr 2030 als Teil des EU-Green-Deals
31. UBA (2019): Wege in eine ressourcenschonende Treibhausgasneutralität. RESCUE-Studie. Dessau
32. Sterchele P., Brandes J., Heilig J. et al (2020): Wege zu einem klimaneutralen Energiesystem – Die Deutsche Energiewende im Kontext gesellschaftlicher Verhaltensweisen. Fraunhofer ISE, Freiburg
33. Robinius M., Markewitz P., Lopion P. et al (2020): Wege für die Energiewende. Kosteneffiziente und klimagerechte Transformationsstrategien für das deutsche Energiesystem bis zum Jahr 2050
34. BMWi (2021): Die Energie der Zukunft. 8. Monitoring-Bericht zur Energiewende – Berichtsjahre 2018 und 2019. Berlin
35. BDEW (2020): Beheizungsstruktur des Wohnungsbestandes 2019. Bundesverband der Energie- und Wasserwirtschaft e. V.
36. BDEW (2020): Beheizungsstruktur des Wohnungsneubaus 2019. Bundesverband der Energie- und Wasserwirtschaft e. V.
37. Robert Meyer, Sebastian Herkel, Christoph Kost (2021): Die Rolle von Wasserstoff im Gebäudesektor: Vergleich technischer Möglichkeiten und Kosten defossilisierter Optionen der Wärmeerzeugung. Ariadne-Analyse, https://ariadneprojekt.de/media/2021/09/Ariadne-Analyse_WasserstoffGebaeudesektor_September2021.pdf
38. Frischmuth F., Härtel P. (2022): Hydrogen sourcing strategies and cross-sectoral flexibility trade-offs in net-neutral energy scenarios for Europe. Energy 238, Part B: 121598. https://doi.org/10.1016/j.energy.2021.121598
39. Ito S., Uchida M., Onishi S. et al (2018): Performance of Ammonia-Natural Gas Co-Fired Gas Turbine for Power Generation. 15th Annual NH3 Fuel Conference, Pittsburgh
40. Ayaz, S.K., Altuntas, O., Caliskan, H. (2018): Effect of ammonia fuel fraction on the exergetic performance of a gas turbine. Energy Procedia (144): 150–156. https://doi.org/10.1016/j.egypro.2018.06.020, abgerufen am 22.03.2021
41. DVGW (2013): Entwicklung von modularen Konzepten zur Erzeugung, Speicherung und Einspeisung von Wasserstoff und Methan ins Erdgasnetz. DVGW-Projekt G1-07-10. Leipzig

# 4 Einsatz von Wasserstofftechnologien im Energiesystem

Jochen Bard • Norman Gerhardt • Marie Plaisir • Ramona Schröer
Fraunhofer-Institut für Energiewirtschaft und Energiesystemtechnik IEE

Anne Held
Fraunhofer-Institut für System- und Innovationsforschung ISI

Hans-Martin Henning • Christoph Kost
Fraunhofer-Institut für Solare Energiesysteme ISE

Benjamin Pfluger • Mario Ragwitz
Fraunhofer-Einrichtung für Energieinfrastrukturen und Geothermie IEG

Andreas Reuter
Fraunhofer-Institut für Windenergiesysteme IWES

**Zusammenfassung**

Das Kapitel vergleicht die Rolle von Wasserstoff und synthetischen Energieträgern im Energiesystem und diskutiert ausgewählte Aspekte. Hierfür wurden Systemstudien herangezogen, die bestehende Wechselwirkungen zwischen Nachfrage, Erzeugung, räumlicher Verortung der Anlagen und den Aufbau und die Nutzung von Strom-, Gas- und Wärmenetzinfrastruktur berücksichtigen.



R. Neugebauer (Hrsg.), *Wasserstofftechnologien*,
https://doi.org/10.1007/978-3-662-64939-8_4

## 4.1 Einleitung

Unser heutiges Energiesystem wird von der Nutzung fossiler Energieträger – Kohle, Öl und Gas – dominiert. Diese Energieträger decken über 80 Prozent des globalen Primärenergieaufkommens [1]. Vor dem Hintergrund der Zielstellung einer möglichst vollständigen Defossilisierung des Energiesystems bis zur Mitte dieses Jahrhunderts stellt sich die Frage der zukünftigen Rolle von Wasserstoff und auf Wasserstoff basierenden synthetischen Energieträgern. Hauptziel der verstärkten Wasserstoffnutzung für Energieanwendungen ist es, fossile Energieträger durch klimaneutral hergestellte Energieträger zu ersetzen, und zwar insbesondere dort, wo eine direkte Nutzung erneuerbarer Energien in Form von Strom oder Wärme nur eingeschränkt oder nicht möglich ist. Neben der Herstellung durch mit erneuerbar erzeugtem Strom betriebenen Elektrolyseverfahren („grüner Wasserstoff") lässt sich Wasserstoff auch mithilfe der Dampfreformierung unter Nutzung von Erdgas in Kombination mit Abscheidung und Speicherung von $CO_2$ („blauer Wasserstoff") klimaschonend erzeugen. Zukünftig ergeben sich möglicherweise weitere technische Möglichkeiten zur $CO_2$-armen Herstellung von Wasserstoff aus Methan durch Pyrolyse-Verfahren, bei denen fester Kohlenstoff entsteht („türkiser Wasserstoff"). Neben dem Beitrag auf der Nutzungsseite kann Wasserstoff aufgrund seiner Speicherbarkeit bzw. der Speicherbarkeit der aus Wasserstoff hergestellten Folgeprodukte über die Bereitstellung von Flexibilität einen Beitrag zur Integration erneuerbarer Energien ins Energiesystem liefern.

Aktuelle Studien zeigen, dass bei sehr weitgehender Reduktion der Treibhausgasemissionen hohe Bedarfe für Wasserstoff und synthetische Energieträger entstehen. Für zeitlich davorliegende Maßnahmen zur Reduktion von Treibhausgasen spielen dagegen Wasserstoff und synthetische Energieträger aufgrund der höheren Kosten nur eine untergeordnete Rolle, da andere Optionen kostengünstiger sind. Ab welchen Reduktionszielen nennenswerte Anteile von Wasserstoff und synthetischen Energieträgern aus systemischer Sicht benötigt werden, hängt von vielen Faktoren ab, z. B. der Wirtschaftsstruktur oder saisonalen Energieverläufen, aber auch den Kostenentwicklungen für die notwendigen Technologien zur Herstellung und den Transport. Der Frage zur Rolle und Bedeutung von Wasserstofftechnologien für ein klimaneutrales Energiesystem soll in diesem Kapitel nachgegangen werden.

Als eine grundsätzliche Systematik zur Wichtung unterschiedlicher Maßnahmen und Technologien bei der Ausgestaltung von Transformationspfaden haben Wietschel et al. eine Governance-Struktur für die Transformation des Energiesystems mit vier Stufen definiert, die im Wesentlichen auf einer Reihenfolge der jeweiligen $CO_2$-Vermeidungskosten basiert [2]. Prioritär soll in der ersten Stufe über das Prinzip „Energy Efficiency First" die Reduzierung der Energienachfrage erreicht werden. In einer zweiten Stufe erfolgt die Defossilisierung des Stromsektors über erneuerbare Energien. Stufe drei beinhaltet die direkte elektrische Nutzung (z. B. Elektromobilität) und die direkte Nutzung nachhaltiger Biomasse/Biokraftstoffe/Biogas, allerdings unter Berücksichtigung ihrer begrenzten Verfügbarkeit. Erst für Anwendungen, bei denen keine der ersten drei Stufen in Frage kommt, sollen Wasserstoff und synthetische Energieträger zum Einsatz kommen. Hierzu zählen beispielsweise Flug-, Schwerlast- und internationaler Schifffahrtsverkehr sowie Industrieanwendungen wie die Herstellung von Stahl oder Chemierohstoffen (unter Verwendung von Kohlenstoff aus $CO_2$) [3].

Auf politischer Ebene wurde die Rolle von Wasserstoff durch die EU im Rahmen der Wasserstoffstrategie anerkannt, die im Juli 2020 verabschiedet wurde [4]. Ziel ist es, prioritär und langfristig grünen Wasserstoff zu fördern, während jedoch kurz- und mittelfristig anderer $CO_2$-armer Wasserstoff (z. B. blauer Wasserstoff) genutzt werden kann. Konkrete Ausbauziele der EU sind eine Elektrolyseleistung von mindestens 6 GW bis 2024 und der Ausbau der Elektrolysekapazität auf mind. 40 GW bis 2030. Auch eine Zusammenarbeit mit Nachbarregionen, beispielsweise der MENA-Region oder der Ukraine, sind in der Wasserstoffstrategie vorgesehen und beinhalten Schätzungen zu einer Elektrolysekapazität von ca. 40 GW in der südlichen und östlichen Nachbarschaft. Auch Deutschland hat im Sommer 2020 eine Nationale Wasserstoffstrategie (NWS) veröffentlicht, in der die wichtige Rolle von Wasserstoff für die Defossilisierung des Energiesystems anerkannt und ein Rahmen für Investitionen in $CO_2$-neutralen Wasserstoff gesetzt wird [5].

Für die Defossilisierung sind verschiedene Pfade mit unterschiedlichen Anteilen von Wasserstoff und synthetischen Energieträgern im Energiesystem vorstellbar. Diese können beispielsweise entweder auf hohen Anteilen einer direkten Elektrifizierung basieren, die Nutzung von Wasserstoff in den Mittelpunkt stellen oder die Nutzung synthetischer Energieträger forcieren und führen zu großen Unterschieden in der Nachfrage. Somit ist die Entwicklung der Wasserstoffnachfrage sowie darauf basierender synthetischer Energieträger von großen Unsicherheiten gekennzeichnet und zeigt in bestehenden Studien eine große Spannbreite (siehe Abschn. 3.5), die sich stark auf die Rolle von Wasserstoff und synthetischen Energieträgern im Energiesystem auswirken. Die überwiegende Anzahl der Szenarien zeigt jedoch die wichtige Rolle von Wasserstoff im Energiesystem bei Treibhausgas-Minderungszielen ab rund 80 Prozent bezogen auf den Referenzwert des Jahres 1990.

Vor diesem Hintergrund und in Abhängigkeit der Nachfrage stellen sich verschiedene Fragen, die im Rahmen dieses Kapitels diskutiert werden:

- Die Rolle von Wasserstoff und synthetischen Energieträgern im treibhausgasneutralen Energiesystem: Zunächst stellt sich die Frage, wie und wo die benötigten Mengen an Wasserstoff und synthetischen Energieträgern produziert werden. Ferner wird untersucht, welche Mengen an Wasserstoff und synthetischen Energieträgern über welche Wege in welchen Anwendungen und Sektoren zum Einsatz kommen.

- Standortanalyse: Eine Kernfrage im Zusammenhang mit der Rolle von Wasserstoff im Energiesystem ist die Frage nach den Standorten der Elektrolyseanlagen. So kann es zum einen vorteilhaft sein, diese erzeugungsnah, also nahe den potenziellen Standorten zur Erzeugung Erneuerbarer Energien zu positionieren, oder diese eher lastnah, also in der Nähe der Nachfrager zu verorten. Diese Optionen werden in Abschnitt 4.3 diskutiert und erläutert.
- Direkte Wasserstofferzeugung aus Offshore-Windstrom: Anschließend wird untersucht, ob die direkte Wasserstofferzeugung aus Offshore-Windstrom technisch möglich ist und eine wirtschaftlich konkurrenzfähige Option zur Bereitstellung relevanter Mengen grünen Wasserstoffs darstellt.
- Infrastrukturanforderungen: Ein zentraler Punkt, der für die zukünftige Wasserstoffnutzung bedacht werden muss, ist der notwendige Ausbau der Infrastruktur. So stellt sich die Frage, ob vor dem Hintergrund einer vermehrten Stromeinspeisung durch (Offshore-)Windkraftanlagen das Übertragungsnetz einen Engpass darstellt, der überwunden werden muss, und welche Menge an Offshore-Strom direkt ins Stromsystem integriert werden kann. Damit einher geht auch erneut die Frage nach den geeigneten Standorten der Elektrolyseure, um das Netz zu entlasten. Es stellt sich die Frage, ob Elektrolyseure im Redispatch eingesetzt werden können – und wenn ja, wie das Abregeln von erneuerbarem Strom verhindert werden kann.

## 4.2 Die Rolle von Wasserstoff und synthetischen Energieträgern im Energiesystem bis 2050

Wie sieht ein treibhausgasneutrales, in sich konsistentes Energiesystem für Deutschland im Jahr 2050 aus, in dem Wasserstoff und synthetische Energieträger als wichtige Bestandteile zum Einsatz kommen? Dazu müssen weiterführende Fragen beantwortet werden:

- Wie und wo werden die benötigten Mengen produziert?
- Welche Mengen fließen über welche Wege in welche Anwendungen?

Erste Antworten auf diese Fragen liefert dieser Abschnitt; im Detail wird aber auch in den folgenden Abschnitten auf diese Fragen der Systemeffekte eingegangen.

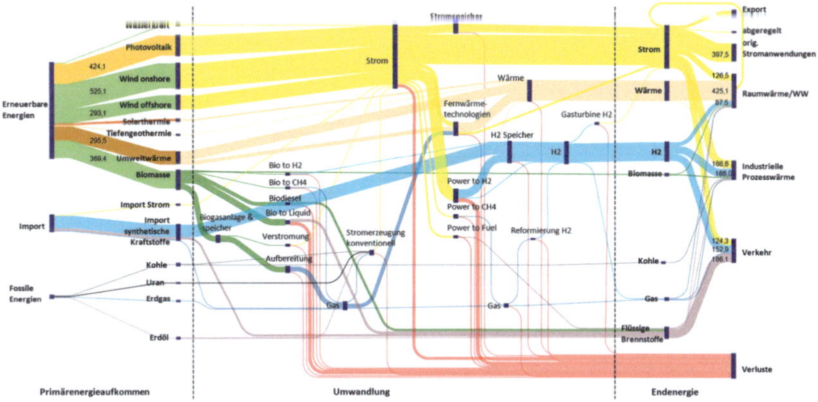


**Abb. 4.1** Energieflussdiagramm (Sankey-Diagramm) für ein potenzielles deutsches Energiesystem im Jahr 2050 (jährliche Energieflüsse in TWh). (Fraunhofer ISE)

Um solche Zielbilder zu berechnen, kommen am Fraunhofer ISE Systemanalysen mit dem Energiesystemmodell REMod zum Einsatz. So werden die quantitativen Mengengerüste für ein $CO_2$-freies bzw. nahezu $CO_2$-freies Energiesystem berechnet und mögliche Transformationspfade von heute bis ins Jahr 2050 miteinander verglichen.

Mit Blick auf das Gesamtbild des Energiesystems im Jahr 2050 muss festgehalten werden, dass Wasserstoff und synthetische Kraftstoffe nur einen Teil der Endenergienachfrage decken werden. Hierzu stellt das Energieflussdiagramm in Abbildung 4.1 die Energieflüsse von Primärenergie zu Endenergie eines potenziellen Energiesystems des Jahres 2050 dar.

Der hohe Anteil elektrischer Energie aus Windkraft und Photovoltaik bildet das maßgebliche Rückgrat des Energiesystems. In zahlreichen direkten Anwendungen im Endenergiebereich wie Elektromobilität, in der Raumwärme für Wärmepumpen oder auch in manchen Anwendungen in der Industrie wird Strom der zentrale Energieträger sein. Aber bei einem genaueren Blick in die Bildmitte des Energieflussdiagramms fällt auf, dass ein erheblicher Teil des erzeugten Stroms in Deutschland auch in die Produktion von Wasserstoff und synthetischen Energieträgern fließt. Von dem erzeugten Wasserstoff gehen größere Anteile in den Verkehr und in die Industrie, kleinere Anteile in Gebäude für Raumwärme. Auch die Rückverstromung aus Wasserstoff stellt einen wichtigen Bestandteil für die Systemsicherheit im Stromsystem dar. Allerdings sind die hierfür benötigten Energiemengen eher gering. Hierbei ist die Leistung von Wasserstoffturbinen entscheidend, um in wenigen Stunden das System zu sichern. Gleichwohl zeigt sich in diesem abgebildeten Szenario, dass synthetische Energieträger aus dem Ausland zu einem hohen Anteil in den Verkehrssektor fließen.

Mit Blick auf die installierte Leistung an Erneuerbaren Energien ergibt sich, dass in Summe rund 400 GW Photovoltaik und 250 GW Windkraftleistung benötigt werden, um ein solches System zu versorgen. Das bedeutet aber auch, dass ein solches System große Energiemengen erzeugt, die ins System integriert und teilweise gespeichert werden müssen. Hierfür gibt es mehrere Möglichkeiten. Zum einen kann Speicherung durch stationäre Stromspeicher, aber auch durch flexiblen Betrieb bzw. Beladung von Wärmepumpen (und deren thermische Speicher) sowie Elektroautos erfolgen. Zum anderen können durch den erneuerbaren Strom Wasserstoff und synthetische Energieträger erzeugt werden, die bis zu ihrem Einsatz auch über einen längeren Zeitpunkt gelagert werden können. Dies schafft für das System eine Entkopplung von Erzeugung sowie Verbrauch und vermeidet gleichzeitig die Abregelung von Erneuerbaren Energien in Zeiten mit geringer Stromnachfrage.

Im Folgenden werden verschiedene Szenarien verglichen, bei denen durchgängig angenommen wurde, dass für energiebedingte Treibhausgasemissionen ein verbleibendes Budget von 9 Gt für Deutschland zur Verfügung steht. Je nach Szenario werden nach Modellrechnungen mit REMod im Jahr 2050 in einem treibhausgasneutralen Deutschland jährlich zwischen rund 300 und 800 TWh Wasserstoff und synthetischen Energieträgern benötigt (Abbildung 4.2). Fokus der Szenarien liegen auf einem technologisch ausbalancierten Szenario (Bal), auf einer verstärkten Elektrifizierung (Elec), auf einer verstärkten Wasserstoffnutzung (H2) oder auf synthetischen Energieträgern (SynF). Liegen die Energiemengen an synthetischen Energieträgern im Jahr 2020 noch unter 50 TWh, die vorwiegend aus Biomasse als Beimischung im Kraftstoff im Verkehrssektor oder als Biogas in Kraftwerken eingesetzt werden, steigen die Werte bis zum Jahr 2030 auf 100 bis 200 TWh je nach Szenario.

Im Jahr 2030 spielt die verstärkte Nutzung von heimischer Biomasse (genutzt weiterhin als Beimischung) eine zentrale Rolle im Verkehrssektor. Es wird die erste großskalige Wasserstoffproduktion in Elektrolyseuren an deutschen Standorten erwartet. Ergänzt wird die Bereitstellung der dann neuen grünen bzw. $CO_2$-freien Energieträgeroption durch Importe von synthetischem Flüssigkraftstoff und Wasserstoff. Je weiter die Energiewende voranschreitet, desto mehr synthetische Energieträger werden benötigt, um die konventionellen Energieträger Öl und Gas in vielen Anwendungen zu ersetzen.

Bis 2050 steigen die Werte auf jährlich 300 bis 900 TWh, in den vorliegenden Szenarien auf 500 bis 900 TWh, wovon bis zu 60 Prozent Importe darstellen

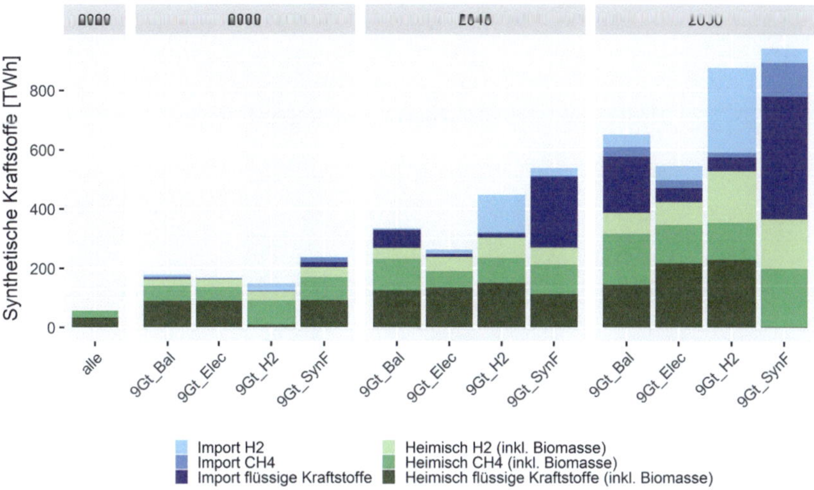


**Abb. 4.2** Synthetische Energieträger inkl. Nutzung von Biomasse in Kraftstoffen und Brennstoffen in verschiedenen Szenarien (Variation des $CO_2$-Ziels und Preisannahme (O = optimistischer Importpreis)). 9 Gt stellt das Budget für energiebedingte $CO_2$-Emissionen für Deutschland bis 2050 dar. Bal = technologisch ausbalanciert, Elec = starker Fokus auf Elektrifizierung, H2 = Fokus auf Wasserstoffnutzung in vielen Anwendungen, SynF = Fokus auf flüssige synthetische Energieträger

können. Das bedeutet, dass die heimische Produktion von synthetischen Energieträgern und die Nutzung von Biomasse ebenfalls auf Werte von 300 bis 500 TWh ansteigen wird. Die vier unterschiedlichen Szenarien verdeutlichen aber auch, dass die Bandbreite der potenziellen Mengen stark variieren kann. In einer „ausbalancierten" Energiewelt verteilt sich 2050 die Nachfrage sowohl auf Wasserstoff als auch auf flüssige synthetische Energieträger und auf gasförmige Energieträger auf Basis von Methan (bzw. Erdgas). In einer stärker elektrifizierten Welt sinkt die Nutzung von synthetischen Energieträgern auf rund 500 TWh pro Jahr, da hier die direkte Stromnutzung präferiert wird. Bei günstigen Importpreisen oder hohen verfügbaren Importmengen aus dem Ausland können sowohl die Mengen von reinem Wasserstoff als auch von synthetischen flüssigen Energieträgern auf je 300 bis 400 TWh ansteigen.

Solche Szenarien sind stark abhängig von den existierenden Transportmöglichkeiten und den eingesetzten Anwendungstechnologien. Das bedeutet, dass die technische und ökonomische Entwicklung bei den Technologien, die Wasserstoff oder synthetische Energieträger nutzen und die im Wettbewerb stehen, von ent-

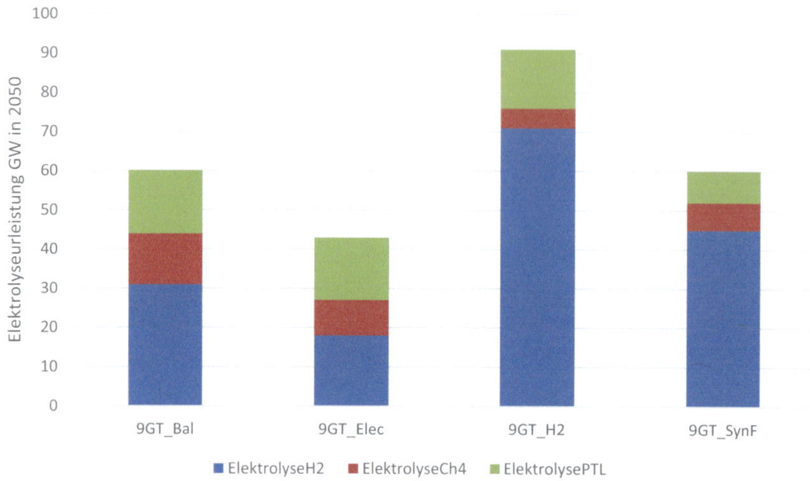


**Abb. 4.3** Leistung von Elektrolyseuren in Deutschland im Jahr 2050. (Fraunhofer ISE)

scheidender Bedeutung sein wird. Im Vergleich zu Szenarien mit einer hohen Nutzung von reinem Wasserstoff in Brennstoffzellenanwendungen oder im Industriebereich stellt die Möglichkeit des günstigen Imports von flüssigen synthetischen Energieträgern (Methanol, Ammoniak) dem System die Option offen, konventionelle Verbrennungsmotoren oder stark verwandte Technologien im Schwerlastverkehr, Flugverkehr oder auch teilweise im Personenverkehr weiter zu nutzen. Das bedeutet im Umkehrschluss, dass in diesen Anwendungsbereichen keine neuen, häufig strombasierten Technologien eingesetzt werden müssen. Wie Abbildung 4.2 zeigt, wird ein Import von flüssigen synthetischen Energieträgern in Bezug auf die Transportfähigkeit und Kosten präferiert. Grund hierfür ist, dass sich Wasserstoff auch gut heimisch erzeugen lässt, wenn er ohne Transportverflüssigung direkt in Wasserstoffnetze eingespeist werden kann.

Um den Wasserstoff zu erzeugen, benötigt das Energiesystem eine hohe Leistung von Elektrolyseuren und weiteren Erzeugungseinheiten für die synthetischen Energieträger (wie Abscheide- oder Verflüssigungsanlagen). In Abbildung 4.3 ist die erforderliche Leistung von Elektrolyseuren in unterschiedlichen Szenarien im Jahr 2050 abgebildet. Sind es im Jahr 2030 noch wenige Gigawatt an Elektrolyseurleistung, die Wasserstoff erzeugen, steigt die Leistung bis zum Jahr 2050 auf rund 40 GW bis 90 GW an. Entscheidend für die Leistung ist die Nachfragemenge nach synthetischen Energieträgern und die Wettbewerbsfähigkeit des Standorts Deutschland für den Betrieb von Elektrolyseuren.

In den abgebildeten Szenarien sticht die hohe Leistung im Wasserstoffszenario (9GT_H2) heraus. In diesem Szenario ist angenommen, dass die Anwendungstechnologien in Industrie, Verkehr und Gebäudewärme vorwiegend auf konventionellen Verbrennungstechnologien basieren. Das bedeutet, dass im Jahr 2050 noch eine starke Nachfrage nach synthetischen Energieträgern zur Verbrennung in diesen Anlagen besteht. Als Ergebnis der Studie muss herausgestellt werden, dass die Gesamtkosten einer solchen Lösung höher sind als z. B. im ausbalancierten Szenario (9GT_Bal), in dem Wasserstoff und synthetische Kraftstoffe in kleinerem Umfang eingesetzt werden. Doch auch für diese Menge sind höchste Marktanstrengungen zu unternehmen, um den Roll-out von Elektrolyseuren in den kommenden Jahren zu realisieren. Durch flexible Stromnachfrageeinheiten kann über die Energieträger Wasserstoff und synthetische gasförmige und flüssige Energieträger ein hervorragendes Wechselspiel zwischen erneuerbarer Stromerzeugung, direkter Stromnutzung und indirekter Stromnutzung gewährleistet werden.

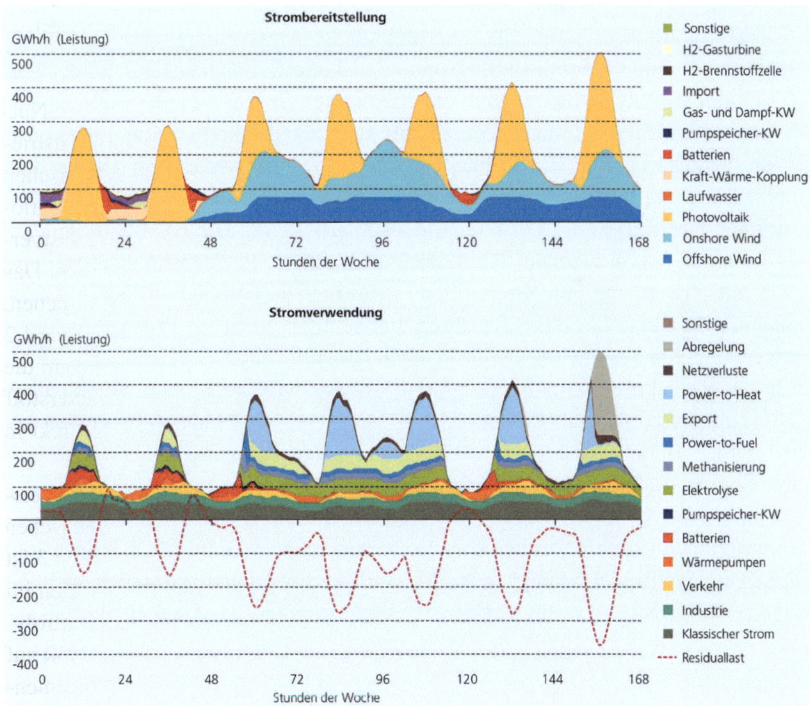


**Abb. 4.4** Strombereitstellung und Stromverwendung im Jahr 2050. [6]

Um dies zu verdeutlichen, zeigt das Schaubild die Strombereitstellung (Abbildung 4.4 oben) und die Stromverwendung (Abbildung 4.4 unten) in einem potenziellen Energiesystem im Jahr 2050 für eine ausgewählte Woche mit hoher Stromerzeugung aus Solar und Wind. Es wird deutlich, dass neben anderen Flexibilitätsoptionen die Elektrolyseure so betrieben werden, dass die Einspeisepeaks der Erneuerbaren Energien genutzt werden um den erneuerbaren Strom in Wasserstoff und synthetische Energieträger umzuwandeln, wenn keine alternative Nutzung im Energiesystem möglich ist.

## 4.3 Regionale Aspekte von Angebot und Nachfrage: Mögliche Standorte der Elektrolyseure und der erneuerbaren Stromerzeugung

Nachfolgend wird die Frage untersucht, welche Standorte für Elektrolyseure in Deutschland geeignet wären.

Derzeit wird Wasserstoff für unterschiedliche Anwendungsbereiche und als Energieträger und Defossilisierungsoption diskutiert. Entsprechend unterscheidet sich der Einsatz in den zurzeit veröffentlichten Szenarien teilweise deutlich: Ob und in welchem Umfang Wasserstoff oder daraus hergestellte Energieträger im Verkehr oder in der Gebäudewärme eingesetzt werden, ist Gegenstand einer wissenschaftlichen, politischen und öffentlichen Debatte. Dagegen gelten bestimmte Nachfragen aus der Industrie als relativ sicher. Hierbei sind besonders vier Prozesse hervorzuheben: Ammoniak-, Ethylen- und Primärstahlherstellung sowie Entschwefelung von Kraftstoffen in Raffinerien. Hintergrund der drei erstgenannten Prozesse ist, dass sich diese aus heutiger Sicht im Prinzip nur unter Verwendung von Wasserstoff defossilisieren lassen.[1]

In der Produktion von Ammoniak und Ethylen wird auch heute bereits Wasserstoff eingesetzt, der jedoch entweder als Kuppelgas aus anderen Prozessen genutzt wird, z. B. in Raffinerien, oder über Dampfreformation aus Erdgas hergestellt wird. Teil der Diskussion ist aber auch, inwiefern diese Industriezweige langfristig in Deutschland gehalten werden oder ob (Vor-)Produkte bereits in Power-to-X-Exportregionen erzeugt werden können. Neben industriepolitischen Fragen und solchen zur Wettbewerbsfähigkeit stellt sich dabei für Ethylen zusätzlich auch die Frage der langfristigen Verfügbarkeit von klimaneutralen $CO_2$-Quellen in Deutsch-

[1] Die Abwägung und Wechselwirkungen mit dem Stromnetz werden auch in Abschnitt 4.5 diskutiert.

land. Eine weitere Unsicherheit besteht in der Standortwahl für neue wasserstoffbasierte Produktionsverfahren.

Neben der Nachfrage aus der Industrie stellt der Umwandlungssektor – und hier insbesondere die Stromerzeugung auf Basis von Wasserstoff – eine langfristig als sehr wahrscheinlich bzw. nahezu gesichert angesehene Nachfrage dar. Gegenüber der Verwendung von synthetischem Methan oder Power-to-Liquid in konventionellen Gasturbinen weist die direkte Wasserstoffnutzung in neuen $H_2$-Gasturbinen oder Hochtemperatur-Brennstoffzellen aufgrund der geringeren Verluste bei der Erzeugung hohe Effizienz- und Kostenvorteile auf. Auch hier besteht eine Unsicherheit gegenüber dem prioritär stromnetzentlastenden Einsatz in Kondensationskraftwerken oder in Verbindung mit Kraft-Wärme-Kopplung (KWK) in Wärmesenken der Industrie- und Gebäudewärme. Aus heutiger Perspektive erscheint der Einsatz in KWK-Anlagen nur dann ökonomisch darstellbar, wenn Wasserstoff zu sehr geringen Kosten verfügbar ist.

### 4.3.1 Diskussion der räumlichen Verortung von $H_2$-Angebot und -Nachfrage

Trotz dieser Unsicherheit bezüglich der Menge und der konkreten Standorte zeigen regionalisierte Szenarien robust eine grundsätzliche Diametrie zwischen den Regionen mit Wasserstofferzeugung und Wasserstoffnachfrage auf. Die Erzeugung ist in Szenarien meist im Norden konzentriert, in Nähe der starken Potenziale von Wind an Land und auf See. Dies ist unter anderem im Szenario „Fokus Strom und grüner Wasserstoff" der BMWi-Langfristszenarien verdeutlicht [7]. In den Arbeiten der Studie zeigt sich auch, dass rein lokale Lösungen der Wasserstoffversorgung für große industrielle Nachfragen kaum umsetzbar sind. Eine lokale Versorgung mit Elektrolyseuren vor Ort würde z. B. im Ruhrgebiet mit großen Anforderungen an den Stromnetzausbau einhergehen und Speichervolumen erfordern, die ohne die Nutzung geologischer Speicherpotenziale (siehe Kapitel 8) kaum wirtschaftlich darstellbar sind. Für die Versorgung substanzieller Wasserstoffnachfragen, wie sie im vorigen Abschnitt geschildert sind, ist eine Wasserstoffnetzinfrastruktur unumgänglich.

Die Wasserstoffnachfragen der genannten Industrien sind bei Beibehaltung der heutigen Produktionsstandorte auf etwa 25 Standorte lokalisiert, wobei einige davon sehr nah beieinanderliegen (Abbildung 4.5). In diesem Szenario sind die $H_2$-Rückverstromungskraftwerke stark im Süden lokalisiert. Wie weit sich das zukünftige Wasserstoffnetz erstrecken wird, ist eine Abwägung zwischen Stromnetzaus-

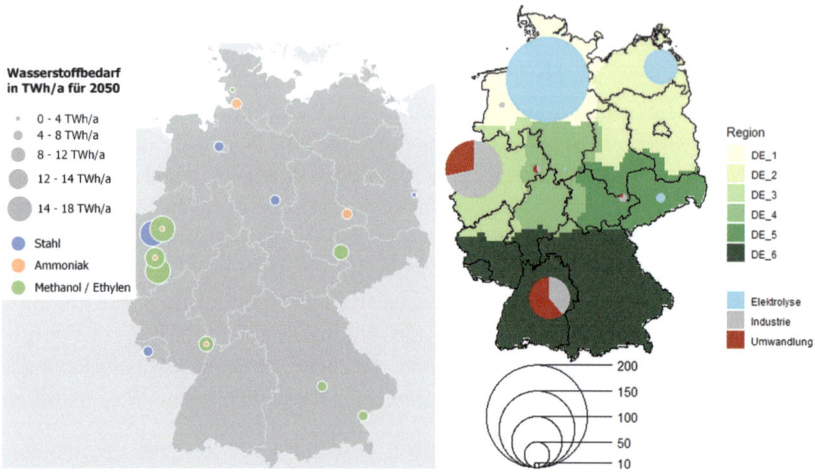


**Abb. 4.5** Regionale Verteilung der Wasserstoffnachfrage der Industrie (links) sowie Abbildung der Nachfrage und des resultierenden Angebots (in TWh) im Szenario „Fokus Strom und grüner Wasserstoff" (rechts). [8]

bau[2] sowie Gasnetzaus- und -umbau. Dabei kommen neben ökonomischen Aspekten auch Akzeptanzfragen zum Tragen. Ein Wasserstoffnetz, das diese (gegenüber den Ausspeisepunkten des heutigen Erdgasnetzes sehr wenigen) Orte miteinander verbindet, erscheint plausibel und realisierbar. Es kann dabei zumindest in Teilen durch Umwidmung des heutigen Erdgasnetzes entstehen und die Gesamtkosten sind gegenüber anderen Investitionen im Rahmen der Energiewende begrenzt.

## 4.4 Direkte Wasserstofferzeugung aus Offshore-Windstrom aus europäischer Sicht

Eine Option der Wasserstofferzeugung ist die direkte Erzeugung aus Offshore-Windstrom. Im Rahmen dieses Abschnitts wird diskutiert, ob dies eine technisch plausible und wirtschaftlich interessante Option zur Bereitstellung relevanter Mengen grünen Wasserstoffs darstellt.

[2] Die Abwägung und Wechselwirkungen mit dem Stromnetz werden auch in Abschnitt 4.5 diskutiert.

In Deutschland und in der EU bestehen große Offshore-Windpotenziale, die wesentliche Beiträge zur Defossilisierung des gesamten europäischen Energiesystems leisten können. Es können jedoch nur Teile dieses Potenzials wirtschaftlich sinnvoll elektrisch integriert werden bzw. begrenzt der erforderliche Netzausbau an Land die direkt nutzbaren Strommengen aus Offshore-Wind. Demgegenüber bietet die Erzeugung von Wasserstoff offshore die Chance, einen wesentlich größeren Teil des Windpotenzials zu nutzen, indem der erzeugte Wasserstoff per Pipeline an Land transportiert und dort zukünftig in leitungsgebundene Transportinfrastruktur eingespeist wird. Insbesondere in Nordwesteuropa treffen große Offshore-Windpotenziale, ein hoher industrieller Wasserstoffbedarf, eine teilweise bereits vorhandene Infrastruktur für den Transport und die geologische Speicherung sowie die Möglichkeit der Integration von Importhäfen für Wasserstoff zusammen. Dies schafft erhebliche Marktperspektiven für die europäische Offshore-Wind- und die Wasserstoffindustrie, erhöht den Anteil an der gesamten Wertschöpfungskette gegenüber dem Import und verringert die Importabhängigkeit Europas für nachhaltig produzierten Wasserstoff.

### 4.4.1 Diskussion der Mengengerüste

Die EU hat sich das Ziel gesetzt, bis zum Jahr 2050 die Offshore-Windkapazität auf zwischen 300 und 450 GW auszubauen. Die aktuellen europäischen Energieszenarien weisen eine zur direkten Stromnutzung wirtschaftlich integrierbare Offshore-Windkapazität von rund 200 GW aus. Daraus lässt sich ableiten, dass langfristig zwischen 25 und 50 Prozent der Offshore-Windkapazität zur Wasserstofferzeugung genutzt werden könnten. Bei 4.500 Volllaststunden ergibt sich daraus eine Wasserstoffmenge von rund 450 bis 700 TWh/a. Eine ähnliche Größenordnung wird für das Erzeugungspotenzial von Wasserstoff aus Erneuerbaren Energien an Land angenommen. Dabei bestehen aber große Unterschiede in den einzelnen Mitgliedsstaaten:

- In Großbritannien wird für die direkte Stromnutzung eine Offshore-Windkapazität von 75 bis 100 GW erwartet – demgegenüber steht ein Potenzial von mindestens 600 GW. Das Vereinigte Königreich könnte damit der größte Wasserstoffexporteur Europas werden [8].
- In den Niederlanden liegt das Offshore-Windpotenzial bei rund 68 GW. Unter der Annahme, dass die verfügbare Netzkapazität für die Integration von Offshore-Wind bei rund 26 GW liegt, ergibt sich eine Elektrolysekapazität von rund 30 GW für die Kopplung mit Offshore-Wind. Die damit erzeugbaren Was-

serstoffmengen von rund 100 TWh übersteigen den langfristig erwarteten Bedarf für die direkte Wasserstoffnutzung in den Niederlanden.
- In Deutschland liegt das Offshore-Windpotenzial in der Ausschließlichen Wirtschaftszone der Nordsee bei rund 53 GW, wovon langfristig knapp die Hälfte direkt in das Stromnetz integriert werden können (siehe Abschnitt 4.5). Insbesondere die weit von der Küste entfernt liegenden Gebiete (Zonen 4 und 5) eignen sich für die Offshore-Wasserstofferzeugung mit einer Kapazität von etwa 21 GW bzw. 66 TWh/a. Dies entspricht rund einem Drittel des geschätzten direkten Wasserstoffbedarfs von 200 TWh.

Insgesamt wird für die EU (inkl. Großbritannien) ein Importbedarf von ca. 220 TWh aus dem Nicht-EU-Ausland zur Deckung des direkten Wasserstoffbedarfs erwartet.

Für den Wasserstofftransport innerhalb Europas eignet sich langfristig die Umnutzung bestehender Erdgasinfrastrukturen für Transport und Speicherung, ergänzt durch einen geringfügigen Leitungsausbau. Die Vision eines „European Hydrogen Backbone" der europäischen Gastransportnetzbetreiber sieht dabei langfristig auch die Anbindung der MENA-Region vor. Dies ermöglicht erhebliche Kosteneinsparungen im Vergleich zum kompletten Neubau. Demgegenüber wird auch erwartet, dass es einen weltweiten Handel mit nachhaltigem Wasserstoff bzw. den Folgeprodukten geben wird. Zur Deckung des europäischen Wasserstoffbedarfs kommt daher auch der Import von flüssigem Wasserstoff per Schiff in Frage, für den sich technische und wirtschaftliche Synergien im Hinblick auf die gemeinsame Nutzung der erforderlichen Infrastruktur für Transport und Speicherung mit der Offshore-Wasserstofferzeugung erkennen lassen.

### 4.4.2 Systemvergleich

Für die Erzeugung von Wasserstoff aus Offshore-Windstrom kommen verschiedene Systemkonfigurationen in Betracht. Zum einen kann die Anbindung der Offshore-Windparks elektrisch an die im Küstenbereich aufgebauten Wasserstoffproduktionsanlagen erfolgen, zum anderen kann der Wasserstoff auch direkt offshore erzeugt und per Pipeline zur Küste transportiert werden.

Die Errichtung großer Elektrolysekapazitäten entlang der Küste unterscheidet sich technologisch nicht von der in Kapitel 9 dargestellten Anlagenkonfiguration. Allerdings sind erhebliche Windleistungen im zweistelligen Gigawatt-Bereich abzudecken. Das erfordert zusätzliche Industrieflächen für Erzeugung, Speicherung und Transport entlang der Küste sowie die Bereitstellung der benötigten Süßwassermengen. Bei einer Verteilung der Elektrolysestandorte entlang der Küste, die sich aus einer Minimierung der Offshore-Stromtrassenlänge ergibt, müssen zusätzliche Wasserstoffleitungen gebaut werden. Die Betriebsweise der Wasserstoffproduktion muss weitestgehend dem Offshore-Windangebot angepasst werden. Auch entlegene Offshore-Windstandorte werden elektrisch an der Küste angeschlossen – mit dem notwendigen Flächenbedarf für Kabeltrassen und zahlreichen großen Offshore-Umspannwerken.

Auch bei der Offshore-Elektrolyse gibt es wiederum unterschiedliche Ansätze. In jedem Fall ist aber – im Gegensatz zu den Elektrolysesystemen an Land mit einer Süßwasserversorgung – z. B. eine Meerwasserentsalzung mit nachgeschalteter Deionisierung erforderlich. Darüber hinaus muss die Zuluft gefiltert bzw. getrocknet und die Kühlung angepasst werden. Aufgrund der höheren Wartungskosten für Offshore-Installationen ist es wirtschaftlich z. B. sinnvoll, durch redundante Komponenten eine höhere technische Verfügbarkeit sowie verlängerte Wartungsintervalle gegenüber den landbasierten Systemen vorzusehen. Insgesamt ist durch die Maßnahmen zur Ertüchtigung für den Offshore-Betrieb mit höheren Investitionskosten sowie höheren Wartungskosten bei der Elektrolyse zu rechnen.

Im Hinblick auf die Systemgröße kann man zwischen drei unterschiedlichen Ansätzen differenzieren:

### Elektrolyseanlagen

Im unteren Leistungsspektrum bis ca. 15 MW werden Elektrolyseanlagen konzipiert, die je Windenergieanlagen-Plattform installiert werden. Das ermöglicht mit geringem Aufwand eine strukturelle Integration der Elektrolyse, die entsprechend der Windenergieanlagenleistung ausgelegt wird. Der Zubau der Elektrolyseleistung erfolgt dabei gemeinsam mit der Windkapazität, erfordert aber eine Wasserstofftransportlösung auf Anlagenebene. Aufgrund der direkten Kopplung mit Elektrolyseuren kann auf den elektrischen Netzanschluss verzichtet werden – mit neuen Anforderungen für die Auslegung von Windenergieanlagen. Bisherige Windenergieanlagen sind für einen Netzparallelbetrieb ausgelegt, wobei der Fokus auf möglichst geringen Kosten der Kilowattstunde sowie der Beiträge zur Netzstabilität liegt. Hieraus ergeben sich Topologien mit aufwendiger Leistungselektronik, die in Kombination mit sehr großen Rotordurchmessern bezogen auf die Generatorleistung die gewünschten Ziele erreichen.

Ein netzunabhängiger Betrieb von Elektrolyseuren ermöglicht andere Ansätze: die Frage der elektrischen Kopplung kann mit deutlich geringerem Aufwand bereits auf Ebene des üblicherweise vorhandenen Gleichspannungszwischenkreises erfolgen. Kostenreduktionen und Zuverlässigkeitssteigerungen aufgrund der geringeren Anzahl empfindlicher leistungselektronischer Bauteile sind die Konsequenz.

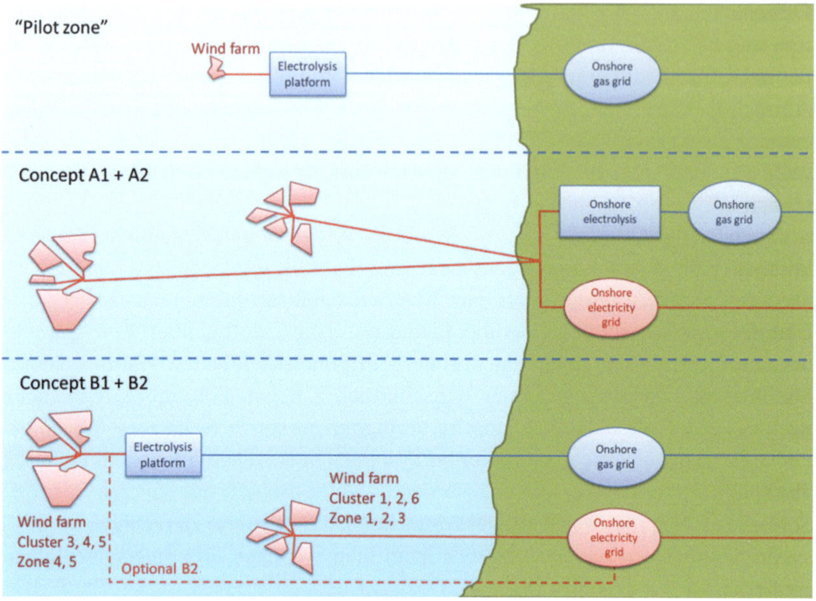


**Abb. 4.6** Gegenüberstellung der Wind-Elektrolyse-Systemtopologien

Die Auslegung der eigentlichen Windenergieanlage und das optimale Verhältnis von Rotordurchmesser zu Generator- bzw. Elektrolyseurgröße inklusive der weiteren Infrastruktur – z. B. zur Wasseraufbereitung – muss nun als Gesamtsystem bis zum erzeugten Wasserstoff gedacht werden. So kann beispielsweise auch die Abwärme der Turbine für die Entsalzung des Meerwassers mitverwendet werden. Abhängig von den jeweiligen Anforderungen des Elektrolyseurs und der Sensibilität bezüglich schwankender Leistungsangebote der Windenergieanlage muss ein wirtschaftliches Optimum gefunden werden, das durchaus zu anderen Ergebnissen führt als bei klassischen Turbinen – z. B. zu nochmals größeren Rotoren, um einen Betrieb ohne große Leistungsschwankungen zu realisieren.

Der sogenannte „Inselbetrieb“ von Windenergieanlagen zur Wasserstoffproduktion muss auf regelungs- und elektrotechnischer Seite komplett anders konzipiert werden. Er erfordert neue Betriebskonzepte, da ja auch in der direktgekoppelten Konfiguration die Netzstabilität sichergestellt und die Kombination aus Windenergieanlage und Elektrolyseur in den optimalen Betriebspunkten bezogen auf die jeweilige Windgeschwindigkeit betrieben werden muss.

### Offshore-Plattformen

Ein weiterer Ansatz beruht auf der Installation von Offshore-Plattformen, die eine große Elektrolysekapazität von einigen hundert Megawatt aufnehmen können. Ähnlich wie bei den Umspannplattformen werden dabei die Windenergieanlagen einzeln elektrisch angeschlossen. Von jeder dieser Plattformen wird der Wasserstoff per Pipeline zunächst zu einer größeren Sammelleitung und dann an Land transportiert. Analog zu der Situation an Land ermöglicht die Größe der Elektrolyseanlagen eine Kostenreduktion insbesondere bei den peripheren Anlagenkomponenten wie Wasseraufbereitungsanlagen, Kühlsysteme, Kompressoren usw. Demgegenüber stehen die zusätzlichen Kosten für die Plattform. Der Zubau der Elektrolyseanlage erfolgt parkweise mit dem Zubau der Windkapazität. Die Leistung der Elektrolyse orientiert sich an der maximal auftretenden Leistung im Park. Die Realisierung einer Insellösung ohne Stromnetzanschluss erfolgt auf Parkebene.

### Wasserstoff-Hubs

Schließlich wird auch die Errichtung großer Offshore-Wasserstoff-Hubs untersucht. Dabei werden – wo keine vorgelagerten natürlichen Inseln existieren – große künstliche Inseln errichtet, die Elektrolyseleistungen im GW-Bereich aufnehmen können. Das führt zu zusätzlichen Kostenreduktionen durch die weitere Skalierung. An die Stelle der Kosten für die einzelnen Plattformen tritt die Aufschüttung der Insel bzw. der Ausbau der Wasserstoffproduktionsanlagen und der zugehörigen Infrastruktur. Ausgehend von den hohen räumlich konzentrierten Elektrolyseleistungen ergeben sich sehr geringe Infrastrukturkosten für Speicherung und Transport. Darüber hinaus sind auch weitere Prozessschritte wie z. B. Synthesen zur Erzeugung von Ammoniak, Methanol oder Power-to-Liquid-Kraftstoffen aufgrund der realisierbaren hohen Volllaststunden auf den Hub-Inseln wirtschaftlich interessant.

Große Wasserstoffmengen lassen sich bei großen Entfernungen der Windparks von der Küste über Pipelines deutlich günstiger an Land transportieren als vergleichbare Strommengen. Demgegenüber ergibt sich – wie auch im Fall der oben genannten Sammelleitung – beim Ausbau die wirtschaftliche Herausforderung, zu einem frühen Zeitpunkt Infrastrukturinvestitionen tätigen zu müssen, die erst nach und nach durch den Zubau der Windkapazitäten genutzt werden.

### 4.4.3 Ökonomische Bewertung und Vergleich

In Abhängigkeit von der betrachteten Systemkonfiguration und Betriebsweise ergeben sich Volllaststunden zwischen 5.000 h in Großbritannien, etwa 4.500 h in der deutschen Ausschließlichen Wirtschaftszone der Nordsee und etwas über 4.000 h in den Niederlanden. Mit standortspezifischen Stromgestehungskosten (abhängig auch von Entfernung und Wassertiefe sowie Zubauzeitraum) betragen die Wasserstoffkosten zwischen 4 und 5 €/kg einschließlich der Transportkosten an die Küste. In einigen Studien mit optimistischen Annahmen zu Kostenreduktion bei Offshore-Wind und Elektrolyse werden bis zum Jahr 2050 an den günstigsten Standorten geringere Wasserstoffproduktionskosten von rund 2 €/kg angegeben. Hierbei sind Transport, Speicherung und Verteilung aber nicht berücksichtigt.

## 4.5 Anforderungen an das Übertragungsnetz in Deutschland

Es stellt sich die Frage, ob das Übertragungsnetz in der Lage ist, die benötigten Mengen an erneuerbarer Energie – insbesondere Windstrom aus Norddeutschland – zu integrieren, oder ob das Übertragungsnetz einen Engpass darstellt. Konkret wird hier untersucht, wieviel Offshore-Windstrom direkt elektrisch über das Stromnetz in das System integriert werden kann. Zudem werden mögliche Standorte für Elektrolyseure untersucht, die bei einem Einsatz im Strommarkt das Netz entlasten können. Abschließend wird diskutiert, wie Elektrolyseure im Redispatch genutzt werden können, um das Abregeln von Strom aus erneuerbaren Energien zu vermeiden.

Grundsätzlich weist eine direkte Stromnutzung, wo sie räumlich und zeitlich möglich und sinnvoll ist, die höchste Effizienz auf und ist zu priorisieren. Diese Nutzung kann jedoch entweder aufgrund von Infrastrukturfragen eingeschränkt werden oder es findet zusätzlich eine EE-Stromerzeugung statt, wenn andere direkt-elektrische Nachfragen bereits gedeckt sind. Wie erläutert, ist die regionale Verteilung von Stromangebot aus erneuerbaren Energien und Wasserstoffnachfrage in Deutschland eine hohe Anforderung an die Infrastruktur. Insbesondere das Übertragungsnetz stellt dabei einen Flaschenhals dar, sowohl technisch hinsichtlich der elektrischen Anbindung von Offshore-Einspeisung als auch im Hinblick auf die Akzeptanz neuer Trassenführungen. Am Beispiel einer Berechnung des Fraunhofer IEE im Rahmen des Projektes DeVKopSys sollen die Zusammenhänge

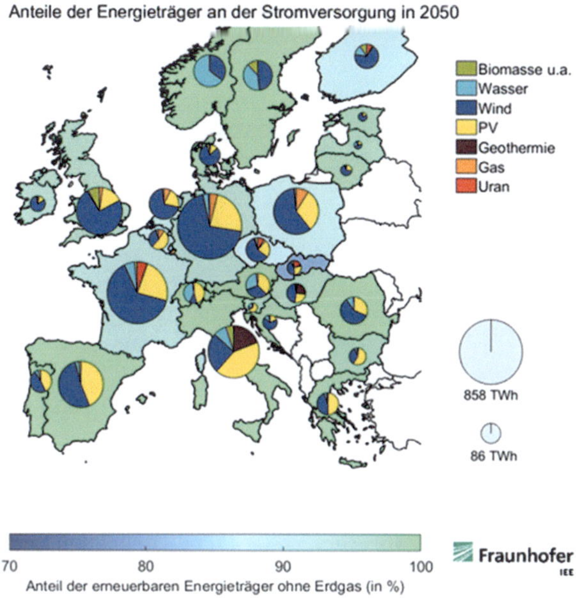


**Abb. 4.7** Europaszenario 2050 des Projektes DeVKopSys

verdeutlicht und Schlussfolgerungen bezüglich der Wasserstoffnutzung abgeleitet werden [9].

Im Rahmen des Projektes DeVKopSys wurde für verschiedene Sensitivitäten zur Ausgestaltung der Elektromobilität das Stromnetz 2050 bestimmt. Im Folgenden wird für die Fragen der Wasserstofferzeugung das Basisszenario herangezogen. In diesem Beispielszenario 2050 wird Deutschland, eingebunden in Europa, mittels des Energiesystemmodells SOCOPE SD (scenario development) modelliert (Abbildung 4.7). Dabei wird von einer Steigerung des Stromverbrauchs auf 900 TWh in Deutschland bis 2050 ausgegangen. Wind- und Solarstrom werden dabei europaweit zum dominierenden Stromerzeuger. Wasserkraft im Alpenraum und in Skandinavien stellt dabei ein hohes Flexibilitätspotenzial dar. Kernkraftwerke sind entsprechend ihres Alters und der politischen Strategien der europäischen Länder nur noch zu geringen Anteilen vertreten.

Da neben dem innerdeutschen Nord-Süd-Transport die hohen Kuppelkapazitäten an den Landesgrenzen für den Stromhandel hohe zusätzliche Anforderungen an den inländischen Netzausbau stellen, wurde bewusst ein konservatives Szenario

**Abb. 4.8** Entwicklung der europäischen Netzkapazitäten für den Stromhandel

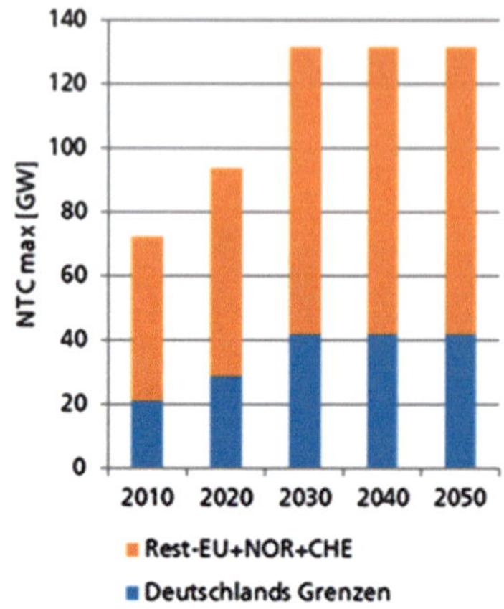


für den Ausbau des europäischen Übertragungsnetzes unterstellt. Dabei wurde das Zielnetz des europäischen Ten-Year-Network-Development-Plan (TYNDP) und des deutschen Netzentwicklungsplans NEP für das Jahr 2030/35 festgesetzt. Dies bedeutet für Deutschland eine Verdoppelung der Kuppelleistung gegenüber 2010 auf 40 GW (Abbildung 4.8). Auch für das innerdeutsche Stromnetz werden die Projekte des NEP als Basisnetz unterstellt und mittels des Netzplanungsmodells des IEE an die Szenarioerfordernisse ökonomisch optimal weiterentwickelt.

Während jedoch im Netzentwicklungsplan für den Netzausbau ein deutlich geringerer Anteil von neuen, grundsätzlich flexiblen Verbrauchern unterstellt wurde, ist im Szenario 2050 der herkömmliche Stromverbrauch rückläufig (Abbildung 4.9). Gleichzeitig machen Sektorkopplungstechnologien wie Wärmepumpen und Elektrofahrzeuge, deren Verbreitung künftig anwachsen wird, die Hälfte des Stromverbrauchs aus und werden im Modell sowohl im Strommarkt als auch bei Großverbrauchern im Redispatch als Flexibilitätsoptionen abgebildet.

Die installierten Leistungen für die wesentlichen Erzeuger und Speichertechnologien sind im Folgenden dargestellt (Abbildung 4.10). Im Vergleich zum Netzentwicklungsplan wird deutlich, wie stark der weitere Ausbau insbesondere von Wind- und Photovoltaik zunimmt und damit insbesondere die Netzanforderung. Im Strommarkt werden dabei 10 GW Elektrolyseure eingesetzt (2 GW $H_2$ und 8 GW $CH_4$ – hier Power-to-Gas). Zusätzlich werden aber 20 GW Offshore-Strom (hier Elektrolyse) direkt in $H_2$ ohne eklektische Anbindung umgesetzt.

Auch die räumliche Verteilung auf die Bundesländer im Vergleich zum Bestand im Jahr 2018 macht deutlich, wie stark der Leistungszuwachs ist und wie heterogen

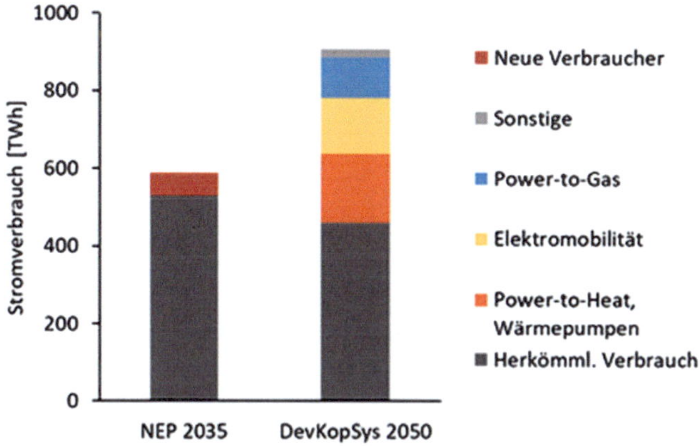


**Abb. 4.9** Vergleich der Verbrauchsentwicklung: DeVKopSys vs. NEP

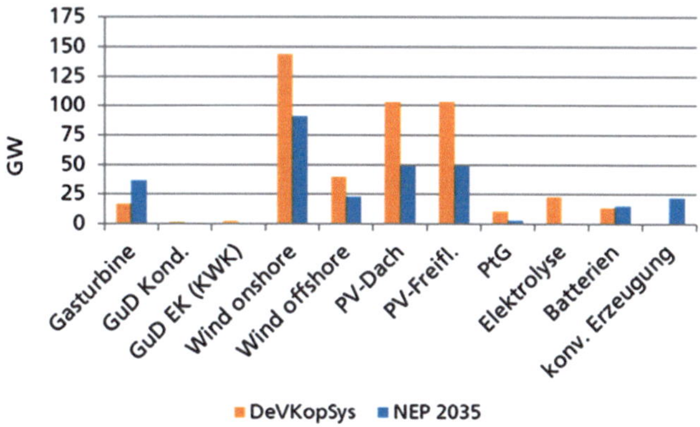


**Abb. 4.10** Vergleich der Leistungsentwicklung: DeVKopSys vs. NEP

die Leistung räumlich verteilt ist (Abbildung 4.11). Insbesondere Norddeutschland und hier insbesondere Niedersachsen stellt in dem Szenario hohe Anforderungen an den Abtransport der Onshore-Windenergie.

Die Zeitreihen der Strommarktsimulation für das historische Wetterjahr 2012 in stündlicher Auflösung wurden den einzelnen Netzknoten zugeordnet sowie der Netzausbau und Redispatch zur Bewirtschaftung der verbleibenden Engpässe bestimmt. Dabei stellen neben Stromspeichern abschaltbare Großverbraucher (Großwärmepumpen, Elektrodenkessel) und zu- oder abschaltbare Elektroly-

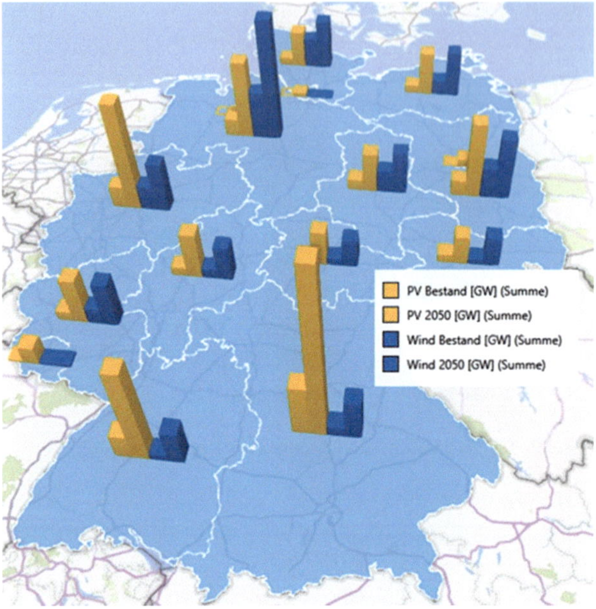


**Abb. 4.11** Räumliche Leistungsentwicklung für Onshore-Wind und Photovoltaik

seure ein Flexibilitätspotenzial dar. Wir gehen in den Berechnungen davon aus, dass über den Netzentwicklungsplan hinaus aus Akzeptanzgründen keine weiteren Hochspannungs-Gleichstrom-Übertragungsleitungen (HGÜ-Leitungen) quer durch Deutschland gebaut werden und stattdessen die bestehenden Wechselstromtrassen (AC-Trassen) ergänzt bzw. ersetzt werden (z. B. ein 2-Leiter 220 oder 380 kV durch einen 4-Leiter 380 kV).

An die einzelnen Übertragungsnetzknoten können aus technischen Gründen nur 2 bis 3 GW angeschlossen werden. Ausschlaggebend sind einerseits der unterstellte Stand der Technik bei den HGÜ-Stationen und -Kabeln, welche generell nicht größer als 2 GW gebaut werden, und anderseits die Technik der angeschlossenen Wechselstromleitungen und die Vermaschung an den Übertragungsnetzknoten, an den HGÜ-Leitungen ankommen. Wenn von den Wechselstromleitungen die Leistung nicht in ausreichendem Maße abtransportiert werden kann (z. B. kommen 2 GW Offshore-Wind HGÜ an, aber das AC-Übertragungsnetz kann max. 1 GW transportieren), führt das zu Überlastungen am Übertragungsnetz. So sind beispielsweise bei den größten AC-Trassen mit 380 kV und vier Leitern bei ei-

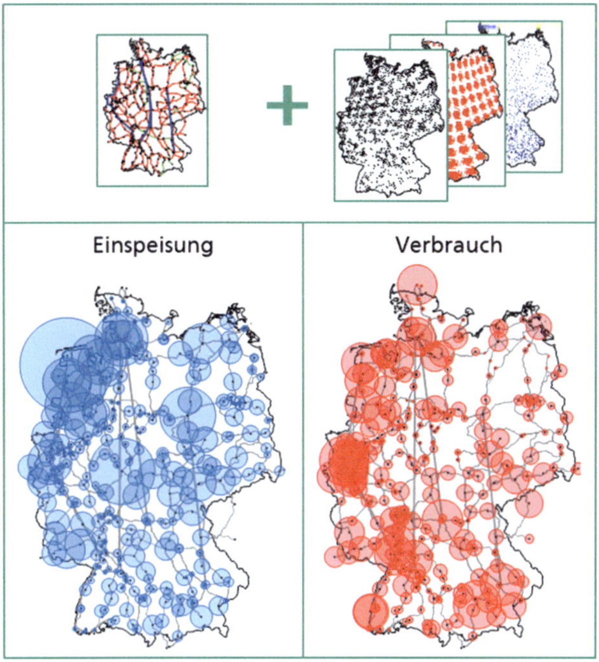


**Abb. 4.12** Schematisches Netzmodell des Fraunhofer IEE

ner Auslastung von 100 Prozent ca. 1,4 bis 1,5 GW abzutransportieren. Aufgrund der (n-1)-Sicherheitsanforderung, der Vermaschung und der dadurch entstehenden Leistungsflüsse unter den Umspannwerken/Sammelschienen ist der Wert eher geringer anzusetzen.

Dies bedeutet, dass es für die elektrische Anbindung der Offshore-Windkraft immer schwerer werden wird, Netzanschlusspunkte im bestehenden Netz zu finden. In Abbildung 4.13 ist der Anschluss von in Summe 20 GW Offshore in Nord- und Ostsee dargestellt, welcher Anschlusspunkte bis nach Süd-Niedersachsen berücksichtigt.[3] Angenommen wurde, dass alle weiteren Windparks direkt an einen Elektrolyseur angeschlossen werden müssen. Gegebenenfalls sind etwas mehr elektrische Anschlüsse möglich. Die potenziell möglichen 53 GW Offshore-Windkraft in Deutschland sind jedoch zu mehr als die Hälfte technisch nicht an das Übertragungsnetz anschließbar, wenn man von der oben dargestellten Netzerweite-

[3] Stand ÜNB 2019: NEP 2030

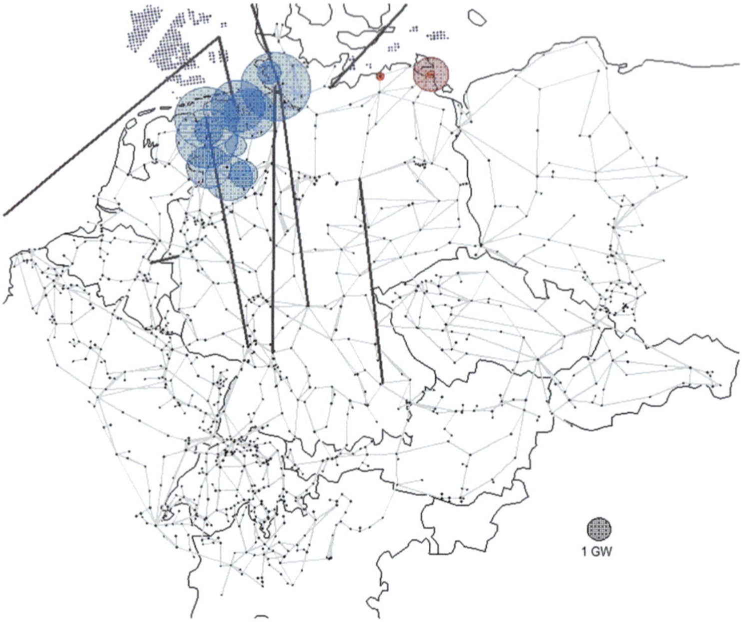


**Abb. 4.13** Elektrische Offshore-Netzanbindung von Windparks der Nordsee (blau) und Ostsee (rot). (Y. Harms/Fraunhofer IEE)

rung ausgeht. Alternativ wären umfangreiche zusätzliche HGÜ-Trassenfindungen erforderlich.

Für die Integration hoher Wind- und Photovoltaik-Einspeisemengen muss das Übertragungsnetz bis 2050 stark ausgebaut werden. Dabei sind neben den geplanten HGÜ-Trassen nicht zwingend neue Trassen notwendig. Dennoch muss gerade in Nord-Süd-Richtung oftmals ein bestehendes 2-Leitersystem durch ein 4-Leitersystem ersetzt werden. Ein mögliches, mit dem Übertragungsnetzmodell des Fraunhofer IEE bestimmtes Zielnetz 2050 ist in Abbildung 4.14 dargestellt.

Weil nur 20 GW Offshore netztechnisch angebunden werden können, müssen die zusätzlich onshore stehenden Elektrolyseure zur Entlastung des Übertragungsnetzes weitestgehend an den Anlandenetzpunkten installiert werden. Die Anlagen laufen im Strommarkt, wodurch eine grundsätzliche Korrelation zwischen Markteinsatz und Netzentlastung gegeben wird.

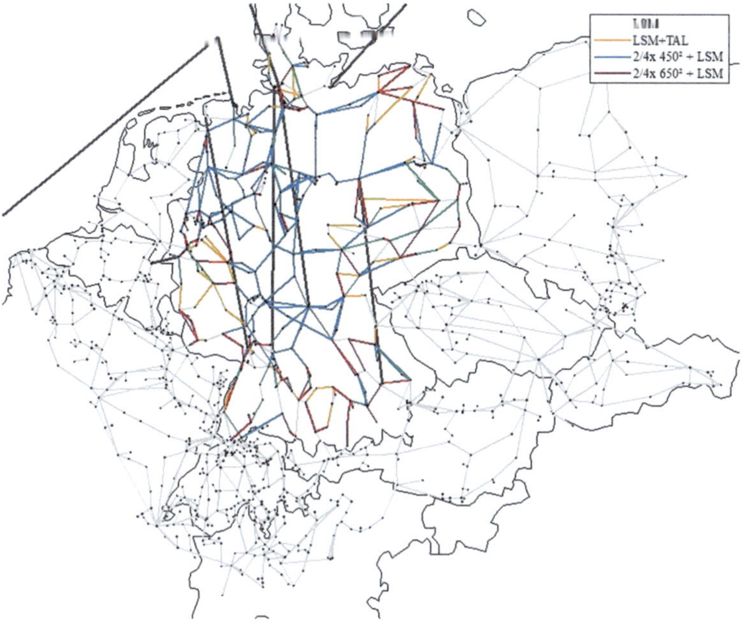


**Abb. 4.14** Netzausbaumaßnahmen 2050 zusätzlich zum NEP-Basisnetz 2035. (Y. Harms/ Fraunhofer IEE)

Trotz des starken Netzausbaus verbleibt ein Redispatch-Bedarf in vergleichbarer Größenordnung wie heute. Für einen repräsentativen Zeitschritt mit hoher Windeinspeisung ist in Abbildung 4.16 der Redispatch dargestellt. Dabei müssen Erneuerbare-Energien-Anlagen teilweise abgeregelt werden (lila), was durch das Zuschalten von Elektrolyseuren (grün) teilweise kompensiert werden kann. In West- und Süddeutschland müssen aber weitere flexible Lasten abgeschaltet (rot) und in geringem Umfang zusätzlich Gaskraftwerke zugeschaltet werden (blau). Dadurch werden die Elektrolyseure zusätzlich zu ihrem Einsatz im Strommarkt aufgrund von Netzengpässen eingesetzt und das Potenzial für eine effiziente Wasserstofferzeugung wird weiter erhöht.

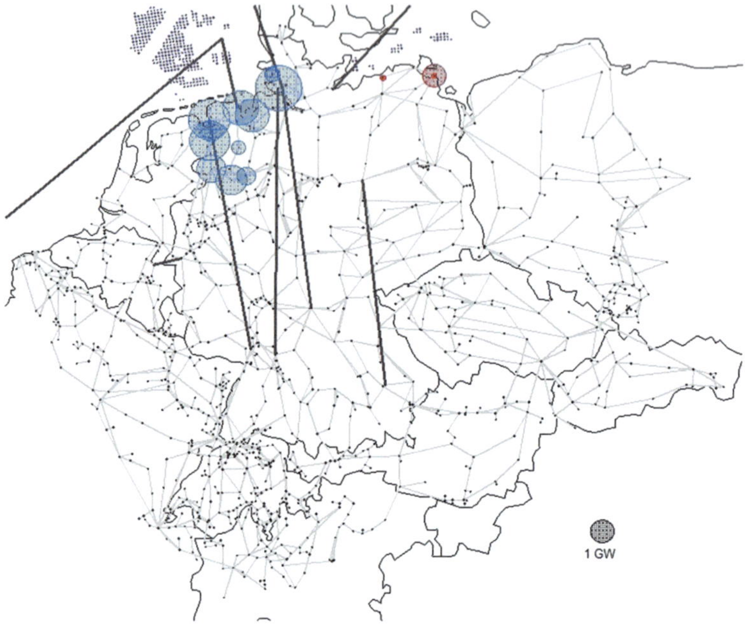


**Abb. 4.15** Zusätzliche Elektrolyseleistungen (Einsatz am Strommarkt) an elektrischen Offshore-Netzanbindungspunkten von Windparks der Nordsee (blau) und Ostsee (rot). (Y. Harms/Fraunhofer IEE)

## 4.6 Fazit

Dieses Kapitel hat die Rolle von Wasserstoff und synthetischen Energieträgern im Energiesystem verglichen und ausgewählte Aspekte diskutiert. Hierfür wurden Systemstudien herangezogen, die bestehende Wechselwirkungen zwischen Nachfrage, Erzeugung, räumlicher Verortung der Anlagen und den Aufbau sowie die Nutzung von Strom-, Gas- und Wärmenetzinfrastruktur berücksichtigen.

Die Studien zeigen eine große Spannbreite der Nutzung von Wasserstoff und Power-to-X im zukünftigen deutschen Energiesystem. Während der Einsatz der wasserstoffbasierten Energieträger für ausgewählte Sektoren und Anwendungen (z. B. in der Stahlindustrie) nötig ist, um die Defossilisierung des Energiesystems zu erreichen, ist in anderen Bereichen die direkte Stromnutzung (z. B. Wärmepumpe, Elektromobilität) dem Einsatz von Wasserstoff und synthetischen Energieträgern aufgrund der geringeren Gesamtsystemkosten vorzuziehen.

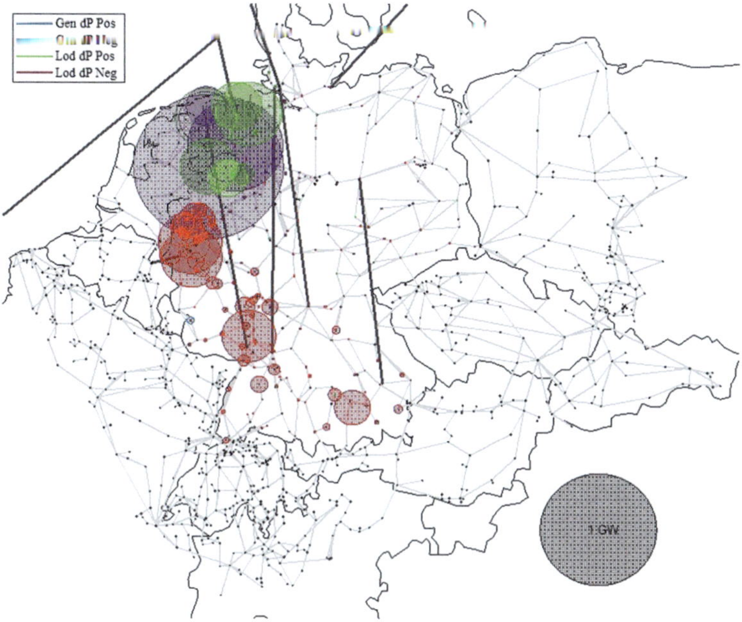


**Abb. 4.16** Zusätzliche Elektrolyseleistungen (Einsatz am Strommarkt) an elektrischen Offshore-Netzanbindungspunkten von Windparks der Nordsee (blau) und Ostsee (rot). (Y. Harms/Fraunhofer IEE)

Das Fraunhofer-Modell REMod zeigt in Übereinstimmung mit weiteren Studien, dass die Nachfrage nach Wasserstoff und synthetischen Energieträgern im Jahr 2050 zwischen 300 und 800 TWh betragen kann. Auch unter Berücksichtigung von Importmöglichkeiten erfordert dies ein vermehrtes Up-Scaling von Elektrolysekapazitäten in Deutschland um 2030, da hohe Mengen von Elektrolysekapazität (50 bis 80 GW bis 2050) gebraucht werden. Deshalb sind größte Anstrengungen auf allen Ebenen zu unternehmen, um den Roll-out von Elektrolyseuren in den kommenden Jahren zu realisieren.

Ein weiterer zentraler Aspekt ist die räumliche Trennung des Angebots an erneuerbarem Strom und der Nachfrage nach Wasserstoff oder synthetischen Brennstoffen. Während im Norden Deutschlands große Mengen an Offshore-Windstrom eingespeist werden, findet sich eine große Energienachfrage in küstenfernen Regionen wie zum Beispiel im Ruhrgebiet. Somit stellt sich die Frage, ob die Standorte der Elektrolyseure erzeugungs- oder verbrauchsnah gewählt werden sollen.

Dabei zeigt sich, dass eine komplett lokale Versorgung mit Elektrolysen vor Ort z. B. im Ruhrgebiet sehr hohe Anforderungen an den Stromnetzausbau bei gleichzeitig sehr hohen Anforderungen an das lokale Speichervolumen erfordert und kaum wirtschaftlich darstellbar ist. Daher ist mittelfristig der Aufbau einer Wasserstoffinfrastruktur erforderlich.

Hier stellt die direkte Wasserstofferzeugung aus (Offshore-)Windstrom eine Möglichkeit dar, das Stromübertragungsnetz zu entlasten. Es sind verschiedene Systemkonfigurationen möglich, nämlich die Wasserstoffherstellung offshore oder die Verortung der Elektrolyse an der Küste. Dabei ist die Offshore-Verortung der Elektrolyse von höheren Betriebs- und Wartungskosten gekennzeichnet und bedarf einer Meerwassersentsalzung zur Frischwasserbereitstellung. Infrastrukturüberlegungen sind an dieser Stelle von großer Bedeutung, da sich tendenziell große Wasserstoffmengen über Pipelines deutlich günstiger transportieren lassen als vergleichbare Strommengen. Wasserstofferzeugungskosten hängen stark von den Kosten des erneuerbaren Stroms ab, die im Offshore-Bereich unter anderem durch Wassertiefe und Volllaststunden beeinflusst werden. Wasserstoffkosten werden langfristig auf rund 4 €/kg einschließlich der Transportkosten an die Küste geschätzt. Hier stellt sich die Frage der Wettbewerbsfähigkeit im Vergleich zu den Preisen von importiertem „grünen" oder auch „blauen" Wasserstoff.

Die Analysen zu den Anforderungen an das Strom-Übertragungsnetz zeigen, dass eine Herausforderung darin besteht, langfristig sehr hohe EE-Leistungen zu integrieren. Dies erscheint auch lösbar, wenn keine zusätzlichen Hochspannungstrassen verlegt, sondern bestehende Leitungen (stark) ausgebaut würden. Dabei werden im untersuchten Szenario nur 20 GW an Offshore-Leistung netztechnisch angebunden, während das zusätzliche Offshore-Erzeugungspotenzial über Elektrolyseure aufgefangen wird und somit das Übertragungsnetz entlastet werden kann. Die Alternative, zusätzliche Stromtrassen zu verlegen, ist sicher eine technisch umsetzbare Möglichkeit, deren Realisierung aber vermutlich mit ernsthaften Akzeptanzproblemen einhergeht.

## Literatur

1. IEA (2020): World Energy Balances database, 2020 Edition. https://www.iea.org/data-and-statistics, abgerufen am 15.11.2021
2. Wietschel M., Bekk A., Breitschopf B. et al (2020): Chancen und Herausforderungen beim Import von grünem Wasserstoff und Syntheseprodukten: Policy Brief 03/2020. Karlsruhe
3. Fraunhofer Cluster of Excellence Integrierte Energiesysteme – CINES (2020): 13 Thesen: Wie die deutsche Energiewende gelingen kann. https://www.ise.fraunhofer.

de/content/dam/ise/de/documents/publications/studies/Fraunhofer-CINES-13-Thesen-Wie-die-Energiewende-gelingen-kann.pdf, abgerufen am 15.11.2021

4. EUR-Lex (2020): Document 52020DC0301. COMMUNICATION FROM THE COMMISSION TO THE EUROPEAN PARLIAMENT, THE COUNCIL, THE EUROPEAN ECONOMIC AND SOCIAL COMMITTEE AND THE COMMITTEE OF THE REGIONS A hydrogen strategy for a climate-neutral Europe. https://eur-lex.europa.eu/legal-content/EN/TXT/?uri=CELEX:52020DC0301, abgerufen am 29.03.2021
5. BMWi (2020): Die Nationale Wasserstoffstrategie. https://www.bmwi.de/Redaktion/DE/Publikationen/Energie/die-nationale-wasserstoffstrategie.html, abgerufen am 29.03.2021
6. Fraunhofer ISE (2020): Wege für zu einem klimaneutralen Energiesystem 2050
7. Pfluger B., Tersteegen B., Franke B. et al (2021): Modul 10.b: Langfristszenarien und Strategien für den Ausbau Erneuerbarer Energien in Deutschland 95%-Szenarien
8. ORE Catapult (2020): Offshore wind and hydrogen – solving the integration challenge. https://ore.catapult.org.uk/wp-content/uploads/2020/09/Solving-the-Integration-Challenge-ORE-Catapultr.pdf (abgerufen am 15.11.2021)
9. https://www.iee.fraunhofer.de/de/projekte/suche/laufende/DeVKopSys.html (abgerufen am 15.11.2021)

# 5 Einsatz von Wasserstofftechnologien in der Industrie

Matthias Jahn • Gregor Herz
Fraunhofer-Institut für Keramische Technologien und Systeme IKTS

Görge Deerberg • Christoph Glasner • Axel Kraft • Andreas Menne • Torsten Müller • Ulrich Seifert • Esther Stahl
Fraunhofer-Institut für Umwelt-, Sicherheits- und Energietechnik UMSICHT

Klemens Ilse • Uwe Spohn
Fraunhofer-Institut für Mikrostruktur von Werkstoffen und Systemen IMWS

Sylvia Schattauer • Marcus Tümmler
Fraunhofer-Institut für Windenergiesysteme IWES

**Zusammenfassung**

Aus erneuerbaren Quellen hergestellter Wasserstoff kann in der Industrie sowohl über die stoffliche als auch die energetische Nutzung entscheidende Beiträge zur Minimierung der Treibhausgasemissionen, insbesondere von Kohlendioxid liefern. In der Chemieindustrie wird Wasserstoff hauptsächlich zur Hydrierung und Abtrennung von Sauerstoff, Schwefel und anderen Heteroatomen aus Erdöl und zum Hydrocracking, sowie zur Ammoniak- und zur Methanolsynthese eingesetzt. Die Methanol- und die Fischer-Tropsch-Synthese eröffnen bei Nutzung von klimaneutral hergestelltem Wasserstoff einen von fossilen Rohstoffen unabhängigen Weg zur Herstellung von Grund- und Treibstoffen. Durch die Nutzung von Kohlendioxid aus anderen Industrieprozessen, z. B. aus der Herstellung von Zement und Stahl, kann eine sektorübergreifende Minimierung der Kohlendioxidemission vorangebracht werden. So können


R. Neugebauer (Hrsg.), *Wasserstofftechnologien*,
https://doi.org/10.1007/978-3-662-64939-8_5

z. B. Hüttengase durch Reinigung, Zumischung von und Umsetzung mit Wasserstoff stoffwirtschaftlich genutzt werden. In der Stahlindustrie wird zudem daran gearbeitet, Wasserstoff für die Reduktion oxidischer Erze und zur Beheizung einzusetzen. Die Verbrennung des Wasserstoffs wird in naher Zukunft nur bei Hochtemperaturanwendungen wie in der Glas- und Keramikindustrie sowie der Metallurgie eine industriell relevante Rolle spielen.

## 5.1 Stoffliche Nutzung von $H_2$: Stahlindustrie

In Deutschland werden etwa 21 Prozent der $CO_2$-Emission durch den industriellen Sektor verursacht [1], wobei rund 30 Prozent, d. h. 58,4 $Mt_{CO_2}$, auf die Stahlindustrie entfallen [2]. Dabei werden energiebedingte und prozessbedingte Emissionen unterschieden. Während erstere über die Anwendung elektrischer Energie aus erneuerbaren Quellen bzw. nachhaltig erzeugter Brennstoffe vergleichsweise einfach vermieden werden können, ist die Verringerung von prozessbedingten Emissionen deutlich schwieriger. In der Stahlproduktion sind Kohlenstoffträger, z. B. Koks, als Reduktionsmittel und Bestandteil des Produktes in die Prozesskette integriert. Somit werden auf der integrierten Hochofenroute zur Produktion von Rohstahl prozessbedingt erhebliche Mengen an $CO_2$ frei [3], [4]. Diese Produktionsroute wird auch mit BF/BOF bezeichnet, da hier der Hochofen (Blast Furnace, BF) mit einem Konverter (Basic Oxygen Furnace, BOF) gekoppelt wird. Entsprechend der strategischen Rolle des Stahls in Industrie und Wirtschaft ist die Substitution des Kohlenstoffs als Reduktionsmittel und Energiequelle durch Wasserstoff sowohl unter ökologischen als auch ökonomischen Aspekten zu betrachten und umzusetzen, um die im Pariser Klimaschutzabkommen festgelegten Emissionsreduktionsziele (95 Prozent bis 2050) zu erreichen.

Gegenwärtig werden Optionen mit ausreichend hohem Technology Readiness Level (TRL) geprüft und bereits untersucht: der direkte stoffliche Einsatz in der Rohstahlproduktion zur Emissionsvermeidung oder die Nutzung des weiterhin entstehenden $CO_2$ in Verbindung mit Wasserstoff als nachgeschalteter Prozess. In allen Ansätzen spielt Wasserstoff eine zentrale Rolle. Da die derzeit einzige Möglichkeit zur $CO_2$-neutralen Bereitstellung großer Mengen Wasserstoff die Wasserelektrolyse unter Nutzung erneuerbarer Energie darstellt, ist neben der Verminderung der $CO_2$-Emission auch der Bedarf an elektrischer Energie ein entscheidender Faktor.

### 5.1.1 Einsatz von Wasserstoff in der Rohstahlproduktion

Der erste Ansatz beruht auf der Substitution von Kohle als Reduktionsmittel durch Wasserstoff, der neben der chemischen Reduktion des Eisenerzes auch die notwendige Prozesswärme durch Verbrennung liefert, was wesentliche Änderungen in der Prozessführung bedingt. Da die Kohlendioxidemission je nach Verfahrensansatz in unterschiedlichem Umfang vermieden werden kann, spricht man in diesem Fall auch von Carbon Direct Avoidance (CDA). Dafür bestehen zwei Optionen.

#### Option 1: Direkter Einsatz von Wasserstoff im Hochofen ($H_2$-BF/BOF)

Der direkte Einsatz von Wasserstoff im Hochofen wurde bereits modellhaft untersucht [5], [6] und entspricht dem vereinfachten Fließbild (Abbildung 5.1). Dabei wird der Wasserstoff im unteren Bereich des Hochofens (BF) eingeblasen, aus dem das flüssige Eisen in einen Konverter (BOF) zur Rohstahlerzeugung überführt wird. Die Prozessroute wird im Folgenden als $H_2$-BF/BOF-Route bezeichnet. Berechnungen ergaben, dass Wasserstoff als Reduktionsmittel an Stelle der Einblaskohle die $CO_2$-Emission für den betrachteten Bilanzraum bei maximaler Ausnutzung von Wasserstoff um 21,4 Prozent verringern kann [6]. Vorteilhaft ist zudem die Bereitstellung reinen Sauerstoffs durch die Elektrolyse für den Konverter. Die grundsätzliche Machbarkeit wurde in großskaligen Versuchen der thyssenkrupp AG bestätigt [7]. Gegenwärtig wird die Bereitstellung von grünem Wasserstoff in der notwendigen Größenordnung aus Kostengründen jedoch als kritisch bewertet.

Für diese Betrachtungen wurde als Wasserstoffquelle eine festoxidbasierte Hochtemperaturelektrolyse (Solid Oxide Electrolysis, SOEL) angesetzt. Der Bilanzraum wurde um die peripheren Prozesse Kokerei, Sinteranlage, Winderhitzer und Kraftwerk erweitert. Dadurch können die Auswirkungen des Einbringens von

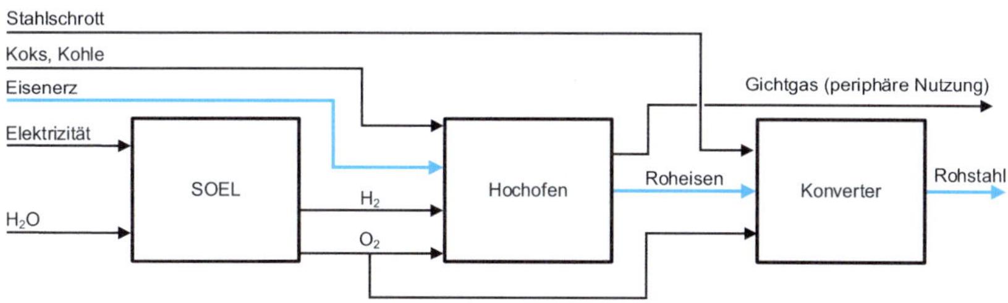


**Abb. 5.1** Fließbild des Verfahrenskonzeptes zur direkten Einspeisung von Wasserstoff in den Hochofen [8]

Wasserstoff in das System auf die gesamte Stoffintegration der Rohstahlherstellung abgeschätzt werden. Dabei konnte der bereits von Yilmaz et al. [5] aufgezeigte Trend reproduziert werden, dass Wasserstoff zu einem geringeren Grad als das momentan als primäres Reduktionsmittel eingesetzte Kohlenstoffmonoxid umgesetzt wird und so zu einem großen Teil im Gichtgas verbleibt. Da sich der Energiebedarf der peripheren Prozessschritte nur in geringem Maße ändert, wird der eingebrachte Wasserstoff zu einem großen Anteil im Kraftwerk rückverstromt. Dies führt zu einem hohen spezifischen Energiebedarf für die Emissionsreduktion. Außerdem sind mögliche Auswirkungen der geänderten Brenngaszusammensetzung und -menge auf das Kraftwerk zu beachten. Gegebenenfalls sind an dieser Stelle zusätzliche Investitionen nötig.

### Option 2: Direktreduktion von Eisenerz mit Wasserstoff ($H_2$-DR/EAF)

In den von der Swedish Steel AB (HYBRIT-Verfahren) sowie der Salzgitter AG (SALCOS) verfolgten Verfahrensansätzen wird das pelletierte Eisenerz mit Wasserstoff in einer autothermen Direktreduktionsanlage reduziert, wobei die Prozesswärme auch durch partielle Verbrennung von Wasserstoff mittels Sauerstoff aufgebracht wird, der durch die vorgeschaltete Elektrolyse geliefert wird. Die Bezeichnung $H_2$-DR/EAF leitet sich aus dem Einsatz von Wasserstoff in der Direktreduktion (Direct Reduction, DR) ab. Das direktreduzierte Eisen wird dann dem Lichtbogenofen (Electric Arc Furnace, EAF) zugeführt. Da Kohlenstoff ein wesentlicher Bestandteil des Rohstahls ist, kann im Prozess nicht vollständig auf diesen verzichtet werden. Er wird in diesem Konzept jedoch ausschließlich zur Aufkohlung und Restreduktion im Elektrolichtbogenofen zudosiert, sodass nur in dieser Prozessstufe $CO_2$ entsteht.

Die Reduktion der Eisenerzpellets mit reinem Wasserstoff wurde experimentell demonstriert [9], [10], was die technische Realisierbarkeit derartiger Anlagen zeigt. Zum Zeitpunkt der Veröffentlichung ist die Bereitstellung von Wasserstoff in der nötigen Größenordnung jedoch technisch und wirtschaftlich noch nicht darstellbar. Neben Wasserstoff kann als Brückentechnologie auch Erdgas zur Reduktion eingesetzt werden, womit bereits eine deutliche Verringerung der $CO_2$-Emission um bis zu 67 Prozent gegenüber der klassischen Rohstahlproduktion im integrierten Hüttenwerk möglich ist [11]. Damit kann beim Einsatz des Direktreduktionsverfahrens in Abhängigkeit von der Verfügbarkeit von erneuerbarem Strom auch ein Betrieb mit Anteilen von Erdgas oder auch mit 100 Prozent Erdgas durchgeführt werden. Innerhalb des Direktreduktionsprozesses werden aus dem Erdgas durch eine interne Reformierung die primären Reduktionsmittel CO

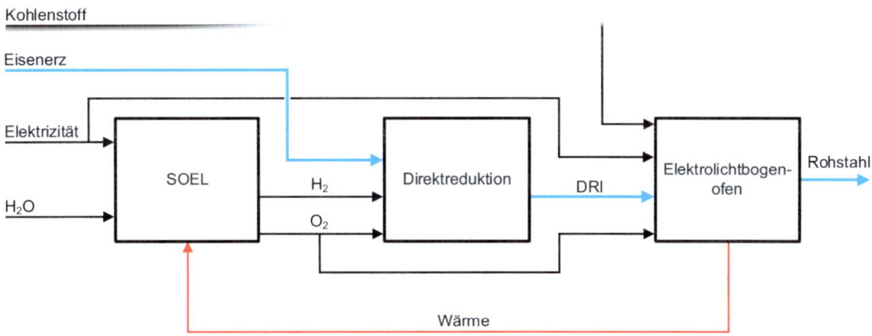


**Abb. 5.2** Fließbild des Verfahrenskonzeptes zur wasserstoffbasierten Direktreduktion (H2-DR/EAF) [8]

und $H_2$ erzeugt. Für das Erreichen der Emissionsreduktionsziele ist es erforderlich, dass die elektrische Energie für den Lichtbogenofen in jedem Fall unter Nutzung von erneuerbaren Energien bereitgestellt wird. Da auch beim Erdgaseinsatz im Unterschied zur Hochofenroute $CO_2$-Emissionen vermieden werden, kann auch diese Betriebsführung unter dem Begriff Carbon Direct Avoidance (CDA) erfasst werden. Dies wird (analog zur Direktreduktion mit Wasserstoff) mit NG-DR/EAF bezeichnet, wobei NG für Erdgas (Natural Gas) steht.

## Verfahrensvergleich

Die Optionen unterscheiden sich deutlich in ihrem Potenzial zur Verringerung der Emissionen im Vergleich zur integrierten Hochofenroute. In Abbildung 5.3 ist das $CO_2$-Vermeidungspotenzial

$$\Phi_{CO_2} = \frac{CO_2 \text{ Emissionen}_{BF/BOF} - CO_2 \text{ Emissionen}_{CDA}}{CO_2 \text{ Emissionen}_{BF/BOF}}$$

gegenüber der integrierten Hochofenroute für die dargelegten alternativen Verfahren dargestellt. Die direkte Nutzung von Wasserstoff im Hochofen ($H_2$-BF/BOF) bietet dabei mit 24 Prozent das geringste Potenzial zur Emissionsminderung, da nur die im Hochofen eingesetzte Einblaskohle ersetzt werden kann. Koks kann aufgrund seiner mechanischen Funktion im Hochofen nicht substituiert werden. Die erdgasbasierte Direktreduktionsroute (NG-DR/EAF) bietet mit 67 Prozent ein höheres Minderungspotenzial bei einem höheren Technology Readiness Level von 9. Das höchste $CO_2$-Vermeidungspotenzial bietet mit 97 Prozent das wasserstoffbasierte Direktreduktionsverfahren; es ist hierbei unabhängig von der eingesetzten Elektrolysetechnologie.

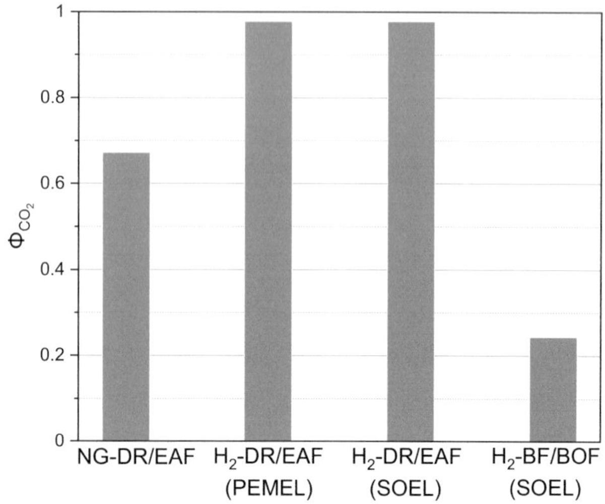


**Abb. 5.3** Emissionsminderungspotenzial der untersuchten Verfahrenskonzepte (PEMEL: Niedertemperatur-PEM-Elektrolyse, SOEL: Hochtemperatur-Festoxidelektrolyse)

Mit der Nutzung von Elektrolysewasserstoff in der Stahlerzeugung sowie dem Elektrolichtbogenofen geht ein hoher Bedarf an elektrischer Energie einher. Aufgrund der höheren Kosten für Elektrizität im Vergleich zu den gegenwärtig in der Stahlerzeugung eingesetzten fossilen Energieträgern ist der Bedarf an elektrischer Energie der maßgebliche Einflussfaktor einer wirtschaftlichen emissionsarmen Stahlerzeugung. In Abbildung 5.4 ist der spezifische Energiebedarf zur $CO_2$-Vermeidung

$$\varepsilon_{CO_2} = \frac{\text{Energiebedarf}_{CDA}}{CO_2 \text{ Emissionen}_{BF/BOF} - CO_2 \text{ Emissionen}_{CDA}}$$

dargestellt. Die direkte Nutzung von Wasserstoff im Hochofen schneidet auch hier mit einem auf die vermiedene $CO_2$-Menge bezogenem spezifischen elektrischen Energiebedarf von $\varepsilon_{CO_2} = 18{,}4\,\text{GJ}/\text{t}_{CO_2}$ vergleichsweise schlecht ab. Aufgrund des niedrigen Umsatzes an Wasserstoff und der anschließenden Rückverstromung muss viel Wasserstoff bereitgestellt werden, um die Einblaskohle zu substituieren. Der erdgasbasierte Direktreduktionsprozess bietet einen geringeren spezifischen Energiebedarf. Beide Optionen sind jedoch weiterhin auf chemische Energieträger aus fossilen Quellen angewiesen. Nur der Elektrolichtbogenofen (EAF) bietet

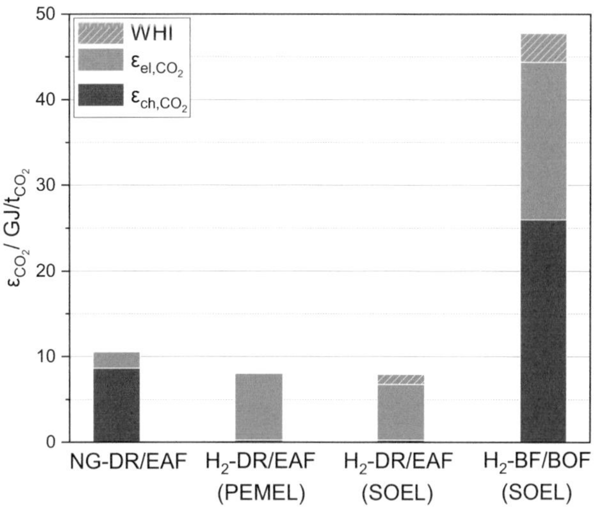


**Abb. 5.4** Spezifischer Energiebedarf der untersuchten Verfahrenskonzepte (PEMEL: Niedertemperatur-PEM-Elektrolyse, SOEL: Hochtemperatur-Festoxidelektrolyse)

durch seinen elektrischen Energiebedarf im Fall der NG-DR/EAF-Route die Möglichkeit zur Nutzung regenerativer Energien. Den geringsten spezifischen Energiebedarf bietet das Konzept der wasserstoffbasierten Direktreduktion mit $\varepsilon_{\text{CO}_2} = 8{,}1\,\text{GJ}/\text{t}_{\text{CO}_2}$. Aufgrund der Auslegung der Direktreduktionsanlage als Kreislaufprozess wird der eingesetzte Wasserstoff zu einem sehr großen Anteil genutzt. Die Energie wird mit Ausnahme des Kohlenstoffs zum Aufkohlen im EAF in elektrischer Form zur Verfügung gestellt. Somit ist das Potenzial zur Integration erneuerbarer Energien groß. Wird die Abwärme zusätzlich noch in eine Hochtemperaturelektrolyse eingekoppelt (Waste Heat Recovery; WHI), erhöht sich die Energieeffizienz, der Strombedarf sinkt (Abbildung 5.4).

Die ökonomische Vergleichsanalyse beruht auf der Größe der spezifischen Emissionsminderungskosten

$$\kappa_{\text{CO}_2} = \frac{\text{NPC}_{\text{considered route}} - \text{NPC}_{BF/BOF\ \text{route}}}{\text{CO}_2\ \text{Emissionen}_{BF/BOF} - \text{CO}_2\ \text{Emissionen}_{CDA}}$$

wobei die Differenz der Nettoproduktionskosten (NPC) der untersuchten Routenoption und der als Vergleichswert angesetzten Hochofenroute auf die eingesparte Menge $CO_2$ bezogen wird.

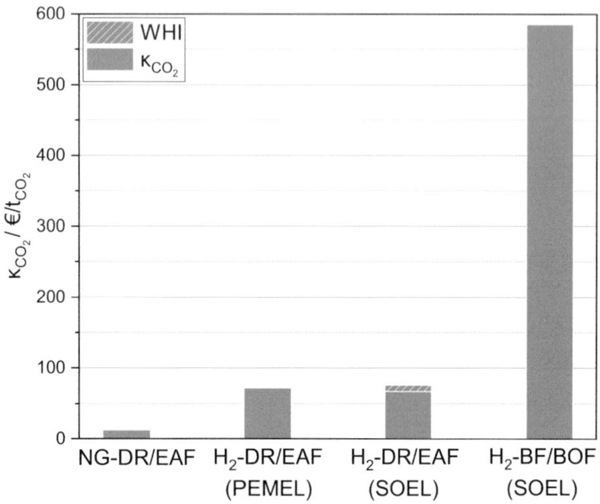


**Abb. 5.5** Spezifische Kosten zur Emissionsminderung der untersuchten Verfahrenskonzepte, unterschieden nach Wasserstoffquelle (PEMEL: Niedertemperatur-PEM-Elektrolyse, SOEL: Hochtemperatur-Festoxidelektrolyse)

Die spezifischen Emissionsminderungskosten $\kappa_{CO_2}$ in den untersuchten Produktionsrouten sind in Abbildung 5.5 dargestellt. Zur unverzerrten technischen Vergleichbarkeit wurden für alle Ansätze staatliche Anreize ausgeschlossen. Die mit der erdgasbasierten Direktreduktionsroute verbundenen Nettoproduktionskosten liegen nah an denen der kohlebasierten BF/BOF-Route (die definitionsgemäß einen Wert von $\kappa_{CO_2} = 0$ aufweist), was für eine konkurrierende, großtechnisch bereits eingesetzte Technologie durchaus plausibel ist.

Aufgrund der effizienteren Ausnutzung der Reduktionsmittel weisen wasserstoffbasierte Direktreduktionsverfahren im Vergleich geringe Emissionsminderungskosten auf. Die Wahl der Elektrolysetechnologie hat keinen signifikanten Einfluss auf die Rohstahlproduktionskosten, jedoch bietet die Hochtemperaturelektrolyse (SOEL) durch die Wärmeintegration die Möglichkeit zur weitergehenden Senkung des Energiebedarfs und somit auch der Produktionskosten.

Die Injektion von Wasserstoff in den Hochofen ist mit Minderungskosten verbunden, die um eine Größenordnung höher sind als bei der Direktreduktion. Aus diesem Grund sowie wegen des bereits erwähnten begrenzten Emissionsminderungspotenzials und des hohen spezifischen Energiebedarfs wird dieser Ansatz weder langfristig noch als Brückentechnologie als rentabel angesehen.

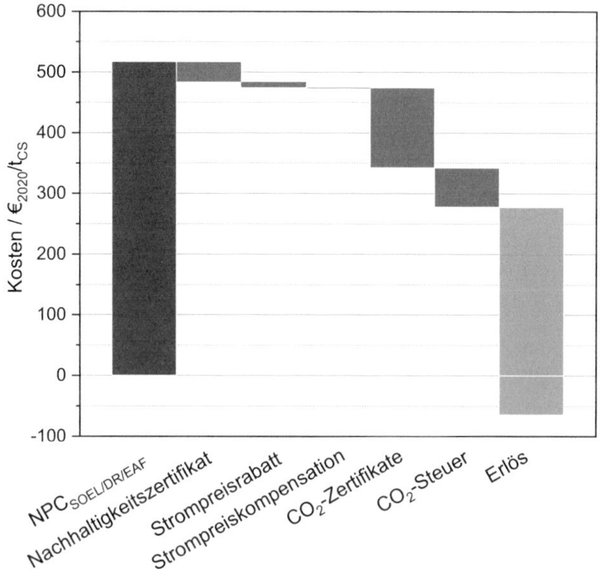


**Abb. 5.6** Einfluss gesetzgeberischer Maßnahmen auf die Wirtschaftlichkeit der wasserstoffbasierten Direktreduktionsroute für das 2050-Szenario

Im Kontext der Rohstahlerzeugung bietet die wasserstoffbasierte Direktreduktion das höchste Emissionsminderungspotenzial und den geringsten spezifischen Energiebedarf bei vergleichsweise niedrigen Vermeidungskosten und ist daher zu bevorzugen. Beim kostengünstigeren Betrieb mit Erdgas sind neben der geringeren Reduzierung der $CO_2$-Emissionen im Stahlwerk auch die Vorkettenemissionen zu betrachten, die bei der Berechnung nicht berücksichtigt worden sind. Trotzdem sind die spezifischen Emissionsvermeidungskosten $\kappa_{CO_2}$ positiv, was bedeutet, dass die Technologie ökonomisch mit der klassischen Hochofenroute nicht konkurrieren kann. Daher wurden exemplarisch Werkzeuge des Gesetzgebers zur Etablierung nachhaltiger Technologien zusammengetragen und auf den Fall der wasserstoffbasierten Direktreduktion von Eisenerzen angewandt. Die Ergebnisse sind in Abbildung 5.6 dargestellt.

Die Berücksichtigung der $CO_2$-Zertifikatskosten ist essenziell, da es sich um ein etabliertes klimapolitisches Instrument handelt. Basierend auf Literaturdaten und verfügbaren Prognosen, wurden die Zertifikatskosten für das 2050-Szenario abgeleitet. Es wurde angenommen, dass die $CO_2$-Zertifikatskosten von rund

25 $€_{2020}/t_{CO_2}$ auf etwa 82 $€_{2020}/t_{CO_2}$ steigen werden [12], [13]. Unter der Annahme der berechneten Abnahme der $CO_2$-Emissionen pro Tonne Rohstahl (crude steel, cs) von ca. 1,6 $t_{CO_2}/t_{CS}$ ergibt sich für die SOEL/DR/EAF-Route ein Kostenvorteil von ca. 132 $€_{2020}/t_{CS}$ im Vergleich zur BF/BOF-Route. In der Berechnung wurden die Zertifikatskosten unter der Prämisse des ausschließlichen aktiven Bezugs von Zertifikaten berücksichtigt. Eine potenzielle kostenlose Zuteilung von Zertifikaten [14], die für die SOEL/DR/EAF-Route möglich sein könnte, wurde nicht betrachtet.

Die Einführung einer $CO_2$-Steuer, die vom Verbraucher zu zahlen ist, ist Gegenstand aktueller Debatten. In einem ersten Schritt wurde eine solche Steuer auf Wärme und Mobilität in Deutschland im Jahr 2021 eingeführt mit dem Ziel, die Abhängigkeit von fossilen Ressourcen zu verringern [15]. Da eine solche Regelung auch auf den metallurgischen Sektor leicht anwendbar wäre, wurde sie als beispielhaftes staatliches Instrument angenommen. Für das Jahr 2021 wurde ein Preis von 25 $€_{2020}/t_{CO_2}$ festgelegt, der bis zum Jahr 2025 auf 55 $€_{2020}/t_{CO_2}$ steigen soll. Da der Preis durch einen Gesetzgebungsprozess und nicht primär durch den Markthandel bestimmt wird, ist keine plausible Prognose möglich. Daher wurde in dieser Arbeit exemplarisch der Wert von 2025 auf das 2050-Szenario angewendet.

Im Jahr 2050 ist eine kostendeckende Produktion ohne staatliche Unterstützung nicht erreichbar. Die Nettoproduktionskosten des Rohstahls, produziert via wasserstoffbasierter Direktreduktion, übersteigen die Kosten der klassischen Hochofen-Route um den Faktor 1,5. Durch die Implementierung der oben diskutierten Instrumente sowie der Annahme eines höheren Erlösniveaus für nachhaltige Rohstoffe, kombiniert mit der Anwendung des geringstmöglichen industriellen Stromtarifs, kann die Lücke von 175 $€_{2020}/t_{CS}$ nicht nur geschlossen, sondern um etwa 89 $€_{2020}/t_{CS}$ unterschritten werden. Als die effektivsten Instrumente wurden $CO_2$-Zertifikate und $CO_2$-Steuer identifiziert. Aus den Untersuchungen kann abgeleitet werden, dass Wasserstoff in der Rohstahlproduktion technisch und ökonomisch effizienter in einer Direktreduktion eingesetzt werden kann als in einem Hochofenprozess.

### 5.1.2 Stoffliche Nutzung von Hüttengasen (CCU)

Der zweite Ansatz umfasst die stoffliche Nutzung des Kohlenstoffs aus den Prozessgasen der Stahlindustrie in Verbindung mit grünem Wasserstoff. Dieser Ansatz ist Teil der im „Handlungskonzept Stahl“ [16] der Bundesregierung benannten Maßnahmen, die der Umsetzung der Klimabeschlüsse und der Verbesserung der Wettbewerbssituation der Stahlindustrie dienen. Die Umsetzung von CCU-

**Tab. 5.1** Verteilung der Hauptbestandteile der verschiedenen Hüttengase in Vol.-%. [17]

| | Koksofengas [%] | Hochofengas [%] | Konvertergas [%] |
|---|---|---|---|
| Stickstoff ($N_2$) | 5 | 49 | 14 |
| Wasserstoff ($H_2$) | 61 | 4 | 4 |
| Kohlenmonoxid (CO) | 6 | 25 | 65 |
| Kohlendioxid ($CO_2$) | 2 | 23 | 17 |
| Sonstiges | 26 | > 0,1 | > 0,1 |

Lösungen (Carbon Capture and Utilization) eröffnet die Möglichkeit, mit dem Kohlenstoff aus den Prozessgasen der Hütte zur Deckung des Kohlenstoffbedarfs der chemischen Industrie beizutragen und dadurch den Einsatz von fossilem Kohlenstoff insgesamt zu verringern.

In der chemischen Industrie gibt es viele Prozesse, die Kohlenstoff benötigen, z. B. die Methanol-, die Fischer-Tropsch- und die Harnstoffsynthese sowie die Herstellung von Polycarbonaten und Polyurethan (siehe auch Abschnitt 5.2). Die Bereitstellung des Kohlenstoffs kann auf Basis von Kohlenmonoxid sowie Kohlendioxid aus den Hüttengasen erfolgen. Der Begriff „Hüttengase" dient hierbei als Sammelbegriff für die Prozessgase eines Hüttenwerks. In der Regel sind dies bei einem integrierten Hüttenwerk das Koksofengas (COG) aus der Kokerei, das Hochofengas (BFG) aus dem Hochofen und das Konvertergas (BOFG) aus dem Konverter-Stahlwerk. Die Hüttengase beinhalten in unterschiedlichen Verhältnissen vier wesentliche Hauptkomponenten: Wasserstoff ($H_2$), Kohlenmonoxid (CO), Kohlendioxid ($CO_2$) und Stickstoff ($N_2$) (Tabelle 5.1).

Im Referenzfall der konventionellen Stahlherstellung wird im Hochofen zunächst aus Eisenerzen das Roheisen hergestellt und anschließend im Sauerstoffkonverter zu Rohstahl umgewandelt (Abbildung 5.7). Zur Reduktion des Eisenerzes werden Koks, Kohle, Erdöl und Erdgas als Energieträger und Reduktionsmittel eingesetzt. Der Koks wird in integrierten Hüttenwerken in der Kokerei aus Steinkohle hergestellt. Die entstehenden Prozessgase werden im integrierten Hüttenwerk energetisch für die Bereitstellung von Wärme, Dampf und Strom genutzt. Integrierte Hüttenwerke arbeiten somit energieautark und speisen zeitweilig Strom in die öffentlichen Netze. Neben den hergestellten Stählen fallen als Nebenprodukte u. a. große Mengen an Schlacke an, die in der Zementindustrie als Hüttensande einen wichtigen Einsatzstoff darstellen und dort zur Reduktion der Kohlendioxidemissionen beitragen. Parallel zur Stahlproduktion werden in der chemischen Industrie Produkte wie Methanol, Dünger und Kraftstoffe auf Basis fossiler Rohstoffe produziert.

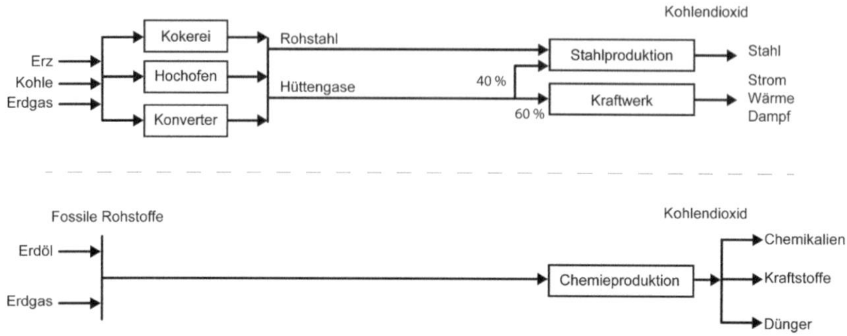


**Abb. 5.7** Getrennte Stahl- und Chemieproduktion

Ein wichtiger Aspekt bei den CCU-Lösungen ist, die bestehenden Prozesse in der Hütte beibehalten zu können. Die Aufbereitung der Prozessgase erfolgt nach den bestehenden Prozessen in der Kokerei, im Hochofen sowie dem Konverter-Stahlwerk (Abbildung 5.8). Diese Prozessgase werden anschließend in die bestehenden Prozesse zur Herstellung der Chemieprodukte eingebracht, die dafür aber angepasst werden müssen. Die Umsetzung von CCU-Konzepten kann daher auf Basis bestehender Technologie zeitnah erfolgen und so in absehbarer Zeit zur Reduktion der $CO_2$-Emission bei der Stahlproduktion beitragen. Die Etablierung von CCU-Lösungen ist dabei als erster Schritt parallel zur weiteren Transformation der Stahlproduktion in Richtung Klimaneutralität bis 2045 erforderlich.

Sollen die internen Prozesse der Hütte weitgehend unangetastet bleiben, so können etwa 60 bis 80 Prozent der Hüttengase für die chemische Produktion bereitgestellt werden und werden nicht mehr in der Hütte emittiert (Abbildung 5.8). Etwa 20 Prozent der Hüttengase sind weiterhin für energetische Prozesse erforderlich. Inwieweit eine Substitution durch z. B. Elektrifizierung möglich ist, ist jeweils standortbezogen zu klären. In der Chemieindustrie kann entsprechend dem Kohlenstoffgehalt der aufbereiteten Hüttengase der Einsatz fossiler Rohstoffe mit der zugehörigen $CO_2$-Emission vermieden werden. So ergibt sich über das Gesamtsystem des cross-industriellen Netzwerks aus Stahl- und Chemieindustrie eine Reduktion des $CO_2$-Footprints von ca. 50 Prozent.

Aufgrund der höheren Gehalte an $H_2$, $CO_2$ und CO sind Hüttengase aus der Stahlproduktion als Kohlenstoffquelle für chemische Prozesse effizienter zu fassen und aufzubereiten als die Prozessgase ($CO_2$, $N_2$) aus anderen industriellen Bereichen, z. B. der Zementproduktion oder Müllverbrennung. Für die Synthese zahlreicher chemischer Produkte wird ergänzend zu CO und $CO_2$ aus den Hüttengasen

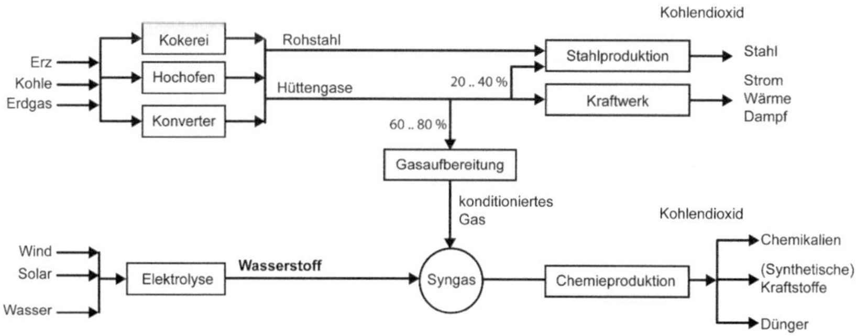


**Abb. 5.8** Cross-industrielles Netzwerk mit Stahl- und Chemieproduktion

Wasserstoff benötigt, um ein Synthesegas für die Chemieproduktion bereitstellen zu können. Ein gewisser Anteil Wasserstoff kann dabei dem Koksofengas und dem Hochofengas entnommen werden. Ergänzend ist grüner Wasserstoff im größeren Umfang erforderlich, der z. B. mittels Wasserelektrolyse auf Basis erneuerbarer Energien bereitgestellt werden kann.

Die erforderlichen Technologien für die Gasreinigung, die Bereitstellung des Wasserstoffs und die chemische Synthese sind überwiegend großtechnisch im industriellen Maßstab erprobt. Verschiedene Projekte wie beispielsweise das Verbundvorhaben Carbon2Chem® zeigen, dass einer Übertragung der bekannten Technologien auf die Nutzung von Hüttengas anstelle fossiler Rohstoffe keine technischen Aspekte entgegenstehen. Der Ansatz erscheint kurzfristig und mit deutlichen $CO_2$-Einsparungen wirtschaftlich umsetzbar. Die Stahlproduktion kann weiter mit der bestehenden bewährten Technologie betrieben werden. Es sind allerdings zusätzliche Investitionen für die Verbindung von Stahl- und Chemieindustrie in Form der Gasaufbereitung und der Wasserstoffbereitstellung sowie der notwendigen Infrastruktur erforderlich.

### Einsatz von Wasserstoff

Anders als bei den CDA-Verfahren (Carbon Direct Avoidance, Abschnitt 5.1.1) wird der erforderliche Wasserstoff bei der Stahlproduktion nicht eingesetzt, um die Entstehung von $CO_2$ zu vermeiden. Der grüne Wasserstoff wird stofflich für die Kopplung mit den chemischen Prozessen genutzt, indem in Kombination mit den Hüttengasen Synthesegas gewonnen wird, das als Rohstoff für die chemische Industrie dient. Hierbei sind die Reinigung und Aufbereitung der Hüttengase aus der Stahlproduktion essenziell, damit das Synthesegas die notwendigen Spezifikationen als Eingangsgas erfüllt.

Während bei CDA-Verfahren der Fokus bei der Erreichung der Klimaneutralität ausschließlich auf dem Stahlbereich liegt, haben CCU-Verfahren auch erhebliche Auswirkungen auf die Klimaziele der chemischen Industrie, da sie mit dem Verzicht auf fossile Rohstoffe als Kohlenstoffquelle zur Defossilisierung der Prozesse beitragen. Im Vergleich liegt die jährliche $CO_2$-Emissionsminderung von CCU-Gesamtsystemen (Stahl- und Chemieproduktion) mit etwa 50 Prozent nur knapp unter dem Potenzial der CDA-Prozesse, wenn eine entsprechende Chemieproduktion mitbilanziert wird. Insbesondere während der Transitionsphase bis zur technologischen Reife alternativer Technologien ist es vorteilhaft, dass der begrenzt vorhandene grüne Wasserstoff der Emissionsreduktion in Stahl und Chemie zugutekommt. Durch die Kombination von CDA- und CCU-Verfahren kann die verbleibende $CO_2$-Entstehung der CDA-Prozesse, die bei der Produktion spezieller Stähle anfallen kann, wie beschrieben wertschöpfend genutzt werden. Dann kann auch mehr Wasserstoff aus den Hüttengasen entnommen werden, und der Bedarf an zusätzlichem Wasserstoff aus der Elektrolyse von Wasser verringert sich.

### Forschung und Entwicklung

Auch wenn die CCU-Konzepte auf vorhandenen Technologien aufbauen, sind noch Forschungs- und Entwicklungsarbeiten erforderlich. Die Kopplung der beiden Produktionssysteme Stahl und Chemie verlangt nach einer neuen Form der Systemoptimierung. Die Eigenschaften der Hüttengase als Ausgangsprodukt für die chemische Produktion erfordern ggf. eine Anpassung bekannter Syntheserouten. Untersuchungen zum Langzeitbetrieb sowie zur Umsetzung von CCU-Konzepten im industriellen Maßstab müssen noch erfolgen. Zentrale Elemente sind hierbei die Gasaufbereitung der Hüttengase, die Dynamik der Produktionsprozesse, die Übertragung von Verfahrenskonzepten und die weitere Optimierung insbesondere unter ökonomischen Aspekten.

- *Gasaufbereitung.* Die Zusammensetzung der Prozessgase in der Stahlindustrie variiert hinsichtlich der enthaltenen Spurenkomponenten. Solche Spurenkomponenten können sich aufgrund der enormen Gasmenge trotz ihres geringen Gehalts negativ auf die chemischen Prozesse auswirken. Entsprechend bedarf es einer geeigneten Aufbereitung der Gase als Zwischenschritt, die allerdings entsprechend robust und stabil mit Fluktuationen umgehen muss. Da die Gasaufbereitung das zentrale Element bei CCU-Konzepten bildet, beeinflusst sie auch maßgeblich die Kosten des Verfahrens.

- *Dynamik.* Der eingesetzte Wasserstoff muss einen möglichst geringen $CO_2$-Footprint besitzen, damit die dargestellten Prozessänderungen zu den gewünschten Ergebnissen führen. Die Bereitstellung von grünem Wasserstoff durch Elektrolyse von Wasser muss daher mit Strom aus erneuerbaren Energien erfolgen. Die Volatilität der erneuerbaren Energien überträgt sich dabei auf die Prozesskette. Durch den Import von Wasserstoff und eine flexible Infrastruktur ist eine durchgängige Versorgung der Synthesegasherstellung zu gewährleisten. Auch die Hüttengase selbst unterliegen in Menge und Zusammensetzung produktionsbedingten Schwankungen, die in einem solchen System zu beachten sind. Beispielweise ist bei der Methanolsynthese eine dynamische Fahrweise mit gewissen Schwankungen im Eingangsgas möglich, während für die Synthese von Ammoniak oder Polymeren eine umfängliche Gasaufbereitung und kontinuierliche Gasbereitstellung zwingende Voraussetzung ist.
- *Übertragung und Technologieexport.* Der Klimaschutzdruck führt weltweit zu Technologiebedarfen, die mit den innovativen Ergebnissen aus den laufenden Forschungs- und Entwicklungsvorhaben gedeckt werden können. Für Deutschland eröffnet sich somit die Möglichkeit des Exports entsprechender Technologien. Neben der Bereitstellung von CCU-Lösungen für die Stahlindustrie wird daher auch an der Übertragung auf andere Industrien wie der Zement- und Kalkindustrie gearbeitet, die prozessbedingt ebenfalls große Mengen an Kohlendioxid emittieren.
- *Wirtschaftlichkeit und Prozessoptimierung.* Im Gegensatz zu den CDA-Verfahren verteilen sich die Mehrkosten der CCU-Verfahren über das Gesamtsystem und belasten nicht nur die Herstellungskosten des Stahls. Trotzdem steigen die Kosten in der Produktion gegenüber den bekannten Verfahren auf Basis von fossilen Rohstoffen. Neben den notwendigen technischen Änderungen besitzen auch die regulatorischen Rahmenbedingungen einen erheblichen Einfluss auf die Kostenstruktur von CCU-Verfahren. Aufgrund der Nutzung von Prozessgasen als Kohlenstoffquelle für die chemische Industrie benötigt das Hüttenwerk zukünftig klimaneutrale Energie von außen. Hierzu sind geeignete Konzepte zu entwickeln, die u. a. die Einbindung von erneuerbaren Energien, Biomasse als Energieträger sowie die Nutzung von Abwärme aus dem chemischen Prozess berücksichtigen.

**Fazit**

Auch in den nächsten Jahren wird Stahl ein zentraler Grundstoff sein, der beispielsweise für den Ausbau der erneuerbaren Energien erforderlich ist, die wiederum für die Bereitstellung von grünem Wasserstoff benötigt werden. Für den Transformationsprozess zu einem $CO_2$-neutralen bzw. $CO_2$-freien Stahl bis 2045 bestehen verschiedene Technologieoptionen, die großtechnisch erprobt werden müssen und danach schnellstmöglich umzusetzen sind.

CCU-Verfahren ermöglichen mit einem systemischen Ansatz die Bildung cross-industrieller Netzwerke auf Basis bestehender Prozesse und können so zeitnah in die Umsetzung gebracht werden. In Kombination mit weiteren industriellen Kohlenstoffquellen können CCU-Verfahren parallel zum Transformationsprozess der Stahlindustrie in Richtung Klimaneutralität eingesetzt werden und so branchenübergreifend zu einer Verringerung der $CO_2$-Emission und Defossilisierung in der chemischen Industrie beitragen [18]. Entsprechende ökologische Bewertungen zeigen, dass sich die gewünschten Ziele erreichen lassen [19]. Grüner Wasserstoff bildet hierbei das zentrale Bindeglied. Die Wirtschaftlichkeit der cross-industriellen Netzwerke wird daher wesentlich durch die Kosten für die Bereitstellung des Wasserstoffs bestimmt. Ähnlich wie bei den CDA-Verfahren sind für die Versorgung der Prozesse eine geeignete Infrastruktur und ein geeigneter regulatorischer Rahmen erforderlich, die derzeit noch nicht bestehen.

Durch den CCU-Ansatz wird der Herstellungsprozess in der Stahlindustrie zwar nicht dekarbonisiert, allerdings können die Nebenprodukte (z. B. Hüttensande) und Prozessgase in anderen Bereichen weiterhin einen wichtigen Beitrag in Richtung Klimaneutralität liefern. CCU-Verfahren stellen daher u. a. für die Stahlindustrie keine alleinige Lösung dar, sondern bilden einen wichtigen Baustein für die industrielle Transformation bis 2045.

**Verbundvorhaben Carbon2Chem®**

Das Vorhaben arbeitet an Lösungen zur Reduktion der $CO_2$-Emissionen der Grundstoffindustrie sowie der Defossilisierung von Prozessen der chemischen Industrie durch die Bildung cross-industrieller Netzwerke. Durch die branchenübergreifende Kopplung der Produktionsprozesse soll zukünftig der Kohlenstoffbedarf in der chemischen Industrie gedeckt werden. Es ist beabsichtigt, innerhalb eines Zeitraums von zehn Jahren einen CCU-Ansatz in Carbon2Chem® zur großtechnischen Anwendung zu bringen.

Innerhalb der ersten vier Jahre konnte nachgewiesen werden, dass die Herstellung von Produkten wie Methanol, Harnstoff, höheren Alkoholen und Polymeren aus den Hüttengasen möglich ist. Für alle Produkte konnten technische Machbarkeit, Wirtschaftlichkeit und Nachhaltigkeit in Experimenten und Simulationen nachgewiesen werden. Im vorhabeneigenen Technikum wurde die Produktion von Methanol und Ammoniak aus Realgasen der benachbarten Hütte gezeigt.

| | |
|---|---|
| **Konsortium**: | Clariant, Covestro, ESK, Evonik, Fraunhofer ISE, Fraunhofer UMSICHT, GMVA, Lhoist, Linde, Max-Planck-Institut für Chemische Energiekonversion, Max-Planck-Institut für Kohlenforschung, Nobian, Remondis, Ruhr-Universität Bochum, RWTH Aachen, Siemens AG, Siemens Energy, thyssenkrupp, Thyssen Vermögensverwaltung |
| **Laufzeit**: | 2016–2024, |
| **Fördervolumen**: | ca. 135 Mio. € |
| **Förderkennzeichen**: | 2016–2020: 03EK3037-03EK3043; 2020–2024: 03EW0003-03EW0008 |
| **Fördergeber**: | Bundesministerium für Bildung und Forschung (BMBF) |
| **Ansprechpartner**: | Geschäftsstelle Carbon2Chem®, E-Mail: geschaeftsstelle@c2c-cluster.de |

## 5.2 Stoffliche Nutzung von $H_2$: Chemische Industrie

### 5.2.1 Überblick zu Bedarf und Potenzial für den Einsatz von grünem Wasserstoff

Im Zuge des vorgegebenen Ziels einer Klimaneutralität bis 2045 strebt auch der Chemiesektor die Treibhausgasneutralität an. Er hat dabei eine Schlüsselrolle inne, da er als Ausgangspunkt zahlreicher wichtiger Wertschöpfungsketten fungiert, die erst durch einen klimaneutralen Charakter der Ausgangsstoffe ebenfalls diesem Ziel gerecht werden können. Die deutsche Chemie- und Raffinerieindustrie und ihre aktuellen Prozesse basieren in den meisten Bereichen durchgängig auf einer kontinuierlichen Wasserstoffversorgung mit einem Bedarf von über 1,1 Mio. t/a [17], [20]. Deshalb ist die Nutzung von klimaneutral erzeugtem, grünem Wasserstoff unerlässlich. Heute wird jedoch der größte Teil des Wasserstoffs durch die Reformierung von Methan fossilen Ursprungs gewonnen, wobei 9,0 bis 12,6 kg $CO_2$-Äquivalent/kg $H_2$ entstehen; im Mittel kann von 10,6 kg $CO_2$/kg $H_2$ ausgegangen werden [21], [22]. Man spricht dann von grauem Wasserstoff.

Als Prozessbeispiele für breitbandig benötigte Basischemikalien seien hier die Produktion von Ammoniak und Methanol genannt, auf die in Abschnitt 5.2.3 näher eingegangen wird. Für diese allein wird über die Hälfte des jährlichen Wasserstoffbedarfs des deutschen Chemiesektors verwendet [17]. Das großtechnisch etablierte Herstellungsverfahren für Ammoniak ist das Haber-Bosch-Verfahren mit Nutzung von Wasserstoff und Stickstoff. Ammoniak ist ein wichtiges Zwischenprodukt in der Produktion von Düngemitteln und Polyamiden sowie fast aller anderen stickstoffhaltigen Verbindungen, z. B. Salpetersäure, Cyaniden und Aminen. Zusätzlich wird er durch seine Transport- und Speicherfähigkeit für chemisch gebundenen Wasserstoff sowie sein Potenzial als Treibstoff für Kraftwerksturbinen und Motoren als einer der Energieträger der Zukunft gehandelt. Methanol ist eine der meistproduzierten organischen Chemikalien und kann als chemischer Grundstoff für Treib- und Kunststoffe sowie als Energieträger genutzt werden. Es kann über verschiedene Synthesewege erzeugt werden.

In der Raffinerietechnik hingegen, die in Abschnitt 5.2.2 genauer betrachtet wird, wird Wasserstoff eingesetzt, um Kraftstoffe zu entschwefeln und über Hydrocracking schwere Rückstände zu veredeln. Aktuell ist außerdem die Produktion von synthetischen Kraftstoffen, sogenannten SynFuels oder eFuels, ein wichtiges Entwicklungsthema. In großen Teilen wird dabei die Fischer-Tropsch-Synthese angewendet, um Benzin, Diesel und Kerosin herzustellen. Auch hier stellen $H_2$ und $CO_2$ die Ausgangsstoffe dar.

Hinsichtlich des Wasserstoffes wird bei Umstellung auf eine klimaneutrale Chemieindustrie im Jahr 2050 der Bedarf auf das 7-Fache des heutigen Wertes geschätzt [23]. Zu einem erheblichen Teil ist dies durch den ebenfalls angestrebten Ersatz von Erdöl als Basis für diverse Rohstoffe begründet, z. B. Naphtha. Dieses kann unter Wasserstoffnutzung synthetisch produziert werden. Allein die schrittweise Substitution der Wasserstofferzeugung aus Erdgas und Erdölderivaten für die Chemie- und Raffinerieindustrie zeigt in Deutschland ein Reduktionspotenzial von 10 bis 15 Mt $CO_2$/a [24].

Grauer Wasserstoff kann durch die Organisation von chemischen Prozessen in Stoffverbünden nicht immer ohne Weiteres direkt durch das grüne Pendant ersetzt werden. So ist beispielsweise die auf die Ammoniakerzeugung folgende Harnstoffherstellung noch auf das heute bei der $CH_4$-Dampfreformierung anfallende $CO_2$ angewiesen. Dieses $CO_2$ muss folglich durch andere, eigenständige Quellen gesichert werden. Es ist daher notwendig, die Stoffströme für Wasserstoff und Kohlenstoff prozess- und sektorübergreifend neu zu denken. Ziel ist es, geschlossene Stoffkreisläufe zu entwickeln, die zugleich möglichst flexibel und modularisiert sind, um sie an fluktuierende Versorgungs- und Bedarfssituationen anpassen zu können. Dies verringert im Zuge des chemischen Recyclings die Nutzung von Neuressourcen und die thermische Abfallverwertung [25].

Wie deutlich wird, ist generell im industriellen Bereich auch zukünftig kein Verzicht auf die Nutzung von Kohlenwasserstoffen möglich. Vielmehr ist darauf zu achten, die Quelle dieser Kohlenwasserstoffe weg von ihrem bisher überwiegend fossilen Ursprung hin zu einer Kreislaufführung derselbigen zu bringen. Das Ziel ist daher eine Defossilisierung. Die Nutzung von regenerativ gewonnenem Wasserstoff muss in der Chemieindustrie stets auch mit der klimaneutralen Gewinnung von Kohlenstoffträgern einhergehen. Aus heutiger Sicht ist dies für nahezu alle chemischen Prozesse das $CO_2$. Es stellt sich somit die Frage nach der anzustrebenden Quelle für beide Gassorten [26].

Ein ökonomischer Break-Even kann, je nach den individuell vorliegenden Bedingungen, bei Nutzung der Wasserelektrolyse ab einem effektiven Strompreis von 3 bis 4 ct/kWh erreicht werden, was erst durch eine Neugestaltung der Umlagensystematik möglich wird [23], [26]. Allein der Chemiesektor benötigt für eine klimaneutrale Produktion im Jahr 2050 eine Strommenge von über 650 TWh/a [27] zum genannten Preis, was grob der heute insgesamt verwendeten Strommenge in ganz Deutschland entspricht. Daher wird sowohl der Import von Wasserstoff als auch die Nutzung mehrerer Herstellungsverfahren zur Bedarfsdeckung notwendig sein.

Wenngleich die Wasserelektrolyse eine zentrale Schlüsseltechnologie sein wird, sollte als Zielgröße nicht der Herstellungspfad, sondern der resultierende $CO_2$-Äquivalent-Fußabdruck gelten. Durch eine technologieoffene Betrachtung wird eine künstliche Verengung des Lösungskorridors vermieden und die Anbindungsmöglichkeit an einen künftigen globalen Wasserstoffmarkt gestärkt. Auch die Spaltung regenerativ gewonnenen Bio- oder Cracker-Methans, sei es durch Dampfreformierung oder Pyrolyse, sowie die synthesegasorientierte Vergasung von biogenen und recycelten kohlenstoffhaltigen Rohstoffen stellen weitgehend klimaneutrale Prozesse zur Wasserstoffgewinnung dar, da kaum zusätzliches (fossiles) $CO_2$ in die Atmosphäre eingebracht wird [28]. Verstärkter Einsatz dieses chemischen Recyclings erhöht jedoch ebenfalls den Bedarf an Wasserstoff, der in diesem Kontext beispielsweise auch genutzt wird, um das Verhältnis zwischen $H_2$ und CO im Produktgas aus der Vergasung für nachfolgende Synthesen anzupassen oder flüssige Produkte der Kunststoffpyrolyse für den Einsatz in der petrochemischen Industrie zu qualifizieren [26].

Werden diese Prozesse über die Wasserstoffgewinnung hinaus noch mit CCU gekoppelt, also der Abscheidung des im Abgas befindlichen $CO_2$ und der darauffolgenden Nutzung in diversen chemischen Prozessen (z. B. zur Herstellung synthetischer Kraftstoffe), kann die stoffliche Effizienz noch erhöht und die volle Bandbreite der Kohlenwasserstoffnutzung erschlossen werden, siehe auch Abschnitte 5.1.2 bis 5.3.

Neben den wichtigen Faktoren Kosten, Technologieoffenheit und regulatorische Behandlung von Wasserstoffgewinnungsprozessen sowie des Gases selbst stellt sich für den Chemiesektor die Frage der Versorgungssicherheit mit Wasserstoff in Anbetracht einer immer stärker fluktuierenden Energieversorgung. Die für die stoffliche Nutzung benötigte kontinuierliche Versorgung mit Wasserstoff erfordert den Aufbau einer fließenden, flexiblen und digital steuerbaren Wasserstoffinfrastruktur. Eine solche würde Hochlauf und Gestehungskosten verbessern, muss aber für diskriminierungsfreien Zugang reguliert werden. Für bereits bestehende, lokal begrenzte, privatwirtschaftliche Netze bestehen im wesentlichen Unterschied zu öffentlichen Netzen oftmals spezielle Druck- und Reinheitsanforderungen oder ein vertraglicher Lieferungsgrund [20]. Hier können z. B. Übergangslösungen formuliert werden, die auch die Möglichkeit eines bilanziellen Zugangs zu klimaneutralem Wasserstoff per Herkunftsnachweis für solche Netzteile und Verbraucher enthalten, die noch nicht physisch an entsprechende Quellen angebunden sind.

Stoffliche Verwendungen reagieren empfindlich auf Schwankungen der Gaszusammensetzung. Großbedarfsanlagen weisen meist eine nicht ausreichende Naherzeugung von Strom aus erneuerbaren Energien auf und sind auf eine Fernverbindung zu nachhaltigen Wasserstoffquellen angewiesen, weshalb die Netzgestaltung eine dezidierte Wasserstofflinie vorsehen sollte. Eventuell kann eine Methanisierung zur Gewährleistung der Sortenreinheit in den Gas-Netzstrukturen eingesetzt werden.

### 5.2.2 Einsatz von grünem Wasserstoff in der Raffinerie

Raffinerien sind aktuell der größte Wasserstoffverbraucher sowohl in der EU als auch in den USA, gefolgt von der Ammoniaksynthese [29], [30]. Allerdings werden bis zu 50 Prozent des benötigten Wasserstoffs bei der Benzinherstellung in der Raffinerie selbst erzeugt, sodass der Bruttoverbrauch deutlich höher als der Nettoverbrauch ist und im Nettoverbrauch die Ammoniaksynthese höher liegt [21], [31]. Aktuelle Bilanzen zeigen, dass der netto verbrauchte, extern bezogene Wasserstoff gemittelt bis ca. 50 Prozent des $CO_2$-Fußabdrucks einer deutschen Raffinerie ausmacht, die durch ihre dieselorientierte Produktion netto deutlich mehr Wasserstoff verbraucht als eine benzinorientierte Raffinerie. Dies entspricht etwa 25 Prozent der Gesamtemissionen von Kraftstoffherstellung und -nutzung. Durch die Verwendung von grünem Wasserstoff aus Power-to-Hydrogen-Anlagen (PtH) ließe sich also der Fußabdruck von Raffinerien verringern. Hier ergibt sich beispielsweise bei der Kraftstoffproduktion ein Einsparpotenzial von circa 104 g $CO_2$ äq./MJ, wobei für die beiden Produkte Diesel und Benzin im Mittel 42 MJ/kg angesetzt werden können. Damit könnte die mögliche Treibhausgasreduzierung sogar den anrechenbaren Wert für Kraftstoffe von maximal 94,1 g $CO_2$-äq./MJ [32], einem EU-Mittelwert, übersteigen. Die wichtigsten Prozesse bei der Raffinierung von

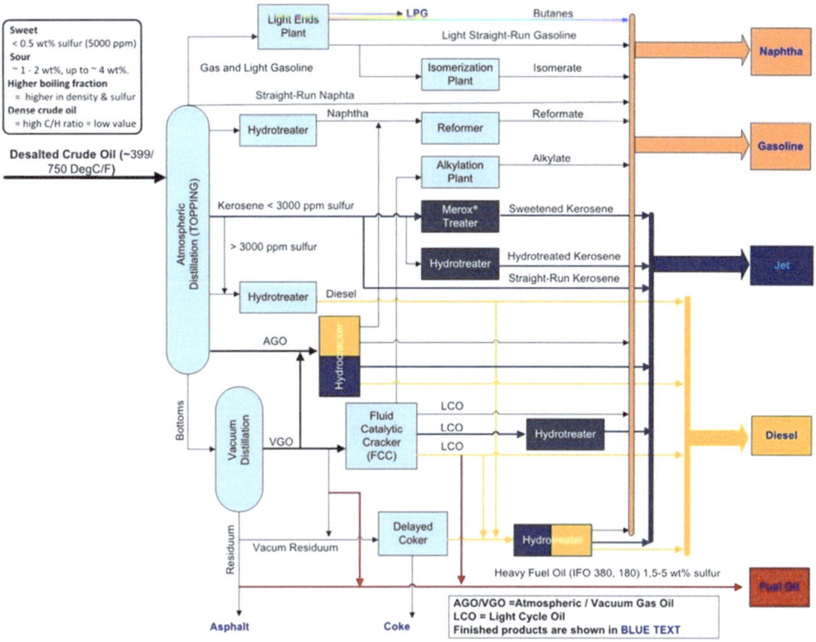


**Abb. 5.9** Schema einer modernen Raffinerie nach [37]

Erdöl, die Wasserstoff verbrauchen, sind die qualitätsorientierte Reduzierung von Schwefel, Stickstoff, Aromaten und Alkenen über sogenanntes Hydrotreating sowie die bedarfsorientierte Ausbeuteoptimierung über das Hydrocracken, wodurch sich die Ausbeute für Diesel und Kerosin erhöht. Für diese Verfahren wird heute weitgehend Wasserstoff aus der Erdgasreformierung sowie prozessbedingt intern erzeugter Wasserstoff eingesetzt. Der Nettoverbrauch an Wasserstoff hängt vom eingesetzten Rohöltyp und der Komplexität der Raffinerie ab. Die genannten Prozessschritte und deren Verschaltung in einer modernen Raffinerie, die alle gängigen Rohöle verarbeiten kann, zeigt Abbildung 5.9.

Moderne EU-Raffinerien beinhalten Verfahren zur Wiedergewinnung und Kreislaufführung von nicht umgesetztem Wasserstoff aus den genannten Prozessen bis zur vollständigen Umsetzung, die im Rahmen der Energie- und Kosteneinsparungen eine sehr wichtige Rolle spielen [33]. In der globalen Produktion besteht daher durch eine Steigerung der Kreislaufführung ein großes Potenzial zur Emissionsminderung.

### Naphtha und LPG als Nebenprodukt

Bei der Erdöldestillation werden LPG (Flüssiggas) und Naphtha abgetrennt, wobei letzteres auch unter dem Namen Leichtbenzin oder straight-run gasoline bekannt ist. In der Raffinerie werden durch die Raffination LPG und Naphtha auch aus dem Fluid Catalytic Cracker und dem Hydrocracker gewonnen. Naphtha stellt neben LPG den wichtigsten Rohstoff zur Herstellung von vielen Chemikalien, Lösemitteln und Kunststoffen wie etwa Polyethylen (PE), Polypropylen (PP), Polystyrol (PS) und Polyethylenterephthalat (PET) dar. Naphtha und LPG werden zunächst über sogenanntes Steamcracken (eigenständige, raffinerieunabhängige Großanlage) zu Intermediaten, insbesondere zu wertschöpfenden Alkenen wie Ethylen, Propylen, Butadien und BTX-Aromaten (Benzol, Toluol und Xylolen) umgewandelt [34], [35]. Alternativ können zukünftig statt dem raffineriestämmigen Naphtha auch verschiedene pyrolysierte Kunststoffabfälle im Steamcracker verwendet werden. Aromatische Verbindungen, u. a. auch Anteile an BTX-Aromaten aus dem Reformer und den Crackprozessen in der Raffinerie, werden auch dem Benzin (Gasoline) zur Oktanzahlerhöhung beigemischt. Oft befinden sich Raffinerien und Anlagen zum Steamcracken in räumlicher Nähe, damit die extrem entzündbaren Stoffe nicht transportiert oder gelagert werden müssen [36].

### Ausblick

Wasserstoff wird mittelfristig zum zentralen Baustein einer sicheren, nachhaltigen und wirtschaftlichen Energieversorgung auf Basis erneuerbarer Energien. Eine geeignete Integration von PtH-Systemen in Raffinerien kann die Kosten der Energiewende senken und gleichzeitig die Verfügbarkeit von Kraftstoffen und Wasserstoff garantieren. Die Ausgestaltung eines wirtschaftlich und technisch effizienten Transformationsprozesses weg von fossilen zu emissionsarmen Versorgungskonzepten stellt eine Herausforderung dar. Hier werden Raffinerien eine wichtige regionale sowie überregionale Rolle spielen. Sie werden daher als Teil des Veränderungsprozesses im Rahmen der bis 2030 geltenden erneuerbaren Energiedirektive RED-II [38] incentiviert, um den Ersatz von fossilem durch grünen Wasserstoff als Anrechnung auf die Emissionsminderungsziele im Rahmen der nationalen Quoten- und Treibhausgasminderungsziele mitzugestalten. Getrieben von RED-II könnten im Raffineriebereich in Deutschland bis 2030 bis zu 2 GW grüne Elektrolysekapazitäten für Wasserstoff entstehen [38]. Das entspricht einer Produktion von bis zu 0,3 Mt grünem Wasserstoff pro Jahr. Zum Vergleich: Die Kapazität der Wasserstofferzeugung aller Raffinerien in der EU im Jahr 2017 betrug 2,33 Mt [30]. Der Verbrauch im Jahr 2015 wurde mit 2,1 Mt beziffert [18].

Die Raffinerien der EU produzierten 2018 Rohölprodukte von insgesamt 639 Mt [31]. Der Verlust an Rohöl durch die Energiebereitstellung in der Raffinerie liegt weltweit im Bereich von 5 bis 10 Prozent [34]. Den größten Produktanteil in der EU stellte Diesel mit 291 Mt dar, gefolgt von Benzin und Jetfuel (82 respektive 64 Mt). Die Produktion von Naphtha und LPG betrug 72 Mt. In Deutschland gibt es 12 Raffinerien, die Kraftstoffe, Naphtha, Flüssiggas (LPG) sowie Schweröl (Fuel Oil), Asphalt und Kohle als verwertbare Produkte produzieren und ca. 103 Mt Rohöl verarbeiten [18].

Es wird erwartet, dass es auch über 2030 hinaus noch Verbrennungsmotoren geben wird und dass Wasserstoff hauptsächlich Diesel bei Lkw, Bussen, Baggern und Schiffen ersetzt, da dort eine Elektrifizierung entweder logistisch oder kostenseitig nachteilig und Wasserstoff gegenüber Batterien sowohl mit Blick auf die Reichweite als auch auf die Kosten vorteilhaft wäre. Weiterhin wird erwartet, dass der nicht elektrifizierte Bahnverkehr von Diesel auf Wasserstoff umgestellt wird [29], [39], [40], [41].

Da aktuell Diesel zu ca. einem Sechstel in die EU importiert und ca. ein Drittel des in der EU erzeugten Benzins exportiert wird [40], könnte sich der Wasserstoffbedarf der Raffinerien für die Kraftstoffproduktion stark verändern, sobald sich global eine Wasserstoffwirtschaft für Kraftstoffe außerhalb der Raffinerien entwickelt oder sich das Verhältnis von Diesel zu Benzin verändert. Weiterhin spielt auch die Entwicklung von Biokraftstoffen, ebenfalls geregelt über RED II, und deren in der Regel höherer massenbezogener Wasserstoffbedarf eine Rolle. Die Produktmengen sind aber mehr als eine Größenordnung geringer als die der fossilen Kraftstoffe [42].

### 5.2.3 Neue Syntheserouten für Basischemikalien mit grünem Wasserstoff

Neben der Produktion in der Raffinerie benötigt auch die Produktion von Basischemikalien und ihren Folgeprodukten große Mengen an bisher hauptsächlich aus fossilen Quellen stammenden Wasserstoff und $CO_2$. Neu entwickelte Syntheserouten für diese Basischemikalien erlauben die Zufuhr der Ausgangsstoffe aus externen, selbstständigen und nachhaltigen Quellen. Wichtige Beispiele werden im Folgenden vorgestellt.

#### Methanol

Die Herstellung von Methanol ($CH_3OH$) erfolgt heute üblicherweise unter Verwendung eines Synthesegases, das sich aus Wasserstoff ($H_2$), Kohlenmonoxid ($CO$) und Kohlenstoffdioxid ($CO_2$) zusammensetzt und aus Rohstoffquellen wie Kohle, Erdöl oder Erdgas gewonnen wird. Für die Methanolherstellung kommt eine Vielzahl von Verfahren in Frage. Bei der Auswahl des Verfahrens spielen Rohstoff und Betriebsbedingungen eine wichtige Rolle. Bei erdgasbasierten

Synthesegasen wird häufig das Niederdruckverfahren eingesetzt. Der bei diesem Verfahren zum Einsatz kommende Synthesereaktor wird bei einem Druck zwischen 50 und 100 bar und bei einer Temperatur zwischen 200 und 300 °C betrieben [43]. Ein Vorteil der Methanolsynthese ist, dass $CO_2$ direkt oder in Mischung mit CO eingesetzt werden kann.

$$2H_2 + CO \rightarrow CH_3OH$$

$$3H_2 + CO_2 \rightarrow CH_3OH + H_2O$$

Dadurch kann auch die dezentrale, kleinskalige Herstellung wirtschaftlich sein. Um eine hohe Ausbeute an Methanol zu ermöglichen, wird im Eingangsstrom des Reaktors folgendes Verhältnis zwischen den Molanteilen der Komponenten $H_2$, CO und $CO_2$ eingestellt:

$$\frac{H_2 - CO_2}{CO + CO_2} = 2{,}05 - 2{,}1$$

Die Reaktion ist sehr selektiv. Als Nebenprodukt entsteht praktisch ausschließlich Wasser, welches im Anschluss über eine einfache Rektifikation abgetrennt wird.

2017 betrug die weltweite Produktion von Methanol 90 Mt/a. Sie zeigt die Tendenz, bis 2027 auf 135 Mt/a zu steigen [44]. Da die Verfügbarkeit an fossilen Rohstoffen wie Kohle, Erdöl und Erdgas in Zukunft abnimmt und die Emissionen bei Produktion von konventionellen Synthesegasen ein wachsendes wirtschaftliches Problem darstellen, besteht großes Interesse daran, neue Rohstoffquellen zu erschließen, aus denen Synthesegas gewonnen werden kann.

Der hohe technische Reifegrad der vergleichsweise einfachen Methanolsynthese, die hohe Selektivität der Reaktion, die gute Skalierbarkeit und die mögliche direkte Nutzung von $CO_2$ machen Methanol zu einer der potenziell interessantesten Substanzen im Rahmen von CCU-Konzepten. Hinzu kommt ein bereits heute etablierter großer Markt für Methanol sowohl im Bereich der Kraftstoffe als auch in der Nutzung von Folgesynthesen für Chemierohstoffe. Einer nachhaltigeren Methanolproduktion liegt immer die Nutzung von Wasserstoff aus einer regenerativen Quelle, z. B. der Wasserelektrolyse, zugrunde, siehe auch Abschnitt 5.2.1. Zusätzlich wird immer auch eine Kohlenstoffquelle benötigt. Hierfür kann zum Beispiel auf Hüttengase oder $CO_2$ zurückgegriffen werden, das aus Abgasen stammt, siehe auch Abschnitt 5.3. Es kann aber auch aus der Luft gewonnen werden, sodass negative Emissionen zu erzielen sind. Dadurch wird über die Methanolsynthese der $CO_2$-Fußabdruck von energieintensiven Prozessen gesenkt.

Die Nachfrage nach Methanol wird zukünftig noch weiter steigen, z. B. durch die potenzielle Nutzung als Kraftstoff. Methanol wird bereits als Kraftstoff im

Verbrennungsmotor genutzt und z. B. auf die Anwendbarkeit in der Schifffahrt getestet; zudem wird es bei der Herstellung von Biodiesel eingesetzt. Methanol weist aufgrund der hohen Toxizität und seines hohen Dampfdrucks bei Umgebungstemperatur jedoch auch nachteilige Eigenschaften gegenüber anderen Kraftstoffen auf. Die EN 228 lässt bereits jetzt eine Zumischung von 3 Prozent Methanol zu Benzin zu. Neben dem Einsatz als Kraftstoff stellt Methanol eine wichtige Basischemikalie und damit den Ausgangspunkt zur Herstellung weiterer Energieträger über Methanol-to-Hydrocarbons-Prozesse dar, wie zum Beispiel Methanol-to-Gasoline (MtG), Dimethylcarbonat + Methylformiat + Ethanol (DMC+), Dimethylether (DME) und Oxymethylenether (OME) [45]. In der Chemieindustrie wird es beispielsweise für die Herstellung von Essigsäure und vor allem Formaldehyd eingesetzt. Zukünftig wird die stoffliche Nutzung an Bedeutung gewinnen, was insbesondere auf dem Wachstum von Methanol-to-Olefins-Prozessen beruht, über die mit Ethylen und Propylen die derzeit wohl wichtigsten Grundsubstanzen für Polymere (PP, PE) bereitgestellt werden können.

Die Methanolsynthese und die Folgeprozesse bieten somit ohne den Einsatz fossiler Rohstoffe einen wirtschaftlichen Zugang zu Olefinen und Aromaten. Damit steht die Methanolsynthese in Konkurrenz zur Fischer-Tropsch-Synthese, mit der diese Produkte, abhängig vom Katalysator und den Prozessbedingungen, ebenfalls hergestellt werden können. Die Fischer-Tropsch-Synthese selbst, die direkt von Synthesegas ($CO/H_2$) ausgeht, erlebt durch neue Entwicklungen wie die Anwendung von Tandem-Katalysatorsystemen zur Herstellung von PtL-Kraftstoffen (SynFuels wie synthetisches Benzin, Diesel und Kerosin) eine konkurrenzfähige Renaissance. Sie führt je nach Verweilzeit und Reaktionsbedingungen zu Kohlenwasserstoffen unterschiedlicher Kettenlängen und Verzweigungen.

### Ammoniak

Ammoniak ist mit einer Jahresproduktion von ca. 200 Mt eine der bedeutendsten Chemikalien weltweit und wird insbesondere zur weiteren Herstellung von Düngemitteln genutzt. Die wichtigsten Folgeprodukte sind Harnstoff, Ammoniumsulfat und Ammoniumphosphat. Zudem wird Ammoniak als Ausgangsstoff in der chemischen Industrie oder als Kältemittel in verschiedenen Anwendungen genutzt. Ammoniak besitzt kein Global Warming Potential (GWP), wird aber für die Bildung von Feinstaub [46] und die Versauerung von Böden [47] durch seine Umsetzungsprodukte verantwortlich gemacht.

Hergestellt wird Ammoniak aus Stickstoff und Wasserstoff mit dem Haber-Bosch-Verfahren. Der benötigte Stickstoff wird mittels Luftzerlegung gewonnen, der Wasserstoff über die Reformierung von Erdgas. Der heterogen-katalytische Prozess wird bei einer Temperatur von 400 bis 500 °C, einem Druck von ca. 300

bar und einem molaren $H_2$:$N_2$-Verhältnis von 3:1 durchgeführt. Klassisch werden Eisenkatalysatoren eingesetzt; neuere Katalysatoren basieren auf Ruthenium. Die Luftzerlegung und die benötigten Prozessbedingungen machen die Ammoniaksynthese zu einem sehr energieintensiven Prozess [48].

Die Ammoniaksynthese ist damit für etwa 2 Prozent des globalen Primärenergieverbrauchs und mit 2 t $CO_2$ pro t $NH_3$ für etwa 1,6 Prozent der globalen $CO_2$-Emissionen verantwortlich. Um diesen Wert zu senken, existieren erste Ansätze, den Prozess vollständig auf erneuerbare Energien umzustellen. Dies gelingt, indem die Luftzerlegung mit erneuerbaren Energien betrieben und der Wasserstoff aus der Wasserelektrolyse gewonnen wird.

Über die Basis für Düngemittel hinaus besitzt Ammoniak zukünftig immenses Potenzial als direkter Energieträger sowie als Trägermolekül für Wasserstoff. Mit etwa 17,8 Gew.-% $H_2$ im Molekül können große Mengen Wasserstoff transportiert werden. Da Ammoniak sich bei Umgebungstemperatur schon bei etwa 10 bar verflüssigen lässt und Transport, Lagerung und Herstellung bekannt sowie relativ einfach und kostengünstig realisierbar sind, gilt Ammoniak als potenziell interessantester Wasserstoffträger, wenn es um den Transport über große Distanzen geht. Forschungsbedarf besteht aber noch im Bereich der Rückkonversion von Ammoniak. Er stellt auch eine Alternative als Wasserstoffspeicher für Brennstoffzellen dar. Die Brennstoffzellen können zum Teil direkt mit Ammoniak betrieben werden, oder aber der Wasserstoff wird zuvor aus dem Ammoniak mittels katalytischer Zersetzung gewonnen, bevor er in eine Brennstoffzelle geführt wird. Auch der direkte Einsatz von Ammoniak als Brennstoff in Motoren oder Verbrennungsprozessen wird derzeit untersucht, insbesondere in stationären Motoren von Schiffen, aber auch in Turbinen oder Gasbrennern. Vorteilhaft bei stickstoffhaltigen Brennstoffen sind ihre große Verfügbarkeit, der etablierte Herstellungsprozess und eine existierende Infrastruktur bei Produktion und Logistik. Auch die Ähnlichkeit zu Flüssiggas ist ein Vorteil. Nachteilig sind Korrosivität, Toxizität und der relativ geringe Brennwert von Ammoniak [49].

### Höhere Alkohole

Neben der Herstellung von Methanol als einfachstem Alkohol besteht auch die Möglichkeit, höhere Alkohole aus Synthesegasen herzustellen. Die bedeutendsten über Hydroformylierung hergestellten Produkte sind Butanol und Ethylhexanol, die jeweils aus dem Hydroformylierungsprodukt Butanal hergestellt werden können. Dies geschieht heute hauptsächlich über den sogenannten Oxoprozess:

$$\text{Propen} + \text{CO}/\text{H}_2 \rightarrow \text{Butanal} \rightarrow \text{Ethylhexanol}$$

Weitere Pfade sind die Hydratisierung von Alkenen und die Hydrierung von Fettsäuren zu Alkoholen mit mehr als fünf Kohlenstoffatomen.

Aktuell liegt ein Hauptaugenmerk der Forschung auf der Herstellung von Alkoholen aus Synthesegas, wobei auch $CO_2$ direkt umgesetzt werden soll. Darüber hinaus werden Ansätze der Fermentation von Synthesegas zu höheren Alkoholen verfolgt. Hierbei liegen insbesondere Ethanol, n- und iso-Propanol sowie n- und iso-Butanol im Fokus. Die Herstellung erfolgt in der Regel mit einem Synthesegas aus CO und $H_2$ im Verhältnis 1:1 mit modifizierten Fischer-Tropsch-Katalysatoren. Häufig verläuft diese Reaktion allerdings wenig selektiv, sodass neben den Alkoholen u. a. auch Alkene, Alkane, Aldehyde oder Säuren entstehen. Insbesondere die Nutzung von CO-haltigen Gasen sowie das breite Produktspektrum sind ein Grund dafür, dass die Herstellung höherer Alkohole noch nicht in größerem Maßstab realisiert wurde. Alkohole haben vielfältige Anwendungen. Insbesondere in der Chemieindustrie werden sie für die Herstellung von Weichmachern, Wasch- und Reinigungsmitteln eingesetzt.

## 5.3 Industrien mit unvermeidbarem $CO_2$-Anfall als zukünftige Rohstoffquelle

Die Synthese organisch-chemischer Verbindungen unter Verwendung von treibhausgasneutral erzeugtem Wasserstoff erfordert den Einsatz von Kohlenstoff in elementarer oder chemisch gebundener Form, vor allem in Form von Kohlendioxid. Damit die Syntheserouten insgesamt einen Beitrag zur Vermeidung von Treibhausgasemissionen leisten, bietet sich die Verwendung von Kohlendioxid insbesondere aus jenen Quellen an, die zukünftig in einer weitgehend treibhausgasneutralen Welt zur Verfügung stehen werden. Eine Quelle ist die in Abschnitt 5.1.2 beschriebene Stahlindustrie; weitere werden im Folgenden vorgestellt.

Bei der Herstellung von gebranntem Kalk (CaO) aus Kalkstein ($CaCO_3$) oder von Zementklinker, der wichtigsten Komponente des Zements, aus primär carbonathaltigem Gestein, wird im Zuge der sogenannten Kalzination durch Erhitzung des Feststoffs Kohlendioxid ausgetrieben. Während die Energie zur Beheizung der entsprechenden Öfen in Zukunft unter Nutzung von erneuerbaren Energien und somit möglicherweise ohne die Entstehung von Kohlendioxid bereitgestellt werden kann, ist seine rohstoffbedingte Entstehung nicht zu vermeiden [50]. Daher werden Zementklinkerwerke und Kalkwerke bei annähernd gleichbleibender Produktion auch in Zukunft Punktquellen relativ großer Kohlendioxidströme sein.

Bei der thermischen Abfallbehandlung besteht das Hauptziel darin, das Volumen des Abfalls zu reduzieren und gleichzeitig die verbleibende Restmenge in eine verwertbare oder deponierbare Form umzuwandeln. Dies geschieht in Müllverbrennungsanlagen, in denen die kohlenstoffhaltigen Anteile des Abfalls unter Nutzung der freiwerdenden Energie in Kohlendioxid umgewandelt werden. Das Aufkommen von nicht rohstofflich oder wertstofflich verwertbaren Abfällen insbesondere bei Kunststoffen wird sich durch einen verstärkten Einsatz von Prozessen des chemischen Recyclings nach und nach reduzieren, da immer größere Abfallanteile mit fortschreitenden Forschungsergebnissen einer Kohlenstoffkreislaufwirtschaft zuführbar werden. Dennoch sind auch langfristig Abfallströme zu erwarten, die der thermischen Behandlung zugeführt werden. Entsprechend dem darin enthaltenen Kohlenstoffanteil sind thermische Abfallbehandlungsanlagen eine voraussichtlich auf lange Sicht verfügbare Quelle für Kohlendioxid. Dabei ist es von Bedeutung, dass ein großer Teil (ca. 50 Prozent) des $CO_2$ aus biomassestämmigen Reststoffen im Abfall stammt und damit – wie auch der entsprechende Anteil des erzeugten Stroms – klimaneutral ist.

Die genannten Quellen haben als gemeinsames Merkmal, dass das Kohlendioxid bislang in verdünnter Form im Abgas der Anlagen in die Atmosphäre emittiert wird. Bei konventionellen Prozessen entsteht die Verdünnung vor allem durch Stickstoff und Restsauerstoff aus der eingesetzten Verbrennungsluft. Um das Kohlendioxid dieser Quellen künftig als Ausgangsstoff für Synthesevorgänge (Utilisation) in reiner Form bereitzustellen, werden zurzeit verschiedene technologische Ansätze zum „Carbon Capture" verfolgt und weiterentwickelt [51]:

- Abtrennung des verdünnten Kohlendioxids aus dem Abgas mithilfe physikalisch-chemischer „Waschverfahren"
- Chemische Bindung des verdünnten Kohlendioxids eines Gasstroms an Calciumoxid und anschließende Gewinnung des reinen Kohlendioxids durch Erhitzung des entstandenen Calciumcarbonats (calcium looping)
- Erhöhung des Kohlendioxidgehalts im Abgasstrom, indem an Stelle der stickstoffhaltigen Verbrennungsluft reiner Sauerstoff im Gemisch mit zurückgeführtem Abgas eingesetzt wird (Oxyfuel-Verfahren)
- Indirekte Beheizung beim Kalzinieren, sodass reines Kohlendioxid aus dem carbonathaltigen Gestein ausgetrieben und abgeschieden werden kann

## 5.4 Energetische Nutzung von Wasserstoff in der Industrie

Aktuell wird Wasserstoff in der Industrie überwiegend für die Ammoniaksynthese sowie das Hydrotreating oder Hydrocracken genutzt (vgl. Abschnitt 5.2.1). Eine energetische Nutzung ist großflächig praktisch nicht gegeben. Die Herausforderung, bis zum Jahr 2045 alle Prozesse weitgehend klimaneutral zu betreiben, betrifft auch die industrielle Wärmeerzeugung, die überwiegend auf fossilen Energieträgern beruht. 30 Prozent der $CO_2$-Emissionen in Europa stammen aus Hochtemperaturanwendungen [29]. Neben regenerativen Wärmequellen wie der Tiefengeothermie und einer umfassenden Elektrifizierung der Wärmeerzeugung werden klimaneutral produzierter Wasserstoff und daraus erzeugte Energieträger wie Ammoniak, Methan oder Methanol zukünftig die dritte Säule der industriellen Wärmeversorgung bilden.

Die Bereitstellung von Prozesswärme hatte in Deutschland im Jahr 2019 einen Anteil von 21,5 Prozent am Endenergieverbrauch [52]. Ein erheblicher Anteil der benötigten industriellen Wärme entfällt auf die wärmeintensive Industrie. Dazu zählt u. a. die Herstellung von Papier und Pappe, die überwiegend Trocknungsprozesse bei ca. 160 °C betreibt. Weiterhin benötigt die chemische Industrie Wärme in Form von Prozessdampf. Wasserstoff als Energieträger ist jedoch vor allem interessant für Hochtemperaturprozesse, die sich nur bedingt elektrifizieren lassen.

### 5.4.1 Grundlagen der Bereitstellung von Prozesswärme mit Wasserstoff

Die Bereitstellung von Prozesswärme mit Wasserstoff für wärmeintensive Industrieprozesse ist technisch möglich, erfordert aber insbesondere eine Anpassung der Brennertechnik sowie der Steuerung des Brennvorgangs. Zu den laufenden Entwicklungen gehört die schrittweise Substitution von Erdgas durch Wasserstoff sowie die Dampfbereitstellung auf Basis von reinem Wasserstoff.

Die Verbrennung von Wasserstoff erfolgt gemäß folgender Reaktionsgleichung:

$$2H_2 + O_2 \rightarrow 2H_2O$$

Mit einem Heizwert von ca. 11 MJ/Nm$^3$ und einem Brennwert von ca. 13 MJ/Nm$^3$ liegt der volumenbezogene Energieinhalt von Wasserstoff bei ca. 1/3 des Wertes von Erdgas. In Abwesenheit von Fremdatomen strahlt eine Wasserstoff-Sauerstoff-Flamme nur im ultravioletten und im infraroten Spektralbereich und liefert neben der Heizenergie Wasser sowie bei der Verbrennung mit Luft geringe Mengen an Stickoxiden ($NO_x$). Die Verbrennung von Wasserstoff erfolgt im Gemisch mit Luft, wobei die Zündfähigkeit des Gemisches bei einer Konzentration von 4 bis 75 Vol.-% Wasserstoff gegeben ist [53].

Angewandte Hochtemperaturprozesse gibt es bislang jedoch nur begrenzt. Dies liegt neben der Verfügbarkeit von (grünem) Wasserstoff u. a. an den unterschiedlichen Charakteristika der Verbrennung im Vergleich zum Einsatz mit Erdgas.

Wasserstoff hat eine deutlich geringere Dichte, eine wesentlich höhere laminare Flammengeschwindigkeit [54], geringere volumenbezogene Heiz- und Brennwerte sowie andere Zündgrenzen als Methan, dem Hauptbestandteil von Erdgas. Dies führt während der Verbrennung zu einer unterschiedlichen Flammenform und -stabilität, an die die heutigen Prozesse, Apparate und Brenner nicht angepasst sind. Da die Flamme ein anderes Strahlungsverhalten hat, wären bei einem Einsatz in Prozessen z. B. der Glasindustrie Anpassungen notwendig, um eine gleichbleibende Produktqualität zu erreichen [55].

### 5.4.2 Verbrennung von Wasserstoff-Erdgasgemischen

Erdgas ist mit 41 Prozent des Endenergieverbrauches der wichtigste Energieträger zur Prozesswärmeerzeugung [52]. Aktuell ist nach Angaben des DVGW Deutscher Verein des Gas- und Wasserfachs e. V. eine Beimischung von bis zu 10 Vol.-% Wasserstoff in das Erdgasnetz technisch möglich; sie soll auf bis zu 20 Prozent erhöht werden [56]. Auch basiert der vorgeschlagene Aufbau einer Wasserstoffinfrastruktur auf einer Umstellung von Teilabschnitten des bestehenden Erdgasnetzes auf reinen Wasserstoff [57].

Die (teilweise) Substitution von Erdgas durch Wasserstoff ist aufgrund der zuvor beschriebenen unterschiedlichen Verbrennungseigenschaften mit Herausforderungen an die eingesetzten Erdgasbrenner verknüpft. Dies betrifft vor allem den Wirkungsgrad, die Anlagensicherheit sowie die entstehenden Emissionen. Beispielsweise sinkt mit zunehmendem Wasserstoffanteil der Heizwert des Gemisches, während die adiabate Verbrennungstemperatur steigt. Dies ist insofern kritisch, als dass mit steigender Verbrennungstemperatur die Bildung von thermischem $NO_x$ begünstigt wird. Mit steigender Wasserstoffkonzentration sind vor allem das Verbrennungsluftverhältnis (Luftzahl $\lambda$) und der Brenngasvolumenstrom anzupassen. Erfolgt dies (insbesondere durch eine geeignete $H_2$-Messung und Anlagensteuerung), konnten die Effekte auf Emissionen ($NO_x$) und Wirkungsgrad in verschiedenen Anlagentypen bei einer Beimischung von bis zu 50 Vol.-% Wasserstoff minimiert werden [58]. Gleichwohl können bei hohen Wasserstoffgehalten apparative Anpassungen, insbesondere der Brennergeometrie erforderlich werden. In [59] wurde gezeigt, dass bei einem flammenlosen Verbrennersystem ein stabiler Betrieb durch eine optimierte Eindüsung bei bis zu 75 Vol.-% Wasserstoffanteil möglich ist. In industriellen Prozessen können allerdings schon geringere Schwankungen hinsichtlich der Gaszusammensetzung negative Einflüsse auf die nachgelagerten Prozesse haben, sodass eine Umrüstung der bestehenden Anlagen untersucht werden muss (siehe z. B. [55]).

### 5.4.3 Direkte Dampferzeugung mit Wasserstoff

Aktuell gibt es nur sehr wenige industrielle Anwendungen zur direkten Erzeugung von Dampf mit reinem Wasserstoff. Perspektivisch können jedoch sogenannte Oxyfuel-Prozesse eine interessante Option in zukünftigen emissionsfreien thermoprozesstechnischen Anlagen sein. Oxyfuel-Prozesse nutzen bei der Verbrennung reinen Sauerstoff anstelle von Umgebungsluft, wodurch die Bildung von unerwünschten Gasen wie $NO_x$ vermieden wird. Bei einer Verbrennung von reinem Wasserstoff mit reinem Sauerstoff entsteht nur Wasser. Daher erscheint es interessant, diesen Umstand dahingehend auszunutzen, dass durch eine geeignete Verbrennungsführung direkt Prozessdampf erzeugt wird. Dafür muss eine geeignete Anlagentechnik und Prozessführung des Brenners entwickelt werden, die mit den zuvor schon angesprochenen Eigenschaften von Wasserstoff hinsichtlich Flammengeschwindigkeit, Zündverhalten und Flammentemperatur umgehen kann. Eine Lösung zur Reduzierung der Flammentemperatur und damit eine Reduzierung der thermischen Belastung in der Brennkammer stellt die Verdünnung der Flamme mit Wasserdampf dar [60].

## 5.5 Einsatz von Wasserstoff in der Keramikindustrie

Die Keramikindustrie setzte im Jahr 2019 mit 200 Unternehmen circa 5,4 Mrd. Euro um und ist aufgrund der Sinterprozesse extrem energie- und $CO_2$-intensiv. Neben grobkeramischen Erzeugnissen wie Ziegel und Fliesen ist die feinkeramische Industrie mit Sanitär- und Haushaltskeramiken sowie technischen Keramiken in Deutschland eine wichtige Schlüsselindustrie. Insbesondere letztere übernimmt in der Energie-, Umwelt- oder Medizintechnik eine bedeutende Schrittmacherfunktion für innovative Produkte der Batterie-, Brennstoffzellen-, Elektrolyse- und Membrantechnik. In der Keramikindustrie wird überwiegend thermische Energie eingesetzt (2019: 10,1 TWh) und hauptsächlich Erdgas als fossiler Brennstoff genutzt (ca. 86 Prozent, 8,7 TWh); der Rest entfällt auf den Stromverbrauch (1,4 TWh) [61].

Der Stromanteil ist bei der Herstellung von Ziegeln, Fliesen und Feuerfestkeramik mit ca. 11 Prozent am geringsten. Bei Haushalts- und Sanitärkeramik werden 15 Prozent der Energie als Strom eingesetzt. Führend in diesem Bereich ist mit 25 Prozent die technische Keramik (Abbildung 5.10).

Das Sintern von Keramik in einem oder mehreren Bränden erfordert Temperaturen zwischen 500 und 2.500 °C und bildet mit einem Anteil von 80 bis 90 Prozent am Gesamtenergieverbrauch den energieintensivsten Schritt der Keramikherstellung. Die technische Keramik, Ziegel, Fliesen und Feuerfestkeramik weisen

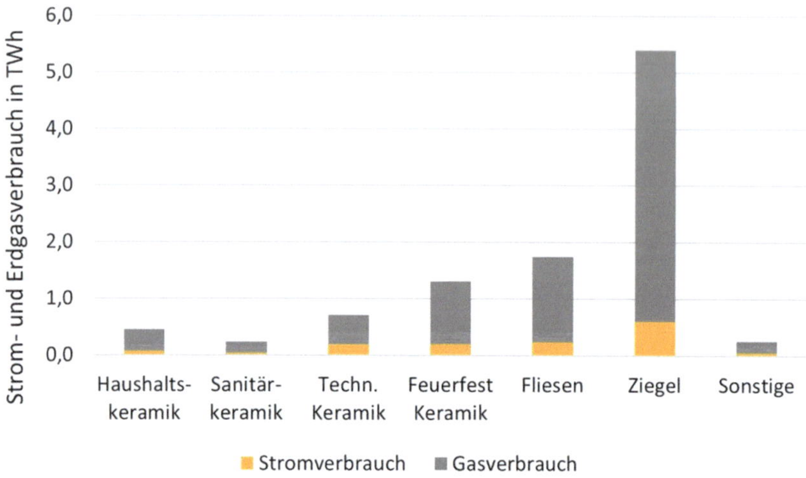


**Abb. 5.10** Strom- und Gasverbräuche der einzelnen Keramikbranchen in Deutschland (2019)

die höchste Energieintensivität auf. Dabei werden in der technischen Keramik mit durchschnittlich 4 t $CO_2$-äq. pro Tonne Produkt die mit Abstand höchsten spezifischen $CO_2$-Emissionen verursacht. Die Gesamtemissionsmenge ist jedoch aufgrund der höheren Produktionsmenge im Bereich der Ziegelherstellung mit 1,73 Mt $CO_2$-äq. deutlich höher (Abbildung 5.11).

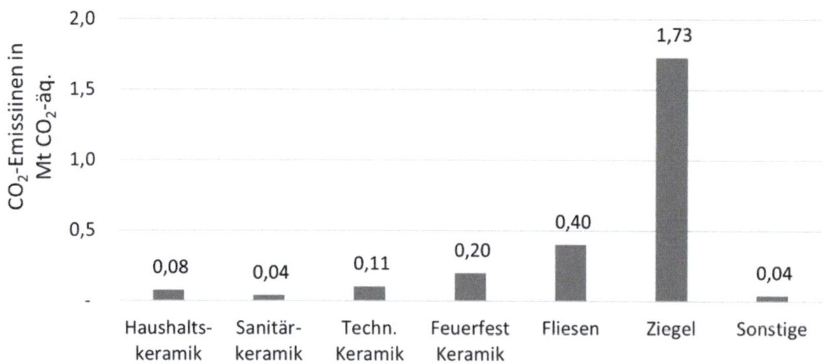


**Abb. 5.11** $CO_2$-Emissionen der Keramikbranchen in Deutschland (in Mt $CO_2$-äq., 2019) [61]

Aufgrund des hohen Erdgasbedarfs und den damit verbundenen $CO_2$-Emissionen von 2,6 Mt $CO_2$-äq. pro Jahr gibt es seit Langem intensive Bestrebungen, durch technologische Innovationen in der Brennführung, der Wärmedämmung und -rückgewinnung sowie der Nutzung alternativer Energieträger einen signifikanten Beitrag zur Emissionsminderung zu leisten. Gegenwärtig werden in der Keramikindustrie Maßnahmen zur Steigerung der Energieeffizienz und damit der Senkung des Primärenergiebedarfs umgesetzt. Um eine $CO_2$-neutrale Keramikindustrie zu realisieren, müssen zukünftig alle Brennprozesse, bei denen es prozesstechnisch möglich ist, elektrifiziert oder auf Wasserstoff als Brennstoff umgerüstet werden. Die Umstellung auf elektrisch betriebene Brennöfen mit einem hohen Anteil erneuerbarer Energien ist im Vergleich zum Einsatz von grünem Wasserstoff aus der Elektrolyse energieeffizienter. Teilweise ist aufgrund der Betriebstemperatur der Einsatz von elektrischer Energie sehr aufwändig. In diesem Fall kann Wasserstoff oder eine Zumischung von Wasserstoff ins Erdgas zur Anwendung kommen. Beim Einsatz von Wasserstoff als Brennstoff müssten die Brenner und die Sicherheitstechnik der Öfen erneuert und die Auswirkung der veränderten Gasatmosphäre auf die Produktqualität untersucht werden. Wird für eine Abschätzung des maximalen Einsatzpotenzials von Wasserstoff für die keramische Industrie von einer vollständigen Substitution der gesamten Erdgasmenge von 8,9 TWh ausgegangen, ergäbe sich ein Wasserstoffbedarf von 2,97 Mrd. $Nm^3$ pro Jahr.

Forschung und Industrie (ENITEC, HTPgeox, EnerTherm, FF-light, AEROREF) erarbeiten in zahlreichen Projekten Wege, um die Brenn- und Trocknungsprozesse energieeffizienter zu gestalten und um veränderte Einflussparameter bezüglich der Atmosphärenzusammensetzung, der Temperaturverteilung sowie die Produktqualität des Werkstoffgefüges bewerten zu können. Im Rahmen gemeinsamer Initiativen erarbeitet die Glas- und Keramikindustrie als Beitrag zur nachhaltigen Emissionsminderung Strategien für die schrittweise Erhöhung des Wasserstoffanteils im Brenngas, den Einsatz von Wasserstoffbrennern in einzelnen, besonders intensiven Prozessstufen sowie eine perspektivische Umrüstung auf einen alleinigen Wasserstoffbetrieb. Das Fraunhofer IKTS arbeitet im Auftrag der Deutschen Keramischen Gesellschaft (DKG) an der Erstellung einer Roadmap zur Reduzierung der $CO_2$-Emissionen in der Keramikindustrie.

## 5.6 Ausblick

Dieses Buch kann keine Roadmap entwickeln oder mögliche Szenarien zu Implementierungsoptionen für einzelne Technologien der beschriebenen Sektoren im Rahmen der Sektorkoppelung erarbeiten. Trotzdem soll zumindest qualitativ auf

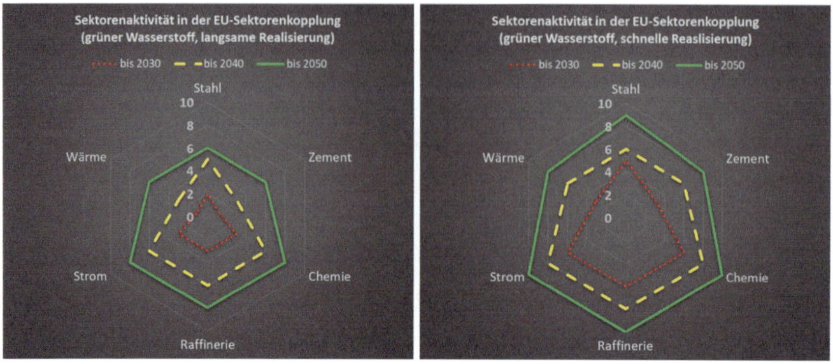


**Abb. 5.12** Qualitative Bewertung der Intensität von zukünftigen Aktivitäten einzelner Sektoren in der Sektorkopplung in der EU auf einer Skala von 0 bis 10

eine sich abzeichnende Intensität der Aktivitäten der einzelnen Sektoren aus technischer Sicht eingegangen und eine Abschätzung vorgenommen werden. Diese bezieht Erkenntnisse aus der von Fraunhofer erstellten „Wasserstoff-Roadmap für Deutschland“ ein, in der auch Handlungsoptionen und Markteintrittshürden identifiziert wurden [26]. Markteintrittshürden sind sowohl in Deutschland als auch international die nicht konzertierten Regulierungen. Sie verfolgen oft noch unterschiedliche Ziele und sind nicht sektorübergreifend konzipiert. In diesem Kontext ist auch das Fehlen eines internationalen Handelssystems für grünen Wasserstoff, Stahl, Zement, Kohlendioxid und Treibstoffe anzuführen. Darüber hinaus existieren bislang keine international harmonisierten und zertifizierten Standards für wasserstoffbasierte Energieträger, Chemikalien und Materialen.

Zur Bewertung der Intensität von zukünftigen Aktivitäten der einzelnen Sektoren in der Sektorkopplung wird hier die EU als Bilanzraum ausgewählt, wie es auch im europäischen Green Deal [62] angestrebt wird. Antizipiert man vereinfachend einen idealen Verlauf (d. h. technische Aspekte sind meist der limitierende Faktor) und setzt auch einen geringen Einfluss globaler Rahmenbedingungen und Handelshürden voraus, so kann man aus technologischer Sicht jeden Sektor auf einer Skala von 0 bis 10 qualitativ hinsichtlich seines voraussichtlichen zukünftigen Aktivitätsgrades in der Sektorkopplung relativ zum Jahr 2020 bewerten. Das Resultat einer so strukturierten, qualitativen Bewertung mit den zwei Szenarien langsamer und schneller technischer Realisierung ist in Abbildung 5.12 dargestellt.

Raffinerien könnten – im Verbund mit dem Energie- und Chemiesektor – bis 2030 den Kern realisierbarer sektorübergreifender Aktivitäten darstellen. In

Deutschland und in der EU arbeiten der (Petro-)Chemie-, Energie- und Raffineriesektor an der Realisierung von gemeinsamen Wasserstoffpipelines und betreiben bereits große Elektrolyseure [63]. Die Implementierung wird über die RED II und das Emissionshandelssystem (ETS) getrieben und scheint kostenseitig für Industrie und Gesellschaft finanzierbar. Durch Steamcracken erzeugter Wasserstoff ist nur unter einem Gew.-% in Raffinerieprodukten vorhanden. Daher fallen anfängliche Preise von 5 bis 10 Euro/kg $H_2$ nicht stark ins Gewicht. Ähnliche geringe Anteile an den Produktkosten sind in der (Petro-)Chemie zu erwarten. Nach 2030 sollten durch staatliche Subventionen und über weitere Regulierung und Normierung, gepaart mit intensiven Forschungsanstrengungen zur Kostensenkung, mehr und mehr die anderen Sektoren zum Zuge kommen.

## Literatur


1. Federal Ministry for the Environment, Nature Conservation and Nuclear Safety (2020): Climate Action in Figures: Facts, Trends and Incentives for German Climate Policy. Berlin
2. Wirtschaftsvereinigung Stahl (2020): Fakten zur Stahlindustrie in Deutschland. https://docplayer.org/197868765-Fakten-zur-stahlindustrie-in-deutschland.html, abgerufen am 21.11.2021
3. Fischedick M., Marzinkowski J., Winzer P. et al (2014): Techno-economic evaluation of innovative steel production technologies. Journal of Cleaner Production 84: 563–580. https://doi.org/10.1016/j.jclepro.2014.05.063
4. Weigel M., Fischedick M., Marzinkowski J. et al (2016): Multicriteria analysis of primary steelmaking technologies. Journal of Cleaner Production 112: 1064–1076. https://doi.org/10.1016/j.jclepro.2015.07.132
5. Yilmaz C., Wendelstorf J., Turek T. (2017): Modeling and simulation of hydrogen injection into a blast furnace to reduce carbon dioxide emissions. Journal of Cleaner Production 154: 488–501. https://doi.org/10.1016/j.jclepro.2017.03.162
6. Vogl V., Åhman M., Nilsson L.J. (2018): Assessment of hydrogen direct reduction for fossil-free steelmaking. Journal of Cleaner Production 203: 736–745. https://doi.org/10.1016/j.jclepro.2018.08.279
7. thyssenkrupp (2019): Weltpremiere in Duisburg: NRW-Wirtschaftsminister Pinkwart startet bei thyssenkrupp Versuchsreihe zum erstmaligen Einsatz von Wasserstoff im Hochofen. Pressemitteilung. https://www.thyssenkrupp-steel.com/de/newsroom/pressemitteilungen/weltpremiere-in-duisburg.html, abgerufen am 21.11.2021
8. Herz G., Müller N., Adam P. et al (2020): Grüner Wasserstoff in der Rohstahlerzeugung. Stahl und Eisen 10: 14–18
9. Spreitzer D., Schenk J. (2019): Reduction of Iron Oxides with Hydrogen – A Review. steel research int 90: 1900108. https://doi.org/10.1002/srin.201900108
10. Nuber D., Eichberger H., Rollinger B. (2006): Circored fine ore direct reduction – The future of modern electric steelmaking. Millennium Steel 126: 47–51

11. Müller N., Herz G., Redenius A., Hille V., Reichelt E., Jahn M. (2019): Assessment of the transition from coal-based steelmaking to hydrogen-based steelmaking. METEC & 4th ESTAD, Proceedings, Düsseldorf
12. Schlesinger M., Lindenberger D., Lutz C. (2014): Entwicklung der Energiemärkte – Energiereferenzprognose: Studie im Auftrag des Bundesministeriums für Wirtschaft und Technologie. https://www.bmwi.de/Redaktion/DE/Publikationen/Studien/entwicklung-der-energiemaerkte-energiereferenzprognose-endbericht.pdf?__blob=publicationFile&v=7, abgerufen am 21.11.2021
13. Capros P. (2016): EU Reference Scenario 2016 – Energy, transport and GHG emissions, Trends to 2050. https://ec.europa.eu/energy/sites/ener/files/documents/20160713%20draft_publication_REF2016_v13.pdf, abgerufen am 21.11.2021
14. European Commission (2015): EU ETS Handbook. https://ec.europa.eu/clima/sites/clima/files/docs/ets_handbook_en.pdf, abgerufen am 21.11.2021
15. Gesetz über einen nationalen Zertifikatehandel für Brennstoffemissionen (Brennstoffemissionshandelsgesetz – BEHG). http://www.gesetze-im-internet.de/behg/, abgerufen am 21.11.2019
16. BMWi (2020): Für eine starke Stahlindustrie in Deutschland und Europa! – Handlungskonzept Stahl. https://www.bmwi.de/Redaktion/DE/Publikationen/Wirtschaft/handlungskonzept-stahl.html, abgerufen am 21.11.2021
17. Oles M., Lüke W., Kleinschmidt R. et al (2018): Carbon2Chem® – Ein cross-industrieller Ansatz zur Reduzierung der Treibhausgasemissionen. Chemie Ingenieur Technik 90: 169–178. https://doi.org/10.1002/cite.201700112
18. Wich-Konrad T., Lüke W., Oles M. et al (2020): Assessment of Industrial Greenhouse Gas Reduction Strategies Within Consistent System Boundaries. Chemie Ingenieur Technik 92: 1393–1402. https://doi.org/10.1002/cite.202000059
19. Thonemann N., Maga D. (2020): Life Cycle Assessment of Steel Mill Gas-Based Methanol Production within the Carbon2Chem® Project. Chemie Ingenieur Technik 92: 1425–1430. https://doi.org/10.1002/cite.202000051
20. Bartels R., Kronimus A. (2020): Gemeinsame Strategie von Industriegewerkschaft Bergbau, Chemie, Energie (IG BCE) und dem Verband der chemischen Industrie e.V. (VCI) zu einer Wasserstoffwirtschaft. https://chemie-industrie.de/vci/downloads-vci/2020-09-29-ig-bce-vci-h2-strategie-final.pdf, abgerufen am 21.11.2021
21. ENCON.Europe GmbH, Ludwig-Bölkow-Systemtechnik GmbH (2018): Potentialatlas für Wasserstoff – Analyse des Marktpotentials für Wasserstoff, der mit erneuerbaren Strom hergestellt wird, im Raffineriesektor und im zukünftigen Mobilitätssektor. https://www.dwv-info.de/wp-content/uploads/2018/04/Potentialstudie-für-grünen-Wasserstoff-in-Raffinerien.pdf
22. Sternberg A., Jens C.M., Bardow A. (2017): Life cycle assessment of CO 2 -based C1-chemicals. Green Chem 19: 2244–2259. https://doi.org/10.1039/C6GC02852G
23. Geres R., Kohn A., Lenz S. et al (2019): Roadmap Chemie 2050 – Auf dem Weg zu einer treibhausgasneutralen chemischen Industrie in Deutschland. https://www.vci.de/vci/downloads-vci/publikation/2019-10-09-studie-roadmap-chemie-2050-treibhausgasneutralitaet.pdf, abgerufen 21.11.2021
24. cluster mitteldeutschland (2017): Umsetzung Klimaschutzplan 2050: Maßnahmenprogramm „INDUSTRIE". https://www.energieforschung.de/lw_resource/

datapool/systemfiles/elements/files/6FFE09FEE4BF0D23E0339A695E8600D9/current/document/1a_chemie_cluster_kohlenstoffkette.pdf, abgerufen 21.11.2021

25. Verband der chemischen Industrie e.V., PlasticsEurope (2019): Chemisches Recycling: Ein zusätzlicher Baustein für nachhaltiges Abfallmanagement und zirkuläre Wirtschaft. https://www.bayerische-chemieverbaende.de/wp-content/uploads/2019/03/20190322-ped_vci_positionspapier_chemisches_recycling.pdf, abgerufen 21.11.2021
26. Hebling C., Ragwitz M., Fleiter T. et al (2019): Positionspapier: Eine Wasserstoff-Roadmap für Deutschland. https://www.ise.fraunhofer.de/content/dam/ise/de/documents/publications/studies/2019-10_Fraunhofer_Wasserstoff-Roadmap_fuer_Deutschland.pdf, abgerufen am 21.11.2021
27. Verband der chemischen Industrie e.V. (2019): Regulierungsgrundlagen für die Sektorenkopplung aus Sicht der chemischen Industrie. https://www.vci.de/langfassungen/langfassungen-pdf/2019-03-12-vci-position-regulierungsgrundlagen-sektorenkopplung-aus-sicht-chemie.pdf, abgerufen 21.11.2021
28. Harp G. (2019): Technologien zur Produktion von Wasserstoff für die Herstellung synthetischer Kraftstoffe. In: Maus (Hg.) Zukünftige Kraftstoffe. Springer Vieweg, Wiesbaden
29. Fuel Cells and Hydrogen Joint Undertaking (2019): Hydrogen Roadmap Europe – A Sustainable Pathway for the European Energy Transition. https://www.fch.europa.eu/sites/default/files/Hydrogen%20Roadmap%20Europe_Report.pdf, abgerufen 21.11.2021
30. Pacific Northwest National Laboratory: Hydrogen Tools Portal. https://h2tools.org, abgerufen 21.11.2021
31. Hydrogen Council (2017): Hydrogen scaling up – A sustainable pathway for the global energy transition. https://hydrogencouncil.com/wp-content/uploads/2017/11/Hydrogen-Scaling-up_Hydrogen-Council_2017.compressed.pdf, abgerufen 21.11.2021
32. European Commission (2015): Study on Actual GHG Data for Diesel, Petrol, Kerosene and Natural Gas. https://ec.europa.eu/energy/sites/ener/files/documents/Study%20on%20Actual%20GHG%20Data%20Oil%20Gas%20Final%20Report.pdf, abgerufen am 21.11.2021
33. Jia N. (2010): Refinery Hydrogen Network Optimisation with Improved Hydroprocessor Modelling. PhD-Thesis, The University of Manchester. https://core.ac.uk/download/pdf/40028196.pdf, abgerufen am 21.11.2021
34. The Economist (2017): The world in a barrel
35. BASF SE (2019): Der Steamcracker. https://www.basf.com/global/de/who-we-are/organization/locations/europe/german-sites/ludwigshafen/gesellschaftliches-engagement/woran-wir-arbeiten/education/angebote-7-13/unterrichtsmaterialien/Steamcracker.html, abgerufen am 21.11.2021
36. Petrochemicals Europe and Concawe (2019): Grafik Standorte Raffinerien und Petrochemie in der EU. https://www.petrochemistry.eu/about-petrochemistry/petrochemicals-facts-and-figures/maps-refineries-and-crackers/, abgerufen am 21.11.2021
37. The American Petroleum Institute (2010): Kerosene/Jet Fuel Category Assessment Document. https://petroleumhpv.org//media/PetroleumHPV/Documents/2010_sept21_kerosene_jet%20fuel%20CAD%20final.pdf, abgerufen am 21.11.2021
38. BMWi (2020): Wegbereiter für die Energieträger der Zukunft – Die Nationale Wasserstoffstrategie – Eine Weiterentwicklung der Energiewende. https://www.bmwi.de/

Redaktion/DE/Schlaglichter-der-Wirtschaftspolitik/2020/08/kapitel-1-2-wegbereiter-fuer-die-energietraeger-der-zukunft.html, abgerufen am 21.11.2021
39. Hydrogen Council (2017): Hydrogen scaling up – A sustainable pathway for the global energy transition. https://hydrogencouncil.com/wp-content/uploads/2017/11/Hydrogen-Scaling-up_Hydrogen-Council_2017.compressed.pdf, abgerufen 21.11.2021
40. Fuels Europe (2020): Statistical Report 2020. https://www.fuelseurope.eu/wp-content/uploads/SR_FuelsEurope-_2020.pdf, abgerufen am 21.11.2021
41. Ministerium für Wirtschaft, Innovation, Digitalisierung und Energie des Landes Nordrhein-Westfalen (2020): Wasserstoff Roadmap Nordrhein-Westfalen. https://www.in4climate.nrw/fileadmin/Nachrichten/2020/Wasserstoff_Roadmap_NRW/wasserstoff-roadmap-nrw-bf-cr-mwide.pdf, abgerufen am 21.11.2021
42. Greenea (2021): Biofuels – Greenea Horizon 2030. https://www.greenea.com/wp-content/uploads/2021/01/Greenea-Horizon-2030-Which-investments-will-see-the-light-in-the-biofuel-industry-1.pdf, abgerufen am 21.11.2021
43. Behrens M., Studt F., Kasatkin I. et al (2012): The active site of methanol synthesis over Cu/ZnO/Al2O3 industrial catalysts. Science 336: 893–897. https://doi.org/10.1126/science.1219831
44. Bertau M., Offermanns H., Plass L. et al (2014): Methanol: The Basic Chemical and Energy Feedstock of the Future: Asinger‘s Vision Today, Aufl. 2014. Springer Berlin, Heidelberg
45. Maus W., Jacob E., Härtl M. et al (2014): Synthetic fuels – OME1: A Potentially Sustainable Diesel Fuel. 35. Internationales Wiener Motorensymposium, Fortschritt-Berichte VDI 12 (777), Bd.1, 325-347
46. Pozzer A., Tsimpidi A.P., Karydis V.A. et al (2017): Impact of agricultural emission reductions on fine particulate matter and public health. Atmospheric Chemistry and Physics Discussions. https://doi.org/10.5194/acp-2017-390
47. Bayerisches Landesamt für Umwelt (2018): UmweltWissen – Schadstoffe – Ammoniak und Ammonium. https://www.lfu.bayern.de/buerger/doc/uw_6_ammoniak_ammonium.pdf, abgerufen am 21.11.2021
48. Strait R. (1999): Nitrogen & Methanol 38: 37–43
49. Aziz M., Wijayanta A.T., Nandiyanto A.B.D. (2020): Ammonia as Effective Hydrogen Storage: A Review on Production, Storage and Utilization. Energies 13: 3062. https://doi.org/10.3390/en13123062
50. Verein Deutscher Zementwerke e.V. (2020): Dekarbonisierung von Zement und Beton – Minderungspfade und Handlungsstrategien, Düsseldorf. https://www.vdz-online.de/fileadmin/wissensportal/publikationen/zementindustrie/VDZ-Studie_Dekarbonisierung_Zement_Beton_2020.pdf, abgerufen am 21.11.2021
51. acatech (2018): CCU und CCS – Bausteine für den Klimaschutz in der Industrie (acatech POSITION), München. https://www.acatech.de/publikation/ccu-und-ccs-bausteine-fuer-den-klimaschutz-in-der-industrie-analyse-handlungsoptionen-und-empfehlungen/download-pdf?lang=de, abgerufen am 21.11.2021
52. Bundesministerium für Wirtschaft und Energie (2021): Gesamtausgabe der Energiedaten – Datensammlung des BMWi. https://www.bmwi.de/Redaktion/DE/Artikel/Energie/energiedaten-gesamtausgabe.html, abgerufen am 21.11.2021

53. Hartmann-Schreier J. (2004): Wasserstoff, RD-23-00368. In: Böckler F., Dill B., Dingerdissen U. et al RÖMPP [Online], Stuttgart. https://roempp.thieme.de/lexicon/RD-23-00368, abgerufen am 5.2.2021
54. Ilbas M. et al (2006): International Journal of Hydrogen Energy 31: 1768–1779 (2006)
55. Ministerium für Wirtschaft, Innovation, Digitalisierung und Energie des Landes Nordrhein-Westfalen: IN4climate.NRW – Best Practice – Projekte – HyGlass. https://www.in4climate.nrw/best-practice/2020/hyglass/, abgerufen am 5.2.2021
56. DVGW Deutscher Verein des Gas- und Wasserfachs e. V (2021): Klimaschutz und Resilienz. Der Umsetzungsplan für Wasserstoff und klimaneutrale Gase. Bonn, 60 S.
57. FNB Gas (2020): Fernleitungsbetreiber veröffentlichen Karte für visionäres Wasserstoffnetz. https://fnb-gas.de/news/fernleitungsnetzbetreiber-veroeffentlichen-karte-fuer-visionaeres-wasserstoffnetz/, abgerufen am 05.01.2022
58. Leicher J., Nowakowski T., Giese A. et al (2017): Higher concentrations of hydrogen in natural gas and their impact on industrial combustion systems. heat processing: 65–72
59. Ferrarotti M., De Paepe W., Parente A. (2021): Reactive structures and NOx emissions of methane/hydrogen mixtures in flameless combustion. International Journal of Hydrogen Energy 46(68): 34018–34045, https://doi.org/10.1016/j.ijhydene.2021.07.161
60. Tanneberger T., Schimek S., Paschereit C.O. et al (2019): Combustion efficiency measurements and burner characterization in a hydrogen-oxyfuel combustor. International Journal of Hydrogen Energy 44: 29752–29764. https://doi.org/10.1016/j.ijhydene.2019.05.055
61. Eigene Darstellung unter Verwendung von Datenerfassung der Ceram-Unie 2021, destatis und Roadmap für eine treibhausneutrale Ziegelindustrie in Deutschland
62. Europäische Kommission: Europäischer Grüner Deal – Erster klimaneutraler Kontinent werden. https://ec.europa.eu/info/strategy/priorities-2019-2024/european-green-deal_de, abgerufen am 21.11.2021
63. RWE partner project at the Lingen site – GET H2 Nukleus. https://www.group.rwe/en/our-portfolio/innovation-and-technology/hydrogen/hydrogen-project-get-h2, abgerufen am 21.11.2021

# 6 Einsatz von Wasserstofftechnologien in Mobilität und Transport

Ulf Groos • Malte Semmel • Achim Schaadt
Fraunhofer-Institut für Solare Energiesysteme ISE

Stefan Bürger
Fraunhofer-Institut für Chemische Technologie ICT

Felix Horch
Fraunhofer-Institut für Fertigungstechnik und Angewandte Materialforschung IFAM

Johannes Geiling • Richard Öchsner
Fraunhofer-Institut für Integrierte Systeme und Bauelementetechnologie IISB

Gunther Kolb
Fraunhofer-Institut für Mikrotechnik und Mikrosysteme IMM

Jonathan Köhler
Fraunhofer-Institut für System- und Innovationsforschung ISI

**Zusammenfassung**

Wasserstoff gilt wegen seines geringen Gewichts und seines hohen Energiegehalts als vorteilhafte Option für die Mobilität der Zukunft. Der Beitrag zeigt und diskutiert die verschiedenen Optionen für wasserstoffbasierte Antriebe wie Verbrennung und Brennstoffzelle, Speichermöglichkeiten wie Druckspeicher, Hydride und synthetische Kraftstoffe. Erörtert wird zudem, für welche Arten der Mobilität sich welche wasserstoffbasierten Antriebe eignen.


R. Neugebauer (Hrsg.), *Wasserstofftechnologien*,
https://doi.org/10.1007/978-3-662-64939-8_6

## 6.1 Einleitung

Wasserstoff kann grundsätzlich für eine Reihe von Anwendungen im Mobilitätssektor eingesetzt werden: Im Bereich des innerbetrieblichen Materialtransports, beispielsweise bei Flurförderfahrzeugen, sind Brennstoffzellenantriebe insbesondere in den USA bereits im Regelbetrieb zu finden. Brennstoffzellen-Fahrzeuge sind im Pkw-Segment kommerziell in ersten Kleinserien von asiatischen Herstellern verfügbar. Weiterhin werden weltweit Flotten im kommunalen Busverkehr aufgebaut. Im Lkw-Segment, besonders bei mittleren und schweren Lkw, gibt es starke Entwicklungsaktivitäten zum Einsatz von Wasserstofftechnologien (Brennstoffzelle, $H_2$-Verbrennungsmotor und Verbrennungsmotoren für synthetische Kraftstoffe). Im Schienenverkehr wurden erste Flottenversuche mit Brennstoffzellen gestartet für den Einsatz auf nichtelektrifizierten Streckenteilen (z. B. im Raum Bremervörde in Niedersachsen). Auch in Nischenanwendungen besteht ein Marktpotenzial (z. B. bei Straßendienstfahrzeugen, Kommunalfahrzeugen, Baustellenfahrzeugen, weiteren vergleichbaren Spezialfahrzeugen wie Ground-Handling-Fahrzeugen an Flughäfen oder Lastfahrzeugen für Häfen). Darüber hinaus sind erste Tests von Brennstoffzellen im maritimen Bereich von Fähren und Hochseepassagierschiffen geplant. Erste Demonstratoren in der Binnenschifffahrt gab es bereits: Brennstoffzellen werden bereits seit Jahren im militärischen Bereich auf See eingesetzt, z. B. in U-Booten der Klasse 212A. Methanol, das bereits jetzt synthetisch aus Wasserstoff und Kohlendioxid umweltfreundlich in Pilotanlagen hergestellt wird, kommt schon seit einigen Jahren erfolgreich in der Schifffahrt zum Einsatz. Daneben wird die Anwendbarkeit von Wasserstofftechnologien im Luftverkehr erforscht.

Neben der batterieelektrischen Mobilität kann durch erneuerbar über Elektrolyse hergestellten, grünen Wasserstoff eine emissionsfreie oder zumindest emissionsarme Mobilität mittels Brennstoffzelle oder Verbrennungsmotor für Wasserstoff beziehungsweise für synthetische Kraftstoffe dargestellt werden. Außerdem lassen sich mit Kohlenstoffdioxid beziehungsweise Stickstoff und regenerativ erzeugtem Wasserstoff auch Wasserstoffträger wie Methanol, Ammoniak oder synthetische Kohlenwasserstoffe herstellen, die für den Schwerlast- und schienengebundenen Verkehr, sowie für Schiffe und Flugzeuge eine wichtige Rolle spielen können.

## 6.2 Wasserstofftechnologien für den Antriebsstrang

### 6.2.1 Brennstoffzellenantriebe

Brennstoffzellen sind elektrochemische Energiewandler und können somit stoffliche Energieträger wie Wasserstoff zur Strom- und Wärmeerzeugung nutzen. Da stoffliche Energieträger im Vergleich zu Batterien hohe Energiedichten haben, sind bei gleichem Gewicht und Volumen höhere Reichweiten möglich. Zudem ermöglichen sie im Vergleich zum Laden von Batterien eine schnelle Betankung von Fahrzeugen. Bei Brennstoffzellen sind die Energiewandlung und Energiespeicherung getrennte technologische Einheiten und können somit gezielt für den jeweiligen Anwendungsfall dimensioniert werden (Abbildung 6.1).

Brennstoffzellensysteme erzielen elektrische Wirkungsgrade von 40 bis 65 Prozent und ermöglichen somit eine hohe Ausnutzung des Brennstoffs. Sie haben in der Regel höhere Wirkungsgrade als Verbrennungsmotoren. Die Abwärme kann in Fahrzeugen zur Temperierung und Klimatisierung genutzt werden. Daher treten im Winterbetrieb gegenüber dem Sommerbetrieb typischerweise kaum Reichweiteneinbußen auf. Im Betrieb mit Wasserstoff sind sie lokal emissionsfrei und stoßen nur befeuchtete Abluft aus. Die Systeme arbeiten aufgrund der wenigen bewegten Bauteile wie Luftkompressoren, Anodenrezirkulationspumpen und Ventile geräusch- und wartungsarm.

Gegenüber Batterien sind Brennstoffzellensysteme komplex aufgebaut: Sie benötigen eine Luftversorgung mit entsprechender Aufbereitung über Filter, Befeuchter, Kompressor und Kühler sowie eine Anodenversorgung mit Kreis-

**Abb. 6.1** Schematische Darstellung eines Brennstoffzellen-Fahrzeugs mit elektrochemischer Stromerzeugung in der Brennstoffzelle sowie dem Elektromotor (im Fahrzeug vorne), den $H_2$-Tankzylindern und einem Batteriemodul (hinten). (Fraunhofer ISE)

laufführung. Die aktive Kühlung erfolgt in der Regel mithilfe eines flüssigen Kühlmittels. Da die Katalysatoren der Brennstoffzelle empfindlich gegenüber Kontaminationen sind, sind hohe Gasreinheiten auf Anode und Kathode sowie korrosionsbeständige Bauteile erforderlich. Letzteres ist insbesondere vor dem Hintergrund zu beachten, dass im Betrieb deionisiertes Wasser produziert und typischerweise ein saures Milieu erzeugt wird. Aufgrund des Temperaturniveaus von unter 100 Grad Celsius bei Niedertemperatur-Polymerelektrolytmembran-Brennstoffzellen (NT-PEMBZ) werden große Kühlflächen benötigt. Außerdem muss trotz des erzeugten Produktwassers die Froststartfähigkeit gewährleistet werden.

### 6.2.2 Verbrennungsmotorische Antriebe für Wasserstoff

Wasserstoff kann neben der Nutzung in Brennstoffzellen auch als Brennstoff in Verbrennungsmotoren genutzt werden. Im Vergleich zur Verbrennung konventioneller Kraftstoffe erlaubt der Einsatz von Wasserstoff in Verbrennungsmotoren höhere Wirkungsgrade, insbesondere im höheren Lastbereich. Heutige Verbrennungsmotoren können für die Wasserstoffnutzung angepasst werden. Für die Fertigung von $H_2$-Verbrennungsmotoren stehen aktuelle Produktionslinien zur Verfügung. Bei der Verbrennung werden lediglich geringe Mengen Stickoxide emittiert, sodass die aktuellen Emissionsgrenzwerte erfüllt werden können. In der Zukunft kann davon ausgegangen werden, dass die künftig strengeren Euro-7-Grenzwerte mit existierenden Selective-Catalytic-Reduction-Technologien (SCR-Technologien), ggf. kombiniert mit innovativen Technologien zur Kraftstoffverdampfung, erreicht werden können.

Einen erhöhten Aufwand hinsichtlich der Kosten und des Bauraumbedarfs stellt bei wasserstoffbetriebenen Fahrzeugen das $H_2$-Tanksystem mit notwendigem Sicherheitssystem dar. Dies betrifft Fahrzeuge mit Wasserstoffverbrennungsmotor und Brennstoffzellenantrieb gleichermaßen. Allerdings ist der Wirkungsgrad von Brennstoffzellensystemen deutlich höher und damit ihr Verbrauch geringer. Im Umkehrschluss benötigen Fahrzeuge mit $H_2$-Verbrennungsmotoren größere Tanks, um die gleiche Reichweite zu realisieren.

### 6.2.3 Fahrzeugseitige Wasserstoffspeicherung

Für die Speicherung von Wasserstoff gibt es bereits diverse Lösungen. Diese unterscheiden sich hauptsächlich dadurch, dass der Wasserstoff in unterschiedlichen

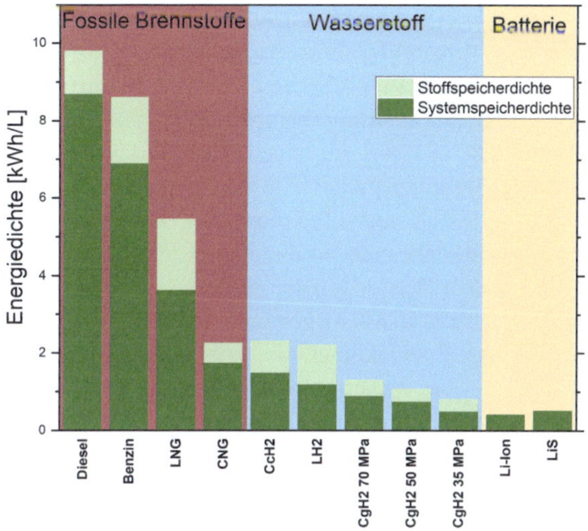


**Abb. 6.2** Energiedichten bisheriger Speichersysteme. (Fraunhofer ICT)

Aggregatszuständen gespeichert wird. Aus diesen verschiedenen Zuständen resultieren auch diverse Energiedichten, bei denen der Wasserstoff gespeichert werden kann. Ein Vergleich dazu ist in Abbildung 6.2 gezeigt. Wird auf 700 bar komprimierter Wasserstoff (compressed gaseous hydrogen, CgH2) betrachtet, dann hat dieser eine Nettospeicherdichte von 1,3 kWh/l. Allerdings muss auch das Systemvolumen betrachtet werden. Resultierend daraus sinkt die Systemspeicherdichte. Aus Abbildung 6.2 geht hervor, dass dies für alle Wasserstoffspeichersysteme zutrifft. Bei der Verwendung von flüssigem Wasserstoff (liquid hydrogen, LH2) und kryo-komprimiertem Wasserstoff (cryo compressed hydrogen, CcH2) lässt sich die Systemspeicherdichte nahezu verdoppeln. Allerdings reichen die Energiedichten bisheriger Speichersysteme für Wasserstoff nicht an die der fossilen Brennstoffe heran [1], [2].

Die Forschung im Bereich der Wasserstoffspeicherung, insbesondere für den Einsatz im mobilen Sektor, geht ständig weiter [3]. So werden beispielsweise nicht nur Speicher untersucht, die Wasserstoff in Reinform transportieren, sondern auch andere Speichermethoden, bei denen der Wasserstoff chemisch oder physikalisch gebunden vorliegt [4]. Dadurch werden der Transport und die Lagerung einfacher. Erforscht werden Einlagerungen in Feststoffen wie Mg, Li, Be, $LaNi_5$ und Ti-Fe [5], [6] oder eine Speicherung in Flüssigkeiten. Dabei sind insbesondere die Umwandlung in Methanol [7] oder die Einbindung in sogenannte LOHC (liquid organic hydrogen carrier) [8] interessant. Auch eine erneute Anbindung an Gase, für die bereits eine Versorgungsinfrastruktur vorliegt, wird untersucht, vor allem Ammoniak und Methan [9], [10]. Diese Kraftstoffe haben den Vorteil, dass Verteilung, Handhabung und Transport bereits etabliert sind. Gegenüber der Speicherung von Wasserstoff in Reinform haben diese Verfahren aber einen großen Nachteil bezüglich des Wirkungsgrades in der Erzeugungskette. Sowohl Umwandlung, Ab- oder Adsorption als auch die Freisetzung des Wasserstoffs sind zusätzliche Prozessschritte und senken die Gesamteffizienz der Kraftstofferzeugung und -lieferung. Zusätzlich zum Wasserstoff müssen die jeweiligen Träger mitgeführt werden, wodurch das System an Masse gewinnt. Außerdem sind viele der Prozesse noch auf einem niedrigen Entwicklungsstand oder noch nicht für die Wasserstoffwirtschaft optimiert. Bei der Nutzung in NT-PEMBZ muss gegebenenfalls eine aufwändige Gasreinigung erfolgen, um Kontaminationen zu vermeiden.

### Druckwasserstoff

Die Speicherung von Wasserstoff in Druckbehältern ist der derzeitige industrielle Standard für die mobilen Antriebssysteme. Sie wurden bereits in verschiedenen Pkw verbaut [11]. Außerdem wurden erste Nutzfahrzeuge mit Druckspeichern vorgestellt und in Betrieb genommen [12]. Dafür werden meistens Typ IV All Carbon Druckbehälter verwendet [13].

Beim Aufbau eines solchen Tanksystems sind mehrere Sicherheitseinrichtungen vorzusehen. Die erste Sicherheitsvorrichtung befindet sich direkt am Tank. Es handelt sich um das sogenannte TPRD (thermally activated pressure relief device), ein temperaturaktiviertes Druckentlastungsventil. Steigt die Temperatur im Tank über einen vorher festgelegten Wert, wird dieses Ventil automatisch geöffnet und der verbliebene Wasserstoff kontrolliert abgelassen. Dadurch soll eine Überhitzung des Tanks und ein daraus resultierender Druckanstieg vermieden werden. Eine weitere wichtige Komponente ist die Infrarot-Schnittstelle. Diese kommuniziert während des Nachfüllvorgangs mit dem Tanksystem und übermittelt Daten wie Druck und Temperatur aus den Gasspeichern. Vor dem Gasausgang zur Brennstoffzelle erfolgt die Regulierung und Überwachung des Systemdrucks. Im Falle eines Überschreitens ist ein Sicherheitsabblaseventil integriert, welches den Wasserstoff kontrolliert in die Umgebung entlässt.

Herausfordernd für Druckspeichersysteme sind der Platz- und der Materialbedarf. In der Regel müssen in den Fahrzeugen mehrere Drucktanks verbaut und miteinander gekoppelt werden. Eine mögliche Lösung dieses Problems wäre eine Reduzierung des Speicherdrucks auf 500 bar. Bei diesem Punkt gibt es eine Art „Sweet Spot“ für das Gewichtsverhältnis von transportierter Wasserstoffmenge und Tankgewicht. Durch den geringeren Druck ist weniger Material notwendig, um die benötigte Stabilität zu erreichen. So lässt sich dic gleiche oder eine höhere Menge an Wasserstoff transportieren bei einem leicht höheren Bedarf an Volumen, allerdings in weniger Tanks mit geringerem Gewicht. Dadurch sinken die Kosten für das Speichersystem. Allerdings gibt es einen weltweiten Standard für 700-bar-Druckgasspeicher in Pkw und es ist keine Veränderung hinsichtlich des Standards zu erwarten.

### Flüssigwasserstoff

Aufgrund der höheren spezifischen Energie- und Stoffdichte ist die Verwendung von Flüssigwasserstoff für den Schwerlastbereich besonders interessant [14], [15]. Dafür muss gasförmiger Wasserstoff auf -253 °C gekühlt werden (Siedepunkt bei Umgebungsdruck). Der flüssige Wasserstoff wird anschließend in Tanks mit einer Superisolation gelagert. Bei der Anwendung, z. B. in einem Nutzfahrzeug, wird der Wasserstoff mit der Abwärme der Brennstoffzelle erhitzt. So wird der flüssige Wasserstoff wieder in den gasförmigen Zustand überführt und in das Antriebsmodul geleitet. Eine Herausforderung bei diesen Speichern ist, dass der Druck innerhalb des Speichers steigt, sobald der Siedepunkt von Wasserstoff erreicht ist. Diese sind jedoch typischerweise nicht dafür konzipiert, höhere Drücke (> 30 bar) auszuhalten. Sobald der maximal zulässige Druck erreicht ist, muss der Wasserstoff abgelassen werden. Dieser Effekt wird als Boil-off bezeichnet und tritt fast ausschließlich bei Stillstand des Fahrzeugs auf. Wird der verdampfte Wasserstoff nicht für die Energieerzeugung genutzt, muss er in die Umgebung abgegeben werden, um den Druck im Behälter zu senken. Das Fahrzeug verliert also Kraftstoff, wenn es nicht im Betrieb ist [16], [17]. Um den Boil-off-Effekt zu reduzieren, sollten diese Tanks ein möglichst kleines Verhältnis von Oberfläche zu Volumen haben [14].

Ein Vorteil des Speichers besteht in der guten Verfügbarkeit und den niedrigen Kosten der Baumaterialien. Größtenteils wird er aus Edelstahl und Aluminium gefertigt und hat dementsprechend einen Kostenvorteil gegenüber Druckspeichern, die teure Carbonfasern verwenden. Gleichzeitig kann ein LH2-Speicher mehr Wasserstoff in einem kleineren Volumen speichern, wodurch sich die Kosten für die Speicherung nochmals reduzieren, da weniger Speicherelemente benötigt werden [15], [18].

### Kryodruck-Wasserstoff

Als weitere Möglichkeit der Speicherung wird kryo-komprimierter Wasserstoff vorgeschlagen. Hierfür wird ein Flüssigwasserstofftank verwendet, der gleichzeitig als Druckbehälter fungiert, meist bis 350 bar. Dies ermöglicht eine mögliche Notfallbetankung bei verfügbaren 350 bar $H_2$-Tankstationen. In einer Übergangsphase, in der das Tankstellennetz für flüssigen Wasserstoff noch nicht flächendeckend ausgebaut ist, könnten diese Fahrzeuge also dennoch betrieben werden. Wie schon in Abbildung 6.2 dargestellt, hat diese Methode die höchste Systemspeicherdichte. Diese Speichermethode wurde bereits für den Einsatz in Pkw evaluiert [19], [20]. Die Entwicklung wurde 2016 jedoch eingestellt, da verschiedene Herausforderungen auftraten. Eine davon war die Isolation des Tankbehälters. Damals wurde eine Vakuumisolation eingesetzt, die technisch anspruchsvoll ist. Zwischen der äußeren und inneren Hülle des Tanks, wo sich das Vakuum befindet, ist die Belastung für die Materialien durch den herrschenden Unterdruck sehr hoch. Sie müssen der Zugbelastung standhalten, obwohl eine hohe Temperaturdifferenz zwischen äußerer und innerer Hülle herrscht. Weiterhin müssen die Materialien der inneren Hülle gegen Kalt- und Wasserstoffversprödung geschützt sein. Dies macht eine Materialauswahl sehr schwierig, vor allem wenn der Tank mit Leichtbauteilen konzipiert werden soll.

### Reformat-Wasserstoff

Wasserstoff kann aus flüssigen und gasförmigen Wasserstoffträgern wie Methan, Methanol, Kohlenwasserstoffen und Ammoniak hergestellt werden. Die Herstellung bzw. Gewinnung dieser Substanzen erfolgt derzeit in der Regel auf der Basis fossiler Quellen, kann jedoch künftig unter Verwendung von atmosphärischem Kohlendioxid bzw. Kohlendioxid aus Abgas und Stickstoff (Ammoniak) auf erneuerbarem Wege und ohne Belastung der Atmosphäre erfolgen.

Aufgrund der in der Mobilität zumeist geforderten Lastdynamik werden sogenannte Reformersysteme nur selten fahrzeugseitig eingesetzt, da diese komplexe Verfahrenstechnik erfordern und selten schnellen Leistungssprüngen folgen können. Der Einsatz von Reformersystemen wird jedoch in speziellen Anwendungen wie der Schifffahrt aufgrund der hohen Energiespeicherdichten der dann möglichen flüssigen Kraftstoffe und des häufig stationären Lastbetriebs untersucht. Der Einsatz dieser Reformertechnologien wird weiter unten im Zusammenhang mit den relevanten Anwendungen diskutiert.

### Metallhydride und chemische Hydride

Eine Form der physikalischen Speicherung von Wasserstoff erfolgt in Metallhydriden, bei welchen der Wasserstoff molekular an das Metallgitter adsorbiert. Der Wasserstoff ist in den Metallhydriden bei niedrigen Drücken sicher und sehr kompakt gespeichert und kann durch Wärmezufuhr reversibel ausgetrieben werden. Eine alternative Speicherung von Wasserstoff kann in chemisch gebundener Form in sogenannten chemischen Hydriden erfolgen. Dabei bilden sich unter bestimmten Reaktionsbedingungen salzartige Hydride wie Magnesiumhydrid. Dieses Hydrid kann durch eine Hydrolysereaktion mit Wasser irreversibel zur doppelten Menge an Wasserstoff umgesetzt werden (unter Ausnutzung des im Wasser chemisch gebundenen Wasserstoffs). In beiden Fällen kann der Wasserstoff für eine Nutzung zur Verfügung gestellt werden. Allerdings ist derzeit keine nennenswerte Entwicklung bekannt, welche die Nutzung von Hydriden in Fahrzeugen vorsieht. Die Gründe dafür liegen in der erforderlichen Infrastruktur für die Bereitstellung von Hydriden an Tankstellen, den Kosten sowie auch der technologischen Komplexität in der $H_2$-Bereitstellung und den damit verbundenen Einschränkungen hinsichtlich dynamischer Lastanforderungen in der Mobilität.

### Flüssige organische Wasserstoffträger

Flüssige organische Wasserstoffträger (liquid organic hydrogen carriers, LOHC) ermöglichen die Speicherung von Wasserstoff als Bestandteil einer Trägerflüssigkeit, deren Handhabung mit konventionellen, mineralölbasierten Kraftstoffen vergleichbar ist. Für die in der Forschung ausführlich untersuchte Trägerflüssigkeit Dibenzyltoluol lassen sich heizwertbezogene Speicherdichten bis 1,9 MWh/$m^3$ erzielen. Damit liegt die auf das Stoffvolumen bezogene Speicherdichte zwischen der Verdichtung auf 700 bar (1,3 MWh/$m^3$) und dem tiefkalt verflüssigten Zustand (2,4 MWh/$m^3$) von elementarem Wasserstoff. Die LOHC-Technologie ermöglicht die Speicherung großer Mengen an Wasserstoff unter Umgebungsdruck und Umgebungstemperatur. Die Tankgröße ist einfach skalierbar. Die Freisetzung des chemisch gespeicherten Wasserstoffs erfolgt durch eine sogenannte Dehydrier-Reaktion unter Anwesenheit eines Katalysators. Beim Trägerstoff Dibenzyltoluol, der in seiner mit Wasserstoff beladenen Form als Perhydro-Dibenzyltoluol bezeichnet wird, erfordert diese Reaktion Temperaturen von etwa 300 °C und eine Wärmebereitstellung, die 29 Prozent des Heizwerts des freigesetzten Wasserstoffstroms entspricht. Die Bereitstellungsform dieser Wärme hat wesentlichen Einfluss auf die Energieeffizienz des Prozesses. LOHC-basierte Antriebssysteme sind in kommerziellen Anwendungen bisher nicht zum Einsatz gekommen, jedoch wird LOHC vor allem als Trägersubstanz für die Wasserstofflogistik diskutiert.

## 6.3 Synthetische Wasserstoffträger

Neben der direkten Nutzung von Wasserstoff im Mobilitätssektor, z. B. durch Brennstoffzellen, bieten synthetische Wasserstoffträger (Synfuels) die Möglichkeit einer indirekten Wasserstoffnutzung (Abbildung 6.3). Synfuels werden mithilfe chemischer Verfahren aus Wasserstoff synthetisiert und sind meist flüssige oder mit geringem Aufwand verflüssigbare Energieträger. Im Vergleich zu reinem

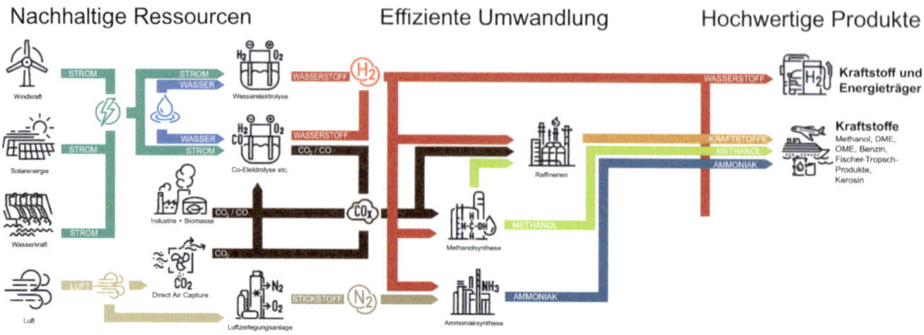


**Abb. 6.3** Unter Nutzung regenerativ erzeugten Stroms, gegebenenfalls mit Gasseparation aus der Luft, lassen sich eine Vielzahl von Kraftstoffen herstellen, welche in diversen Antriebsformen eingesetzt werden könnten. (Fraunhofer ISE)

Wasserstoff bieten Synfuels den Vorteil des einfacheren Handlings und einer bestehenden Transport- und Verteilungsinfrastruktur. Zudem lassen sich durch die hohe volumetrische Energiedichte Anwendungsfelder erschließen, in denen die direkte Nutzung von Wasserstoff technisch nicht oder nur schwer möglich ist.

Zur Erzeugung synthetischer Wasserstoffträger wird neben Wasserstoff eine $CO_2$-Quelle oder im Fall von Ammoniak Stickstoff benötigt. Abbildung 6.3 illustriert den Herstellungspfad basierend auf erneuerbaren Ausgangsstoffen. Als synthetische Wasserstoffträger für den globalen Handel erneuerbarer Energien werden Flüssigwasserstoff, Ammoniak, Methanol und LOHC diskutiert.

## 6.3.1 Anforderungen an SynFuels

Die Frage nach dem geeignetsten Kraftstoff ist weiterhin offen. Die Kriterien zur Beurteilung synthetischer Kraftstoffe beinhalten Produktions- und Logistikkosten, Gesamtmenge der $CO_2$-Emissionen über den Lebenszyklus sowie die Umweltverträglichkeit des Kraftstoffs und die Toxizität. Ein weiteres zentrales Kriterium ist die Kompatibilität mit existierenden Technologien und Infrastrukturen. Zudem ist der technologische Reifegrad (Technology Readiness Level, TRL) ein wichtiges Kriterium, da die $CO_2$-Emissionen so schnell wie möglich reduziert werden müssen.

Die Produktionskosten von Synfuels wurden in mehreren wissenschaftlichen Studien untersucht. Ein objektiver Vergleich ist aufgrund der zahlreichen Einflussfaktoren und verschiedenen Annahmen schwierig. Insbesondere die Stromgestehungskosten, die einen großen Einfluss auf die Produktionskosten haben, weisen je nach Erzeugungsort große Schwankungen auf. Außerdem muss zwischen den $CO_2$-Quellen unterschieden werden. Während die Abscheidung aus Industrieabgasen vergleichsweise günstig ist, führt die direkte Abscheidung aus der Luft zu ungleich höheren $CO_2$-Gestehungskosten. Weiterhin existieren für die Herstellung der Synfuels unterschiedliche Synthesepfade, welche die Produktionskosten merklich beeinflussen.

Um die Gesamt-Treibhausgasemissionen von Synfuels zu bewerten, werden Well-to-Wheel-Analysen benötigt, die Kraftstoffproduktion (Well-to-Tank) und Kraftstoffnutzung (Tank-to-Wheel) analysieren. Die aktuellen EU-Regularien berücksichtigen vornehmlich die Tank-to-Wheel-Emissionen. In einer solchen Betrachtung werden alle kohlenstofffreien Kraftstoffe bevorzugt (z. B. Wasserstoff oder Ammoniak), wohingegen die Verbrennung kohlenstoffhaltiger Kraftstoffe wie Methanol oder Fischer-Tropsch-Kraftstoffe mit einem $CO_2$-Ausstoß einhergeht. Dabei wird jedoch nicht berücksichtigt, dass die Well-to-Tank-Emissionen erneuerbarer, synthetischer, kohlenstoffhaltiger Kraftstoffe mit Nutzung von $CO_2$ aus Luftabscheidung oder aus unvermeidlichen $CO_2$-Quellen die Tank-to-Wheel-Emissionen zumindest teilweise kompensieren können.

## 6.3.2 Arten synthetischer Kraftstoffe

Die vielversprechendsten synthetischen Kraftstoffe sind Methanol, Dimethylether (DME), Oxymethylenether (OME), Ammoniak und Fischer-Tropsch-Kraftstoffe sowie synthetisches Methan. Diese werden im Folgenden genauer vorgestellt.

### Methanol

Methanol ist ein flüssiger Energieträger mit hoher Speicherdichte von 5 $MWh/m^3$ und kann daher ähnlich wie konventionelle Kraftstoffe verteilt werden. Dies stellt einen großen Vorteil gegenüber gasförmigen Kraftstoffen dar. Aufgrund der hohen Verdampfungsenthalpie und Klopffestigkeit wird Methanol als Ersatzkraftstoff für Ottomotoren betrachtet. Hierbei sind lediglich geringe Anpassungen am Verbrennungsmotor notwendig. Eine Anwendung in Selbstzündungsmotoren ist prinzipiell möglich, erfordert jedoch signifikante Modifikationen. Methanol lässt sich unter erhöhtem Druck direkt aus $CO_2$ und Wasserstoff synthetisieren und weist daher eine hohe Effizienz in der Herstellung auf. Gegen die Einführung von Methanol als Kraftstoff wird oft dessen Giftigkeit angeführt; es ist aber unschädlich für die Umwelt.

### Ethanol und höhere Alkohole

Ethanol kann ebenso wie Methanol regenerativ hergestellt werden. In Brasilien besteht ein verbreitetes Tankstellennetz für Ethanol zum Einsatz in Pkw. Höhere Alkohole wie Propylenglykol können ebenfalls regenerativ hergestellt werden. Ethanol ist im Gegensatz zu allen anderen hier diskutierten Energieträgern vollkommen ungiftig und in Mischung mit Wasser nicht brennbar.

### Dimethylether

Dimethylether (DME) wird intensiv als Dieselersatzkraftstoff diskutiert. Ein wesentlicher Vorteil von DME ist die Abwesenheit von Bindungen zwischen Kohlenstoffatomen innerhalb des Moleküls. Dies führt zu einer nahezu rußfreien Verbrennung. Hieraus ergibt sich zudem der Vorteil, dass DME-Motoren mit einer höheren Abgasrückführung betrieben werden können, um die $NO_X$-Emissionen zu senken. DME weist eine höhere Cetanzahl als konventioneller Diesel auf, wodurch eine Optimierung der Dieselmotoren ermöglicht wird. Aufgrund des Vorhandenseins von Sauerstoff im Molekül ist die Energiedichte von DME geringer als jene von konventionellem Diesel (Tabelle 6.1).

Die Unterschiede in den physikalischen Eigenschaften führen zur Notwendigkeit technischer Anpassungen am Tank- und Injektionssystem von DME-Fahrzeugen. Aufgrund der geringen Siedetemperatur bei atmosphärischem Druck ist eine Speicherung von flüssigem DME nur unter leichtem Druck möglich. Die geringere Energiedichte von DME erfordert eine Querschnittsvergrößerung der Einspritzdüsen. Aufgrund des schlechten Schmierungsverhaltens von DME ist zudem eine separate Ölschmierung der Injektionspumpe notwendig. Weiterhin müssen DME-beständige Dichtungen verwendet werden.

Da der Dampfdruck von DME ähnlich dem von Flüssiggas (oder Liquefied Petroleum Gas, LPG) ist, kann die existierende LPG-Infrastruktur für die Nutzung

**Tab. 6.1** Vergleich der physikalischen Eigenschaften von DME und konventionellem Diesel

| | | Diesel | DME | Quelle |
|---|---|---|---|---|
| Summenformel | [–] | $C_{14}H_{30}$ | $CH_3OCH_3$ | [21] |
| Sauerstoffgehalt | [wt.-%] | < 1 | 34,8 | [22] |
| Dichte | [kg/l] | 0,856 | 0,661$^{(*)}$ | [21] |
| Heizwert | [MJ/kg] | 41,66 | 28,62 | [21] |
| Cetanzahl | [–] | 51–54 | 55–60 | [22] |
| Kinematische Viskosität (40 °C) | [mm²/s] | 3 | 0,184 | [22] |
| Siedetemperatur | [°C] | 125–400 | –24,9 | [21] |

von DME angepasst werden. Da DME bereits heute in großem Maßstab in der chemischen Industrie genutzt wird, existieren bereits großskalige Anlagen zur Herstellung auf Basis fossiler Energieträger. Hierbei wird Methanol in einem einzigen Syntheseschritt zu DME umgesetzt und anschließend aufgereinigt.

## Oxymethylenether

Oxymethylenether (OME) sind eine Klasse chemischer Verbindungen mit der allgemeinen Summenformel $H_3CO\text{-}(CH_2O)_n\text{-}CH_3$. OME existieren in verschiedenen Kettenlängen, wobei insbesondere Oligomere mit Kettenlängen von n = 3 bis 5 als Dieselersatzkraftstoff diskutiert und kurz als $OME_{3\text{-}5}$ bezeichnet werden. Wie DME weisen auch OME keine direkten Bindungen zwischen den Kohlenstoffatomen auf und verbrennen typischerweise rußfrei (Abbildung 6.4). Weiterhin sind OME bei atmosphärischem Druck flüssig sowie für Mensch und Umwelt unschädlich. Neben der Verwendung von reinem $OME_{3\text{-}5}$ in Verbrennungsmotoren ist durch die Beimischung zu konventionellem Diesel eine Reduktion der Partikelemissionen möglich, wodurch bei der Motorenauslegung eine Lösung des $NO_x$-Ruß-Zielkonflikts ermöglicht werden kann.

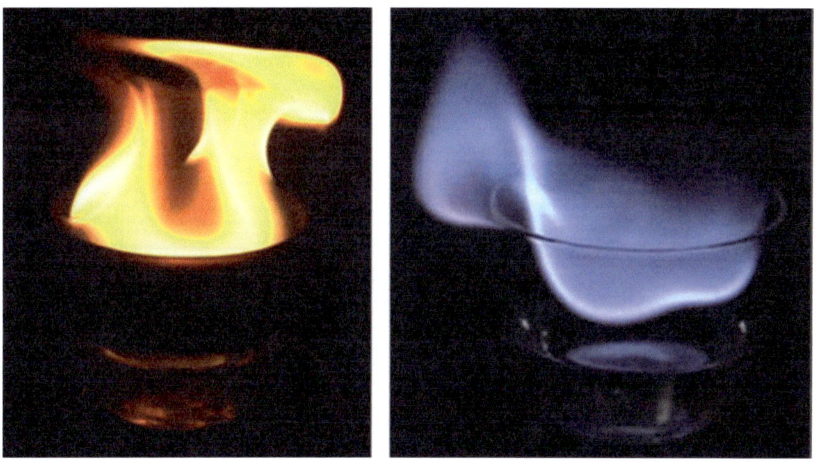

**Abb. 6.4** Flammfärbung bei der Verbrennung von konventionellem Dieselkraftstoff (links) und $OME_{3\text{-}5}$ (rechts). Diesel verbrennt mit gelb leuchtender Flamme durch die Strahlung der anwesenden Rußpartikel, $OME_{3\text{-}5}$ mit sauberer, blauer Flamme. (Fraunhofer ISE)

Zur Herstellung von OME existieren verschiedene Synthesepfade, die auf unterschiedlichen Chemikalien basieren. Dadurch wird eine vergleichende Abschätzung der Herstellungskosten erschwert. Allgemein lässt sich festhalten, dass alle Synthesepfade im Vergleich zur Methanol- oder DME-Herstellung sehr komplex sind, was sich negativ auf die Herstellungskosten und den Power-to-Fuel-Wirkungsgrad auswirkt.

### Ammoniak

Für die Einführung von Ammoniak als Kraftstoff ist bereits eine Handelsinfrastruktur vorhanden, da Ammoniak weltweit in Großanlagen produziert und teilweise verschifft wird (ca. 150 Millionen Jahrestonnen). Für die Nutzung als Kraftstoff müsste diese Infrastruktur jedoch massiv ausgebaut werden. Ähnlich wie bei DME muss Ammoniak zur Verflüssigung leicht komprimiert werden und hat in dieser Form ebenfalls eine hohe Speicherdichte von 4,25 $MWh/m^3$. Ammoniak kann in Kompressionszündungsmotoren genutzt werden. Bei dieser homogenen Verbrennung entstehen wegen der Abwesenheit von Kohlenstoff keine Rußpartikel, sodass in den Abgasen ähnlich wie bei den oben beschriebenen OME-Kraftstoffen nur die NOx-Verunreinigungen entfernt werden müssen.

Der Zusatz von Wasserstoff ist für den Verbrennungsprozess erforderlich. Er kann durch die katalytische Spaltung des Ammoniaks bereitgestellt werden. Bei der katalytischen Verbrennung von Ammoniak sind die $NO_x$-Emissionen noch um Größenordnungen geringer als bei der homogenen Verbrennung. Im Gegensatz zu den kohlenstoffhaltigen Synfuels wird für die Produktion von Ammoniak keine Kohlenstoffquelle benötigt. Der benötigte Stickstoff kann mittels Luftzerlegung standortunabhängig und verhältnismäßig kosteneffizient gewonnen werden.

### Fischer-Tropsch-Kraftstoffe

Fischer-Tropsch-Kraftstoffe sind nahezu identisch zu konventionellem Dieselkraftstoff und weisen eine ebenso hohe Speicherdichte von ca. 9,5 $MWh/m^3$ auf. Somit sind fast keine Anpassungen an die existierende Infrastruktur notwendig. Jedoch ist das bei der unter hohem Druck und Temperatur stattfindenden Reaktion erzeugte Produktspektrum sehr breit und daher eine Produktaufbereitung wie beim fossilen Erdöl sehr aufwändig. Fischer-Tropsch-Kraftstoffe werden heute bereits in großem Maßstab aus gasförmigen Nebenprodukten der Erdölförderung hergestellt. Die Synthese von Fischer-Tropsch-Kraftstoffen aus $CO_2$ ist typischerweise nicht direkt möglich, da für die Synthese CO benötigt wird. Die $CO_2$-basierte Herstellung von Fischer-Tropsch-Kraftstoffen erfordert daher die Nutzung der

Co-Elektrolyse-Technologie oder einer zusätzlichen Synthesestufe zur Erzeugung von CO durch die reverse Wassergas-Shift-Reaktion mit Wasserstoff.

#### Methanolbasiertes Benzin

Benzinähnliche Kraftstoffe können in einem bereits großindustriell etablierten Verfahren aus Methanol hergestellt werden, wobei keine hochmolekularen Nebenprodukte (Wachse) entstehen wie beim Fischer-Tropsch-Prozess. In Chile soll eine Großanlage zur Herstellung synthetischer, klimaneutraler Kraftstoffe realisiert werden und eine Methanol-to-Gasoline-Technologie zum Einsatz kommen.

#### Methan

Methan kann ebenso wie Methanol direkt durch die Umsetzung von Wasserstoff mit $CO_2$ bei leicht erhöhtem Druck und erhöhter Temperatur durch die Methanisierungsreaktion (Sabatier-Reaktion) hergestellt werden. Dies kann mit $CO_2$ aus der Atmosphäre realisiert werden. Alternativ kann auch das in Biogas immer vorhandene $CO_2$ direkt in Anwesenheit des ebenfalls vorhandenen Methans erfolgen, wodurch der Methangehalt des Biogases auf nahezu 100 Prozent angehoben werden kann. Methan hat den Vorteil, dass es schon jetzt im bestehenden Erdgasnetz problemlos transportierbar ist. Jedoch laufen derzeit die Vorbereitungen für die Umrüstung der Gasnetze auf reinen Wasserstoffbetrieb, weswegen der entscheidende Vorteil von Methan mehr und mehr schwindet.

### 6.3.3 Grenzen von SynFuels

Die Verbrennung von SynFuels birgt die Problematik lokaler Schadstoffemissionen wie von $NO_x$ und Ruß. Manche SynFuels bieten aufgrund ihrer Molekülstruktur die Möglichkeit einer rußfreien Verbrennung, z. B. Ammoniak, DME und OME. Die Entstehung von $NO_x$-Emissionen ist jedoch eine systemimmanente Problematik von Verbrennungsmotoren, die sich nicht durch die Kraftstoffwahl lösen lässt, sondern eine effiziente Abgasnachbehandlung erfordert. Die Nutzung von verbrennungsmotorischen Antrieben wird in Zukunft selbst bei Verwendung $CO_2$-neutraler SynFuels nur dann Akzeptanz finden, wenn die Treibhausgas- und Schadstoffemissionen über den gesamten Lebenszyklus nahezu auf null gesenkt werden können. Hierzu bedarf es hocheffizienter und -dynamischer Motoren sowie Systeme, die auch im Kurzstreckenbetrieb und im Kaltstart eine zuverlässige Abgasnachbehandlung erlauben. Die Entwicklung von hierzu benötigten Aufheizsystemen stellt eine große Herausforderung dar.

**CatVap® – Neues Emissionsreduktionssystem für saubere Verbrennungsmotoren der Zukunft**

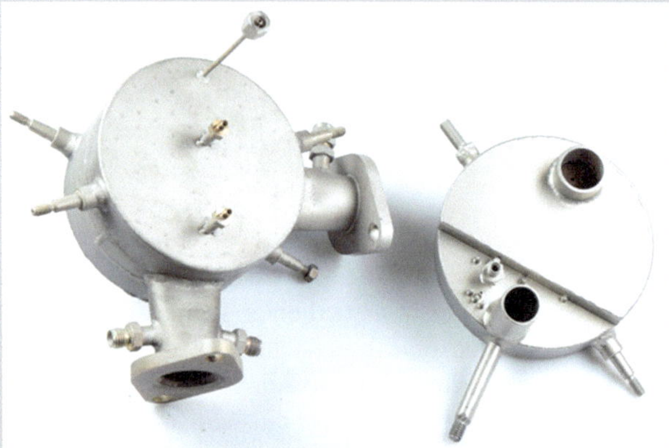

**Abb. 6.5** CatVap Back-to-Back-System für Medium- bis Heavy-Duty-Anwendungen mit bis zu 50 kWth Heizleistung (links) und Single-Cell-System für Light-Duty-Anwendungen mit bis zu 18 kWth Heizleistung (rechts). (Fraunhofer ISE)

Neben den $CO_2$-Emissionen werden die Sekundäremissionen wie Stickoxide weiter reglementiert werden. Vor allem der Kaltstart und der Kurzstreckenbetrieb, aber auch die zunehmende Elektrifizierung des Antriebsstrangs (Hybridisierung) verlangen nach neuen Technologien, mit denen eine effektive Abgasnachbehandlung möglich ist.

CatVap ist eine patentierte Technologie des Fraunhofer ISE, welche als Emissionsreduktionssystem für Verbrennungsmotoren eingesetzt werden kann (Abbildung 6.5). Dabei dient CatVap als Aufheizmaßnahme für das Abgasnachbehandlungssystem, um die neuen Abgasgrenzwerte im realen Fahrbetrieb einhalten zu können. Aufgrund neuer Gesetzgebung (Euro VII) wird dies zukünftig in nahezu allen Anwendungsbereichen erforderlich sein. Die CatVap-Technologie soll für Diesel-Neufahrzeuge vor allem in den Bereichen Nutzfahrzeuge sowie Offroad-Anwendungen zum Einsatz kommen.

**Projektpartner:** Fraunhofer ISE
**Durchführung:** 01.01.2018–31.12.2022
**Ansprechpartner:** Robert Szolak, Abteilungsleitung Thermochemische Prozesse im Bereich Wasserstofftechnologien

## 6.4 Infrastruktur für $H_2$-Technologien – Wasserstofftankstellen

$H_2$-betriebene Straßenfahrzeuge sind auf den Aufbau einer Infrastruktur für Wasserstofftankstellen angewiesen. Dabei bieten sich die bereits heute etablierten Geschäftsmodelle für Kraftstofferzeugung, Logistik vom Erzeugungsort zur Tankstelle und Tankstellenbetrieb an. Dementsprechend wird der Tankstellennetzaufbau im Wesentlichen von den heute bekannten Marktbegleitern gestaltet. Je nach Durchsatz der Tankstellen wird eine Belieferung mit Trailern mit z. B. 500-bar-Druckgasflaschen oder flüssigem Wasserstoff realisiert. Flüssigwasserstoff hat Vorteile bei der Tankstellentechnologie, da die Gaskühlung entfallen kann und die Wasserstoffförderung über Flüssigkeitspumpen einfacher und kostengünstiger darstellbar sind als Gaskompressoren. Aufgrund der hohen Speicherdichte werden LOHC für den Wasserstofftransport zur Tankstelle untersucht.

Für den Betrieb von Brennstoffzellen-Pkw existiert seit Jahren ein weltweiter Standard hinsichtlich der fahrzeugseitigen 700-bar-Speicherung von gasförmigem Wasserstoff. Dementsprechend wurden und werden vor allem in China, Deutschland, Europa, Japan, Korea, USA (spez. Kalifornien) Wasserstofftankstellen für die 700-bar-Technologie aufgebaut. Die Betankung erfolgt durch Überströmen aus einem tankstellenseitigen Hochdruckspeicher mit einem Druckniveau von typischerweise 900–1000 bar in den Fahrzeugtank. Um ein Überhitzen des Fahrzeugtanks bei der Befüllung zu vermeiden, wird eine Kühlung des Wasserstoffs auf –40 °C vorgesehen.

Wasserstofftankstellen für Fahrzeuge jenseits des Pkw sind nicht standardisiert und demzufolge gibt es unterschiedliche Lösungen. Brennstoffzellenbusse, teilweise -Lkw, -züge und -schiffe setzen Druckgastanks mit 300 oder 350 bar ein. Bei dem in diesen Fahrzeugen häufig vorhandenen Platzangebot (z. B. auf den Fahrzeugdächern) stellen diese Tanks gegenüber den 700 bar-Pkw-Tanks deutlich kostengünstigere und energieeffizientere Lösungen für die Fahrzeuge sowie die Tankstellen dar. Im Zusammenhang mit der Entwicklung von Brennstoffzellen-Lkw werden Tanklösungen für Flüssigwasserstoff oder Kryodruck-Wasserstoff untersucht, um eine hohe Energiedichte zu erreichen und somit die geforderten hohen Reichweiten von über 800 km zu realisieren. Auch für Schiffe oder Flugzeuge sind LH2-Speicher in Diskussion.

Flottenanwendungen können häufig auf eigene Betankungseinrichtungen zurückgreifen. So können Stadtbusse in der Regel auf dem Gelände des kommunalen Busdepots betankt werden. Flurförderfahrzeuge werden auf dem Betriebsgelände betankt. Daher sind diese Flottenanwendungen nicht abhängig vom Aufbau einer regionalen, landesweiten oder gar weltweiten Infrastruktur und insofern für den

Markthochlauf von hoher Bedeutung, um erste nennenswerte Produktionsstückzahlen zu erreichen und dadurch zur Kostensenkung beizutragen.

Insbesondere für Brennstoffzellen-Fahrzeuge wird eine außerordentlich hohe Gasqualität gefordert. So sollen gemäß heutigem Standard weniger als 4 ppb Schwefelbestandteile enthalten sein, was weltweit nur sehr wenige Analytiklabors nachweisen können. Insofern sind Lieferketten mit einer Verflüssigung im Vorteil, da nahezu alle Schadgase früher als Wasserstoff in die Flüssigphase übergehen und im Verflüssigungsprozess abgetrennt werden können. Grundsätzlich wird bei der Wasserstofferzeugung über Elektrolyse und insbesondere der PEM-Elektrolyse reiner Wasserstoff erzeugt (bis auf Restbestandteile von Sauerstoff und Wasser), sodass mögliche Verunreinigungen nur noch über die Transportkette oder Tankstellentechnologie verursacht werden können. Umgekehrt erfordert die Wasserstofferzeugung z. B. über Erdgasreformierung eine aufwändige Gasfeinreinigung.

## 6.5 Diskussion nach Mobilitätssektoren

Nachfolgend werden einzelne Aspekte für spezifische Mobilitätsformen zur Diskussion gestellt. Hinsichtlich der Ziele für Klimaschutz und Emissionsminderung greift die heute oft diskutierte Wirkungsgradbetrachtung zu kurz – sowohl die Tank-to-Wheel-Analyse (Bilanzierung der Energienutzung vom Speicher an Bord bis zum Rad) als auch die Well-to-Wheel-Analyse (Bilanzierung von der Gewinnung des Energieträgers bis zum Rad). Vielmehr ist eine Gesamtbetrachtung der Ökobilanz des gesamten Antriebsstrangs für verschiedene Ausprägungen einzelner Fahrzeugklassen erforderlich. Hierfür sind Werkzeuge des Life Cycle Assessments [23] verfügbar, die den gesamten Lebenszyklus in den Bilanzkreis einbeziehen: von der Gewinnung der Rohstoffe und deren Verarbeitung über die Produktion des Fahrzeugs, die anschließende Nutzungsphase bis hin zum Recycling bzw. zur Deponierung. Man spricht von einer Cradle-to-grave-Betrachtung. Hinsichtlich Marktchancen müssen Kosten- und Wirtschaftlichkeitsanalysen sowie politisch gesetzte und zu erwartende Rahmenbedingungen in Betracht gezogen werden.

Ebenso sollten in der Diskussion von Klimawirkungen verschiedener Antriebsformen die globalen Aspekte beachtet werden. Batterieelektrische Fahrzeuge haben Effizienzvorteile, wenn sie direkt regenerativ erzeugten Strom für das Batterieladen nutzen können. Dies ist jedoch aufgrund der Fluktuationen der erneuerbaren Energien örtlich und zeitlich nicht immer möglich, weshalb stoffliche Energieträger wie Wasserstoff oder SynFuels untersucht werden. Gleichzeitig sollte berücksichtigt werden, dass Wasserstoff und SynFuels zukünftig global gehandelt werden und die weltweit besten Standorte mit ihren hohen Volllaststunden genutzt werden können. Die direkte Nutzung des importierten Wasserstoffs bzw. der SynFuels könnte dann effizient erfolgen.

## 6.5.1 Individualmobilität

### Mikromobilität

Die Brennstoffzelle als Energiewandler in Kombination mit einem unabhängig dimensionierbaren Speicher für den Energieträger – Wasserstoff oder Methanol – bietet insbesondere dann Vorteile, wenn bei relativ kleiner Leistung lange Betriebszeiten bzw. lange Reichweiten gefragt sind. Allerdings sind für die meisten Massenprodukte wie Elektroroller oder Pedelecs batterieelektrische Antriebsstränge im Vorteil, weil diese an der heimischen Steckdose geladen werden können; kleine Wasserstoffspeicher erfordern hingegen eine eigene Betankungsmöglichkeit und können in der Regel nicht an Wasserstofftankstellen mit Dispensern für Pkw befüllt werden. Darüber hinaus sind Brennstoffzellensysteme vergleichsweise komplex. Im Gegensatz zu den hermetisch geschlossenen Batteriemodulen handelt es sich hier um offene Systeme, und Umwelteinflüsse sowie Schadstoffeintrag müssen verhindert werden. Für Sonderanwendungen wie in Drohnen können Brennstoffzellen-Antriebsstränge oder auch $H_2$-Verbrennungsmotoren allerdings relevant werden, weil hohe Energiedichten der Wasserstoffspeicher gegebenenfalls deutlich längere Betriebszeiten und Reichweiten sowie kürzere Ladezeiten erlauben als batterieelektrische Antriebsstränge. Dies kann in bestimmten Anwendungen auch höhere Investitionskosten kompensieren.

### Personenkraftwagen

Blickt man auf die Zulassungszahlen, scheint sich der batterieelektrische Antriebsstrang weltweit durchzusetzen [23]. Getrieben wird diese Entwicklung einerseits durch die vorteilhaften Kostenstrukturen und andererseits durch die bei Einsatz von regenerativem Strom globale und lokale Emissionsfreiheit im Fahrzeugbetrieb. Letzteres ist insbesondere in hochbelasteten Städten ein zentraler Aspekt. Ferner machen signifikante Kostenreduktionen aufgrund der zunehmenden Serienproduktion diese Antriebsform immer attraktiver. Nicht zuletzt gibt es in vielen Ländern Programme, die die Markteinführung von batterieelektrischen Fahrzeugen sowie deren Infrastruktur massiv fördern. Zusätzlich bietet dieser grundlegende, technologische Paradigmenwechsel Chancen für neue Marktteilnehmer. Nichtsdestotrotz werden als weitere emissionsarme Technologien Brennstoffzellen mit elektromotorischem Antrieb sowie verbrennungsmotorische Antriebe auf Basis synthetischer Kraftstoffe diskutiert.

Dabei würden Verbrennungsmotoren die Fortschreibung von heute weltweit etablierten Technologien mit optimierten Kostenstrukturen und weltweiten Lieferketten erlauben. Jedoch sind verschärfte gesetzliche Regelungen z. B. bezüglich der Schadstoffemissionen zu erwarten (Euro 7; Real Driving Emissions (RDE)), die hohe Anforderungen an die Abgasnachbehandlung stellen und innovative Lösungen neben einer zunehmenden Elektrifizierung erfordern. Pkw mit verbrennungsmotorischen Antrieben werden selbst nach einem möglichen Verkaufsverbot noch über das Jahr 2040 hinaus als Bestandsfahrzeuge im Einsatz sein. Daher wird diskutiert, inwieweit mithilfe synthetischer Kraftstoffe ein klimafreundlicher Betrieb dieser Bestandsfahrzeuge ermöglicht werden soll. Es bleibt jedoch offen, ob diese (technologisch machbare) Option von den Fahrzeugherstellern tatsächlich auf breiter Front verfolgt wird. Die Ankündigungen verschiedener großer Pkw-Hersteller, die Entwicklung von verbrennungsmotorischen Antrieben einzustellen und teilweise ab Mitte der 2020er-Jahre auf den Verkauf von Fahrzeugen mit Verbrennungsmotoren zu verzichten, legen nahe, dass die Veränderungen und Umwälzungen in der Branche weitreichend sind. Allerdings ist die Strategie der großen Pkw-Hersteller sowohl uneinheitlich als auch immer wieder Anpassungen unterworfen, was ihrem jeweiligen Produktportfolio als auch den unterschiedlichen Rahmenbedingungen in den verschiedenen Märkten geschuldet ist.

Chancen für Brennstoffzellen-Pkw werden vor allem für größere und schwerere Fahrzeuge mit hohen Reichweitenanforderungen gesehen. Dabei greifen diese Antriebsstränge auf weite Teile der Fahrzeugentwicklung für batterieelektrische Antriebe zurück. Dadurch ergeben sich Synergien für die Fahrzeugtechnologien. Die Wasserstoffinfrastruktur kann gegenüber dem elektrischen Batterieladen Vorteile aufweisen hinsichtlich der Fahrzeugdurchsätze an Tankstellen. Ebenso würde durch eine zentrale Wasserstofferzeugung und -belieferung der Tankstellen eine Überlastung der Stromversorgung an Tankstellen vermieden. Darüber hinaus könnte im Wesentlichen auf die heute etablierten Geschäftsmodelle mit den heute führenden Marktteilnehmern zurückgegriffen werden: Es erfolgt eine zentrale Wasserstofferzeugung, es gibt eine Kraftstofflogistik von der Erzeugung zur Tankstelle und den Tankstellenbetrieb. Der Kunde ist es gewohnt, die Energieversorgung seines Fahrzeugs durch Dienstleister darzustellen, anstatt selbst für das Heimladen verantwortlich zu sein – inklusive technologischer Infrastruktur, Wartung und Gewährleistung der Anlagensicherheit.

Nach derzeitiger Lage treibt Asien die Markteinführung von Brennstoffzellen-Pkw voran, allen voran China, Japan und Korea. Daher scheint es für alle Automobilhersteller entscheidend, Angebote für die bedeutenden asiatischen Märkte bereitzustellen und somit die Brennstoffzellen-Technologie im Blick zu behalten.

## 6.5.2 Öffentlicher Personenverkehr

### Stadtbusse

Der ÖPNV steht angesichts der Anforderungen zur Emissionsminderung im privaten und privatwirtschaftlichen Verkehr politisch unter besonderem Druck, die Vorgaben umzusetzen. Aufgrund der Betriebsflotten, die täglich vom gleichen kommunalen Betriebshof starten und dort nach Betriebsschluss wieder abgestellt werden, ist die Umstellung auf emissionsfreie oder emissionsarme Stadtbusse technologisch vergleichsweise leicht darstellbar. Es genügt eine Tankstelle, um eine Flotte dauerhaft zu bedienen. Kriterien für die Auswahl der Technologien sind die Topografie und damit die Leistungsanforderungen an den Antriebsstrang und den Energiebedarf, die Anforderungen an eine flexible Streckenführung oder die Notwendigkeit von festen Ladestationen, die möglicherweise bei Stau oder Baustellen nicht anfahrbar sind, und der Ressourcenaufwand für die Betankung.

Synthetische Kraftstoffe bieten den Vorteil, mit der bestehenden Flotte ohne zusätzliche Investitionskosten seitens der Städte sofort einen Beitrag zur Emissionsreduktion (lokal und global) leisten zu können. Batterieelektrische Antriebe sind geeignet, wenn kurze Strecken ohne signifikante Steigungen bedient werden müssen oder Zwischenladungen auf der Strecke beziehungsweise am Wendepunkt möglich sind.

Auch brennstoffzellenelektrische Antriebe sind geeignet, den Energiebedarf für einen Tag zu decken. Aufgrund der einzelnen Betriebshöfe und der kommunalen Zuordnung der Busflotten hat sich bislang noch kein Standard für Wasserstofftanks und die Betankung durchgesetzt, sondern die Kommunen wählen je nach ihren Anforderungen spezifische Technologielösungen. So gibt es neben den häufig gewählten 350-bar-Druckgasspeichern auch Lösungen für 300 bar und 700 bar. Aus Platzgründen werden diese Tanks in aller Regel auf dem Fahrzeugdach angeordnet. Um die geforderte Reichweite zu erzielen, sind pro Bus Wasserstoffmengen von über 20 kg erforderlich. Deshalb können derzeit nicht die für Pkw aufgebauten Tankstellen genutzt werden, sondern es müssen eigene Tankstellen errichtet werden. Dabei ist zu beachten, dass die Betankung aller Brennstoffzellen-Busse in der Regel abends oder morgens in kurzer Zeit erfolgen muss, also ein entsprechend großer Drucktank bzw. leistungsfähiger Kompressor vorgesehen sein muss.

### Reisebusse

Reisebusse bedienen häufig festgelegte Strecken, sodass eine Tankstelleninfrastruktur nur an Start- und Endpunkt notwendig ist. Wegen der Langstreckenanforderungen sind batterieelektrische Lösungen nur selten möglich und dadurch werden Brennstoffzellen in die Diskussion gebracht. Allerdings sind derzeit nur wenige Entwicklungsaktivitäten zu beobachten. Reisebusse sind sicherlich noch viele Jahre ein mögliches Einsatzgebiet von synthetischen Kraftstoffen, da diese Busse meist auch international unterwegs sind, d. h. auch in Ländern, die über keine Infrastruktur für die Elektro- oder Wasserstoffmobilität verfügen.

### Personenzüge

Etwa 40 Prozent der Zugstrecken in Deutschland sind heute nicht elektrifiziert und werden meist über Züge mit Dieselaggregaten bedient. Die Elektrifizierung mittels Oberleitung ist oft nicht wirtschaftlich. Wegen der vor allem im Nahverkehr üblichen, eindeutigen Streckenführung und -nutzung pro Fahrzeug sind Alternativen relativ einfach umsetzbar.

Je nach Strecken- und Fahrprofil sind batterieelektrische Antriebe gut einsetzbar. Bei besonderen Anforderungen können jedoch Brennstoffzellen-Antriebe eine gute Alternative darstellen. Züge mit Reichweiten bis zu 1.000 Kilometer sind derzeit in Erprobung. Voraussetzung ist eine leistungsfähige Wasserstoffversorgung z. B. von einigen hundert bis wenigen tausend Kilogramm Wasserstoff pro Tag am Endpunkt der Strecke. Dabei setzen die Entwickler auf $H_2$-Druckgastanks bis 350 bar. Vorteilhaft ist die bei stofflichen Energieträgern mögliche schnelle Betankung.

**Demonstratorprojekt: Zug mit Energieversorgung über LOHC-gebundenen Wasserstoff**

**Unterprojekt: Experimentelle Charakterisierung sowie Modellierung der Dynamik der Wasserstofffreisetzungsanlage**

Bis 2023 ist die Demonstration eines LOHC-basierten Antriebssystems mit Brennstoffzelle und Batterie für ein Schienenfahrzeug geplant. Das Fraunhofer IISB ist an diesem Forschungsprojekt beteiligt. In Zusammenarbeit mit dem Projektpartner wird erforscht, wie hybride Antriebssysteme mit PEM-Brennstoffzelle, Lithium-Ionen-Batterie und LOHC-basiertem Wasserstoffspeicher (Stoffpaar: Dibenzyltoluol/Perhydro-Dibenzyltoluol) bestmöglich auszulegen und zu betreiben sind, um den dynamischen Leistungsanforderungen in der Zuganwendung gerecht zu werden (Abbildung 6.6).

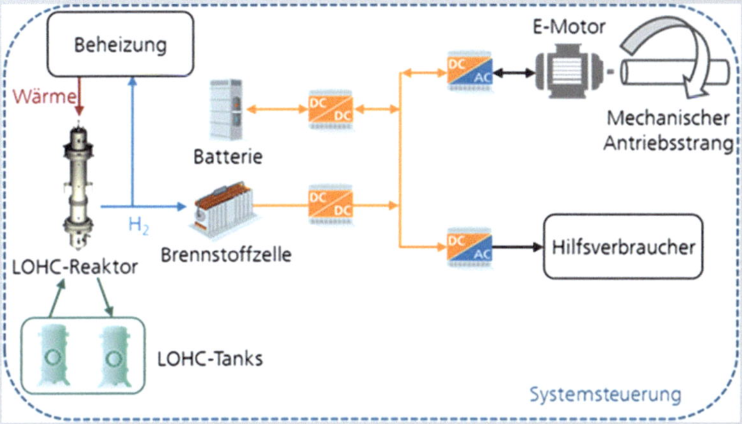


**Abb. 6.6** Hybrides elektrisches Antriebssystem mit Wasserstoffspeicherung auf LOHC-Basis. (Fraunhofer IISB)

**Projektpartner:** Helmholtz-Institut Erlangen-Nürnberg für Erneuerbare Energien (HI ERN), Fraunhofer IISB
**Durchführung:** 01.01.2019–31.12.2021
**Ansprechpartner:** Johannes Geiling, Abteilung Intelligente Energiesysteme, Fraunhofer IISB

### 6.5.3 Güterverkehr

Die europäische Emissionsgesetzgebung sieht eine deutliche Reduktion der Grenzwerte für den kilometerbezogenen $CO_2$-Ausstoß vor, welche mit fossil betriebenen Diesel-Verbrennungsmotoren nicht erreichbar sind [24]. Brennstoffzellen werden vor allem für den Langstrecken-Lieferverkehr und für die entsprechenden Sattelzugmaschinen entwickelt. Ebenso werden batterieelektrische und Oberleitungs-Lkw sowie Verbrennungsmotoren für synthetische Kraftstoffe untersucht. Auf Strecken im sogenannten Hub-to-Hub-Verkehr, also dem Gütertransport zwischen Distributionszentren mit einer Entfernung von durchschnittlich 150 km, erscheinen batterieelektrische oder Oberleitungs-Lkw vorteilhaft.

Im Fall des straßengebundenen Schwerlast-Güterverkehrs auf Punkt-zu-Punkt-Verbindungen über lange Strecken werden Brennstoffzellen-Antriebsstränge vorgeschlagen. Wegen der benötigten Reichweiten und den damit erforderlichen hohen Energiedichten des Energiespeichers sind verschiedene Wasserstoffspeicherlösungen denkbar. Hierzu gibt es jedoch weltweit noch keine Einigung der Hersteller auf einen Standard. Während die derzeit in Erprobung befindlichen Brennstoffzellen-Lkw oft noch mit 350-bar-Wasserstofftanks arbeiten, scheint sich abzuzeichnen, dass diese nicht die gewünschten Reichweiten ermöglichen. 700-bar-Speicher bieten sich an, weil diese auch für den Brennstoffzellen-Pkw genutzt werden und Synergien ermöglichen würden. Jedoch sind diese Tanks kostentreibend und stoßen ebenfalls an Grenzen hinsichtlich der Reichweite. Daher werden Tanks für Flüssigwasserstoff sowie Kryodruck-Wasserstoff untersucht. Flüssigwasserstoff hat Vorteile bei der Tankstellentechnologie, weil die bei Druckgas-Wasserstoff notwendige Vorkühlung entfällt und die Kraftstoffförderung mit Pumpen anstatt Gaskompressoren erfolgen kann. Nachteilig kann der sogenannte Boil-Off sein, also das Verdampfen von Wasserstoff aufgrund von Wärmeeintrag und das dann notwendige Abblasen, um Überdruck zu vermeiden. Haben die Fahrzeuge allerdings nur kurze Stillstandzeiten, verringert sich der Boil-Off. Mit Kryodruck lässt sich der Boil-Off vermeiden, weil die Behälter druckfest ausgeführt werden. Dadurch wird die Tanktechnologie aber auch aufwändiger und teurer.

Auch $H_2$-Verbrennungsmotoren werden für den Einsatz in Lkw vorgeschlagen. Mit dieser Technologie könnte relativ kurzfristig eine Umrüstung realisiert werden. Sowohl Wasserstoffverbrenner als auch Brennstoffzellen-Antriebe sind auf den Aufbau eines $H_2$-Tankstellennetzes angewiesen. Im Fall des Gütertransports muss dieses Tankstellennetz europaweit vorhanden sein, um den grenzüberschreitenden Lieferverkehr zu ermöglichen. Des Weiteren muss eine zumindest europaweite Einigung über einen Standard zur Betankung und Wasserstoffspeicherung im Fahrzeug erfolgen.

Synthetische Kraftstoffe wären eine Alternative, wenn sie zu attraktiven Kosten und in entsprechenden Mengen zur Verfügung gestellt werden können. Vorteilhaft bei synthetischen Kraftstoffen ist, dass diese auf eine vorhandene Infrastruktur hinsichtlich Erzeugung, Kraftstofflogistik, Betankung und Antriebstechnologie zurückgreifen können. Letztlich werden gesetzliche Rahmenbedingungen und die Gesamtkostenbetrachtung darüber entscheiden, welcher Antriebsstrang sich in welcher Anwendung und in welcher Dynamik durchsetzen wird [25].

**Projekt HANNAe: Hocheffizienter Antriebsstrang für Nutzfahrzeuge unter Berücksichtigung der nationalen Mobilitäts- und Wasserstoffstrategie**
HANNAe zielte darauf ab, eine kostengünstige und ressourcenschonende Defossilisierung des Straßengüterverkehrs zu bewirken. Im Fokus standen dabei mittlere und schwere Nutzfahrzeuge der Nutzfahrzeugkategorien N2 (> 3,5 bis 12 t) und N3 (> 12 t). Mit den innovativen Fraunhofer-Lösungen für Antriebsstrangkomponenten kann ein Beitrag für die THG-Minderung in Deutschland und Europa geleistet werden. Darüber hinaus zielte HANNAe auch auf die Elektrifizierung von Nutzfahrzeugen in Entwicklungs- und Schwellenländern ab, die (noch) nicht über eine ausreichend ausgeprägte Energieversorgungsinfrastruktur (Ladesäulen, Tankstellen für Wasserstoff und $CO_2$-neutrale biogene oder synthetische Kraftstoffe) verfügen. Weiterhin wurden Konzepte für die dezentrale Bereitstellung gasförmiger und flüssiger Energieträger erarbeitet.

**Projektpartner:** Fraunhofer ICT, IFAM, IMM, ISE, IVI, IWKS, LBF
**Durchführung:** 15.07.2020–31.12.2020
**Ansprechpartner:** Felix Horch, Abteilungsleitung Elektromobiliät, Fraunhofer IFAM

## Binnenschiffe

Das Segment Binnenschifffahrt ist vielfältig mit dem Gütertransport auf Flüssen, Fähren zur Verbindung von Flussufern oder Binnenschiffen für touristische Zwecke. Derzeit sind eine Vielzahl von Prototypenentwicklungen zu beobachten, die auf batterieelektrische sowie brennstoffzellenelektrische Antriebe setzen. In den letzten Jahren wurden einige Demonstratoren erprobt. Es werden unterschiedliche Kraftstoffe betrachtet wie Wasserstoff als Druckgas, Flüssigwasserstoff, Methanol bzw. Methan mit Reformierung oder LOHC und jeweils in Kombination mit unterschiedlichen Brennstoffzellen-Technologien wie Niedertemperatur-PEM-Brennstoffzelle, Hochtemperatur-PEM-Brennstoffzelle oder Hochtemperatur-Brennstoffzelle (SOFC).

## Hochseeschiffe

Hochseeschiffe brauchen Antriebsmaschinen von bis zu 90 MW für die großen Containerschiffe. Dafür müssen sie große Mengen an Kraftstoff mitnehmen, haben aber auch viel Raum für Antriebe und Kraftstoff. Köhler [26] hat Szenarien für eine Transition hin zu Null-THG Schifffahrt bis 2050 entwickelt. Wasserstoff bietet mehrere Möglichkeiten. Er kann direkt in Brennstoffzellen für elektrische Antriebe oder in $H_2$-Dual-Fuel-Motoren verwendet werden. Die oben beschriebene hohe Energiedichte von flüssigen oder leicht verflüssigbaren Energieträgern wie Methanol und Ammoniak legt den Einsatz dieser Wasserstoffträger nahe. Während Wasserstoff aus Methanol in kompakten Reformersystemen gewonnen werden kann, kann Ammoniak in Hochtemperaturbrennstoffzellen (Solid Oxide Fuel Cells, SOFC) direkt verstromt werden, wobei die Schadstoffkonzentrationen im Abgas leicht zu beherrschen sind. Eine Vielzahl von Projekten beschäftigt sich zudem mit den Möglichkeiten, Druck- oder Kryowasserstoff für große Hochseeschiffe einzusetzen. Ein wichtiger Schritt ist die 2019 erfolgte Indienstnahme des ersten Flüssigwasserstofftankschiffs in Japan.

Inzwischen sind einige Projekte für Wasserstoffantriebsdemonstratoren im Bau. Hierzu zählen Fähren oder Konstruktionsschiffe für Off-Shore-Anlagen. Diese Projekte zeigen, dass Brennstoffzellen für kleinere Schiffe technisch einsetzbar sind. So werden PEM-Brennstoffzellen heute bereits mit Metallhydridspeichern als Zusatzantrieb für militärische U-Boote kommerziell eingesetzt. Sowohl Brennstoffzellen als auch Dual-Fuel-Motoren im Betrieb mit Diesel und Wasserstoff sind im Prinzip skalierbar, aber $H_2$-basierte Antriebe für Großschiffe sind noch in der Entwicklung und die Kosten für Wasserstoffantriebe sind noch sehr hoch. Eine Bunkerinfrastruktur und eine Lieferkette für grünen Wasserstoff bzw. die synthetischen Kraftstoffe für Seeschiffe muss noch entwickelt bzw. umgesetzt werden.

Wenn Anreize für alternative Antriebe eingeführt werden, ist eine signifikante Marktentwicklung bis 2030 möglich. Off-Shore-Windparks in der Nord- und Ostsee bieten z. B. die Möglichkeit, erneuerbaren Strom zu erzeugen und nahegelegene Elektrolyse-Anlagen zu betreiben. Oil & Gas Supply Vessels (PSV) und Windpark Support Vessels (SOV) könnten Wasserstoff lokal bunkern, wodurch eine geringere Anforderung an die Speicherkapazität ermöglicht wird. Das reduziert die Kosten für PSVs und SOVs und könnte die Diffusion der Wasserstofftechnologien beschleunigen.

**Projekt ShipFC: Piloting Multi MW Ammonia Ship Fuel Cells**

Das Fraunhofer IMM beteiligt sich an einem maritimen Innovationsprojekt zur Installation der weltweit ersten Hochleistungsbrennstoffzelle, die mit grünem Ammoniak auf einem Schiff betrieben wird. Das Projekt wird von der Europäischen Union mit 10 Millionen Euro gefördert. Das ShipFC-Projekt wird von einem Konsortium aus 14 europäischen Unternehmen und

Institutionen durchgeführt, das von der norwegischen Clusterorganisation NCE Maritime CleanTech koordiniert wird.

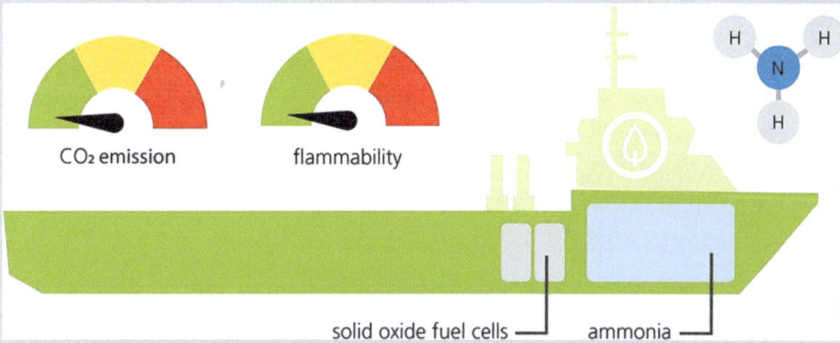


**Projektziel**
Im Projekt wird beabsichtigt, auf dem Offshore-Schiff Viking Energy eine 2-MW-Ammoniak-Brennstoffzelle nachzurüsten, die es dem Fahrzeug ermöglicht, jährlich bis zu 3.000 Stunden ausschließlich mit sauberem Brennstoff zu fahren und somit zu demonstrieren, dass emissionsfreie Langstreckenreisen mit hoher Leistung auf größeren Schiffen möglich sind. Im Projekt wird erstmals eine mit Ammoniak betriebene Brennstoffzelle in einem Schiff installiert. Um Ammoniak als geeigneten Brennstoff für Brennstoffzellen zu etablieren, muss die Emission von Stickoxiden verhindert werden. Das Fraunhofer IMM ist verantwortlich für die Entwicklung und Herstellung von Katalysatoren und die Konstruktion eines kompakten katalytischen Nachbrenners, der speziell auf die Minimierung der NOx-Emissionen ausgerichtet ist. Das Ammoniak-Brennstoffzellensystem wird Ende 2023 auf der Viking Energy installiert.

**Projektpartner:** Maritime Cleantech, Wärtsila Norway AS, Prototech AS, Demokritos, Persee, Uni Strathclyde, North Sea Shipping AS, Capital-Executive Ship Management Corporation, Star Bulk Shipmanagement Co., Yara International ASA, Sustainable Energy AS, Eidesvik Shipping AS, Equinor Energy AS, Fraunhofer IMM.
**Durchführung:** 01.01.2020–31.12.2025
**Ansprechpartner:** Gunther Kolb, Bereichsleiter Energie, Fraunhofer IMM

### 6.5.4 Luftfahrt

Allein die Luftfahrt ist für ca. drei Prozent der anthropogenen $CO_2$-Emissionen verantwortlich und dadurch ein wesentlicher Treiber für den Klimawandel. Daher steht die Luftfahrtbranche vor großen Umwälzungen auf dem Weg zum klimaneutralen, nachhaltigen Fliegen. Die International Civil Aviation Organization (ICAO) als Sonderorganisation der UN (United Nations) hat sich 2016 zu einer weltweiten Maßnahme für den internationalen Luftverkehr verpflichtet: CORSIA (Carbon Offsetting and Reduction Scheme for International Aviation). Das Ziel ist ein $CO_2$-neutrales Wachstum des internationalen Flugverkehrs ab 2020. Zunächst ist die Teilnahme an CORSIA freiwillig, aber ab 2027 wird sie verpflichtend. Des Weiteren ist es ein wichtiges Ziel der IATA (International Air Transport Association), bis 2050 eine Nettoreduktion der $CO_2$-Emissionen um 50 Prozent im Vergleich zu 2005 zu erzielen.

Ein möglicher Weg ist die Speicherung elektrischer Energie an Bord in luftfahrtgeeigneten Batteriesystemen und deren direkte Nutzung in elektrisch betriebenen, meist auf mehrere Antriebssysteme verteilten Flugantrieben. Für ein Kurz- bzw. Mittelstreckenflugzeug wird eine Energiedichte auf Ebene des Batteriesystems von etwa 820 Wh/kg benötigt, während ein Langstreckenflugzeug etwa 1.280 Wh/kg erfordert [27]. Wegen der auch zukünftig bestehenden Einschränkungen bei der Leistungs- und Energiedichte von Batteriesystemen erscheint ein vollelektrisches Fliegen zumindest bis zum Jahr 2035 eher unwahrscheinlich. Wegen der enormen Leistungsanforderungen von Flugzeugen bei gleichzeitiger Gewichtsminimierung gerade bei Langstreckenflugzeugen kommt Turbinenantrieben weiterhin eine wichtige Rolle zu.

Daher gibt es weltweit zahlreiche Initiativen zur Herstellung von synthetischen Flugkraftstoffen (auch synthetisches Kerosin genannt). Werden SynFuels mit vergleichbaren Eigenschaften wie heutige luftfahrtgeeignete Kraftstoffe (z. B. Jet A-1, JP-8) bereitgestellt, können diese mehr oder weniger ohne Änderungen an Flugzeugantrieben kurzfristig in die Nutzung gebracht werden (drop-in fuels). Die Eigenschaften des eingesetzten Kerosins sind gemäß der Norm ASTM D1655 festgelegt (American Society for Testing and Materials). Ferner gibt es bezüglich der Zumischung von alternativen Kraftstoffen eine weitere Norm, die eingehalten werden muss: ASTM D7566. Derzeit sind sechs verschiedene Prozessrouten gemäß dieser Norm zugelassen. Diese basieren meist auf der Verwendung von Biomasse und erlauben Zumischquoten bis zu 50 Prozent. Prozesstechnisch wird oft auf die Fischer-Tropsch-Route zur Herstellung der synthetischen Flugkraftstoffe gesetzt. Eine alternative Prozessroute verläuft über den Pfad Methanol-to-Jet Fuel, der gemäß IATA sehr viel versprechend ist. Das Technology Readiness Level wird bereits mit 5 bis 8 angegeben, jedoch fehlt noch die entsprechende Zertifizierung. Dieser Standard für synthetisches Kerosin wird auch für die Streitkräfte der NATO-Mitgliedsstaaten von großer Bedeutung sein, da das aktuelle NATO Single Fuel F-34 ein Turbinenkraftstoff auf Basis von Jet-A1 ist, für den ein Ersatz benötigt wird. Alternativ zu synthetischem Kerosin scheint ein Wasserstoff-Ammoniak-Gemisch sowohl hinsichtlich der technischen Eigenschaften als auch mit Blick auf die Umweltauswirkungen vorteilhaft zu sein [28].

## Literatur


1. Züttel A. (2004): Hydrogen storage methods. Naturwissenschaften 91(4): 157–172. https://doi.org/10.1007/s00114-004-0516-x
2. Schlapbach L., Züttel A. (2001): Hydrogen-storage materials for mobile applications. Nature 414(6861): 353–358. https://doi.org/10.1038/35104634
3. Tremel A., Wasserscheid P., Baldauf M., Hammer T. (2015): Techno-economic analysis for the synthesis of liquid and gaseous fuels based on hydrogen production via electrolysis. International Journal of Hydrogen Energy 40(35): 11457–11464. https://doi.org/10.1016/j.ijhydene.2015.01.097
4. Preuster P., Alekseev A., Wasserscheid P. (2017): Hydrogen Storage Technologies for Future Energy Systems. Annual Review of Chemical and Biomolecular Engineering 8: 445–471. https://doi.org/10.1146/annurev-chembioeng-060816-101334
5. Jain I. P., Lal C., Jain A. (2010): Hydrogen storage in Mg: A most promising material. International Journal of Hydrogen Energy 35(10): 5133–5144. https://doi.org/10.1016/j.ijhydene.2009.08.088
6. Souahlia A., Dhaou H., Mellouli S., Askri F., Jemni A., Ben Nasrallah S. (2014): Experimental study of metal hydride-based hydrogen storage tank at constant supply pressure. International Journal of Hydrogen Energy 39 (14): 7365–7372. https://doi.org/10.1016/j.ijhydene.2014.02.121
7. Olah G. A., Goeppert A., Prakash G.K.S. (2018): Beyond Oil and Gas: The Methanol Economy, 3rd ed. John Wiley & Sons Incorporated, Newark
8. Pradhan A.U., Shukla A., Pande J.V., Karmarkar S., Biniwale R.B. (2022): A feasibility analysis of hydrogen delivery system using liquid organic hydrides. International Journal of Hydrogen Energy 36 (1): 680–688. https://doi.org/10.1016/j.ijhydene.2010.09.054
9. Lan R., Irvine J.T.S., Tao S. (2012): Ammonia and related chemicals as potential indirect hydrogen storage materials. International Journal of Hydrogen Energy 37 (2): 1482–1494. https://doi.org/10.1016/j.ijhydene.2011.10.004
10. Mohseni F., Magnusson M., Görling M., Alvfors P. (2012): Biogas from renewable electricity – Increasing a climate neutral fuel supply. Applied Energy 90 (1): 11–16. https://doi.org/10.1016/j.apenergy.2011.07.024
11. Yamashita A., Kondo M., Goto S., Ogami N. (2015): Development of High-Pressure Hydrogen Storage System for the Toyota „Mirai“. SAE Technical Paper 2015-01-1169. https://doi.org/10.4271/2015-01-1169

12. https://hyundai-hm.com/2020/10/07/hyundai-motors-liefert-die-ersten-xcient-fuel-cell-trucks-in-der-schweiz-aus-und-kuendet-die-expansion-auf-die-globalen-nutzfahrzeugmaerkte-an/, abgerufen am 24.02.2021
13. verschiedene Quellen, Druckspeichersysteme für Wasserstoff zur Verwendung in Nutzfahrzeugen, Telefonat
14. verschiedene Quellen aus der Industrie, Kryogene Wasserstoffspeicher in Lkw, Telefonat
15. Wang Q., Li J., Bu Y. et al: (2020): In: Wang Q. et al (Hrsg): Technical assessment and feasibility validation of liquid hydrogen storage and supply system for heavy-duty fuel cell truck. IEEE
16. Petitpas G. (2018): Simulation of boil-off losses during transfer at a LH2 based hydrogen refueling station. International Journal of Hydrogen Energy 43 (46): 21451–21463. https://doi.org/10.1016/j.ijhydene.2018.09.132
17. Xu W., Li Q., Huang M. (2015): Design and analysis of liquid hydrogen storage tank for high-altitude long-endurance remotely-operated aircraft. International Journal of Hydrogen Energy 40 (46): 16578–16586. https://doi.org/10.1016/j.ijhydene.2015.09.028
18. Klell M., Eichlseder H., Trattner A. (2018): In: Klell M. et al (Hrsg.): Wasserstoff in der Fahrzeugtechnik: Erzeugung, Speicherung, Anwendung. Springer Vieweg, Wiesbaden
19. Kircher O. (2009): Systemvalidierung Kryodruck-Fahrzeugtank. CryoSys, Schlussbericht aller Partner; Laufzeit des Vorhabens 01.09.2009–30.11.2011. Technische Informationsbibliothek u. Universitätsbibliothek, München
20. Patzelt A., Glaser U. (2014): Systemvalidierung Kryodruck-Fahrzeugtank. CryoComp, Schlussbericht; Laufzeit des Vorhabens: 01.07.2009–31.12.2013. MT Aerospace AG, 38 S.
21. Semelsberger T.A., Borup, R.L., Greene H.L. (2006): Dimethyl ether (DME) as an alternative fuel. Journal of Power Sources 156(2): 497–511. https://doi.org/10.1016/j.jpowsour.2005.05.082
22. Willems W., Pannwitz M., Zubel M., Weber J. (2020): Sauerstoffhaltige Kraftstoffe im selbstzündenden Verbrennungsmotor. MTZ Motortech Z 81(3): 28–37. https://doi.org/10.1007/s35146-019-0186-z
23. Cox, B., Bauer C., Mendoza Beltran A., van Vuuren D.P., Mutel C.L. (2020): Life cycle environmental and cost comparison of current and future passenger cars under different energy scenarios. Applied Energy 269: 115021. https://doi.org/10.1016/j.apenergy.2020.115021
24. Kuttler M., Pichlmaier S. (2021): Analysis of Fuel and Powertrain Combinations for Heavy-Duty Vehicles from a Well-to-Wheels Perspective: Model Development and Sample Application. In: Albrecht et al (eds): Progress in Life Cycle Assessment 2019. Sustainable Production, Life Cycle Engineering and Management. https://doi.org/10.1007/978-3-030-50519-6_3
25. Kluschke, P., Gnann T., Plötz P., Wietschel M. (2019): Market diffusion of alternative fuels and powertrains in heavy-duty vehicles: A literature review. Energy Reports 5: 1010–1024. https://doi.org/10.1016/j.egyr.2019.07.017
26. Köhler J. (2020): Zero carbon propulsion in shipping – scenarios for the development of hydrogen and wind technologies with the MATISSE-SHIP model. International Shipbuilding Progress 67 (1): 79–95. https://doi.org/10.3233/ISP-190269

27. Bills, A., Sripad S., Fredericks W.L., Singh M., Viswanathan V. (2020): Performance Metrics Required of Next-Generation Batteries to Electrify Commercial Aircraft. ACS Energy Letters 5 (2): 663–668. https://doi.org/10.1021/acsenergylett.9b02574
28. Goldmann A., Sauter W., Oettinger M., Kluge T., Schröder U., Seume J., Friedrichs J. und Dinkelacker F. (2018): A Study on Electrofuels in Aviation. Energies 11 (2): 392. https://doi.org/10.3390/en11020392

# 7 Einsatz von Wasserstofftechnologien in Gebäuden

Sebastian Herkel • Robert Meyer
Fraunhofer-Institut für Solare Energiesysteme ISE

Norman Gerhardt
Fraunhofer-Institut für Energiewirtschaft und Energiesystemtechnik IEE

**Zusammenfassung**

Der Einsatz des Energieträgers Wasserstoff in der zukünftigen Energieversorgung von Gebäuden übt seit vielen Jahren eine große Faszination auf die Fachwelt aus. Begründet ist dies in der lokal emissionsfreien Möglichkeit der Speicherung und bedarfsgerechten Wandelbarkeit in Wärme und Strom. Als gasförmiger Brennstoff hat Wasserstoff einen hohen Exergiegehalt und kann so Wärme bei Temperaturen über 70 °C bereitstellen. Der Beitrag skizziert Bereitstellungsmöglichkeiten, Potenzial und Einsatzoptionen von Wasserstoff bei der Energieversorgung von Gebäuden und diskutiert deren Kosten und Wirtschaftlichkeit.

## 7.1 Anwendungsfälle und systemische Integration

Ein Meilenstein für den Einsatz von Wasserstoff in der Gebäudeenergieversorgung war das 1992 in Betrieb genommene energieautarke Solarhaus Freiburg des Fraunhofer ISE, dass ein Forscherteam unter Leitung von Prof. Dr. Adolf Götzberger entwickelt hat und in der Planungs- und Betriebsphase wissenschaftlich begleitet hat [1]. Ein wesentliches Merkmal war die Nutzung von Wasserstoff als Energieträger, um sommerliche Überschüsse photovoltaisch erzeugten Stroms speichern zu können und im Winter sowohl in Wärme als auch in Strom zu wan-


R. Neugebauer (Hrsg.), *Wasserstofftechnologien*,
https://doi.org/10.1007/978-3-662-64939-8_7

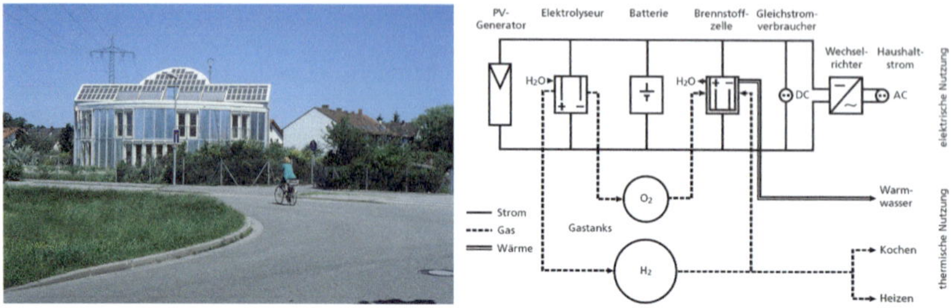


**Abb. 7.1** Energieautarkes Solarhaus Freiburg (links), Energieversorgungsschema (rechts)

deln. Das Wasserstoffsystem bestand aus einem am Fraunhofer ISE entwickelten 2 kW-PEM-Elektrolyseur zur lokalen Gewinnung von Wasserstoff, einem 15-m$^3$-Wasserstofftank (Druck 3 MPa) und einer 1-kW-Polymerelektrolytbrennstoffzelle (PEM) von Siemens (Abbildung 7.1) [2]. Mit Hilfe dieses systemischen Ansatzes unter Nutzung von Wasserstoff gelang es, das Gebäude unter realen Bedingungen über mehr als ein Jahr lang energieautark zu betreiben.

Heute, fast drei Jahrzehnte später, steht im Kontext der Wärmewende weniger die Frage der Autarkie eines Einzelgebäudes im Fokus als die Transformation des Gebäudebestandes mit dem Ziel der Klimaneutralität und Kopplung unterschiedlicher Sektoren des Energiesystems.

Die energiepolitischen Diskussionen der letzten Jahre fokussierten darauf, wie ein Energiesystem, das langfristig auf den tragenden Säulen Wind- und Solarenergie basieren muss, nachhaltig transformiert werden kann. Dabei wurde weitgehend Konsens darüber erzielt, dass eine direkte Stromnutzung – wo technisch möglich und ökonomisch sinnvoll – aufgrund geringerer Wandlungs- und Transportverluste unter dem Blickwinkel der Energieeffizienz zu präferieren ist. Aktuelle Szenarienrechnungen zeigen, dass es bis 2030 im Wesentlichen eine Transformation hin zu Wärmepumpentechnologien und Fernwärme geben kann. In der Folgezeit bis 2045 – als Zieljahr einer Umstellung auf eine klimaneutrale Wärmeerzeugung – variiert der Anteil der Wärmeerzeuger, die mit Wasserstoff und weiteren synthetischen grünen Gasen betrieben werden, erheblich. Szenarienrechnungen, die eine Transformation bis 2045 als Randbedingung haben, geben einen Anteil an Wasserstoff zur dezentralen Nutzung von bis zu 19 Prozent in 2045 an [3]. Da der Bedarf an Wärmeenergie in der lokalen Gebäudeversorgung sehr groß ist, muss reflektiert werden, in welchem Umfang ein Wasserstoffangebot für diese Nutzung vorhanden ist bzw. sein wird. Alle Energiesystemstudien gehen von einer deutlichen Steigerung des Anteils der Fernwärme auf ca. 15 Prozent bis 35 Prozent der

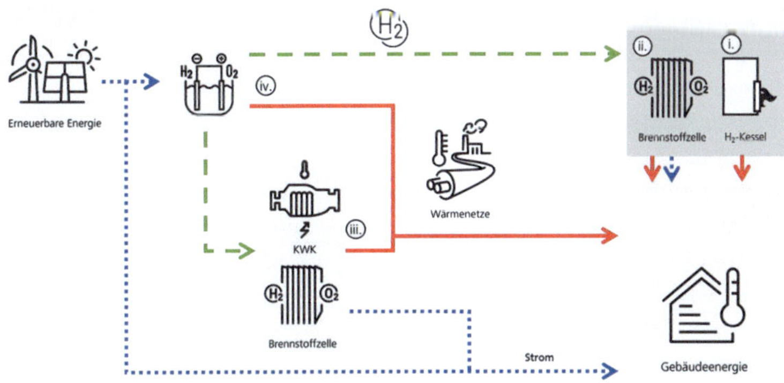


**Abb. 7.2** Technische Optionen der Wärmebereitstellung in Gebäuden unter Nutzung des Energieträgers Wasserstoff

Gebäudeversorgung aus, um den verdichteten Siedlungsraum der Städte effizient versorgen zu können.

Der Bereich der Fernwärme und Industrieprozesswärme (Heißwasser) kann mit Abwärme bei der Rückverstromung von Wasserstoff in KWK-Prozessen oder Großwärmepumpen versorgt werden. Die Umweltwärmepotenziale für diese zentrale Anwendung sind jedoch regional sehr unterschiedlich (Verfügbarkeit des Abwärmepotenzials von Umweltwärme, z. B. Fluss, Klärwerk, bezogen auf die Erhöhung der Nachfrage durch Wärmenetzausbau) [4]. Untersuchungen, in welchem Umfang Wasserstoff als ein Anteil eines hybriden Wärmesystems bei regional begrenzten EE-Wärmepotenzialen und unter Berücksichtigung der regionalen Verfügbarkeit einer Wasserstoffinfrastruktur hier eine Rolle spielen kann, stehen noch aus.

Der Einsatz von Wasserstoff zur Erzeugung von Niedertemperaturwärme in Gebäuden ist in folgenden Anwendungsfällen denkbar (Abbildung 7.2):

- $H_2$-Kessel
- $H_2$-microKWK als Brennstoffzelle oder Gasmotor-BHKW
- Einspeisung in Wärmenetze durch $H_2$-KWK (als Brennstoffzelle, Gasturbine oder Gasmotor)
- Abwärmenutzung durch Einbinden der Wasserstoffproduktion in Elektrolyseuren in Wärmenetze

Aufgrund der nachrangigen Bedeutung von autarken Systemen werden diese in der Übersicht der Systemlösungen nicht dargestellt.

Als weitere Option besteht die Möglichkeit der Beimischung von $H_2$ in das bestehende Erdgasnetz. Diese ist bis zu einem Anteil von 20 Prozent ohne umfängliche Investitionen in die Infrastruktur oder Endgeräte darstellbar [5]. Aufgrund des im Vergleich zu Methan niedrigeren Brennwertes von Wasserstoff entspricht z. B. dieser perspektivisch avisierte Beimischungsanteil von 20 Vol.-% $H_2$ zum Erdgas einer Reduktion des Kohlenwasserstoffanteils von lediglich 7 bis 8 Prozent. Das ist im Fall Erdgas vs. grüner Wasserstoff äquivalent zur $CO_2$-Einsparung, da zur Versorgung der Gasverbraucher mit gleicher Energiemenge ein größeres Gasvolumen notwendig wird.

## 7.2 Gebäude und Wärmeerzeuger – Bestand und Entwicklung

Der Bestand an Gebäuden, die Entwicklung des Sanierungszustands der Gebäude und der Struktur der Wärmeversorgungssysteme sind wichtige Grundlagen, um aktuelle Trends zu identifizieren. Zum anderen lassen sich auf dieser Basis mögliche zukünftige Entwicklungen abschätzen und Marktpotenziale beschreiben.

Basisjahr für die Darstellung des Gebäudebestandes in Abbildung 7.3 ist das Jahr 2016. Ende 2016 gab es in Deutschland 18,8 Mio. Wohngebäude, davon über 21.000 Wohnheime [6]. Der Gebäudebestand in Deutschland ist dominiert von Ein- und Zweifamilienhäusern (hierzu werden im Folgenden auch Reihenhäuser gezählt). Diese Gebäude haben mit einer Anzahl von ca. 15,7 Mio. einen Anteil von 83 Prozent am Gebäudebestand und 60 Prozent an der gesamten Wohnfläche. Allerdings befinden sich in diesen Gebäuden nur ca. 47 Prozent der Wohneinheiten. Bis 2050 wird in allen betrachteten Szenarien trotz Abnahme der Bevölkerung

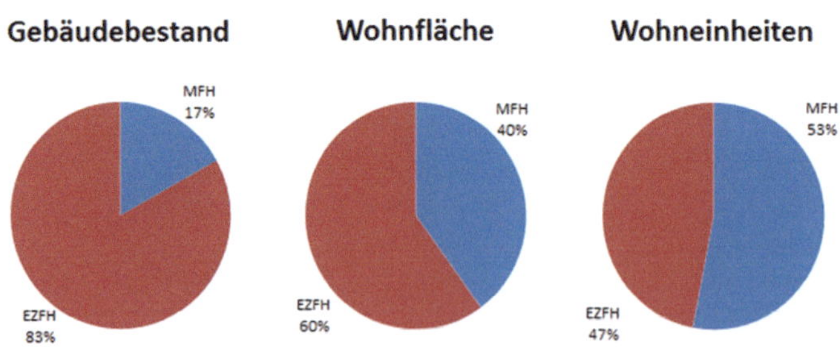


**Abb. 7.3** Struktur des Wohngebäudebestands (ohne Wohnheime) in Deutschland: Anzahl der Gebäude (links), Wohnfläche (Mitte) und Anzahl der Wohneinheiten (rechts). (destatis)

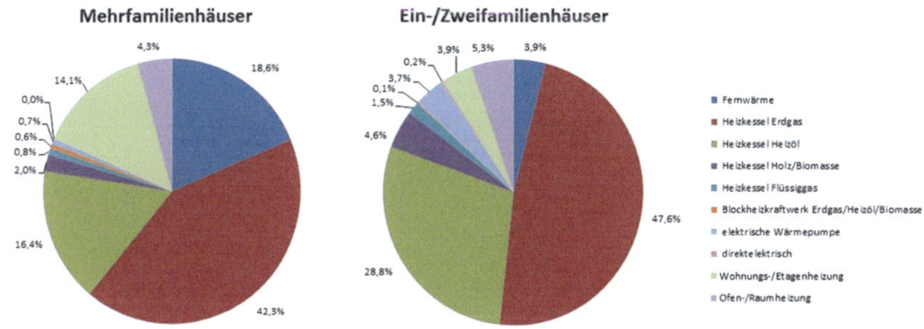


**Abb. 7.4** Anteil der Heizungssysteme in Wohngebäuden in Deutschland im Jahr 2016, aufgegliedert nach Mehr- sowie Ein- und Zweifamilienhäusern

eine Zunahme der Wohnfläche in Deutschland erwartet. Dies liegt insbesondere an einer steigenden Wohnfläche pro Person, die vor allem auf immer kleinere Haushalte zurückzuführen ist. In den vergangenen Jahren hat die Anzahl der Ein- und Zweipersonenhaushalte stark zugenommen und es wird erwartet, dass dieser Trend anhält.

Neben der Entwicklung der absoluten Wohn- und Nutzflächen in Deutschland ist auch die Entwicklung des energetischen Standards der Gebäude und damit die Sanierungsrate und -tiefe bzw. -qualität essenziell für das Erreichen der langfristigen Klimaschutzziele. Die aktuelle Sanierungstätigkeit lag im Zeitraum von 2010 bis 2016 bei rund 1 Prozent bezogen auf alle Wohngebäude und bei 1,43 Prozent bezogen auf Altbauten bis Baujahr 1978. Der Gesamtsanierungsstand lag bei 34 Prozent [7].

Bei den Systemen der Wärmeversorgung gibt es große Unterschiede zwischen Ein- und Zweifamilienhäusern sowie Mehrfamilienhäusern (Abbildung 7.4) [8]. In Einfamilienhäusern und Reihenhäusern dominieren Zentralheizungen, die einen Anteil von 90 Prozent haben. Fernwärme spielt mit weniger als 4 Prozent eine untergeordnete Rolle. Im Gegensatz dazu hat Fernwärme mit 19 Prozent an den Heizungen der Mehrfamilienhäuser einen wichtigen Anteil, ebenso die Wohnungs- und Etagenheizung mit 14 Prozent. Den größten Anteil haben allerdings auch bei den Mehrfamilienhäusern Zentralheizungen mit 57 Prozent. Häufigste Energieträger sind nach wie vor die fossilen Energieträger Erdgas, Erdöl und Kohle mit 81 Prozent in Einfamilienhäusern und 75 Prozent in Mehrfamilienhäusern. Die Trinkwasserbereitung erfolgt in den Mehrfamilienhäusern des Bestandes zu zwei Drittel zusammen mit den Heizungssystemen, in rund einem Drittel werden hierfür eigenständige Systeme verwendet.

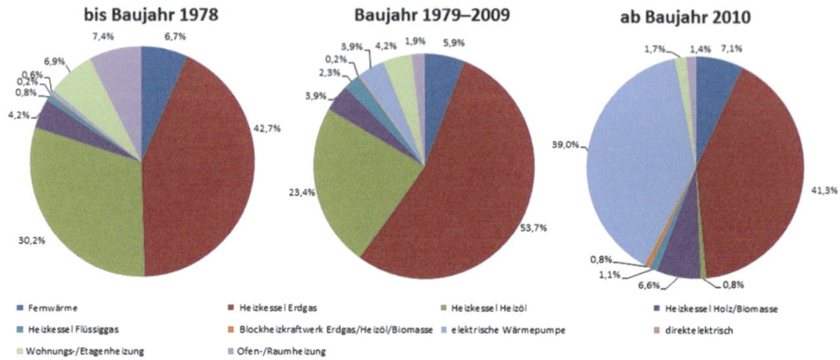


**Abb. 7.5** Anteil der Heizungssysteme in Wohngebäuden in Deutschland, aufgegliedert nach Baualtersklassen

Der Umstieg auf andere, nicht fossil gefeuerte Wärmeversorgungsanlagen ist bei den Neuinstallationen in den letzten Jahren sehr deutlich zu sehen. Insbesondere Wärmepumpen sind in den vergangenen Jahren vor allem in neuen Ein- und Zweifamilienhäusern eingebaut worden. Ihr Absatz ist von rund 57.000 Stück pro Jahr im Jahr 2015 auf 120.000 im Jahr 2020 gestiegen, womit der Gesamtbestand auf 1,15 Mio. Anlagen im Jahr 2020 gestiegen ist [9]. Auch in Bestandsgebäuden werden zunehmend alte Ölkessel durch Wärmepumpen ersetzt. Während in den Gebäuden vor 2009 über 80 Prozent mit fossiler Feuerung arbeiten (Abbildung 7.5), ist dieser Anteil bei den neuen Gebäuden im Jahr 2020 auf unter 40 Prozent gefallen. Die Modernisierungsraten der Wärmeverteilung für Warmwasser bzw. Heizung liegen im Zeitraum zwischen 2010 und 2016 in der Größenordnung von 1,5 %/a (alle Wohngebäude) bzw. 1,9 %/a (Altbauten) und damit über den Modernisierungsraten der Gebäudehülle, jedoch unter den Raten der Erneuerung der Wärmeerzeuger (> 3 Prozent).

Dies spiegelt sich auch in der leichten Verschiebung hin zu Niedertemperaturheizsystemen (maximale Vorlauftemperatur kleiner 50 °C) wider, bei denen erneuerbare Energien einfacher und effizienter eingebunden werden können. Hochtemperaturheizsysteme (mit Vorlauftemperaturen über 50 °C) existieren immer noch in 77 Prozent aller Gebäude.

Ausschließlich auf Wasserstoff basierende Heizsysteme haben in Deutschland aktuell noch keinen statistisch messbaren Marktanteil. Brennstoffzellenheizsysteme mit integriertem Erdgasreformator wurden im Jahre 2020 im Umfang von rd. 5.000 Geräten gefördert, das sind 0,4 Prozent der installierten Wärmeerzeuger [10]. Es lohnt hier der Blick nach Japan, wo bis Mitte 2020 etwa 360.000 Brennstoffzellen installiert wurden und wo kleine Brennstoffzellensysteme ein wichtiger Baustein der nationalen Energiestrategie sind [11].

## 7.3 Wärmeerzeuger – Dezentrale Lösungen

### 7.3.1 Wasserstoff-Heizkessel

Gaskessel stellen heute in Bestandsgebäuden den mit Abstand am weitesten verbreiteten Wärmeerzeuger dar. Die Herstellungs- und Installationskosten sind niedrig, zudem ist die Handhabung im Sanitär- und Heizungshandwerk bestens etabliert. Auf die sich abzeichnende Option der Verfügbarkeit von bezahlbarem Wasserstoff hat die Heizungsbranche mit der technologischen Weiterentwicklung von Gaskesseln reagiert. Einige Hersteller bieten bereits Heizungen an, die z. B. für Inselnetze nur mit Wasserstoff betrieben oder von Erdgas auf 100-prozentigen Wasserstoffbetrieb schrittweise umgerüstet werden können.

Aktuell werden wasserstofffähige Gaskessel in unterschiedlichen Feldversuchen im Hinblick auf ihre Praxistauglichkeit untersucht. Bei Bosch laufen seit 2017 erste Prototypen eines $H_2$-Heizkessels mit 30 kW Nennwärmeleistung auf Prüfständen. Die ersten Feldtestgeräte von der BDR-Gruppe werden seit September 2020 mit 100 Prozent Wasserstoff in einem Einfamilienhaus in Großbritannien betrieben. Ein Feldtest in den Niederlanden startete Ende November 2020 [12].

Eine große Herausforderung in einem Szenario mit flächendeckendem Einsatz von Wasserstoff in Gaskesseln stellt deren Umstellung dar, da hier anders als bei

**Tab. 7.1** Gaskessel und Komponenten für den Betrieb mit Wasserstoff (03/2021, Auswahl)

| Hersteller | Leistung | Stickoxide (NOX) | Hybridfähigkeit |
|---|---|---|---|
| BDR Thermea (Remeha, Brötje) | Bis zu 28 kW für Heizung und Warmwasser | < 10 … 20 mg/kWh | Reiner Wasserstoffbetrieb |
| Bosch Thermotechnik | Bis zu 30 kW für Heizung und Warmwasser | | Umrüstung auf $H_2$ in 1 Stunde |
| ebm-Pabst | Gas-Luft-Verbundsystem | | Für den Einsatz von 100 % Wasserstoff |
| Viessmann | 3,5 bis 30 kW Heizung/35 kW Warmwasser | < 20 mg/kWh | Nur Brennertausch erforderlich |

der Umstellung von Stadtgas auf Erdgas weit mehr als nur der Düseneinsatz getauscht werden müsste. Einen Ansatz stellen sogenannte H2-Ready-Geräte dar, bei denen die Umstellung vorbereitet ist und innerhalb von ein bis zwei Stunden erfolgen könnte [13], [14], [15].

### 7.3.2 Brennstoffzellen-BHKW

Im Gegensatz zu Wasserstoffkesseln zielt der Einsatz von Brennstoffzellen in der Gebäudeenergieversorgung auf die gleichzeitige Bereitstellung von Strom und Wärme ab. Zusammen mit Wärme oder Stromspeichern können Brennstoffzellen als sektorkoppelnde Systeme dem Energiesystem dienliche Funktionen übernehmen (Abbildung 7.6). Als Systeme mit integrierter Einheit zur Erdgasreformierung sind Systeme auf Basis der Polymer-Elektrolyt-Membran-Brennstoffzellen (PEMFC) und der oxidkeramischen Brennstoffzelle (SOFC) auf dem deutschen Markt verfügbar. Ihre Leistungen sind in der Regel mit bis zu einem Kilowatt darauf ausgelegt, einen Teil der Grundlast abzudecken.

Die PEMFC ist eine Niedertemperaturbrennstoffzelle und arbeitet bei Betriebstemperaturen unter 100 °C. Eine der Herausforderungen der PEMFC ist bei nied-

A Gas-Brennwertgerät zur Spitzenlastabdeckung
B Trinkwasser-Speicher
C Inox-Radial-Heizflächen aus Edelstahl Rostfrei
D MatriX-Zylinderbrenner mit Gaskombiregler
E Regelung für witterungsgeführten Betrieb
F Hydraulikeinheit
G Heizwasser-Pufferspeicher
H Heizwendel für Trinkwassererwärmung
K Kartusche für deionisiertes Wasser
L Siphon
M Reformer
N Stromzähler Kraft-Wärme-Kopplung
P Brennstoffzellen-Stack
Q Inverter

**Abb. 7.6** Schnitt durch ein Brennstoffzellenheizgerät. (Vissmann)

rigen Temperaturen die Notwendigkeit von Katalysatoren, um eine ausreichende Reaktionsgeschwindigkeit der elektrochemischen Reaktion sicherzustellen. Aus materialtechnischer Sicht erfordert der stark saure Charakter der Membran (vergleichbar mit Schwefelsäure) den Einsatz von Edelmetallkatalysatoren wie Platin oder Platinlegierungen. In der Reduzierung der notwendigen Katalysatormenge sowie der damit verbundenen Kosten liegt eines der Hauptziele bei der Entwicklung von PEMFC. Der wirtschaftlich interessante Leistungsbereich liegt zwischen wenigen Watt und ca. 300 $kW_e$. Die technisch erreichbaren Vorlauftemperaturen von 75 °C bei Abwärmenutzung eignen sich für die Heizwärmeversorgung. Der elektrische Zellenwirkungsgrad liegt etwa bei 58 Prozent, der elektrische Systemwirkungsgrad für Anlagen im kW-Bereich zwischen 32 und 40 Prozent.

Eine Alternative zur PEMFC im stationären Anwendungsfall ist die Hochtemperaturbrennstoffzelle SOFC. Sie arbeitet bei Betriebstemperaturen bis ca. 1.000 °C mit einem Elektrolyten auf Keramikbasis. Vorteilhaft sind der einfache Aufbau (da beispielsweise das Erdgas direkt in der Zelle reformiert werden kann), eine hohe Lebensdauer und hohe Zellenwirkungsgrade von rund 65 Prozent sowie elektrische Systemwirkungsgrade von bis zu 55 Prozent. Für Anlagen zur Hausenergieerzeugung werden elektrische Systemwirkungsgrade von 35 bis 40 Prozent sowie von bis zu 50 Prozent im Teillastbetrieb erwartet. Nachteilig sind hohe Betriebstemperaturen, die zu langen An- und Abfahrtzeiten und damit geringerer Modulationsfähigkeit führen [16].

## 7.4 Wasserstoff in Quartieren

Bereits heute hat Fernwärme einen wichtigen Anteil an der Wärmeversorgung: rund 14 Prozent aller Wohnungen werden damit versorgt. Die Steigerung des aktuellen Anteils der Erneuerbaren Energien von 18 Prozent im Jahr 2020 ist vor allem durch die Umstellung von Kraft-Wärme-Kopplung auf Basis fossiler Brennstoffe erreichbar. Neben dem Einsatz von Großwärmepumpen und Biogas kann der Einsatz von Wasserstoff hier einen Beitrag leisten. Aktuell werden Pilotvorhaben zum Einsatz von Wasserstoff in der Energieversorgung an unterschiedlichen Standorten erprobt. Verwendung findet der Wasserstoff in diesen integrierten Konzepten nicht nur für die Energieversorgung von Gebäuden, sondern auch für die Bereitstellung von Mobilität, z. B. der Versorgung von Fahrzeugen eines Entsorgungsbetriebes. Durch die Integration auf Quartiersebene lassen sich systemische Vorteile generieren. So kann die bei der Elektrolyse von Wasserstoff anfallende Wärme effektiv durch die leitungsgebundene Wärmeversorgung genutzt werden. Aufgrund der im

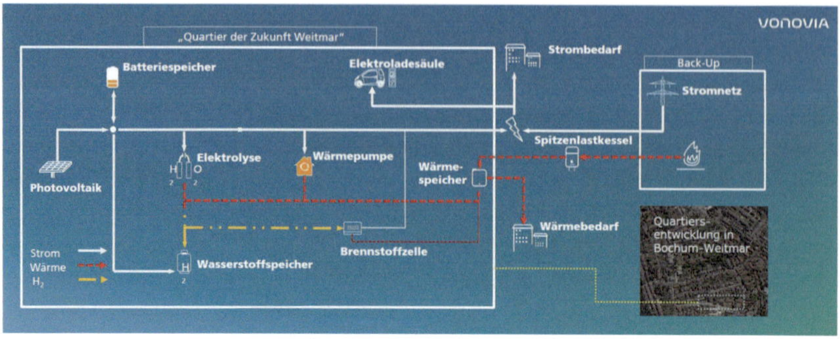


**Abb. 7.7** Energiekonzept Bochum-Weitmar. (T. Hofmann, Vonovia)

Vergleich zur Einzelversorgung von Gebäuden größeren Leistungsklassen der Aggregate lassen sich Kosten reduzieren.

Das Quartier Bochum-Weitmar mit seinen 1.540 Wohnungen aus der Mitte des 20. Jahrhunderts soll ein innovatives Beispiel für die ökologisch und ökonomisch effiziente Energieversorgung in urbanen Quartieren werden [17]. Ein wichtiger Baustein im Konzept ist eine Technikzentrale für 81 Wohneinheiten, in der unterschiedliche innovative Technologien zur Energieversorgung genutzt werden (Abbildung 7.7). Dazu gehören ein Elektrolyseur zur Produktion von Wasserstoff aus Strom, Brennstoffzellen und Wärmepumpen, die dazu führen, dass die anliegenden Gebäude und Haushalte zu 60 Prozent mit dezentral erzeugter $CO_2$-freier Wärme versorgt werden. Der benötigte Strom wird zu 25 Prozent lokal aus eigenen Photovoltaikanlagen auf den Hausdächern erzeugt. Durchgeführt wird dieses Pilotprojekt von Vonovia zusammen mit dem Open District Hub, einer Forschungsinitiative unter Führung mehrerer Fraunhofer-Institute mit 14 Forschungseinrichtungen, Technologiefirmen und Immobilienunternehmen.

## 7.5 Wasserstoff in Gasnetzen – Beimischung und Umstellung

Für den Einsatz von Wasserstoff zur Energieversorgung in Gebäuden ist die Verfügbarkeit einer Gasnetzinfrastruktur von zentraler Bedeutung. Die drei wesentlichen Ansätze sind hierbei die Beimischung von Wasserstoff zum Erdgas, die Umstellung der bestehenden Infrastruktur oder der Neubau von Gasnetzen für den Transport und die Verteilung von Wasserstoff. Das Gasnetz setzt sich zusammen aus den Infrastrukturen zum Ferntransport von Gasen (dem sogenannten Transportnetz) und der lokalen Verteilung bis zum Endkunden (dem sogenannten Verteilnetz). Die Fernleitungen werden mit bis zu 100 bar betrieben, die Überdrücke im Verteilnetz sind um Größenordnungen geringer und liegen bei 20 bis 50 mbar.

Eine weitere in der Diskussion befindliche Option ist die Methanisierung des Wasserstoffs mit Kohlendioxid zur Erzeugung synthetischen Methans, sodass keine Änderungen am Gasnetz durchgeführt werden müssen. Diese Option wird hier nicht näher betrachtet, da zusätzlich eine $CO_2$-Infrastruktur notwendig ist und die Wirkungsgrade der Kette noch geringer sind [18].

### 7.5.1 Wasserstoffbeimischung in Abhängigkeit der Herkunft von Erdgas

Eine Wasserstoffeinspeisung ist als sogenanntes Zusatzgas möglich. Bei Zusatzgasen handelt es sich um Gasgemische, die sich in Zusammensetzung und brenntechnischen Kenndaten wesentlich vom Grundgas (hier primär Erdgas) unterscheiden. Sie können dem Grundgas in begrenzter Menge zugesetzt werden. Die Höhe der Zumischung wird dabei durch die Forderung nach gleichartigem Brennverhalten bestimmt [19].

Dem Wobbe-Index als Kennwert für die Austauschbarkeit von Gasen (hinsichtlich der Wärmebelastung der Gasgeräte) kommt dabei speziell bei der Netzregelung eine besondere Bedeutung zu. „Bei der Wasserstoffzumischung in das öffentlich zugängliche Netz ist grundsätzlich immer zu berücksichtigen, dass die in der G 260 definierten Grenzen für relative Dichte, Brennwert und Wobbe-Index eingehalten werden müssen“ [20]. Die Technische Regel G 260 „Gasbeschaffenheit“ des DVGW legt u. a. die Anforderungen an die Beschaffenheit von Brenngasen der öffentlichen Gasversorgung fest.

In Abbildung 7.8 wird die Veränderung der Gasbeschaffenheitskennwerte beispielhaft für drei Erdgase („Holland-L“, „Nordsee-H“ und „Russland-H“) in Abhängigkeit der $H_2$-Konzentration dargestellt. Es ist ersichtlich, dass sich bei einer $H_2$-Konzentration von 20 Prozent alle drei betrachteten Erdgase unterhalb des unteren Grenzwerts der relativen Dichte bewegen. Wenn Unterschreitungen des Bereichs der relativen Dichte durch höhere Beimischungen erfolgen, sind gemäß G 260 Einzelfallprüfungen erforderlich. Dies bedeutet, dass potenziell auch $H_2$-haltige Brenngasgemische, welche den unteren Grenzwert der relativen Dichte unterschreiten, eingesetzt werden könnten.

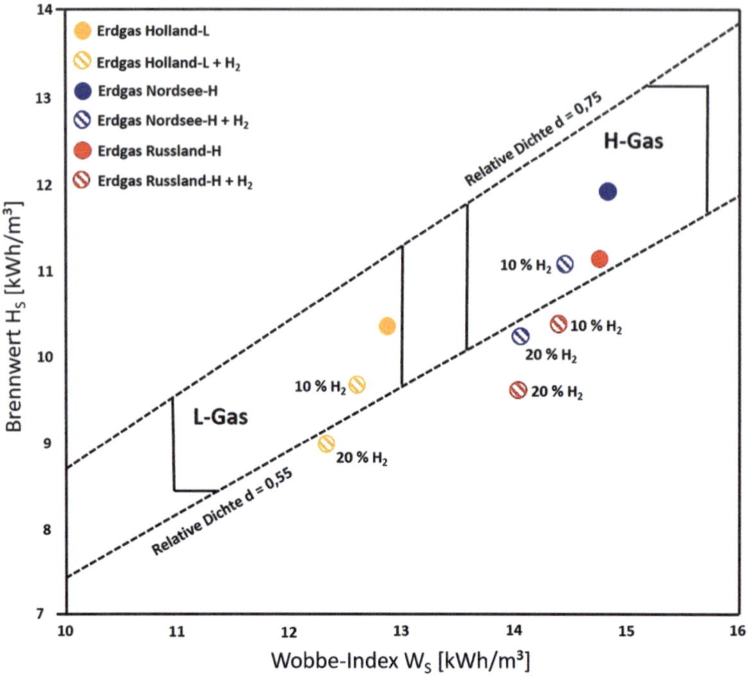


**Abb. 7.8** Veränderung der Gasbeschaffenheitskennwerte (HS, WS, d) in Abhängigkeit der $H_2$-Konzentration für drei verschiedene Erdgase unter Berücksichtigung der Grenzwerte nach G 260 (Stand 2013). (Eigene Darstellung auf Basis von [19], [20], [21])

Einer flächendeckenden Beimischung von 20 Prozent $H_2$ in allen Netzabschnitten stehen jedoch weitere Restriktionen entgegen. Zwar wird bei aktuellen Gasendgeräten die $H_2$-Toleranz mit einem Anteil von 23 Vol.-% geprüft. Dieser Test lässt jedoch keine Aussagen zur Langzeiteignung der Geräte für $H_2$-reiche Gase zu [5]. Ein zusätzlich zu beachtender Aspekt bei der direkten Einspeisung von Wasserstoff ist die Nutzung von Erdgas als Kraftstoff. Hier ist festgelegt, dass in lokalen Verteilnetzen, in denen sich Erdgastankstellen befinden, aufgrund derzeitiger normativer Vorgaben eine maximale Wasserstoff-Konzentration von 2 Vol.-% nicht überschritten werden darf [22]. Weitere Restriktionen ergeben sich aus Anforderungen an die Klopffestigkeit des Brenngasgemisches in Ottomotoren, z. B. bei der Verbrennung in BHKW.

### 7.5.2 Umwidmung des Erdgasnetzes auf 100 % Wasserstoff

Unter dem Aspekt des Klimaschutzes wesentlich wichtiger ist die Frage, ob und zu welchen Kosten bestehende Erdgasnetze zu reinen $H_2$-Netzen umgewidmet werden können bzw. eine eigene Infrastruktur für Wasserstoff aufgebaut werden kann. Die Vereinigung der Fernleitungsnetzbetreiber Gas e. V. hat ein „visionäres $H_2$-Netz“ vorgestellt [23]. Es basiert zu 90 Prozent auf einer Umwidmung bestehender Erdgastransportleitungen (welche oftmals aus mehreren parallelen Leitungen entlang einer Trasse bestehen), welche möglich wird, wenn mittelfristig der Gasbedarf insbesondere auch im Gebäudebereich zurückgeht und damit Leitungskapazitäten frei werden. Die Gesamtleitungslänge beträgt ca. 5.900 km. Nur ca. 600 km müssten als neue $H_2$-Pipelines gebaut werden, um in Deutschland mittelfristig zwei Transportinfrastrukturen für Erdgas (bzw. methanreiche Gase der zweiten Gasfamilie) und Wasserstoff zur Verfügung zu haben. Kavernenspeicher können dabei anteilig an das $H_2$-Netz angeschlossen werden.

Bei einer Umwidmung der Gasverteilnetze für den Betrieb mit reinem Wasserstoff werden bis zum Jahr 2050 Kosten in einer Bandbreite von 3,1 bis 6,2 Mrd. € erwartet. Insbesondere bedingt durch einen Verbrauchsrückgang im Gebäudebereich wird sich auf Verteilnetzebene der Bedarf für Stilllegungen von Netzen ergeben. Die hierbei anfallenden Kosten bewegen sich in einer Bandbreite von 3,1 bis 17,2 Mrd. €. Dieser Verbrauchsrückgang wird zusätzlich zu steigenden Betriebskosten auf der Verteilnetzebene führen (bis zu einem Faktor 2,5) [24].

Die Umstellung der Verteilnetze auf Wasserstoff kann nur abschnittsweise erfolgen. Organisatorische Voraussetzung ist – bei langfristig knappen Ressourcen im SHK-Handwerk – der Ersatz von bestehenden Gaskesseln und -thermen durch Geräte, die diesen Umstellungsprozess schnell bewerkstelligen können. Konsistente Konzepte für eine solche Umstellung stehen noch aus.

## 7.6 Kosten und Wirtschaftlichkeit einer $H_2$-basierten dezentralen Wärmeversorgung

Nachfolgend werden Kosten des perspektivischen Einsatzes von Wasserstoff in der dezentralen Versorgung von Gebäuden dargestellt. Als Bezugsjahr wird das Jahr 2030 gewählt. Kostenvergleiche insbesondere mit einem Zeithorizont von zehn Jahren für Investitionen und von bis zu 30 Jahren für den Betrieb unterliegen hohen Unsicherheiten und sind daher nur indikativ zu betrachten. Auf dieser Grundlage haben Meyer et al. verschiedene Vergleichsrechnungen durchgeführt.

Für diese Annahmen, ebenso wie die der bedarfs- und betriebsbedingten Kosten wurden außerdem Abschätzungen hinsichtlich der Unsicherheiten getroffen. Diese sind ebenfalls in Meyer et al. [25] dokumentiert und in den Ergebnissen anhand der „Whiskers" (vertikale schwarze Striche) dargestellt [26], [27]. Die Annahmen der zugrunde gelegten Investitionskosten im Jahr 2030 sind aus einer Kombination der Inputparameter des Energiesystemmodells REMod-D des Fraunhofer ISE und dem aktuellen BDEW-Heizkostenvergleich abgeleitet [25]. Da Steuern, Umlagen und Förderungen sich stetig ändern, werden diese im folgenden Vergleich zunächst nicht einbezogen. Details zu den gewählten Annahmen hinsichtlich Preissteigerung, Zins und angesetzte Kosten für Wärmeerzeuger, Elektrolyseure, Transport, Netzausbau, Lagerung und Brennstoffkosten sind in Meyer et al. dokumentiert [25].

Grundlage für den Vergleich sind die jährlichen Kosten für die Wärmebereitstellung in einem typischen Ein- bis Zweifamilienhaus mit 150 $m^2$ Wohnfläche. Betrachtet werden ausschließlich dezentrale Versorgungsvarianten, die mit dem Ziel vereinbar sind, einen klimaneutralen Gebäudebestand zu erreichen. Der Gebäudebetrieb verursacht dann keine Treibhausgasemissionen unter entsprechenden Rahmenbedingen wie z. B. einer vollständig $CO_2$-freien Stromerzeugung. Die verglichenen Versorgungsvarianten sind eine elektrische Luft/Wasser-Wärmepumpe als Referenz, Wasserstoff-Kessel und Wasserstoff-Brennstoffzelle. Als weiterer Parameter wird die Herkunft des Wasserstoffs (Deutschland oder Naher Osten und Nordafrika (engl. MENA)) sowie der energetische Standard der Gebäude variiert. Dabei werden die Effizienzen der Elektrolyse, deren Kosten und regenerative Stromgestehungskosten in Nordafrika von Hank et al. unterstellt [28]. Demnach kann potenziell mit Importkosten für flüssigen Wasserstoff von ca. 12,5 ct/$kWh_{LHV}$ im Jahr 2030 gerechnet werden. Dieser mitunter entscheidende Parameter für die Wirtschaftlichkeitsbetrachtung liegt damit auch in der Bandbreite, allerdings am oberen Ende anderer Studien, wie z. B. von Frontier Economics für FNB Gas mit Wasserstoffimportpreisen 2030 von 8,6 bis 12 ct/kWh [29]. Erfolgt zusätzlich eine Methanisierung, lägen die Importkosten um ca. 2,0 ct/$kWh_{LHV}$ höher. Dies ist etwas mehr als der erwartete Korridor für die Transformationskosten des Gasnetzes hin zu einem Wasserstoffnetz, die laut [18] bei 1,0 bis 1,9 ct/$kWh_{LHV}$ liegen würden. Bei einem Stand eines heutigen Neubaus mit einem Jahreswärmebedarf von 60 kWh/$m^2$ wird eine thermische Leistung von 9 kW angesetzt, bei einem unsanierten Gebäude mit 150 kWh/$m^2$a 16 kW.

Die reine Energieeffizienz der verglichenen Systeme ist sehr unterschiedlich. Wärmepumpen sind auch bei Einsatz in einem unsanierten Gebäude um den Faktor 3 bis 5 effizienter als Wasserstoffkessel oder Brennstoffzellen (Abbildung 7.9).

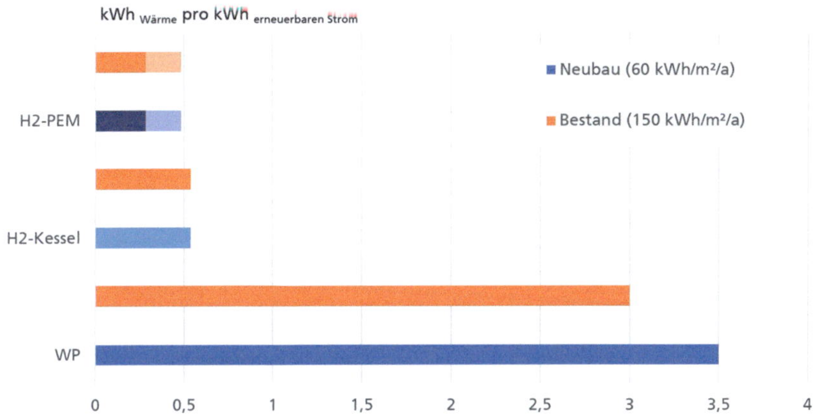


**Abb. 7.9** Vergleich des Energieaufwands zur Bereitstellung von Wärme durch die erneuerbaren Heiztechnologien Wärmepumpe, $H_2$-Kessel und Brennstoffzelle

Zum einen kann lokal Umweltenergie genutzt werden, zum anderen fallen bei der Verwendung von Wasserstoff Wandlungsverluste bei der Elektrolyse oder bei der Verflüssigung für den Transport an. Nicht berücksichtigt sind hierbei jedoch direkte Speicherverluste und Verluste, die ggf. durch zusätzliche Umwandlungsschritte für eine Speicherung entstehen. Werden entsprechende Verluste berücksichtigt, um der unterschiedlichen Speicherfähigkeit von Strom und Wasserstoff Rechnung zu tragen, nähern sich die Effizienzen aneinander an [29].

In Bezug auf die jährlichen Kosten der Systeme fallen die Unterschiede nicht so deutlich aus. Auch hier stellt sich die direkte Nutzung erneuerbaren Stroms als wirtschaftlich dar. Aufgrund der deutlich niedrigeren Investitionskosten von Gaskesseln und den geringeren Transportkosten pro $kWh_{th}$ im Verteilnetz im Vergleich zu Strom pro $kWh_{el}$ können die Effizienznachteile der $H_2$-Wärmeerzeuger zum Teil wett gemacht werden und liegen eindeutig in der Größenordnung der Unsicherheiten (Abbildung 7.10).

Der Unterschied der Kosten ist bei unsanierten Gebäuden stärker ausgeprägt. Zwar sinkt die Effizienz von Wärmepumpen bei höheren Vorlauftemperaturen, wie sie in der Heizung älterer Gebäude benötigt werden. Geringere Anteile an Warmwasserbedarf und ein höherer relativer Anteil der Verbrauchskosten wirken jedoch bei Bestandsgebäuden gegenläufig. Aufgrund der längeren Laufzeiten und den damit verbundenen höheren Verbrauchskosten sind Lösungen mit Brennstoffzellen bei unsanierten Gebäuden im Vergleich zum Einsatz in Neubauten schlechter, sind

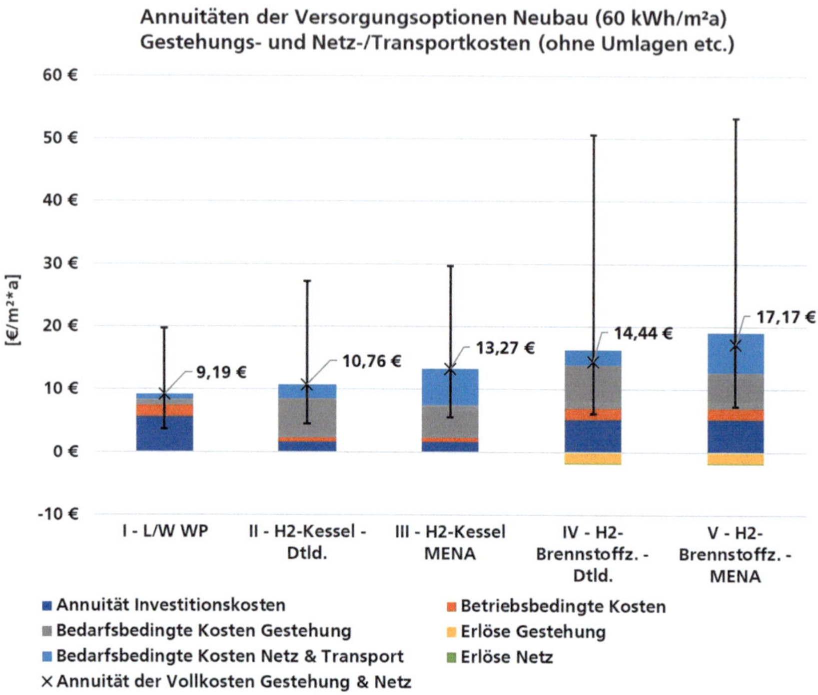


**Abb. 7.10** Vergleich der jährlichen Kosten unterschiedlicher Wärmeerzeuger bei einem sanierten Gebäude (Wärmebedarf 60 kWh/m$^2$a), Bezugsjahr 2030. Steuern, Umlagen und Förderungen bleiben unberücksichtigt

jedoch auch mit besonders hohen Unsicherheiten, u. a. aufgrund hoher erwarteter Lernraten und hohem Brennstoffbedarf, behaftet. Die Erlöse aus der Stromproduktion können diesen Effekt nicht wettmachen, insbesondere, wenn lediglich am Strommarkt erzielbare Erlöse (ohne Einspeisevergütung) unterstellt werden (Abbildung 7.11).

Aktuell werden in Deutschland die verschiedenen Energieträger im Hinblick auf Umlagen, Steuern und Erlöse sehr unterschiedlich behandelt. Bezieht man aktuelle Regelungen in die Kostenbetrachtung mit ein (wie z. B. Umlagen, Energie-/Strom-/Umsatzsteuern und Einspeisevergütungen), werden wasserstoffbasierte Technologien vergleichsweise günstiger, liegen aber immer noch über einer direkten Nutzung von Strom. Insbesondere Brennstoffzellen profitieren von den aktuellen Einspeisekonditionen für Kraft-Wärme-Kopplung.

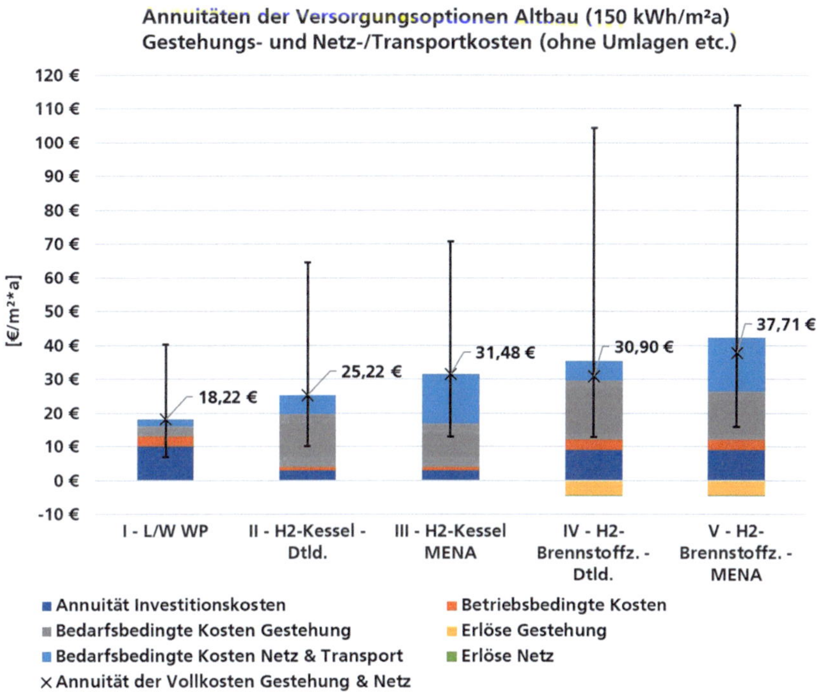


**Abb. 7.11** Vergleich der jährlichen Kosten unterschiedlicher Wärmeerzeuger eines unsanierten Gebäudes (Wärmebedarf: 150 kWh/m$^2$a), Bezugsjahr 2030. Steuern, Umlagen und Förderungen bleiben unberücksichtigt

## Literatur

1. Götzberger A., Stahl W., Voss K. (1997): Das energieautarke Solarhaus. Verlag C. F. Müller, Heidelberg, 146 S.
2. Stahl W., Voss K., Goetzberger A. (1993): The self-sufficient solar house in Freiburg – Results of 3 years of operation. Solar Energy 58 (1–3), 17–23
3. Ueckerdt F. et al (2021): ARIADNE Kurzdossier: Durchstarten trotz Unsicherheiten – Eckpunkte einer anpassungsfähigen Wasserstoffstrategie. https://ariadneprojekt.de/publikation/eckpunkte-einer-anpassungsfaehigen-wasserstoffstrategie, abgerufen am 14.12.2021
4. Fraunhofer-Institut für Energiewirtschaft und Energiesystemtechnik (2019): Entwicklung der Gebäudewärme und Rückkopplung mit dem Energiesystem in -95 % THG-Klimazielszenarien: Teilbericht. https://www.iee.fraunhofer.de/content/dam/iee/

energiesystemtechnik/de/Dokumente/Veroeffentlichungen/2019/2019_Feb_Bericht_Fraunhofer_IEE_-_Transformation_Waerme_2030_2050.pdf, abgerufen am 11.11.2021
5. DVGW Deutscher Verein des Gas- und Wasserfaches e. V. (2019): DVGW-Regeln für klimafreundliche Energieinfrastruktur: Mehr Wasserstoff technisch sicher verankern
6. Destatis (2017): Gebäude und Wohnungen – Bestand an Wohnungen und Wohngebäuden, Bauabgang von Wohnungen und Wohngebäuden. Statistisches Bundesamt. Wiesbaden. https://www.destatis.de/DE/Publikationen/Thematisch/Bauen/Wohnsituation/Bestand/Wohnungen2050300167005.xlsx, abgerufen am 26.03.2018
7. Cischinsky H., Diefenbach N. (2018): Datenerhebung Wohngebäudebestand 2016 – Datenerhebung zu den energetischen Merkmalen und Modernisierungsraten im deutschen und hessischen Wohngebäudebestand. IWU, Darmstadt, 179 S.
8. RICHTLINIE (EU) 2018/844 DES EUROPÄISCHEN PARLAMENTS UND DES RATES vom 30. Mai 2018 zur Änderung der Richtlinie 2010/31/EU über die Gesamtenergieeffizienz von Gebäuden und der Richtlinie 2012/27/EU über Energieeffizienz. https://eur-lex.europa.eu/legal-content/DE/TXT/PDF/https://eur-lex.europa.eu/legal-content/DE/TXT/PDF/?uri=CELEX:32018L0844, abgerufen am 11.11.2021
9. Bundesverband Wärmepumpen: Positives Signal für den Klimaschutz: 40 Prozent Wachstum bei Wärmepumpen. Pressemitteilung vom 19.01.2021. https://www.waermepumpe.de/presse/pressemitteilungen/details/positives-signal-fuer-den-klimaschutz-40-prozent-wachstum-bei-waermepumpen, abgerufen am 6.4.2021
10. Deutscher Bundestag (2021): Kleine Anfrage von der Fraktion BÜNDNIS90/DIE GRÜNEN Betr.: Wirksamkeit der Fördermittel im Gebäudebereich für den Klimaschutz. BT-Drucksache 19/25728
11. Morita S.: Panasonic Contribution to Future Hydrogen Society. Vortrag am 04.12.2020. https://www.bdi.fr/wp-content/uploads/2020/12/201204_Panasonic-Hydrogen-Activity-FV.pdf, abgerufen am 11.11.2021
12. BDR Thermea Group (2021): BDR Thermea joins pioneering test of hydrogen energy in Germany. Pressemitteilung. https://www.bdrthermeagroup.com/en/stories/bdr-thermea-joins-pioneering-test-of-hydrogen-energy-in-germany, abgerufen am 6.4.2021
13. Robert Bosch GmbH: Der Energiewende einen Schritt näher – Bosch präsentiert Wasserstoff-Heizkessel für Wohngebäude. Pressemitteilung vom 05.11.2020. https://www.bosch-presse.de/pressportal/de/de/der-energiewende-einen-schritt-naeher-220800.html, abgerufen am 11.11.2021
14. Viessmann Climate Solutions SE: Viessmann entwickelt Lösungen für das klimaneutrale Heizen mit Wasserstoff. https://www.viessmann.de/de/wohngebaeude/klimaneutral-heizen-mit-wasserstoff.html, abgerufen am 06.04.2021
15. Schwalme J. (2020): Wasserstoff als Brennstoff für Heizthermen. Moderne Gebäudetechnik 9/2020. https://www.tga-praxis.de/sites/default/files/public/data-fachartikel/MGT_2020_09_Wasserstoff-als-Brennstoff-_fuer-Heizthermen_23-25.pdf, abgerufen am 11.11.2021
16. ASUE Arbeitsgemeinschaft für sparsamen und umweltfreundlichen Energieverbrauch e. V. (2019): Brennstoffzellen für die Hausenergieversorgung. Funktionsweise, Entwicklung und Marktübersicht. https://asue.de/sites/default/files/asue/themen/brennstoffzellen/2016/broschueren/05_03_16_asue_brennstoffzellen_hausenergieversorgung.pdf , abgerufen 11.11.2021

17. Vonovia: Vonovia entwickelt Bochum-Weitmar zum Innovationsquartier für Klimaschutz. Pressemitteilung vom 20.1.2020. https://presse.vonovia.de/de-de/aktuelles/200123-innovationsquartier-bochum-weitmar, abgerufen am 25.04.2021
18. Fraunhofer-Institut für Energiewirtschaft und Energiesystemtechnik (2020): Wasserstoff im zukünftigen Energiesystem: Fokus Gebäudewärme, 46 S.
19. DVGW Deutscher Verein des Gas- und Wasserfaches e. V. (2013): Technische Regel – Arbeitsblatt: DVGW G 260 (A)
20. Gas- und Wärme-Institut Essen e.V. (2017): Untersuchung der Auswirkung von Wasserstoff-Zumischung ins Erdgasnetz auf industrielle Feuerungsprozesse in thermoprozesstechnischen Anlagen. Schlussbericht, 121 S.
21. Müller-Syring G. et al (2011): Power-to-Gas: Entwicklung von Anlagenkonzepten im Rahmen der DVGW-Innovationsoffensive. GWF Gas Erdgas 11/201
22. DVGW Deutscher Verein des Gas- und Wasserfaches e. V. (2014): Wasserstofftoleranz der Erdgasinfrastruktur inklusive aller assoziierten Anlagen: Abschlussbericht
23. Vereinigung der Fernleitungsnetzbetreiber Gas e.V.: Fernleitungsnetzbetreiber veröffentlichen Karte für visionäres Wasserstoffnetz (H2-Netz). https://fnb-gas.de/news/fernleitungsnetzbetreiber-veroeffentlichen-karte-fuer-visionaeres-wasserstoffnetz/, abgerufen am 20.04.2020
24. Umweltbundesamt (2019): Roadmap Gas für die Energiewende: Nachhaltiger Klimabeitrag des Gassektors
25. Meyer R., Herkel, S., Kost C. (2021): Ariadne-Analyse: Die Rolle von Wasserstoff im Gebäudesektor: Vergleich technischer Möglichkeiten und Kosten defossilisierter Optionen der Wärmeerzeugung. 49 S.
26. Fraunhofer Institut für Solare Energiesysteme (2020): Wege zu einem klimaneutralen Energiesystem – Die deutsche Energiewende im Kontext gesellschaftlicher Verhaltensweisen. 66 S.
27. BDEW Bundesverband der Energie- und Wasserwirtschaft e. V. (2021): BDEW-Heizkostenvergleich Altbau 2021
28. Hank C. et al (2021): Energy efficiency and economic assessment of imported energy carriers based on renewable electricity. Sustainable Energy Fuels 2021 (4), 2256–2273
29. Frontier Economics Ltd. (Hrsg.) (2021): Der Wert von Wasserstoff im Wärmemarkt – Analyse unter Betrachtung verschiedener Heiztechnologien mit Fokus auf Wasserstoffbrennwertkessel und elektrische Wärmepumpe. Studie für FNB Gas, 08/2021

# 8 Wasserstoffinfrastrukturen – Netze und Speicher

Ulrike Herrmann • Natalia Pieton • Benjamin Pfluger • Katharina Alms
Fraunhofer-Einrichtung für Energieinfrastrukturen und Geothermie IEG

Tanja Manuela Kneiske
Fraunhofer-Institut für Energiewirtschaft und Energiesystemtechnik IEE

Christopher Voglstätter
Fraunhofer-Institut für Solare Energiesysteme ISE

Bernhard Klaaßen
Fraunhofer-Institut für Algorithmen und Wissenschaftliches Rechnen SCAI

Robert Burlacu • Alexander Martin
Fraunhofer-Institut für Integrierte Schaltungen IIS

Björn Ole Gerloff
Fraunhofer-Institut für Mikrostruktur von Werkstoffen und Systemen IMWS

**Zusammenfassung**

Die Nutzung von Wasserstoff gilt als eine wichtige Option für eine funktionierende Sektorkopplung: Durch sie können Anwendungen mit (potenziell) treibhausgasneutraler Energie versorgt werden, für die erneuerbarer Strom und andere Optionen aus unterschiedlichen Gründen ungeeignet sind. Allerdings kann ein substanzieller Einsatz nur mit geeigneten Infrastrukturen erreicht werden.



R. Neugebauer (Hrsg.), *Wasserstofftechnologien*,
https://doi.org/10.1007/978-3-662-64939-8_8

Der Beitrag skizziert die Optionen und Herausforderungen beim Aufbau solcher Infrastrukturen, geht auf die notwendigen Änderungen und Erweiterungen an den Transport- und Verteilkomponenten des Netzes ein und diskutiert verschiedene Speichermöglichkeiten.

## 8.1 Einleitung

### 8.1.1 Wasserstoffinfrastrukturen als Grundlage der Sektorkopplungsoption

Die Nutzung von Wasserstoff gilt als eine wichtige Sektorkopplungsoption: Durch sie können Anwendungen mit (potenziell) treibhausgasneutraler Energie versorgt werden, für die erneuerbarer Strom und andere Optionen aus unterschiedlichen Gründen ungeeignet sind. Allerdings kann ein substanzieller Einsatz nur mit geeigneten Infrastrukturen erreicht werden.

Hierbei stellen sich je nach Sektor unterschiedliche Anforderungen. So ist zum Beispiel für die Erschließung des Verkehrssektors eine ausgebaute Tankstelleninfrastruktur notwendig. Deutschland gehört neben Japan und den USA zu den Ländern mit den weltweit meisten Wasserstofftankstellen [1]. Stand Frühjahr 2021 beläuft sich die Gesamtzahl der Wasserstofftankstellen in Betrieb auf 91 [2]. Der Stand der Technik von Wasserstofftankstellen wird in Kapitel 6 beschrieben.

In der Gebäudewärme erfolgt der Einsatz von Wasserstoff derzeit nur über die Beimischung von grünem Elektrolyse-Wasserstoff in das Erdgasnetz (siehe Abschnitt 8.2). Dies ist eine Möglichkeit des Wasserstofftransports, die ohne größere Investitionen als Start- und Übergangslösung zur Emissionsminderung der Wärmeversorgung beitragen kann; allerdings sind der Klimaeffekt und das Ausbaupotenzial stark begrenzt. Für eine vollständige Defossilisierung der Gebäudewärme wird neben Möglichkeiten wie Fernwärme oder Wärmepumpen erwogen, die Gasverteilnetze zukünftig auf Wasserstoff umzustellen. Diese Umstellung befindet sich in Deutschland in einer sehr frühen Erprobungsphase und wird in Abschnitt 8.2 kurz erläutert.

Für den Industriesektor ist Wasserstoff schon jetzt als Rohstoff von Bedeutung und es existieren bereits privat betriebene Wasserstofftransportnetze. Hier wird jedoch zumeist fossiler Wasserstoff auf Basis von Erdgas oder Wasserstoff verwendet, der in anderen Prozessen als Nebenprodukt anfällt. Dennoch zeigt sich, dass diese Netze in Industrie-Clustern als Startpunkt für ein allgemeines öffentliches Wasserstoff-Backbone-Netz relevant sind, da die Defossilisierung des Industriesektors zu einer substanziellen Nachfrage nach grünem Wasserstoff führt [3].

### 8.1.2 Reine Wasserstoffnetze

In Deutschland haben sich drei wesentliche Industrie-Cluster mit privat betriebenen Wasserstoffleitungen gebildet. Der transportierte Wasserstoff stammt dabei Großteils aus Koppelprozessen von Raffinerien und Industrien oder wird durch Dampfreformation aus Erdgas hergestellt. Reine Wasserstoffnetze mit öffentlichem Zugang gibt es bisher nicht.

Abbildung 8.1 zeigt das Industrie-Cluster Ruhrgebiet. Es verfügt über das größte zusammenhängende Wasserstoffnetz in Deutschland mit einer Länge von rund 240 km, welches vom Unternehmen AirLiquide betrieben wird. Im Ruhrgebiet existiert eine hohe Dichte an industriellen Anlagen zur Herstellung von grauem Wasserstoff mit einer jährlichen Gesamterzeugung von ca. 20 TWh [4]. AirLiquide unterhält zudem in Marl das größte Wasserstoff-Abfüllzentrum für behältergebundenen Transport. Verbraucher von Wasserstoff sind hier vor allem Raffinerien und Chemieparks. Zudem strebt das Unternehmen thyssenkrupp mit dem als Reallabor geförderten Projekt „tkH2Steel" eine schrittweise Defossilisierung der Stahlherstellung durch Wasserstoff an und plant im Zuge dessen einen Anschluss an das Wasserstoffnetz von AirLiquide [5].

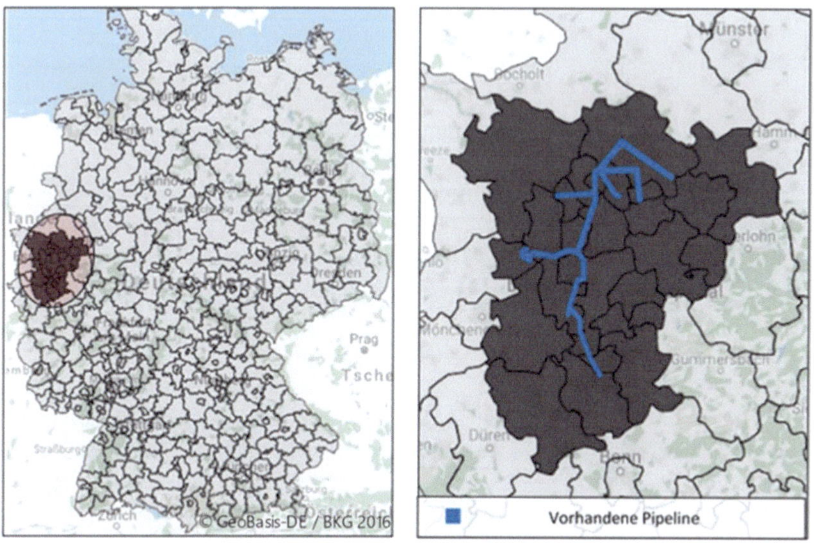


**Abb. 8.1** Industrie-Cluster Ruhrgebiet mit Pipeline von AirLiquide. (FfE Forschungsgesellschaft für Energiewirtschaft mbH)

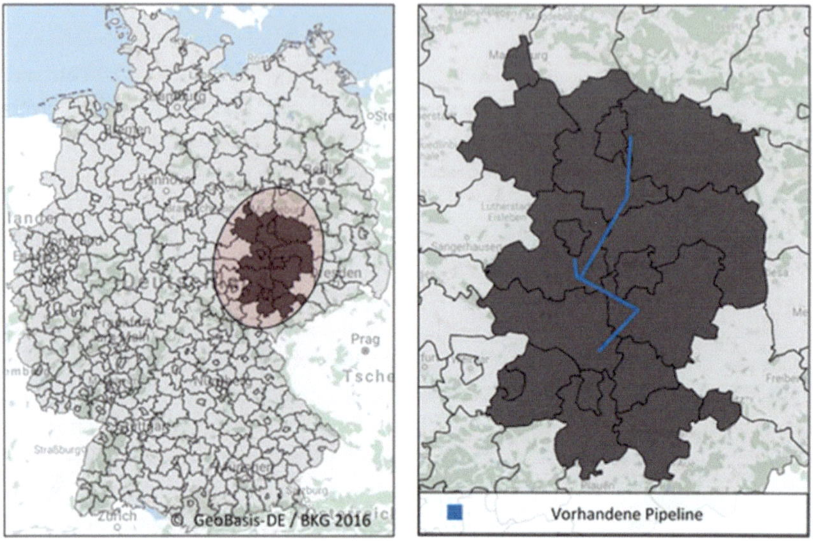


**Abb. 8.2** Industrie-Cluster Mitteldeutschland mit Pipeline der Linde AG. (FfE Forschungsgesellschaft für Energiewirtschaft mbH)

Ein weiteres großes Wasserstoff-Cluster befindet sich im mitteldeutschen Chemie-Dreieck und ist in Abbildung 8.2 dargestellt. Hier betreibt die Linde AG eine 150 km lange Wasserstoffpipeline, welche unter anderem die Chemiestandorte Bitterfeld und Leuna miteinander verbindet [4]. Der von der Linde AG hergestellte graue Wasserstoff wird von der chemischen Industrie, in Raffinerien und zur Ammoniakherstellung genutzt. Über das vom BMWi geförderte Reallabor „Energiepark Bad Lauchstädt“ soll die Herstellung von grünem Wasserstoff über einen Elektrolyseur im mittleren zweistelligen Megawatt-Bereich erprobt und in diesem Zusammenhang auch das Wasserstoffnetz mittels einer umgewidmeten Erdgasleitung um 20 km Länge erweitert werden [3], [6].

In der Region Unterelbe gibt es eine weitere Wasserstoffleitung mit 30 km Länge zwischen Brunsbüttel und Heide. Sie wird von der Raffinerie Heide GmbH betrieben, welche sich als Akteur in diesem Cluster auch an dem vom BMWi geförderten Reallabor „Westküste100“ beteiligt. In dessen Rahmen wird mittels Offshore-Windstrom grüner Wasserstoff hergestellt und unter anderem für die Produktion von synthetischem Kerosin eingesetzt; außerdem soll ein Ausbau des bestehenden Wasserstoffnetzes erfolgen [7].

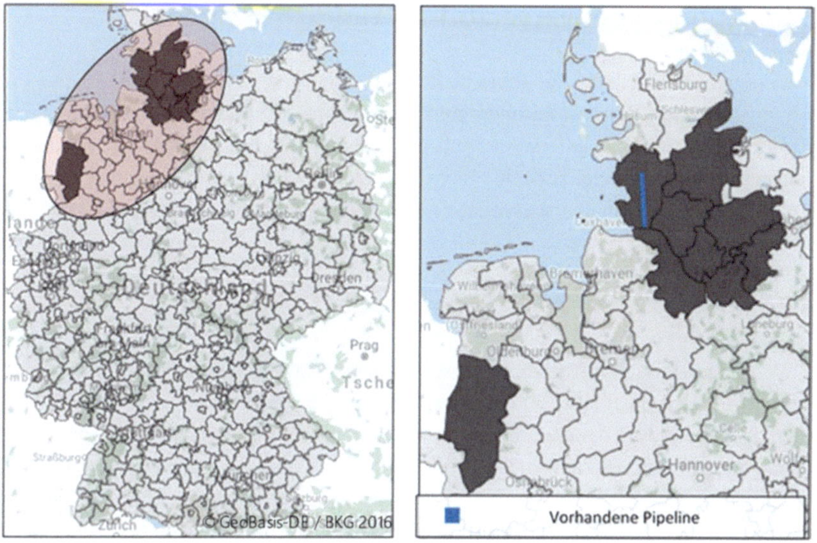


**Abb. 8.3** Industrie-Cluster Unterelbe/Weser/Ems mit Pipeline der Raffinerie Heide. (FfE Forschungsgesellschaft für Energiewirtschaft mbH)

Ebenfalls im Fokus für die Erprobung großtechnischer Elektrolyseure und dem Aufbau eines Wasserstoffnetzes durch Leitungsneubau und -umwidmung steht die Region Emsland. Neben weiteren Vorhaben ist hier vor allem das Projekt „GET H2 Nukleus“ zu nennen, in dessen Rahmen das erste reine Wasserstoffnetz mit diskriminierungsfreiem Zugang in Deutschland entstehen soll. Geplant ist dabei die Verbindung der Chemie- und Raffinerie-Standorte in Lingen und Gelsenkirchen mit einer insgesamt 130 km langen Wasserstoffleitung [8]. Hierfür sollen neben dem Neubau kurzer Teilabschnitte hauptsächlich bestehende Erdgasleitungen umgewidmet werden.

Die Regionen Unterelbe und Emsland lassen sich zu dem in Abbildung 8.3 dargestellten Wasserstoff-Cluster Unterelbe/Weser/Ems verbinden, welches eine hohe Erzeugungsleistung an erneuerbaren Energien vor allem durch Offshore-Windenergieanlagen sowie eine gute Gasnetzinfrastruktur und die Möglichkeit der Gasspeicherung im Untergrund aufweist (siehe Abschnitt 8.6) und somit zwei Standortvorteile für den Aufbau einer Wasserstoffinfrastruktur verbindet [4].

## 8.2 Aufbau von Wasserstoffnetzinfrastrukturen

Im Folgenden werden unterschiedliche Optionen zum Aufbau von Wasserstoffnetzen diskutiert. Diese Optionen sind nicht exklusiv, sondern könnten teilweise parallel oder regional unterschiedlich genutzt werden. In Abschnitt 8.3 wird beschrieben, wie einzelne, zunächst nicht angebundene Wasserstoffinseln in die entstehenden überregionalen Wasserstoffnetze eingebunden werden können.

### 8.2.1 Wasserstoff-Beimischung in das Erdgasnetz

Bevor reine Wasserstoffnetze vor Ort verfügbar sind, bieten sich mehrere Alternativen für den Transport von Wasserstoff an. Zum einen kann der Wasserstofftransport über das Erdgasnetz erfolgen, indem Wasserstoff dem Erdgasstrom bis zu einem bestimmten Prozentsatz beigemischt wird. Diese Möglichkeit wird in vielen bestehenden Power-to-Gas-Pilotanlagen (über den Eigenbedarf hinaus) genutzt [9]. Eine Abscheidung aus dem Erdgasstrom beim Verbraucher mit dem Ziel, wieder reinen Wasserstoff zur Verfügung zu haben, ist zwar technisch möglich, wird aber bisher kaum umgesetzt; ursächlich sind hier der hohe Aufwand und die damit verbundenen Kosten. Der beigemischte Wasserstoff wird somit hauptsächlich als Brennstoff verwendet und trägt zur $CO_2$-Reduktion des Verbrennungsprozesses bei. Verbraucher von reinem Wasserstoff ohne eigene Wasserstofferzeugung werden stattdessen im Normalfall behältergebunden beliefert, wenn kein Anschluss an ein Wasserstoffnetz zur Verfügung steht.

Die deutschen Fernleitungsnetzbetreiber gehen davon aus, dass eine Beimischung von bis zu 2 Vol.-% auch für sensible Anlagen in der Industrie und in den Haushalten ohne größere Investitions- oder Anpassungskosten unproblematisch ist [3]. Der Deutsche Verein des Gas- und Wasserfachs e.V. weist in seinen Richtlinien einen maximalen Beimischungsanteil von 10 Vol.-% für geeignete Leitungsabschnitte aus und strebt an, diesen auf 20 Vol.-% auszuweiten [10]. Für Chemieanlagen, die Erdgas beziehen (z. B. Reformer), bedeutet eine veränderte Gaszusammensetzung, dass die Brenner umgestellt werden müssen, da Wasserstoffbeimischung das Verbrennungsverhalten verändert.

Von einer substanziellen Beimischung ausgenommen sind Netzabschnitte, in denen CNG-Abfüllanlagen liegen (CNG steht für compressed natural gas). In diesen ist die maximale Wasserstoffbeimischung auf 2 Vol.-% begrenzt, da höhere Wasserstoffanteile die Stahltanks der CNG-Fahrzeuge beschädigen könnten [11].

Ob Wasserstoff dem Erdgasnetz beigemischt werden kann, hängt jedoch nicht nur von der Anwendung, sondern auch von den Strömungsverhältnissen in den betreffenden Rohrleitungsabschnitten ab. So kann zum Beispiel bei Leitungen mit bidirektionaler Strömung oder stark verringerter Fließgeschwindigkeit (hauptsächlich in den Sommermonaten) eine Bildung von Wasserstoffblasen mit stark erhöhter Konzentration nicht ausgeschlossen werden [3], [12]. Wenn die Injektion von reinem Wasserstoff aus den genannten Gründen nicht möglich ist oder der Beimischungsgrad den erlaubten Prozentsatz übersteigen würde, besteht darüber hinaus die Möglichkeit der Methanisierung des Wasserstoffs in einem zusätzlichen Prozessschritt. Dies setzt jedoch eine geeignete $CO_2$-Quelle voraus.

### 8.2.2 Transformation der Gastransportnetze

Obwohl die Umstellung Herausforderungen an das Material der Leitungen, die Verdichterstationen und die Messtechnik stellt (siehe Abschnitt 8.3), werden die Kosten der Umwidmung einer Erdgasleitung auf 10 bis 25 Prozent der Kosten eines Neubaus von Wasserstoffleitungen geschätzt [13]. Das gut ausgebaute Erdgasnetz in Europa kann somit als Grundstein für ein europäisches Wasserstoff-Backbone-Netz dienen, welches den Wasserstofftransport von Regionen mit großen Potenzialen für erneuerbare Energien im Süden oder an der Nordsee in die zentral gelegenen Verbrauchszentren ermöglicht. Ein wichtiger Einflussfaktor hierfür liegt in der Entwicklung des Erdgasbedarfs, da nur bei einem sinkenden Bedarf Leitungskapazitäten für die Umwidmung frei werden.

In Deutschland liegen im Netzentwicklungsplan Gas konkrete Planungen zum Aufbau eines Wasserstofftransportnetzes durch die Umwidmung von Erdgasleitungen im Zeitraum 2020 bis 2030 vor. Der Schwerpunkt dieser Planungen liegt im Cluster Unterelbe/Weser/Ems sowie dessen Verbindung zum Cluster Ruhrgebiet, da hier zum einen eine hohe Wasserstoffnachfrage ermittelt wurde und zum anderen Leitungskapazitäten durch die Umstellung von L- auf H-Gas und den Rückzug der Niederlande aus der Erdgasförderung frei werden. Von den insgesamt 1.236 km Wasserstoffnetz, die die FNB Gas e.V. bis 2030 errichten möchten, sollen 92 Prozent durch die Umwidmung bestehender Erdgasleitungen erschlossen werden [3].

### 8.2.3 Transformation der Gasverteilnetze

Die Zukunft der Wasserstoffnetze in der Transportebene hängt an der Umrüstung der bestehenden Erdgasnetzinfrastruktur. Die Fragen nach den konkreten Wasserstofftrassen wird vor allem bedingt durch die zukünftigen Verbrauchsstandorte, die dann die notwendigen Erzeugungs- und Netzstrukturen bestimmen werden.

In der Verteilnetzebene sind die zukünftigen Entwicklungen nicht so eindeutig. Die bestehenden Erdgasnetzstrukturen sind vielzählig und versorgen derzeit in Deutschland 31,55 Millionen Personen. Die Erdgasverbraucher sind zu etwas mehr als 1/3 Industrie, 1/3 private Haushalte und 1/3 Gewerbe, Diensthandel u. a. [14]. Eine komplette Umstellung der Erdgasinfrastruktur erscheint nicht zweckmäßig. Es sollte vielmehr unterschieden werden, für welche Prozesse Erdgas derzeit und Wasserstoff in Zukunft eingesetzt werden soll und ob es hier effizientere und kostengünstigere Lösungen gibt. Eine Diskussion der Wasserstoffnetze im Verteilnetzbereich ist deshalb nur im Kontext alternativer Lösungen möglich.

Generell sind für die Defossilisierung der Gasverteilnetze drei verschiedene Vorgehensweisen möglich:

### I. Stilllegung der Erdgasinfrastruktur im Verteilnetz und damit kein zukünftiges Wasserstoffverteilnetz

In diesem Szenario wird Wasserstoff für die nicht direkt ans Fernleitungsnetz angeschlossene Industrie und den Verkehr entweder direkt vor Ort aus Strom erzeugt oder mit Tankwagen transportiert. Der Rückbau der Erdgasverteilnetze orientiert sich hier an dem Rückgang der Gasbedarfe bei Umstellung auf effiziente Wärmeversorgung durch elektrische Wärmepumpen und Wärmenetze der Generation 4.0 und höher.

Für die Umsetzung müssen die Heizbedarfe einzelner Wohneinheiten allerdings deutlich reduziert werden. Altbauten und ungedämmte Gebäude stellen dabei die größte Herausforderung dar, da bisher für viele Gebäude nur gasgefeuerte Wärmeversorgungssysteme die notwendigen Vorlauftemperaturen erreichen, um bestehende hausinterne Wärmeleitungen und Heizgeräte ohne weitere Investitionen und Umbauten nutzen zu können. Die komplette Abschaffung der Erdgasinfrastruktur und damit die komplette Vermeidung von Wasserstoffnetzen auf der Verteilnetzebene stellt auch die Gasverteilnetzbetreiber vor eine strategische Neuorientierung. In der Vergangenheit ist die Investition in die Gasinfrastruktur aufgrund der regulierten Marktsituation mit geringem Risiko einhergegangen. Die Nachfrage nach Gasanschlüssen stieg auch in den letzten Jahren, nachdem das zeitnahe Verbot der Ölheizungen bekannt wurde. Ein Rückbau geht zwangsweise mit dramatischen wirtschaftlichen Folgen für die Netzbetreiber einher; aber auch für die zumindest übergangsweise verbleibenden Kunden könnten sich steigende Kosten ergeben, da diese dann die steigenden Netzgelte zahlen müssen. Folglich muss die Entscheidung über die Stilllegung von Gasnetzen gut durchdacht werden [15]. Die Einbindung der Entscheidung der Energiekunden für oder gegen eine bestimmte Wärmeversorgung spielt hier ebenfalls eine große Rolle und stellt eine schwer vorhersagbare Unsicherheit dar [16]. Die Kosten für die Stilllegung der Erdgasstruktur liegen laut IEE-Studie in einem ähnlichen Bereich wie der Umbau, können sich aber durch die erhöhten Betriebskosten bei Verbrauchsrückgang noch um einen Faktor 2,5 erhöhen [17].

### II. Die Umstellung der Erdgasnetzinfrastruktur auf klimaneutrale Gase einschließlich Wasserstoff

Sollen die Klimaschutzziele erreicht werden, kann die derzeitige Gasnetzinfrastruktur nur durch die Umstellung auf klimaneutrale Gase gesichert werden. Eine mögliche Umstellung wurde 2020 in der Studie „H2vorOrt" des DVGW beschrieben [18]. Dort werden acht wichtige Punkte genannt, die den Pfad bis zu einer Zielstruktur im Jahr 2050 beschreiben. Zunächst müssen die technischen und regulatorischen Voraussetzungen geschaffen werden. Dabei ist der Einbau von H2-ready-Komponenten genauso wie die Erarbeitung von Standards und technischen Regeln vorgesehen. Im Jahr 2030 sollen erste regionale Pilotanwendungen für Wasserstoffverteilnetze umgesetzt sein, damit dann in 2040 ganze Netzabschnitte im Regelbetrieb mit 100 Prozent Wasserstoff betrieben werden können. Dabei soll die Flächenversorgung der Wasserstoffverteilnetze in den drei Ausbaustufen parallel zum Ausbau des $H_2$-Backbones vollzogen werden. Die Kosten einer Umwidmung liegen laut einer IEE-Studie in einer Bandbreite von 3,1 bis 6,2 Mrd. Euro bis zum Jahr 2050 [17].

Dabei muss betont werden, dass die Umstellung von Erdgasnetzen eine große logistische Herausforderung ist. Es ist nicht möglich, die Wasserstoffbeimischung sukzessiv auf 100 Prozent zu erhöhen. Es gibt keine Endgeräte, die sowohl Erdgas als auch Wasserstoff einsetzen können, da das Brennverhalten zu unterschiedlich ist. Stattdessen müssten Cluster gebildet werden, die zu einem bestimmten Zeitpunkt „en bloc" auf Wasserstoff umgestellt werden. Hierzu müsste zunächst eine Planung mit Begehungen aller Gebäude und Prüfung aller angeschlossenen Endgeräte mit Bestimmung der passenden Ersatzgeräte erfolgen. In Vorarbeiten müssen gegebenenfalls Netzabschnitte ertüchtigt werden, die nicht für Wasserstoff geeignet sind. Eine typische Cluster-Größe könnten z. B. 5.000 Anschlusspunkte sein. Zum Zeitpunkt der Umstellung muss das Cluster vom Gasnetz getrennt werden. Dabei erfolgt eine Versorgungsunterbrechung, die aus Gründen der Kundenakzeptanz zwei Wochen nicht überschreiten sollte und im Sommer stattfinden muss; damit beschränkt sich der Ausfall nur auf die Warmwasserbereitstellung. Das Restgas muss vollständig entfernt werden (z. B. durch Fackelung). Nun müssen alle

Endgeräte getauscht werden, was aufgrund des begrenzten Zeitfensters einen großen Personalbedarf nach sich zieht. Nachdem die neuen Geräte installiert sind, kann das neue Netz in Betrieb genommen werden. Ab diesem Zeitpunkt kann und muss das Cluster mit Wasserstoff versorgt werden, während noch nicht umgestellte Cluster parallel weiter mit Erdgas versorgt werden. Derzeit existieren noch keine konkreten Pläne, wie die Kosten der Umstellung und der neuen Geräte umgelegt werden. Nach dem derzeitigen Erkenntnisstand ist eine Umstellung vieler Verteilnetze auf Wasserstoff technisch möglich; der damit verbundene Aufwand ist jedoch hoch, und Alternativen müssen abgewogen werden.

### III. Individuelle, regionale Lösung, die eine begrenzte $H_2$-Netzstruktur beinhalten kann

Eine gezielte und regionalisierte Planung der Wasserstoffinfrastruktur zur notwendigen Zuleitung von grünem Wasserstoff für industrielle Zwecke und Mobilitätsanwendungen in Kombination mit effizienten integrierten Wärmeversorgungskonzepten, die maßgeblich über Strom- und Wärmenetze gedeckt werden, ist ein Kompromiss der ersten beiden Extremszenarien. Solche lokalen Optima zu finden, ist allerdings eine komplexe Aufgabe. Es werden noch zu entwickelnde Methoden und Hilfswerkzeuge benötigt, um in einer Region eine gemeinsame strategische Planung mit allen beteiligten Interessensgruppen zu ermöglichen.

Hieran wird derzeit unter anderem in dem Fraunhofer Exzellenzcluster für integrierte Energieinfrastrukturen (CINES) institutsübergreifend gearbeitet. Dazu werden Softwarewerkzeuge zur Optimierung von Quartieren (DISTRICT, [19]) mit der techno-ökonomischen Netzberechnungssoftware pandapower [20] und pandapipes [21] sowie dem Gasnetzeberechnungswerkzeug MYNTS [22] gekoppelt. In einem Projekt zusammen mit den Stadtwerken Bamberg konnte im Kontext des Quartiers LaGarde gezeigt werden, dass die übergreifende Optimierung von Strom-, Wärme- und Gas- und Wasserstoffinfrastrukturen sinnvoll ist, vor allem, wenn bereits alle Energienetze in einem Stadtgebiet vorhanden sind [23]. Eine erste Untersuchung zur gemeinsamen Optimierung von Strom- und Gasnetzausbau beschäftigt sich mit der Idee, in Gebieten mit älteren Häusern die Nutzung von Gaswärmepumpen mit dem notwendigen Zubau von elektrischen Wärmepumpen in neueren Gebäuden zu kombinieren. Hierbei könnte das Stromnetz entlastet und die Gasnetzinfrastruktur effizienter genutzt werden. Berechnungen, die auf öffentlich zugänglichen Daten von Gebäuden sowie dem Strom- und Gasnetz einer Kleinstadt basieren, haben gezeigt, dass die gemeinsame Kostenbetrachtung von Gebäudeeigentümern und Netzbetreibern aller Sparten notwendig ist, um ein volkswirtschaftliches Optimum zu ermitteln [24]. Hier wurden allerdings noch nicht die Kosten für den Umbau auf Wasserstoff in Betracht gezogen. Im Projekt „AnaplanPlus“ werden in den nächsten drei Jahren Methoden und Softwarewerkzeuge zur automatisierten Strom-, Erdgas- und Wasserstoffnetzplanung entwickelt, die Netzbetreibern und Stadtwerken helfen sollen, die beste Entscheidung für eine strategische Entwicklung ihrer integrierten Netzinfrastrukturen tätigen zu können.

## 8.3 Transformation von $H_2$-Inseln und $H_2$-Tälern zu zusammenhängenden Netzen

Wasserstoffnetze werden in der Fläche frühestens ab dem Jahr 2030 – in vielen Regionen auch erst ab 2040 – verfügbar sein [18]. Trotzdem wird es bis dahin einen steigenden Druck zur Emissionssenkung auf der Verbrauchsseite geben, z. B. aufgrund der CleanVehicleDirective für den ÖPNV [25] und kommunale Fahrzeuge oder durch europäische Regularien für die Industrie. Dadurch wird die Nachfrage nach $CO_2$-armen Wasserstoff kontinuierlich steigen. Diverse Marktaktivierungsprogramme auf Bundesebene (z. B. „Hyland“ des BMVI) oder Landesebene (z. B. „Modellregion Grüner Wasserstoff“ des Umweltministeriums Baden-Württemberg, siehe Abbildung 8.4) fördern die Entwicklung und Etablierung lokaler bzw. dezentraler Lösungen einer nachhaltigen Wasserstoffversorgung und stoßen auf ein großes Interesse regionaler Akteure, wie die hohe Zahl an Anträgen für diverse Fördermaßnahmen zeigt [26]. Damit entstehen in den nächsten Jahren eine Vielzahl von Wasserstoff-Inseln im Sinne einer hinsichtlich der Wasserstoffversorgung regional abgetrennten, autarken Region, welche sowohl eine Wasserstofferzeugung aus erneuerbaren Energien und eine regionale Logistik als auch mehrere regionale Verbraucher aufweisen.

In diesem Kontext müssen auch große, internationale Wasserstoffinseln bzw. Leuchttürme wie z. B. das EU-geförderte Hydrogen Valley der Region Groningen genannt werden [27]. Diese sollen an dieser Stelle aufgrund ihrer Größe und der sehr individuellen Randbedingungen nicht näher diskutiert werden. Auch weitere Aktivitäten wie z. B. die „Reallabore für die Energiewende“ zur Wasserstoff- und Sektorenkopplung sind zu erwähnen, da sie den Modellregionen meist wichtige Bausteine vor allem auf der $H_2$-Erzeugerseite hinzufügen und damit zur anteiligen Finanzierung von Wasserstoff-Inseln im größeren Maßstab beitragen. Der Fokus soll im Folgenden jedoch auf der Vielzahl der kleineren Wasserstoffregionen liegen. Diese Wasserstoff-Inseln weisen dabei in den meisten Fällen eine Kombination aus den folgenden Elementen auf, welche sich meistens auf eine Stadt und angrenzende Landkreise verteilen:

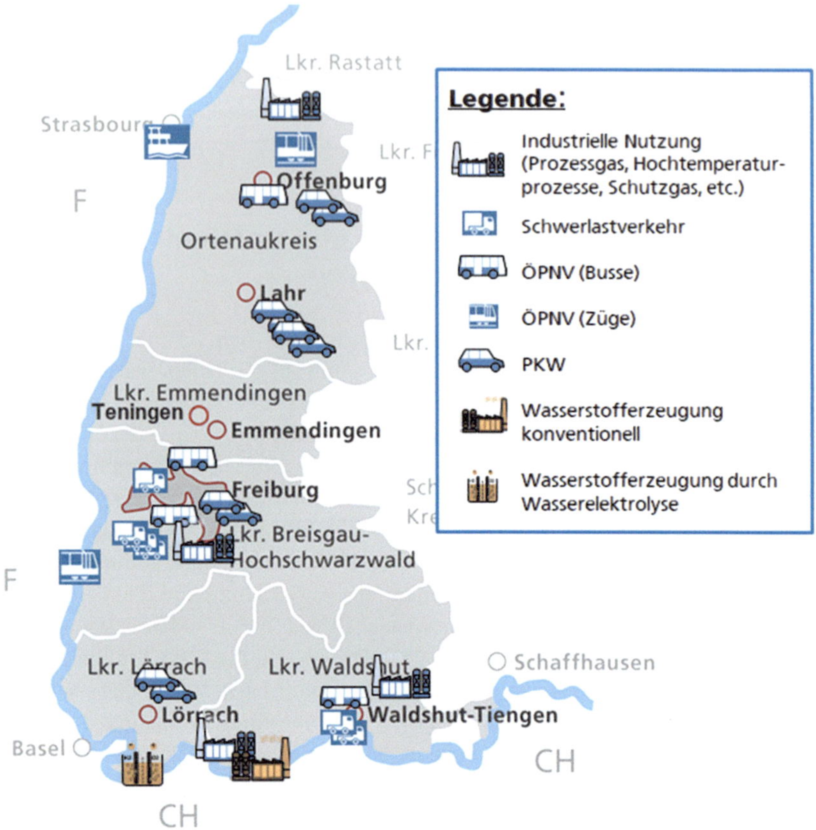


**Abb. 8.4** Schematische Darstellung einer Modellregion und ihrer Bausteine am Beispiel des südlichen Oberrhein mit potenziellen Abnehmern (blau) und existierenden Erzeugungsanlagen (orange)

1. Eine konventionelle (also erdgasbasierte), teilweise regelbare Wasserstoffquelle zur Selbstversorgung eines Chemieunternehmens (z. B. Modellregion Südlicher Oberrhein) oder einer Raffinerie (z. B. Ingolstadt), die als Flexibilitätsoption oder temporäre konventionelle Versorgung der Modellregion vor Ausbau der EE-versorgten Wasserstofferzeugungskapazität dient
2. Eine eigene, durch EE- und/oder Netzstrom versorgte Elektrolyseanlage
3. Eine Nebenprodukt-Wasserstoffquelle wie eine Chlor-Alkali-Elektrolyse – z. B. Wasserstoffregion Rhein-Neckar (H2 Rivers/H2 Rheine-Neckar);

4. Transport von gasförmigem Wasserstoff per Lkw ($CGH_2$-Trailer)
5. Industriegasleitungen für Wasserstoff, die aber zumeist eher kurz sind
6. Unternehmen, die Wasserstoff direkt oder indirekt als Rohstoff einsetzen (z. B. Industriepark Höchst, ChemCoast etc.)
7. Wasserstoff-Verbraucher wie Züge oder Busse im ÖPNV oder kommunale Fahrzeuge
8. In Ausnahmefällen: Ein Untertage-Gasspeicher wie die Forschungskaverne Bad Lauchstädt (siehe dazu auch Abschnitt 8.6)

Aktuell sind solche Wasserstoff-Inseln noch im Aufbau. Das heißt, dass sich der voraussichtliche Lebenszyklus und der Weg bis zur Integration in ein übergeordnetes Netz nur grob mit dem heutigen Wissensstand und den Ergebnissen erster Analysen abschätzen lässt. Der voraussichtliche Lebenszyklus einer Wasserstoff-Insel lässt sich wie folgt skizzieren:

1. Initialisierungsphase (bis ca. Mitte der 2020er-Jahre): In der frühen Phase erstellt eine Gruppe von regionalen Akteuren ein individuelles Konzept für eine Wasserstoff-Insel und errichtet in der ersten Stufe eine dezentrale Wasserstofferzeugungsanlage (Elektrolyseanlage mit wenigen MW Leistung), welche lokale Verbraucher mit nachhaltigem Wasserstoff versorgt. In der Regel trägt sich das Konzept in der Startphase nur durch eine Förderung durch die öffentliche Hand, die visionäre Überzeugung der Akteure spielt eine wichtige Rolle.
2. Sukzessive Erweiterung der Keimzelle (mehrstufig, Ende der 2020er-Jahre): Die Wasserstoff-Insel wird weiter ausgebaut und die Infrastruktur schrittweise erweitert. Die ursprüngliche Anwendung wird um weitere Elemente ergänzt. Ein Treiber sind bereits erfolgte oder absehbare Regularien-/Gesetzesänderungen und positive Erfahrungen in der ersten Stufe. Typische Komponenten, die eine frühe Wertschöpfung versprechen, sind z. B. Mobilitäts- oder industrielle Anwendungen wie die Beschaffung weiterer Fahrzeuge oder der Ausbau des Grünanteils im von der Industrie verbrauchten Wasserstoff. Die typische Größenordnung der Wasserstofferzeugung wird in den zweistelligen MW-Bereich erweitert.
3. Vernetzung einzelner Wasserstoff-Inseln (parallel zur Stufe 2): In einer nächsten Stufe kommt es zum Zusammenwachsen einzelner Inseln. Dies erfolgt entweder über straßengebundenen Transport (Trailer) oder über einzelne Transportleitungen. Durch die regionale Vernetzung können verschiedene Anwendungen erschlossen werden, sodass eine verbesserte Ausnutzung der Kapazitäten möglich wird.

4. Anbindung an ein Wasserstoff-Transportnetz (ab den 2030er-Jahren): Je nach regionaler Lage wird ein Anschluss an ein übergeordnetes Wasserstoff-Transportnetz möglich, der es der Wasserstoff-Insel ermöglicht, Wasserstoff ein- und auszuspeisen. Dieser Ausbau wird mit größter Wahrscheinlichkeit im Norden Deutschlands beginnen, da dort durch die Windkraft ein großes EE-Potenzial zur $H_2$-Erzeugung genutzt werden kann, die Anbindung an die im Aufbau befindlichen Wasserstoffinfrastrukturen Belgiens und der Niederlande ermöglicht wird und die geologischen Speicher im Norden miteingebunden werden können. Dies umfasst auch die großen Häfen wie Rotterdam und Hamburg.

Diese qualitative Skizzierung betont die Wichtigkeit des späteren Netzanschlusses der Wasserstoff-Insel an eine vernetzte Infrastruktur, nicht zuletzt, um eine robuste Wirtschaftlichkeit zu ermöglichen. Mit der Anbindung an ein übergeordnetes Pipelinenetz ist ein offener und überregionaler Wasserstoffhandel mit Nutzung von günstigem Wasserstoff und der Einbindung geologischer Speicherpotenziale möglich. Infolgedessen kommt es zu einer Reduzierung oder Abschaltung konventioneller Wasserstofferzeuger sowie zu einer verstärkten Nutzung grünen Wasserstoffs als Rohstoff, und Nebenproduktwasserstoff erreicht eine größere Kundenschar. Allerdings ist mit dem Ausbau des Wasserstoff-Transportnetzes auch mit einem verschärften Wettbewerb zu rechnen, infolgedessen eine regionale Elektrolyseanlage entweder einen Ausbau erfahren wird, da sie z. B. günstigen Wasserstoff aus dem Norden nun auch kostengünstig in den Süden transportieren kann, oder aber unter dem stärkeren Preis-Wettbewerb den Betrieb einstellen muss.

Die in diesem Abschnitt skizzierten Fragestellungen (der beschriebene Transformationsweg von der ersten Stufe bis zu einer Anbindung an das übergeordnete Netz, die optimale Verknüpfung innerhalb der Modellregion, der frühe Transport zwischen Inseln) und viele Detailfragen sind aktuell Thema von diversen Forschungsprojekten und werden in den nächsten Jahren das Bild dieser Transformation maßgeblich schärfen und beeinflussen.

## 8.4 Anforderungen an die Transformation von Infrastrukturkomponenten

Im aktuellen deutschen Erdgasnetz sind ca. 40.000 km Ferngasleitungen und rund 470.000 km für Verteilnetze verlegt, meist unterirdisch. Sie bestehen aus Stahl oder Kunststoff (z. B. PE oder seltener PVC). Kunststoffleitungen beschränken sich derzeit in der Regel auf einen Betriebsdruck bis 10 bar [28] und damit auf die Verteilnetzebene. Für den Bau von Erdgasleitungen gelten bezogen auf einzusetzende Stahlwerkstoffe die Empfehlungen der DIN EN ISO 313837, die für Rohrleitungstransportsysteme der Erdöl- und Erdgasindustrie anwendbar sind. Insbesondere in den älteren Trassenabschnitten sind jedoch Stahlwerkstoffe verbaut, die nicht dieser Norm entsprechen. Sowohl bei den durch die Normung für Erdgas empfohlenen als auch bei den historisch noch vorhandenen Werkstoffen ist die Eignung für den Wasserstofftransport bis jetzt nicht vollständig geprüft. Aus diesem Grund besteht der Bedarf, möglichst alle Werkstoffe hinsichtlich ihrer Bezeichnung und Eigenschaften eindeutig zu bestimmen und deren Interaktionen mit Wasserstoff zu analysieren. Dies wurde u. a. im Projekt H2-PIMS untersucht, in dem auch Vorschläge für ein Überwachungssystem unterbreitet wurden [29].

### 8.4.1 Wirkungen von Wasserstoff auf die Werkstoffe des Rohrnetzes

Bekannt ist, dass Wasserstoff aufgrund seiner im atomaren Zustand extrem geringen Partikelgröße in der Lage ist, in die Gitterstruktur von Metallen einzudringen bzw. durch diese hindurchzudiffundieren. Dadurch reichert sich Wasserstoff im Material an, was zu einer sogenannten Wasserstoffversprödung führen kann. Diese äußert sich u. a. oft in einer Abnahme der Bruchzähigkeit des Materials und kann zu einem plötzlichen Materialversagen im Einsatz führen, also im Endeffekt zu einer Leckage. Oft ist vorher keine Materialschädigung zu erkennen, sodass das Versagen ohne Vorwarnung eintritt. Gleichzeitig weiß man, dass das Maß der Versprödung stark von der Wasserstoffkonzentration und den jeweiligen Betriebsparametern Druck und Temperatur abhängt. Diese Effekte wurden bei den bisher analysierten Werkstoffen überwiegend durch Einsatz einer 100%-igen Wasserstoffatmosphäre untersucht. Geringere Wasserstoffkonzentrationen bzw. konkrete Erdgas-Wasserstoff-Gemische sind bislang nur bei wenigen Forschungsprojekten untersucht worden (z. B. NATURALHY [30], [31]). Darüber hinaus wurden die Untersuchungen vorwiegend an neuen Werkstoffen durchgeführt.

Aus der Materialforschung sind viele Untersuchungen zur Beständigkeit von Stählen gegenüber $H_2$-beeinflusster Korrosion bekannt. Bei statischer Beanspruchung durch Druckwasserstoff ist kein nennenswerter Einfluss auf die Festigkeit (im Zugversuch) bekannt [32], [33], [34], [35], [36], [37], [38]. Es gibt aber deutlich messbare Auswirkungen auf die Bruchzähigkeit und Brucheinschnürung; dies gilt auch für höhere Stahlqualitäten [39].

Neben den direkten Wirkungen von Wasserstoff auf das Material sind vor allem bestehende Risse im Material (z. B. durch Vorschäden oder Unsauberkeiten im Schweißnahtbereich) als kritisch einzuschätzen, da dies zu erhöhter Wasserstoffdiffusion in das Material und somit zu lokal erhöhter Wasserstoffkonzentration innerhalb des Materials führen kann. Dies führt bei vielen Materialien zu einer erhöhten Geschwindigkeit des Risswachstums und damit zu einem Bedarf an angemessenen Überwachungswerkzeugen, die aktuell nicht zur Verfügung stehen.

Aus den Untersuchungen im Projekt NATURALHY geht hervor, dass für Rohrleitungen aus Stahl axiale Risse und plastische Vorschäden besonders kritisch sind. Ein wichtiger Einflussfaktor ist die Frequenz der Belastungen, welche durch die Druckwechsel bestimmt wird. Vor allem wirken sich niedrige Belastungsfrequenzen mit langsamen Verformungsvorgängen nachteilig aus. Ein Materialversagen durch Versprödung wird dadurch wahrscheinlicher. Diese Untersuchungen wurden jedoch nur für wenige Materialien durchgeführt. Die Ergebnisse sind nicht ohne Weiteres auf andere Werkstoffe und nur bedingt auf andere Betriebsbedingungen übertragbar.

Neben diesen Herausforderungen konnten in einigen Untersuchungen auch positive Effekte festgestellt werden. So hat sich gezeigt, dass die Anwesenheit von Sauerstoff und Kohlenstoffmonoxid die schädliche Wirkung von Wasserstoff abmildert. Dieser Effekt könnte ggf. zur bewussten Beeinflussung der oben beschriebenen Schädigungen genutzt werden.

Die bisher genannten Wirkungen von Wasserstoff basieren meist auf Untersuchungen von neuen, aktuell eingesetzten Werkstoffen. Das Problem der Verschlechterung von Materialeigenschaften durch Wasserstoff tritt jedoch vor allem bei älteren Werkstoffen nachteilig auf, da diese im Vergleich mit heutigen Stahlsorten meist geringere Zähigkeitseigenschaften besitzen. Im Projekt NATURALHY wurde dies anhand zweier Stahlsorten von unterschiedlichem Alter (Produktion vor bzw. nach 1975) aufgezeigt. Diese Faktoren haben nachteilige Wirkung auf die Materialbeständigkeit besonders unter dynamisch-zyklischer Belastung. In verschiedenen Untersuchungen wurden Minderungen der Materiallebensdauer zwischen 10 Prozent (bei 50 Vol.-% Wasserstoff) bis zu 25 Prozent (bei 100 Prozent Wasserstoff) gefunden. Daher ist gerade die Prüfung älterer Leitungsabschnitte auf Wasserstoffverträglichkeit besonders wichtig.

In verschiedenen Studien werden unterschiedliche Stahlsorten auf ihre Eignung hin überprüft und Empfehlungen für ideal einzuhaltende Kennwerte zu Werkstoffeigenschaften für den Wasserstofftransport erarbeitet. So konnten Materialeigenschaften identifiziert werden, welche eine grundsätzliche Eignung des Werkstoffes zum reinen Wasserstofftransport vermuten lassen. Die Ergebnisse decken sich teilweise mit den Materialempfehlungen für den Transport von 100 Prozent Wasserstoff mit den Werkstoffen der DIN EN ISO 3183 [40]. Für den Bestand können diese Vorgaben eine Orientierung sein. Es hat sich aber – z. B. durch Stichprobenauswertung – gezeigt, dass die geforderten Werte bei den älteren verbauten Werkstoffen oft nicht erreicht werden. Es bedarf weiterer Untersuchungen, um die Eignung aller bisher verwendeten Materialien hinsichtlich Erdgas-Wasserstoff-Gemische bzw. reinen Wasserstoffs bewerten zu können.

### 8.4.2 Konsequenzen für die Überwachung von Rohrnetzen

Als Konsequenz aus diesem uneinheitlichen Lagebild wurde in Studien abgeleitet, dass ein Pipeline-Integrity-Management-System (PIMS) für Rohrleitungen als geeignete Maßnahme zur Überwachung von zu erwartenden Schäden erscheint.

Ein PIMS hat die Darstellung der technischen Integrität und Sicherheit des bestehenden Erdgastransportnetzes für den Betreiber zum Ziel. Die daraus resultierenden Aussagen sind damit Grundlage für den technischen und wirtschaftlichen Betrieb des Rohrnetzes, die Planung von Sanierung sowie Neubauten. Neben den Materialstudien zu Wasserstoff fließen auch Korrosion mit daraus resultierendem Materialabtrag oder mit der Zeit erkannte Schweißnahtfehler in die Integritätsbewertung mit ein.

### 8.4.3 Auswirkungen von Wasserstoff auf Verdichteranlagen

Um nach einer schrittweisen Umstellung von Erdgas- auf Wasserstofftransport vergleichbar große Energiemengen zu bewegen wie heute, muss man berücksichtigen, dass die Energiedichte von Wasserstoff erheblich niedriger liegt (ca. 1/3 im Vergleich zu Erdgas mit hohem Methangehalt).

Das Diagramm in Abbildung 8.5 zeigt die zu erwartenden Druckverhältnisse bei einer Verdichtung eines Wasserstoff-Erdgas-Gemischs. Dabei bedeuten die unterschiedlich gefärbten Kurven jeweils eine gleichbleibende Verdichterleistung, die in KJ/kg angegeben wird (die sogenannte Enthalpiedifferenz). An dem Druckverhältnis auf der y-Achse lässt sich ablesen, um welchen Faktor sich der Ausgangs- gegenüber dem Eingangsdruck des Verdichters erhöht. Dieser Faktor sinkt in diesem Diagramm bei einem Methananteil von null Prozent auf unter 1,1 ab. Man müsste also, um z. B. wie üblich eine Verdichtung von einem Faktor 1,3 zu erzielen, bei Wasserstoff drei bis vier Verdichtereinheiten hintereinanderschalten, während man dieselbe Energiemenge von Erdgas mit einer Verdichtereinheit um den Faktor 1,3 verdichten könnte.

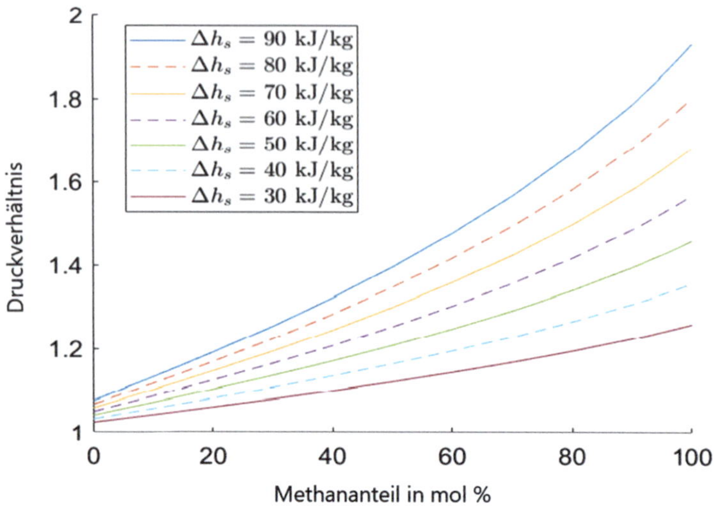


**Abb. 8.5** Druckverhältnis bei Verdichtung von Gasgemischen [41]. (Fraunhofer SCAI)

Einfach den Volumenstrom zu erhöhen, wäre keine problemlose Option, da zumindest bei den am häufigsten eingesetzten Turboverdichtern die Lamellen der Verdichtereinheit zerstört werden könnten. Die wesentlich robusteren Kolbenverdichter bieten sich hier als Alternative an, weisen aber einen geringeren Wirkungsgrad im Vergleich zu Turboverdichtern auf. Als erster Hersteller hat die US-amerikanische Firma Baker Hughes auf dieses Problem reagiert und bietet einen wasserstofftauglichen Turboverdichter an, der bis zu einem $H_2$-Anteil von 100 Prozent betrieben werden kann. Es werden also zukünftig für die Gastransportunternehmen verstärkte Investitionen in den Verdichter-Maschinenpark nötig sein, wobei man berücksichtigen muss, dass auch bei Erdgasbetrieb diese Maschinen in gewissen Intervallen erneuert werden müssen.

## 8.5 Welche Herausforderungen und Lösungen ergeben sich für den Betrieb der Infrastrukturen?

Erdgasnetze werden in Deutschland seit über 100 Jahren betrieben. Die fundamentale Herausforderung dabei ist das Zusammenspiel der Physik des Gases und diskreter Steuerungsentscheidungen. Eine diskrete Schaltung der Elemente (wie

Kompressoren oder Schieber) zu finden, die den physikalischen Transport durch die Pipelines gewährleistet, ist sehr schwierig. Die milde Dynamik des Erdgases erlaubt oftmals eine manuelle Steuerung des Netzes. Diese wird durch Expertenwissen und Handlungsempfehlungen, die auf spezifischen mathematischen Simulations- und Optimierungsmodellen basieren, bestimmt.

Wasserstoffleitungen haben nur etwa ein Viertel des Linepacks (also die Energiemenge des in der Infrastruktur gespeicherten Gases) von Erdgasleitungen. Somit müssen Wasserstoffnetze viel dynamischer gesteuert werden (siehe z. B. [42]). Die Steuerung des Gasnetzes wird sich somit immer mehr von einer manuellen zu einer automatischen, smarten Steuerung hin entwickeln müssen. Diese wird sehr wahrscheinlich zu großen Teilen auf Basis algorithmischer Intelligenz entwickelt werden.

### 8.5.1 Daten und Digital Twins

Eine smarte Steuerung des Gasnetzes setzt eine sehr detaillierte Kenntnis des Netzes inklusive aller Komponenten voraus (Rohre, Kompressoren, Speicher, usw.). Es ist anzunehmen, dass große Teile des bestehenden Erdgasnetzes zum Transport von Wasserstoff umgewidmet bzw. umgerüstet werden können. Da die Planung eines Aufbaus der Wasserstoffwirtschaft in Deutschland immer auch die Betriebssteuerung berücksichtigen muss, sind detaillierte Daten zum deutschen Erdgasnetz in naher Zukunft von zentraler Bedeutung.

Bisherige Projekte, wie beispielsweise GasLib [43] oder SciGRID_gas [44], haben erste und teilweise sehr detaillierte, frei zugängliche Daten zum deutschen Erdgasnetz gesammelt und (teilweise verändert) veröffentlicht. Dabei werden Graphen mit Knoten und Kanten verwendet, um das reale Netz abzubilden (Abbildung 8.6). Eine wichtige Aufgabe der nächsten Jahre wird es sein, eine detaillierte und vollständige digitale Kopie der realen Komponenten des Erdgasnetzes zu erstellen.

Es hat sich gezeigt, dass die Digitalisierung des Netzes bereits bei Erdgasnetzen von hoher Relevanz ist. Umso höher ist diese bei Wasserstoffnetzen, da Wasserstoff eine deutlich stärkere Dynamik vorweist als Erdgas. Es muss daher aufbauend auf realen Netzdaten ein vollständiger Digital Twin entwickelt werden, der die technischen und physikalischen Eigenschaften eines Gasnetzes realitätsnah abbilden kann. Dieser kann dann sowohl zur smarten Steuerung des Netzes als auch zur Planung des Aufbaus einer Wasserstoffwirtschaft in Deutschland verwendet werden.

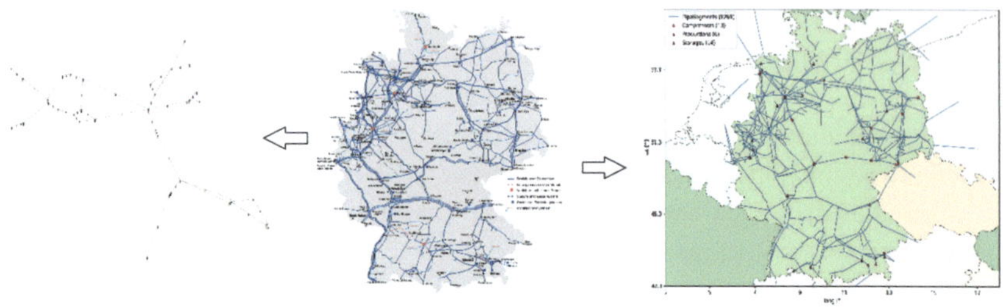

**Abb. 8.6** Digitale Kopie des dt. Erdgasnetzes (Mitte) mit sehr detaillierten Daten zu einem Teilnetz im Rhein-Main-Ruhr Gebiet (links) und gröberen Daten zum deutschen Gesamtnetz (rechts). (GasLib-40 und SciGRID_gas)

## 8.5.2 Mathematische Modelle

Die mathematischen Modelle für Gasnetze werden meistens als Mischung eines nichtlinearen und eines diskreten ganzzahligen Problems beschrieben. Die Nichtlinearitäten bilden die Physik des Gases ab und sind entweder in algebraischer Form oder als ein System von partiellen oder gewöhnlichen Differentialgleichungen gegeben. Die Ganzzahligkeiten, meistens binäre Variablen, modellieren Steuerungen und Entscheidungen, die keinen kontinuierlichen Übergang zulassen, wie z. B. das An- und Ausschalten eines Kompressors oder den Ausbau einer Pipeline. Jedes dieser Probleme (nichtlinear und ganzzahlig) ist für sich allein schon sehr schwierig zu lösen, aber in der Kombination wächst die Schwierigkeit exponentiell.

Eine mögliche Aufteilung der Modelle erfolgt durch stationären und transienten Gasfluss. Transiente Modelle sind im Allgemeinen genauer, haben aber dafür den Nachteil, dass sie komplexer sind und somit nur kleinere Problemgrößen zulassen. An dieser Stelle sei der seit 2014 laufende SFB Transregio 154 „Mathematische Modellierung, Simulation und Optimierung am Beispiel von Gasnetzen" (Sprecher: Prof. Alexander Martin, Institutsleitung IIS) genannt, welcher sich die Entwicklung eines neuen mathematischen Qualitätsstandards bei gleichzeitiger Integration verschiedener mathematischer Teilgebiete zum Ziel gesetzt hat.

Stationäre Modelle haben den Vorteil, dass sie komplexitätstechnisch einfacher zu handhaben sind als transiente Modelle. Somit können Problemstellungen adressiert werden, die auf größeren Zeitskalen formuliert sind und in denen die physikalische Dynamik weniger Bedeutung hat. Ein Beispiel hierfür ist das Problem der Planung der Übergangsphase, in der Teile der bestehenden Erdgaspipelines zusammen mit neu hinzukommenden Pipelinesegmenten für Wasserstoff genutzt werden sollen. Die Investitionen hinsichtlich neuer Wasserstoffpipelines und -verdichter sind für mehrere Jahrzehnte geplant. Daher genügt die Betrachtung eines stationären Gasflusses der Problemstellung. Eine gute Übersicht über den aktuellen Stand der Methodik hierzu ist in [45] zu finden.

Gewisse Problemstellungen benötigen aber ein dynamisches, transientes Modell des Gasflusses und können durch stationäre Modellierungen nicht beantwortet werden. Ein Beispiel hierzu sind Betrachtungen im Rahmen von Power to Gas und der direkten Speicherung des Gases im Netzwerk, siehe [46]. Hier wird in einem bestimmten Zeitintervall zusätzliches Gas, das durch Elektrolyse erzeugt wird, in das Netz eingespeist und zu einem späteren Zeitpunkt wieder ausgespeist. Ein transientes Modell ist zwingend nötig, um die Dynamik des Gases adäquat abbilden und somit eine realistische Speicherfähigkeit des Netzes bestimmen zu können. Neben diversen transienten Optimierungsverfahren zur Steuerung des Netzes, z. B. [47], gibt es viele verschiedene Softwarelösungen, die den Gasfluss durch eine Pipeline und im Größeren durch ein gesamtes Netzwerk transient (und somit auch stationär) simulieren können. Genannt seien hier MYNTS-Gas vom Fraunhofer SCAI [22] und SIMONE [48], welches von Netzbetreibern häufig verwendet wird.

### 8.5.3 Decision Support Tools/Smart Gas Networks

Je größer ein Gasnetz ist, umso schwieriger wird die zentrale Steuerung des Gesamtnetzes. Aufgrund der erhöhten Dynamik des Wasserstoffs sind dezentrale Lösungen somit ein gutes Mittel, um die steigende Komplexität des zukünftigen Gasnetzes in den Griff zu bekommen.

Abbildung 8.7 zeigt schematisch eine Möglichkeit des Einsatzes von dezentralen Simulations- und Optimierungsmethoden in der Gesamtsteuerung eines Net-

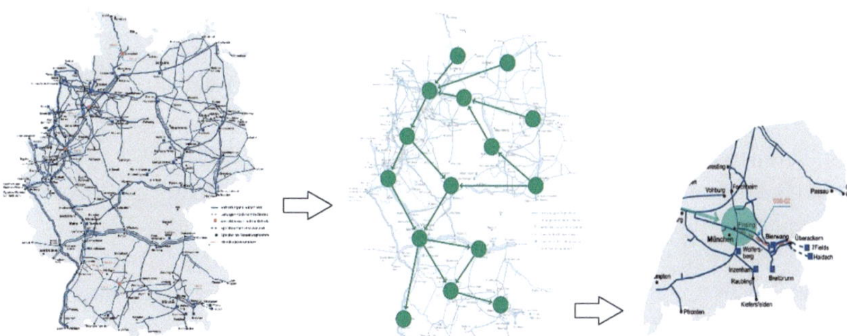

**Abb. 8.7** Schematische Aggregation des deutschen Gasnetzes mit gebündelter zentraler (Mitte) und dezentraler (rechts) Optimierung [49].

zes. Teilnetze können geeignet zu einem Knoten eines aggregierten Gesamtnetzes zusammengefasst werden. Es wird anschließend eine zentrale, vereinfachte Steuerung des aggregierten Netzes berechnet, die als Input zu den jeweiligen Teilnetzen transformiert wird. Die Teilnetze können ihrerseits mit Hilfe des Digital Twins smart gesteuert werden und bidirektional Informationen an die zentrale Steuerung senden, um diese gegebenenfalls anpassen zu können.

## 8.6 Optionen geologischer Speicher

Die Speicherung von Wasserstoff ist ein entscheidendes Kriterium zur Umsetzung der Energiewende. Denn Wasserstoff kann nur dann eine Flexibilitätsoption darstellen, wenn die zeitlich voneinander abweichende Wasserstoffnachfrage und -erzeugung ausgeglichen werden können. Neben anderen Optionen (Abschnitt 8.7) bietet besonders der geologische Untergrund Möglichkeiten zur langfristigen Speicherung von Wasserstoff. Die Kohlenwasserstoffindustrie in Deutschland und der Welt nutzt den Untergrund schon seit Jahrzehnten, um große Mengen an Erdgas im Porenraum der Gesteine (sog. „Porenspeicher“) oder in Salzkavernen zu lagern. Insgesamt werden in Deutschland rund 24 Milliarden Kubikmeter Erdgas im Untergrund gespeichert [50]. Damit besitzt Deutschland nach den Vereinigten Staaten, Russland und der Ukraine die viertgrößten Speicherkapazitäten weltweit. Bereits vor der Einführung von Erdgas wurde in Deutschland und Europa Stadtgas mit einem Wasserstoffanteil von teilweise mehr als 50 Prozent produziert, transportiert und im Untergrund gespeichert, wie etwa in Beynes (Frankreich), Lobodice (Tschechien), Engelbostel, Hähnlein, Kirchhellen, Bad Lauchstädt, Eschenfelden, Ketzin oder Kiel [51], [52], [53], [54]. Die ersten untertägigen Stadtgasspeicher wurden in den 50er-Jahren errichtet und nutzten den porösen Untergrund noch bevor die ersten Salzkavernen in Betrieb genommen wurden. Heute sind diese Untergrundspeicher auf Erdgas umgestellt oder aufgegeben. Reiner Wasserstoff ($H_2$-Gehalt über 95 Prozent) wird untertägig derzeit nur in Salzkavernen und nur an wenigen Standorten gespeichert: Teesside in Großbritannien und Clemens Dome, Spindletop und Moss Bluss in den Vereinigten Staaten [51], [52], [55].

**Salzkavernen** sind Hohlräume in unterirdischen Salzstöcken mit einem durchschnittlichen Volumen von 500 bis 800 Tausend Kubikmetern, die durch bis zu 2.000 Meter tiefe Bohrungen ausgesolt werden (Abbildung 8.8). Salz eignet sich besonders gut zur Speicherung von Gas, da es von Natur aus gasundurchlässig ist und die spezifischen Investitionen gering sind. In Großbritannien und den Vereinigten Staaten wird reiner Wasserstoff bereits seit Jahrzehnten in untertägigen Salzkavernen gelagert und dort von der chemischen Industrie genutzt [52], [55].

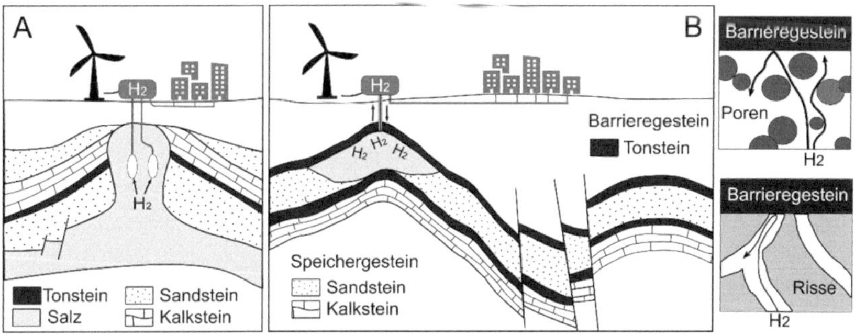


**Abb. 8.8** Untergrundspeicher. (A) Salzkavernen in künstlich erzeugten Hohlräumen eines Salzstocks. (B) Porenspeicher sind natürliche Lagerstätten. In den Poren und Rissen von Sand- und Kalksteinen können gasförmige Energieträger gespeichert werden. Das undurchlässige Barrieregestein aus Ton oder Salz verhindert das vertikale und seitliche Austreten des Gases

Diese Projekte beweisen zum einen die Eignung von Steinsalz für die Speicherung von Wasserstoff und zum anderen die großtechnische Machbarkeit und Wirtschaftlichkeit solcher Anlagen. Auch in Deutschland und Europa befinden sich unter dem Festland und der See mächtige Salzablagerungen, die für die saisonale Speicherung von Wasserstoff genutzt werden könnten [56], [57]. Insgesamt wird das Energiespeicherpotenzial in Europa auf 84,8 Petawattstunden geschätzt, davon entfallen 35,7 Petawattstunden allein auf Deutschland [56]. In welchem Umfang diese Reserven tatsächlich genutzt werden können, hängt jedoch von ökonomischen, ökologischen und sozialen Aspekten ab und bedarf weiterführender Analysen. Erste Reallaborprojekte zur nachhaltigen Speicherung und Nutzung von Wasserstoff in Salzkavernen haben im Energiepark Bad Lauchstädt (HYPOS: H2-Forschungskaverne [58], siehe Infokasten) und Rüdersdorf (HyCAVmobil [59]) begonnen.

**Porenspeicher** sind natürliche Lagerstätten mit bestimmten Speichereigenschaften: Zum einen müssen die Speichergesteine genügend Poren und Risse haben, wie etwa Sand- oder Kalksteine. Zum anderen müssen diese von einem undurchlässigen, aufgewölbtem Barrieregestein überlagert sein, wie etwa Tonstein oder Salz. Erst dieses Barrieregestein verhindert das seitliche und vertikale Austreten des Gases (Abbildung 8.8). Hierfür kommen ausgediente Kohlenwasserstofflagerstätten oder tiefe salinare Aquifere (d. h. mit Tiefenwässern gesättigte Gesteinsschichten) in Betracht, die aufgrund ihrer Ausbreitung ein enormes Speicherpotenzial besitzen. Praktische Erfahrungen mit Wasserstoffporenspeichern sind hauptsächlich auf Anwendungen in tiefen salinaren Aquiferen bei der Speicherung von Stadtgas beschränkt. Auch ausgediente Erdgaslagerstätten könnten günstige Speichermöglichkeiten als Folgenutzung bieten, da ihre Barrieregesteine aus Tonstein oder Steinsalz Gase erwiesenermaßen über Jahrmillionen zurückgehalten haben, der Untergrund bekannt ist und die vorhandene Infrastruktur genutzt werden kann [51], [52], [53], [55]. Ausschlaggebend hierfür ist, ob der untertägig gespeicherte Wasserstoff auch nach seiner Auslagerung noch den hohen Qualitätsanforderungen entspricht oder durch die Kontamination mit Restgasen aus der ausgedienten Kohlenwasserstofflagerstätte gegebenenfalls aufbereitet werden muss. Zudem stellen mikrobielle Reaktionen, die Wasserstoff verbrauchen, einen großen Unsicherheitsfaktor dar. Hier sind unter anderem die Methanogenese, Acetogenese, Sulfatreduktion und Eisen(III)-Reduktion zu nennen. Ein bekanntes Beispiel für die Umwandlung von Wasserstoff in Methan mittels methanbildender Bakterien ist das Aquifer-Stadtgasspeicherprojekt Lobodice (Tschechien) [52], [53], [60]. Auch geochemische Reaktionen wie die Reduktion von Sulfaten, Nitraten oder Eisenionen sind theoretisch möglich. So wurde beispielweise im Stadtgasspeicher Beynes (Frankreich) die Bildung von Schwefelwasserstoff auf die Reduktion von Pyrit zu Pyrrhotin zurückgeführt [61]. Ob Porenspeicher den hohen Qualitätsanforderungen von Wasserstoff entsprechen und in welchem Umfang diese innerhalb der Infrastrukturkette genutzt werden können, ist somit noch nicht abschließend geklärt.

**Projekt „H2-Forschungskaverne"**

Phase I: Entwicklung einer H2-Speicherforschungsplattform für die Speicherung von grünem Wasserstoff am Standort Bad Lauchstädt

Eckpfeiler einer versorgungssicheren Energie- und Stoffinfrastruktur mit überwiegend regenerativen Quellen ist die großvolumige, sichere und effiziente Speicherung grünen Wasserstoffs in Untergrundgasspeichern. Derzeit bieten Salzkavernen die besten Voraussetzungen für die großvolumige Wasserstoffspeicherung aus stark fluktuierenden regenerativen Energiequellen. Das Ziel des Verbundvorhabens ist die Entwicklung und Vorbereitung einer Speicherforschungsplattform (SPF) für die großindustrielle Untergrundgasspeicherung von per Elektrolyse erzeugten Wasserstoff in Salzkavernen inklusive eines funktionierenden Geschäftsmodells, welches auch die Anbindung an ein bestehendes Wasserstoffversorgungsnetz enthält. Das Vorhaben ist in die Forschungsinitiative „HYPOS – Hydrogen Power Storage & Solutions East Germany" eingebettet.

Wichtigste Ziele für Fraunhofer:

- Vergleich der am Markt verfügbaren Elektrolysetechnologien hinsichtlich der Eignung zur Kopplung mit dem anvisierten Kavernen-Setup bei verschiedenen Optionen für Standort und Versorgungssituation
- Identifikation der Vorzugsvariante hinsichtlich Positionierung und Anschlussoptionen der Multi-MW-Elektrolyse
- Entwicklung eines Auslegungsalgorithmus für den Jahresbetriebsplan der Elektrolyse auf Basis beliebiger eingespeister Stromprofile inklusive Ableitung wirtschaftlicher Kenngrößen der Wasserstoffgestehung
- Betriebsplanerstellung auf Basis des Algorithmus für verschiedene Anlagenkonfigurationen und Regelungsoptionen in Bearbeitung

**Partner:** DBI – Gastechnologisches Institut gGmbH Freiberg, VNG Gasspeicher GmbH, Fraunhofer IMWS, IfG – Institut für Gebirgsmechanik GmbH, ONTRAS Gastransport GmbH
**Forschungsvolumen:** Projektbudget: 1,3 Mio. EUR; FhG-seitiges Fördervolumen: 220.000 EUR
**Zeitplan:** Mai 2019 bis Juli 2022
**Ansprechpartner:** Marcus Tümmler (Fraunhofer IWES)

## 8.7 Weitere Speicheroptionen

Neben den geologischen Speichern kommen zur Speicherung von Wasserstoff auch andere Technologien zum Einsatz, wobei die gängigsten in diesem Abschnitt vorgestellt werden sollen. Eine technische Herausforderung bei der Speicherung stellt die im Vergleich zu anderen Brennstoffen geringe volumenbezogene Energiedichte des Wasserstoffs dar [62]. Kurzweil et al. [63] ordnet die Speichertechnologien in sechs Hauptkategorien (Abbildung 8.9). In der Literatur ebenfalls zu finden ist die Eingruppierung in physikalische und chemische Speichertechnologien [62], [64].

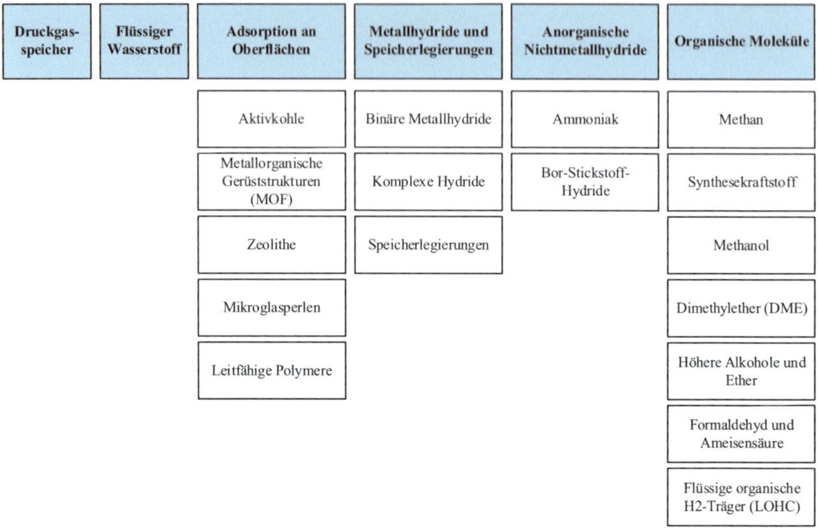


**Abb. 8.9** Übersicht von Technologien zur Speicherung von Wasserstoff. [64]

### 8.7.1 Druckgasspeicher

Der Transport von Wasserstoff in Druckbehältern wird z. B. im Verkehr bereits häufig angewendet. In Abbildung 8.10 sind einige Speichertechnologien in einem Diagramm dargestellt. Es wird deutlich, dass gasförmiger Wasserstoff eine geringe Energiedichte und gravimetrische Speicherdichte aufweist. In der Vergangenheit wurden ebenfalls Technologien wie metallorganische Gerüststrukturen (MOFs), Metallhydride, chemische Hydride oder flüssige organische Wasserstoffträger (LOHC) für den Mobilitätsbereich diskutiert; diese haben sich jedoch noch nicht durchgesetzt [65]. Um die hohen Drücke von bis zu 700 bar aufnehmen zu können, werden meist zylinderförmige Tanks verwendet und mit Kohlefasern umwickelt. Bei der Auslegung von Druckgasspeichern ist zu berücksichtigen, dass zwar die Speichermenge bei ansteigendem Druck zunimmt, aber sich gleichzeitig die zur Verdichtung notwendige Energie sowie die Wandstärke und damit das Gewicht des Tanks erhöhen. Das optimale Verhältnis dieser Parameter für die mobile Anwendung ist 700 bar [66].

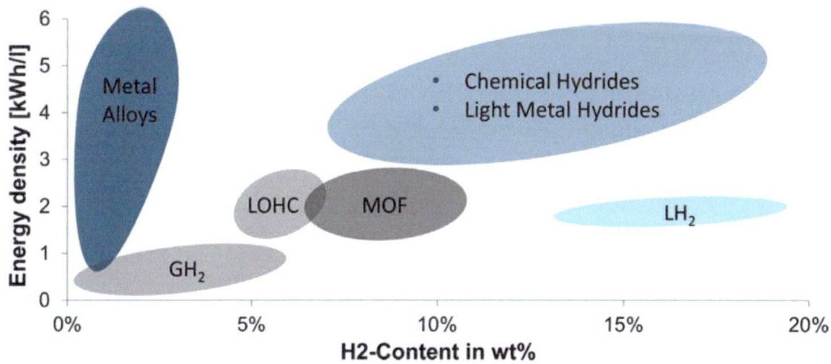


**Abb. 8.10** Vergleich ausgewählter Wasserstoffspeichertechnologien. Horizontale Achse: Gravimetrische Speicherdichte (Gewichtsverhältnis zwischen eingelagertem Wasserstoff und Speicher); vertikale Achse: Energiedichte pro Volumeneinheit. [67]

## 8.7.2 Flüssiger Wasserstoff

Um die volumetrische Energiedichte von Wasserstoff zu erhöhen, kann dieser unter eine kritische Temperatur von −252,8 °C gekühlt und dadurch verflüssigt werden [63]. Mit dem Verfahren lässt sich die Größe des Speichers deutlich reduzieren. Allerdings berichten Töpler et al. von zwei wesentlichen Herausforderungen bei flüssigen Wasserstoffspeichern: Zum einen werden allein für die Verflüssigung ca. 30 Prozent der im Wasserstoff gespeicherten Energiemenge aufgewendet [68]; außerdem ist es selbst bei guter Isolierung nicht möglich, eine Umwandlung in den gasförmigen Zustand auszuschließen, wodurch sich der Druck erhöht. Aus diesem Grund muss Wasserstoff bei Überschreiten eines zulässigen Grenzdrucks aus dem Speicherbehälter abgelassen werden [66].

## 8.7.3 Binäre Metallhydride

Der Speicherung von Wasserstoff in Form von binären Verbindungen mit einem Metallhydrid wird ein hohes Potenzial für kleine bis mittlere Anwendungen (0,01 bis 30 $Nm^3$ $H_2$) beigemessen [69]. Die Technologie befindet sich allerdings noch auf einem niedrigen Technologie-Reifegrad. Hauptvorteil ist die kompakte Bauweise, die allerdings mit einem hohen Gewicht einhergeht. Im Gegensatz zur physikalischen Adsorption, bei der die Bindung des Wasserstoffmoleküls ohne strukturelle Änderungen geschieht, wird der Wasserstoff bei Metallhydriden erst chemisch durch Dissoziation an der Oberfläche gebunden und diffundiert anschließend ab einem bestimmten Druck in das Innere des Metalls. Bei hohen Temperaturen steigt der benötigte Druck an. Überschreitet die Temperatur einen kritischen Wert, ist eine Einlagerung nicht mehr möglich. Wird der Hydrid bei Temperaturen zwischen 20 und 90 °C betrieben, spricht man von Niedertemperaturhydriden, die aktuell eine gravimetrische Speicherdichte von 0,5 bis 3 Prozent aufweisen [69], [70]. Um den Speicher zu entladen, wird die Temperatur erhöht und der Druck reduziert. Daraus folgt der Vorteil bei mobilen Anwendungen: Der Wasserstoff bleibt bei einer Beschädigung des Tanks weiterhin im Metall gebunden. Für die Freisetzung kann die Abwärme aus vor- oder nachgelagerten Prozessen im Zuge eines effizienten Energiemanagements verwendet werden.

Herausfordernd sind die aktuell hohen Kosten und das Gewicht der Speicher. Außerdem ist die Anzahl der Ladezyklen begrenzt durch Oxidschicht- und Rissbildung aufgrund der entstehenden Spannungen im Material durch den Einlagerungsprozess [71].

### 8.7.4 Flüssige organische Wasserstoffträger (LOHC)

Die wahrscheinlich vielversprechendste Alternative zu Druckgasspeichern sind flüssige organische Wasserstoffträger. Hier liegt der Wasserstoff nicht in elementarer Form vor, sondern ist durch eine chemische Reaktion (Hydrierung) gebunden an eine flüssige Trägersubstanz. Diese Reaktion benötigt einen Katalysator und läuft exotherm ab, d. h., es wird Wärme freigesetzt. Für die Rückgewinnung des Wasserstoffes (Dehydrierung) muss kontinuierlich Wärme hinzugeführt werden [72]. Vorteil sind die große Speicherdichte und ein einfacher Betankungsvorgang, der sich mit dem von Benzin oder Diesel vergleichen lässt, sodass die vorhandene Kraftstoffinfrastruktur weitestgehend genutzt werden könnte [73].

## Literatur

1. IEA (2019): The Future of Hydrogen, Seizing today's opportunities
2. H2 MOBILITY Deutschland GmbH & Co. KG: H2Live. https://h2.live/, abgerufen am 21.03.2021
3. FNB Gas (2020): Netzentwicklungsplan Gas 2020–2030, Entwurf
4. FfE Forschungsgesellschaft für Energiewirtschaft mbH (2019): Studie zur Regionalisierung von PtG-Leistungen für den Szenariorahmen NEP Gas 2020–2030
5. BMWi (2019): Reallabore der Energiewende, H2Stahl. https://www.energieforschung.de/spotlights/reallabore, abgerufen am 10.02.2021

6. VNG Gasspeicher GmbH: Energiepark Bad Lauchstädt. https://energiepark-bad-lauchstaedt.de/, abgerufen am 10.02.2021
7. Raffinerie Heide GmbH: Westküste100. https://www.westkueste100.de/, abgerufen am 10.02.2021
8. Nowega GmbH: GET H2 Nukleus. https://www.get-h2.de/projekt-nukleus/, abgerufen am 10.02.2021
9. Deutsche Energie-Agentur GmbH (dena): Strategieplattform Power-to-Gas, Projektkarte. https://www.powertogas.info/projektkarte/, abgerufen am 10.02.2021
10. Deutscher Verein des Gas- und Wassersfaches e.V. (DVGW) (2019): Mehr Wasserstoff technisch sicher verankern. Presseinformation, https://www.dvgw.de/medien/dvgw/verein/aktuelles/presse/2019-04-09_-_Wasserstoff_technisch_verankern.pdf, abgerufen am 21.03.2021
11. Deutscher Bundestag (2019): Sachstand, Grenzwerte für Wassersstoff (H2) in der Erdgasinfrastruktur. https://www.bundestag.de/resource/blob/646488/a89bbd41acf3b90f8a5fbfbcb8616df4/WD-8-066-19-pdf-data.pdf, abgerufen am 10.02.2021
12. Deutscher Bundestag (2019): Sachstand, Grenzwerte für Wassersstoff (H2) in der Erdgasinfrastruktur. https://www.bundestag.de/resource/blob/646488/a89bbd41acf3b90f8a5fbfbcb8616df4/WD-8-066-19-pdf-data.pdf, abgerufen am 10.02.2021
13. Gas for Climate (2020): European Hydrogen Backbone. How a dedicated hydrogen infrastructure can be created. https://gasforclimate2050.eu/?smd_process_download=1&download_id=471, abgerufen am 25.01.2021
14. Statista (2020): Anteil der Verbrauchergruppen am Erdgasabsatz in Deutschland in den Jahren 2010 und 2020
15. Then D., Spalthoff C., Bauer J., Kneiske T.M., Braun M. (2020): Impact of Natural Gas Distribution Network Structure and Operator Strategies on Grid Economy in Face of Decreasing Demand. Energies 13: 664
16. Then D., Bauer J., Kneiske T.M., Braun M. (2021): Interdependencies of Infrastructure Investment Decisions in Multi-Energy Systems – A Sensitivity Analysis for Urban Residential Areas. Smart Cities **4** (1), 112–145. https://doi.org/10.3390/smartcities4010007
17. Fraunhofer iEE (2020): Wasserstoff im zukünftigen Energiesystem: Fokus Gebäudewärme. Studie
18. Deutscher Verein des Gas- und Wasserfaches e.V. (DVGW) (2020): H2vorOrt. Studie
19. Fraunhofer ISE: Website zum Modell District. https://www.ise.fraunhofer.de/de/geschaeftsfelder/leistungselektronik-netze-und-intelligente-systeme/energiesystemanalyse/energiesystemmodelle-am-fraunhofer-ise/district.html, abgerufen am 24.11.2021
20. Thurner L., Scheidler A., Schäfer F. et al (2018): pandapower – an Open Source Python Tool for Convenient Modeling, Analysis and Optimization of Electric Power Systems. IEEE Transactions on Power Systems 33(6): 6510–6521
21. Lohmeier D., Cronbach D., Drauz S.R., Braun M.; Kneiske T. M. (2020): pandapipes: An Open-Source Piping Grid Calculation Package for Multi-Energy Grid Simulations. Sustainability 12: 9899

22. Fraunhofer SCAI: Website zum Modell MYNTS, https://www.scai.fraunhofer.de/de/geschaeftsfelder/network-evaluation-technologies/produkte/mynts.html, abgerufen am 24.11.2021
23. Kneiske T., Then D (2019): Urbane Energienetze: Integriert statt nur gekoppelt. https://doi.org/10.13140/RG.2.2.20287.05282
24. Kisse, J.M., Braun, M., Letzgus, S., Kneiske, T.M. (2020): A GIS-Based Planning Approach for Urban Power and Natural Gas Distribution Grids with Different Heat Pump Scenarios". Energies 13(16): 4052
25. DIRECTIVE (EU) 2019/1161 OF THE EUROPEAN PARLIAMENT AND OF THE COUNCIL of 20 June 2019, amending Directive 2009/33/EC on the promotion of clean and energy-efficient road transport vehicles. http://data.europa.eu/eli/dir/2009/33/oj, abgerufen am 24.11.2021
26. Geitmann S. (2020): HyStarter ist gestartet. https://www.hzwei.info/blog/2020/02/03/hystarter-ist-gestartet/, abgerufen am 24.11.2021
27. Shell/Gasunie (2020): Europe's largest green hydrogen project starts in Groningen". Pressemitteilung vom 27.02.2020. https://www.gasunie.nl/en/news/europes-largest-green-hydrogen-project-starts-in-groningen
28. Deutscher Verein des Gas- und Wassersfaches e.V. (DVGW) (2000): Arbeitsblatt G 472, Gasleitungen bis 10 bar Betriebsdruck aus Polyethylen (PE 80, PE 100 und PE-Xa)
29. BMBF-Projekt HYPOS H2-PIMS (2929): Abschlussbericht
30. NATURALHY-Project (2009): How does the presence of hydrogen effect pipeline integrity and what can we do about it? Groningen
31. Wortel et al (2009): NATURALHY, Final report WP3.2: Transmission pipelines
32. Gräfen H. et al (1989): Zur Frage der Schädigung von Hochdruckleitungen durch Wasserstoff und wasserstoffhaltige Gasgemische. gwf Gas Erdgas 1: 16–21
33. Savakis S. (1985): Dissertation RWTH Aachen
34. Gräfen H. et al (1988): CERT-Untersuchungen an Leitungsrohrstählen über eine Korrosionsgefährdung durch wasserstoffhaltige Gase bei hohen Drücken. Werkstoffe und Korrosion 39: 517
35. Kußmaul K. et al (1998): Einfluss von Wasserstoff auf ausgewählte Werkstoffe für den Einsatz bei Transport und Speicherung von Wasserstoff. In: Wasserstoff als Energieträger: SFB 270 Universität Stuttgart, Abschlussbericht
36. Schmitt G., Savakis S. (1991): Untersuchung zur Schädigung hochfester niedriglegierter Stähle durch Druckwasserstoff bei statischer und dynamischer Beanspruchung. Werkstoffe und Korrosion 42: 605–619
37. Cialone H.J., Holbrook, J.H. (1982): Sensitivity of Steels to Degradation in Gaseous Hydrogen. In: Raymond l. (Hrsg.): Hydrogen Embrittlement: Prevention and Control. ASTM STP962, Philadelphia, S. 134–152
38. Xu K., Rana M. (2009): Tensile und Fracture Properties of Carbon and Low Alloy Steels in High Pressure Hydrogen. In: Effects of Hydrogen on Materials. Proc. of the 2008 International Hydrogen Conference, S. 349–356
39. Briottet L., Moro I., Lemoine P. (2012): Quantifying the hydrogen embrittlement of pipeline steels for safety considerations. Int. J. of Hydrogen Energy 37(22): 17616-17623
40. Deutsches Institut für Normung (2013): DIN EN ISO 3183, Erdöl- und Erdgasindustrie – Stahlrohre für Rohrleitungssysteme. Beuth Verlag, Berlin

41. Clees T., Baldin A., Klaassen B. et al. (2021): Efficient method for simulation of long-distance gas transport networks with large amounts of hydrogen injection. Energy Conversion and Management 234: 113984
42. Hoppmann-Baum K., Hennings F., Zittel J., Gotzes U., Spreckelsen E.-M., Spreckelsen K., Koch T. (2020): From Natural Gas towards Hydrogen – A Feasibility Study on Current Transport Network Infrastructure and its Technical Control. ZIB Report
43. Schmidt M., Aßmann D., Burlacu R., Humpola J., Joormann I., Kanelakis N., Koch T., Oucherif D., Pfetsch M.E., Schewe L., Schwarz R., Sirvent M. (2017): GasLib – A Library of Gas Network Instances, Data 2, No. 4, article 40. https://doi.org/10.3390/data2040040
44. Diettrich J.C., Pluta A., Medjroubi W. (2020): SciGRID_gas: The raw LKD data set, Zenodo. https://doi.org/10.5281/zenodo.3985271
45. Koch T., Hiller B., Pfetsch M.E., Schewe L. (2015): Evaluating Gas Network Capacities. SIAM-MOS series on Optimization. https://doi.org/10.1137/1.9781611973693
46. Burlacu R., Egger H., Groß M., Martin A., Pfetsch M.E., Schewe L., Sirvent M., Skutella M. (2018): Maximizing the storage capacity of gas networks: a global MINLP approach. Optimization and Engineering 20: 543–573. https://doi.org/10.1007/s11081-018-9414-5
47. Gugat M., Leugering G., Martin A., Schmidt M., Sirvent M., Wintergerst D. (2017): MIP-Based Instantaneous Control of Mixed-Integer PDE-Constrained Gas Transport Problems. Computational Optimization and Applications. https://doi.org/10.1007/s10589-017-9970-1. http://www.optimization-online.org/DB_FILE/2017/04/5955.pdf, abgerufen 24.11.2021
48. SIMONE: https://www.liwacom.de/simone-software/
49. BMWi: Erdgasversorgung in Deutschland. https://www.bmwi.de/Redaktion/DE/Artikel/Energie/gas-erdgasversorgung-in-deutschland.html, abgerufen am 24.11.2021
50. EEK Redaktion (2020): Untertage-Gasspeicherung in Deutschland. Erdöl, Erdgas, Kohle 11/20. https://doi.org/10.19225/201101
51. Gut D. (2017): The Effects of hydrogen injection in natural gas networks for the Dutchunderground storages. RVO, Den Haag
52. Zivar D., Kumar S., Foroozesh J. (2020): Underground hydrogen storage: A comprehensive review. International Journal of Hydrogen Energy 46 (45): 23436–23462. https://doi.org/10.1016/j.ijhydene.2020.08.138
53. Heinemann N., Alcalde J., Miocic J.M., Hangx S.J., Kallmeyer J., Ostertag-Henning C. et al (2021): Enabling large-scale hydrogen storage in porous media – the scientific challenges. Energy & Environmental Science. https://doi.org/10.1039/d0ee03536j
54. MARCOGAZ Technical Association of the European Gas Industry (2017): Injection of Hydrogen/natural gas admixtures in Underground Gas Storage (UGS). WG-STO-16-08 (D085)
55. Tarkowski R. (2019): Underground hydrogen storage: Characteristics and prospects. Renewable and Sustainable Energy Reviews 105: 86–94
56. Caglayan D.G., Weber N., Heinrichs H.U., Linßen J., Robinius M., Kukla P.A., Stolten, D. (2020): Technical potential of salt caverns for hydrogen storage in Europe. International Journal of Hydrogen Energy 45 (11): 6793–6805
57. Tarkowski R., Czapowski, G. (2018): Salt domes in Poland–potential sites for hydrogen storage in caverns. International Journal of Hydrogen Energy, 43 (46): 21414–21427

58. HYPOS East Germany: H2-Forschungskaverne. hypos-eastgermany.de
59. DLR: Forschungsprojekt HyCavMobil. Institut für vernetzte Energiesysteme
60. Amigáň P., Greksak M., Kozánková J., Buzek F., Onderka V., Wolf I. (1990): Methanogenic bacteria as a key factor involved in changes of town gas stored in an underground reservoir. FEMS Microbiology Ecology 6 (3), 221–224
61. Bourgeois J.P., Aupaix N., Bloise R., Millet, J.L. (1979): Formation of hydrogen sulfide in underground storage reservoirs by reduction of sulfurous minerals in reservoir rocks. Rev. Inst. Fr. Pet. (France) 34
62. Jorschick K.H. (2019): Ein-Reaktor-Konzept und Mischgashydrierung als Verfahrensvarianten in der LOHC-basierten Wasserstoffspeicherung. Dissertation. https://doi.org/10.13140/RG.2.2.10395.41760
63. Kurzweil P., Dietlmeier O. (2015): Elektrochemische Speicher. Springer Fachmedien, Wiesbaden
64. Eberle U., Felderhoff M., Schüth F. (2009): Chemical and physical solutions for hydrogen storage. Angewandte Chemie International Edition 48:6608–6630. https://doi.org/10.1002/anie.200806293
65. Edwards R., Larivé J.-F., Rickeard D. et al (2014): Well-to-wheels report version 4.a: JEC well-to-wheels analysis: well-to-wheels analysis of future automotive fuels and powertrains in the European context. EUR, Scientific and technical research series, vol 26236. Publications Office, Luxembourg
66. Töpler J., Lehmann J. (2017): Wasserstoff und Brennstoffzelle. Springer, Berlin, Heidelberg
67. Reuß M., Grube T., Robinius M. et al (2017): Seasonal storage and alternative carriers: A flexible hydrogen supply chain model. Applied Energy 200: 290–302. https://doi.org/10.1016/j.apenergy.2017.05.050
68. Schüth F. (2009): Challenges in hydrogen storage. The European Physical Journal Special Topics 176: 155–166. https://doi.org/10.1140/epjst/e2009-01155-x
69. Tarasov B.P., Fursikov P.V., Volodin A.A. et al (2020): Metal hydride hydrogen storage and compression systems for energy storage technologies. International Journal of Hydrogen Energy 100: 2. https://doi.org/10.1016/j.ijhydene.2020.07.085
70. Schlapbach L., Züttel A. (2001): Hydrogen-storage materials for mobile applications. Nature 414: 353–358. https://doi.org/10.1038/35104634
71. Klell M., Eichlseder H., Trattner A. (2018): Wasserstoff in der Fahrzeugtechnik. Springer Fachmedien, Wiesbaden
72. Stolten D., Emonts B. (Hrsg.) (2016): Hydrogen Science and Engineering: Materials, Processes, Systems and Technology. Wiley-VCH, Weinheim
73. Arlt W. (2017): Machbarkeitsstudie: Wasserstoff und Speicherung im Schwerlastverkehr. https://www.encn.de/fileadmin/user_upload/Machbarkeitsstudie_LOHC-LKW_Teil_2.pdf, abgerufen am 24.11.2021

# 9 Wasserstofferzeugung durch Elektrolyse und weitere Verfahren

Sebastian Metz • Tom Smolinka
Fraunhofer-Institut für Solare Energiesysteme ISE

Christian I. Bernäcker • Stefan Loos • Thomas Rauscher •
Lars Röntzsch
Fraunhofer-Institut für Fertigungstechnik und Angewandte Materialforschung IFAM, Institutsteil Dresden

Michael Arnold • Arno L. Görne • Matthias Jahn •
Mihails Kusnezoff
Fraunhofer-Institut für Keramische Technologien und Systeme IKTS

Gunther Kolb
Fraunhofer-Institut für Mikrotechnik und Mikrosysteme IMM

Ulf-Peter Apfel • Christian Doetsch
Fraunhofer-Institut für Umwelt-, Sicherheits- und Energietechnik UMSICHT

**Zusammenfassung**

Der dritte Baustein der Energiewende – nach dem Ausbau der erneuerbaren Energien und dem Einsatz von elektrischen Energiespeichern – wird der Wasserstoff sein. Gerade für den Einsatz in industriellen Prozessen wie der Stahlindustrie und der chemischen Industrie sowie bei der Langstreckenmobilität, dem Schwerlasttransport oder im Flugverkehr, wo Batteriespeicher technologisch an ihre Grenzen stoßen, bieten sich Wasserstoff und auf Wasserstoff basierende synthetische Kraftstoffe an. Später wird die Anwendung auch in der Rückverstromung und teilweise auch im Wärmesektor an Bedeutung gewinnen. Die



R. Neugebauer (Hrsg.), *Wasserstofftechnologien*,
https://doi.org/10.1007/978-3-662-64939-8_9

Kopplung mit regenerativen Energiequellen (Windkraft, Photovoltaik) und die sektorübergreifende Vernetzung des Energiesystems werden erst mittels Wasserstofferzeugung durch Elektrolyse möglich.

Im Folgenden werden die verschiedenen marktverfügbaren bzw. in der Markteinführung befindlichen Technologien zur Wasserstofferzeugung vorgestellt und bezüglich ihrer Vor- und Nachteile beschrieben. Während sich die alkalische Elektrolyse schon seit Jahrzehnten im Markt etabliert hat, befindet sich die PEM-Elektrolyse in der Phase des Scale-Ups und der Kostendegression. Aussichtsreiche weitere – noch in der Entwicklung bzw. in der Demonstrationsphase befindliche – Technologien sind die Hochtemperaturelektrolyse und die alkalische Membranelektrolyse. Diesen „grünen“ Verfahren zur Wasserstofferzeugung werden sowohl die bisherigen Verfahren (grauer Wasserstoff: Erdgas-Dampfreformierung) als auch neue, auf fossilen Energien basierende Verfahren (blauer/türkiser Wasserstoff) gegenübergestellt. Im Ausblick werden photokatalytische und biologische Verfahren vorgestellt.

## 9.1 Verfahren zur Wasserstofferzeugung

Heute wird der größte Anteil an Wasserstoff über die Dampfreformierung von Erdgas erzeugt, wobei große Mengen an Kohlendioxid ($CO_2$) freigesetzt werden. Bei der Produktion von einer Tonne Wasserstoff entstehen so rund zehn Tonnen $CO_2$. Die endotherme Reformierung benötigt zudem Energie, sodass zusätzliches Erdgas verbrannt werden muss, um die Reaktion im Gang zu halten. Ein Großteil dieses sogenannten grauen Wasserstoffs wird in Raffinerien für die Rohölaufbereitung und damit die Massenproduktion von Kraft- und Schmierstoffen, in der Ammoniaksynthese (letztendlich zur Herstellung von Düngemitteln) und zur Herstellung von chemischen Grundstoffen wie Methanol, höheren Alkoholen und Aminen benötigt (Abbildung 9.1). Darüber hinaus wird er in der Fischer-Tropsch-Synthese zur Herstellung von synthetischen Treibstoffen eingesetzt. Neben Erdgas wird auch Kohle als fossiler Rohstoff eingesetzt. In einer hydrothermalen Vergasung mit Wasserdampf wird Wasserstoff erzeugt, der auch als schwarzer Wasserstoff bezeichnet wird. Von blauem Wasserstoff ist die Rede, wenn das bei der Dampfreformierung freigesetzte $CO_2$ abgetrennt und in Lagerstätten im geologischen Untergrund gespeichert wird (Carbon Capture and Storage, CCS). Das $CO_2$ gelangt so zwar nicht in die Atmosphäre, aber die Herausforderung besteht in seiner dauerhaften und sicheren Lagerung. Der sogenannte türkise Wasserstoff wird ebenfalls aus Erdgas erzeugt, wobei Methan durch die Zufuhr von thermischer oder

**Abb. 9.1** Wasserstofferzeugung und -anwendungen weltweit. (Eigene Darstellung basierend auf IEA)

elektrischer Energie in seine Bestandteile Kohlenstoff als Feststoff und gasförmigen Wasserstoff gespalten wird. Bei dem Verfahren selbst wird daher kein $CO_2$ freigesetzt, sofern der endotherme Prozess mit $CO_2$-freier Energie betrieben wird. Jedoch sind die dauerhafte Bindung des Kohlenstoffs sowie die nicht vollständig vermeidbaren Vorkettenemissionen wie bei allen erdgasbasierten Herstellprozessen zu berücksichtigen.

Sowohl bei der Dampfreformierung als auch bei der Methanpyrolyse besteht ferner die Möglichkeit, Biogas anstelle von Erdgas zu verwenden. Im Hinblick auf die Nachhaltigkeit ist dabei vor allem der Einsatz biogener Reststoffe vorteilhaft. Allerdings müssen die gesamte Prozesskette und die damit verbundenen Emissionen in Abhängigkeit der verwendeten Einsatzstoffe wie Abfall- oder Reststoffe betrachtet werden. Ein bereits etablierter Pfad zur Herstellung von Wasserstoff unter Einsatz elektrischer Energie ist die Chlor-Alkali-Elektrolyse, bei der Wasserstoff als Nebenprodukt anfällt. Der Anteil an der gesamten Wasserstoffproduktion ist jedoch gering.

Langfristig müssen grüner Wasserstoff und dessen Syntheseprodukte die bedeutendste Rolle beim Aufbau einer nachhaltigen Wasserstoffwirtschaft spielen. Grüner Wasserstoff wird zu großen Teilen über Wasserelektrolyse hergestellt, wofür ausschließlich Strom aus erneuerbaren Energien und gereinigtes Wasser zum Einsatz kommen (Abbildung 9.2). Damit erfolgt die Herstellung von Wasserstoff wei-

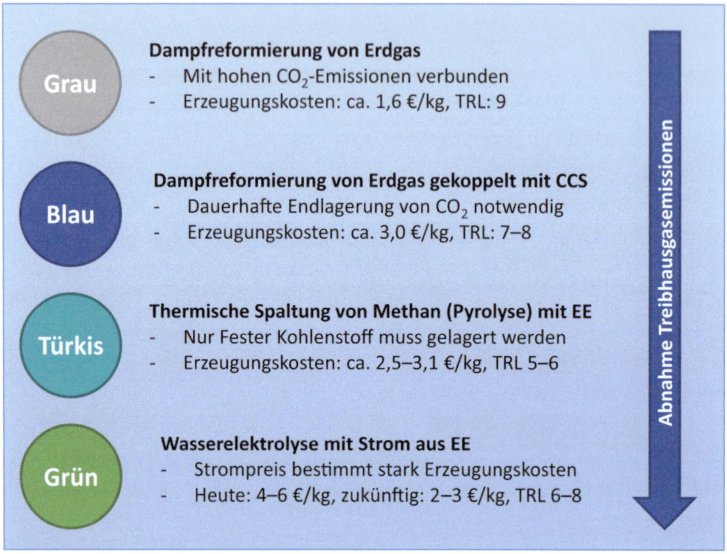


**Abb. 9.2** Vergleich der verschiedenen Herstellverfahren von Wasserstoff im Hinblick auf aktuelle Defizite und Herstellkosten. (Eigene Darstellung)

testgehend emissionsfrei. Allerdings wird grüner Wasserstoff derzeit unterschiedlich definiert. Das Bundesministerium für Wirtschaft und Energie (BMWi) sowie das Bundesministerium für Bildung und Forschung (BMBF) bezeichnen Wasserstoff dann als grün, wenn er mittels Elektrolyse aus erneuerbaren Energien produziert wird. Dagegen sind die Definitionen von Prüforganisationen wie dem TÜV oder die europäischen CertifHy-Herkunftsnachweise hinsichtlich der möglichen Herstellungsverfahren oder einsetzbaren erneuerbaren Energien breiter gefasst. Es wird erwartet, dass es zumindest auf europäischer Ebene in der nächsten Zeit zu einer Harmonisierung der Definitionen kommt.

Gegenwärtig ist grüner Wasserstoff im Mittel etwa doppelt so teuer wie blauer Wasserstoff und etwa dreimal teurer als grauer Wasserstoff. Durch den Anstieg der $CO_2$-Abgaben und die Potenzialgrenzen kostengünstiger $CO_2$-Speicher werden grauer und blauer Wasserstoff ihr Kostenniveau in Zukunft kaum weiter senken können. Die Kosten für die Bereitstellung grünen Wasserstoffs werden perspektivisch jedoch sinken, wenn Effizienz und Langzeitstabilität der angewendeten Elektrolyseprozesse gesteigert, geeignete regulative Rahmenbedingungen gesetzt und eine bedarfsgerechte Wasserstoffinfrastruktur aufgebaut sein werden.

Zur Erzeugung von grünem Wasserstoff sind verschiedene Elektrolyseverfahren nutzbar, welche sich vor allem durch die Betriebstemperatur und den Entwicklungsstand voneinander unterscheiden. Die Auswahl der geeigneten Technologie hängt von den Umgebungs- und Betriebsbedingungen ab und wird in Abschnitt 9.2 erläutert. Eine weitere Möglichkeit zur grünen Wasserstofferzeugung bieten biotechnologische Verfahren oder Konzepte zur Gewinnung von solarem Wasserstoff mittels Photokatalyse. Die photokatalytische Wasserspaltung wird derzeit im Labormaßstab erprobt und verspricht zukünftig Kostenvorteile durch eine geringe Systemkomplexität und den Einsatz großtechnisch erprobter Technologien aus der Photovoltaik-Industrie. In den nachfolgenden Abschnitten werden die Verfahren der Elektrolyse und weitere innovative Verfahren detaillierter behandelt.

## 9.2 Wasserstofferzeugung durch Elektrolyse

### 9.2.1 Grundlagen der Wasserelektrolyse

#### Einführung

Allgemein wird die elektrochemische Spaltung von Wasser mithilfe elektrischer Energie in seine Bestandteile Wasserstoff und Sauerstoff als Wasserelektrolyse bezeichnet. Die Spaltung von Wasser ist ein endothermer Prozess. Die grundlegende Reaktionsgleichung lautet:

$$H_2O \rightleftarrows H_2 + \frac{1}{2} O_2 \quad \Delta H_R = 286\,\mathrm{kJ/mol} \tag{9.1}$$

Dies entspricht der entgegengesetzten Richtung der in einer Brennstoffzelle ablaufenden Reaktion, bei der Wasserstoff und Sauerstoff unter Gewinn von elektrischer Energie zu Wasser reagieren. Das Wasser kann dem Prozess entweder flüssig oder dampfförmig zugeführt werden; Sauerstoff und Wasserstoff werden als Gase erzeugt.

Die heute technisch relevanten Verfahren sind die alkalische Elektrolyse mit einem flüssigen basischen Elektrolyten (AEL), die saure Elektrolyse mit einem polymeren Festelektrolyten (PEMEL) und die Hochtemperaturelektrolyse mit einer Festoxidkeramik als Elektrolyt (SOEL). Es existieren aber noch weitere elektrochemische Verfahren, die zur Wasserspaltung genutzt werden können und die sich derzeit in der Entwicklung befinden (Abbildung 9.3). Dies sind die alkalische Membranelektrolyse, welche mit einer für $OH^-$-Ionen leitfähigen Membran (alkaline electrolyte membrane electrolysis, AEMEL) arbeitet; die protonenleitende

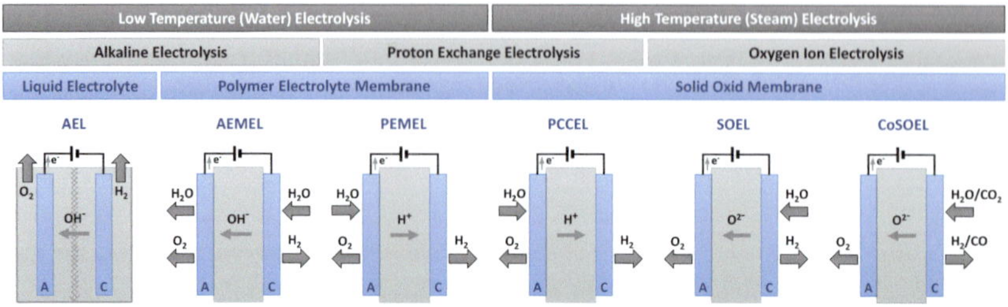


**Abb. 9.3** Schematische Darstellung der verschiedenen Verfahren der Wasserelektrolyse. Links: Tieftemperaturelektrolyse. Rechts: Hochtemperaturelektrolyse. (Fraunhofer ISE)

**Tab. 9.1** Halbzellenreaktionen, typische Temperaturbereiche und Ladungsträger der drei wesentlichen Arten der Wasserelektrolyse

| Verfahren | Temperatur | Kathodenreaktion | Ladungsträger | Anodenreaktion |
|---|---|---|---|---|
| AEL | 70–90 °C | $2H_2O + 2e^- \rightarrow H_2 + 2OH^-$ | $OH^-$ | $2OH^- \rightarrow \frac{1}{2}O_2 + H_2O + 2e^-$ |
| AEMEL | 50–70 °C | $2H_2O + 2e^- \rightarrow H_2 + 2OH^-$ | $OH^-$ | $2OH^- \rightarrow \frac{1}{2}O_2 + H_2O + 2e^-$ |
| PEMEL | 50–80 °C | $2H^+ + 2e^- \rightarrow H_2$ | $H^+$ | $H_2O \rightarrow \frac{1}{2}O_2 + 2H^+ + 2e^-$ |
| PCCEL | 450–600 °C | $2H^+ + 2e^- \rightarrow H_2$ | $H^+$ | $H_2O \rightarrow \frac{1}{2}O_2 + 2H^+ + 2e^-$ |
| SOEL | 650–850 °C | $H_2O + 2e^- \rightarrow H_2 + O^{2-}$ | $O^{2-}$ | $O^{2-} \rightarrow \frac{1}{2}O_2 + 2e^-$ |
| CoSOEL | 700–900 °C | $H_2O + 2e^- \rightarrow H_2 + O^{2-}$<br>$CO_2 + 2e^- \rightarrow CO + O^{2-}$<br>$CO_2 + H_2 \rightleftarrows CO + H_2O$ | $O^{2-}$ | $O^{2-} \rightarrow \frac{1}{2}O_2 + 2e^-$ |

Hochtemperaturelektrolyse auf Keramikbasis (proton conducting ceramic electrolysis, PCCEL); sowie die ebenfalls auf Festoxid-Zellen basierende Co-Elektrolyse (CoSOEL) zur Synthesegasproduktion (CO + $H_2$) durch direkte $CO_2$-Reduktion und Wasserspaltung in einer Zelle. Hierbei läuft parallel die reverse Wassergas-Shift-Reaktion (rWGS) mit CO-Produktion ab. Die Halbzellenreaktionen an der Kathode (Hydrogen Evolution Reaction, HER) und Anode (Oxygen Evolution Reaction, OER) variieren entsprechend des verwendeten Elektrolyten und sind in Tabelle 9.1 zusammengefasst.

Wesentliches Unterscheidungsmerkmal der verschiedenen Verfahren ist die Wahl des Elektrolyten. Er bestimmt die Art der Ladungsträger (Ionen $H^+$, $OH^-$ oder aber $O^{2-}$) und damit indirekt die Betriebstemperatur der Zelle, da für eine ausreichend hohe ionische Leitfähigkeit des Elektrolyten eine Mindesttemperatur notwendig ist. Durch die Festlegung der Temperatur und des pH-Werts ist auch das Katalysatormaterial vorgegeben, da die Elektroden in diesem Betriebsfenster eine ausreichend hohe elektrochemische Aktivität für die Wasserstoff- und Sauerstoffentwicklung aufweisen und ferner langzeitstabil sein müssen. Auf die Art der Materialien und der Zellkonstruktionen sowie weitere Aspekte des Systems der einzelnen Technologien wird in den nächsten Abschnitten eingegangen.

Bei Standardbedingungen (298,15 K und 101,325 kPa) beträgt der für die Wasserspaltung nach Gleichung 9.1 benötigte Energieaufwand $\Delta H_R^0 = 285{,}8\,\mathrm{kJ/mol}$ und entspricht somit dem Brennwert von Wasserstoff. Die Reaktionsenthalpie setzt sich nach der Gibbs-Helmholtz-Gleichung aus zwei Anteilen zusammen:

$$\Delta H_R = \Delta G_R + T \Delta S_R \tag{9.2}$$

Die freie Reaktionsenthalpie (Gibbs Energy) $\Delta G_R$ beschreibt die erforderliche Mindestenergie, die der Reaktion als elektrische Energie zugeführt werden muss. Sie entspricht bei Standardbedingungen dem Heizwert des Wasserstoffs und hat einen Wert von $\Delta G_R^0 = 237,2\,\mathrm{kJ/mol}$. Das Produkt aus der Temperatur $T$ und der Reaktionsentropie $\Delta S_R$ aus Gleichung 9.2 ist der Anteil an der Reaktionsenthalpie, der der Reaktion auch als thermische Energie zugeführt werden kann. Anders als bei den Hochtemperaturverfahren (Abbildung 9.3) kann die Elektrolyse bei niedrigen Temperaturen (alkalische Elektrolyse und PEM-Elektrolyse) jedoch keine (bzw. kaum) Wärme aus der Umgebung aufnehmen. Die fehlende Wärmeenergie muss stattdessen ebenfalls als elektrische Energie in den Prozess eingebracht werden.

Die oben genannten Werte gelten für die Standardbedingungen bei 298,15 K, variieren jedoch mit der Prozesstemperatur. Die Temperaturabhängigkeit der thermodynamischen Größen ist in Abbildung 9.4 als Diagramm dargestellt. Die Unstetigkeit bei 100 °C (373,15 K) geht auf den Phasenübergang des Wassers von flüssig zu dampfförmig zurück. Während die Reaktionsenthalpie $\Delta H_R$ bei $T >$ 373,15 K (100 °C) in erster Näherung weitgehend temperaturunabhängig ist, zeigen die freie Reaktionsenthalpie $\Delta G_R$ und der Entropieteil $T\Delta S_R$ eine deutliche Temperaturabhängigkeit, die aus der Temperaturabhängigkeit der Wärmekapazitäten der beteiligten Stoffe resultiert. Mit steigender Temperatur sinkt die freie Reaktionsenthalpie $\Delta G_R$; gleichzeitig steigt das Produkt aus Temperatur und Entropie $T\Delta S_R$. Bei steigender Betriebstemperatur sinkt somit der Mindestanteil an der Reaktionsenthalpie, welcher für die Zersetzungsreaktion als elektrische Energie zugeführt werden muss. Dies begründet den wesentlichen Vorteil der Hochtemperaturelektrolyse, sofern für den Prozess auf die Nutzung von Hochtemperaturwärme zurückgegriffen werden kann.

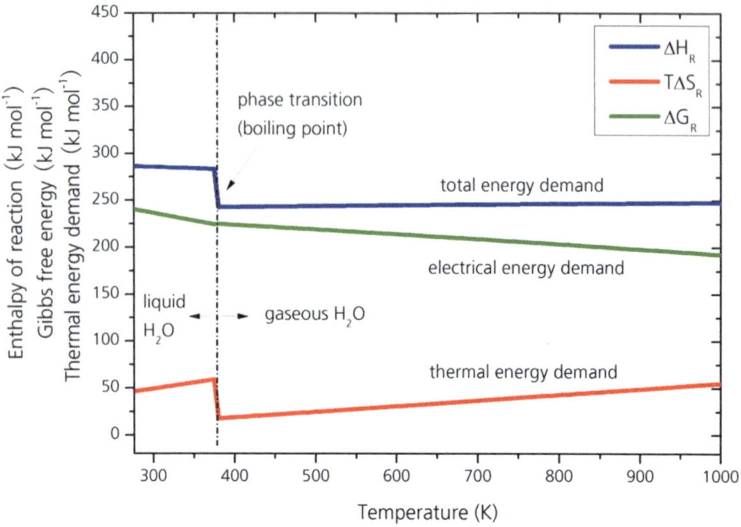


**Abb. 9.4** Abhängigkeit der thermodynamischen Zustandsgrößen $\Delta H_R$ und $\Delta G_R$ von der Temperatur für die Zersetzung von flüssigem und gasförmigem Wasser bei 101,325 kPa. (Fraunhofer ISE)

Da es sich bei der Elektrolyse um ein elektrochemisches Verfahren handelt, können aus den Reaktionsenthalpien die notwendigen Spannungen berechnet werden, die zum Betrieb der Elektrolysezellen notwendig sind. Die reversible Zellspannung berechnet sich aus der freien Reaktionsenthalpie $\Delta G_R^0$ zu $V_{\mathrm{rev}}^0 = 1{,}23\,\mathrm{V}$ und entspricht der Zellspannung einer Brennstoffzelle, die unter idealisierten Bedingungen betrieben wird. Für die Niedertemperaturelektrolyse kann jedoch keine Wärme eingekoppelt werden und somit entspricht der minimale Energieaufwand zur Wasserspaltung bei Standardbedingungen der Reaktionsenthalpie $\Delta H_R^0$, aus der sich die minimale (thermoneutrale) Zersetzungsspannung $V_{\mathrm{th}}^0 = 1{,}48\,\mathrm{V}$ berechnen lässt. Bei Temperaturen von ca. 800 °C reduziert sich der Elektrizitätsbedarf $\Delta G_R$ um ca. 25 Prozent, und die theoretische Zersetzungsspannung $V_{\mathrm{rev}}$ sinkt auf Werte um 1,0 V.

Im realen Betrieb einer Elektrolysezelle können diese idealen Zellspannungen jedoch nicht erreicht werden, da die Konzentrationsabhängigkeit der Spannung berücksichtigt werden muss, welche durch die Nernst-Gleichung beschrieben wird:

$$V_{\mathrm{Nernst,H_2}} = -\frac{\Delta G_R(p, T, \mathrm{H_2\text{-}Ox})}{2F} - \frac{RT}{2F} \ln \frac{x_{\mathrm{H_2O}}}{x_{\mathrm{H_2}}\, x_{\mathrm{O_2}}^{1/2}} \tag{9.3}$$

Darüber hinaus treten zusätzliche Verlustmechanismen beim Aufprägen eines Stromflusses auf, die im realen Betrieb zu einer Erhöhung der Betriebsspannung führen und damit zu einer Senkung des Wirkungsgrades:

- **Ohmsche Verluste**: Dem Elektronenfluss und auch dem Ionenfluss werden in einer Elektrolysezelle Widerstände entgegengesetzt. Sie entstehen vor allem durch den ionischen Widerstand des Elektrolyten, die elektrischen Innenwiderstände der Elektroden und durch Kontaktwiderstände.
- **Kinetische Verluste**: Sie treten jeweils an Anode und Kathode auf, bedingt durch den geschwindigkeitslimitierten Übertritt der Elektronen an der Grenzfläche von Elektrode und Elektrolyt. Diese Verluste erzeugen Überspannungen an der Elektrode, welche der Reaktionsrichtung entgegenwirken. Die Überspannungen auf der Wasserstoffseite (Kathode) fallen deutlich geringer aus als die Überspannungen auf der Sauerstoffseite (Anode).
- **Verluste durch Massentransportlimitierungen**: Diese Verluste entstehen durch Behinderungen des Zu- oder Abtransports von Gasen und Flüssigkeiten zur Elektrode. Infolge der Unterversorgung der elektrochemischen Reaktion mit Reaktanden kommt es dann zu einer Senkung des Stoffumsatzes an der Elektrode. Zur Aufrechterhaltung des Stoffumsatzes muss sich folglich die Überspannung als treibende Kraft an der Elektrode erhöhen. Ein bekanntes Beispiel für diesen Mechanismus ist die sogenannte Gasblasenüberspannung bei Gas entwickelnden Elektroden im flüssigen Elektrolyten, wie sie auch bei der alkalischen Wasserelektrolyse zum Einsatz kommen.

Obwohl sich die nicht vermeidbaren Verluste bei der Aufprägung eines Stromflusses auf die Zelle unterschiedlich stark auswirken, führen sie bei allen Elektrolysetechnologien zu einer Erhöhung der realen Zellspannung gegenüber der idealen Zellspannung. Folglich muss mit steigender Stromdichte mehr Energie zugeführt werden und der Wirkungsgrad der Elektrolysezelle wird kleiner. Da die Wasserstoffproduktionsrate proportional zum zugeführten Strom ist (Faradaysches Gesetz), richten sich die Entwicklungsarbeiten für neue Materialien und Komponenten darauf, möglichst hohe Stromdichten bei geringen Zellspannungen zu erreichen. Es muss also ein Kompromiss zwischen hohem Wirkungsgrad (geringe Betriebskosten) und hoher Stromdichte (geringe Anschaffungskosten) gefunden werden.

Die oben genannten Verluste wirken sich unterschiedlich stark in den verschiedenen Elektrolysetechnologien aus. Abbildung 9.5 zeigt typische Spannungs-Stromdichte-Kennlinien für die drei technisch relevanten Verfahren AEL, PEMEL

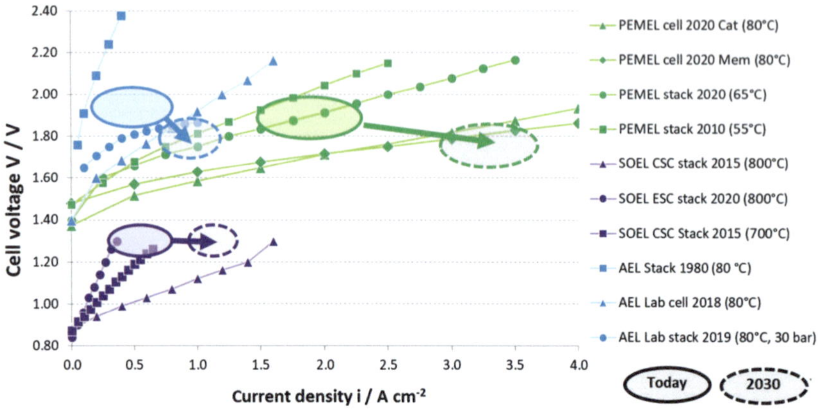


**Abb. 9.5** Vergleich der verschiedenen Spannungs-Strom-Kennlinien für die drei wesentlichen Verfahren AEL, PEMEL und SOEL sowie Abschätzung typischer Betriebspunkte für heute und 2030. (Fraunhofer ISE)

und SOEL. In der Abbildung ist auch die zukünftige Entwicklung bis ca. 2030 abgeschätzt.

Die alkalische Elektrolyse wird mit nickelbasierten Elektroden und bei Temperaturen um 80 °C sowie Stromdichten zwischen 0,2 und 0,6 A/cm$^2$ betrieben, wobei die Zellspannungen unter 1,9 V liegen. Neuere Entwicklungen mit aufwändigeren Elektroden eignen sich auch für Stromdichten bis zu 1,0 A/cm$^2$ bei gleichen Zellspannungen. Zukünftig sollen bei Zellspannungen um 1,8 V auch Stromdichten von über 1,0 A/cm$^2$ ermöglicht werden.

Die PEM-Elektrolyse kann durch ihre edelmetallhaltigen Elektroden und die sehr kompakte Bauweise bei ca. 60 °C hohe Stromdichten von ca. 2,0 A/cm$^2$ erreichen. Die Zellspannungen liegen dabei bei 1,8 bis 1,9 V und sind somit vergleichbar mit jenen der alkalischen Elektrolyse. Vor allem durch den Einsatz verbesserter Membranen soll bis zum Jahr 2030 die Stromdichte auf deutlich über 3,0 A/cm$^2$ erhöht und die Zellspannung dabei auf ca. 1,7 V gesenkt werden. Die Hochtemperaturelektrolyse als vergleichsweise junge Technologie hat ebenfalls ein hohes Entwicklungspotenzial. Durch ihre hohen Betriebstemperaturen liegt die typische Zellspannung bei nur 1,3 V. Dies wird sich in den nächsten Jahren nicht wesentlich ändern, aber dafür soll die Stromdichte deutlich erhöht werden.

Auch hinsichtlich der Lebensdauer des Zellstapels wird von einer deutlichen Verbesserung mit zunehmender technologischer Reife der Zellen ausgegangen. Basierend auf einer Literaturstudie zu den Lebensdauerprognosen in Herz et al. [1]

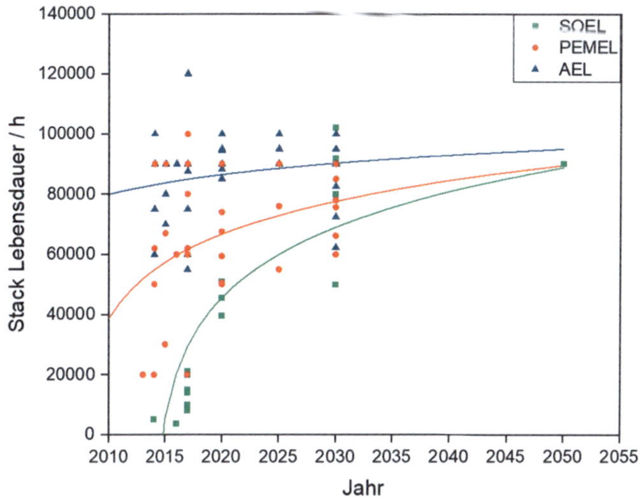


**Abb. 9.6** Lebensdauervorhersage für die unterschiedlichen Elektrolysetechnologien, angepasst nach Herz et al. (Fraunhofer IKTS nach [1])

zeigt Abbildung 9.6 eine angepasste Darstellung für die drei Technologien AEL, PEMEL und SOEL. Obwohl heute noch deutliche Unterschiede in der Lebensdauer existieren, werden in den nächsten Jahrzehnten Betriebsstunden von über 80.000 h für alle drei Verfahren erwartet, bevor ein Austausch einzelner Zellen oder kompletter Stacks notwendig wird. Bei diesen Angaben muss in der Einsatzstrategie allerdings berücksichtigt werden, dass die Betriebsweise des Elektrolysesystems einen erheblichen Einfluss auf die Lebensdauer der Zellen haben kann.

## Kurzer historischer Abriss

Das Prinzip der elektrochemischen Zersetzung von Wasser in einer Elektrolysezelle ist bereits seit mehr als 230 Jahren bekannt. Die erste elektrochemische Erzeugung von Wasserstoff mittels Elektrizität wurde bereits 1789 von van Troostwijk und Deiman mit einem elektrostatischen Generator als Gleichstromquelle durchgeführt [2]. Kurz nachdem Volta im Jahr 1800 die Voltasche Säule entwickelt hatte, nutzten Carlisle und Nicholson ein solches Gerät, um Wasser in Wasserstoff und Sauerstoff zu zerlegen [3]. Im selben Jahr führte Ritter in Jena vergleichbare Experimente durch. Darüber hinaus nutzte Cruickshank zu Beginn des 19. Jahrhunderts eine Voltaische Batterie zur elektrochemischen Zersetzung von NaCl-Lösungen zu Wasserstoff und Chlor. Dennoch dauerte es Jahrzehnte, bis diese Verfahren in ersten technischen Anwendungen zum Einsatz kamen. Um 1890 konstruierte Charles Renard eine Wasserelektrolyse-Anlage zur Erzeugung von Wasserstoff für französische Militärluftschiffe. Der weltweit erste Elektrolyseur, der in der Architektur eines Zellstapels (Filterpresse) gebaut worden war, wurde 1899 von Oscar Schmidt (Fa. Oerlikon) patentiert (R.P. 111131) und im August 1900 in Zürich zur Hauptversammlung der Deutschen Elektrochemischen Gesellschaft vorgestellt [4]. Man schätzt, dass um 1900 weltweit mehr als 400 industrielle alkalische Wasserelektrolyseure in Betrieb waren [5]. Zudem begann der großtechnische Einsatz des Chlor-Alkali-Verfahrens, unter anderem durch die Firma Griesheim-Elektron am damals größten Standort in Bitterfeld. Später wurden in der ersten Hälfte des 20. Jahrhunderts verschiedene Typen kommerzieller alkalischer Wasserelektrolyseure entwickelt, um den für die Produktion von Ammoniakdünger benötigten Wasserstoff auf der Basis kostengünstiger Wasserkraft zu erzeugen. Sowohl in Trail in Kanada, in Rjukan und Glomfjord in Norwegen, am Assuan-Staudamm in Ägypten und anderswo entstanden große Anlagen atmosphärischer Elektrolyseure mit Anschlussleistungen über 100 MW [6]. Auch die Erzeugung von schwerem Wasser hat in dieser Zeit zur Kommerzialisierung der Wasserelektrolyse beigetragen. In der zweiten Hälfte des 20. Jahrhunderts verdrängte die kostengünstigere Erzeugung von Wasserstoff durch Dampfreformierung von Methan zunehmend die Wasserelektrolyse, und gegen Ende des 20. Jahrhunderts wurde das Verfahren nur noch in Nischenanwendungen eingesetzt.

Die Arbeiten zur PEM-Elektrolyse starteten bereits in den 1960er-Jahren mit dem Gemini-Raumfahrprogramm. Der entscheidende Durchbruch gelang dann bei General Electric in den frühen 1970er-Jahren [7] durch den Einsatz der Nafion®-Membran von DuPont, die Walter G. Groth einige Jahre zuvor entwickelt hatte [8]. In den ersten zwanzig Jahren orientierten sich die Entwicklungsarbeiten aufgrund der hohen Materialkosten fast ausschließlich auf Labor-, Militär- und Weltraumanwendungen, obwohl General Electric auch Konzepte zur großskaligen Nutzung entwickelte [9]. Erste Schritte zur Erschließung weiterer Märkte unternahm dann BBC mit dem 100-kW-MEMBREL-PEM-System in den 1980er-Jahren [10]. Ebenfalls in den späten 1960er-Jahren begannen auch General Electric und das Brookhaven National Laboratory mit der Entwicklung der Hochtemperaturelektrolyse mit Festoxidzellen [11]. In Deutschland verfolgte Dornier im Rahmen des BMBF-Projekts HOT ELLY (High Operating Temperature ELectroLYsis) die Entwicklung von tubularen HTEL-Zellen in den Jahren 1975 bis 1987 [12]. Doch trotz aller technischen Fortschritte erfolgte keine breite Kommerzialisierung dieser Verfahren, da sie nicht konkurrenzfähig gegenüber der Dampfreformierung waren. Neues Interesse an der Wasserelektrolyse entstand wieder seit der Mitte der 1980er-Jahre, als Wasserstoff als grüner Energieträger in Verbindung mit erneuerbaren Energiequellen wie Wind- und Solarenergie betrachtet wurde. In wegweisenden Projekten wie HySolar des DLR oder Solar Wasserstoff Bayern in Neunburg vorm Wald [13] konnte die Kopplung der Wasserelektrolyse mit erneuerbaren Energien erfolgreich demonstriert werden. Doch erst in den letzten zehn Jahren ist mit der Verabschiedung ambitionierter nationaler Klimaschutzprogramme das weltweite Interesse an der Wasserelektrolyse deutlich gestiegen und sie gilt als zentrale Technologie für die Sektorkopplung.

### 9.2.2 Alkalische Wasserelektrolyse

Ein alkalischer Elektrolyseur besteht neben den peripheren Anlagen (Gastrocknung, Kompressoren, Pumpen, Gleichrichter etc.) hauptsächlich aus einem Stapel von mehreren Elektrolysezellen, in denen an den beiden Elektroden mittels elektrischen Stroms Wasser in $H_2$ (Kathode) und $O_2$ (Anode) gespaltet wird. Der prinzipielle Aufbau einer einzelnen alkalischen Elektrolysezelle ist in Abbildung 9.7 dargestellt. Dabei wird der Kathoden- vom Anodenraum (die sogenannten Halbzellen) durch eine gasundurchlässige Membran bzw. ein Diaphragma getrennt. Als Elektrolyt kommt dem allgemeinen Stand der Technik gemäß eine wässrige, üblicherweise 30%-ige KOH-Lösung bei typischen Prozesstemperaturen zwischen 70 und 90 °C zum Einsatz.

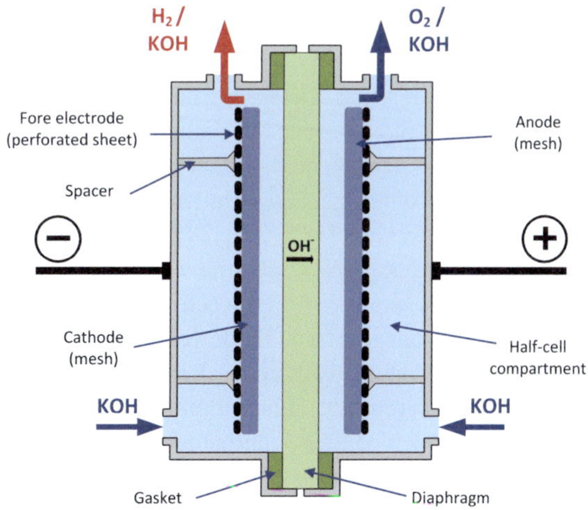


**Abb. 9.7** Prinzipieller Aufbau einer alkalischen Elektrolysezelle. (Fraunhofer ISE)

Die Beschaffenheit der Elektroden richtet sich nach zwei Hauptfaktoren: erstens niedrige Überspannung und zweitens hohe Langlebigkeit des Elektrokatalysatormaterials und der Elektrodenstruktur. Die Überspannung $\eta$ an einer Elektrode ist definiert als die Differenz zwischen dem reversiblen Potenzial (thermodynamisches Ideal) für die entsprechende Halbzellenreaktion (Tabelle 9.1) und dem tatsächlich notwendigen Potenzial, das für die Produktion von $H_2$ bzw. $O_2$ angelegt werden muss. Die branchenbekannten Zellspannungswerte in alkalischen Elektrolyseuren belaufen sich auf 1,65 bis 2,0 V, was einem spezifischen Energieverbrauch von 4,0 bis 4,8 kWh pro erzeugtem Normkubikmeter $H_2$ entspricht (Elektrolyse-Wirkungsgrad von 73 bis 88 Prozent bezogen auf den Brennwert (HHV) von $H_2$). Generell steigt die Elektrodenüberspannung mit zunehmender Stromdichte an, sodass auf technischem Maßstab aktuell typischerweise mit Stromdichten von 0,2 bis 0,6 $A/cm^2$ gearbeitet wird.

Für die Kathoden, an denen es zur $H_2$-Bildung kommt (HER), ist Platin das geeignetste Katalysatormaterial, da es eine sehr geringe Überspannung aufweist. Allerdings ist es – wie auch andere Edelmetalle – aufgrund des hohen Materialpreises nicht marktfähig. Deshalb wurden verschiedene preiswertere Materialien, die ebenfalls eine hohe HER-Aktivität (geringe Überspannung) aufweisen, entwickelt. Hier zeigen vor allem Raney-Ni- und Ni-Mo-Verbindungen die besten Eigenschaften [14], [15], [16], [17], [18], [19], [20], [21], [22], [23]. Die heute technisch am weitesten verbreiteten Elektrodenkatalysatormaterialien sind Schichten aus Raney-Ni, die auf metallischen Trägerblechen aufgebracht werden. Im Vergleich zu glatten Oberflächen weisen Raney-artige Schichten eine für die Reaktion deutlich höhere effektive Oberfläche sowie eine erhöhte Strukturdefektdichte auf. Deshalb kann bei gleicher effektiver Stromdichte eine niedrige HER-Überspannung erzielt werden. Auf Seiten der Anode, wo die $O_2$-Entwicklungsreaktion (OER) abläuft, sind hauptsächlich Ni-haltige Verbindungen entwickelt worden [24], [25]. Die dominierende Rolle spielen hierbei Raney-Ni- und Ni-X-Verbindungen (X = Co, Fe), deren Aktivität durch gezieltes Dotieren mit anderen Übergangsmetallen weiter gesteigert werden kann [18], [26], [27], [28].

Neben den elektrochemischen und mechanischen Eigenschaften des Elektrodenmaterials ist es auch von entscheidender Bedeutung, wie die Elektrode in die einzelne Zelle integriert ist. Beide Reaktionsräume für HER und OER werden durch ein gasdichtes Diaphragma (bzw. Membran) getrennt, damit es zu keiner Kreuzkontamination der Gase kommt. Es sind zahlreiche Zellarchitekturen bekannt, die unterschiedliche Anordnungen und Abstände der einzelnen Komponenten aufweisen. Beispielsweise finden sogenannte Zero-gap-Anordnungen Verwendung [24], bei denen die Elektroden direkt auf das Diaphragma gedrückt werden, um die Spannungsabfälle innerhalb der Elektrolysezelle durch die Verringerung des Ohmschen Widerstands der Elektrolytlösung zu reduzieren. Beim klassischen Design hingegen wird zwischen den Elektroden und dem Diaphragma (bzw. der Membran) ein Abstand von wenigen Millimetern gelassen [25]. Die Vorteile dieser Architektur liegen in der einfachen und robusten Bauweise. Die Abführung der Gasblasen ist jedoch in allen bisherigen Bauweisen stets problematisch, denn die entstehenden Blasen sorgen für eine wesentlich erhöhte Zellspannung, da sie einerseits die aktive Elektrodenoberfläche zeitweise blockieren und andererseits den Ohmschen Widerstand der Elektrolytlösung erhöhen. Deshalb bestehen die Elektroden in konventionellen AEL-Zellen üblicherweise aus perforierten Blechen mit einer möglichst rauen Oberfläche, die als „Vorelektroden" nah am Diaphragma positioniert sind. Durch Perforation der Vorelektroden können die Gasblasen, die auf der dem Diaphragma zugewandten Seite entstehen, in den Raum zwischen Vorelektrode und Endplatte abgeführt werden. Stark nachteilig ist hierbei allerdings, dass durch die Perforation ein wesentlicher Flächenanteil nicht genutzt werden kann (bis zu 30 Prozent der Vorelektrodenfläche), was wiederum die Raum-Zeit-Ausbeute der gesamten Elektrolysezelle limitiert.

Jüngste Elektrodenentwicklungen basieren auf porösen metallischen Trägerstrukturen (Porosität von 60 bis 90 Prozent), auf denen elektrokatalytisch aktive Schichten oberflächlich abgeschieden sind. Die Herstellung derartiger poröser, stromführender 3D-Substratmaterialien mit einem elektrokatalytisch aktiven Legierungssystem und die damit einhergehende Aufklärung der Struktur-Eigenschafts-Beziehung ist eine langjährige Kernkompetenz des Fraunhofer IFAM, die einhergeht mit der Erarbeitung von Fertigungstechnologien zur Herstellung auf industriellem Maßstab [29], [30]. Als 3D-Substratmaterialien kommen metallische Schäume, Faserstrukturen, Netze und Gewebe in Betracht, die in der Regel aus Nickel bestehen, die eine hohe Verfügbarkeit auch auf $m^2$-Größe haben sowie eine gute Korrosionsbeständigkeit in der KOH-Lösung bei erhöhten Temperaturen aufweisen (Abbildung 9.8).

Allgemein gilt, dass mit steigender Stromdichte die Effizienz des Elektrolyseprozesses sinkt. Für den Anstieg der Zellspannung ist neben der Reaktionskinetik (Butler-Volmer-Verhalten) vor allem der mit der Stromdichte stetig wachsende Ohmsche Widerstand als Hauptfaktor anzusehen. Der Widerstand wird hervorgerufen durch Gasblasen, die im Elektrolyten zwischen Elektrode und Separator entstehen. Da die Produktgase zu einer gravierenden Erhöhung des Elektrolytwiderstands führen, kann durch Einsatz dreidimensionaler zellularer metallischer Strukturen eine spürbare Verbesserung des Gasblasenmanagements erzielt werden: Durch die poröse dreidimensionale Struktur der Elektrode fließen Gasblasen ganzflächig ab, also hinweg vom Elektrolytraum zwischen Elektroden und Separator (Abbildung 9.9). Folglich sinkt der gesamte Zellwiderstand und die Effizienz des

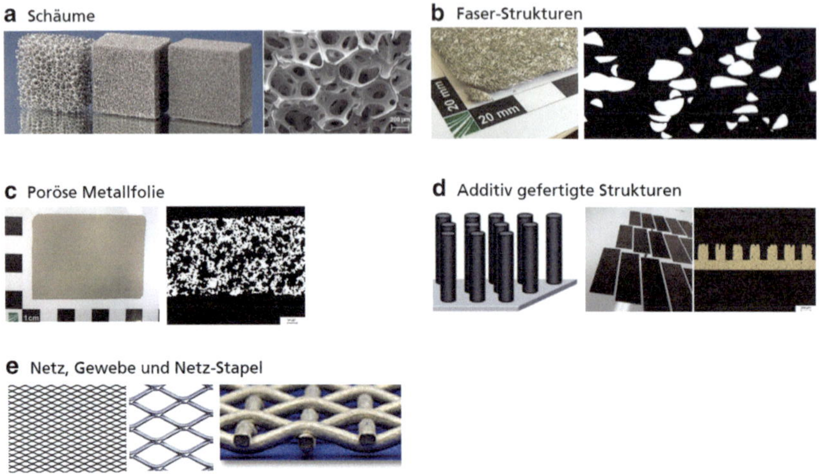


**Abb. 9.8** Beispiele makroporöser, metallischer Substratmaterialien für stromführende Vorelektroden: (a) metallische Schäume, (b) metallische Faserstrukturen, (c) poröse Metallfolien, (d) additiv gefertigte Metallstrukturen und (e) metallische Netze und Gewebe, die auch 3D als Schichtstapel (optional sogar mit einem Gradienten der Porosität) eingesetzt werden können. (Fraunhofer IFAM)

Prozesses steigt. Diese porösen Elektroden eignen sich insbesondere für die Zero-gap-Anordnung, die dadurch bei geringeren Zellspannungen arbeiten kann bzw. für höhere Stromdichten geeignet ist.

Die Beschichtung von 3D-Substratstrukturen mit elektrokatalytisch aktiven Schichten kann über Galvanik-, Sinter- oder Plasmaprozesse erfolgen. Als kontinuierliches Fertigungsverfahren erweist sich die pulvermetallurgische Route als besonders günstig. Abbildung 9.10 zeigt beispielhaft eine Raney-Ni-Beschichtung, die über eine pulvermetallurgische Prozessroute auf einem Nickelsubstrat aufgebracht wird. Für die Herstellung sind folgende Prozessschritte notwendig: Zunächst werden die Ni-Schäume mit Aluminium pulvermetallurgisch beschichtet. Anschließend erfolgt eine Wärmebehandlung zur Erzeugung von oberflächennahen Ni-Al-Phasen, aus denen anschließend selektiv Aluminium herausgelaugt wird, wodurch skelettales Nickel, das sogenannte Raney-Nickel, entsteht.

Abbildung 9.11 zeigt Querschliffaufnahmen nach der Wärmebehandlung und nach der Auslaugung. Nach der Wärmebehandlung ist eine homogene Schicht auf den Ni-Schaumstegen zu erkennen. Nach der Auslaugung der Al-reichen Phasen ist eine poröse Schicht (Ni-Skelett) mit senkrecht zur Schaumstegober-

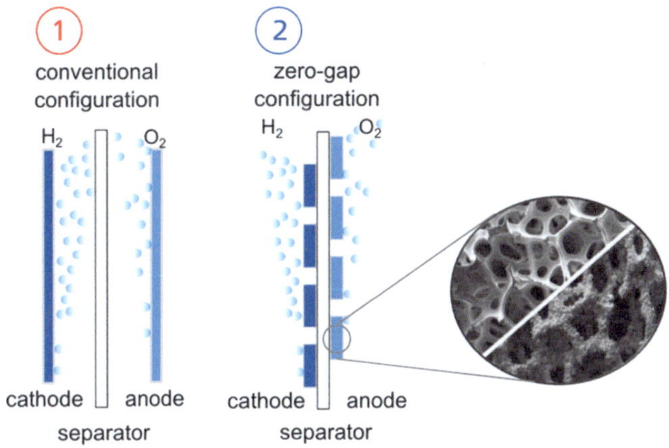


**Abb. 9.9** Vergleich zwischen klassischer und Zero-gap-Zellarchitektur in der alkalischen Elektrolyse. (Fraunhofer IFAM)

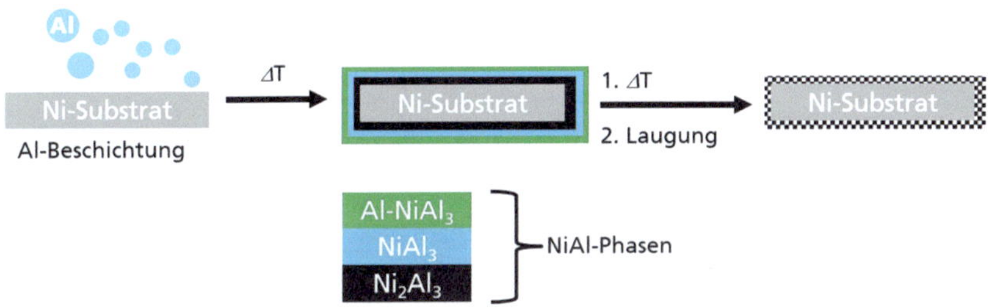


**Abb. 9.10** Schematische Darstellung der Fertigungsschritte der Raney-Ni-Beschichtung von Elektrodensubstratmaterialien. (Fraunhofer IFAM)

fläche angeordneten Kanälen zu erkennen, sodass eine signifikante Vergrößerung der Probenoberfläche im Vergleich zum unbeschichteten Schaum resultiert (Faktor 1.000 bis 10.000). Zudem ist ersichtlich, dass die kanalartige Schicht aus mehreren Ni-Al-Phasen besteht. Hierbei handelt es sich in Anlehnung an das Ni-Al-Phasendiagramm um $Ni_2Al_3$ bzw. $NiAl_3$.

Die Auswirkung der erzeugten Raney-Ni-Schicht auf die Aktivität der HER (Hydrogen Evolution Reaction) kann anhand von galvanostatischen Messungen und stationären Stromdichte-Potenzial-Kurven eindrucksvoll nachgewiesen werden (Abbildung 9.12).

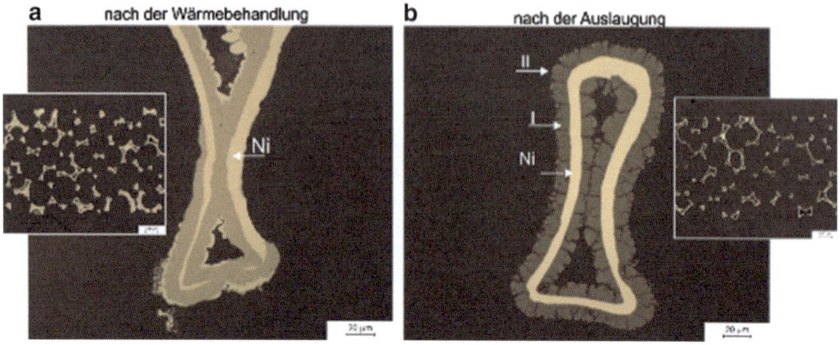


**Abb. 9.11** Querschliffaufnahmen des Ni-Schaumes (450 µm) (a) nach der Wärmebehandlung und (b) nach der Auslaugung (I: ausgelaugte $Ni_2Al_3$-Phase, II: ausgelaugte $NiAl_3$-Phase). Eingefügte Bilder: Übersichtsaufnahmen. (Fraunhofer IFAM)

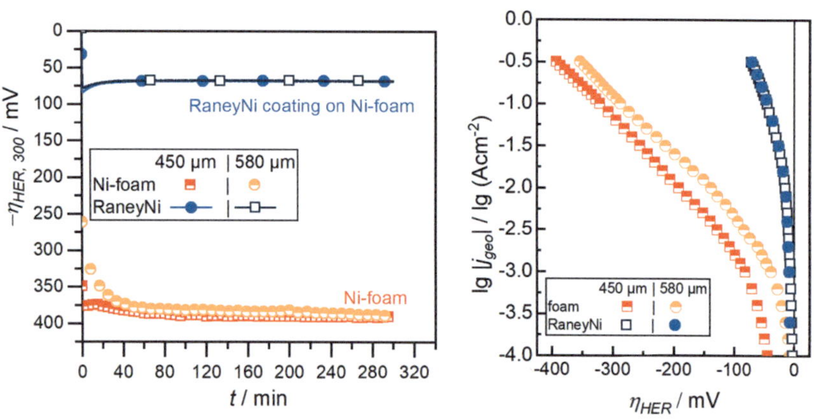


**Abb. 9.12** Elektrochemische Bewertung von Raney-Ni-beschichteten Ni-Schäumen mit unterschiedlicher Porengröße (450 µm, 580 µm) im Vergleich zu unbeschichteten Schäumen. Links: Galvanostatische Messungen bei einer geometrischen Stromdichte von $-0{,}3\,A/cm^2$ für 5 h; rechts: stationäre Stromdichte-Potenzial-Kurven (Tafel-Kurven) nach 5 h bei $-0{,}3\,A/cm^2$ für unterschiedliche Elektrodenmaterialien in 29,9 Massen-% KOH bei 60 °C. (Fraunhofer IFAM)

Unbeschichtete Ni-Schäume weisen unabhängig von der Porengröße eine Überspannung von ca. 390 mV bei einer Stromdichte von $-0{,}3\,A/cm^2$ auf. Infolge der Raney-Ni-Beschichtung wird die Überspannung auf ca. 70 mV reduziert. Dies entspricht einer Verbesserung um ca. 320 mV (ca. 85 Prozent).

Die Raney-Ni-beschichteten Ni-Schaumstrukturen stellen demnach hochaktive Elektroden für die Wasserstoffentwicklung in hochkonzentrierter alkalischer Lösung dar. Die zeitliche Entwicklung der Überspannung ist nahezu konstant. Die stationären Stromdichte-Potenzial-Kurven bestätigen die hohe Aktivität der Raney-Ni-beschichteten Ni-Schäume. Gleichzeitig ist auch bei hohen Stromdichten keine Transportlimitierung zu erkennen, sodass von einem ungehinderten Gasabtransport durch die poröse 3D-Raney-Ni-Schaumstruktur ausgegangen werden kann.

Von allen Elektrolysetechnologien hat die alkalische Elektrolyse (AEL) bislang höchste Lebensdauern von 90.000 h nachgewiesen, was u. a. an der Robustheit der eingesetzten Werkstoffe und Komponenten liegt. Hinsichtlich der Stromdichte allerdings muss die alkalische Elektrolyse mit den anderen Verfahren aufschließen. So laufen aktuell Entwicklungen, die AEL-Zellen bis 1 A/cm$^2$ und teilweise darüber hinaus zu betreiben, sodass die Raum-Zeit-Ausbeute von alkalischen Elektrolyseuren in absehbarer Zeit signifikant steigen wird. Gleichzeitig laufen umfangreiche Bemühungen seitens der Komponenten- und Anlagenbauer, die Fertigung zu automatisieren, um bis zum Ende der 2020er-Jahre Jahresproduktionskapazitäten im Gigawatt-Bereich zu erzielen.

### 9.2.3 PEM-Elektrolyse

Der allgemeine Aufbau einer PEM-Elektrolysezelle ist in Abbildung 9.13 dargestellt. Beide Halbzellen sind durch eine protonenleitende Membran getrennt, die als Festelektrolyt in der Zelle dient. Auf die Membran ist beidseitig eine dünne Katalysatorschicht (catalyst layer, CL) als Elektrode aufgetragen. An der Anode entsteht der Sauerstoff und an der Kathode wird Wasserstoff generiert; siehe hierzu auch die Reaktionsgleichungen in Tabelle 9.1. Dieser Verbund bildet die sogenannte Membran-Elektroden-Einheit (membrane electrode assembly, MEA). An die Elektroden werden jeweils poröse Stromverteiler bzw. Transportschichten (porous transport layer, PTL) gepresst, die den elektrischen Strom an die Elektroden heran- bzw. abführen. Die poröse Struktur ermöglicht zudem, dass die Anode mit Eduktwasser versorgt und die Produktgase an beiden Elektroden abgeführt werden können. An die PTL schließt sich die Flowfield-Platte an, die dafür sorgt, dass das Eduktwasser über die gesamte Zellfläche verteilt und die produzierten Gase rückseitig von der PTL abgeführt werden. In einem Zellstapel ist das Flowfield häufig Bestandteil der Bipolarplatte. Alternativ dazu können mehrlagige Streckmetalle als elektrisch leitende Abstandshalter (Spacer) als Flowfield verwendet werden.

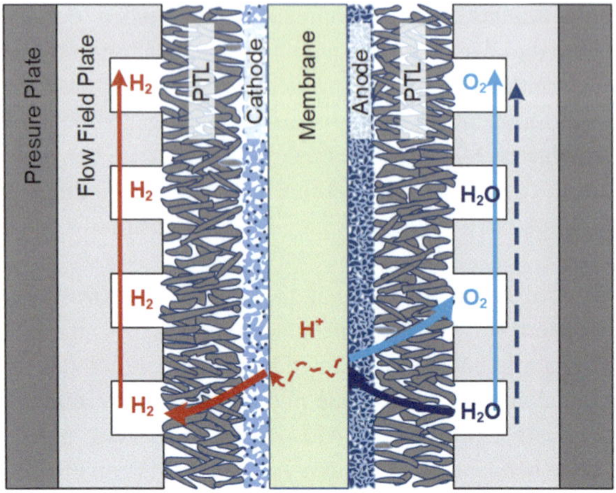


**Abb. 9.13** Schematischer Aufbau einer PEM-Elektrolysezelle; PTL: porous transport layer. (Fraunhofer ISE)

Als protonenleitende Membran werden meist perfluorierte Sulfonsäure-Membranen (PFSA) wie Nafion® von Chermours (früher DuPont) oder fumapem® von FuMA-Tech mit einer Dicke von 50 bis 180 µm verwendet. Eine sehr hohe Protonenleitfähigkeit, geringe Gasdurchlässigkeit und hervorragende mechanische sowie chemische Stabilität sind die Charakteristika dieser Membran. Während des Betriebs kann jedoch eine Permeation von Sauerstoff und Wasserstoff durch die Membran nicht gänzlich unterdrückt werden. Typische $H_2$-Reinheitsgrade am Zellausgang liegen bei 2,8 bis 4,0 (bezogen auf den trockenen Wasserstoff). Der Reinheitsgrad kann durch Einsatz einer internen, katalytisch aktiven Rekombinationsschicht noch einmal deutlich erhöht werden. Bei der Wasseraufnahme quillt die PFSA-Membran. Vor allem bei großen Flächenmaßen kommt es zur unerwünschten Faltenbildung, infolgedessen die Membran in der verpressten Zelle mechanisch beschädigt werden kann. Abhilfe bringen hier membraninterne Gewebestrukturen als Verstärkung (reinforcement), die dem Quellen entgegenwirken, aber ebenfalls die Leitfähigkeit herabsetzen. Aus diesen Gründen werden auch alternative Ionomere für die PEM-Elektrolyse entwickelt, beispielweise sogenannte Hydrocarbon-Membrane. Jedoch konnten sich diese Materialen technologisch noch nicht durchsetzen.

Eine protonenleitende Membran hat stark saure Eigenschaften. Verbunden mit den hohen Potenzialen in einer Elektrolysezelle ist die Verwendung von Edelmetallen als Elektrodenmaterialien erforderlich. Sowohl auf der Anode als auch auf der Kathode sind die Katalysatorschichten nur wenige Mikrometer dick. Eine effiziente Wasserstoffproduktion benötigt Platin als HER-Katalysator. Meistens ist das Platin zur effizienteren Materialnutzung auf Kohlenstoff geträgert. Für die Sauerstoffproduktion werden die Edelmetalle Iridium (bevorzugt), Ruthenium und deren Oxide verwendet. Moderne MEAs haben eine Katalysatorbeladung von ca. 1,5 bis 2,5 mg/cm$^2$ auf der Anodenseite und ca. 0,8 bis 1 mg/cm$^2$ auf der Kathodenseite [50], [51]. Typische Leistungskennwerte sind als Spannungs-Stromdichte-Kennlinien in Abbildung 9.5 zu finden. Aktuell gibt es große Bestrebungen, in neueren MEA-Generationen diese Beladungen um ca. 40 bis 60 Prozent zu senken. U. a. auch dafür werden titan- oder titandioxidbasierte Trägermaterialien für die Anode entwickelt. Die Senkung der Edelmetallbeladung ergibt sich nicht primär aus der Notwendigkeit, die Materialkosten zu senken, sondern vor allem aufgrund der Kritikalität von Iridium [31]. Dessen jährliche Fördermenge beträgt pro Jahr weltweit nur ca. 6 bis 8 Tonnen. Bei aktuellen Leistungsdichten und Beladungen werden für die Herstellung von PEM-Elektrolyseuren pro ein Gigawatt Leistung jedoch ca. 650 bis 700 kg Iridium benötigt. Um zukünftig Zubauraten an PEM-Elektrolyseuren in der GW-Klasse zu ermöglichen, soll deshalb der spezifische Iridiumverbrauch auf ca. 50 kg/GW$_{el}$ reduziert werden. Alternativ gibt es Bestrebungen, die Edelmetalle in der PEM-Elektrolyse zu substituieren. Vor allem Übergangsmetalloxide- und -sulfide, aber auch Legierungen werden hier intensiv in der wissenschaftlichen Literatur als Anoden- und Kathodenmaterialien diskutiert. Signifikante Fortschritte konnten in den letzten Jahren in Bezug auf Stabilität und Leistungskenndaten beobachtet werden. Allerdings sind die meisten dieser Materialien noch weit entfernt von einer industriellen Applikation aufgrund von fehlenden Upscaling-Betrachtungen und fehlender Verarbeitung in den notwendigen Membranelektrodeneinheiten [52].

Die porösen Transportschichten (PTL) in der PEM-Elektrolyse sind jeweils nur wenige 100 µm dick. Sie sorgen für eine gleichmäßige Verteilung des elektrischen Stroms zwischen der Bipolarplatte und den Elektroden und ermöglichen eine hohe Gas- und Wasserdurchlässigkeit. Auf der Wasserstoffseite ist das Elektrodenpotenzial nahe 0,0 $V_{RHE}$, daher ist der Einsatz von Kohlenstoffpapier oder -vliesen wie bei den PEM-Brennstoffzellen möglich. Auf der Sauerstoffseite kommt aufgrund des hohen Potenzials fast ausschließlich Titan als Material zum Einsatz (Korrosionsbeständigkeit). Allerdings bildet sich bei Kontakt mit Sauerstoff eine passivierende und elektrisch isolierende Titanoxidschicht auf der Oberfläche aus, sodass teilweise auch Schutzschichten zur besseren elektrischen Kontaktierung aufgetragen werden. In Abbildung 9.14 sind poröse Transportschichten aus Ti und Kohlenstoff für die PEM-Elektrolyse zu sehen. Gesinterte Ti-Vliese haben

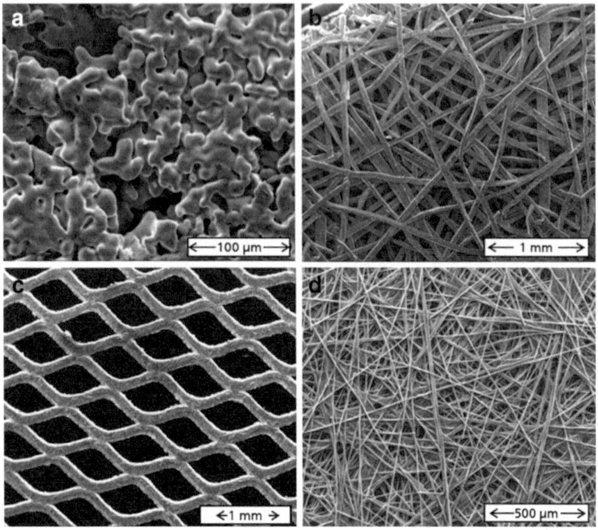


**Abb. 9.14** Typische PTL- und Spacer-Materialien für PEM-Elektrolysezellen: (a) gesintertes Ti-Pulver, (b) gesintertes Ti-Vlies, (c) Ti-Streckmetall und (d) Kohlenstoff-Papier. (Fraunhofer ISE)

sich als bestes Material für eine PTL herausgestellt, dies hängt aber auch stark vom Zelldesign und der Porosität ab [53]. Gesinterte Ti-Partikel zeigen ebenfalls gute Leistungswerte, sind aber deutlich teurer als Streckmetalle und Vliese.

Die Flowfield- bzw. die bipolaren Platten in einem Stack müssen ebenfalls aus korrosionsbeständigen Materialien wie Titan oder beschichtetem Stahl hergestellt werden. Letzterer Ansatz wird aber heute in kommerziellen Produkten nicht verwendet. Auf der Wasserstoffseite könnten auch billigere Kohlenstoffverbundmaterialien eingesetzt werden, aber der Einsatz einer einschichtigen Bipolarplatte aus Titan ist kostengünstiger. Diese wird aus dünnen Blechen (wenige 100 µm bis ca. 1 mm) durch Fräsen, Stanzen, Tiefziehen oder Hydroforming hergestellt und kann ebenfalls beschichtet sein, um die Kontaktwiderstände durch Passivierung zu minimieren.

Die gängige Bauart für die PEM-Elektrolyse ist die Filterpressenbauweise mit ca. 50 bis derzeit max. 220 Zellen pro Stack, die elektrisch in Reihe geschaltet und fluidisch parallel durchströmt werden. Zwei angrenzende Zellen werden damit durch eine bipolare Platte (BPP) getrennt. Sie ist die Anode der einen Zelle und zugleich die Kathode der nächsten Zelle. Typische Zellgrößen haben heutzutage geometrische Abmaße von 300 bis 1.500 $cm^2$ (aktive Fläche). Erste Prototypen mit Zellfläche von bis zu 5.000 $cm^2$ werden ebenfalls erprobt. Die Zelldicken liegen in der Größenordnung von 2 bis 5 mm. Damit sind PEM-Elektrolyse-Stacks hinsichtlich Zellenanzahl, aber vor allem auch Zellfläche und -volumen deutlich kompakter als alkalische Elektrolyse-Stacks und weisen eine höhere Leistungsdichte auf. Die elektrische Anschlussleistung eines einzelnen Stacks summiert sich von mehreren 100 kW bis zu einer oberen Grenze von aktuell ca. 1,5 MW [54].

Mittlerweile hat sich die rechteckige Bauweise bei der PEM-Elektrolyse durchgesetzt, trotz der geforderten Druckfestigkeit von bis zu knapp 50 bar. Aufgrund der Zellkonstruktion kann ein PEMEL-Stack auch im Differenzdruckbetrieb mit mehreren MPa Differenzdruck zwischen der Anode und Kathode betrieben werden. Während die Kathode Wasserstoff unter Druck erzeugt, arbeitet die Sauerstoffseite annähernd unter atmosphärischen Bedingungen. Dies hat den Vorteil, dass der Wasserstoff bereits elektrochemisch komprimiert ist und eine nachgelagerte, deutlich ineffizientere mechanische Kompression eingespart werden kann. Ferner können auf der Sauerstoffseite in der Peripherie kostengünstige Komponenten eingesetzt werden, da diese nicht druckfest ausgeführt werden müssen. Und letztendlich stellt der unkomprimierte Sauerstoff ein deutlich geringeres Sicherheitsrisiko dar. Ein solcher Stack für den Differenzdruckbetrieb ist in Abbildung 9.15 zu sehen. Zur Untersuchung des Langzeitverhaltens werden bei diesem Stack alle Zellspannungen einzeln abgegriffen. Der Einzelspannungsabgriff ist auf der rechten Seite der Abbildung zu sehen.

Der Elektrolyse-Stack ist die zentrale Komponente eines jeden Elektrolysesystems. Üblicherweise werden zur Erreichung höher Produktionskapazitäten mehrere Stacks in einem System zusammengeschaltet. Für die Wasserspaltung sind eine Reihe weiterer Komponenten nötig, um die Stacks im gewünschten Betriebszustand stabil betreiben zu können. Der prinzipielle Aufbau eines PEMEL-Systems ist vergleichbar mit dem eines alkalischen Systems. Der für die Wasserspaltung notwendige Gleichspannungsstrom wird über einen Gleichrichter vorgegeben. Nach der Wasseraufbereitung zur Erreichung von DI-Wasserqualität wird das Wasser auf der Anodenseite umgewälzt, um der PEMEL-Zelle kontinuierlich Eduktwasser zuzuführen und die Zelle über einen Wärmetauscher zu kühlen. Die Kathodenseite muss nicht umgewälzt werden. Auf beiden Seiten befinden sich nach dem Ausgang des Stacks Gas-Wasser-Separatoren und Demister, um das flüssige Wasser zurückzuhalten. Dieses sammelt sich durch den elektroosmotischen Wassertransport über die Membran auch auf der Kathodenseite an und muss zurückgeführt werden. Der noch feuchte Wasserstoff wird anschließend getrocknet; Restanteile an Sauerstoff werden in einer Deoxo-Stufe katalytisch entfernt. Druckhalteventile regulieren auf der Anode und der Kathode den Druck.

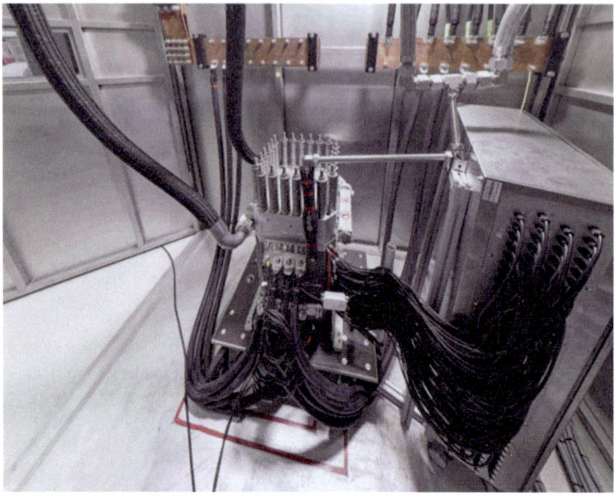

**Abb. 9.15** Vermessung eines 250 kW-PEMEL-Stacks von NEL Hydrogen mit Einzelzellspannungsabgriff zum Monitoring der Zellen im Dauerbetrieb. (Fraunhofer ISE)

## 9.2.4 AEM-Elektrolyse

Bei der klassischen Erzeugung von Wasserstoff durch Elektrolyse von flüssigem Wasser kommen derzeit vorwiegend zwei Technologien zum Einsatz: Die alkalische Elektrolyse (AEL), bei der unedle Metalle wie Nickel-Legierungen und Ni-haltige Verbindungen als Elektrokatalysatoren, Bipolarplatten (BPP) aus preiswertem vernickelten Stahl und der alkalische Flüssigelektrolyt KOH verwendet werden. Nachteile des Verfahrens sind der Einsatz von Kalilauge als umzuwälzender Elektrolyt und die (noch) niedrigen Stromdichten. Bei der jüngeren PEMEL-Technologie werden ein saurer Membranelektrolyt, DI-Wasser, Edelmetalle (Iridium, Platin) als Katalysatoren und Titan (Ti) als Konstruktionsmaterial für Bipolarplatten und die porösen Transportschichten (PTL) eingesetzt. Bedingt durch die kompakte Bauweise der Membran-Elektroden-Einheit (MEA) und den Einsatz von Edelmetallkatalysatoren zeichnen sich PEMEL-Zellen durch Zellspannungen unter 2,0 V und Stromdichten größer 2 A/cm$^2$ aus. Auch bei dieser Methode gibt es Nachteile, namentlich die hohen Materialkosten für die katalysatorbeschichtete Membran (CCM) und die titanbasierten Bipolarplatten und die poröse Strömungsschicht (PTL). Insbesondere die Verfügbarkeit von Iridium als Anoden-Elektrokatalysator ist als kritisch zu bewerten [31].

Um die Nachteile der beiden genannten Verfahren zu minimieren, aber die Vorteile zu nutzen, wird mit Nachdruck der Ansatz verfolgt, beide Technologien in der AEM-Elektrolyse zu kombinieren, indem eine alkalische Anionen-Austauschmembran (AEM) als Festelektrolyt genutzt wird (Abbildung 9.2). Der Systemaufbau eines AEM-Elektrolyseurs entspricht dem eines PEM-Elektrolyseurs, allerdings unter der Verwendung von kostengünstigen Materialien und Werkstoffen, die aus der AEL bekannt sind. Für den Aufbau eines leistungsfähigen AEMEL-Systems müssen einerseits stabile, leitfähige und vor allem kostengünstige Anionen-Austauschmembranen entwickelt und andererseits stabile und elektrochemisch aktive Katalysatoren gefunden werden.

Von einer Anionen-Austauschmembran, die in einem Elektrolyseur verbaut ist, wird eine Leitfähigkeit über 0,1 S $cm^{-1}$ und eine Dicke zwischen 50 und 80 µm gefordert. Darüber hinaus sollte die Membran langzeitstabil sein. Um eine anionenleitfähige Membran aufzubauen, wird grundsätzlich der Ansatz verfolgt, eine selbstleitende homogene Membran herzustellen. Hierbei werden kationische Einheiten an ein stabiles nichtleitendes Polymergerüst gebunden, beispielsweise an Polyarylether oder fluorierte Polymere. Als Kationen kommen meistens quartäre Ammoniumsalze oder die analogen Phosphonium- und Sulfoniumsalze zum Einsatz [32], [33], [34]. Da die Ionenbeweglichkeit des Hydroxidions deutlich geringer ist als die der Protonen, zeichnen sich die Anionen-Austauschmembran gegenüber der Protonen-Austauschmembran (PEM, z.B. Nafion) gewöhnlich durch eine geringere Leitfähigkeit aus. Es werden verschiedene Strategien verfolgt, um die Leitfähigkeit der alkalischen Membran zu verbessern. Einerseits wird versucht, die Anzahl an kationischen Ankergruppen (ion exchange capacity, IEC) innerhalb der Membran zu erhöhen. Dies führt jedoch zu einem starken Anschwellen der Membran aufgrund der Wasseraufnahme, was wiederum negative Folgen für die Stabilität der Membran und der Integrität der Membran-Elektroden-Einheit hat. Anderseits wird die Entwicklung von „phase-segregated" AEMs favorisiert. Hier ist man bestrebt, durch das Verwenden von hydrophoben und hydrophilen Phasen spezifische Ionenkanäle („ionic highways") zu erzeugen, an denen ein schneller Ionentransport möglich ist. Pan et al. konnten mit einem funktionalisierten Polysulfon eine Anionen-Austauschmembran mit der Leitfähigkeit von Nafion herstellen [35]. Der Nachteil der homogenen Membranen ist hauptsächlich die geminderte Stabilität. Dies hängt damit zusammen, dass die quartären Salze als gute Abgangsgruppe im Sinne einer Hofmann-Eliminierung oder nukleophilen Substitutionsreaktion schnell im alkalischen Medium abgespalten werden können [36]. Um diesen Degradationspfad zu umgehen, werden verschiedene Konzepte diskutiert. Diese beinhalten das Verwenden von sterisch anspruchsvollen quartären Aminen, das Umgehen von Wasserstoffatomen in β-Stellung zum quartären Amin und das Verwenden von carbonathaltigen Elektrolyten [32], [37], [38], [39].

Neben den homogenen Membranen werden auch heterogene Membranen diskutiert, die sich dadurch auszeichnen, dass ein meist anorganisches Ionenaustauschermaterial in eine inerte Polymermatrix eingebettet ist. So werden beispielsweise Polyethylenoxide (PEO oder PEG) oder Polyvinylalkohohle (PVA) eingesetzt, in denen ein anorganisches Salz, wie z.B. KOH, gelöst werden kann. Die Leitfähigkeit der Membran wird erst durch das Salz ermöglicht (ion solvating membranes). Hier können Leitfähigkeiten von bis zu $10^{-3}$ S $cm^{-1}$ erreicht werden. Eine besonders hervorzuhebende Variante ist die Verwendung von Polybenzimidazol (PBI), das sich durch eine gute chemische Stabilität auszeichnet und Leitfähigkeiten von bis zu $10^{-1}$ S $cm^{-1}$ aufweist [40], [41], [42].

Eine weitere aktuelle FuE-Aufgabe für die AEMEL ist die Entwicklung geeigneter Elektrokatalysatoren. Hier sind stabile, PGM-freie und elektrochemisch aktive Katalysatoren notwendig [43]. Für die OER-Reaktion scheinen neben den Edelmetallen vor allem nichtstöchiometrische Übergangsmetalloxide potenzielle Kandidaten zu sein [44]. Hier haben sich Perovskite ($ABO_{3-\delta}$) und Layered Double Hydroxides (LDH) als besonders katalytisch aktiv erwiesen. Den meisten Untersuchungen fehlt jedoch der Übertrag in eine reale Anwendungsumgebung. Aus technischer Sicht haben sich für die OER hauptsächlich Ni-Fe- bzw. Ni-Co-Verbindungen durchgesetzt. Beispielsweise konnten bei 80 °C und 1 M NaOH Überspannungen von 265 mV bei einer Stromdichte von 0,5 $A/cm^2$ erreicht werden [45]. Eine Arbeit aus dem Jahr 2015 stellt eine Reihe von Übergangsmetall(oxy)hydroxiden als trifunktionale Katalysatoren (OER, HER, ORR) vor, die allerdings nur bei geringen Stromdichten untersucht wurden, aber für reversibel arbeitende AEMEL-Zellen hochinteressant sind [46].

Bezüglich der HER wurden viele Untersuchungen zur Verbesserung der katalytischen Eigenschaften von Kathodenmaterialien durchgeführt [47], [48]. Hier haben sich neben den edelmetallhaltigen Katalysatoren (Pt, Pd) hauptsächlich Ni-basierte Verbindungen, insbesondere Ni-Mo, durchgesetzt. Im Prinzip wird analog zur PEM-Elektrolyse die Verwendung von DI-Wasser angestrebt. Unter diesen Bedingungen zeigen die meisten AEM-Elektrolyseure aber hohe Zellspannungen. Das Verwenden eines alkalischen Elektrolyten scheint hingegen technisch einfacher umzusetzen, da hier die HER/OER-Katalysatoren aufgrund des korrosionsfreundlicheren alkalischen Milieus stabiler und aktiver sind. Es konnten Zellspannungen bei der Verwendung von Nichtedelmetallverbindungen von $\leq$ 1,9 V bei Stromdichten bis zu 1 $A/cm^2$ erreicht werden. So zeigten beispielsweise Liu et al., dass ein AEM-Elektrolyseur mit optimierter AEM und NiFeCo-Katalysator (HER) sowie $NiFe_2O_4$ anodenseitig in 1 M KOH eine stabile (2000 h) Stromdichte von 1 A/cm$^2$ bei etwa 1,9 V liefert [49].

Trotz der materialseitigen und technischen Herausforderungen hat die AEM-Elektrolyse das Potenzial, sich zu einer bedeutenden Technologie für die Wasserelektrolyse zu entwickeln. Setzt man eine ähnliche Technologieevolution wie bei der membranbasierten PEM-Elektrolyse voraus, kann bis zum Ende der 2020er-Jahre mit AEMEL-Anlagen im Megawatt-Maßstab gerechnet werden.

### 9.2.5 Hochtemperatur-Dampfelektrolyse

Unter Hochtemperaturelektrolyse (HTEL) wird allgemein die Elektrolyse auf Basis von Festoxidelektrolyten verstanden – die sogenannte Festoxidelektrolyse (solide oxide electrolysis, SOEL). Bei der Hochtemperaturelektrolyse wird der Wasserdampf in Wasserstoff und Sauerstoff umgewandelt, was den Bedarf der elektrischen Energie für die Wandlung im Vergleich zur Wasserelektrolyse erheblich verringert. Der Grund dafür ist die um den Betrag der Verdampfungswärme geringere freie Enthalpie des Wasserdampfs im Vergleich zum flüssigen Wasser. Der Zusammenhang ist in Abbildung 9.4 grafisch dargestellt. Darüber hinaus zeigt die freie Gibbs-Enthalpie auch einen sinkenden Trend mit steigender Temperatur. Das äußert sich in einer geringeren Zersetzungsspannung und führt dazu, dass für die Elektrolyse eine geringere elektrische Leistung benötigt wird. Thermodynamisch gesehen ist die Elektrolyse ein endothermer Prozess, der nur unter kontinuierlicher Wärmezufuhr ablaufen kann. Der Innenwiderstand der Zelle dient als Wärmequelle. Bei der Hochtemperaturelektrolyse (HTEL) kompensiert die Joulesche Wärmeentwicklung aus dem Innenwiderstand der Zelle die endothermen Verluste der Wasserdampfspaltung ab einer bestimmten Betriebsspannung. Sind die Beträge des thermischen Energiebedarfs der Elektrolyse und der durch Spannungsverluste bereitgestellten Wärme gleich, wird die Betriebsspannung als thermoneutrale Spannung bezeichnet. Der Betrieb der Hochtemperaturelektrolyse ist aufgrund der Selbsterhaltung der Reaktion nur in der Nähe der thermoneutralen Spannung sinnvoll. Der absolute Wert der thermoneutralen Spannung hängt von der Betriebstemperatur der Zelle und der Gaszusammensetzung ab und liegt bei 700 bis 850 °C im Bereich von 1,28 bis 1,30 V. Da eine höhere lokale Stromdichte einen größeren lokalen Wasserdampfumsatz und damit verbunden eine höhere lokale Kühlleistung generiert, ist die Stromdichte- und Temperaturverteilung über die Zellfläche im SOEL-Betrieb viel gleichmäßiger als im Brennstoffzellenbetrieb. Dort führt eine höhere lokale Stromdichte aufgrund der exothermen Reaktion zu Hotspots.

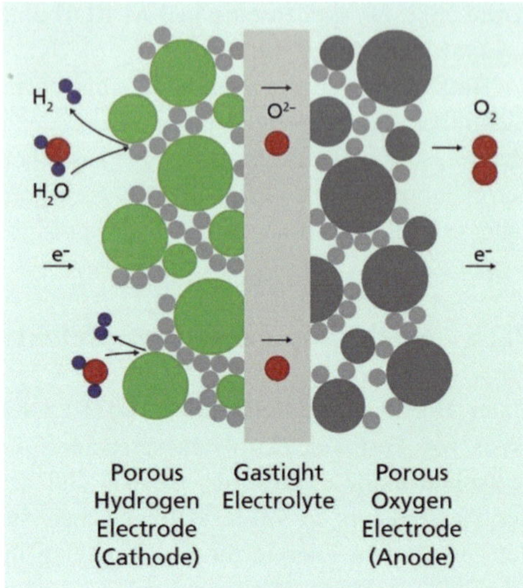


**Abb. 9.16** Schematische Darstellung einer Festoxidzelle nach [56]. (Fraunhofer IKTS)

Trotz der thermodynamischen Vorteile stellt die hohe Betriebstemperatur große Herausforderungen an Werkstoffe und Dichtungen eines HTEL-Stacks. Die ersten Hochtemperaturelektrolyseure wurden mit tubularen Zellen aufgebaut und hatten relativ hohe Innenwiderstände. Der Fortschritt in der Entwicklung der planaren Festoxidzelle für die Brennstoffzellenanwendungen sowie die erhebliche Steigerung der Leistungsdichte bei gleichzeitiger Senkung der Herstellungskosten ermöglichte die Entwicklung einer neuen Generation von leistungsfähigen, planaren HTEL-Zellen.

Heutige Zellstrukturen von Hochtemperaturelektrolyseuren (Abbildung 9.16) basieren auf $Y_2O_3$ (YSZ) oder $Sc_2O_3$ (ScSZ) stabilisiertem $ZrO_2$ als Elektrolyt, einer Cermet-Kathode (Ni/GDC oder Ni/8YSZ) und einer Perowskit-($La_{0,6}Sr_{0,4}Co_{0,8}Fe_{0,2}O_3$)- oder Komposit-Anode (Perowskit/Elektrolyt). Der Wasserdampf wird der Kathodenseite der Zelle zugeführt. Da Nickel ein Bestandteil der Wasserdampfelektrode ist und in reinem Wasserdampf zu NiO oxidiert, wird dem Wasserdampf eine geringe Wasserstoffmenge zugemischt. Im Elektrolysebetrieb wird dem Wasserdampf der Sauerstoff elektrochemisch entzogen und dann wird der Sauerstoff über einen sauerstoffionleitenden Elektrolyten auf die Anodenseite geleitet. Dabei steigt die Wasserstoffkonzentration auf der Kathodenseite vom Gaseintritt zum Gasaustritt kontinuierlich an. Insbesondere in Konzentrationsbereichen von über 90 Prozent Wasserstoff im Wasserdampf steigt

**Abb. 9.17** Bestandteile und Aufbau eines SOC-Stacks. (Fraunhofer IKTS)

die Nernst-Spannung erheblich [55], sodass es dann im Elektrolysebetrieb zu einem erheblichen Anstieg der Betriebsspannung und der zugeführten elektrischen Energie kommt. Das ist für einen wirtschaftlichen Betrieb nicht sinnvoll. In einem Konzentrationsbereich von 20 bis 85 Prozent Wasserstoff ändert sich die Nernst-Spannung mit steigendem Wasserstoffanteil nur langsam, sodass bei 10 bis 20 Prozent Wasserstoffkonzentration im Wasserdampf Wasserdampfausnutzungsgrade von 80 Prozent durchaus sinnvoll und möglich sind.

In dem letzten Jahrzehnt hat sich die planare Stack-Bauweise etabliert, wobei sich zwei verschiedene Zellkonzepte durchgesetzt haben. Diese werden weltweit von unterschiedlichen Unternehmen für den Stack-Aufbau verfolgt:

- Elektrolytgetragene Zellen (electrolyte supported cell, ESC), die auf einem dünnen Elektrolytsubstrat (60 bis 150 μm) als tragendem Element basieren
- Kathodengetragene Zellen (cathode supported cell, CSC), die aus einem Ni-YSZ-Cermet-Substrat mit aufgesinterter Elektrolytschicht (5 bis 10 μm) bestehen

Die SOEL-Zelle an sich stellt zwar das Herzstück eines HTEL-Elektrolyseurs dar, ist aber nur ein Teil des Zellenstapels (Stack), welcher zusätzlich Gasmanifolds, Dichtungen und Stromsammler beinhaltet. Die wesentlichen Komponenten eines planaren SOC-Stacks und sein Aufbau sind in der Abbildung 9.17 dargestellt. Der Stack besteht aus dem beschichteten metallischen Interkonnektor (Bipolarplatte),

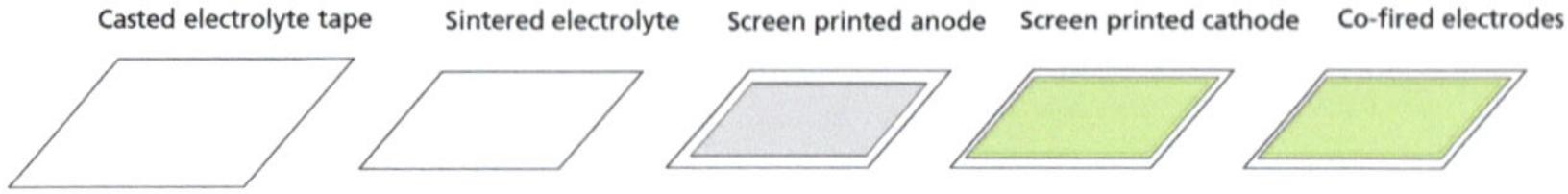


**Abb. 9.18** Herstellungsschritte für eine elektrolytgetragene Zelle. (Fraunhofer IKTS)

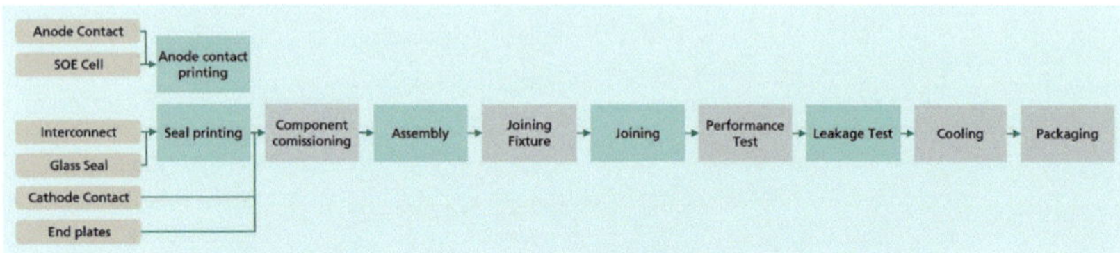


**Abb. 9.19** Herstellungsschritte für einen SOEL-Stack. (Fraunhofer IKTS)

der eigentlichen keramischen Zelle, Glasdichtungen und Kontaktierungselementen auf der Wasserdampf- (Ni-Gewebe) und Luftseite (oxidische Kontaktschichten).

Die SOEL-Zellen werden durch Foliengießen und Siebdrucktechnologie hergestellt. Der prinzipielle Ablauf einer Zellherstellung ist in Abbildung 9.18 dargestellt. Es handelt sich um einen sogenannten „sheet-to-sheet"-Herstellungsprozess, der mit hohen Taktzeiten umgesetzt werden kann. Für den Einbrand der Elektroden kann in der Massenfertigung ein Tunnelofen verwendet werden.

Die Herstellung eines HTEL-Stacks ist in Abbildung 9.19 schematisch abgebildet. Bis auf dem Fügeprozess ähnelt der Prozess dem Herstellungsprozess von NT-Elektrolyse-Stacks. Im Fügeprozess (joining) wird nicht nur die serielle Kontaktierung der Zellen realisiert, sondern auch die Funktionstüchtigkeit und Dichtheit des Stacks überprüft. Die Vorhersagen der Herstellungskosten von SOC-Stacks liegen damit sehr nah bei den Zielen für die PEMEL- und AEL-Stack-Herstellung. Aufgrund der hohen Betriebstemperatur und der thermo-mechanischen Spannungen in keramischen Komponenten, die sich beim Abkühlen des Stacks ausbilden, sind die derzeit umsetzbaren lateralen Abmessungen der SOC-Zellen auf ca. 25 x 25 $cm^2$ begrenzt [57]. Für hohe Anlagenleistungen werden deshalb kleinere Stacks (mit Zellgrößen $10 \times 10\,cm^2$ bis $15 \times 15\,cm^2$) in größere Module integriert [58], [59], [60]. Die einzelnen Stack-Module werden anschließend zu größeren Anlagen verbaut.

Da die Festoxidzelle im Elektrolyse-, Brennstoffzellen- und bidirektionalen Betrieb funktioniert (die sogenannte reversible Solid Oxide Cell, rSOC), scheint es naheliegend, die gleichen Module für verschiedene Anwendungen zu nutzen. Dennoch existieren erhebliche Unterschiede im Elektrodenaufbau sowie im Stack-

Wärmemanagement für den langzeitstabilen SOFC- und SOEL-Betrieb, was in anwendungsspezifischen Zellen und Stack-Designs resultiert [61]. Während der stabile Elektrolysebetrieb von ESC bei 800 °C durch die Entwicklung von robusten Elektroden am Fraunhofer IKTS bereits demonstriert wurde, bleibt langzeitstabiler Betrieb von CSC bei niedrigeren Betriebstemperaturen (650 bis 750 °C) nach wie vor eine Herausforderung. Die Daten von CSC-Stacks zeigen zwar eine geringe Degradationsrate nach einer Initialisierungsphase, diese wird allerdings bei der Berechnung der Gesamtdegradation oft nicht berücksichtigt [62].

Die Anlagen für Hochtemperaturelektrolyse haben noch nicht die Technologie- und Serienreife der Alkali- und PEM-Elektrolyseure erreicht. Dennoch gibt es bereits beeindruckende Demonstrationen für rSOC- und SOEL-Pilotanlagen. Hier ist ein Unternehmen aus Dresden, die Sunfire GmbH (ehem. Staxera GmbH), welches auf Basis der Stack-Technologieentwicklung und -transfers aus dem Fraunhofer IKTS entstanden ist, hervorzuheben. Seit 2014 liegt der Fokus der Firma auf der Entwicklung von SynFuels über eine Hochtemperaturelektrolyse. Sunfire hat die ersten großtechnischen Anlagen für SOEL-Betrieb (GreenHy, Salzgitter, 750 kW) [63] und für reversiblen Elektrolyse-/Brennstoffzellenbetrieb (rSOC) (mit Boeing, 150 kW/30 kW) [64] demonstriert.

Obwohl beispielsweise der PEM-Stack für die reine Wasserstofferzeugung und -nutzung sehr gut geeignet ist, weist die rSOC-Technologie für stationäre Anwendungen Vorteile beim Wirkungsgrad auf, insbesondere durch kompakte Integration und effiziente Wärmenutzung. Hier wurde kürzlich durch das Forschungszentrum Jülich für eine rSOC-Anlage mit einer elektrischen Leistung von 5 kW eine „round-trip efficiency“ von 62,7 Prozent demonstriert [65].

### 9.2.6 Co-Elektrolyse von Wasser und Kohlenstoffdioxid

Aufgrund der hohen Temperaturen kann in einer SOC-Hochtemperaturzelle die $CO_2$-Elektrolyse ähnlich wie die Wasserdampfelektrolyse ablaufen. Die freie Enthalpie der Kohlenstoffdioxidreduktion ist jedoch größer als die der Wasserspaltung (Abbildung 9.20). Aus diesem Grund werden für die Direktelektrolyse von $CO_2$ höhere elektrische Spannungen benötigt. Die Herstellung von Kohlenmonoxid (CO) aus $CO_2$ in HTEL-Zellen wird bereits heute durch das Unternehmen Haldor Topsoe kommerziell realisiert [66]. Hierzu wird ein CSC-Stack mit modifizierter Cermet-Elektrode verwendet. Die Besonderheit der reinen $CO_2$-Zerlegung besteht in der Vermeidung der Kohlenstoffbildung aus der Boudouard-Reaktion. Thermodynamische Berechnungen zeigen, dass sich die Kohlenstoffbildungsgrenze im $CO_2$/CO-Gasgemisch mit steigender Betriebstemperatur zu höheren CO-

Konzentrationen verschiebt. Oberhalb von 750 °C ist Kohlenmonoxid thermodynamisch stabil. Unterhalb dieser Temperatur ist die Kohlenstoffbildung möglich. Dabei wirkt das Nickel in der Cermet-Elektrode als Katalysator für die Kohlenstoffbildung. Aufgrund der Temperaturgradienten im Stack gibt es immer Temperaturbereiche, die für Kohlenstoffbildung anfällig sind. Die elektrochemischen Prozesse in der Zelle verlaufen ähnlich zu denen der Wasserdampfelektrolyse, wobei die Überspannung für die $CO_2$-Reduktion auf der Kathode erheblich höher liegt als die Überspannung der Wasserdampfzersetzung (Abbildung 9.20). Die Zumischung von Wasserdampf zum $CO_2$ verändert den Reaktionsmechanismus grundsätzlich. Unter den Betriebsbedingungen der SOEC stellt sich bei der rWGS-Reaktion ein thermodynamischer Gleichgewichtszustand auf der Seite der Produkte ein. Dadurch kann durch Nutzung der kleineren Überspannungen für die Wasserdampfzersetzung neben Wasserdampf auch Kohlenmonoxid hergestellt werden. Da die Überspannung der Wasserstoffreduktion wesentlich geringer ist als die der $CO_2$-Reduktion, laufen in der Hochtemperaturzelle hauptsächlich die elektrochemische Wasserdampfreduktion (mit Wasserstoffproduktion an der Dreiphasengrenze) und die reverse Wassergas-Shift-Reaktion (rWGS) mit CO-Produktion an der Katalysatoroberfläche (Ni) gleichzeitig ab (siehe die Reaktionsgleichungen in Tabelle 9.1). Trotzdem wird die Erzeugung von $H_2$ und CO aus dem $H_2O/CO_2$-Gemisch allgemein als Co-Elektrolyse bezeichnet.

Diese Tatsache spiegelt sich auch in kleinen Differenzen beim elektrischen Energieverbrauch für die $H_2O$- und $H_2O/CO_2$-Elektrolyse. Diese wurden in Messungen an Zellen und Stacks bei 800 °C durch das Fraunhofer IKTS erstmalig nachgewiesen. Der höhere elektrische Energieverbrauch bei der Co-Elektrolyse kann thermodynamisch durch die etwas höhere Leerlaufspannung bei Zumischung von $CO_2$ zum Wasserdampf erklärt werden. Die Leerlaufspannung resultiert aus der höheren freien Enthalpie ($\Delta G_R$) von $CO_2$ bei Temperaturen unter 823 °C (Abbildung 9.20). Dabei ändert sich auch die thermoneutrale Spannung, was Einfluss auf das thermische Management und die Energiebilanz hat. Auch bei Nutzung eines Gasgemisches aus Wasserdampf und Kohlendioxid muss $H_2$ am Gaseintritt eingeleitet werden, um eine Ni-Oxidation an der Kathode zu vermeiden. Darüber hinaus ist die Wasserdampf- und $CO_2$-Ausnutzung nicht nur durch den konzentrationsbedingten Anstieg der Nernst-Spannung, sondern auch durch die Kohlenstoffbildungsgrenze limitiert.

Die Co-Elektrolyse bietet neue Möglichkeiten für eine einstufige Erzeugung von Synthesegas und deren Kopplung mit chemischen Syntheseprozessen. Insbesondere die Nutzung der Wärme aus exothermen Reaktionen, wie dies bei der Fischer-Tropsch-Synthese (e-Kerosin-Herstellung), beim Haber-Bosch-Prozess (e-Ammoniak-Herstellung) und bei der Sabatier-Reaktion (e-Methan-Herstellung)

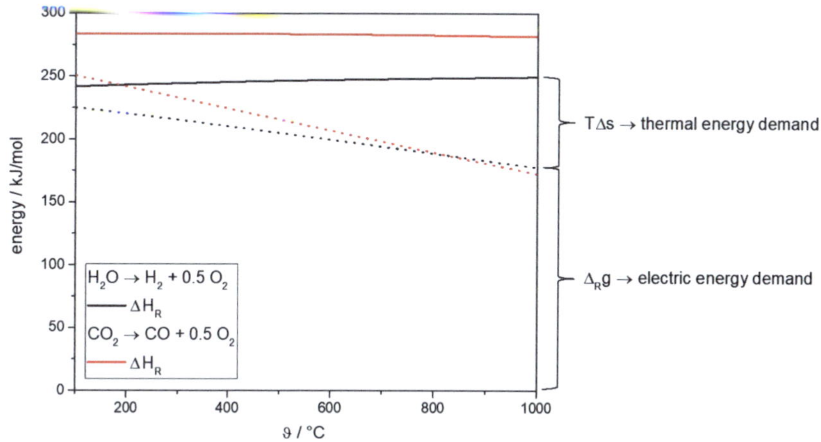


**Abb. 9.20** Wasserdampf- und $CO_2$-Elektrolyse im thermodynamischen Vergleich. (Fraunhofer IKTS)

der Fall ist. Die Nutzung der Reaktionswärme zur Erzeugung von Wasserdampf als Edukt für die Elektrolyse senkt den elektrischen Energiebedarf und erhöht so den elektrischen Gesamtwirkungsgrad des Syntheseprozesses. Erste Machbarkeits- und Demonstrationsvorhaben am Fraunhofer IKTS zeigen, dass durch die Kopplung der Co-Elektrolyse mit der Fischer-Tropsch-Synthese hocheffiziente Prozesse zur Produktion von Wachs und Diesel möglich sind [67].

### 9.2.7 Protonenleitende Hochtemperaturelektrolyse auf Keramikbasis

Eine vielversprechende Option für die Wasserstoffherstellung stellt die Wasserdampfelektrolyse mit protonenleitendem keramischem Elektrolyten (Proton Conducting Ceramic Electrolysis, PCCEL) dar. Die Motivation für die Entwicklung einer protonenleitenden keramischen Zelle für höhere Betriebstemperatur stammt aus der Brennstoffzellenentwicklung und beruht auf den prinzipiellen Vorteilen der Protonenleitung gegenüber Sauerstoffionenleitung bei niedrigeren Betriebstemperaturen (500 bis 600 °C). Damit verbundenen sind eine höhere Lebensdauer und geringere Kosten für passive Stack- und BoP-Komponenten sowie eine einfachere Systemintegration. Gleichzeitig kommen andere Vorteile der SOEL wie schnelle elektrochemische Kinetik und edelmetallfreie Elektroden zum Tragen.

Im Vergleich zu der SOEL-Technologie ergibt sich ein weiterer Vorteil durch den geringeren Wasserdampfanteil auf der Kathodenseite, da der Einfluss des Wasserdampfs auf die Nernst-Spannung viel geringer ausfällt. Allerdings hat der Wasserdampfanteil im Gas auch einen entscheidenden Einfluss auf die Protonenleitung im Elektrolyten, sodass trotzdem ausreichend Wasserdampf auf beiden Seiten der Zelle zugeführt werden muss. Ähnlich wie bei der PEM-Elektrolyse wird in der protonenleitenden Zelle der Wasserdampf der Sauerstoffseite durch die Befeuchtung zugeführt. Bei der anodischen Teilreaktion auf der Luftseite werden dem Wasserdampfmolekül die Protonen abgespalten und über Protonenleiter auf die Kathodenseite transportiert, wo diese zum molekularen Wasserstoff reduziert werden (Tabelle 9.1). Thermodynamisch gesehen, bestehen bei diesem Prozess die gleichen energetischen Vorteile gegenüber der flüssigen Wasserelektrolyse wie beim SOEL-Verfahren. Aufgrund der über Wärme aufgebrachten Verdampfungsenthalpie ist die Nernst-Spannung, bei der die Wasserdampfelektrolyse startet, wesentlich geringer als bei der Elektrolyse von flüssigem Wasser.

Es gibt einige werkstoffliche Optionen für die Elektrolytzusammensetzung aus der Elektrolytentwicklung der letzten zehn Jahre, wobei die meisten Zellen einen Protonenleiter auf Basis von $Ba(Zr,Y,Yb)O_3$ (BZY) haben. Es wird davon ausgegangen, dass die Protonenleitung in diesem Werkstoff durch den Einbau von Protonendefekten als Hydroxid-Ionen ($OH^-$) bei Anwesenheit von Wasserdampf nach folgendem Mechanismus abläuft [68]:

$$H_2O_{(g)} + V^{\bullet\bullet}_{O,(BZY)} + O^{\times}_{O,(BZY)} \rightarrow 2\,OH^{\bullet}_{O,(BZY)} \tag{9.4}$$

Wesentlicher Nachteil des PCCEL-Verfahrens ist der Umstand, dass der BZY-Elektrolyt neben Protonen auch für Sauerstoffionen durchlässig ist [69], sodass die Faradaysche Effizienz der protonenleitenden Zelle stark verringert ist. Bei Protonenleitern auf BZY-Basis steigen die Protonenleitung und die Sauerstoffionenleitung mit wachsender Temperatur. Bei Temperaturen deutlich oberhalb von 600 °C ist die Sauerstoffionenleitung mit der Protonenleitung vergleichbar und trägt entscheidend zum Ionentransport und zu den elektrochemischen Prozessen bei. Aus diesem Grund ist die Betriebstemperatur dieser Zellen auf ca. 500 bis 600 °C begrenzt.

Als Kathodenmaterial wird für die Zellherstellung ein Cermet aus Ni und BZY verwendet und als Anode ein Perowskit aus $La_{0.6}Sr_{0.4}Co_{0.8}Fe_{0.2}O_3$ oder $Ba_{0.5}Sr_{0.5}Co_{0.8}Fe_{0.2}O_3$ eingesetzt [70]. Da auf der Kathodenseite Nickel als Katalysator eingesetzt wird, müssen diesem im Betrieb, ähnlich wie bei dem SOEL-Verfahren, ständig kleine Mengen Wasserstoff zugeführt werden. Aufgrund der geringen Protonenleitfähigkeit und des hohen Korngrenzenwiderstands im

BZY-Elektrolyten werden die Zellen mit dem Ni/BZY-Substrat als Träger und einer dünnen BZY-Schicht als Elektrolyt ausgeführt, was dem kathodengetragenem Zellkonzept (CSC) einer SOEL-Zelle entspricht.

Die PCCEL-Technologiereife ist im Vergleich zu Festoxidelektrolyse weniger fortgeschritten. In Europa werden die Werkstoffe für Protonenleiter und rohrförmige, protonenleitende Zellen seit Jahrzehnten durch SINTEF entwickelt [71]. Allerdings bietet auch hier wie bei der SOEL die planare Zelltechnologie eine höhere Leistungsdichte. Die Entwicklung wird aktuell durch außereuropäische Player dominiert. Mittlerweile werden gute Leistungsdichten bei industriell gefertigten CSC-Prototypenzellen auf der Basis von BZY-Elektrolyten in Japan (Panasonic, Nippon Shokubai [72], [73]) und den USA (Fuel Cell Energy [74]) demonstriert. Ein planarer PCCEL-Stack ist analog zu einem SOEL-Stack aufgebaut. Aktivitäten zur Stack-Entwicklung auf Basis von PCC-Zellen können unter anderem in [74] gefunden werden. Dennoch ist diese Technologie aufgrund der geringen Lebensdauer und der schlechten Faradayschen Efffizienzen noch einige Entwicklungsschritte von der Demonstrationsphase entfernt.

## 9.3 Weitere innovative Verfahren zur Wasserstofferzeugung

### 9.3.1 Dampfreformierung mit $CO_2$-Abscheidung und -Nutzung

Wasserstoff kann aus einer Vielzahl wasserstoffhaltiger Energieträger durch die Umsetzung mit Wasserdampf, dem sogenannten Dampfreformieren, gewonnen werden. Die allgemeine Formel für die Wasserstofferzeugung aus Alkoholen und Kohlenwasserstoffen durch Wasserdampfreformieren lautet:

$$C_xH_yO_z + (x - z)\,H_2O \rightarrow x\,CO + \left(x - z + \frac{y}{2}\right) H_2 \qquad (9.5)$$

Die Reaktion erfolgt in der Regel bei Temperaturen oberhalb von 700 °C über einen heterogenen Katalysator und im industriellen Ausmaß in Rohrbündelreaktoren, die mit dem Katalysator gefüllt sind. Durch die homogene Verbrennung eines Teils des Wasserstoffträgers bzw. Brennstoffs wird der endotherme Wasserdampfreformierprozess von außen mit Energie versorgt. Großtechnisch erfolgt auf diese Weise der größte Teil der weltweiten Wasserstoffproduktion mit Herstellungskosten von ca. 2 €/kg konkurrenzlos billig aus Erdgas (48 Prozent), weitere ca. 30 Prozent des Wasserstoffs werden aus Erdöl gewonnen, dagegen nur ca. 4 Prozent durch Elektrolyseverfahren und der verbleibende Anteil durch Kohlevergasung (Abbildung 9.1). Das Primärprodukt des Wasserdampfreformierens

**Tab. 9.2** Gleichgewichtsumsatz des Methanreformierens bei einem Steam-to-Carbon-(S/C) Verhältnis (also dem molekularen Verhältnis von Wasserdampf und Methan im Feed) von 2,5 bei verschiedenen Drücken und Temperaturen

| | p [bar] | | |
|---|---|---|---|
| T [°C] | 1 | 5 | 10 |
| 600 | 71,5 | 41,9 | 32,3 |
| 700 | 95,4 | 70,1 | 55,9 |
| 800 | 99,6 | 92,6 | 82,1 |

ist neben dem Wasserstoff Kohlenmonoxid. Das Gemisch aus Wasserstoff und Kohlenmonoxid wird Synthesegas genannt und kann für zahlreiche chemische Synthesen eingesetzt werden. Will man den Wasserstoff in reiner Form gewinnen, setzt man das Kohlenmonoxid, das bereits beim Reformierprozess teilweise durch die oben erwähnte Wasser-Gas-Shift-Reaktion zu Kohlendioxid umgewandelt wird, in einem separaten, bei tieferen Temperaturen betriebenen Reaktor weiter durch Wassergas-Shift um. Zur Reinigung des Wasserstoffs werden neben der Gaswäsche großtechnisch vor allem sogenannte Druckwechseladsorptionsanlagen eingesetzt, die bei hohem Betriebsdruck die Abtrennung aller anderen Gase durch Adsorption ermöglichen. Die abgetrennten Gase werden bei niedrigerem Betriebsdruck wieder abgegeben (Desorption). Diese abgetrennten Gase enthalten anteilig Kohlenmonoxid und Wasserstoff und können zur Energieversorgung des Wasserdampfreformierens dienen.

Das chemische Gleichgewicht des Erdgasreformierens (Gleichung 9.5 für $x = 1$, $y = 4$ und $z = 0$) wird durch den erhöhten Betriebsdruck der Druckwechseladsorptionsanlagen zur Seite des Erdgases hin verschoben (vergleiche mit Tabelle 9.3). Dadurch ist immer auch nicht umgesetztes Methan in dem abgetrennten Gasgemisch. Eigentlich ist der erhöhte Betriebsdruck also von Nachteil, wird aber in Kauf genommen, wenn eine Reinigung des Wasserstoffs erfolgen soll.

Eine Alternative zur Druckwechseladsorption ist die Abtrennung des Wasserstoffs durch Membranen. Am bekanntesten sind Palladiummembranen, in denen sich der Wasserstoff atomar löst und durch erhöhten Druck auf die andere Seite der Membran bewegt, wo er wieder zum Molekül rekombiniert. Diese Membranen sind jedoch sehr kostspielig und konnten sich industriell nicht durchsetzen. Das abgetrennte Gasgemisch enthält nach der Verbrennung nur noch Kohlendioxid und Wasser. Letzteres kann leicht abgetrennt werden und das Kohlendioxid wird als Prozessgas oder auch für chemische Synthesen weiterverwendet. Ferner wird das Verpressen in Kavernen diskutiert und erprobt, allerdings sind mögliche negative Langzeiteffekte noch nicht ausreichend verstanden.

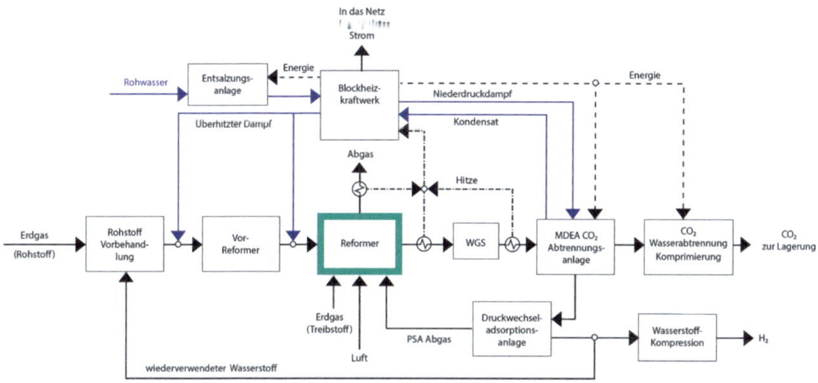


**Abb. 9.21** Blockschaltbild einer Anlage für das Wasserdampfreformieren von Erdgas mit integrierter $CO_2$-Abscheidung. (Fraunhofer IMM nach [75])

Wird das Kohlendioxid abgetrennt und dauerhaft durch CCS-Verfahren gelagert, bezeichnet man den erzeugten Wasserstoff als blauen Wasserstoff. Abbildung 9.21 zeigt ein Blockschaltbild einer entsprechenden Anlage, die zusätzlich einen Überschuss an elektrischer Energie erzeugt. Wenn das Kohlendioxid aus der Luft oder aus industriellen Prozessen wie der Zementherstellung gewonnen wird, kann es mit elektrolytisch gewonnenem Wasserstoff durch die Umkehrreaktion des Wasserdampfreformierens zu Methan umgewandelt werden (Methanisierung) und als Wasserstoffträger analog dem fossilen Erdgas genutzt werden. Das ist möglich ohne Umstellung des Erdgasnetzes und in einem mit dem fossilen Erdgas völlig kompatiblen Konzept, das eine graduelle Umstellung auf erneuerbares synthetisches Methan erlaubt.

### 9.3.2 Methanpyrolyse

Die Methanpyrolyse stellt im Gegensatz zum oben beschriebenen Wasserdampfreformieren die Umsetzung von (aus Erdgas oder Biogas stammenden) Methan ohne Wasserzugabe dar. Die endotherme Reaktion erzeugt sogenannten türkisen Wasserstoff (Abbildung 9.2). Das Methan wird in festen Kohlenstoff und Wasserstoff zerlegt, es entsteht kein Kohlendioxid. Bei Atmosphärendruck ist Methan oberhalb von 1.000 °C nicht mehr thermodynamisch stabil, bei erhöhtem Druck erhöht sich diese Temperaturgrenze erheblich (auf ca. 2.000 °C bei 10 bar). Die thermische

Zersetzung kann deutlich oberhalb dieser Temperatur ohne Katalysator erreicht werden, zum Beispiel bei Temperaturen von ca. 2.000 °C in einem Plasma. Die Erzeugung von Industrierußen (Carbon Black) durch thermische Zersetzung für z. B. die Reifenindustrie ist ein industriell seit ca. 100 Jahren etabliertes Verfahren mit allerdings geringer Effizienz. Es wurde auch schon auf der Basis von Erdgas aus der Erdölförderung für die Wasserstofferzeugung eingesetzt. Die Zersetzungsreaktion findet wie beschrieben nur bei hohen bis sehr hohen Temperaturen statt; das erzeugt technisch das Problem, dass der feste Kohlenstoff in einem „moving bed" aus einem sehr heißen Reaktor heraustransportiert werden muss, der trotzdem gasdicht sein muss.

Wird die Methanpyrolyse über einem Katalysator durchgeführt, bezeichnet man sie als thermokatalytische Zersetzung. Diese Reaktion findet bereits unterhalb von 1.000 °C statt. Die niedrigsten Reaktionstemperaturen können mit nickelhaltigen Katalysatoren erreicht werden. Der Katalysator wird durch den entstehenden Kohlenstoff in der Regel jedoch rasch desaktiviert. Eine Lösung dieses Problems stellen Wirbelschichtreaktoren dar, bei denen der Katalysator relativ mühelos zwischen verschiedenen Reaktoren bewegt werden kann. Soll der Katalysator allerdings regeneriert werden, muss der Kohlenstoff oxidativ entfernt werden und es entstehen die unerwünschten Kohlenoxide (Abbildung 9.22).

In Hinblick auf den Reifegrad der Anlagen sind im Moment die Plasmaprozesse am weitesten entwickelt. Sie zielen jedoch vor allem auf die Erzeugung des Kohlenstoffes ab. Die Wasserstofferzeugung ist vor allem aufgrund des geringen Marktpreises von grauem Wasserstoff derzeit wirtschaftlich nicht attraktiv; er wird lediglich als Energiequelle für den Prozess genutzt. Wird zur Erzeugung des Plasmas regenerativer Strom verwendet, haben die Plasmaverfahren ein hohes Potenzial, künftig die Erzeugung von türkisen Wasserstoff in großen Mengen zu ermöglichen. Der entstehende Kohlenstoff kann dann in einer Vielzahl von technischen Prozessen Anwendung finden, was die höheren Herstellungskosten des Wasserstoffs kompensieren könnte. Wird die Energiezufuhr des Zersetzungsprozesses aus erneuerbaren Quellen bestritten, reduziert sich der ökologische Fußabdruck erheblich (Abbildung 9.2).

Die projizierten Herstellungskosten von Wasserstoff durch die thermische oder thermokatalytische Umwandlung von Erdgas sind mit ca. 3 €/kg im Moment nur wenig höher als die bei der Dampfreformierung entstehenden Kosten von ca. 2 €/kg. Zusammenfassend bleiben bei der thermischen Zersetzung von Methan die Handhabung des festen Produkts und bei der thermokatalytischen Zersetzung die entstehende große Menge an Kohlenstoff auf dem Katalysator die zu lösenden technischen Hauptprobleme.

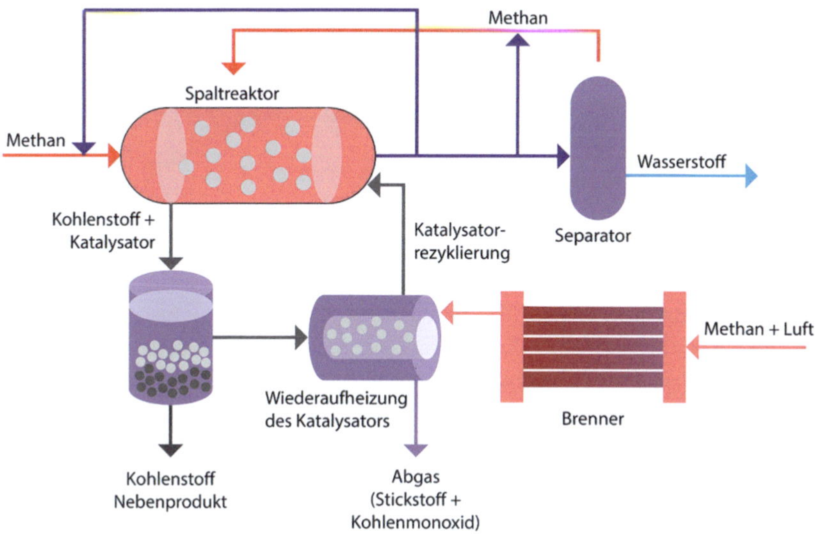


**Abb. 9.22** Blockschaltbild einer Anlage für die thermokatalytische Zersetzung von Erdgas mit integrierter Katalysatorregenerierung. (Fraunhofer IMM nach [76])

## 9.3.3 Photokatalytische Verfahren

Ein weiteres Verfahren nutzt Sonnenlicht zur direkten Erzeugung von grünem Wasserstoff, indem Halbleiter das Licht absorbieren und an ihrer Oberfläche katalytisch Wasser spalten. Das Verfahren wird als photoelektrochemisch (PEC) oder auch photokatalytisch bezeichnet, da direkt im Halbleiter die Ladungsträger erzeugt werden, die dann für die Reduktion zu Wasserstoff bzw. Oxidation zu Sauerstoff sorgen [77]. Es gibt nur wenige Materialien, die für die miteinander gekoppelten Prozesse geeignet sind, weshalb meist zwei unterschiedliche Halbleiter für die Sauerstoff- bzw. die Wasserstoffgenerierung kombiniert werden. So können diese besser an die unterschiedlichen Anforderungen angepasst und zusätzlich mit spezifischen Co-Katalysatoren für höhere Aktivitäten verbessert werden.

Perspektivisch verspricht die direkte PEC-Spaltung von Wasser durch Licht einfache Aufbauten mit geringer Systemkomplexität. Praktisch ist die Technologie aber noch in einem frühen Stadium: Neben der Suche nach neuen Materialien für die Einzelreaktionen gibt es nur einzelne Arbeiten zur Skalierung der Zellen, und tatsächliche Aufbauten zur Bestimmung der Gesamteffizienz der Prozesskette von solarer Strahlungsenergie zu Wasserstoff kranken oft an niedrigen energeti-

**Abb. 9.23** Aufbau einer Tandem-Zelle, das zentrale Element einer PEC-Einheit. (Fraunhofer IKTS)

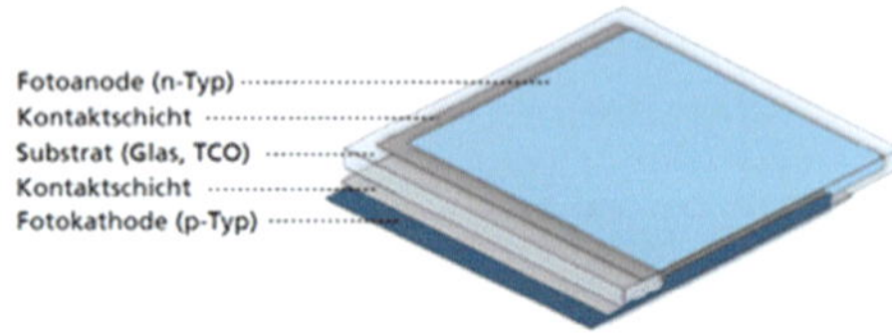


schen Wirkungsgraden [78], [79]. Die Fraunhofer-Gesellschaft beteiligt sich hier im Rahmen der internen Vorlaufforschung, um bei einer möglichen Technologie der Zukunft Brücken von der Wissenschaft zur Anwendung zu bauen. So werden mehrere Konzepte verfolgt: Unter tatkräftiger Mitarbeit des Fraunhofer ISE wurde ein vielschichtiger Zellaufbau mit hochaktiven III–V-Halbleitermaterialien auf Basis von u. a. Gallium, Indium und Rhodium entwickelt, der die derzeit höchsten Solar-to-Hydrogen-Effizienzen von 19 Prozent demonstrieren konnte [80]. In einem aktuellen Projekt besteht das Ziel darin, diese Zellen auf Flächen von bis zu 36 x 36 cm$^2$ zu skalieren.

In einem zweiten Ansatz der Fraunhofer-Institute IKTS, IST und CSP werden hingegen robuste und *günstige* Materialien mit einem mittleren Wirkungsgrad um 10 Prozent verwendet. Sie werden in integrierten Tandemsystemen durch in der Photovoltaik etablierte Beschichtungsverfahren ökonomisch und inhärent skalierbar aufgebaut. Hier sollen sogar Zellen mit einem Quadratmeter aktiver Fläche entstehen. Generell passiert in einer Tandemzelle das Sonnenlicht eine halbtransparente Anode, die das kurzwellige Licht absorbiert, und trifft auf eine Kathode, welche das langwellige Licht absorbiert. Werden beide Schichten auf die entgegengesetzten Seiten eines Glasträgers aufgebracht und elektrisch miteinander verbunden (Abbildung 9.23), wird bei Bestrahlung mit Sonnenlicht auf der Kathodenseite Wasserstoff und auf der Anodenseite Sauerstoff freigesetzt (Abbildung 9.23). Dafür liegt ein dünner Wasserfilm auf den Oberflächen [81], der gegebenenfalls umgewälzt wird. Dieser Aufbau erlaubt höhere Wirkungsgrade als bei getrennten Halbzellen und erzeugt automatisch eine wichtige physische Trennung, um die Bildung von Knallgas sowie teure Gastrennungsschritte zu vermeiden.

Für eine solche Tandemzelle mit hoher Effizienz im Gesamtsystem müssen die eingesetzten Halbleiter genau aufeinander abgestimmt werden: Die Leistung pro Fläche ist durch die weniger aktive Einzelelektrode begrenzt und es ist günstiger, wenn für beide gleiche Elektrolyte und ein gleicher pH-Wert im Wasser verwendet werden. Solche Anpassungen von Halbleitereigenschaften werden oft durch die chemische Zusammensetzung, die Dotierung oder durch eine besondere Strukturierung und Morphologie erzielt. Durch die Prozessbedingungen beim Sputtern

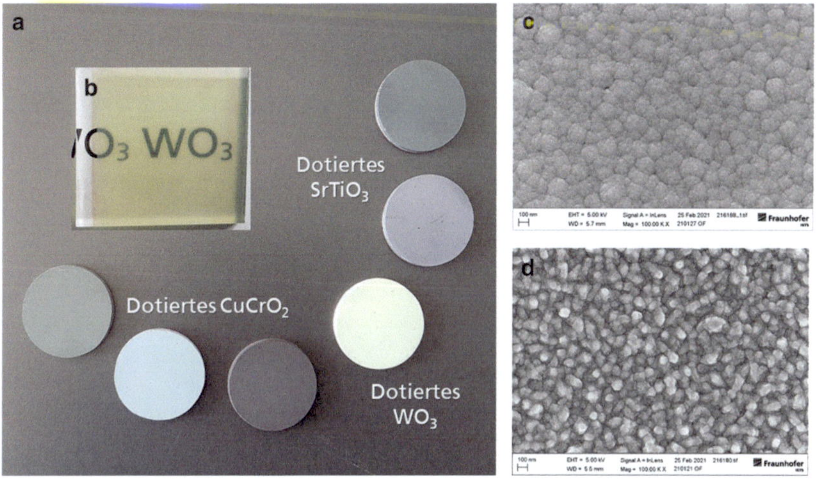


**Abb. 9.24** (a) Targets für den Sputterprozess unterschiedlicher PEC-Halbleiter und (b) eine damit abgeschiedene Schicht; (c, d) Schichten mit unterschiedlichen Strukturen im Rasterelektronenmikroskop. (Fraunhofer IKTS)

und mögliche Nachbehandlungsschritte kann die Mikrostruktur der abgeschiedenen Schichten gezielt beeinflusst werden. Um aber genau aufeinander abgestimmte Materialien verwenden zu können, werden beim Fraunhofer IKTS Halbleitermaterialien als Targets für die Erzeugung dieser Schichten entwickelt und gefertigt (Abbildung 9.24).

Die Untersuchung großer PEC-Zellen birgt ein Problem: Wie kommt das Sonnenlicht ins Labor? Für eine reproduzierbare Messung ist eine korrekte Nachbildung der natürlichen Lichtverhältnisse sehr wichtig. Das Fraunhofer CSP betreibt daher einen Teststand für große PEC-Zellen mit LED-Sonnensimulatoren. Damit wird ein homogenes Lichtfeld von 20 cm mal 20 cm mit hoher spektraler Güte erzeugt und für die Untersuchung der Elektrodenmaterialien und Zellen eingesetzt. In einer künftigen Ausbaustufe soll ein $2m^2$-Sonnensimulator eingesetzt werden.

Die PEC-Technologie zur Erzeugung von grünem Wasserstoff ist in einem frühen Stadium. Zentrale Fragen zur Effizienz, Skalierbarkeit und Langlebigkeit sind noch zu klären. Die Fraunhofer-Gesellschaft forscht in unterschiedlichen Projekten genau daran und bringt darüber hinaus ihre Kompetenz in der Entwicklung von Modulsystemen ein, um einer vielversprechenden Technologie aus dem Labormaßstab in eine mögliche Anwendung zu helfen.

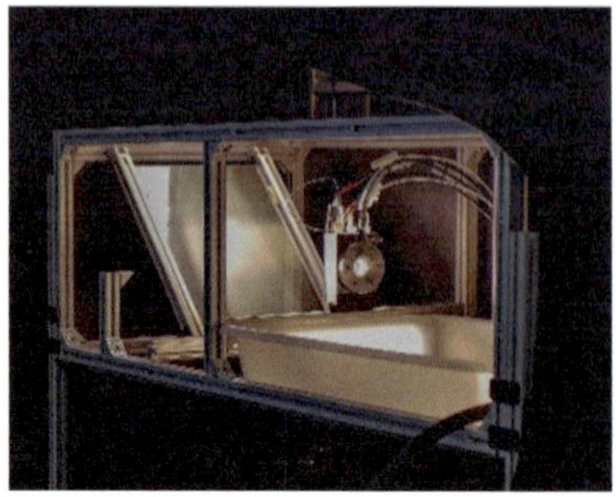

**Abb. 9.25** Messstand für PEC-Zellen. (Fraunhofer CSP)

### 9.3.4 Biologische Verfahren

Neben den zuvor genannten Verfahren zur Wasserstoffherstellung kann aus biologisch verfügbaren Materialien bzw. direkt durch biologische Prozesse Wasserstoff entstehen. Ein bereits sehr fortgeschrittenes und industriell eingesetztes Verfahren ist die Biomassevergasung. Bei einer solchen thermochemischen Umwandlung (Teilverbrennung) von biologischem Material bei Temperaturen von bis zu 900 °C werden mittels eines Oxidationsmittels – u. a. kommen hier Wasserdampf, Luft und/oder Sauerstoff zum Einsatz – als Produkte Wasserstoff, Kohlenmonoxid, aber auch $CO_2$, Methan und Wasserdampf erzeugt. Mit Preisen von ca. 7 €/kg Wasserstoff liegt das Verfahren jedoch deutlich über den Herstellungskosten von grauem Wasserstoff [82].

Im Gegensatz zur Biomassevergasung bietet der Einsatz von photosynthetischen oder (photo-)fermentativen Mikroorganismen eine rein biologische Methode zur Wasserstoffherstellung. So bilden einige prokaryotische Vertreter dieser Mikroorganismen (z. B. Bakterien) und auch einige wenige eukaryotische Einzeller (z. B. Grünalgen) Wasserstoff als Stoffwechselprodukt. In Analogie zu Elektrolyse- und Brennstoffzellen dient hier der Wasserstoff als natürlicher Speicher und als Elektronenquelle im Organismus [83].

Grundlegende Stoffwechselpfade zur biologischen Wasserstofferzeugung sind in Tabelle 9.3 zusammengefasst. Vor allem dem Enzym Hydrogenase kommt bei der biologischen Herstellung von Wasserstoff eine Schlüsselrolle zu. In Abhängigkeit vom Metallgehalt unterteilt man in [Fe]-, [FeNi]- und [FeFe]-Hydrogenasen (Abbildung 9.26) [85]. [FeFe]-Hydrogenasen gelten jedoch mit Abstand als effizienteste Systeme zur Wasserstoffproduktion [86]. Es gibt zahlreiche metabolische Prozesse, in denen Hydrogenase-Wasserstoff unter anoxischen Bedingungen, z. B. durch das Darmbakterium *Eschrichia Coli* [87] oder auch Clostridien [88], gebildet

**Tab. 9.3** Wasserstoffproduktionspfade durch Mikroorganismen [84]

| | Energiequelle | Elektronenquelle | Bekannte Organismen |
|---|---|---|---|
| Dunkel-fermentation | Organische Moleküle (z. B. Säuren und Zucker) | | Clostridien, Enterobakterien |
| Anoxygene Photosynthese | Licht | Säuren, $H_2S$ | Purpurbakterien |
| Oxygene Photosynthese | Licht | Wasser | Cyanobakterien, einzellige Grünalgen |

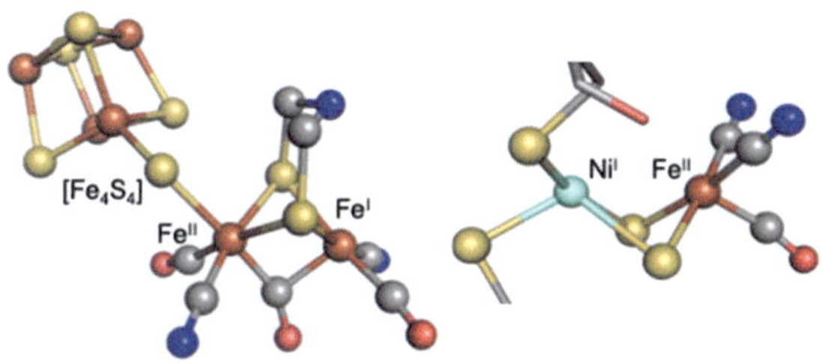


**Abb. 9.26** Aktive Zentren der [FeFe]-Hydrogenasen (links) und [FeNi]-Hydrogenasen (rechts). (Farbcode: grau: Kohlenstoff, gelb: Schwefel, rot: Sauerstoff, blau: Stickstoff, braun: Eisen, türkis: Nickel). [91]

wird. Besonders Hydrogenasen in prokaryotischen Mikroorganismen können zukünftig an Bedeutung für die biologische Wasserstoffherstellung gewinnen. Diese sind in der Lage, Abwässer und Nährstoffe als Energiequelle für die Wasserstoffbildung zu nutzen. Ebenfalls können zukünftig Purpurbakterien zur photofermentativen [89] bzw. Cyanobakterien zur photobiologischen [90] Wasserstoffbildung genutzt werden. In diesem Zusammenhang ist es bemerkenswert, dass auch Algen, wie z. B. die Grünalge *Chlamydomonas reinhardtii*, mit ihren Hydrogenasen die photosynthetische Wasserstoffbildung ermöglichen.

Auch wenn die theoretische Energiekonversionseffizienz dieser Systeme zur Wasserstoffherstellung bei ca. 10 Prozent liegt, ist die biologische Wasserstoffproduktion üblicherweise mit anderen Stoffwechselpfaden verknüpft [92]. Dies verringert die Umwandlungseffizienz und Wasserstoff wird zumeist nicht in großen Mengen frei zugänglich. Auch sind die biologischen Systeme oft sensitiv gegenüber Sauerstoff, der zumeist rasch zur Inhibierung des enzymatischen Systems und damit zur Beendigung der Wasserstoffbildung führt. Durch gezielte genetische Manipulation der Organismen kann jedoch die Ausbeute an freiem Wasserstoff erhöht und die direkte biologische Verwertung inhibiert werden [93]. Auch zur Verringerung der Sauerstoffsensitivität dieser Systeme gibt es bereits Ansätze [94].

Neben der Wasserstoffbildung durch Hydrogenasen wird Wasserstoff vor allem bei der der natürlichen Stickstofffixierung (der Umwandlung von atmosphärischem Stickstoff zu Ammoniak) durch das Enzym Nitrogenase als Nebenprodukt gebildet [95].

Diese biologischen Verfahren sind noch auf relativ geringem Technology Readiness Level (TRL) und somit Forschungsgegenstand in eher grundlagenorientierten Projekten. Mit einer schnellen Marktreife ist nicht zu rechnen.

## 9.4 Zusammenfassung und Ausblick

Die $CO_2$-freie Wasserelektrolyse, vorrangig auf Basis erneuerbarer Energien, wird die Schlüsseltechnologie für die Sektorkopplung und die dritte Phase der Energiewende in Deutschland werden. Aus Kostensicht kann grüner Wasserstoff noch nicht mit konventionellem grauem Wasserstoff konkurrieren. Die Gründe hierfür sind jedoch weniger technologisch bedingt, sondern ergeben sich vor allem aus einem unpassenden energiewirtschaftlichen Marktdesign.

Mit steigenden $CO_2$-Preisen, Kostensenkungen bei der Elektrolyseurherstellung sowie einem weltweit wachsenden Angebot von kostengünstigem Strom aus Wind- und Sonnenenergie wird grüner Wasserstoff mehr und mehr konkurrenzfähig. Blauer bzw. türkiser Wasserstoff, also nicht erneuerbarer, aber dafür $CO_2$-freier bzw. $CO_2$-armer Wasserstoff, wird derzeit allgemein als Brückentechnologie diskutiert, da eben weltweit weder die erforderlichen Elektrolysekapazitäten in entsprechender Geschwindigkeit aufgebaut werden können noch der Ausbau der erneuerbaren Energien in den nächsten Jahren reichen wird. Wie groß die Zeitspanne sein wird, die es zu überbrücken gilt, bleibt umstritten. Ferner muss betont werden, dass auch die Prozessrouten der blauen bzw. türkisen Wasserstofferzeugung heutzutage noch nicht großmaßstäblich erprobt und verfügbar sind und auch die Langzeitfolgen der CCS-Technologie und der damit verbundenen $CO_2$-Einlagerung schwer abzuschätzen bleiben.

Welche der Niedertemperatur-Technologien (alkalische Elektrolyse bzw. PEM-Elektrolyse) sich in welchem Umfang durchsetzen wird, ist noch offen. Während die alkalische Elektrolyse – als die am längsten eingesetzte und am weitesten entwickelte Technologie – heute der etablierte Standard ist, laufen die Entwicklungen bei der (noch teureren) PEM-Elektrolyse, die bei gleicher Leistungsdichte mehr Flexibilität, mehr Kompaktheit und eine höhere Effizienz verspricht, Richtung Kostensenkung durch Massenproduktion. Kurzfristig wird die alkalische Elektrolyse weiterhin den größten Anteil bei den Elektrolysekapazitäten stellen, aber die PEM-Elektrolyse wird voraussichtlich vor allem bei kleiner und mittlerer Leistung einen höheren Stellenwert gewinnen.

Mittel- bis langfristig wird sich auch die Hochtemperaturelektrolyse am Markt etablieren, sofern die Fertigungskosten drastisch gesenkt werden können und sich die Lebensdauer weiter erhöht. Die reinen Materialkosten fallen im Vergleich zur PEM-Elektrolyse deutlich geringer aus. Vor allem bei Anwendungen, bei denen vorhandene Abwärme genutzt werden kann, wird diese Technologie ihre Effizienzvorteile ausspielen. Eine weitere interessante Technologie bleibt auch die alkalische Membranelektrolyse. Diese kombiniert die Vorteile der klassischen alkalischen Elektrolyse mit der Kompaktheit und der höheren Effizienz der PEM-Elektrolyse. Aber auch hier bedarf es noch einiger Entwicklungen und Kostensenkungen, um konkurrenzfähig zu werden.

Blauer und türkiser Wasserstoff sind Brückentechnologien und werden voraussichtlich im Ausland (an Kohle- und Erdgasstandorten sowie $CO_2$- bzw. Kohlenstoffsenken) eine größere Rolle einnehmen. Sie werden als Wasserstoffimporte in Deutschland zeitweilig eine Rolle spielen; der Betrieb solcher Anlagen in Deutschland erscheint dagegen wenig wahrscheinlich. Photokatalytische und biologische Verfahren befinden sich noch im frühen Entwicklungsstadium und können noch nicht abschließend auf ihre potenzielle Marktfähigkeit bewertet werden.

In naher Zukunft wird in Deutschland Wasserstoff für das Energiesystem eine wachsende Rolle spielen, insbesondere in der Sektorkopplung. Verbrauchsseitig werden die Mobilität (Flug-, Schiffs-, Schwerlastverkehr) und nachhaltige Prozessrouten in der Industrie die größten Treiber sein. In der Industrie kann bereits recht kurzfristig eine Reduzierung der $CO_2$-Emissionen erreicht werden, wenn grauer Wasserstoff in den Raffinerien und der Ammoniakproduktion durch grünen Wasserstoff ersetzt wird. Die Herausforderungen und Chancen beim industriellen Einsatz von Wasserstoff werden in Kapitel 5 umfassender beschrieben.

Die steigende Wasserstoffnachfrage wird zu Beginn jedoch weiterhin zu großen Anteilen durch grauen Wasserstoff gedeckt werden müssen. Mittelfristig wird sie dann durch heimischen grünen Wasserstoff und Wasserstoffimporte (blau, grün und ggf. auch türkis) gedeckt. Langfristig wird es das Ziel bleiben, ausschließlich $CO_2$-freien, vorrangig grünen Wasserstoff einzusetzen.

## Literatur

1. Herz G., Rix C., Jacobasch E. et al (2021): Economic assessment of Power-to-Liquid processes – Influence of electrolysis technology and operating conditions. Applied Energy 292: 116655. https://doi.org/10.1016/j.apenergy.2021.116655

2. van Troostwijk P., A, Deiman J. R. (1790): Beschrijving van een electriseermachine en van proefnemingen met dezelve in het werk gesteld. J. Phys. 1790, 130–158
3. Nicholson W. (1800): Beschreibung des neuen electrischen oder galvanischen Apparats Alexander Volta's, und einiger wichtigen damit angestellten Versuche. Ann. Phys. 6 (3): 340–359. https://doi.org/10.1002/andp.18000060306
4. Schmidt O. (1900): Über elektrische Wasserzersetzung im Grossen. Zeitschrift für Elektrochemie 7 (20): 295–300
5. Kreuter W., Hofmann H. (1998): Electrolysis: The important energy transformer in a world of sustainable energy. International Journal of Hydrogen Energy 23 (8): 661–666. https://doi.org/10.1016/S0360-3199(97)00109-2
6. Smolinka T., Garche J. (2021): Electrochemical power sources, fundamentals, systems, and applications. Hydrogen Production by Water Electrolysis. Elsevier, Amsterdam
7. Russell J. H., Nuttall L. J., Fickett A. P. (1973): Hydrogen generation by solid polymer electrolyte water electrolysis. Am. Chem. Soc. Div. Fuel Chem. Preprints 18: 24–40
8. Grot W. (1972): Perfluorierte Ionenaustauscher-Membrane von hoher chemischer und thermischer Stabilität. Chemie Ingenieur Technik 44 (4): 167–169. https://doi.org/10.1002/cite.330440408
9. Nutall L. (1977): Conceptual design of large scale water electrolysis plant using solid polymer electrolyte technology. International Journal of Hydrogen Energy 2 (4): 395–403. https://doi.org/10.1016/0360-3199(77)90046-5
10. Stucki S., Scherer G.G., Schlagowski S., Fischer E. (1998): PEM water electrolysers: evidence for membrane failure in 100kW demonstration plants. J Appl Electrochem 28 (10): 1041–1049. https://doi.org/10.1023/A:1003477305336
11. Möbius H.-H. (1997): On the history of solid electrolyte fuel cells. Journal of Solid State Electrochemistry 1 (1): 2–16. https://doi.org/10.1007/s100080050018
12. Dönitz, W. (1985): High-temperature electrolysis of water vapor - status of development and perspectives for application. International Journal of Hydrogen Energy 10 (5): 291–295. https://doi.org/10.1016/0360-3199(85)90181-8
13. Winter C., Fuchs M. (1991): HYSOLAR and Solar-Wasserstoff-Bayern. International Journal of Hydrogen Energy 16 (11): 723–734. https://doi.org/10.1016/0360-3199(91)90069-U
14. Brookes H.C., Carruthers C.M., Doyle T.B. (2005): The electrochemical and electrocatalytic behaviour of glassy metals. J Appl Electrochem 35 (9): 903–913. https://doi.org/10.1007/s10800-005-4726-5
15. Crnkovic F.C., Machado S.A.S., Avaca L.A. (2004): Electrochemical and morphological studies of electrodeposited Ni–Fe–Mo–Zn alloys tailored for water electrolysis. International Journal of Hydrogen Energy 29 (3): 249–254. https://doi.org/10.1016/S0360-3199(03)00212-X
16. Huot J.-Y., Trudeau M., Brossard L., Schulz, R. (1989): Electrochemical and Electrocatalytic Behavior of an Iron-Base Amorphous Alloy in Alkaline Solutions at 70 °C. J. Electrochem. Soc. 136 (8): 2224–2230. https://doi.org/10.1149/1.2097269
17. Jakšić J., Vojnović M., Krstajić N. (2000): Kinetic analysis of hydrogen evolution at Ni–Mo alloy electrodes. Electrochimica Acta 45 (25-26): 4151–4158. https://doi.org/10.1016/S0013-4686(00)00549-1
18. Jothi V.R., Karuppasamy K., Maiyalagan T. et al (2020): Water Splitting: Corrosion and Alloy Engineering in Rational Design of High Current Density Electrodes for Efficient

Water Splitting. Adv. Energy Mater. 10 (24): 2070107. https://doi.org/10.1002/aenm.202070107
19. Krstajic N., Jovic V., Gajickrstajic L. et al (2008): Electrodeposition of Ni–Mo alloy coatings and their characterization as cathodes for hydrogen evolution in sodium hydroxide solution. International Journal of Hydrogen Energy 33 (14): 3676–3687. https://doi.org/10.1016/j.ijhydene.2008.04.039
20. Schalenbach M., Speck F.D., Ledendecker M. et al (2018): Nickel-molybdenum alloy catalysts for the hydrogen evolution reaction: Activity and stability revised. Electrochimica Acta 259: 1154–1161. https://doi.org/10.1016/j.electacta.2017.11.069
21. Schmidt A., Schubert T., Röntzsch L. et al (2012): Rapidly solidified Fe-base alloys as electrode materials for water electrolysis. International Journal of Materials Research 103 (9): 1155–1158. https://doi.org/10.3139/146.110804
22. Vračar L., Conway B.E. (1990): Electroactive intermediate states in anodic $O_2$ evolution at NiMo-containing glassy metals. Electrochimica Acta 35 (11-12): 1919–1931. https://doi.org/10.1016/0013-4686(90)87101-7
23. Wang S.L., Kim D.-H., Yi S. (2011): Electrocatalytic properties of Fe-based bulk metallic glasses for hydrogen evolution reaction. Korean J. Chem. Eng. 28 (8): 1672–1676. https://doi.org/10.1007/s11814-011-0034-4
24. Pletcher D., Li X. (2011): Prospects for alkaline zero gap water electrolysers for hydrogen production. International Journal of Hydrogen Energy 36 (23): 15089–15104. https://doi.org/10.1016/j.ijhydene.2011.08.080
25. Zeng K., Zhang D. (2010): Recent progress in alkaline water electrolysis for hydrogen production and applications. Progress in Energy and Combustion Science 36 (3): 307–326. https://doi.org/10.1016/j.pecs.2009.11.002
26. Castro, E. (2004): Electrochemical characterization of porous nickel-cobalt oxide electrodes. International Journal of Hydrogen Energy 29 (3): 255–261. https://doi.org/10.1016/S0360-3199(03)00133-2
27. Rosalbino F., Delsante S., Borzone G., Scavino G. (2013): Electrocatalytic activity of crystalline Ni–Co–M (M = Cr, Mn, Cu) alloys on the oxygen evolution reaction in an alkaline environment. International Journal of Hydrogen Energy 38 (25): 10170–10177. https://doi.org/10.1016/j.ijhydene.2013.06.035
28. Xiao C., Li Y., Lu X., Zhao C. (2016): Bifunctional Porous NiFe/$NiCo_2O_4$/Ni Foam Electrodes with Triple Hierarchy and Double Synergies for Efficient Whole Cell Water Splitting. Adv. Funct. Mater. 26 (20): 3515–3523. https://doi.org/10.1002/adfm.201505302
29. Bernäcker C.I., Rauscher T., Büttner T. et al (2019): A Powder Metallurgy Route to Produce Raney-Nickel Electrodes for Alkaline Water Electrolysis. J. Electrochem. Soc. 166 (6): F357-F363. https://doi.org/10.1149/2.0851904jes
30. Rauscher T., Bernäcker C.I., Mühle U. et al (2019): The effect of Fe as constituent in Ni-base alloys on the oxygen evolution reaction in alkaline solutions at high current densities. International Journal of Hydrogen Energy 44 (13): 6392–6402. https://doi.org/10.1016/j.ijhydene.2019.01.182
31. Kiemel S., Smolinka T., Lehner F. et al (2021): Critical materials for water electrolysers at the example of the energy transition in Germany. Int. J. Energy Res. https://doi.org/10.1002/er.6487

32. Merle G., Wessling M., Nijmeijer K. (2011): Anion exchange membranes for alkaline fuel cells: A review. Journal of Membrane Science 377 (1-2): 1–35. https://doi.org/10.1016/j.memsci.2011.04.043
33. Varcoe J.R., Atanassov P., Dekel D.R. et al (2014): Anion-exchange membranes in electrochemical energy systems. Energy Environ. Sci. 7 (10): 3135–3191. https://doi.org/10.1039/C4EE01303D
34. Maurya S., Shin S.-H., Kim Y., Moon S.-H. (2015): A review on recent developments of anion exchange membranes for fuel cells and redox flow batteries. RSC Adv. 5 (47): 37206–37230. https://doi.org/10.1039/C5RA04741B
35. Pan J., Chen C., Li Y. et al (2014): Constructing ionic highway in alkaline polymer electrolytes. Energy Environ. Sci. 7 (1): 354–360. https://doi.org/10.1039/C3EE43275K
36. Hnát J., Paidar M., Schauer J. et al (2011): Polymer anion selective membranes for electrolytic splitting of water. Part I: Stability of ion-exchange groups and impact of the polymer binder. J Appl Electrochem 41 (9): 1043–1052. https://doi.org/10.1007/s10800-011-0309-9
37. Bauer B., Strathmann H., Effenberger F. (1990): Anion-exchange membranes with improved alkaline stability. Desalination 79 (2-3): 125–144. https://doi.org/10.1016/0011-9164(90)85002-R
38. Pavel C.C., Cecconi F., Emiliani C. et al (2014): Highly efficient platinum group metal free based membrane-electrode assembly for anion exchange membrane water electrolysis. Angewandte Chemie (International ed. in English) 53 (5): 1378–1381. https://doi.org/10.1002/anie.201308099
39. Faraj M., Boccia M., Miller H. et al (2012): New LDPE based anion-exchange membranes for alkaline solid polymeric electrolyte water electrolysis. International Journal of Hydrogen Energy 37 (20): 14992–15002. https://doi.org/10.1016/j.ijhydene.2012.08.012
40. Xing B., Savadogo O. (2000): Hydrogen/oxygen polymer electrolyte membrane fuel cells (PEMFCs) based on alkaline-doped polybenzimidazole (PBI). Electrochemistry Communications 2 (10): 697–702. https://doi.org/10.1016/S1388-2481(00)00107-7
41. Zarrin H., Jiang G., Lam G.Y.-Y. et al (2014): High performance porous polybenzimidazole membrane for alkaline fuel cells. International Journal of Hydrogen Energy 39 (32): 18405–18415. https://doi.org/10.1016/j.ijhydene.2014.08.134
42. Kraglund M.R., Carmo M., Schiller G., Ansar S.A., Aili D., Christensen E., Jensen J.O. (2019): Ion-solvating membranes as a new approach towards high rate alkaline electrolyzers. Energy Environ. Sci. 12(11): 3313–3318. https://doi.org/10.1039/C9EE00832B
43. Miller H.A., Bouzek K., Hnat J. et al (2020): Green hydrogen from anion exchange membrane water electrolysis: a review of recent developments in critical materials and operating conditions. Sustainable Energy Fuels 4 (5): 2114–2133. https://doi.org/10.1039/C9SE01240K
44. Chen D., Chen C., Baiyee Z. M. et al (2015): Nonstoichiometric Oxides as Low-Cost and Highly-Efficient Oxygen Reduction/Evolution Catalysts for Low-Temperature Electrochemical Devices. Chemical reviews 115 (18): 9869–9921. https://doi.org/10.1021/acs.chemrev.5b00073
45. Li X., Walsh F.C., Pletcher D. (2011): Nickel based electrocatalysts for oxygen evolution in high current density, alkaline water electrolysers. Physical chemistry chemical physics : PCCP 13 (3): 1162–1167. https://doi.org/10.1039/C0CP00993H

46. Lim C.S., Chua C.K., Sofer, Z. et al (2015): Layered transition metal oxyhydroxides as tri-functional electrocatalysts. J. Mater. Chem. A 3 (22): 11920–11929. https://doi.org/10.1039/C5TA02063H
47. Fawcett W.R. (2020): Interfacial Electrochemistry. In: Wieckowski A. (Hrsg.): Theory, Experiment, and Application. Marcel Dekker: New York. https://doi.org/10.1021/ja004720h
48. Safizadeh F., Ghali E., Houlachi G. (2015): Electrocatalysis developments for hydrogen evolution reaction in alkaline solutions – A Review. International Journal of Hydrogen Energy 40 (1): 256–274. https://doi.org/10.1016/j.ijhydene.2014.10.109
49. Liu Z., Sajjad S.D., Gao Y. (2017): The effect of membrane on an alkaline water electrolyzer. International Journal of Hydrogen Energy 42 (50): 29661–29665. https://doi.org/10.1016/j.ijhydene.2017.10.050
50. Carmo M., Fritz D.L., Mergel J., Stolten D. (2013): A comprehensive review on PEM water electrolysis. International Journal of Hydrogen Energy 38 (12): 4901–4934. https://doi.org/10.1016/j.ijhydene.2013.01.151
51. Su H., Bladergroen B.J., Pasupathi S. et al (2012): Performance Investigation of Membrane Electrode Assemblies for Hydrogen Production by Solid Polymer Electrolyte Water Electrolysis. International Journal of Electrochemical Science 7 (5): 4223–4234
52. Siegmund D., Metz S., Peinecke V. et al (2021): Crossing the Valley of Death: From Fundamental to Applied Research in Electrolysis. JACS Au 1 (5): 527-545. https://doi.org/10.1021/jacsau.1c00092
53. Lickert T., Kiermaier M.L., Bromberger K. et al (2020): On the influence of the anodic porous transport layer on PEM electrolysis performance at high current densities. International Journal of Hydrogen Energy 45 (11): 6047–6058. https://doi.org/10.1016/j.ijhydene.2019.12.204
54. Smolinka T. (2021): Grundlagen der Wasserelektrolyse zur Wasserstofferzeugung. In: Graf F., Schoof R., Zdrallek M. (Hrsg.): Power-to-Gas: Grundlagen – Konzepte – Lösungen. Vulkan Verlag, Essen
55. Kusnezoff M., Beckert W., Trofimenko N. et al (2015): Electrochemical MEA Characterization: Area Specific Resistance Corrected to Fuel Utilization as Universal Characteristic for Cell Performance. ECS Trans. 68 (1): 2555–2563. https://doi.org/10.1149/06801.2555ecst
56. Ge B., Ma J. T., Ai D., Deng C., Lin X., Xu J. (2015): $Sr_2FeNbO_6$ Applied in Solid Oxide Electrolysis Cell as the Hydrogen Electrode: Kinetic Studies by Comparison with Ni-YSZ. Electrochimica Acta 151, 437–446. https://doi.org/10.1016/j.electacta.2014.11.078
57. Borglum B., Tang E., Pastula M. (2011): Development of Solid Oxide Fuel Cells at Versa Power Systems. ECS Trans. 35 (1): 63–69. https://doi.org/10.1149/1.3569979
58. Ghezel-Ayagh H., Borglum B.P. (2017): Review of Progress in Solid Oxide Fuel Cells at FuelCell Energy. ECS Trans. 78 (1): 77–86. https://doi.org/10.1149/07801.0077ecst
59. Geipel C., Hauptmeier K., Herbrig K. et al (2019): Stack Development and Industrial Scale-Up. ECS Trans. 91 (1): 123–132. https://doi.org/10.1149/09101.0123ecst
60. Santhanam S., Ullmer D., Wuillemin Z. (2019): Experimental Analysis of a 25 kWe Solid Oxide Fuel Cell Module for Co-Generation of Hydrogen and Power. ECS Trans. 91 (1): 159–166. https://doi.org/10.1149/09101.0159ecst

61. Hartvigsen J., Elangovan S., Frost, L. (2019): OxEon Energy Demonstration of Manned-Mission Scale ISRU Process Systems. ICES-2019-257, 49th International Conference on Environmental Systems: Boston, Massachusetts 2019
62. Noponen M., Torri P., Göös J. et al (2020): Progress of SOC development at Elcogen. A0304. In: Proceedings of 14th European SOFC & SOE Forum 2019. European Fuel Cell Forum AG
63. Posdziech O., Schwarze K., Brabandt J. (2019): Efficient hydrogen production for industry and electricity storage via high-temperature electrolysis. International Journal of Hydrogen Energy 44 (35): 19089–19101. https://doi.org/10.1016/j.ijhydene.2018.05.169
64. Schwarze K., Posdziech O., Mermelstein J., Kroop S. (2018): Operational Results of an 150/30 kW RSOC System in an Industrial Environment. A0604. In: Proceedings 13th European SOFC & SOE Forum 2018. European Fuel Cell Forum AG
65. Peters R., Tiedemann W., Hoven I. et al (2020): Operating Experience with a 5kW-class Reversible Solid Oxide Cell System. A0803. In: Proceedings of 14th European SOFC & SOE Forum 2019. European Fuel Cell Forum AG
66. Küngas R., Blennow P., Heiredal-Clausen et al (2020): Power-to-X activities at Haldor Topsoe: our approach for electrification of the chemicals industry. A0305. In: Proceedings of 14th European SOFC & SOE Forum 2019. European Fuel Cell Forum AG
67. Herz G., Reichelt E., Jahn M. (2018): Techno-economic analysis of a co-electrolysis-based synthesis process for the production of hydrocarbons. Applied Energy 215, 309–320. https://doi.org/10.1016/j.apenergy.2018.02.007
68. Meng Y., Gao J., Zhao Z. et al (2019): Review: recent progress in low-temperature proton-conducting ceramics. J Mater Sci 54 (13): 9291–9312. https://doi.org/10.1007/s10853-019-03559-9
69. Leonard K., Okuyama Y., Takamura Y. et al (2018): Efficient intermediate-temperature steam electrolysis with Y:$SrZrO_3$–$SrCeO_3$ and Y:$BaZrO_3$–$BaCeO_3$ proton conducting perovskites. J. Mater. Chem. A 6 (39): 19113–19124. https://doi.org/10.1039/c8ta04019b
70. Bi L., Fabbri E., Sun Z., Traversa E. (2011): Sinteractive anodic powders improve densification and electrochemical properties of $BaZr_{0.8}Y_{0.2}O_{3}$-$\delta$ electrolyte films for anode-supported solid oxide fuel cells. Energy Environ. Sci. 4 (4): 1352. https://doi.org/10.1039/c0ee00387e
71. Vøllestad E., Strandbakke R., Tarach M. et al (2019): Mixed proton and electron conducting double perovskite anodes for stable and efficient tubular proton ceramic electrolysers. Nature materials 18 (7): 752–759. https://doi.org/10.1038/s41563-019-0388-2
72. Nakamura T., Mizunuma S., Kimura Y. et al (2018): Energy efficiency of ionic transport through proton conducting ceramic electrolytes for energy conversion applications. J. Mater. Chem. A 6 (32): 15771–15780. https://doi.org/10.1039/c8ta05373a
73. Leonard K., Lee Y.-S., Okuyama Y., Miyazaki K., Matsumoto H. (2016): Proton Conduction Properties of Bzcy and Szcy Perovskites Type Oxides. Addressing the Effect of Dopant Levels and Proton Content. Meeting Abstracts [Online]
74. Braun R. J., Dubois A., Ferguson K. et al (2019): Development of kW-Scale Protonic Ceramic Fuel Cells and Systems. ECS Transactions 91 (1): 997–1008. https://doi.org/10.1149/09101.0997ecst

75. Antonini C., Treyer K., Streb A., van der Spek M., Bauer C., Mazzotti M. (2020): Hydrogen production from natural gas and biomethane with carbon capture and storage – A techno-environmental analysis. Sustainable Energy Fuels 4 (6): 2967–2986. https://doi.org/10.1039/D0SE00222D
76. Nikolaidis P., Poullikkas A. (2017): A comparative overview of hydrogen production processes. Renewable and Sustainable Energy Reviews 67: 597–611. https://doi.org/10.1016/j.rser.2016.09.044
77. van de Krol R., Grätzel M. (2012): Photoelectrochemical Hydrogen Production 102. Springer US: Boston, MA
78. Ahmet I.Y., Ma Y., Jang J.-W. et al (2019): Demonstration of a 50 $cm^2$ $BiVO_4$ tandem photoelectrochemical-photovoltaic water splitting device. Sustainable Energy Fuels 3 (9), 2366–2379. https://doi.org/10.1039/C9SE00246D
79. Moss B., Babacan O., Kafizas A., Hankin A. (2021): A Review of Inorganic Photoelectrode Developments and Reactor Scale-Up Challenges for Solar Hydrogen Production. Adv. Energy Mater. 11 (13), 2003286. https://doi.org/10.1002/aenm.202003286
80. Cheng W.-H., Richter M.H., May M.M. et al (2018): Monolithic Photoelectrochemical Device for Direct Water Splitting with 19% Efficiency. ACS Energy Lett. 3 (8), 1795–1800. https://doi.org/10.1021/acsenergylett.8b00920
81. Döscher H., Geisz J.F., Deutsch T.G., Turner J.A. (2014): Sunlight absorption in water – efficiency and design implications for photoelectrochemical devices. Energy Environ. Sci. 7 (9), 2951–2956. https://doi.org/10.1039/C4EE01753F
82. Kircher M., Schwarz T. (Hrsg.) (2020): $CO_2$ und CO – Nachhaltige Kohlenstoffquellen für die Kreislaufwirtschaft. Springer, Berlin, Heidelberg
83. Rey F.E., Heiniger E.K., Harwood C.S. (2007): Redirection of metabolism for biological hydrogen production. Applied and environmental microbiology 73 (5): 1665–1671. https://doi.org/10.1128/AEM.02565-06
84. Marx C., Happe T. (2020): Alternative biologische und biotechnologische Verfahren zur Wasserstoffherstellung. In: Kircher M., Schwarz T. (Hrsg.): $CO_2$ und CO – Nachhaltige Kohlenstoffquellen für die Kreislaufwirtschaft. Springer, Berlin Heidelberg, S. 39–58. https://doi.org/10.1007/978-3-662-60649-0_4
85. Lubitz W., Ogata H., Rüdiger O., Reijerse E. (2014): Hydrogenases. Chemical reviews 114 (8): 4081–4148. https://doi.org/10.1021/cr4005814
86. Kleinhaus J.T., Wittkamp F., Yadav S., Siegmund D., Apfel U.-P. (2021): FeFe-Hydrogenases: maturation and reactivity of enzymatic systems and overview of biomimetic models. Chemical Society reviews 50 (3): 1668–1784. https://doi.org/10.1039/d0cs01089h
87. Trchounian K., Poladyan A., Vassilian A., Trchounian A. (2012): Multiple and reversible hydrogenases for hydrogen production by Escherichia coli: dependence on fermentation substrate, pH and the F(0)F(1)-ATPase. Critical reviews in biochemistry and molecular biology 47 (3): 236–249. https://doi.org/10.3109/10409238.2012.655375
88. Li C., Fang H.H.P. (2007): Fermentative Hydrogen Production From Wastewater and Solid Wastes by Mixed Cultures. Critical Reviews in Environmental Science and Technology 37 (1): 1–39. https://doi.org/10.1080/10643380600729071
89. Kim D.-H., Lee J.-H., Kang S. et al (2014): Enhanced photo-fermentative $H_2$ production using Rhodobacter sphaeroides by ethanol addition and analysis of soluble

microbial products. Biotechnology for biofuels 7: 79. https://doi.org/10.1186/1754-6834-7-79

90. Lopespinto, F. (2002): A brief look at three decades of research on cyanobacterial hydrogen evolution. International Journal of Hydrogen Energy 27 (11–12): 1209–1215. https://doi.org/10.1016/S0360-3199(02)00089-7
91. Weigand W., Apfel U.-P. (Hrsg.) (2018): Bioorganometallic Chemistry. De Gruyter, Berlin
92. Ghirardi M.L., Togasaki R.K., Seibert M. (1997): Oxygen sensitivity of algal H2- production. Applied biochemistry and biotechnology 63–65: 141–151. https://doi.org/10.1007/BF02920420
93. Ozturk Y., Yucel M., Daldal F. et al (2006): Hydrogen production by using Rhodobacter capsulatus mutants with genetically modified electron transfer chains. International Journal of Hydrogen Energy 31 (11): 1545–1552. https://doi.org/10.1016/j.ijhydene.2006.06.042
94. Plumeré N., Rüdiger O., Oughli A.A. (2014): A redox hydrogel protects hydrogenase from high-potential deactivation and oxygen damage. Nature chemistry 6 (9): 822–827. https://doi.org/10.1038/nchem.2022
95. Happe T., Schütz K., Böhme H. (2000): Transcriptional and mutational analysis of the uptake hydrogenase of the filamentous cyanobacterium Anabaena variabilis ATCC 29413. Journal of bacteriology 182 (6): 1624–1631. https://doi.org/10.1128/jb.182.6.1624-1631.2000

# Brennstoffzellen-Technologien 10

Ulf Groos
Fraunhofer-Institut für Solare Energiesysteme ISE

Carsten Cremers
Fraunhofer-Institut für Chemische Technologie ICT

Laura Nousch • Christoph Baumgärtner
Fraunhofer-Institut für Keramische Technologien und Systeme IKTS

**Zusammenfassung**

Die Brennstoffzelle ist ein Energiewandler, der die chemische Energie eines Brennstoffes in elektrische und thermische Energie umwandelt. Sie ermöglicht die Kraft-Wärme-Kopplung und hat somit das Potenzial, zu einem zentralen Element einer wasserstoffbasierten Energieversorgung zu werden. Der Beitrag analysiert Funktionsweise und Eigenschaften verschiedener Brennstoffzellentypen.

## 10.1 Einleitung

Die Brennstoffzelle ist ein Energiewandler, der die chemische Energie eines Brennstoffes in elektrische und thermische Energie umwandelt. Sie ermöglicht somit die Kraft-Wärme-Kopplung. Die Stromerzeugung über Brennstoffzellen bietet in vielen Fällen Chancen: Das Wirkungsgradpotenzial ist hoch im Vergleich zum Verbrennungsmotor, die Energiedichten sind höher als bei Batterien, lokale Schadstoffemissionen werden vermieden und es steht eine Vielfalt an Brennstoffen zur Verfügung. Deshalb existieren vielfältige Einsatzfelder für Brennstoffzellen-Systeme. In der stationären Energieerzeugung und der mobilen Anwendung als



R. Neugebauer (Hrsg.), *Wasserstofftechnologien*,
https://doi.org/10.1007/978-3-662-64939-8_10

Stromversorgung für das elektrische Antriebsaggregat hat die Brennstoffzelle das Potenzial, Bedeutung am Gesamtenergieumsatz zu erlangen.

Brennstoffzellensysteme erzielen hohe Wirkungsgrade von über 50 Prozent. Sie sind bei Einsatz von regenerativ erzeugtem Wasserstoff emissionsfrei und bei nicht regenerativem, zentral erzeugtem Wasserstoff zumindest lokal emissionsfrei. Bei Brennstoffen wie Methan oder Methanol sind die Emissionen gegenüber Verbrennungsmotoren stark reduziert. Die Systeme arbeiten geräusch- und wartungsarm.

Die Anwendungen von Brennstoffzellen erstrecken sich über einen weiten Leistungsbereich von 1 Watt bis mehrere Megawatt:

- 1 W bis 1 kW: Camping, Baustellen, portable Stromaggregate, Drohnen, Spielzeug
- 1 bis 10 kW: Kraft-Wärme-Kopplung für die Hausenergie, Flurförderfahrzeuge, Notstromaggregate, Telekommunikation, Hilfskraftaggregate (APU) für Landfahrzeuge
- 10 bis 100 kW: Reichweitenverlängerer in Fahrzeugen, „Ground-Handling" in Flughäfen, stationäre Stromerzeugung und Kraft-Wärme-Kopplung, Hilfskraftaggregate (APU) für Flugzeuge
- 50 kW bis mehrere MW: Antriebe für Pkw, Lkw, Busse, Züge, Boote, Schiffe, Flugzeuge; stationäre Kraft-Wärme-Kopplung

Analog zu einem verbrennungsmotorischen Aggregat können auch bei Brennstoffzellensystemen der Leistungswandler und der Energiespeicher getrennt voneinander dimensioniert und somit Leistung und Betriebsdauer anwendungsspezifisch entwickelt werden.

Eine Einzelzelle der Brennstoffzelle besteht aus einer bipolaren Platte (BPP) mit einer Anoden- und einer Kathodenseite und der Membran-Elektroden-Einheit (Membrane Electrode Assembly, MEA). Dabei unterscheiden sich die einzelnen Brennstoffzellentechnologien durch den jeweils verwendeten Elektrolyten, der das Niveau der Betriebstemperatur definiert. Die Betriebstemperatur bestimmt wiederum die Art des einsetzbaren Brennstoffes. Werden mehrere Einzelzellen elektrisch in Reihe geschaltet, mechanisch aufeinandergestapelt und um Balance-of-Stack(BOS)-Komponenten wie Endplatten, Stromkollektoren, Verteilerplatte und Überwachungseinheit ergänzt, entsteht der Brennstoffzellen-Stapel (engl. Stack). Dabei werden die Einzelzellen in der Regel fluidisch parallel versorgt. Die Anzahl der Einzelzellen definiert das Gesamtspannungsniveau, und ihre Aktivflächen bestimmen die Stromstärke. Gemeinsam ermöglichen Zellanzahl und Zellfläche eine Variation der Leistungshöhe. Der Brennstoffzellen-Stack bildet, unterstützt durch die Balance-of-Plant(BOP)-Elemente wie Luftkompressor,

**Tab. 10.1** Überblick über verschiedene Brennstoffzellentechnologien

| Technologie | Vorteile | Nachteile | TRL |
|---|---|---|---|
| LT-PEMFC | Hohe Leistungsdichte<br>Lange Lebensdauer<br>Gute Start-Stopp- und Zyklenstabilität | Niedrige Toleranz gegenüber Kontaminationen<br>Komplexes Wassermanagement | 9 |
| DMFC | Gute Start-Stopp- und Zyklenstabilität<br>Hohe Energiedichte (Methanol) | Niedriger Wirkungsgrad<br>Niedrige Leistungsdichte | 9 |
| SOFC | Hoher Wirkungsgrad<br>Hohe Toleranz gegenüber Kontaminationen<br>Lange Lebensdauer | Mittlere Leistungsdichte<br>Niedrige Start-Stopp- und Zyklenstabilität<br>Lange Startzeit | 8 |
| HT-PEMFC | Gute Toleranz gegenüber Kontaminationen<br>Moderate Startzeit | Mittlere Start-Stopp- und Zyklenstabilität<br>Mittlere Leistungsdichte | 8 |
| MCFC | Breiter Leistungsbereich<br>$CO_2$-Management<br>Hoher Wirkungsgrad bei $CO_2$-haltigen Kraftstoffen<br>$H_2$ als Nebenprodukt | Niedrige Leistungsdichte<br>Niedrige Start-Stopp- und Zyklenstabilität<br>Lange Startzeit | 8 |
| AEMFC | Edelmetallfreie Katalysatoren | Niedrige Leistungsdichte<br>Bislang kurze Lebensdauer | 3 |

Befeuchtung, Wasserstoffversorgung, Purgeventile, Wärmemanagement-Modul sowie Leistungselektronik, das Brennstoffzellensystem.

Membran-Brennstoffzellen nutzen eine ionenleitende Festkörpermembran als Elektrolyten. Bei der Polymerelektrolytmembran-Brennstoffzelle (PEMFC) setzt sich die Membran-Elektroden-Einheit aus einer sehr dünnen, mit Katalysator beschichteten Polymermembran (catalyst coated membrane, CCM) und beidseitigen Gasdiffusionsschichten (gas diffusion layer, GDL) zusammen. Die Zuführung der Reaktionsgase und die Kühlung erfolgt meist über Bipolarplatten (BPP). Zu den Membranbrennstoffzellen gehören auch die Anionentauschenmembran-Brennstoffzelle (AEMFC) und die Festoxidkeramik-Brennstoffzelle (SOFC). Nicht dazu gehören die alkalische Brennstoffzelle (AFC), die phosphorsaure Brennstoffzelle (PAFC) und die Schmelzcarbonat-Brennstoffzelle. In diesen Zelltypen wird ein flüssiger Elektrolyt genutzt, der in einer Keramikmatrix und den Elektrodenstrukturen adsorbiert ist. Eine Sonderform ist die aktuelle Ausführungsform der Hochtemperatur-Polymerelektrolytmembran-Brennstoffzelle (HT-PEMFC). Die chemische Wechselwirkung zwischen Phosphorsäure und Polybenzimidazol in der Elektrolytmembran ist ausreichend stark, um diese als homogene Membran

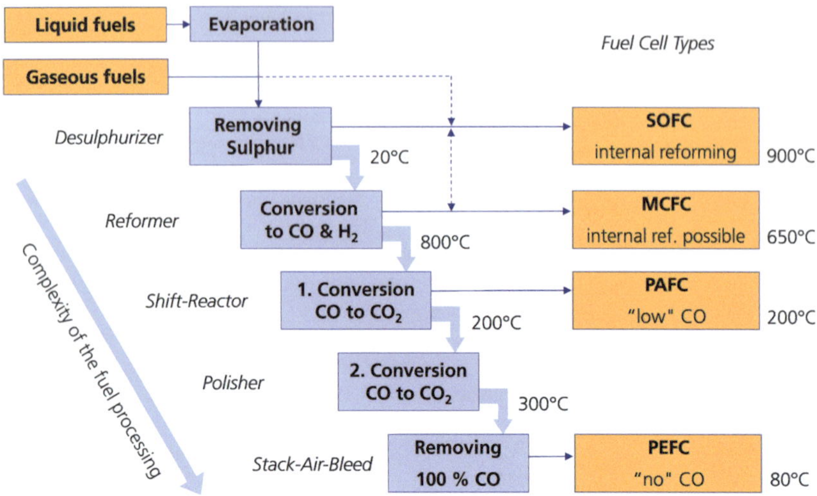


**Abb. 10.1** Umwandlungsschritte von Brennstoffen für verschiedene Brennstoffzellentypen und der Einfluss auf die Komplexität der Brenngasaufbereitung. (nach [6])

zu betrachten. In den Elektroden ist die Phosphorsäure jedoch nur als Flüssigkeit adsorbiert.

In HT-Brennstoffzellen werden feste und flüssige Elektrolyte eingesetzt, bei denen erst ab ca. 600 °C eine ausreichend gute Ionenleitfähigkeit vorhanden ist. Durch den Elektrolyten werden Sauerstoffionen ($O^{2-}$) oder Karbonat-Ionen ($CO_3^{2-}$) geleitet. Das hat den Vorteil, dass auch Kohlenstoffmonoxid in den Zellen umgesetzt werden kann. Eine große Brennstoffvielfalt ist dadurch möglich und es können verschiedene kohlenwasserstoffbasierte Brennstoffe (flüssig und gasförmig) aus konventioneller Förderung und regenerativen Quellen (z. B. Biogas) bis hin zu Ammoniak ($NH_3$) zum Einsatz kommen. Bei der Nutzung von Hochtemperatur-Brennstoffzellen kann der Anlagenaufwand reduziert und der Systemwirkungsgrad erhöht werden (Abbildung 10.1).

Die hohen Betriebstemperaturen ermöglichen die Auskopplung von Nutzwärme aus dem Abgasstrang, weshalb Hochtemperatur-Brennstoffzellensysteme für die stationäre Erzeugung von Strom und Wärme (Kraft-Wärme-Kopplung, KWK) prädestiniert sind. SOFC-Systeme weisen sich durch hohe Teillastwirkungsgrade im Vergleich zu anderen Wandlern wie Gasmotoren aus. Allerdings sind z. B. im mobilen Bereich sowohl die energie- und zeitintensiven Aufheizphasen als auch die begrenzte Anzahl von thermischen Zyklen der Systeme von Nachteil für Anwendungen mit einer hohen Lastflexibilität.

## 10.2 Niedertemperatur-Polymerelektrolytmembran-Brennstoffzellen

### 10.2.1 Überblick

In der PEMFC wird das Wasserstoffmolekül anodenseitig in zwei Protonen und zwei Elektronen aufgespalten. Die Elektronen werden durch einen äußeren Stromkreis zur Kathode überführt und können dabei elektrische Arbeit verrichten. Die Protonen werden über den Membranelektrolyten zur Kathode geleitet und schließen so den Stromkreis. Dort verbinden sie sich mit dem (Luft-)Sauerstoff und den Elektronen zu Wasser, das über erhöhte Luftfeuchte aus der Brennstoffzelle abgeführt wird.

Anode: $2\,H_2 \rightarrow 4\,H^+ + 4\,e^-$
Kathode: $O_2 + 4\,H^+ + 4\,e^- \rightarrow 2\,H_2O$
Gesamt: $2\,H_2 + O_2 \rightarrow 2\,H_2O$

### 10.2.2 Stack-Komponenten

Membran-Elektroden-Einheiten mit heutigen Architekturen erreichen im Betrieb einer automobilen Brennstoffzelle Leistungsdichten von ca. 1,5 W/cm$^2$ bzw. Stromdichten von 2 A/cm$^2$ bei 675 mV. Die typische Platinbeladung beträgt 0,25 bis 0,4 mg/cm$^2$ für Kathode und Anode zusammen. Die Potenziale für die Weiterentwicklung werden teilweise noch divers bewertet.

Die Brennstoffzellenreaktion erfolgt mithilfe von elektrochemisch wirksamen Katalysatoren. Katalysatornanopartikel werden nasschemisch auf verschieden porösen Kohlenstoffpartikeln (sogenannte Katalysatorträger) abgeschieden. Als Katalysatoren kommen Platin (Pt) oder Pt-Legierungen zum Einsatz. Gegenstand der Forschung sind sogenannte Core-Shell-Architekturen und komplexe Legierungen. Nicht-edelmetallbasierte Katalysatoren sind ebenfalls Gegenstand der Forschung. Um die Langzeitstabilität der Katalysatoren an den Anwendungsfall anzupassen, kommen verschiedene Kohlenstoff-Support-Morphologien und -Graphitisierungsgrade sowie katalytische Additive zum Einsatz.

Das Katalysatorpulver wird zusammen mit dem Ionomer (für den Protonentransport) und einem Lösemittel zu einer Paste bzw. Tinte gemischt, um anschließend mit einem Beschichtungsverfahren zu einer Katalysatorschicht verarbeitet zu werden (Abbildung 10.3). Die Zusammensetzung der Katalysatorschicht beeinflusst das Betriebsverhalten. Ein hoher Ionomergehalt führt aufgrund eines niedri-

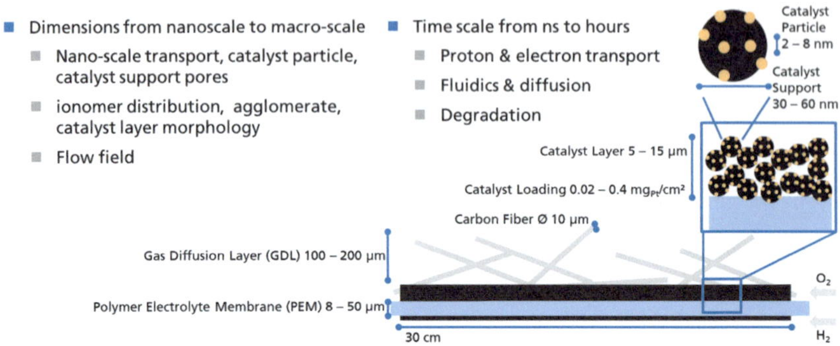


**Abb. 10.2** Die Membran-Elektroden-Einheit (MEA) einer Brennstoffzelle stellt ein Multiskalenproblem dar. (Fraunhofer ISE)

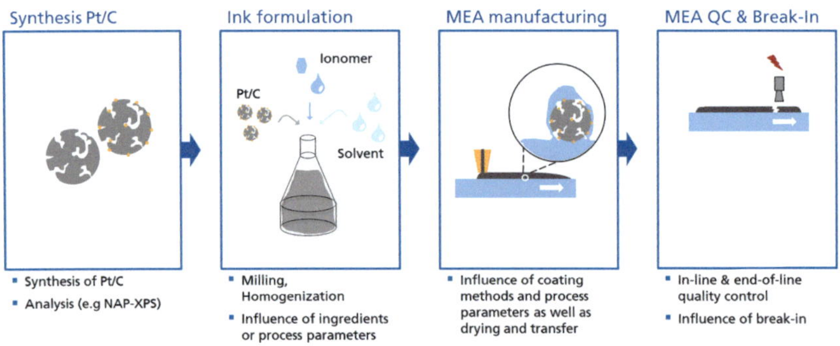


**Abb. 10.3** Herstellung einer Membran-Elektroden-Einheit (MEA). (Fraunhofer ISE)

gen, protonischen Kontaktwiderstands der Grenzflächen von Elektrode und Membran bei geringen Strömen zur Leistungsverbesserung (Abbildung 10.4). Dagegen ermöglicht ein niedriger Ionomergehalt eine bessere Sauerstoffdiffusion und daher eine Leistungssteigerung bei hohen Strömen.

Als Beschichtungsverfahren wird heute im industriellen Maßstab vorrangig die Schlitzdüse genutzt, weil damit eine gleichmäßige und hochdurchsatzfähige Rolle-zu-Rolle-Beschichtung (R2R) möglich ist. Im Forschungslabor wird regelmäßig mit Sprühen gearbeitet, da diese Art der Beschichtung einfach und kostengünstig zu realisieren ist. Etabliert ist heute die Beschichtung einer Transferfolie (engl. Decal), wobei die getrocknete Katalysatorschicht durch Heißpressen oder Kalandrieren auf die Polymerelektrolytmembran (PEM) übertragen wird. Die direkte

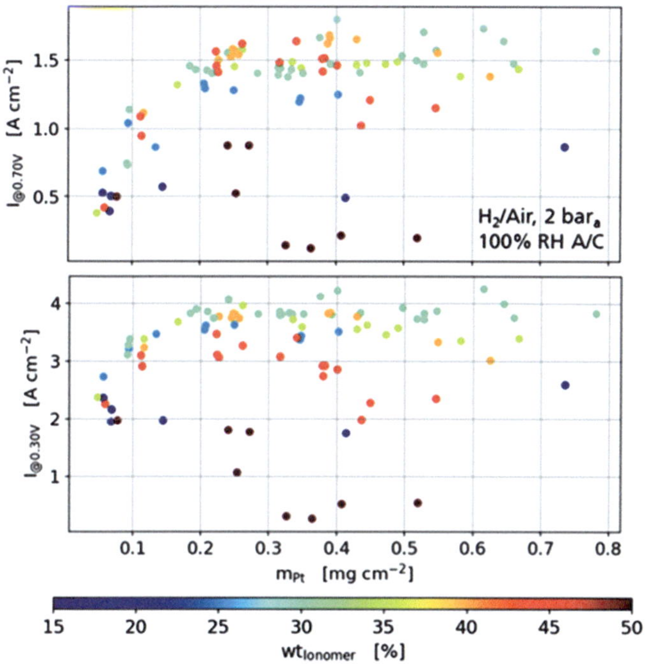


**Abb. 10.4** Stromdichte an zwei Betriebspunkten bei unterschiedlicher Pt-Beladung (auf der Kathode) und unterschiedlichen Ionomergehalten. Die MEA wurden im Rahmen des vom BMBF geförderten Projekts DEKADE durch Siebdruck hergestellt. (Fraunhofer ISE)

Beschichtung der PEM wird derzeit in ersten Industrieanlagen realisiert. Der Verbund aus PEM und der anoden- und kathodenseitigen Katalysatorschicht wird als Catalyst Coated Membrane (CCM) bezeichnet.

**Projekt DEKADE: Deutsch-Kanadische Brennstoffzellenkooperation: Diagnose und Entwicklung von Komponenten für automobile Brennstoffzellen**

**Wissenschaftliche Zielsetzung**

- Entwicklung neuartiger und nachhaltiger Katalysatorsysteme für LT-PEMFC, aufbauend auf stabilen Trägerstrukturen mit optimierter Platin-Träger-Wechselwirkung

- Entwicklung neuer Kompositmembranen mit Nanofaserverstärkung, basierend auf dem entwickelten Membrandirektdruckverfahren zur Herstellung optimaler Membranelektrodeneinheiten mit minimierter Membrandicke und verbesserter Betriebsstabilität (Abbildung 10.5)
- Modellierung der Membranelektrodeneinheit zur Optimierung der Strukturen und Komponentenzusammensetzung
- Innovative Elektrodenstrukturierung mit through-plane-Gradienten zur optimalen Pt- und Ionomer-Verteilung

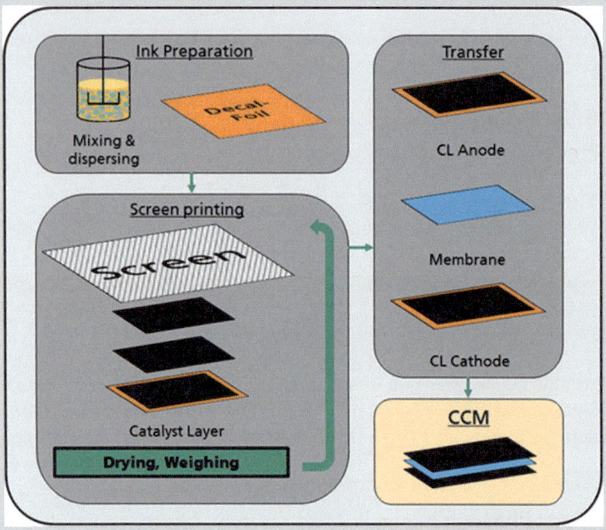


**Abb. 10.5** Herstellung einer CCM durch Siebdruck. (Fraunhofer ISE)

**Projektpartner:** Fraunhofer ISE, Universität Freiburg, Greenerity GmbH
Gefördert vom Bundesministerium für Bildung und Forschung
**Durchführung:** 01.01.2017 bis 31.12.2019
**Ansprechpartner:** Ulf Groos, Abteilungsleitung Brennstoffzellensysteme, Fraunhofer ISE
**Information:** https://www.ise.fraunhofer.de/de/forschungsprojekte/dekade.html

Um die Gasversorgung von den für die Gasmoleküle groben Strukturen der Strömungsfelder zu den mikroporösen Katalysatorschichten zu gewährleisten, werden Gasdiffusionslagen auf die CCM aufgebracht. Als Gasdiffusionslagen werden 100 bis 300 μm dicke Geflechte oder Vliese aus Kohlenstofffasern eingesetzt, die mit einer fluorhaltigen Polymerschicht zur Hydrophobierung ausgerüstet werden. Typischerweise wird auf der der Elektrode zugewandten Seite noch eine 20 bis 50 μm dicke mikroporöse Lage (micro porous layer, MPL) aus hydrophobierten Kohlenstoffpartikeln aufgebracht. Dabei unterstützt die mikroporöse Lage das Wassermanagement der PEMFC.

Die mit Katalysator beschichteten Membran (CCM) wird über Stanzprozesse vereinzelt. Um die CCM mechanisch handhabbar zu machen, und um Dichtungen gegenüber den Gas-Ports und den Bipolarplatten zu ermöglichen, werden polymerische Verstärkungsrahmen auflaminiert. Als Material eignet sich beispielsweise Polyethylennaphthalat (PEN). Anschließend wird die Gasdiffusionsschicht beidseitig auf der Membran fixiert.

Die Reaktionsgase werden durch Strömungsfelder über die aktive Fläche der Membran-Elektroden-Einheit verteilt. Diese Strömungsfelder werden in sogenannte Bipolarplatten eingebracht. Neben der Gasverteilung übernehmen die Bipolarplatten die elektrische Stromableitung und die gasdichte Trennung von Anoden- und Kathodenraum sowie die Abdichtung gegenüber der Kühlung. Bipolarplatten können aus graphitischen oder metallischen Werkstoffen gefertigt werden. Compound-BPP führen im Vergleich zu metallischen Platten zu einer größeren Stack-Höhe und müssen leitfähige, graphithaltige Füllstoffe enthalten, um die elektrische Leitfähigkeit der Bipolarplatten zu gewährleisten. Metallische Platten weisen eine hohe mechanische Festigkeit auf und lassen sich gut bearbeiten. Nachteilig ist die typische Oxidbildung an metallischen Oberflächen und schlechtere Korrosionsbeständigkeit. Deshalb muss eine zusätzliche Oberflächenbeschichtung aufgetragen werden, um einen dauerhaft niedrigen, elektrischen Kontaktwiderstand zur angrenzenden GDL zu gewährleisten und mögliche Kontaminationen durch Korrosion zu verhindern. Die Oberflächen von metallischen Bipolarplatten werden häufig mit graphitischen Beschichtungen, Edelmetallfilmen, Metallnitrid/Carbid-Filmen oder leitfähigen Polymerfilmen beschichtet.

Die Herstellung einer stapelbaren Bipolarplatten-Einheit umfasst das Einbringen des Flowfield, das Ausschneiden der Bipolarplatten, das Beschichten der Platten und das anschließende Zusammenschweißen von zwei Platten sowie das Aufbringen einer Dichtung. Die Anforderungen an die Umform-, Schneid- und Fügetechnik bei der Herstellung von Bipolarplatten sind sehr hoch. Aktuell werden 0,07 bis 0,1 mm dünne Bleche mit bis zu 0,8 mm tiefen Kanälen umgeformt.

### 10.2.3 Systemkomponenten

Damit ein Brennstoffzellenstapel elektrische Leistung zur Verfügung stellen kann, benötigt er zusätzliche Komponenten (Balance of Plant, BoP). Diese sind typischerweise in drei Bereiche unterteilt:

- Versorgung mit Prozessluft (Kathodenkreis)
- Versorgung mit Wasserstoff (Anodenkreis)
- Thermomanagement (Kühlkreis)

Jeder Kreis besteht aus spezifischen Komponenten, die nachfolgend erläutert werden (Abbildung 10.6).

Die wichtigsten Komponenten im Kathodenkreis sind in der Regel ein Kompressor, der Luft aus der Umgebung ansaugt und verdichtet, ein Kühler und ein Luftbefeuchter. Der Kompressor ist im Nennbetrieb das Bauteil im System mit der höchsten elektrischen Leistungsaufnahme. Dem Kompressor vorgeschaltet ist typischerweise ein Luftfilter, der Staubpartikel und gegebenenfalls auch Schadgase aus der Zuluft zurückhält.

Im Anodenkreis befinden sich in der Regel eine Rezirkulationspumpe oder ähnliches, eine Vorrichtung zur Wasserabscheidung sowie ein Ausblasventil (Purgeventil). Die Rezirkulation sorgt für eine hohe Ausnutzung des Wasserstoffs sowie eine ausreichende Gasströmung, um zum Beispiel kondensierende Feuchte aus der

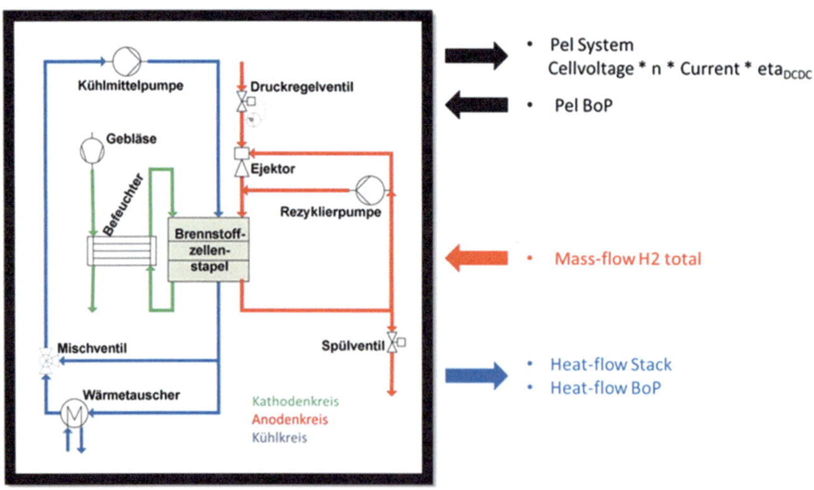


**Abb. 10.6** Balance-of-Plant-Komponenten eines Brennstoffzellen-Stacks. (Fraunhofer ISE)

Brennstoffzelle zu treiben. Da über Diffusion (Luft-)Stickstoff und weitere Inertgase von der Kathode zur Anode gelangen, müssen diese regelmäßig – typischerweise in Zeitintervallen, die von der kumulierten Stromerzeugung der Brennstoffzelle abhängen – über ein Ausblasventil entfernt werden. Eine Kondensationseinheit sorgt dafür, dass überschüssiges Produktwasser aus dem Anodengasstrom abgeführt wird. Der über das Ausblasventil abgeblasene Gasstrom enthält immer auch Wasserstoff. Trotzdem wird er bei Fahrzeuganwendungen aus Platzgründen meist in die Kathodenabluft eingeleitet. Ein am Fraunhofer ICT entwickeltes und vom TÜV Süd zertifiziertes Messverfahren erlaubt die transiente Verfolgung der $H_2$-Konzentration im Abgas zur Kontrolle der Einhaltung der Grenzwerte für den sicheren Betrieb.

Der Kühlkreislauf besteht aus Kühlmittelpumpe, Wärmeübertragern und einer Einrichtung zum Regeln des Kühlmittelstroms bzw. der Stack-Temperatur. Als Kühlmittel kommen in der Regel frostbeständige und elektrisch nichtleitende Flüssigkeiten zum Einsatz.

Ein Brennstoffzellensystem weist immer auch eine Starter- und Pufferbatterie auf. Dies sorgt beim Startvorgang dafür, dass die wichtigen Peripheriekomponenten des Systems anlaufen, bis die Brennstoffzelle selbst ausreichend Leistung zur Verfügung stellt. In Fahrzeugen sorgt die Pufferbatterie dafür, dass extreme Lastspitzen über die Batterie abgedeckt werden, um eine Degradation der Brennstoffzelle durch zu große Potenzialsprünge oder Gasunterversorgung zu verhindern. Des Weiteren kann die Batterie Rekuperationsenergie bei Bremsvorgängen aufnehmen und somit den Gesamtwirkungsgrad im Betrieb erhöhen bzw. den mechanischen Verschleiß beim Bremsen senken.

Um Brennstoffzelle, Batterie und Elektromotor im Antriebsstrang elektrisch zu koppeln, sorgt die Leistungselektronik zur Anpassung der elektrischen Kenngrößen.

Als Wasserstoffspeicher kommen in Fahrzeugen Druckgasspeicher zum Einsatz. Weltweit hat sich für Pkw ein Druckniveau von 700 bar im Tank etabliert, bei Bussen und Zügen 300 bis 350 bar. Für Lkw werden unterschiedliche Lösungen diskutiert, die von 300, 350 oder 700 bar Druckgasspeicher bis hin zu Flüssigwasserstofftanks oder Kryodruckspeichern reichen. In aller Regel kommen mehrere zylindrische Tanks zum Einsatz, die über Ventilschaltungen und Rohrleitungen miteinander gekoppelt sind.

### 10.2.4 Betriebsführung

Das Verhalten der Brennstoffzelle wird durch ihre Strom-Spannungs-Kennlinie beschrieben (Abbildung 10.7). Diese beschreibt die Stromantwort der Einzelzelle

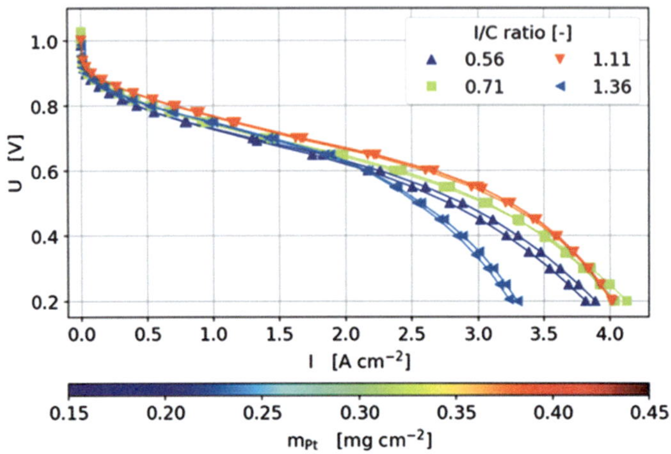


**Abb. 10.7** Strom-Spannungs-Kennlinien verschiedener Membran-Elektroden-Einheiten, bei denen der Platingehalt ($m_{Pt}$) sowie das Ionomer-Kohlenstoffträger-Verhältnis (I/C ratio) variieren. Man erkennt, dass ein höherer Platingehalt eine Leistungssteigerung bewirkt. Gleichzeitig zeigt ein mittleres I/C-Verhältnis optimale Ergebnisse. (DEKADE, Fraunhofer ISE)

oder des Stapels auf eine bestimmte Betriebsspannung. Zur besseren Vergleichbarkeit wird häufig die Stromdichte angegeben, also der auf die Aktivfläche bezogene Strom.

Die elektrochemische Reaktion ist stark von den lokalen Betriebsbedingungen innerhalb der Brennstoffzelle abhängig. Die Konzentration der Reaktionsgase ist am Gaseinlass hoch und nimmt über den Gasweg zum Auslass hin ab. Gleichzeitig entsteht durch die Reaktion Wärme, sodass typischerweise – in Abhängigkeit der Kühlmittelführung – die lokale Betriebstemperatur von Gaseinlass bis -auslass zunimmt. Des Weiteren wird über die Reaktion Produktwasser erzeugt mit der Folge, dass die Gasfeuchte zunimmt (Abbildung 10.8).

Die Betriebsspannung des Stacks und damit seine Leistung und sein Wirkungsgrad ist abhängig von den Materialeigenschaften und der Geometrie sowie von folgenden Parametern:

- Stack-Strom: Gemäß der Strom-Spannungs-Kennlinie wird der Strom erhöht, wenn das Zellpotenzial erniedrigt wird.
- Stöchiometrie Anode, Kathode: Eine höhere Stöchiometrie erhöht die Konzentration der Reaktionsgase, insbesondere am Gasauslass einer Zelle und führt

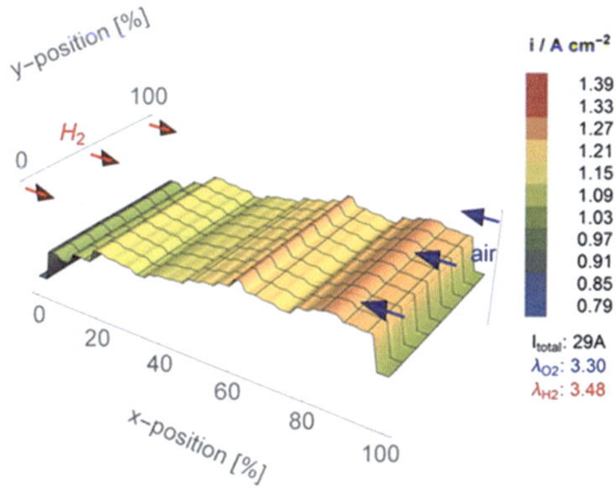


**Abb. 10.8** Typisches Stromdichteprofil einer LT-PEMFC. Hier Charakterisierung einer sogenannten along-the-channel-Testzelle des Fraunhofer ISE im Rahmen des Projekts DEKADE. Die steile Stromrampe am Kathodeneinlass entsteht aufgrund der hohen Sauerstoffkonzentration, nachdem eine kurze Reaktionsstrecke zu einer guten Membranbefeuchtung geführt hat. Über die Länge der Luftkanalführung nehmen die Sauerstoffkonzentration und gleichzeitig die Stromdichte ab. (DEKADE, Fraunhofer ISE)

somit zu einer höheren, mittleren Stromdichte. Andererseits steigen die Anforderungen an den Kompressor bzw. die Anodenrezirkulation und Befeuchtung.

- Gasdruck an den Einlässen für Anode und Kathode: In der Regel erhöht der Druck die Zellleistung, führt aber gleichzeitig zu höheren Kompressorverlusten im System.
- Gasfeuchte an den Einlässen für Anode und Kathode: Die Gasfeuchte ist eine wichtige Größe in der Zelle: Der Zellmembranwiderstand wird kleiner bei höherer Feuchte. Bei zu hoher Feuchte kann Wasser die Zelle blockieren und die Leistung sinkt wieder.
- Stack-Temperatur, typischerweise kontrolliert über Kühlwassereinlasstemperatur und den Kühlwasserfluss: In der Regel erhöht die Temperatur die Zellleistung, da die Aktivität der Elektroden steigt. Zu hohe Temperaturen führen jedoch zu Austrocknung und Membranschädigung.
- Gaszusammensetzung und Geschwindigkeit Anode: Typischerweise wird das Wasserstoffgas auf der Anode im Kreis geführt, um eine möglichst vollständige Ausnutzung des Brennstoffs zu erreichen. Dadurch reichern sich über die Zeit Inertgase im Anodenkreislauf an. Die Gasgeschwindigkeit beeinflusst das Austreiben von Wassertropfen, die Gasdurchmischung und die homogene Wasserstoffversorgung der Anode.

- Dynamische Effekte, die längere Zeit nachwirken können, z. B. Membranfeuchte, Sättigung der Poren mit Wasser, Katalysatorvergiftung bzw. Platinoxidbildung

Die Herausforderung in der Betriebsführung und Systemtechnik einer PEMFC besteht darin, die Reaktanden so den Einzelzellen zuzuführen, dass alle gleichmäßig versorgt werden. Dabei führt eine überstöchiometrische Versorgung zu einer entsprechend hohen Luftkompressorleistung und somit einer Wirkungsgradminderung für das System. Andererseits verursacht eine Unterversorgung der Einzelzelle eine starke Degradation und somit eine erhöhte Alterung. Die (Einzelzell-)Kühlung muss lokale Temperaturerhöhungen vermeiden, weil diese eine Schädigung der Membran auslösen können, und eine bestimmungsgemäße Temperaturführung gewährleisten. Die PEM benötigt eine hohe Befeuchtung für eine hohe Protonenleitfähigkeit. Gleichzeitig kann Kondensation zur Verstopfung der Poren in der Katalysatorschicht, der mikroporösen Lage oder in der Gasdiffusionslage führen; dann kommt es zu einer lokalen Unterversorgung der Zelle mit Reaktanden mit deutlich erhöhter lokaler Degradation. Insofern kommt dem Wassermanagement wesentliche Bedeutung zu.

Da die Einflüsse und Kopplungen der Parameter untereinander komplex sind und sich für jeden Stack unterscheiden können, werden vom Hersteller die jeweils geeigneten Betriebsbedingungen für einen bestimmten Strompunkt vorgegeben, so dass sich i. d. R. alle Parameter auf den Stackstrom beziehen. Zu beachten ist, dass manche Betriebspunkte, die eine höhere Zellleistung ergeben, zu einer erhöhten Degradationsrate führen können.

### 10.2.5 Lebensdauer und Degradation

Bei der Degradation einer PEM-Brennstoffzelle sind verschiedene Prozesse beteiligt, die je nach Betriebsführung unterschiedlich schnell ablaufen. Folgende Betriebsweisen bzw. Ereignisse verringern u. a. die Lebensdauer:

- Stark dynamischer Betrieb. Daher wird häufig ein kleiner Batteriespeicher eingesetzt, um sehr hohe Dynamiken bei der Leistungsanforderung abzufangen.
- Viele Start-Stopps insbesondere aus Luft/Luft-Situationen heraus (Luft auf Anode und Kathode), wie sie beispielsweise nach langen Stillstandzeiten entstehen
- Hohe Spannungen, hohe Temperaturen und trockener Betrieb
- Unterversorgung mit Wasserstoff oder Luft

Die Quantifizierung dieser Einflüsse ist komplex und derzeit Stand unterschiedlicher Forschungsprojekte.

In der Realität sind für Brennstoffzellen, die stationär im Labor betrieben werden, Degradationsraten von unter 10 μV/h und somit viele zehntausend Betriebsstunden realistisch. Für stationäre Systeme werden Lebensdauern von 40.000 Stunden bei einer Leistungsabnahme von unter zehn Prozent angegeben. Aber auch in Brennstoffzellen-Bussen wurden schon Betriebszeiten über 20.000 h nachgewiesen.

Kontaminationen in der Zuluft sowie im Wasserstoff können zur Belegung der Katalysatoren und somit zur Degradation führen. Insbesondere schwefelhaltige Gase wirken irreversibel schädigend. Kohlendioxid und Kohlenmonoxid können zu reversiblen Leistungseinbrüchen führen.

## 10.3 Hochtemperatur-Polymerelektrolytmembran-Brennstoffzellen

### 10.3.1 Überblick

Die Hochtemperatur-Polymerelektrolytmembran-Brennstoffzelle (HT-PEMFC) arbeitet nach demselben Funktionsprinzip wie die LT-PEMFC, jedoch bei höheren Betriebstemperaturen von typischerweise 160 bis 180 °C. Hierdurch ist die Toleranz für Verunreinigungen insbesondere des Brennstoffs gegenüber der LT-PEMFC wesentlich erhöht. So können bis zum 3 Vol.-% CO im Brenngas toleriert werden [1]. Die HT-PEMFC eignet sich daher besonders für Anwendungen, bei welchen Brennstoffzellen mit reformierten Kohlenwasserstoffen oder Alkoholen betrieben werden sollen. Als besonders vorteilhaft hat sich die Kombination aus Methanoldampfreformer und HT-PEMFC gezeigt, da hier der Produktgasstrom aus dem Reformer ohne weitere Reinigung direkt eingespeist werden kann. Für diese Kombination sind zahlreiche Systeme am Markt verfügbar oder in der Entwicklung, von der tragbaren Stromversorgung mit 55 W bis zum Range-Extender für batterieelektrische Passagier- oder Nutzfahrzeuge (Abbildung 10.9).

### 10.3.2 Stack-Komponenten

Wie eingangs erwähnt, ähnelt der prinzipielle Aufbau der HT-PEMFC dem der LT-PEMFC. Bei den meisten kommerziellen Stapeln werden allerdings graphi-

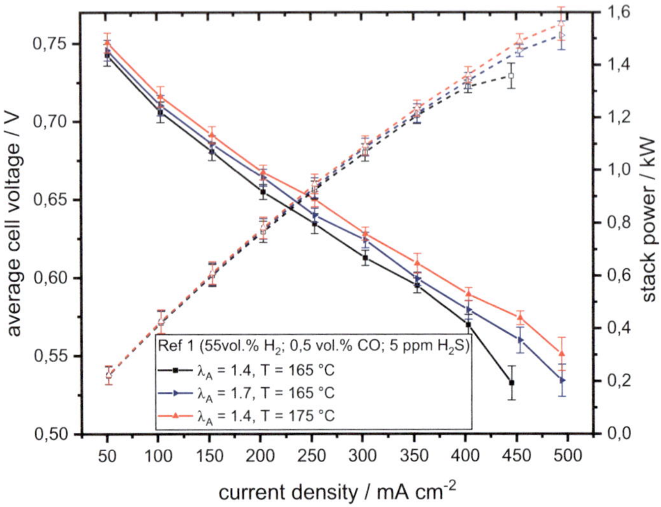


**Abb. 10.9** Untersuchung des Einflusses der Betriebsbedingungen Anodenstöchiometrie und Betriebstemperatur auf das Betriebsverhalten eines kommerziellen HT-PEMFC Stapels vom Typ Serenergy S165L-35 mit Surrogat NATO F-34 Reformat im Rahmen des EDA Vorhabens IAPUNIT. Durch Anhebung der Anodenstöchiometrie oder/und der Betriebstemperatur ist auch mit diesem Brenngas die Nennleistung von 1,5 kW erreichbar

tische Bipolarplatten eingesetzt, da diese eher die stark korrosiven Bedingungen bei bis zu 180 °C und einer möglichen leichten Benetzung mit Phosphorsäure widerstehen. Wesentlicher Unterschied zur LT-PEMFC ist die eingesetzte Membran-Elektroden-Einheit. Aktueller Stand der Technik ist hier eine Polybenzimidazol-Membran (PBI), die mit Phosphorsäure als Elektrolyt versetzt wird. Die ionische Wechselwirkung zwischen der schwach alkalischen PBI und der Phosphorsäure aktiviert die protonische Leitfähigkeit, die höher ausfällt als in der klassischen PAFC. Zudem kann die Membran deutlich dünner ausgeführt werden als die in der PAFC verwendete keramische Matrix. Die Phosphorsäure wird im Zuge der Aktivierung der Zelle auch in der Katalysatorschicht eingelagert. Diese wird für HT-PEMFC typischerweise auf den Gasdiffusionsschichten (GDL) aufgebracht und dort meist mit PTFE gebunden. Die Verwendung von PBI als Binder führt zu einer zu starken Einlagerung von Phosphorsäure und damit zu Massentransportverlusten bei hohen Stromstärken.

**Projekt HT-Linked: Hochleistungsfähige und alterungsstabile HT-PEMFC Membranelektrodeneinheiten durch neue Anbindungskonzepte Katalysator/Träger/Protonenleiter**

**Wissenschaftliche Zielsetzung**

Verbesserung der Leistungsfähigkeit und Stabilität von Membran-Elektroden-Einheiten für HT-PEMFC durch Modifikation der Anbindungen zwischen Katalysator und Träger, Katalysatorsystem und Elektrolyt und Elektrode und Membran. Im Rahmen des Vorhabens hat das Fraunhofer ICT Modifikationen des Trägers zur Verbesserung der Anbindung des Elektrolyts sowie Testmethoden zur Evaluation von HT-PEMFC-MEA untersucht.

**Projektpartner:** FU Berlin, Fraunhofer ICT, TU Berlin, Universität Freiburg, Universität Stuttgart, Freudenberg Sealing Technologies, Fischer Eco Solutions, Riva Batteries
Gefördert durch das Bundesministerium für Bildung und Forschung

**Durchführung:** 01.10.2015 bis 31.03.2019

**Ansprechpartner:** Prof. Dr. Christina Roth, FU Berlin (aktuell Uni Bayreuth), Koordinatorin
Dr. Carsten Cremers, Fraunhofer ICT, stellvertretender Koordinator

Die verwendeten Katalysatoren entsprechen aktuell den in der LT-PEMFC eingesetzten. Untersuchungen im Rahmen des Vorhabens HT-Linked haben gezeigt, dass die Zunahme der Korrosion des Kohlenstoffträgers nicht wie erwartet exponentiell mit der Temperatur erfolgt (Abbildung 10.10).

### 10.3.3 Systemkomponenten

Ein wesentliches Merkmal der HT-PEMFC ist, dass eine hohe Protonenleitfähigkeit über den Grotthuß-Mechanismus auch ohne Beteiligung von Wasser möglich ist. Generell kann im Systemaufbau auf einen Befeuchter verzichtet werden. Aktuell werden die meisten HT-PEMFC in Systemen mit vorgelagertem Brennstoffreformer eingesetzt. Der Systemaufbau von Systemen mit inline-Reformierung unterscheidet sich immer von dem von Systemen, die mit reinem Wasserstoff be-

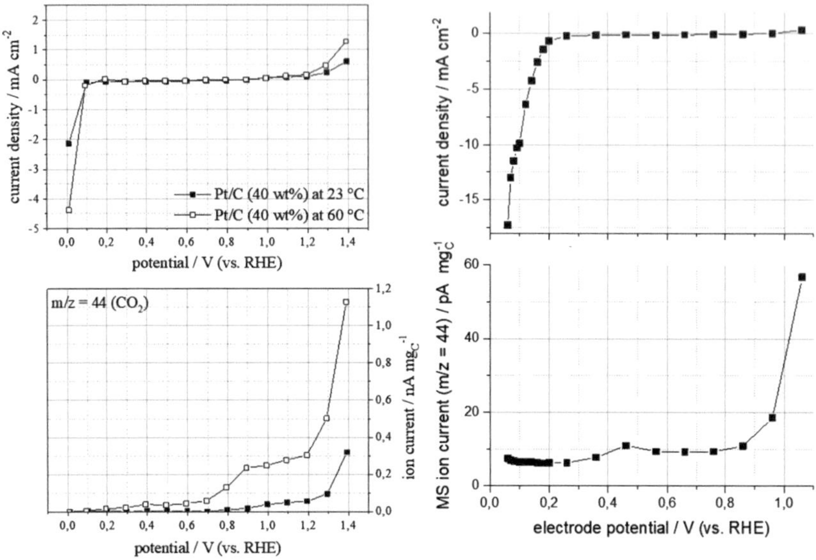


**Abb. 10.10** Untersuchung des Korrosionsverhaltens eines 40-%-Pt/C-Katalysators mittels differentieller elektrochemischer Massenspektrometrie (DEMS) unter LT-PEMFC-Bedingungen (links) und unter HAT-PEMFC-Bedingungen (rechts) [2]

trieben werden. Dies gilt brennstoffzellenseitig immer dann, wenn Reformat direkt als Brenngas in den Stack geleitet wird, anstatt durch einen Abtrennungsprozess systemintern reinen Wasserstoff herzustellen. Aufgrund des hohen Anteils an Inertgasen ist hier in der Regel keine Kreislaufführung des Brennstoffs möglich. Da das Anodenabgas immer Reste von ungenutztem Wasserstoff und anderen brennbaren Gasen enthält, muss es vor Verlassen des Systems aus Sicherheitsgründen verbrannt werden. Bei Systemen mit allothermen Reformerprozessen kann dies bevorzugt im Heizsystem des Reformers durchgeführt werden. Brennstoffeingangsseitig haben Systeme mit HT-PEMFC anstelle einer LT-PEMFC den Vorteil, dass auf eine Feinreinigung des Reformats von Kohlenmonoxid verzichtet werden kann. Zur Reduktion des CO-Gehalts des Brenngases in den tolerierten Bereichen genügt eine einfache Wassergas-Shift-Reaktion. Im Falle eines bis 300 °C arbeitenden Methanoldampfreformers sind keine weiteren Maßnahmen erforderlich.

**Projekt IAPUNIT: Development of an innovative auxiliary power unit for military purposes based on high-temperature PEM fuel cell and reforming technology for military logistic fuels (Phase I)**

**Wissenschaftliche Zielsetzung**

Entwicklung einer Brennstoffzellen-APU für gepanzerte Radfahrzeuge wie den GTK Boxer. In Phase I des Vorhabens wurden die Kernkomponenten Kraftstoffentschwefeler, Kraftstoffprozessor und Brennstoffzelle entwickelt und validiert. Am Fraunhofer ICT wurden hierbei Betriebsstrategien für kommerzielle HT-PEMFC Stapel in einem solchen System entwickelt sowie das mögliche Packaging betrachtet. Für die geplante Phase 2 sind der Aufbau und die Erprobung eines integrierten Systems mit 8 kW Leistung vorgesehen.

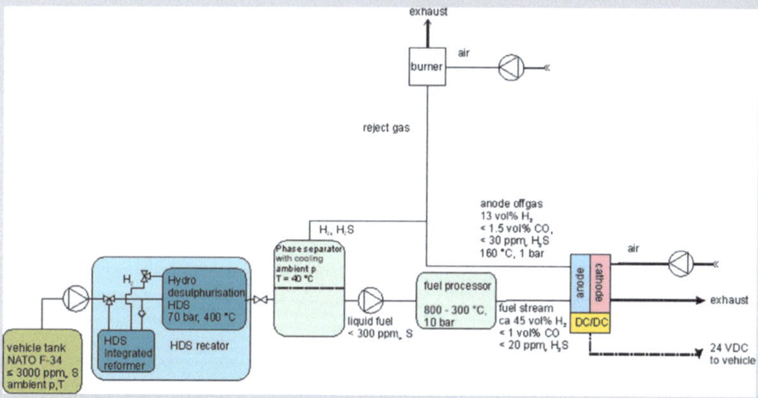


**Abb. 10.11** Fließbild des IAPUNIT zugrunde liegenden vereinfachten Systemaufbaus

**Projektpartner:** Fraunhofer ICT (DE), AVL List GmbH (AT), Catator A.B. (SE), Institut Jozef Stéfan (SI), National Institute of Chemistry (SI), TU Eindhoven (NL), TU Graz (AT)

**Auftraggeber:** European Defence Agency aufgrund einer Vereinbarung der Bundesrepublik Deutschland, der Bundesrepublik Österreich, des Königreichs der Niederlande, der Republik Slowenien und des Königreichs Schweden

**Durchführung:** 29.01.2019 bis 28.01.2021

**Ansprechpartner:** Dr. Carsten Cremers, Fraunhofer ICT

## 10.4 Direktmethanol-Brennstoffzellen

### 10.4.1 Überblick

Eine weitere Systemvariante ist die Direkt-Methanol-Brennstoffzelle (DMFC), die neben der sehr hohen Energiedichte des Methanols durch das einfache Handhaben und Nachfüllen des Brennstoffs besticht. Das Methanol wird dabei als wässrige Lösung direkt der Zelle zugeführt und dort elektrochemisch oxidiert. Hierdurch ergeben sich folgende Zellreaktionen für saure beziehungsweise alkalische Zellen (Tabelle 10.2). Die Leistungsdichte der Zelle bleibt bei Betrieb bei üblichen Betriebstemperaturen bis 80 °C jedoch weit hinter der Leistungsdichte von Wasserstoffsystemen zurück, sodass die DMFC lediglich für kleine Leistungen bis etwa 1 kW Vorteile bietet.

### 10.4.2 Stack-Komponenten

DMFC-Stapel unterscheiden sich im Detail von PEMFC-Stapeln. Membran-Elektroden-Einheiten für DMFC verwenden auf der Anodenseite Katalysatoren aus einer Platin-Ruthenium-Legierung, um die Oxidation von Methanol durch einen bifunktionellen Mechanismus, d. h. die Bereitstellung eines zusätzlichen katalytischen Zentrums für die Wasserspaltung, zu beschleunigen. Untersuchungen des Fraunhofer ICT haben gezeigt, dass dieser bifunktionelle Mechanismus auch in alkalischer Umgebung relevant ist [3]. Zudem ist die Katalysatorbeladung auf beiden Seiten wesentlich höher, da die Kinetik der Methanoloxidation langsam ist und die Sauerstoffreduktion durch übertretendes Methanol, insbesondere aber durch eine hohe Flutungstendenz durch sehr große Wasserströme gehindert ist. Daher werden oft ungeträgerte Katalysatoren verwendet. Um den schädlichen Methanolübertritt zu begrenzen, werden zudem meist Membranen mit bis zu 180 μm Dicke eingesetzt.

**Tab. 10.2** DMFC: Zellreaktionen für saure bzw. alkalische Zellen

| | | |
|---|---|---|
| Sauer | Anode | $CH_3OH + H_2O \rightarrow CO_2 + 6\,H^+ + 6\,e^-$ |
| | Katode | $1{,}5\,O_2 + 6\,H^+ + 6\,e^- \rightarrow 3\,H_2O$ |
| | Gesamt | $CH_3OH + 1,5\,O_2 \rightarrow CO_2 + 2\,H_2O$ |
| Alkalisch | Anode | $CH_3OH + 6\,OH^- \rightarrow CO_2 + 5\,H_2O + 6\,e^-$ |
| | Katode | $1{,}5\,O_2 + 3\,H_2O + 6\,e^- \rightarrow 6\,OH^-$ |
| | Gesamt | $CH_3OH + 1,5\,O_2 \rightarrow CO_2 + 2\,H_2O$ |

Wesentliche Unterschiede gibt es weiterhin bei den Bipolarplatten. Da mit der wässrigen Methanollösung bereits ein gutes Wärmeträgermedium durch den Stack gepumpt wird, kann auf ein zusätzliches Kühlmedium verzichtet werden. Gefräste Graphitcompound-Bipolarplatten können daher aus Vollmaterial in einem Stück hergestellt werden, wodurch der kostenintensive Fügeprozess von Halbplatten entfallen kann.

### 10.4.3 Systemkomponenten

Wesentliche Unterschiede zur LT-PEMFC gibt es im Systembereich. Als Brennstoff dient eine wässrige Methanollösung. Um den Übertritt von Methanol zur Kathode zu begrenzen, werden im Stapel in der Regel keine Methanolkonzentrationen über 3 Gew.-% genutzt. Da die Energiedichte von so stark verdünnten Methanollösungen gering ist, wird von außen reines Methanol bzw. eine Methanol-Wassermischung mit etwa 60 Gew.-% Methanol zugeführt. Dies wird ermöglicht, indem die stark verdünnte Methanollösung im Stapel im Kreislauf geführt und verbrauchtes Methanol von außen zugeführt wird. Dies ermöglicht es auch, den Stapel mit extrem hohen Anodenstöchiometrien zu betreiben. In modernen Systemen wird zur weiteren Begrenzung des Methanolübertritts die Methanolkonzentration in diesem inneren Kreislauf dynamisch an die Last angeglichen. Bei niedrigen Lasten wird sie abgesenkt, indem so lange kein Methanol nachdosiert wird, bis die gewünschte Konzentration erreicht ist.

Aufgrund der geringen Stromdichten von DMFC-Zellen, die typischerweise im Bereich von 200 bis 300 $mA/cm^2$ liegen, sind die Ansprüche an die Luftversorgung deutlich geringer als in Hochleistungs-PEMFC-Systemen. Gerade in tragbaren Systemen wird daher oft eine Membranpumpe zur Luftversorgung verwendet. Auf der Kathodenseite fallen überstöchiometrische Mengen an Wasser an. Dies führt dazu, dass Wasser aus dem Anodenkreislauf verbraucht würde. Um die gewünschten hohen Energiedichten auch realisieren zu können, ist es daher erforderlich, Wasser aus der Kathodenabluft abzuscheiden und in den Anodenkreislauf zurückzuführen. Dies wird bei aktuellen Systemen meist für Umgebungstemperaturen bis zu 45 °C erreicht. Bei höheren Umgebungstemperaturen kann keine ausreichende Wasserrückgewinnung mehr erzielt werden, sodass als Brennstoff Methanol-Wassermischungen verwendet werden müssen. Für diese wird daher auch der Begriff „Desert Fuel“ verwendet.

## 10.5 Alkalische Brennstoffzellen

### 10.5.1 Überblick

Neben der Temperatur hat auch der pH-Wert einen Einfluss auf die in der Brennstoffzelle ablaufenden Reaktionen und die Materialauswahl für Elektrokatalysatoren und Konstruktionselemente. Letzteres ist dadurch bedingt, dass unedle Metalle bei niedrigem pH-Wert von Protonen oxidiert werden können. In sauren Zellen können daher nur „ausreichend edle“ Materialien verwendet werden.

$$M + nH^+ \rightarrow M^n + \frac{n}{2}H_2$$

Zu den alkalischen Brennstoffzellen gehören die klassische alkalische Brennstoffzelle (AFC) und die in der Entwicklung befindliche alkalische Anionentauschermembran-Brennstoffzelle (AEMFC). Für letztere wird von bestimmten Gruppen in den USA auch der Begriff Hydroxylionentauschermembran-Brennstoffzelle (HEMFC) als exakter Gegenbegriff zur Protonentauschermembran-Brennstoffzelle verwendet.

Die alkalische Brennstoffzelle nutzt eine Lauge als Elektrolyt, meist KOH aber auch NaOH. In den meisten AFC ist diese in einer porösen keramischen Matrix fixiert. Es wurden auch alkalische Brennstoffzellen hergestellt, in welchen der Elektrolyt im Stapel umgepumpt wird, ähnlich wie in heutigen alkalischen Elektrolyseuren.

Eine große Herausforderung alkalischer Brennstoffzellen ist die Absorption von in der Umgebungsluft befindlichem $CO_2$ unter Bildung von Carbonat oder Hydrogencarbonat-Ionen.

$$CO_2 + 2\,OH^- \rightarrow CO_3^{2-} + H_2O$$

$$CO_2 + OH^- \rightarrow HCO_3^-$$

In der klassischen AFC bildet sich hierbei Kalium- oder Natriumcarbonat, das als Feststoff ausfällt und dadurch die Elektroden schädigt. Die AFC wurde daher meist nur in Anwendungen eingesetzt, bei denen reiner Sauerstoff als Oxidationsmittel zur Verfügung steht. Wegen der im Vergleich zur PEMFC geringeren Überspannung der Sauerstoffreduktionsreaktion können mit Wasserstoff und Sauerstoff betriebene AFC höhere Effizienzen erreichen.

Im Gegensatz zur AFC nutzt die AEMFC einen Festkörperionenleiter auf Basis einer alkalischen Anionentauschermembran. Als alkalische Gruppen enthalten diese Membranen meist quarternäre Amine $-NR_3^+\,OH^-$. Wie die PEM lagert die

**Tab. 10.3** Elektrodenreaktionen in der AEMFC und PEMFC

| | | |
|---|---|---|
| Anodische Wasserstoffoxidation | PEMFC | $H_2 \rightarrow 2\,H^+ + 2\,e^-$ |
| | AEMFC | $H_2 + 2\,OH^- \rightarrow 2\,H_2O + 2\,e^-$ |
| Kathodische Sauerstoffreduktion | PEMFC | $0{,}5\,O_2 + 2\,H^+ + 2\,e^- \rightarrow H_2O$ |
| | AEMFC | $0{,}5\,O_2 + H_2O + 2\,e^- \rightarrow 2\,OH^-$ |

AEM im Betrieb Wasser ein, sodass sich wässrige alkalische Bereiche ausbilden, durch die die Ionen geleitet werden. Im Kontakt mit $CO_2$ können sich wiederum Carbonat- ($CO_3^{2-}$) und Hydrogencarbonat-Ionen ($HCO_3^-$) bilden, die aber mit den polymergebundenen, quaternären Aminen keine festen Salze bilden und so nicht zu Fällungsreaktionen führen. Die Carbonatisierung führt jedoch zu einer Reduktion der Leitfähigkeit [4], [5] und damit zu Einschränkungen der Leistungsfähigkeit der Zelle.

Die Leistungsfähigkeit der AEMFC lag dabei lange hinter der von PEMFC zurück. Durch die Nutzung von Platin-Ruthenium-Legierungskatalysatoren für die anodische Wasserstoffoxidation sowie eine alternative Einbringung des Ionomers in die Elektroden konnte in letzter Zeit aber von Zellen mit einer zur PEMFC vergleichbaren Leistungsdichte berichtet werden. Für die Entwicklung ist zu beachten, dass sich die Elektrodenreaktionen in der AEMFC wesentlich von den Reaktionen in der PEMFC unterscheiden (Tabelle 10.3).

Der wesentliche Unterschied ist, dass Wasser an der Kathode verbraucht und dann an der Anode wieder gebildet wird. Der positive Einfluss von PtRu auf die Anodenreaktion erklärt sich durch einen bifunktionalen Mechanismus bei der Wasserbildung analog zur DMFC. Zudem besteht eine starke Gefahr der Austrocknung der Kathode. Dies wurde inzwischen als eine wesentliche Ursache für die vorzeitige Alterung bestimmt.

## 10.6 Oxidkeramische Brennstoffzellen

### 10.6.1 Überblick

Bei der SOFC (Solid Oxide Fuel Cell) dient Zirkoniumoxid als Material für den Festelektrolyten, der bei den Betriebstemperaturen von über 600 °C eine ausreichende Leitung des Sauerstoffions ermöglicht. Durch Vorhandensein von Wasserstoff oder Kohlenmonoxid auf der Anodenseite und Sauerstoff auf der Kathodenseite kann die Zellreaktion stattfinden, wobei Elektronen frei werden und zur Kathodenseite fließen (Abbildung 10.12).

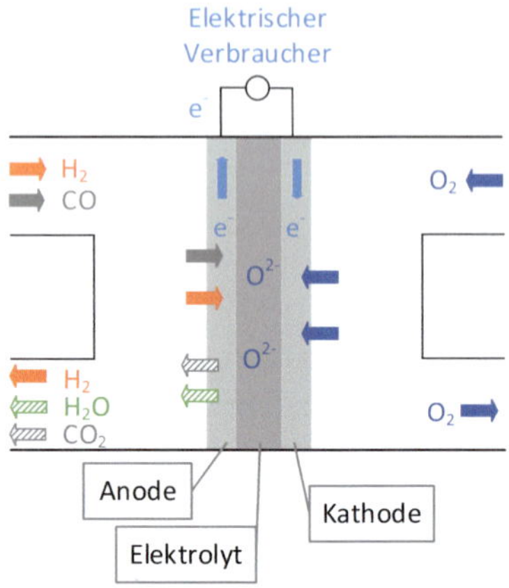


**Abb. 10.12** Idealisierte Darstellung der Gasversorgung und des Stoffumsatzes einer SOFC. (nach [7])

Der Brennstoff wird in einer externen, dem Brennstoffzellen-Stack vorgelagerten Brenngasaufbereitung bei hohen Temperaturen zu einem Reformat mit möglichst hohen Anteilen an Wasserstoff und Kohlenmonoxid umgewandelt (Reformierung). Eine interne Reformierung des kurzkettigen Kohlenwasserstoffs Methan im Brennstoffzellen-Stack ist zulässig, wird aber praktisch kaum umgesetzt, da sich dadurch Nachteile hinsichtlich der Energiedichte und der Kosten ergeben. Bei Wasserstoff muss hingegen lediglich eine Vorwärmung erfolgen, bevor es dem Brennstoffzellen-Stack direkt zugegeben werden kann.

## 10.6.2 Stack-Komponenten

Neben den tubularen sind die planaren Zellkonzepte verbreitet, die nach der tragenden Schicht typisiert werden (Abbildung 10.13). Der Elektrolyt besteht dabei aus mit Yttrium oder Skandium dotiertem Zirkoniumdioxid und ist beidseitig mit porösen, stromleitenden Elektroden beschichtet (ESC-Zelltyp). Diese ermöglichen die Diffusion der Reaktanden zum Elektrolyten und die Zu- oder Ableitung der Elektronen. Der Verbund eines Elektrolyts mit Anoden- und Kathodenmaterial wird Membran-Elektroden-Einheit (Membrane Electrode Assembly, MEA) genannt (Abbildung 10.14).

Die Entwicklung der Zellmaterialien, der Membran-Elektroden-Einheiten und des gesamten Brennstoffzellen-Stacks ist Bestandteil aktueller Forschungs- und Entwicklungsarbeit mit dem Ziel, langzeit- und zyklenstabile Stacks mit einer ho-

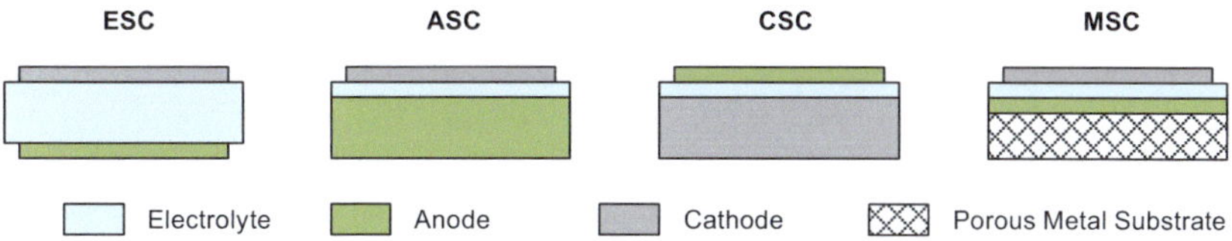


**Abb. 10.13** Schematische Darstellung von planaren SOFC-Zelltypen: ESC: Electrolyte supported cell; ASC: Anode supported cell; CSC: Cathode supported cell; MSC: Metal supported cell

**Abb. 10.14** FESEM-Aufnahme einer Membran-Elektroden-Einheit einer Festoxid-Brennstoffzelle (SOFC). (Fraunhofer IKTS)

hen energetischen Performance zu etablieren. Abbildung 10.15 zeigt einen SOFC-Stack mit elektrolytgetragenen Zellen (ESC). Neben den Hauptkomponenten sind Dichtungen aus Glaskeramik, Schutz- und Kontaktschichten von Bedeutung, die ebenfalls Teil der Stack-Entwicklung sind [8], [9].

### 10.6.3 Systemkomponenten

Die Integration von SOFC-Stacks erfordert eine dedizierte Entwicklung der Systemkomponenten und des Systemdesigns. Dabei müssen die Aufheizung, die Brennstoffaufbereitung, die Nachverbrennung und das thermische Management berücksichtigt werden (Abbildung 10.16). Je nach Spezifikation (z. B. Brennstoff, Wärmeauskopplung) und Anforderung (z. B. hoher elektrischer Wirkungsgrad) des jeweiligen Anwendungsfalls wird ein angepasstes Systemkonzept entwickelt.

**Abb. 10.15** Explosionsansicht eines SOFC-Stacks mit elektrolytgetragenen Zellen

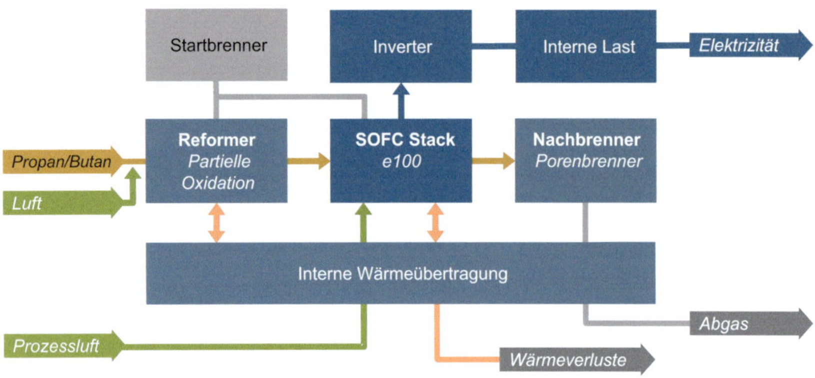


**Abb. 10.16** SOFC-Systemkomponenten für ein portables System (100 $W_{el}$) auf Basis von Propan/Butan

Das Konzept für die Brenngasaufbereitung muss gesondert untersucht werden und ist von großer Bedeutung für den Systemwirkungsgrad und den Integrationsaufwand in ein System [10]. Verschiedene Reformierungsverfahren außerhalb des SOFC-Stacks mit Luft (partielle Oxidation), Wasserdampf (Dampfreformierung) oder Kohlenstoffdioxid (trockene Reformierung) kommen für verschiedene Brennstoffe zum Einsatz.

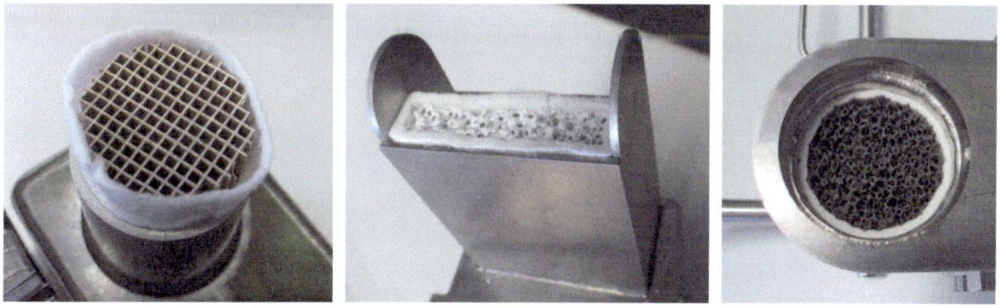

**Abb. 10.17** Beispiele von SOFC-Systemkomponenten. Links: Reformer mit Cordierit-Wabe für die partielle Oxidation eines Propan-Butan-Gemischs. Mitte: Nachbrenner mit Schaumkeramik. Rechts: Startbrenner mit Schaumkeramik. (Fraunhofer IKTS)

Für die Aufbereitung von kurzkettigen Kohlenwasserstoffen (wie Methan oder Propan/Butan) stellt die katalytisch-unterstützte partielle Oxidation eine einfache Variante dar, die in einem System mit geringem Aufwand umgesetzt werden kann. Die Auslegung des Reformers und des Katalysators sowie die gezielte thermische Integration dieser Komponente sind entscheidend, um das gewünschte Temperaturprofil für die nötigen Betriebspunkte zu erzielen. Abbildung 10.17 (links) zeigt beispielhaft einen Reaktor für die partielle Oxidation von Propan/Butan.

Weiterhin muss die Auslegung des Nachbrenners mit geeigneter Strömungsführung, gutem Abbrandverhalten und entsprechendem Wärmemanagement berücksichtigt werden. Für die Nachverbrennung kommen beispielsweise Porenbrenner mit keramischen Schäumen zum Einsatz (Abbildung 10.17, Mitte). Für die Aufheizung von SOFC-Systemen werden sowohl elektrische Vorheizer als auch – besonders bei portablen Geräten – Startbrenner eingesetzt. Hierbei spielen ebenfalls Porenkörper (hier aus drucklos gesintertem Siliziumcarbid-Schaum, Abbildung 10.17, rechts) eine wichtige Rolle, um einen sicheren Betrieb mit guten Verbrennungseigenschaften zu gewährleisten.

Für die interne Wärmeübertragung kommen Wärmetauscher zum Einsatz. Ziel des thermischen Managements im SOFC-System ist es, Abgaswärme innerhalb des Systems so zu nutzen (rekuperieren), dass das System thermisch selbsthaltend ist, keine weitere Beheizung für den Betrieb des Systems erforderlich ist und neben dem elektrischen auch ein hoher thermischer Wirkungsgrad erzielt wird. Eine hohe Wärmeauskopplung ist z. B. für stationäre Kraft-Wärme-Kopplungsanlagen von Bedeutung. Üblicherweise wird die Abgaswärme für die benötigte Kathodenluftvorwärmung genutzt. Der Wärmeübertrager muss dabei eine effiziente Wärme-

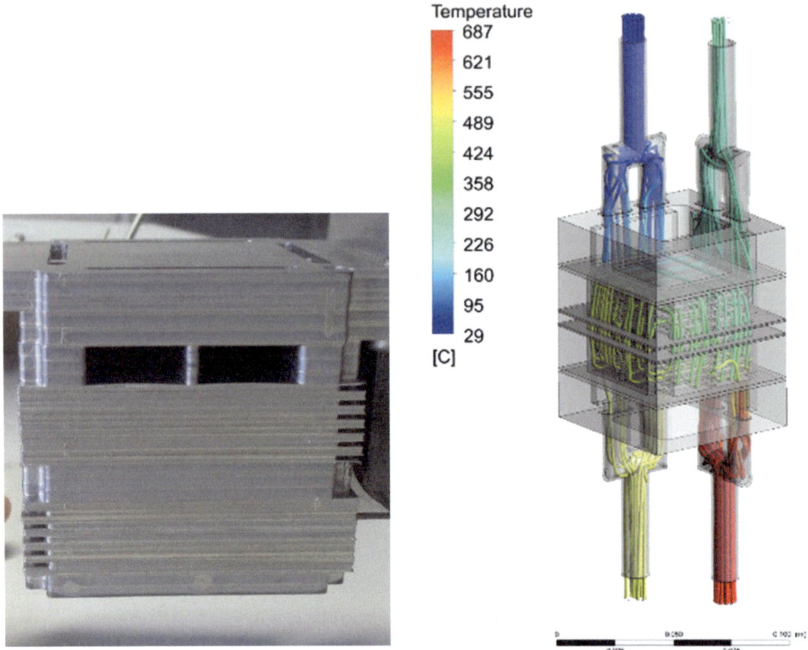


**Abb. 10.18** Links: Kathodenluftwärmeübertrager in Multilayer-Bauweise für ein SOFC-System. Rechts: Durchströmung des Kathodenluftwärmeübertragers mit zugehörigen Gastemperaturen im 3D-Simulationsmodell. (Fraunhofer IKTS)

übertragung gewährleisten und gleichzeitig gut integriert sein, damit die Wärmeverluste möglichst gering sind. Abbildung 10.18 zeigt beispielhaft einen Luftvorwärmer in Multilayer-Bauweise. Ein 3D-Simulationsmodell wird eingesetzt, um die Durchströmung und die Auswirkung auf die Gastemperaturen zu untersuchen.

Bei der SOFC-Systementwicklung werden nach dem heutigen Stand der Technik alle heißen Komponenten möglichst so integriert, dass die Wärmeverluste nach außen minimiert sind, z. B. durch die Verwendung einer gemeinsamen Isolationsbox (Hotbox). Dafür sind eine kompakte Bauweise der Hotbox und eine enge Integration der Komponenten von Bedeutung. Um die Komponenten herum werden verschiedene Schichten mikroporöser Isolation angeordnet, damit die Betriebstemperaturen von über 700 °C gehalten werden können (Abbildung 10.19).

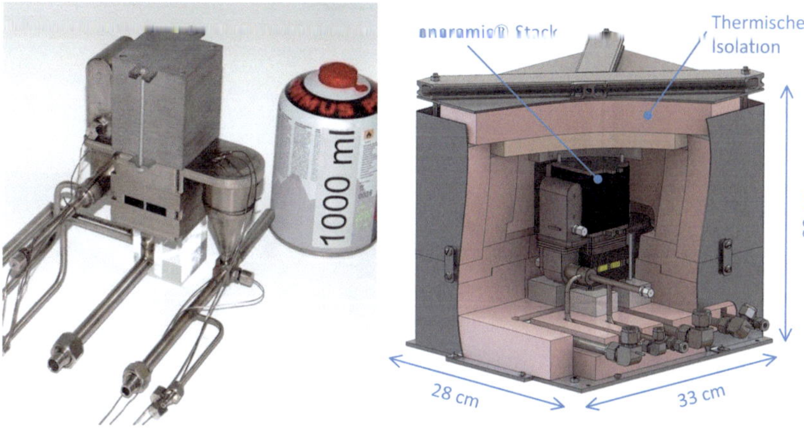


**Abb. 10.19** Links: Die kompakt angeordneten, heißen Systemkomponenten des SOFC-Systems mit Startbrenner, Reformer, Stack, Nachbrenner und Wärmeübertrager. Rechts: Schnittansicht einer Hotbox. (Fraunhofer IKTS)

**Projekt M³-Stiftungsprojekt – Entwicklung eines portablen Brennstoffzellengeräts**

**Forschungsziel**

Das Projekt $M^3$ hatte das Ziel, ein portables Brennstoffzellengerät mit einer elektrischen Leistung von 100 $W_{el}$ auf Basis von Campinggas (Propan/Butan) bei hohem Wirkungsrad und geringer Energiedichte zu entwickeln (Abbildung 10.20). Dies erfolgte in den Teilschritten:

- Stack-Entwicklung
- Komponentenentwicklung (Reformer, Startbrenner, Wärmeübertrager, Nachbrenner)
- Systementwicklung
- Designoptimierung der Komponenten und der Integration, zur Verringerung der volumetrischen und gravimetrischen Energiedichte des Gesamtsystems

Im Rahmen des Projekts konnten durch die Optimierung der Komponenten und die Integration eine signifikante Verringerung des Volumens (um 69 %)

und der Masse (um 68 %) erzielt werden. Zusammen mit der erforderlichen Steuerungsentwicklung konnte eine Produktreife des eneramic®-Systems (TRL 8) erzielt werden.

**Abb. 10.20** Das portable 100-$W_{el}$-SOFC-System eneramic®

**Projektpartner:** Fraunhofer IKTS
**Durchführung:** 01.01.2006 bis 31.12.2015
**Ansprechpartner:** Daniela Herold, Gruppenleiterin, Fraunhofer IKTS

## 10.6.4 Betriebsführung

SOFC-Stacks können über einen weiten Teillastbereich effizient betrieben werden. Abbildung 10.21 zeigt Wirkungsgrade eines 1.000-$W_{el}$-SOFC-Systems, das mit Erdgas betrieben wird. Im Gegensatz zum Volllast-Betriebspunkt von 1.000 $W_{el}$ verringert sich der elektrische Wirkungsgrad (netto) von 38,8 Prozent bei 600 $W_{el}$ nur um 2,4 Prozent. Eine Stack-Modellierung wird hier eingesetzt, um Stack-Leistungen abzuschätzen, Dimensionierungen zu ermöglichen und Systemanalysen zu betreiben [11], [12]. Damit kann das Stack-Verhalten sowohl für verschiedene Temperaturen als auch für unterschiedliche Gaszusammensetzungen und Gasmengen modelliert werden, z. B. für Teillastfälle. Ziel ist es, bei verschiedenen Lastpunkten einen effizienten, degradationsarmen und sicheren Betrieb des SOFC-Stacks sowie der Systemkomponenten zu gewährleisten.

Die Beschreibung der Stack-Perfomance bei unterschiedlichen Bedingungen ist für stationäre und transiente Prozessanalysen nötig und kann in verschiedenen Software-Tools genutzt werden [10], [11]. So kann ein 3D-thermofluidisches

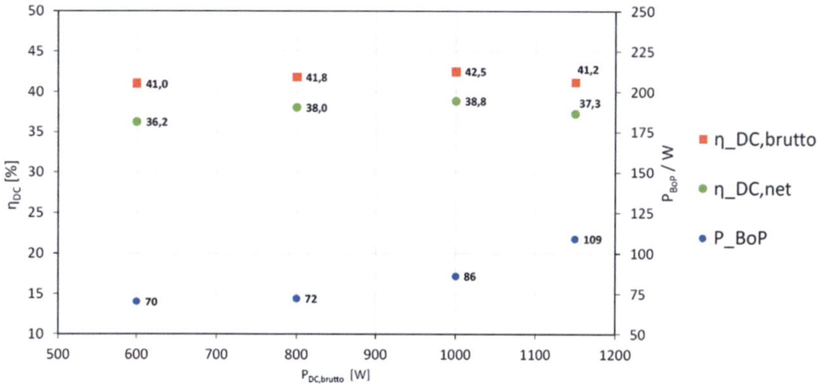


**Abb. 10.21** Elektrischer Wirkungsgrad (brutto und netto) sowie Eigenverbrauch der BoP-Komponenten eines 1.000 $W_{el}$ SOFC-Systems für Erdgas mit partieller Oxidation. (Fraunhofer IKTS)

Modell zum Beispiel dazu eingesetzt werden, das thermische Verhalten des Stacks innerhalb der Hotbox zu analysieren. Es gibt Aufschluss über die interne Massenstromverteilung und das zu erwartende Temperaturprofil im Stack (Abbildung 10.22) [13].

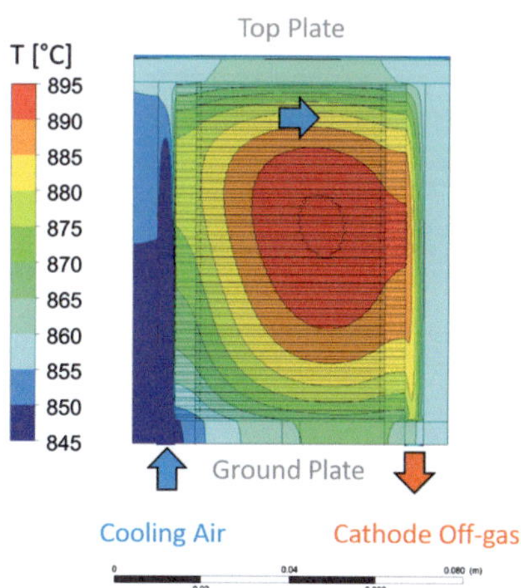


**Abb. 10.22** Visualisierung des Temperaturprofils eines SOFC-Stacks mithilfe eines 3D-thermofluidischen Stack-Modells mit Markierung der Kathodenluftdurchströmung. (Fraunhofer IKTS)

Anhand dieser Erkenntnisse können die spezifische Auslegung des Stacks und die thermische Integration optimiert werden. Grundsätzlich ist ein möglichst homogenes Temperaturprofil anzustreben, um einen gleichmäßigen Stoffumsatz und gleiche Bedingungen über den gesamten Stack zu erzielen. Dauerhaft heiße Zonen können zu thermomechanischen Spannungen, Rissen und damit zu starker Degradation führen.

### 10.6.5 Lebensdauer und Degradation

Für die Nutzung von SOFC-Systemen zur Strom- und Wärmeversorgung können heute geeignete Langzeitstabilitäten und Zyklenfestigkeiten für SOFC-Stacks demonstriert werden. Um die Langzeitfähigkeit nachzuweisen, werden SOFC-Stacks im Dauerbetrieb über 20.000 Stunden und mit thermischen Start-Stopp-Zyklen getestet. Im Dauerbetrieb über 20.000 h werden Degradationsraten von nur 0,4 bis 0,7 Prozent pro 1.000 Stunden erreicht [13]. Bei Start-Stopp-Zyklentests können mehr als 100 volle thermische Zyklen mit Degradationsraten von 0,5 bis 0,7 Prozent pro 10 Zyklen nachgewiesen werden [14], [15], [16], [17].

Ziel weiterer Entwicklungen ist es, diese Raten zu verringern und die Anzahl der möglichen thermischen Zyklen zu erhöhen. Darüber hinaus werden auch Konzepte und Anwendungsszenarien diskutiert, in denen die thermischen Zyklen umgangen werden, etwa durch das Halten des heißen Betriebszustands, das vorübergehende Absenken auf eine verminderte Stack-Temperatur oder durch eine gezielte Dimensionierung des SOFC-Systems in Verbindung mit Speichern wie Batterien oder Wärmespeichern [18].

## 10.7 Schmelzkarbonat-Brennstoffzellen

### 10.7.1 Überblick

Bei der Schmelzkarbonat-Brennstoffzelle (Molten Carbonate Fuel Cell, MCFC) kommt als Elektrolyt eine Schmelze aus Alkalikarbonaten zum Einsatz, die in einer mikroporösen Membran gehalten wird. Die Betriebstemperatur der MCFC liegt im Bereich von 580 bis 650 °C. Kurzkettige Kohlenwasserstoffe wie Methan können bei den üblichen Zellkonzepten intern (indirekt oder direkt) im Stack reformiert werden, während höherwertige meist extern vorreformiert werden müssen.

Die MCFC kommt als stationäre Anlage im höheren Leistungsbereich von 0,3 bis 4 MW zum Einsatz. Sie weist einen elektrischen Wirkungsgrad bis ca. 47 Pro-

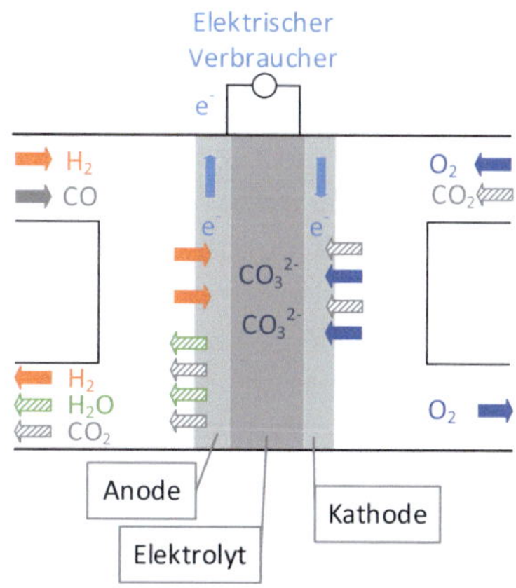


**Abb. 10.23** Schematische Darstellung der Wirkungsweise einer MCFC-Einzelzelle

zent auf. Die Systeme sind technisch gut ausgereift (TRL 8) und können vielseitig eingesetzt werden: als reine optimierte Stromerzeuger oder für den KWK-Betrieb zur Auskopplung von Prozessdampf. Für die Stahl- und Zementindustrie sowie für Kohle- und Gaskraftwerke sind Anwendungsentwicklungen der MCFC zur $CO_2$-Abscheidung von Interesse. Diese Möglichkeit zur aktiven $CO_2$-Abtrennung aus Gasströmen ergibt sich aus der Wirkungsweise der MCFC (Abbildung 10.23). Durch den flüssigen Elektrolyten werden Karbonat-Ionen ($CO_3^{2-}$) geleitet. Diese werden an der Kathode durch die Reaktion von Sauerstoff und $CO_2$, das zugeführt werden muss, gebildet. Auf der Anodenseite wird das durch den Elektrolyten transportierte Karbonat-Ion mit Wasserstoff zurück zu $CO_2$ und Wasser umgewandelt und aufkonzentriert. Da dieser Vorgang beim standardmäßigen Betrieb der MCFC abläuft, wird hier im Gegensatz zu anderen Möglichkeiten der $CO_2$-Abtrennung elektrische Energie erzeugt anstatt verbraucht, was zu einer weiteren Reduzierung des $CO_2$-Ausstoßes führt.

Neben den Vorteilen des MCFC Systems sind weiterhin technische Probleme zu lösen, die dem breiten kommerziellen Einsatz entgegenstehen. Hierzu zählen insbesondere Degradations- und Alterungsmechanismen der Zellkomponenten, welche sich aus der hohen Reaktivität des flüssigen Elektrolyten ergeben. Dadurch wird die Lebensdauer aktueller Zellstapel auf fünf Jahre beschränkt. Ziel zahlreicher Entwicklungen ist die Steigerung der Lebensdauer auf sieben bis zehn Jahre.

### 10.7.2 Stack-Komponenten

Bei dem planaren Aufbau von MCFC-Zellen werden mehrere Zellen (bestehend aus Kathode, Elektrolyt und Anode) mithilfe von Stromsammlern und Kontaktblechen gestapelt. Eine typische Wiederholeinheit ist in Abbildung 10.24 dargestellt. Wie bei der SOFC erfolgen eine elektrische Reihenschaltung und eine fluidische Parallelschaltung. Im Vergleich zur SOFC- kommen bei der MFCF-Technologie aber wesentlich größere Grundflächen von ca. 0,7 $m^2$ zur Anwendung.

Die Kathode besteht aus Nickeloxid, dass während der Erstinbetriebnahme durch Lithium aus dem Elektrolyten dotiert wird. Bei dem Kathodenmaterial ist eine Porosität von 60 bis 70 Prozent nötig, damit sich die Dreiphasengrenze (triple phase boundary, TPB) zwischen Elektrode, Elektrolyt und Gasphase ausbilden kann. Diese ist wichtig, da hier die elektrochemische Reaktion zwischen $CO_2$ und $O_2$ stattfindet.

Die Anode besteht aus Nickel mit Anteilen von Aluminium und Chrom, um die mechanische Stabilität unter den Betriebsbedingungen zu gewährleisten. Die Porosität der Anode von 45 bis 70 Prozent ist entscheidend und muss genau angepasst werden, um die Elektrolytverteilung in der Zelle einzustellen.

Der Elektrolyt ist eine Mischung aus verschiedenen Alkali-Karbonaten, meist Lithium, Natrium und Kalium, die bei der Betriebstemperatur der Zelle als Schmelze vorliegen. Diese Schmelze wird durch eine feste und poröse keramische Struktur (Matrix) zwischen den Elektroden gehalten. Die Matrix besteht aus Lithiumaluminat-Nanopulver.

Die starke Degradation auf Materialbasis heutiger MCFC-Zellen betrifft hauptsächlich die aktiven und die passiven Zellkomponenten (Matrix). Verschiedene chemische Mechanismen in den aktiven Komponenten (Anode und Kathode) führen zu Leistungsverlust des Stacks und schließlich zur Unrentabilität der Systeme.

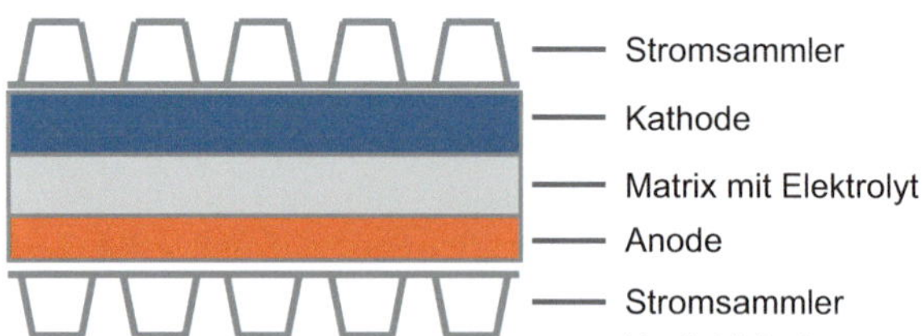


**Abb. 10.24** Schematische Darstellung einer MCFC-Einzelzellen-Wiederholeinheit. Übereinandergestapelt ergeben diese einen kompletten Stack aus mehreren Einzelzellen

Im Elektrolyten spielt vor allem die Degradation des Matrixmaterials eine große Rolle. Mit steigender Betriebszeit kommt es zu einer Vergröberung des Matrixpulvers und dem Verlust der Kapillarwirkung. Die Elektrolytschmelze kann nicht ausreichend gut gehalten werden und es erfolgt ein Elektrolytverlust, der zum Leistungsverlust bis hin zum Komplettausfall der Zelle und des Gesamtsystems führt.

Um der Matrixdegradation entgegenzuwirken, müssen stabile, phasenreine Pulver als Passivkomponente für die Matrix entwickelt werden; so lässt sich die Vergröberung reduzieren. Dazu sind verschiedene Syntheseschritte nötig. Durch Charakterisierung der Zwischenprodukte mittels röntgenographischer und kernspinresonanzspektroskopischer Untersuchungen können Prozessschritte angepasst werden, um ein stabiles Pulver zu erhalten.

**Projekt Attract Innovelle: Innovative keramische Schichtsysteme für Schmelzkarbonat-Brennstoffzellen mit erweiterter Langzeitstabilität und Lebensdauer**

**Forschungsziel**
Ziel des INNOVELLE Projektes war die Schaffung von Grundlagen zur Lebensdauererhöhung von MCFC-Zellen. Das Projekt befasste sich hierfür mit verschiedenen Komponenten der MCFC. Hierzu zählen sowohl die Herstellung und Optimierung von Materialien für die Matrix als auch die Charakterisierung aktiver Materialien:

- Grundlegende Betrachtung der MCFC-Matrixdegradationsprozesse
- Minimierung der Vergröberung des Matrixmaterials
- Erarbeitung fortgeschrittener Auswerteverfahren von elektrochemischen Impedanzspektren für aktive MCFC-Komponenten
- Erforschung neuartiger Hochtemperatur-Korrosionsschutzschichten für Anwendungen mit geschmolzenen Salzen
- Erforschung von Antihaftschichten für Anwendungen mit geschmolzenen Salzen

**Projektpartner:** Fraunhofer IKTS
**Durchführung:** 01.03.2013 bis 28.02.2019
**Ansprechpartner:** Mykola Vinnichenko, Fraunhofer IKTS

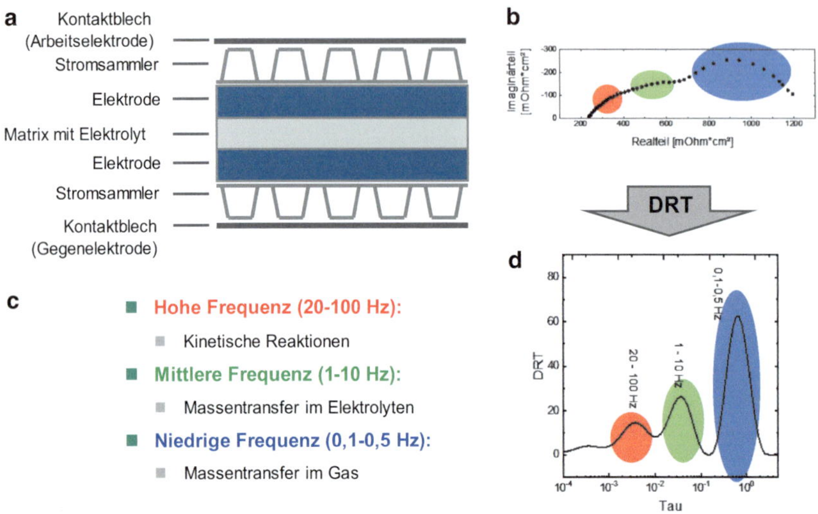


**Abb. 10.25** (a) Schematischer Aufbau einer Halbzelle; (b) Impedanzspektrum einer Kathodenhalbzelle unter Standardbetriebsbedingungen; (c) Vorgänge in den identifizierten Frequenzbereichen; (d) Auswertung der Relaxationszeiten mit verbesserter Separierung der Reaktionsschritte

Bezüglich der aktiven Komponenten können Untersuchungen während des Betriebs an Halbzellen durchgeführt werden (Abbildung 10.25a). Um die elektrochemischen Abläufe und den Einfluss unterschiedlicher Prozessparameter auf elektrochemische Vorgänge sowie die Auswirkung von Degradationsmechanismen auf die Performance an den aktiven Komponenten zu untersuchen, werden die Zellen mittels elektrochemischer Impedanzspektroskopie charakterisiert (Abbildung 10.25b). Aus den Impedanzspektren können über klassische Ersatzschaltbild-Modelle die charakteristischen Parameter bei unterschiedlichen Betriebszuständen ermittelt werden, um den Einfluss auf die limitierenden Vorgänge zu zeigen (Abbildung 10.25c). Mithilfe neuer Ansätze zur Auswertung der Spektren mittels Verteilung der Relaxationszeiten (Abbildung 10.25d) wird eine bessere Separierung der Reaktionsschritte im Spektrum erzielt. Diese Methode ermöglicht eine verbesserte Identifikation der limitierenden Prozesse und somit eine gezielte Optimierung der aktiven Komponenten.

Die Entwicklung kann so ausgehend von Halbzellen auf einen größeren Maßstab mit Vollzellen übertragen werden. Insbesondere für die Herstellung neuer Materialien (z. B. von Matrixpulver) ist die Übertragung vom Labormaßstab (10

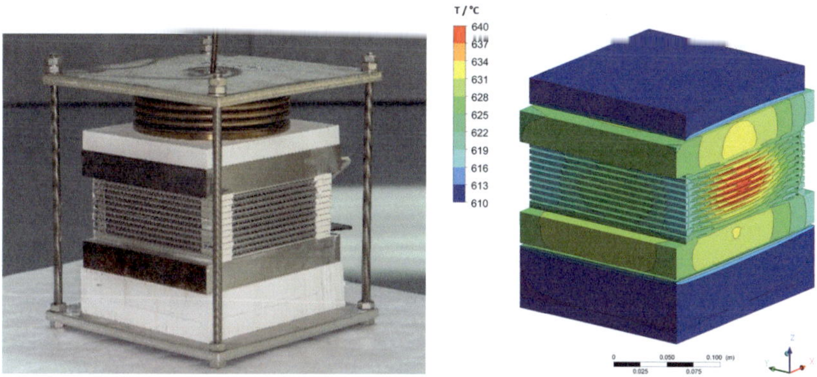


**Abb. 10.26** MCFC-Teststack mit zehn Zellen zur Untersuchung neuartiger MCFC-Zellmaterialien in bildlicher Darstellung (links) und in Simulationsdarstellung (rechts) zur Visualisierung des Temperaturprofils. (Fraunhofer IKTS)

bis 20 g) auf den Technikums-Maßstab (ca. 25 kg) wichtig, um die Indikation der Lebensdauererhöhung in der Zelle nachzuweisen. Für diese Skalierung müssen geeignete Zell- und Stack-Aufbauten realisiert werden, damit in den Zellen und Stacks ähnliche Bedingungen herrschen wie in den großen, kommerziellen Aufbauten (Abbildung 10.26). Mit dieser Methodik können auch andere neuartige MCFC-Zellmaterialien hinsichtlich der Lebensdauererhöhung im Labormaßstab untersucht werden, z. B. verschiedenartige Anoden-, Kathoden- und Matrixmaterialien. Somit ist es möglich, Aussagen zur Eignung von Materialien zu treffen, ohne den kosten- und ressourcenintensiven Aufbau eines gesamten Stacks umsetzen zu müssen.

## Literatur

1. Schmidt T.J., Baurmeister J. (2006): Durability and reliability in high-temperature reformed hydrogen PEFCs. ECS Transactions 3: 861–869. https://doi.org/10.1149/1.2356204
2. Cremers C., Jurzinsky T., Meier J., Schade A., Branghofer M., Pinkwart K., Tübke J. (2018): DEMS and online mass spectrometry studies of the carbon support corrosion under various polymer electrolyte membrane fuel cell operating conditions. Journal of the Electrochemical Society 165. https://doi.org/10.1149/2.0331806jes
3. Kübler M., Jurzinsky T., Ziegenbalg D., Cremers C. (2018): Methanol oxidation reaction on core-shell structured Ruthenium-Palladium nanoparticles: Relationship between structure and electrochemical behavior. Journal of Power Sources 375. https://doi.org/10.1016/j.jpowsour.2017.07.114

4. Inaba M., Matsui Y., Saito M., Tasaka A., Fukuta K., Watanabe S., Yanagi (2011): Effects of carbon dioxide on the performance of anion-exchange membrane fuel cells, Electrochemistry 79: 322–325
5. Siroma Z., Watanabe S., Yasuda K., Fukuta K., Yanagi H. (2011): Mathematical modeling of the concentration profile of carbonate ions in an anion exchange membrane fuel cell, Journal of the Electrochemical Society 158: B682–B689. https://doi.org/10.1149/1.3576120
6. Steele B.C.H. (1999): Running on natural gas. Nature 400, 6745: 619. https://doi.org/10.1038/23144
7. Bove R., Ubertini S. (Hrsg.) (2008): Fuel cells and hydrogen energy. Bd. 1: Modeling Solid Oxide Fuel Cells: Methods, Procedures and Techniques. Reprinted. Springer, New York, NY
8. Trofimenko N., Kusnezoff M., Michaelis A. (2011): Recent Development of Electrolyte Supported Cells with High Power Density. ECS Transactions 35 (1): 315–325. DOI: https://doi.org/10.1149/1.3570006
9. Kusnezoff M., Trofimenko N., Müller M., Michaelis A. (2016): Influence of Electrode Design and Contacting Layers on Performance of Electrolyte Supported SOFC/SOEC Single Cells. Materials 9 (11): 906. DOI: https://doi.org/10.3390/ma9110906
10. Nousch L., Pfeifer T., Hartmann M. (2018): Development of a Modeling Platform for Dynamic SOFC-System Simulation in a Wide Operational Range. In: Proceedings of the 13th European SOFC & SOE Forum (A1320), Lucerne. ISBN 978-3-905592-23-8
11. Kusnezoff M., Beckert W., Trofimenko N. et al (2015): Electrochemical MEA Characterization: Area Specific Resistance Corrected to Fuel Utilization as Universal Characteristic for Cell Performance. ECS Transactions 68 (1): 2555–2563, DOI: https://doi.org/10.1149/06801.2555ecst
12. Pfeifer T., Nousch L., Lieftink D., Modena S. (2013): System Design and Process Layout for a SOFC Micro-CHP Unit with Reduced Operating Temperatures. International Journal of Hydrogen Energy 38 (1): 431–439. DOI: https://doi.org/10.1016/j.ijhydene.2012.09.118
13. Reuber S., Megel S., Jürgens C. et al (2015): Application-Oriented Design and Field Trials of the eneramic Power Generator. ECS Transactions 68 (1): 131–141. DOI: https://doi.org/10.1149/06801.0131ecst
14. Megel S., Dosch C., Rothe S. et al (2013): CFY-Stacks for Use in Stationary SOFC and SOEC Applications. ECS Transactions 57 (1): 89–98. DOI: https://doi.org/10.1149/05701.0089ecst
15. Brandner M., Bienert C., Megel S. et al (2013): Long Term Performance of Stacks with Chromium-Based Interconnects (CFY). ECS Transactions 57 (1): 2235–2244. DOI: https://doi.org/10.1149/05701.2235ecst
16. Bienert C., Brandner M., Skrabs S. et al (2015): CFY-Stack Technology: The Next Design. ECS Transactions 68 (1): 2159–2168. DOI: https://doi.org/10.1149/06801.2159ecst
17. Megel S., Kusnezoff M., Beckert W. et al (2016): CFY-Stacks: Progress in Development. In: Proceedings of the 12th European SOFC & SOE Forum (A0908), Luzern. ISBN: 978-3-905592-21-4
18. Nousch L., Hartmann M., Michaelis A. (2021): Improvements of Micro-CHP SOFC System Operation by Efficient Dynamic Simulation Methods. Processes 9 (7): 1113. DOI: https://doi.org/10.3390/pr9071113

# 11 Produktion der PEM-Systeme, Hochskalierung, Rollout-Konzept

Ulrike Beyer • Sebastian Porstmann
Fraunhofer-Institut für Werkzeugmaschinen und Umformtechnik IWU

Christoph Baum • Clemens Müller
Fraunhofer-Institut für Produktionstechnologie IPT

**Zusammenfassung**

Brennstoffzellen können künftig für eine substanzielle $CO_2$-Reduzierung im Verkehrsbereich sorgen. Auch wenn einzelne Produkte bereits jetzt verfügbar sind bzw. aus technischer Sicht kurz vor der Marktreife stehen, muss es zügig gelingen, eine Kostenparität mit den fossilen Antriebssystemen zu realisieren. Teure Werkstoffe und eine manuelle Fertigung verhindern derzeit noch eine wirtschaftliche Produktion. Für eine Großserienfertigung in der Höhe von mehreren hunderttausend produzierten Einheiten pro Jahr fehlen aktuell hochratenfähige Technologien, die eine Skalierung der Fertigung bis zur industriellen Massenproduktion ermöglichen. Die dazu nötigen Fertigungsverfahren werden in dem Beitrag dargestellt und mit einem Rollout-Konzept verbunden.

## 11.1 Brennstoffzellen

Die Proton-Exchange-Membrane-Brennstoffzelle (PEMFC) kann für eine substanzielle $CO_2$-Reduzierung im Verkehrsbereich zukünftig eine zentrale Rolle einnehmen. Auch wenn einzelne Produkte bereits jetzt verfügbar sind bzw. aus technischer Sicht kurz vor der Marktreife stehen, stellen die Kosten eine erhebliche Marktbarriere dar. Deshalb muss es gelingen, eine Kostenparität mit den fossilen Antriebssystemen zu realisieren.


R. Neugebauer (Hrsg.), *Wasserstofftechnologien*,
https://doi.org/10.1007/978-3-662-64939-8_11

Teure Werkstoffe und eine manuelle Fertigung verhindern derzeit eine wirtschaftliche Produktion der PEMFC. Die wenigen aktiven Hersteller bedienen derzeit noch Nischenmärkte. Eine Massenfertigung in der Höhe von mehreren hunderttausend produzierten Einheiten pro Jahr sind Zukunftsszenarien [1]. Es fehlen aktuell hochratenfähige Technologien, die eine Skalierung der Fertigung bis zur industriellen Massenproduktion ermöglichen. Mit ihrer Entwicklung wird sich für Deutschland die einmalige Chance eröffnen, das Thema Wasserstoff nicht nur klimapolitisch zu betrachten, sondern auch im Sinne nachhaltiger Wertschöpfung zu etablieren. Gerade in der entscheidenden Komponente der Wasserstoffsystemtechnik, den Brennstoffzellen für eine mobile Nutzung in unterschiedlichen Leistungsklassen, liegt ein erhebliches Wertschöpfungs- und Beschäftigungspotenzial. Aufgrund der großen Breite an Anwendungsszenarien partizipieren potenzielle nationale Fertigungsstandorte, insbesondere jene der Automobilindustrie [2].

### 11.1.1 Produktionselemente

Die Einzelzelle einer Brennstoffzelle besteht aus einer bipolaren Platte mit einer Anoden- und einer Kathodenseite sowie der Membran-Elektroden-Einheit. Werden mehrere Einzelzellen in Reihe geschaltet, gestapelt, komprimiert, verspannt und um die Balance-of-Stack-Komponenten ergänzt (wie Endplatten, Stromkollektoren, Verteilerplatte und Überwachungseinheit), entsteht der Brennstoffzellen-Stack. Die Anzahl der Einzelzellen und deren Aktivflächen ermöglichen eine Variation der Leistungshöhe. Der Brennstoffzellen-Stack bildet, unterstützt durch die Balance-of-Plant-Elemente wie Luftkompressor, Befeuchtung, Wasserstoffversorgung, Purgeventile, Wärmemanagement-Modul sowie Leistungselektronik das Brennstoffzellensystem [3]. Die wesentlichen Prozessschritte der PEMFC-Produktion sind in Abbildung 11.1 dargestellt.

Der hohe Kostenanteil beim Brennstoffzellensystem (z. B. 38 Prozent bei 10 kW PEMFC) und ein Mangel an effizienten und hochratenfähigen Technologien führt typübergreifend besonders bei der Herstellung von Einzelzellen-Komponenten zu arbeits- und kostenintensiven Prozessen [4]. Deshalb liegt der Schwerpunkt der nachfolgenden Analysen auf der Produktion der Brennstoffeinzelzellen-Komponenten. Im Folgenden werden die Technologieoptimierung und marktbasierte Skaleneffekte als Kostensenkungspotenziale näher analysiert.

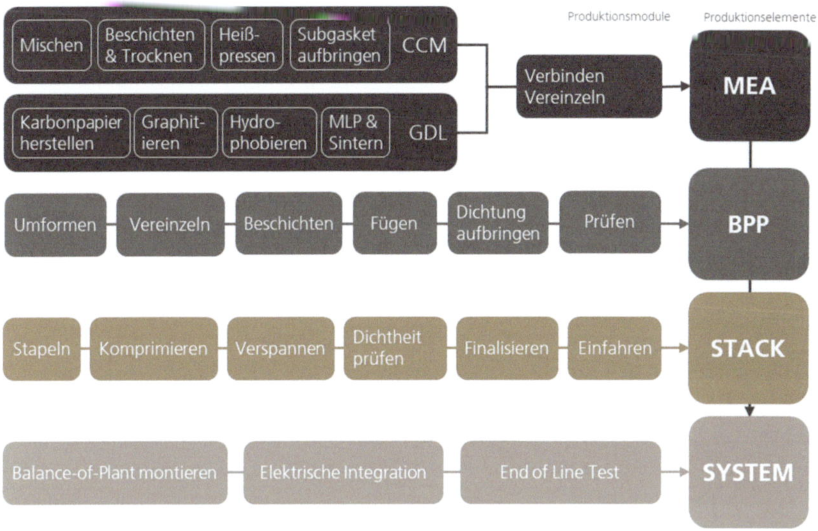


**Abb. 11.1** Wesentliche Produktionselemente der PEMFC [3]

### 11.1.2 Technologieoptimierung

Die Produktion der Einzelzellen-Komponenten beinhaltet verschiedene Fertigungsschritte. Die primären Kostentreiber konzentrieren sich auf die Herstellung von Membran-Elektroden-Einheiten und Bipolarplatten. Während die hohen Preise des Katalysators der Catalyst Coated Membrane (CCM) aus den Rohmaterialkosten sowie der Verarbeitung zum Platinkatalysator resultieren, liegen die großen Aufwendungen bei Gasdiffusionsschichten (GDL) und Bipolarplatten (BPP) in einer technologisch unausgereiften, nicht hochratenfähigen Verfahrenstechnik begründet [5].

Kostensenkungspotenziale, die sich durch eine technologieoptimierte industrielle Herstellung ergeben, konnten in Bezug auf die Brennstoffzellenproduktion bislang erst in geringem Maße genutzt werden. Daher kann zukünftig entlang der gesamten Wertschöpfungskette von deutlich reduzierten Kosten ausgegangen werden.

Zu den Bereichen, die ein besonders großes Kostensenkungspotenzial aufweisen, gehören Batch-Prozesse. Das sind Chargenprozesse, die diskontinuierlich ablaufen und z. T. große Ausschussraten verursachen, die die Kosten in die Höhe treiben. In diesem Handlungsfeld muss eine Überführung in robuste, hochratenfähige und -automatisierte Prozessschritte gelingen [6]. Beim Stacking steht zusätzlich die Verkürzung der Taktzeiten im Fokus der Betrachtungen. Produktionstechnologische Voraussetzungen für eine substanzielle Reduzierung der Kosten bieten die gezielte Optimierung von Fertigungsverfahren, Automatisierung und eine Überführung in kontinuierliche Prozesse. Entsprechende Konzepte werden in den Abschnitten 11.1.3, 11.1.4 und 11.1.5 detailliert dargestellt.

### 11.1.3 Fertigungsverfahren

Zur Darstellung des Kostensenkungspotenzials bei der Herstellung von Membran-Elektronen-Einheiten und Bipolarplatten werden diese Produktionsmodule nachfolgend eingeordnet und verfahrensseitig beschrieben. Auch erfolgt eine Ableitung der forschungsseitigen Herausforderungen zur weiteren Entwicklung dieser Handlungsfelder.

#### Membran-Elektroden-Einheit (MEA)

Ein Brennstoffzellen-Stack kostet derzeit etwa 800 EUR/kW. Die MEA-Kosten von 510 EUR/kW sind der primäre Kostentreiber, wobei 210 EUR/kW auf den Materialanteil des Katalysators entfallen. Diese Kosten könnten um nahezu 50 Prozent durch Verfahrensoptimierung gesenkt werden, wenn die Qualität und Leistung der Membran-Elektroden-Einheit bei gleichem Edelmetallgehalt verbessert werden. Durch eine Kombination von Design und Herstellung könnte die Fläche der Membran-Elektroden-Einheiten, die beim Bau eines Stacks eingesetzt werden, reduziert werden. Ebenso sind heute viele der Materialien, die zum Aufbau der Membran-Elektroden-Einheit verwendet werden, überdimensioniert, was zusätzlich mit unnötigen Kosten belastet [4].

Zur Fertigung einer Membran-Elektroden-Einheit (Abbildung 11.2) wird zunächst Katalysatortinte, die in der Regel aus einer Platinlegierung, pulverförmigem Kohlenstoff, Nafion, destilliertem Wasser und Methanol besteht, in einem Kugelmühlenprozess gefertigt. Für das nachfolgende Auftragen haben sich die CCS- und CCM-Verfahren etabliert.

Beim CCS-Ansatz wird der Katalysator direkt auf die Gasdiffusionsschicht aufgebracht, sodass die Gasdiffusionselektroden entstehen. Sputtern ist eines von mehreren der dafür geeigneten Beschichtungsverfahren. Auf der Gasdiffusionsschicht befinden sich jeweils Anode bzw. Kathode. Dazwischen wird die Membran eingelegt und durch Heißpressen mit den Gasdiffusionsschichten verbunden. Nach dem Heißpressen erhält die Membran-Elektroden-Einheit ihre endgültige Form durch einen kalibrierten Schneidprozess.

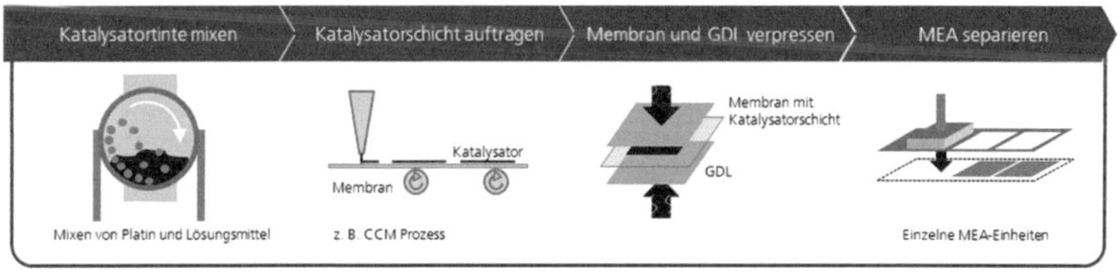


**Abb. 11.2** Technologische Innenansicht der MEA-Fertigung. (Fraunhofer IPT Aachen)

Beim CCM-Ansatz wird zwischen einem direkten und indirekten Verfahren unterschieden. Bei der direkten Methode wird die Beschichtung direkt auf die Membran aufgetragen. Anschließend wird die Schicht getrocknet und danach die Gasdiffusionsschichten platziert sowie durch Heißpressen mit der Membran verbunden. Beim indirekten CCM-Ansatz befinden sich Anode und Kathode auf einem Zwischensubstrat, der sogenannten Decal-Folie. Die Elektroden werden auf die Membran übertragen und anschließend mit der Gasdiffusionsschicht verpresst. Ähnlich wie beim CCS-Ansatz besteht der letzte Prozessschritt darin, die MEA in ihre endgültige Form zu schneiden.

Die Herausforderungen des MEA-Produktionsprozesses liegen in der Katalysatorschicht und bei Heißprägen. Durch die Notwendigkeit, den Platinanteil zu optimieren und eine Vielzahl von multilateralen Prozessparametern zu berücksichtigen, ergeben sich verschiedene Handlungsbereiche für eine Weiterentwicklung des Fertigungsvorgangs. Auch um eine kontinuierliche Produktion von Elektroden zu erreichen, ist beim Aufbringen der Katalysatorschicht eine Optimierung erforderlich. Außerdem ist die Entwicklung von Inline-Produktionsüberwachungssystemen notwendig, da in der Katalysatorschicht Defekte auftreten wie Löcher und Risse, die die Leitfähigkeit der Zelle einschränken können. Beim Heißpressen sind sowohl eine Prozess- als auch eine Materialparameteroptimierung unerlässlich. Grund dafür ist der negative Einfluss des angelegten Drucks und der Temperatur auf die Integrität der mechanischen und elektrischen Verbindung sowie auf die Materialeigenschaften von Membran und Elektrode [7].

## Metallische Bipolarplatten

Ein weiterer möglicher Ansatzpunkt zur Kostenreduzierung sind Prozesse, die für eine industrielle Fertigung derzeit technologisch noch unausgereift sind. Mit 25 Prozent bildet die Herstellung von Bipolarplatten aus Graphitharz das zweitgrößte Kostenelement. Große Rückweisungsraten infolge von Formfehlern führen zu diesen hohen Aufwendungen. Der Einsatz metallischer Bipolarplatten führt

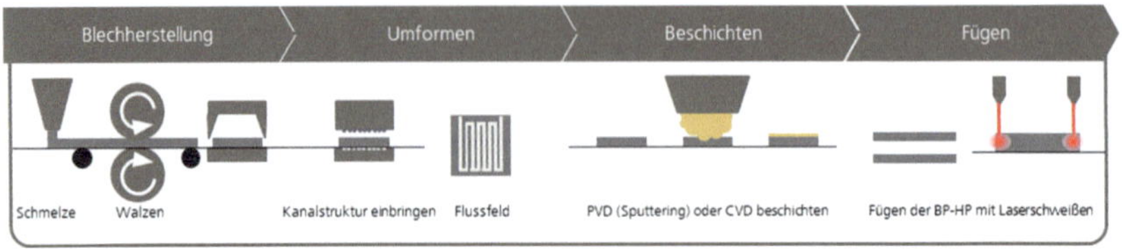


**Abb. 11.3** Technologische Innenansicht der BPP-Fertigung. (Fraunhofer IPT Aachen)

zu einer massiven Kostensenkung. Dies erfordert jedoch eine weitere Optimierung des kostengünstigen metallischen Systems inklusive einer Beschichtung, die in Zellen langzeitstabil ist [4]. Mit deren robuster produktionstechnischer Realisierung würde ein Technologiesprung ermöglicht, der die Basis für weitere Fortschritte in der Automatisierung bzw. bezüglich kontinuierlicher Prozesse bietet.

Der BBP-Fertigungsprozess (Abbildung 11.3) beginnt mit der Herstellung des metallischen Halbzeuges. Geschmolzenes Metall wird zwischen Walzen mit parallelen Achsen eingelegt und zu einem Blech geformt. Im zweiten Schritt werden die Strömungsfeldkanäle mithilfe eines Mikropräzisionsumformverfahrens wie Hohlprägen oder Hydroforming auf die Bleche aufgebracht. Es entstehen die Bipolar-Halbplatten. Die eingebrachten Kanalstrukturen haben Einfluss auf die Zellfunktionalität. Anschließend werden die Bipolar-Halbplatten entweder durch physikalische Gasphasenabscheidung (PVD, auch Sputtern genannt) oder durch chemische Gasphasenabscheidung (CVD) beschichtet. Dieser Beschichtungsprozess macht sie korrosionsbeständig und elektrisch leitfähig. Dadurch wird eine Freisetzung von Ionen aus den metallischen Bipolarplatten, die zu einer Vergiftung der Membran führen würden und eine Reduzierung der Brennstoffzellenleistung nach sich zieht, verhindert. Nach dem Umformen und Beschichten werden Anoden- und Kathoden-BP-HP durch Laserschweißen miteinander zu Bipolarplatten verbunden. In diesem Schritt können mittels Laserbeschriftung temperaturstabile und korrosionsbeständige Markierungen auf die Bipolarplatten aufgebracht werden [7].

Im BPP-Produktionsprozess bestehen die Herausforderungen beim Umformen, Beschichten und Fügen der filigranen Bleche durch die Forderung einer außerordentlich hohen Prozesspräzision. Bei den Umformverfahren ist eine hohe Genauigkeit erforderlich, um die Strömungsfeldkanäle qualitätsgerecht in die dünnen metallischen Folien (50 bis 100 μm Dicke) einzubringen. Daher ist es erforderlich, das bislang auf Maximierung des Wirkungsgrades ausgelegte Strömungsfeld hinsichtlich einer industriellen Massenfertigung weiterzuentwickeln und mit Hinblick auf produktionstechnische Erfordernisse zu optimieren [2].

Eine Abweichung von der Sollform, z. B. bei Kanalgeometrie bzw. Planparallelität, hat negativen Einfluss auf den späteren Betrieb der Zelle. Um einen Einbau von beschädigten Zellen in einen Stapel zu vermeiden, muss diese Formabweichung erkannt werden. Dies erfordert eine leistungsstarke Qualitätsüberwachung. Auch werden derzeit teure Materialien, nämlich Gold oder vergoldetes Titan, als Beschichtungsmaterial für die Bipolarplatten verwendet. Es ist daher notwendig, kostengünstige Alternativen zu entwickeln, die bei geringeren Aufwendungen dennoch eine hohe Korrosionsbeständigkeit und elektrische Leitfähigkeit erzeugen. Im Fügeprozess wird das Laserschweißen eingesetzt, jedoch wird es aufgrund seiner geringen Geschwindigkeit für die Herstellung komplexer Strukturen die Ausbringungsrate der BPP-Produktion begrenzen. Somit ist auch in diesem Bereich die Entwicklung von hochratenfähigeren Technologien notwendig [7].

### 11.1.4 Automatisierung

Die Automatisierung adressiert hauptsächlich Transfer-, Handlings- und Montageelemente für eine Intensivierung der Prozesse. Bereits beim Montageprozess der MEA können durch Automatisierung die Kosten um bis zu 70 EUR/kW gesenkt werden [4]. Prädestiniert für eine Überführung manueller Arbeitsschritte in automatisierte ist das Stapeln der Einzelkomponenten bzw. -zellen für die Herstellung der Brennstoffzellen-Stacks. Hierbei könnten Wiederholgenauigkeit und Präzision von empfindlichen, biegeschlaffen, z. T. säurehaltigen Bauteilen mit geringer Werkstoffdicke deutlich erhöht werden.

Um interne und externe Leckagen zu verhindern und um Toleranzen auszugleichen, die durch vorgelagerte Fertigungsprozesse der Komponenten entstehen, ist das Abdichten der Einzelzellen bzw. des Stacks notwendig. Dabei hat das Dichtungsmaterial als verbindende Komponente von MEA und BPP einen großen Einfluss auf die Lebensdauer der Brennstoffzelle. Die Abdichtung wird in flüssigem oder festem Zustand realisiert. Dies erfordert das Aufbringen von vorgefertigten Dichtungsschichten, Dispensen oder ein entsprechendes Spritzgießen. Das Temperieren der Dichtungseinheiten erfolgt in einem Durchlaufofen.

Die Dichtungsgüte ist abhängig von den Materialeigenschaften und der Verpressung nach dem Stapeln. In diesen Schritten sind ein synchronisierter Transfer und eine sehr präzise Handhabung der Komponenten sowie eine Verbindung von BPP und MEA notwendig, die Leckage verhindert.

Weiteres Automatisierungspotenzial bieten das Handling der Halbzeuge und Komponenten zwischen den einzelnen Bearbeitungsstufen und das erforderliche Positionieren des Werkstücks im Werkzeug. So müssen spezielle Stack-Roboter

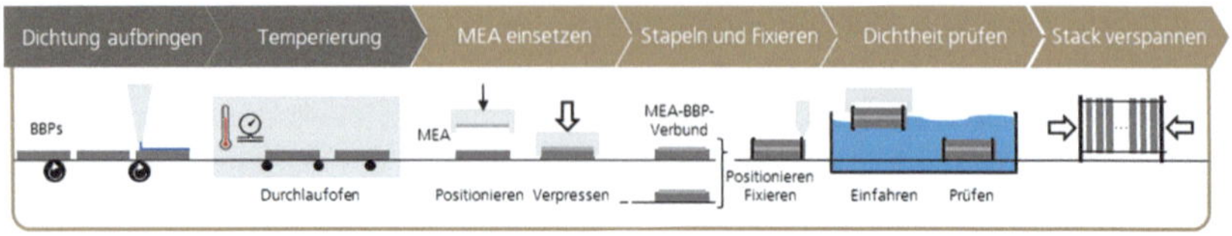


**Abb. 11.4** Technologische Innenansicht der Stack-Fertigung. (Fraunhofer IPT Aachen, [7])

mit typflexiblen Werkstückträgern konzipiert werden, die Brennstoffzellen aus metallischen und graphitischen Bipolarplatten unterschiedlicher Abmessungen handhaben können. In diesem Handlungsfeld zeigen erste Ergebnisse ein Reduzierungspotenzial von ca. 90 Prozent bei Zeit und Kosten [8].

Die wechselseitige Stapelung von BPP und MEA wird zum Teil noch manuell durchgeführt. Zunehmend werden dafür Roboter oder Greifer-Technologien eingesetzt. Dabei ist eine hochpräzise Automatisierung der entscheidende Faktor zur Realisierung eines wirtschaftlichen Stapel-Prozesses bzw. zur Produktion eines qualitätsgerechten Brennstoffzellen-Stacks.

Die gestapelten Einzelzellen werden anschließend durch Wasserbadprüfung, Druckprüfung oder Beaufschlagung mit Wasserstoff ausgiebig auf Dichtheit geprüft. Bei Bedarf werden optische Kontrollen und selektive Sensorik eingesetzt. Zur Prüfung der Differenzdrücke und der charakteristischen Kanalstrukturen (Strömungsfelder) wird ein automatisierter Prüfstand eingesetzt.

Bei erfolgreicher Kontrolle werden die Brennstoffeinzelzellen in Reihe geschaltet. Zwei Endplatten verschließen den aus mehreren hundert Einzelzellen bestehenden Stack und stellen Adapter für den elektrischen Strom sowie das Gas und Kühlwasser bereit. Kosteneffizienz und Reproduzierbarkeit sind die wichtigsten Auslegungsfaktoren dieser Schritte. Die Prozessschritte sind in Abbildung 11.4 zusammengefasst dargestellt.

**Fit-4-AMandA – Fit for Automatic Manufacturing and Assembly [8]**

**Projektziel**

Projektinhalt waren die Industrialisierung der Fertigung von PEMFC-Stack-Komponenten und deren Montage. Dazu wurde eine neuartige Automatisierungslösung entwickelt, die die Kosten bei der Montage des PEMFC-Stacks auf ca. 7 Prozent bei 10.000 Einheiten pro Jahr und auf ca. 1 Prozent bei

100.000 Einheiten pro Jahr im Vergleich zu den Kosten der manuellen Fertigung senkt. Zur Erprobung und Verifizierung der wesentlichen Technologien wurde eine Demonstrator Maschine definiert, konstruiert und gefertigt (Abbildung 11.5).

**Abb. 11.5** 3D-CAD-Layout der Anlage zur automatisierten Fertigung und Montage von PEMFC-Stacks. [9]

**Projektpartner:** Uniresearch B.V.; UPS Europe SA; Proton Motor Fuel Cell GmbH; Aumann Limbach-Oberfrohna GmbH; Fraunhofer IWU; Technische Universität Chemnitz/ALF; IRD Fuel Cell A/S
**Projektlaufzeit:** 03/2017–02/2020
**Förderung:** Fuel Cells and Hydrogen 2 Joint Undertaking unterstützt durch das Forschungs- und Innovationsprogramm Horizon 2020 der Europäischen Union sowie von Hydrogen Europe und N.ERGHY

### 11.1.5 Kontinuierliche Prozessführung

Bei der Vorbereitung auf eine Großserienfertigung besteht die Notwendigkeit vor allem darin, kontinuierliche Produktionsstrategien zu entwickeln. Dies geht hauptsächlich mit dem Abbau der technologischen Barrieren für die Überführung der Batch-Verfahren in eine Rolle-zu-Rolle-Fertigung (R2R) einher. Darüber hinaus müssen auch eine Synchronisation der Geschwindigkeit bzw. eine Parallelisierung der begleitenden Prozesse erfolgen. So bietet der Einsatz metallischer Bipolarplatten in Kombination mit einem Walzverfahren neuartige Möglichkeiten, die charakteristischen Flussfelder kontinuierlich einzubringen. Um diese positiven Effekte ganzheitlich zur Steigerung der Prozessgeschwindigkeit nutzen zu können, ist es notwendig, die nachfolgenden Beschichtungs- und Fügeprozesse entsprechend zu integrieren bzw. zu synchronisieren und somit an die hohen Ausbringungsraten anzupassen. Qualitätsprüfungen müssen in-situ durchgeführt werden und in Echtzeit die Ergebnisse liefern. Dies erfordert eine deutliche Weiterentwicklung der bisherigen Verfahrensweise.

**HOKOME – Entwicklung hochproduktiver und kosteneffizienter R2R-Fertigungsmethoden für Komponenten von Brennstoffzellenstacks**

**Projektziel**

Ziel ist es, die Herstellung der beiden wesentlichen Bestandteile einer Brennstoffzelle – BPP und MEA – zu optimieren. Für beide Komponenten werden im Projekt effektive Produktionsprozesse und -verfahren entwickelt. Diese umfassen insbesondere die Kopplung der Walztechnologie (Abbildung 11.6) mit den vor- bzw. nachgelagerten Prozessschritten. Schwerpunkt liegt auf der Entwicklung von ganzheitlichen R2R-Fertigungskonzepten mit aufeinander abgestimmten Teilprozessen. So werden die Teilsysteme auch in unterschiedlichen Ausbauvarianten integrierbar und kombinierbar sein. Dadurch können Ausbringungsmengen realisiert werden, die einer Industrieproduktion entsprechen und eine substanzielle Kostensenkung der Brennstoffzelle bewirken. Mit dieser Herstellungstechnik sind Kosteneinsparungen von bis zu 50 Prozent möglich, die den Preis für ein typisches 100-kW-Brennstoffzellensystem für Automobile perspektivisch auf 5.000 Euro und somit auf vergleichbare Kosten eines fossil betriebenen Antriebssystems senken.

**Projektpartner:** Fraunhofer-Institute IWU, IPT, IWS, IKTS und ISE
**Projektlaufzeit:** 2020 bis 2022
**Förderung:** Fraunhofer-Prepare-Programm, mit 3,5 Mio. € durch Fraunhofer eigenfinanziert

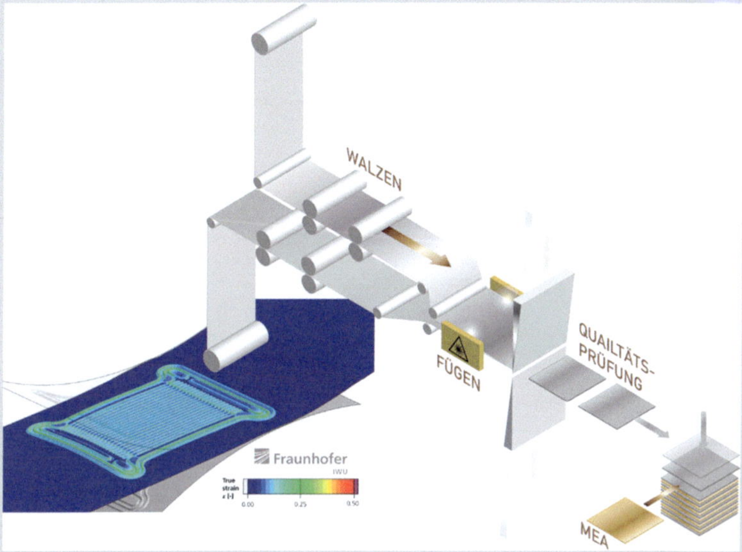


**Abb. 11.6** Numerische Simulation des Walzprägens – Basis für die Entwicklung eines R2R-Fertigungskonzepts zur kontinuierlichen BPP-Produktion. (Fraunhofer IWU Chemnitz)

## 11.1.6 Skalierungseffekte

> *„Bei rund 200.000 Einheiten pro Jahr erhält man die Skaleneffekte, um die benötigten Materialien zu einem Preis zu kaufen, der ein Wasserstoffauto auf die Kosten heutiger batterieelektrischer Fahrzeuge bringen könnte. Bei der gegenwärtigen Nachfrage dürfte dies innerhalb von fünf Jahren geschehen."*
>
> *Sae Hoon Kim, Leiter des Geschäfts mit Brennstoffzellenfahrzeugen bei Hyundai 2020* [1]

Mit dem zukünftig erwarteten Marktwachstum wird eine signifikante Reduktion der heutigen Kosten einhergehen, wodurch die Brennstoffzellentechnologie zunehmend wirtschaftlich wettbewerbsfähig wird. Deutsche Unternehmen sollten sich daher frühzeitig ausreichende Marktanteile sichern, um Skaleneffekte realisieren zu können und somit weitere Kosten zu senken sowie eine internationale Konkurrenzfähigkeit zu erlangen. Die nächsten zwei bis fünf Jahre werden entschei-

| | BPP | CCM | GDL |
|---|---|---|---|
| Produktionsrate 1.000 Einheiten/Jahr | 100 % | 100 % | 100 % |
| Produktionsrate 10.000 Einheiten/Jahr | 37 % | 36 % | 24 % |
| Produktionsrate 100.000 Einheiten/Jahr | 26 % | 27 % | 8 % |
| Produktionsrate 500.000 Einheiten/Jahr | 25 % | 25 % | 5 % |

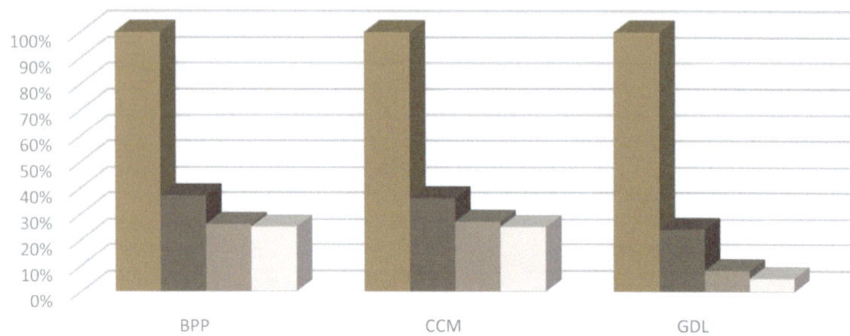


**Abb. 11.7** Skaleneffekte bei der Brennstoffzellenproduktion. (Fraunhofer IWU Chemnitz)

dend sein, vorhandene Kompetenzen durch Investitionen weiter auf- und auszubauen [1].

Aufgrund des prognostizierten signifikanten Marktwachstums, besonders bei der mobilen Anwendung von Brennstoffzellen, besitzt die PEMFC mit Blick auf Skaleneffekte die höchsten Potenziale zur Kostenreduktion. Langfristig werden 30 EUR/kW und damit Produktionskosten erreichbar sein, die mit verbrennungsmotorischen Antrieben vergleichbar sind [10].

Abbildung 11.7 zeigt am Beispiel des PEMFC-Stacks das produktionsratenabhängige Kosteneinsparungspotenzial für die Brennstoffzellenkomponenten BPP, CCM und GDL. Deutlich werden die signifikanten Möglichkeiten der Kostenreduzierung bei einer Erhöhung der Ausbringungsmenge von 1.000 auf 100.000 Brennstoffzellen-Stacks pro Jahr. Somit könnten die Herstellungskosten (ohne Materialkosten) bei CCM um ca. 63 Prozent, bei BPP um 74 Prozent und bei GDL sogar bis zu 92 Prozent gesenkt werden. Zusätzliche Skaleneffekte stellen sich bei einem weiteren Anstieg der Jahresproduktion auf 500.000 Stacks ein. Hier sinken die Prozesskosten bei CCM um 75 Prozent, bei BPP um 75 Prozent und bei GDL um 95 Prozent im Vergleich zur Ausgangsmenge (1.000 Einheiten/Jahr) [5].

Die Nutzung der Skaleneffekte hat auch Auswirkungen auf die Kosten des Brennstoffzellen-Stacks. In weiterer Betrachtung der in Abbildung 11.7 verwendeten Berechnungen kann abgeleitet werden, dass eine Reduktion der Prozesskosten um 82 Prozent bzw. 84 Prozent auf der Grundlage einer Steigerung der Produktionsrate von 1.000 auf 100.000 bzw. 500.000 Einheiten pro Jahr zu erwarten ist. Auch die Aufwendungen für das Brennstoffzellensystem unterliegen Skaleneffekten. Im Bereich der Beschaffung der BOP-Elemente können mit steigendem Einkaufsvolumen Kosten eingespart werden [5].

### Stückzahlskalierbare Technologien

Die Frage, welche Produktionstechnologie für Bipolarplatten hinsichtlich Kosteneffizienz, Bauteileigenschaften und Robustheit (Prozesssicherheit) die Vielversprechendste ist, beschäftigt die gesamte Brennstoffzellenindustrie. Was ist in welcher Konstellation möglich, was ist notwendig und was darf es letztendlich kosten? Dies erfordert eine ergebnisoffene Betrachtung mit technologischer Vielfalt. So werden hochratenfähige Produktionstechnologien für die BPP-Herstellung entwickelt, deren Notwendigkeit sich aus den verschiedenartigen Eingangsparametern und Verwendungsszenarien ergibt. Neben den Umformverfahren Hohlprägen und Hydroforming, die sich zum Erzielen einer hohen BPP-Qualität anbieten, gestattet einzig das Walzen eine signifikante Erhöhung der Ausbringungsmenge auf über 100 Bipolar-Halbplatten pro Minute. Auch werden neue Lösungen für eine Verwendung von bereits vorbeschichteten Blechen benötigt, die zu einer weiteren bedeutenden Verkürzung der Prozesszeit bzw. Steigerung der BPP-Lebensdauer führen. Für diese Optimierungsherausforderung wird gezielt ein stückzahlskalierbarer Technologiebaukasten für BPP-Produktion entwickelt. Dieser ermöglicht erstmals eine Ermittlung von bewertbaren, passgenauen Lösungen durch evidenzbasierte Analysen der multilateralen Abhängigkeiten zwischen BPP-Geometrie, Fertigungsprozess, Ausbringungsmenge, Kosten und Lebensdauer. Relevante BPP-Fertigungsverfahren werden nachfolgend zur besseren Einordnung mit ihren wesentlichen Merkmalen beschrieben und schließlich hinsichtlich Ebenheit, Qualität, Lebensdauer, Kosten, Produktionsrate verglichen [11].

### Formpressen (Graphitische Bipolarplatten)

Das Formpressen erfordert Presse, Formwerkzeug sowie Formmasse, die in verschiedenen Ausführungen (lose, Puck, Platte) implementiert werden kann. Dabei müssen eine Vielzahl an sensiblen Prozessparametern berücksichtigt werden. Um die Füllung aller Hohlräume zu gewährleisten, muss eine überschüssige Menge an Formmassenmaterial aufgetragen werden. Die Masse härtet durch einen chemisch irreversiblen Prozess aus. Dabei stellen die hohe Prozessausschussrate und dieser Überschuss einen inhärenten Verlust dar. In Abbildung 11.8 ist eine Variante zur Umsetzung dieses Prozesses beschrieben. Hier wird das Verbundmaterial als Halbzeug in Form einer Flachmatte eingelegt. Damit lassen sich ähnliche Geometrien wie bei der Blechumformung durch Hohlprägen erzielen [11].

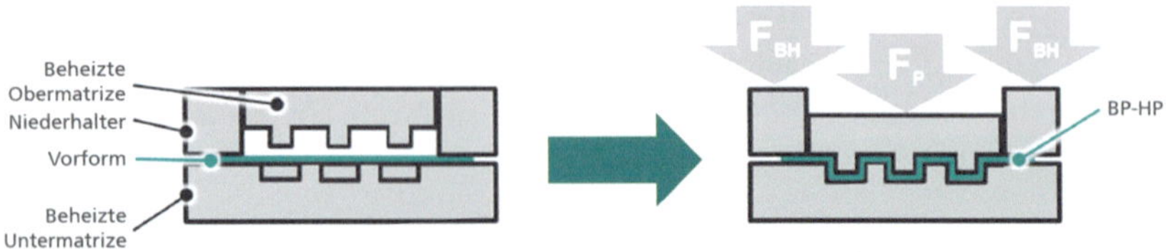


**Abb. 11.8** Verfahrensprinzip des Formpressens: Variante mit einer Platte als Vorformmaterial ($F_{BH}$ = Niederhalterkraft, $F_P$ = Presskraft) [11]

## Spritzgießen (Graphitische Bipolarplatten)

Das Spritzgießen erfordert eine Form, einen vorgewärmten rotierenden Schneckenförderer (Extruder) und einen Behälter für das Rohmaterial. Das Verfahrensprinzip ist in vereinfachter Form in Abbildung 11.9 dargestellt. Um kurze Zykluszeiten zu erreichen, wird nahe der Glasübergangstemperatur der thermoplastischen Formmasse gearbeitet. Es wird kaum überschüssiges Rohmaterial benötigt und Ausschussmaterial kann in gewissem Umfang wiederverwertet werden. So fällt im Vergleich zum Formpressen weniger Abfall an. Nachteilig ist, dass produktionstechnisch der Graphit- und Fasergehalt relativ gering sein muss im Vergleich zum Formpressen. Dies führt zu einer reduzierten Durchleitfähigkeit (auch wenn die Ausrichtung der Graphitpartikel vorteilhaft ist), und gleichzeitig führen mögliche Faserbrüche zu einer geringeren Biegefestigkeit [11].

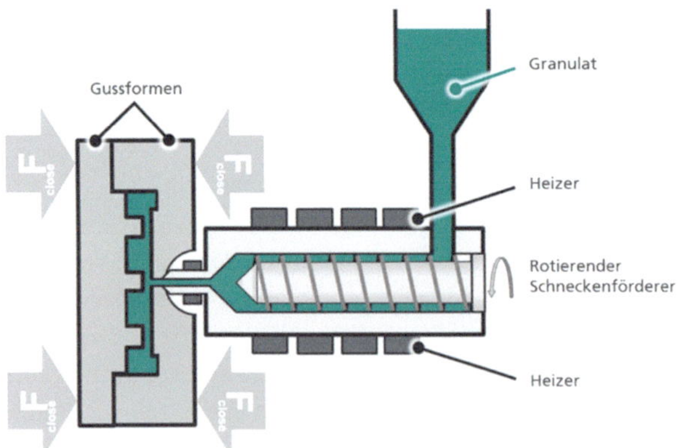


**Abb. 11.9** Verfahrensprinzip des Spritzgießens ($F_{CLOSE}$ = Schließkraft) [11]

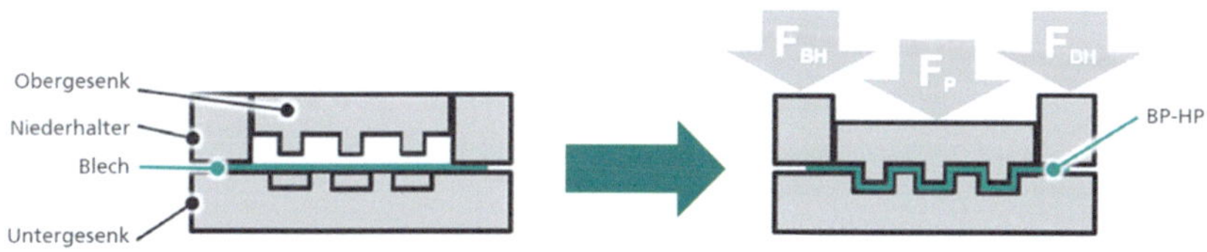


**Abb. 11.10** Verfahrensprinzip des einstufigen Hohlprägens ($F_{BH}$ = Niederhalterkraft, $F_P$ = Presskraft) [11]

## Hohlprägen (Metallische Bipolarplatten)

Bei diesem Verfahren wird das Blech vorzugsweise mit zwei starren Werkzeughälften hohlgeprägt, wobei auch ein Gummipuffer gegen eine metallische Matrize gepresst werden kann. Allerdings ist dies nur für den Randbereich vorgesehen, da die Strömungsfeldstruktur zu filigran ist, um sie für den Stegbereich (Rippe) zu trennen und das Blech dort zu klemmen. Theoretisch könnte der Wirkungsbereich der Blechhalter auch auf den Strömungsfeldbereich ausgedehnt werden, aber die Strömungsfeldstruktur – insbesondere die Breite der Brücken oder Kanäle – sollte ausreichend grob und groß sein. Das Verfahrensprinzip ist in vereinfachter Form in Abbildung 11.10 dargestellt.

Das Prägen ist eines der robustesten Umformverfahren und lässt sich gut durch den Einsatz von Folgeverbundwerkzeugen oder Transferwerkzeugen automatisieren. Dies bietet infolge einer sukzessiven Materialbeanspruchung auch Vorteile hinsichtlich der Erreichung höherer Umformgrade und besser ausgeformter Kanalstrukturen. Auch kann der Schneidprozess integriert und mit demselben Werkzeug realisiert werden.

Die Produktionsszenarien werden mit 60 Hüben/min angenommen. Dies führt bei einem BP-HP-Werkzeug zu einer Produktionsrate von 60 Bipolar-Halbplatten pro Minute. Berechnungsergebnisse zeigen, dass pro Jahr ausreichend Bipolar-Halbplatten für über 97.000 100-Zellen-PEM-Stacks produziert werden könnten. Weiterhin ist eine Parallelisierung der BP-HP-Produktion zur separaten Herstellung von sowohl Anoden- als auch Kathodenplatten mit einer entsprechend angepassten Presse und damit in einem Pressenhub möglich. Dies würde die angenommene Produktionsrate verdoppeln [11].

## Hydroforming

Das Funktionsprinzip des Hydroformings, auch als Hochdruck-Blechumformung bezeichnet, ist in Abbildung 11.11 schematisch beschrieben. Der Vorteil dieses Prinzips liegt in der besseren Ausnutzung des Umformvermögens des eingesetzten

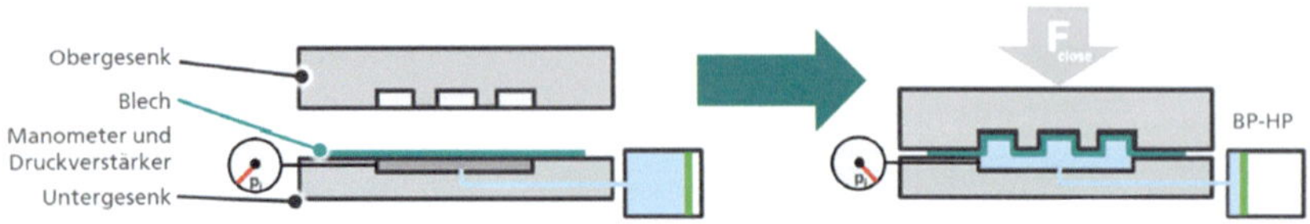


**Abb. 11.11** Verfahrensprinzip der Hydroblechumformung ($F_{CLOSE}$ = Schließkraft) [11]

Werkstoffes, was eine Erweiterung der Umformgrenzen im Vergleich z. B. zum einstufigen Hohlprägen unter Kaltumformbedingungen ermöglicht.

Die vergleichsweise geringe Produktionsrate ist nachteilig, sofern hohe Stückzahlen benötigt werden. Das Ergebnis der Berechnung zeigt, dass unter den getroffenen Annahmen pro Jahr Bipolar-Halbplatten für ca. 11.000 100-Zellen-PEM-Stacks produziert werden können. Beim Hydroforming können die Hubzahl und damit die Produktionsrate weiter gesteigert werden. Im Vergleich zum reinen Hohlprägen ist der Prozess aufgrund der höheren Anzahl von Aggregaten komplexer. Deshalb erfordert eine parallele Produktion von Anode und Kathode einen höheren Aufwand bei der Anpassung von Presse und separaten Werkzeugen in einem Pressenhub- bzw. Schließvorgang [11].

## Walzen von Hohlprägungen

In Bezug auf die Produktionskosten (Effektivität) und Sättigung einer starken Marktnachfrage ist die Produktionsrate ein entscheidender Faktor und damit ein wichtiges Entscheidungskriterium. Wie in Abschnitt 11.1.6 beschrieben, hat das Walzen von metallischen Bipolarplatten diesbezüglich ein sehr großes Potenzial. Das Verfahrensprinzip ist in vereinfachter Form in Abbildung 11.12 dargestellt.

Erste Prognosen zeigen, dass mit dem Walzprägen die Produktionsraten im Vergleich zu konventionellen Herstellungsstrategien (Spritzgießen von Graphit-

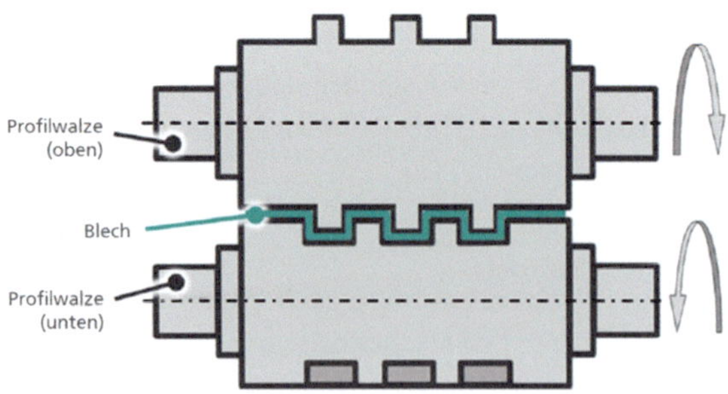


**Abb. 11.12** Verfahrensprinzip des Walzprägens. (Fraunhofer IWU Chemnitz) [11]

harz) bei geringeren Investitionskosten der Anlagentechnik signifikant von drei auf deutlich über 60 Bipolar-Halbplatten pro Minute erhöht werden können. Allerdings ist offen, welche Restriktionen hierdurch auf die Gestaltungsfreiheit – das BPP-Design und die Leistungsfähigkeit – entstehen, woraus sich ein entsprechend hoher Forschungsbedarf ergibt. In experimentellen Ergebnissen von Hohlpräge-Walzversuchen wurde die Herstellbarkeit von parallelen Strömungsfeldkanälen ermittelt. Die erzielten Ergebnisse lassen zusammenfassend folgende Einschätzung zu: Rollformverfahren sind prinzipiell geeignet, um bipolare Kanalgeometrien im industriellen Maßstab zu produzieren. Die Notwendigkeit zur Reduzierung unerwünschter Nebeneffekte wie Faltenbildung und Rückfederung sowie die Übertragung der gewonnenen Erkenntnisse auf reale Geometrien in Bezug auf Komplexität und Abmessungen stellen die Herausforderungen und damit das zukünftige Entwicklungspotenzial dar [11].

**Weitere Verfahren und Ansätze**

Darüber hinaus ist es auch möglich, einen thermoplastischen Polymer-Verbundwerkstoff in ein halbgeöffnetes Werkzeug (d. h. in eine vorvergrößerte Prägekavität) einzuspritzen. Unter Verwendung eines Extruders erfolgt der Prägevorgang durch Schließen des Werkzeugs in die gewünschte Form. Das Abkühlen, Öffnen und Auswerfen wird wie beim normalen Spritzgießprozess realisiert. Da das verwendete Polymer nicht ausgehärtet werden muss, ist keine Haltezeit erforderlich, sodass die benötigte Zeit mit jener beim Spritzgießen vergleichbar ist. Dieses Verfahren, das sogenannte Spritzprägen, würde sich prinzipiell eignen, ist bisher jedoch noch nicht in der Massenproduktion vorgesehen.

### 11.1.7 Vergleich ausgewählter BPP-Produktionsverfahren

Die aktuell am häufigsten eingesetzten Herstellungsverfahren bzw. jene mit dem größten Kostensenkungspotenzial für zukünftige Produktionsprozesse wurden hinsichtlich verschiedener Bewertungskriterien verglichen. Dabei standen die Ermittlung der verfahrenstechnischen Grenzen und eine weitere Entwicklung für die industrielle Massenproduktion im Fokus. Darüber hinaus wurden die notwendigen Maschinen und Werkzeuge unter dem Aspekt der Parallelisierung betrachtet, d. h. der parallelen Herstellung von Kathoden- und Anodenplatte pro Umformsequenz. Grund ist eine effektivere Kopplung mit dem nachfolgenden Fügeprozess, sodass die Bipolar-Halbplatten unmittelbar nach der Umformung ohne Verlust an Prozessgeschwindigkeit weiterverwendet werden können.

| Bewertungskriterium | Formpressen | Spritzgießen | Hydrofoming | Hohlprägen | Walzen |
|---|---|---|---|---|---|
| Anlagenkosten [Mio.€] | ~1,5 | ~3,0 | ~3,5 | ~1,3 | ~2,0 |
| Wert | 0,87 | 0,43 | 0,37 | 1 | 0,65 |
| Werkzeugkosten [€] | ~80.000 | ~120.000 | ~250.000 | ~300.000 | ~150.000 |
| Wert | 1,00 | 0,67 | 0,32 | 0,27 | 0,53 |
| Formungskräfte [kN] | 10.000 | 15.000 | 50.000 | 8.000 | 500 |
| Formungsdruck [bar] | | 3.500 | 3.000 | | |
| Plattenmaterial | Composite | Composite | Stahl | Stahl | Stahl |
| Plattenpreis [€/kg] | 12-18 | 12-18 | 2-10 | 2-10 | 2-10 |
| Plattenfläche [cm²] | 500 | 300 | 500 | 500 | 500 |
| Wert* | 1,00 | 0,60 | 1,00 | 1,00 | 1,00 |
| Ausbringungsmenge [BPP/min] | 0,5 | 3,0 | 6,7 | 60 | 120 |
| Wert | 0 | 0,03 | 0,06 | 0,50 | 1,00 |
| BP-HP Qualität Wert | 1,00 | 0,50 | 0,80 | 0,60 | 0,20 |
| BP-HP Ebenheit Wert | 1,00 | 0,90 | 0,20 | 0,20 | 0,20 |

* ermittelter Wert zur weiteren Verwendung im Diagramm

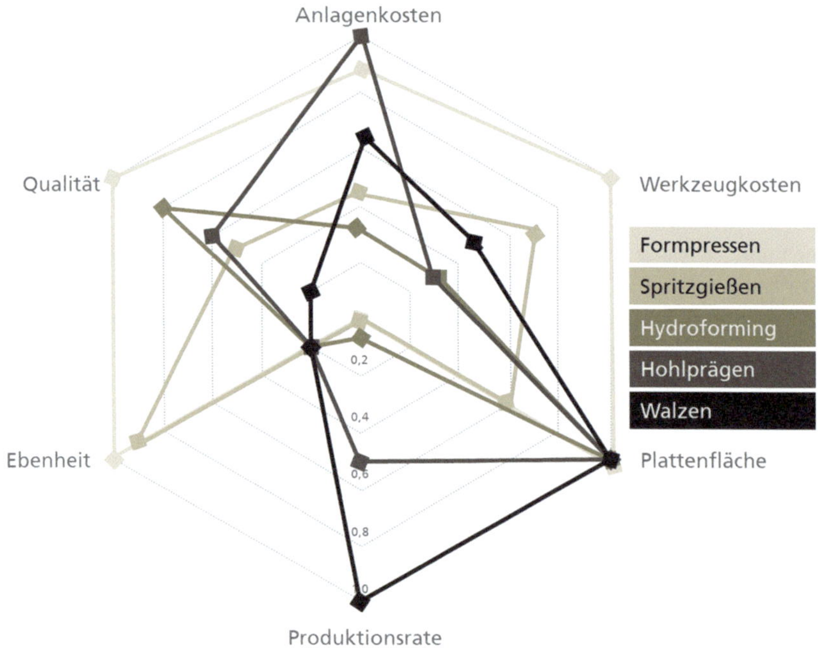


**Abb. 11.13** Bewertungskriterien für ausgewählte stückzahlskalierbare BPP-Produktionsverfahren. Zur Normierung wurde der beste Wert aus der Tabelle als 100 Prozent definiert (Standardwert = 1). Dieser Wert stellt somit den Benchmark für den Vergleich dar [11]

Das Spinnendiagramm in Abbildung 11.13 vergleicht qualitativ ausgewählte Parameter für eine Bewertung der einzelnen Verfahren. Höhere Werte (auf einer Skala von 0 bis 1) bedeuten eine jeweils positive Bemessung; so ergeben geringere Kosten einen höheren Wert. Zur Normierung wurde der beste Wert aus der Tabelle als 100 Prozent definiert (Standardwert = 1). Dieser Wert stellt somit den Benchmark für den Vergleich dar.

Aufgrund der vielen Einflussgrößen wurde die qualitative Bewertung der Parameter „Plattenqualität" und „Plattenhaltbarkeit" auf der Grundlage erfahrungsbasierter Annahmen vorgenommen.

Aus Abbildung 11.13 lässt sich ableiten, dass das Formpressen bei vier von sechs Vergleichskriterien (Eckpunkten) den Benchmark darstellt. Lediglich in Bezug auf die Produktionsrate und die Anlagekosten fällt dieses Verfahren im Vergleich zu den Umformverfahren für metallische Bipolar-Halbplatten zurück. Während die Produktionsrate des Hydroformings nur geringfügig über der des Formgebungsverfahrens liegt, sind Hohlprägen und Walzprägen deutlich produktivere Prozesse.

Dieser Ansatz kann als Blaupause für weitere Vergleiche genutzt werden. So wäre es z. B. denkbar, auf Basis definierter Produktionsszenarien Zielwerte als 1 (100 Prozent) zu definieren, die die zu erreichenden Eckpunkte im Spinnendiagramm darstellen. Sowohl beim Hohlprägen als auch beim Formpressen ist eine Parallelisierung sinnvoll und unabdingbar. Folglich sollten zusätzliche Kosten (aufgrund der Pressengröße bei konstanter Steifigkeit oder erhöhter Presskraft) für die Parallelisierung dieser Prozesse durch Erhöhung der Maschinenkapitalkosten für die Pressen berücksichtigt werden. Mit einem vorhandenen Maschinenpark kann über mehrere Jahrzehnte hinweg produziert werden, sodass die Abschreibungsdauer lang ist. Allerdings erfordert jede neue Stack- und damit Bipolarplatten-Generation einen neuen Werkzeugsatz mit den entsprechenden Kosten.

**Technologiebaukasten für BPP-Produktion**

Beim Hydroforming werden in dünne Metallfolien (50 bis 100 µm Dicke) unter einen Druck von 200 MPa unter Nutzung von Wasser in die Strömungskanäle eingepresst. Im Vergleich zu bislang eingesetzten Verfahren lassen sich Bipolarplatten dadurch präziser ausformen. Zusätzlich werden Rückfederungseffekte minimiert. So entstehen qualitativ hochwertige Bipolarplatten, die zudem nur eine Anpressform benötigen (Abbildung 11.14). Um einen nächsten Technologieschritt in Richtung Massenfertigung von

Bipolarplatten zu realisieren, ist eine Weiterentwicklung der Flussfeldgeometrie erforderlich. Diese muss sowohl hinsichtlich des Wirkungsgrades optimiert werden als auch mit Blick auf produktionstechnische Aspekte. Deshalb wurde am Fraunhofer IWU das neuartige H2@IWU-Bipolarplatten-Design entwickelt, das speziell für eine hochratenfähige Massenproduktion mittels Walzprägen konzipiert wurde und die Einbringung von Strömungskanälen mit einer kontinuierlichen Verfahrensmethode ermöglicht. Der Wirkungsgrad von Brennstoffzellen mit H2@IWU-Bipolarplatten soll dabei stabil auf einem hohen Niveau gehalten werden. Ziel ist es, mit dem neuen Design eine Produktionsrate von mindestens 120 Bipolarplatten pro Minute zu erreichen. Das ist das Doppelte von dem, was Industrieunternehmen momentan mit klassischem Verfahren realisieren können.

**Abb. 11.14** H2@IWU-Bipolarplatten für die Massenfertigung, prototypisch gefertigt mit dem Hydroforming-Verfahren. (Fraunhofer IWU Chemnitz)

Das Forschungsfeld umfasst jedoch nicht nur Produktionsverfahren für höchste Ausbringungsraten: In Abhängigkeit vom späteren Anwendungsfeld (stationär oder mobil) werden auch Verfahren benötigt, die andere Anforderungen an das Halbzeug Bipolarplatte haben. So gilt es, aus Rahmenbedingungen bzw. Eingangsgrößen und unter Berücksichtigung des Nutzungsszenarios das optimale Herstellungsverfahren zu ermitteln. Ob dies die inkrementelle Umformung bzw. das Hydroforming für Miniserien, das herkömmliche Prägen für mittlere Mengen oder eben das Walzprägen für größte Stückzahlen ist, hängt von den jeweiligen Bedarfen der Industrieunternehmen ab.

### 11.1.8 Rollout-Konzept

Die Brennstoffzelle ist aus ökologischer und benutzerorientierter Sicht in vielen Anwendungsbereichen gegenüber anderen Energiewandlern klar im Vorteil und hat das Potenzial, diese zu verdrängen. Bei einer Substitution von Technologien, die sich über einen langen Zeitraum etablieren konnten, z. B. Batterien oder Verbrennungsmotoren, muss die Brennstoffzelle jedoch einen klar definierbaren ökonomischen und technischen Nutzen liefern. Daher stellen neben wenigen technischen Herausforderungen besonders wirtschaftliche Faktoren wie der Verkaufspreis oder die Infrastruktur primäre Barrieren für einen Markteintritt dar. Es müssen kurz- und mittelfristig weitere signifikante Kostenreduktionen erreicht werden, um die Entwicklung eines kommerziellen Marktes für Brennstoffzellenanwendungen zu ermöglichen. Die derzeit in allen Bereichen noch hohen Kosten gehören zu den entscheidenden Faktoren, die eine breitere Marktdurchsetzung der Technologie aktuell verhindern. Dabei sieht sich die Industrie mit der Herausforderung und dem Risiko konfrontiert, derzeitige Kosten beträchtlich zu senken, ohne dass bereits ein Nachfragevolumen besteht, welches die Realisierung signifikanter Skaleneffekte und damit eine deutliche Kostenreduktion erlaubt.

Daher sollte politisch und finanziell konsequent in die Entwicklung lokaler Produkte und in die Stärkung technologischer Fertigungskapazitäten investiert werden. Verbunden damit sollte eine Unterstützung beim Aufbau von nationalen Produktionsinfrastrukturen für die Entwicklung und Erforschung großserientauglicher Fertigungsverfahren sein. Dadurch wäre es erstmals möglich, die Brennstoffzellenproduktion massentauglich zu gestalten, somit Produktionskosten im großen Maßstab zu reduzieren und den wirtschaftlichen Durchbruch der Brennstoffzellentechnologie zu beschleunigen.

Die deutsche Industrie sollte über einen Nationalen Aktionsplan für die Erforschung und den Rollout der Brennstoffzellentechnologie verfügen. Hier sollten

Forschungskompetenzen und -infrastrukturen gebündelt und es kann zielgerichtet an den grundlegenden Herausforderungen und aktuellen Fragestellungen der Unternehmen gearbeitet werden. Initial wären dies

- hochskalierbare Produktions- bzw. Prüftechnologien,
- Werkstofftechnik,
- internationale sektorübergreifende Standards,
- Qualifizierung sowie eine
- Betrachtung der wertvollsten und fragilsten Teile der Wertschöpfungskette im wirtschaftlichen Kontext.

Weitere Vorteile des Aktionsplans sind Referenz und Orientierung für die Industrie, z. B. bei Produktionssystemeinbindung und Lieferkettenentwicklung. Somit sind der Aufbau wirksamer nationaler Wertschöpfungsnetzwerke und die unmittelbare Steigerung sozioökonomischer Effekte realisierbar.

**Nationaler Aktionsplan Brennstoffzellen-Produktion**

Der Nationale Aktionsplan entwickelt technologische Lösungen, die eine substanzielle Hochskalierung und Kostenreduzierung der Brennstoffzellen-Produktion ermöglichen. Zudem werden Schlüsselelemente bzw. -prozessschritte und wesentliche Sensitivitäten der Brennstoffzellen-Produktion so qualifiziert, dass die Machbarkeit einer Massenfertigung in der industriellen Serie nachgewiesen wird. Adressat sind dabei Unternehmen verschiedener Größe, die die Wertschöpfungskette der Brennstoffzellen-Produktion darstellen und bis zur Systemumgebung der Anwendung in der Lastenmobilität schließen sowie der dafür erforderliche Maschinen- und Anlagenbau.

Das Fundament bilden 18 Fraunhofer-Institute (IWU, IPT, ISE, IPA, IWS, ENAS, IMWS, IFF, IGP, IPK, UMSICHT, ILT, ICT, ISI, IGCV, IST, IFAM, IKTS) in insgesamt 9 Bundesländern, die mit ihren Forschungskompetenzen und -infrastrukturen sowie lokalen Netzwerken neue Fertigungslösungen in regionalen Technologiehubs entwickeln. Diese werden in die vier Technologie-Verbünde: R2MEA, R2HP, HP2BPP, ST2P integriert und unter Einbeziehung aktuell entstehender Länder- und Bundesinitiativen gezielt gestärkt. Der übergeordnete NEXUS-Verbund: ViR ermöglicht auf Basis der digitalen Abbilder der entwickelten Produktionslösungen, den synergetischen Zusammenschluss in einer virtuellen Referenzarchitektur für Brennstoffzellen-Produktion (Abbildung 11.15).

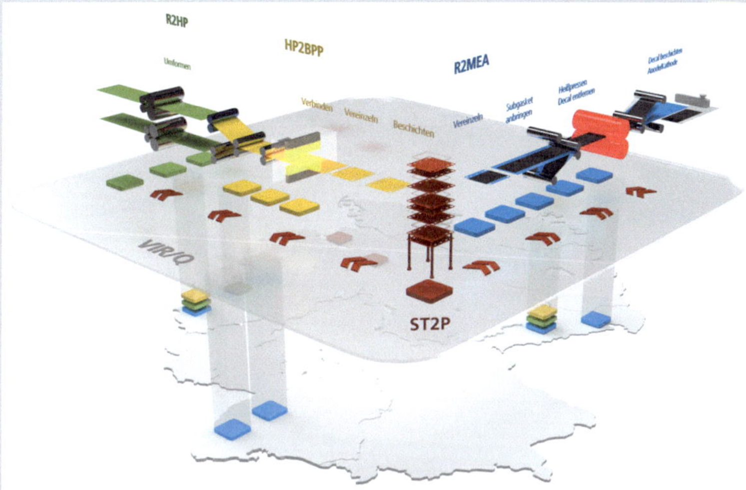


**Abb. 11.15** Nationaler Aktionsplan – Konzept zum industriellen Rollout der Brennstoffzellentechnologie für die mobile Anwendung. (Fraunhofer IWU Chemnitz)

**Fördervolumen:** 90 Mio. €
**Gesamtkoordination:** Professor Welf-Guntram Drossel, Dr.-Ing. Ulrike Beyer, Fraunhofer IWU Chemnitz
**Informationen:** h-2-go.de

## 11.2 Elektrolyseur

Die zukünftige technische und kostenseitige Entwicklung der einzelnen Elektrolysetechnologien ist mit erheblichen Unsicherheiten behaftet. Die Unterschiede in deren Charakteristika sind zum Teil rudimentär. Deshalb erscheint es nicht angemessen, eine einzelne, marktdominierende Technologie abzuleiten. Es wird daher angenommen, dass sich der Elektrolyseausbau grundsätzlich technologieneutral gestalten wird und Marktanteile entsprechend der Wettbewerbsfähigkeit erlangt werden. Jedoch wird sich der Marktanteil von heute hauptsächlich alkalischer Elektrolyse sukzessive zu einem Technologiemix entwickeln (Abbildung 11.16). Da kurz- und mittelfristig große Entwicklungspotenziale für die Produktionstech-

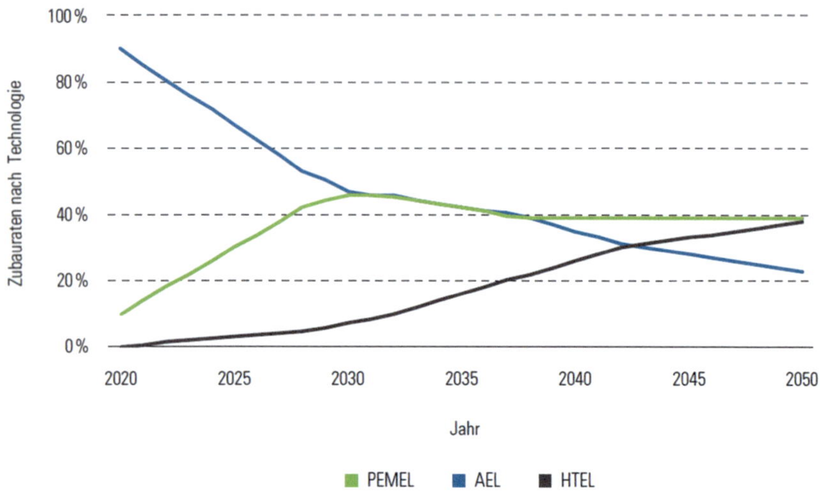


**Abb. 11.16** Technologieanteile im jährlichen Zubau. [13]

nik in der PEMEL (Protonen-Austauschmembran Elektrolyse) gesehen werden, konzentrieren sich die nachfolgenden Analysen auf diesen Elektrolyseurtyp [12].

### 11.2.1 Kostenanteile und Kostensenkungspotenziale

Ein Elektrolyseursystem kostet aktuell abhängig vom Typ zwischen 1.000 und 1.500 EUR/kW. Zukünftig ist ein CAPEX von 500 bis 700 EUR/kW notwendig, damit die Elektrolyseurtechnologie ihr volles Potenzial entfalten kann. Bei Untersuchungen zu wesentlichen Kostenanteilen bei den Systemkomponenten der verschiedenen Elektrolyseurtypen besteht derzeitig eine grundlegende Unschärfe, da je nach Designkonzept eine unterschiedliche Gewichtung innerhalb der einzelnen Verfahren und Größenklassen anwendbar ist. Dennoch ist der grundlegende Trend ableitbar, dass die Kosten für den Stack einen überwiegenden Anteil an den Gesamtkosten des Elektrolyseurs einnehmen:

- PEMEL-System 50 %
- AEL-System (Alkalische Elektrolyse) 40 %
- HTEL-System (Hochtemperaturelektrolyse) 30 %

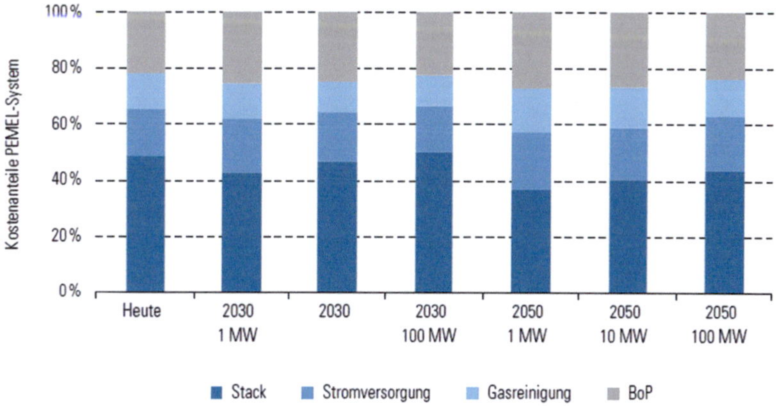


**Abb. 11.17** Anteile wesentlicher Komponenten der PEMEL an den Gesamtkosten des Systems. [13]

In Abbildung 11.17 sind exemplarisch die Anteile wesentlicher Komponenten des PEMEL an den Gesamtkosten des Systems dargestellt [13].

Stacks selbst sind bei großen Anlagen auf eine bestimmte Leistung limitiert. So werden auch zukünftig nur einstellige Megawatt-Bereiche erwartet. Deswegen werden die Stacks modular parallelisiert („numbering up"), um größere Systemleistungen zu erreichen. Dementsprechend nimmt der relative Anteil der Stack-Kosten gegenüber den anderen Komponenten stetig zu, je größer die Anlage wird. Da die anvisierten Anwendungsbereiche und Größenordnungen erwarten lassen, dass zukünftig mehr 100 MW-Systeme an Bedeutung gewinnen, ist die modulare Parallelisierung und die damit verbundene Massenproduktion von standardisierten Teilen eine wesentliche Herausforderung. Abbildung 11.17 zeigt deutlich, dass beim Stack in den Jahren bis 2030 und noch einmal bis 2050 ein sehr hohes Kostensenkungspotenzial erwartet wird. Der Kostenanteil und somit die Kosten des Gesamtsystems werden demnach signifikant sinken [13]. Während die Kostensenkungsstrategie „Skalierungseffekte" bereits am Beispiel der Brennstoffzelle im Abschnitt 11.1 dargestellt wurde und aufgrund der hohen Technologiekompatibilität auch im Elektrolyseurbereich seine Gültigkeit hat, werden nachfolgend die für die Elektrolyseurproduktion spezifischen Technologien eingehend analysiert.

### 11.2.2 Technologien

#### Membran-Elektroden-Einheit (MEA)

Ähnlich wie bei der MEA-Herstellung für Brennstoffzellen existieren auch bei den Elektrolyseuren zwei grundlegende Vorgehensweisen. Generell wird eine Elektrodenschicht in Form einer flüssigen Tinte oder feuchten Paste (bestehend aus Katalysator, PFSI und Lösemittel) auf ein Substrat aufgebracht. Beim PTL-basierten Ansatz wird hierfür als Substrat die poröse Transportschicht (PTL; bei PEMFC als GDL bezeichnet) verwendet, während beim CCM-basierten Ansatz die Membran beschichtet wird. Beim CCM-basierten Ansatz wird wie auch bei der Brennstoffzelle zwischen einem direkten und indirekten Prozess unterschieden. Beim indirekten Prozess wird die Decal-Folie verwendet und die Tinte zunächst auf diese Transferfolie (meist Teflon, PTFE) aufgetragen. Schließlich wird von dieser der Katalysator auf die Membran übertragen. Der direkte CCM-basierte Ansatz überspringt diesen Schritt und beschichtet die Membran direkt. Um eine kontinuierliche Prozessführung zu ermöglichen, wird beim Heißpressen zum Teil auf Walzenkalander zurückgegriffen. So kann ein Rolle-zu-Rolle-Prozess realisiert werden.

Alle drei Prozesse haben grundsätzlich das Potenzial, in der Massenproduktion Verwendung zu finden, und sind teilweise in der Fertigung von PEMFC bereits im Einsatz. Zu beachten ist jedoch die vergleichsweise hohe Steifigkeit der porösen Transportschicht aus Titan (PTL), die in der Elektrolyse Verwendung findet. Die Einbindung dieser Komponente in einen kontinuierlichen Fertigungsprozess bedarf einer gründlichen Betrachtung. Nachteile wie das Eindringen der Katalysatortinte in die poröse PTL (PTL-basierter Ansatz) oder das Knittern der Membran während der Benetzung mit dem Lösungsmittel (direkter CCM-basierter Ansatz) werden beim Decal-Prozess umgangen, da die Elektrodentinte bei Kontakt mit der Membran bereits ausgehärtet ist. Allerdings geht der zusätzliche Prozessschritt der Nutzung einer Decal-Folie auch mit zusätzlichen Kosten einher. Die Verstärkung der Membranen sowie die Verwendung geeigneter Lösungsmittel sind bereits angewendete Ansätze, die das angesprochene Falten der Membran beim direkten CCM-Prozess verhindern. Ein entsprechendes Reinforcement der Membran ermöglicht auch die Anwendung höherer Zugkräfte und demzufolge höhere Vorschubgeschwindigkeiten beim Produktionsprozess. Trotzdem wird im industriellen Umfeld derzeit zumeist auf den Decal-Prozess zurückgegriffen, da die Einstellung der Prozessparameter gut verstanden und vergleichsweise einfach kontrollierbar ist [13].

### Poröse Transportschicht (PTL)

Die anodenseitige, poröse Transportschicht in der PEMEL wird derzeit aufgrund hoher Korrosionsbeständigkeiten ausschließlich aus Titanmaterialien gefertigt. Dabei existieren drei verschiedene Konzepte. Bei der Herstellung von Titanfilzen werden zunächst Metallfasern über Verfahren wie das Bundle Drawing, das Foil Shaving oder das Schmelzspinnen hergestellt. Diese werden in einem Sinterverfahren zu Filzen verarbeitet. Durch anschließendes Walzenpressen werden einheitliche Dicken und Oberflächen gewährleistet [13].

### Bipolarplatten (BPP)

Bipolarplatten für Elektrolyseure werden entweder aus Graphit-Verbundwerkstoffen oder metallischen Werkstoffen produziert. Häufig ist hier eine anschließende Beschichtung zum Korrosionsschutz notwendig. Für die PEMEL wird fast ausschließlich Titan verwendet, da dieses Material bei den typischen Elektrodenpotenzialen einen ausreichend hohen Korrosionsschutz ermöglicht. Während Bipolarplatten aus Verbundstoffen meist in Formpress- oder Spritzgussverfahren hergestellt werden, wird für metallische (Titan-) Bipolarplatten oftmals ein sequenzieller Stanzprozess verwendet. Zusätzlich wird das Hydroforming als aussichtsreicher Prozess angesehen. Durch Realisierung einer kontinuierlichen Prozessführung kann dieses Herstellverfahren weiter optimiert werden. Im Vergleich zum sequenziellen Stanzprozess ermöglicht die kontinuierliche Prozessführung geringere Anlagen- und Werkzeugkosten und einen feineren Detaillierungsgrad der Flow-Field-Strukturen. Zusätzlich kann die Bipolarplatte – bis auf den exakten Zuschnitt und das Ausstanzen der Löcher für die Steigkanäle (sogenannte Manifolds) – in einem Prozessschritt gefertigt werden. Bei geringen Losgrößen werden diese Aufgaben von einem nachgeschalteten Laserzuschnitt übernommen. Alternativ ist für große Losgrößen eine mechanische Stanzanlage denkbar. Da durch ein Aufwickeln der geformten Bipolarplatte direkt nach dem Hydrogate-Prozess die Flow-Fields verformt würden, muss die beschriebene Nachbearbeitung direkt inline erfolgen [13].

Die anschließende Beschichtung der Bipolarplatten wird neben Galvanisierungsprozessen hauptsächlich durch die physikalische Gasphasenabscheidung (PVD) bewerkstelligt. Im Detail findet dabei der Prozess der Magnetron-Kathodenzerstäubung oftmals Erwähnung. Prinzipiell ist dieser Prozess eine Abwandlung der Kathodenzerstäubung, während derer durch Anlegen einer Gleichspannung in einer Vakuumanlage mit konstanter Gaseinleitung positive Ionen aus einem Plasma auf ein sogenanntes Target beschleunigt werden. Einer der Hauptkostentreiber der Beschichtung von Bipolarplatten ist der Preis des elektrisch leitenden Materials. Einen innovativen Ansatz zur kostensparenden Beschichtung bietet z. B. der sogenannte „TreadStone Generation 2“ [13].

### 11.2.3 Skalierung

In Ergänzung der in Abschnitt 11.1.6 vorgestellten Verfahren, die aufgrund der Technologiekompatibilität zwischen Brennstoffzelle und Elektrolyseur auch in diesem Handlungsfeld nutzbar sind, werden nachfolgend spezielle Fertigungsstrategien vorgestellt, die eine Hochskalierung der Elektrolyseurproduktion intensivieren.

#### Membran-Elektroden-Einheit (MEA)

Das in Abbildung 11.18 dargestellte Produktionskonzept zur Herstellung der Membran-Elektroden-Einheit gewährleistet einen hohen Durchsatz, eine gute Homogenität und Stabilität der Tinte. Die Verwendung der Decal-Folie schließt den Lösungsmitteleinfluss auf die Membran aus und vermeidet das Zusetzen der Poren der PTL. Durch das Sprühen der Nassbeschichtung werden Schichten mit hoher Leistung erzeugt. Auch die IR-unterstützte Konvektionstrocknung hat sich als leistungsfähige Methode erwiesen. Ein anschließendes kontinuierliches Heißpressen gewährleistet den niedrigsten Ohmschen Widerstand und beste Haftung. Mit dem Scherschneiden wird eine Wiederanlagerung von verdampftem Membranmaterial an die Katalysatorschicht vermieden. Beim Aufbringen der Subdichtung konnte mit dem Heißpressen die höchste Haftung realisiert werden.

#### Poröse Transportschichten (PTL)

Das in Abbildung 11.19 dargestellte Produktionskonzept ist ein hochratenfähiger und präziser Prozess zur Herstellung der PTL. Streckmetall ist die mit Abstand

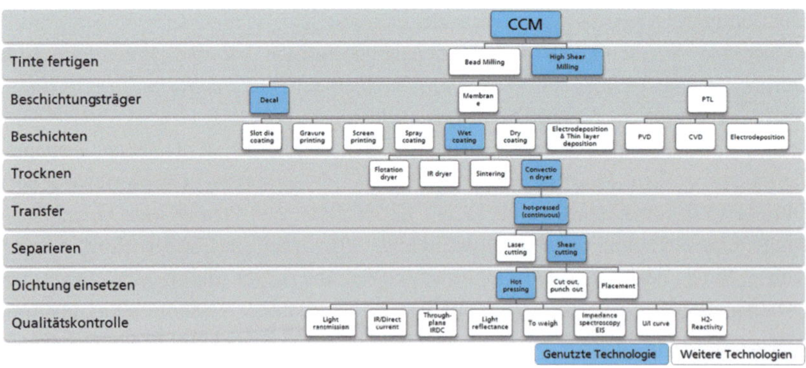


**Abb. 11.18** Konzept der MEA-Fertigungslinie. (Fraunhofer IPT Aachen)

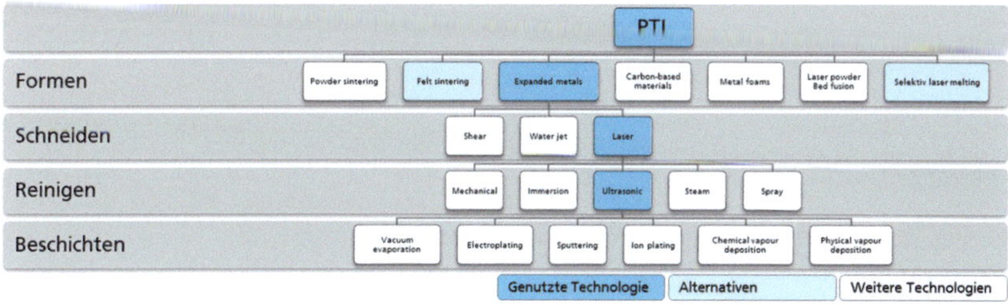


**Abb. 11.19** Konzept der PTL-Fertigungslinie. (Fraunhofer IPT Aachen)

schnellste Technologie und sehr flexibel. Dies ist bei den Skalierungsprozessen vorteilhaft. Je nach Grobkörnigkeit des Gewebes sollte kein direkter Kontakt mit der Katalysatorschicht entstehen. Deshalb wird eine zusätzliche Schicht erforderlich. Um das Gefüge entlang der Schnittkontur nicht zu beschädigen, wird das Laserschneiden eingesetzt. Dieses Verfahren gewährleistet eine präzise Form- und Lagetoleranz des Schnitts, kann auf vorbeschichteten Platten verwendet werden und garantiert eine schnelle Prozesszeit bei größter Flexibilität. Durch die Reinigung mit Ultraschall lassen sich beste Ergebnisse erzielen. Eine mechanische Vorreinigung verhindert die Grobverschmutzung des Ultraschallbades und die schonende Reinigung vermeidet mechanische Einwirkungen. Durch die physikalische Abscheidung aus der Gasphase wird eine hohe Abscheiderate von 0,01 μm/s (für Metalle) erzielt. Somit kann mit einer entsprechenden Automatisierung die höchste Skalierbarkeitsrate erreicht werden. Dazu sind ein geringer Verunreinigungsgrad und sehr dichte Schichten mit starker Haftung zu verzeichnen, was zudem eine breite Palette von Materialien ermöglicht.

## Bipolarplatten (BPP)

Das in Abbildung 11.20 dargestellte Produktionskonzept zur Fertigung metallischer (auch vorbeschichteter) Bipolarplatten beginnt mit dem Prägen. Hierbei handelt es sich um einen schnellen Umformprozess, der einen Flankenwinkel der Kanäle von ca. 75 ° ermöglicht. Der nächste Prozessschritt ist das Laserschneiden. Dieses gewährleistet, dass es zu nahezu keiner Veränderung des Gefüges entlang der Schnittkontur kommt und eine präzise Form- und Lagetoleranz des Schnitts realisiert werden kann. Auch werden dabei eine schnelle Prozesszeit und größte Flexibilität garantiert. Mit dem Sputtern werden eine hohe Abscheiderate von 0,01 μm/s (für Metalle), höchste Skalierbarkeit (durch Automatisierung), ein geringer Grad an Verunreinigungen und sehr dichte Schichten mit starker Haftung

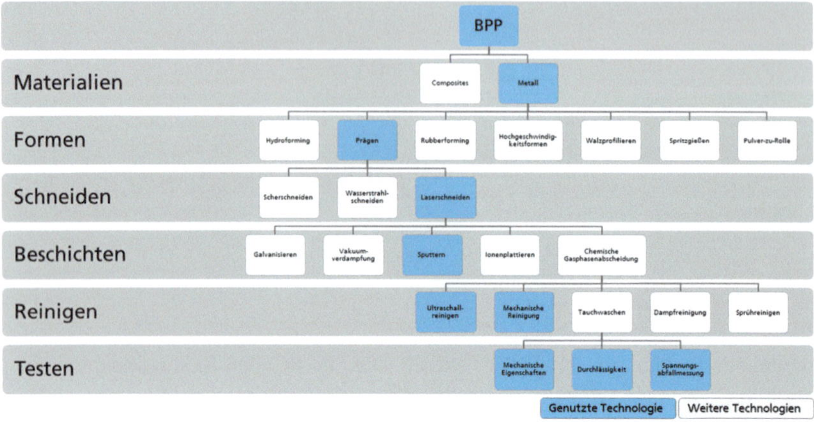


**Abb. 11.20** Konzept der BPP-Fertigungslinie. (Fraunhofer IPT Aachen)

ermöglicht. Eine schonende mechanische Reinigung mit Ultraschall unter Einsatz von ölauflösenden Reinigungsmitteln begünstigt beste Ergebnisse. Eine mechanische Vorreinigung vermeidet grobe Verschmutzungen. Beim Test werden verschiedene Methoden der Widerstandsmessung (ex situ), Dichtheitsprüfung (in situ bzw. ex situ) und Leistungsmessung (in situ) sukzessive gekoppelt. Dies gewährleistet eine gründliche Prüfung, um zu vermeiden, dass fehlerhafte Bipolarplatten einen ganzen Stack gefährden. Dadurch wird auch eine datengetriebene Qualitätssicherung unterstützt.

### 11.2.4 Rollout-Konzept

Neben der Schaffung von Lösungen für eine industrielle Produktion von Elektrolyseuren zu Qualitäten und Kosten, die vom Markt toleriert werden, sind die technologische Souveränität und eine führende Rolle von deutschen Unternehmen im globalen Wettbewerb ein weiterer wesentlicher Erfolgsfaktor. Durch eine konsequente Entwicklung lokaler Produkte und Wertschöpfungsnetzwerke können nationale Produktionsinfrastrukturen gestärkt und somit hohe Marktanteile für die deutsche Industrie gesichert werden. Aufgrund der derzeitigen Marktpräsenz der asiatischen und nordamerikanischen Firmen können aktuell nur sehr geringe Produktionsanteile am globalen Elektrolyseurmarkt durch deutsche Unternehmen realisiert werden. Mit strategischen Investitionen und Kooperationen zwischen Politik, Industrie, Forschung und Investoren ist es möglich, sich am Markt für Komponenten bzw. den für deren Produktion erforderlichen Maschinen- und Anlagenbau zu etablieren. Damit sollen Anteile von derzeitigen Marktführern gewonnen und weiter ausgebaut werden. Auch soll sich dadurch die technologische Dimension deutscher Hersteller bei der Produktion von Komponenten bzw. Subsystemen bis hin zur Systemintegration bedeutend erhöhen.

Ein Beispiel für ein konkretes Umsetzungsvorhaben zur Lösung dieser Herausforderung ist die Ausschreibung des Ideenwettbewerbs „Wasserstoffrepublik Deutschland“ durch das BMBF. Ziel ist eine Technologieentwicklung für eine Wasserelektrolyse im Gigawatt-Maßstab. Dazu wurde die Technologieplattform H2Giga konzipiert. Diese dient dem Informationsaustausch und insbesondere auch der Kommunikation zwischen Industrie und Forschung. In der Startphase sind das 24 Verbünde mit insgesamt über 130 Projektpartnern. Die zunächst auf eine Laufzeit von vier Jahren ausgelegte Plattform soll sich inhaltlich über die gesamte Wertschöpfungskette und über die verschiedenen Elektrolyse-Technologien erstrecken. Die Plattform H2Giga bündelt Informationen und generiert Austausch, der die forschenden und technologieentwickelnden Partner in den teilnehmenden Projekten dabei unterstützt, schneller und umfassender zur Technologieentwicklung für die Serienfertigung und Hochskalierung von Elektrolyseuren beizutragen bzw. diese durchzuführen.

**Plattform H2Giga**
**Fraunhofer Verbundprojekt FRHY – Referenzfabrik für hochratenfähige Elektrolyseur-Produktion**
Die Referenzfabrik ist als flexible, multidirektionale, technologieoffene Lösung für die Großserienfertigung von Elektrolyseuren konzipiert (Abbildung 11.21). In diesem Rahmen werden neuartige Produktions- und Prüfmodule entwickelt. Parallel werden die entsprechenden digitalen Abbilder geschaffen und in einer zentralen virtuellen Architektur verknüpft. Dadurch entstehen nicht nur neue Produktionslösungen, sondern man erhält auch einen Technologiebaukasten, der weitreichende Betrachtungen erlaubt. So können einzelne Verfahren hinsichtlich Fertigungsqualität, Skalierbarkeit und Kosten verglichen werden. In der Referenzarchitektur den Prozessschritten zugeordnet, lassen sich daraus Produktionsvarianten bis hin zu gesamten Wertschöpfungsketten berechnen. Damit ist es möglich, Strategien zur Parallelisierung, Automatisierung und Fertigungstiefe einander gegen-

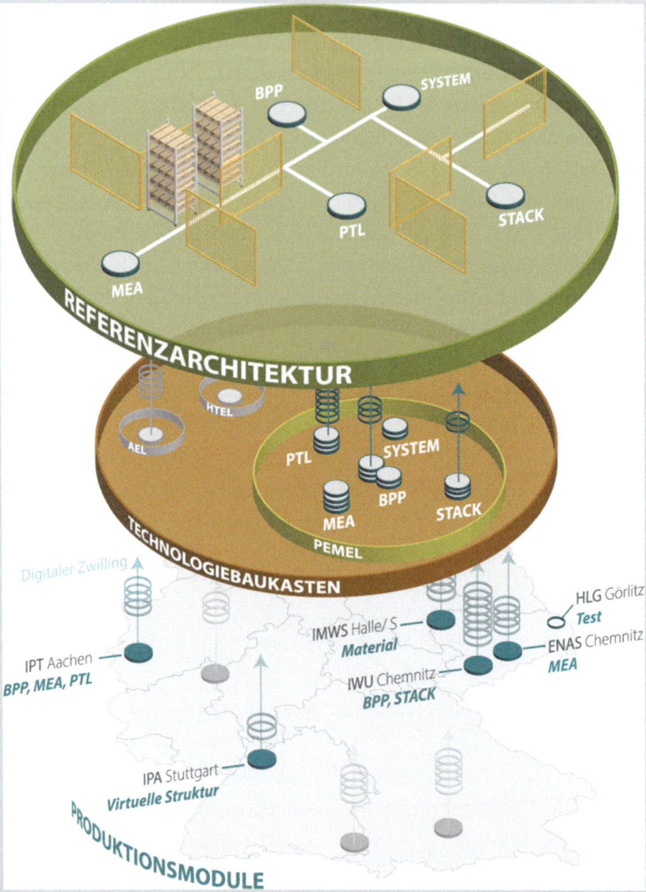


**Abb. 11.21** Verbundprojekt FRHY – Referenzfabrik für hochratenfähige Elektrolyseur-Produktion. (Fraunhofer IWU Chemnitz)

überzustellen und zu bewerten. Folglich können nicht nur Investitionskosten, sondern auch Aussagen über den Return-on-Investment in Abhängigkeit der geplanten Produktionsmenge validiert dargestellt werden. Damit wird eine kontinuierliche Basis geschaffen für eine hochratenfähige, reproduzierbare Produktion zur stetigen Weiterentwicklung und Erhöhung der Elektrolyseurqualität und Verbesserung der Lebensdauer, die zudem dynamisch und flexibel an sich verändernde Voraussetzungen angepasst werden kann.

**Beteiligte Fraunhofer-Institute:** IWU, IPT, IPA, ENAS, IMWS
**Geplante Forschungsmittel:** 22 Mio. €
**Geplante Laufzeit des Projekts:** 01.04.2021 bis 31.03.2025

## Literatur


1. Weichenhain U., Lange S., Koolen J. et al (2020): Potenziale der Wasserstoff- und Brennstoffzellen-Industrie in Baden-Württemberg. Roland Berger GmbH (Hrsg.). https://um.baden-wuerttemberg.de/fileadmin/redaktion/m-um/intern/Dateien/Dokumente/6_Wirtschaft/Ressourceneffizienz_und_Umwelttechnik/Wasserstoff/200724-Potentialstudie-H2-Baden-Wuerttemberg-bf.pdf, abgerufen am 07.12.2021
2. Fraunhofer IWU (2020): Brennstoffzellen: Bipolarplatten für Stacks der nächsten Generation kommen aus Chemnitz. https://www.iwu.fraunhofer.de/de/presse-und-medien/presseinformationen/PM_2020_Bipolarplatte.html, abgerufen am 17.03.2021
3. RWTH Aachen und VDMA (2020): Produktion von Brennstoffzellen-Systemen. ISBN 978-3-947920-13-6
4. U.S. Government/ACI Technologies (2011): Manufacturing Fuel Cell Manhattan Project. https://www.energy.gov/sites/prod/files/2014/03/f12/manufacturing_fuel_cell_manhattan_project.pdf, abgerufen am 08.12.2021
5. Porstmann S., Petersen A.C., Wannemacher T. (2019): Analysis of Manufacturing Processes for Metallic and Composite Bipolar Plates. Fuel Cell Conference FC$^3$, 26.11.-27.11.2019, Chemnitz
6. VDMA: Industrialisierung der Produktion von Brennstoffzellen-Systemen beginnt. Presseinformation vom 10.07.2020
7. Baum C., Janssen H., Brecher C. et al (2020): Future Energy Storage Systems for Mobility Applications. Discussion Paper, Fraunhofer IPT. DOI: https://doi.org/10.24406/ipt-n-590461
8. Porstmann S., Wannemacher T., Richter T. (2019): Overcoming the Challenges for a Mass Manufacturing Machine for the Assembly of PEMFC Stacks. Machines 7 (4): 66. https://doi.org/10.3390/machines7040066
9. Richter, T. (2018): Skalierbarkeit und Effizienz im Visier. Autoland Sachsen 1/2018: 18–19. https://www.autoland-sachsen.com/skalierbarkeit-und-effizienz-im-visier/, abgerufen am 05.09.2019
10. Balzer C.H., Louis J., Schabla U. et al (2017): Shell Wasserstoffstudie: energie der Zukunft? Nachhaltige Mobilität durch Brennstoffzelle und H2. Shell Deutschland Oil GmbH, 37 S.
11. Porstmann S., Wannenbacher T., Drossel W.-G. (2020): A comprehensive comparison of state-of-the-art manufacturing methods for fuel cell bipolar plates including anticipated

future industry trends. Journal of Manufacturing Processes 60: 366–383. DOI: https://doi.org/10.1016/j.jmapro.2020.10.041

12. Hydrogen Council (2020): Path to hydrogen competitiveness. A cost perspective. https://hydrogencouncil.com/wp-content/uploads/2020/01/Path-to-Hydrogen-Competitiveness_Full-Study-1.pdf, abgerufen am 08.12.2021
13. Smolinka T., Wiebe N., Sterchele P. et al (2020): Studie IndWEDe: Industrialisierung der Wasserelektrolyse in Deutschland: Chancen und Herausforderungen für nachhaltigen Wasserstoff in Verkehr, Strom und Wärme. NOW GmbH, 200 S.

# Standardisierung, Tests und Zertifizierung 12

Klemens Ilse
Fraunhofer-Institut für Mikrostruktur von Werkstoffen und Systemen IMWS

Jan Wenske • Andreas Reuter • Fabian Pascher • Sylvia Schattauer
Fraunhofer-Institut für Windenergiesysteme IWES

Sebastian Schmidt • Herman Hilse • Welf-Guntram Drossel
Fraunhofer-Institut für Werkzeugmaschinen und Umformtechnik IWU

**Zusammenfassung**

Normen, Standards und Zertifizierungsprozesse gehören zu unserer Wirtschafts- und Rechtsordnung und sind Grundlage für wichtige Bereiche wie beispielsweise den Arbeits- und Umweltschutz. Sie ermöglichen Systemfähigkeit, sichern Qualität und Kompatibilität, schaffen Transparenz und schützen Verbraucher. Darüber hinaus sind sie ein entscheidender Faktor für den Wissens- und Technologietransfer. In einer Vielzahl von Branchen, etwa dem Maschinen- und Anlagenbau oder der Energietechnik, ist Deutschland im Bereich der Normung und Standardisierung Vorreiter und wesentlicher Treiber. Es gibt auch zahlreiche nationale und internationale Aktivitäten zur Standardisierung von Wasserstofftechnologien. Der Beitrag gibt einen Überblick über bereits existierende Normen aus verschiedenen Bereichen, die für die Wasserstofftechnologien relevant sind, und ermöglicht damit auch einen Eindruck von der Vielschichtigkeit dieses Technologiebereichs.



R. Neugebauer (Hrsg.), *Wasserstofftechnologien*,
https://doi.org/10.1007/978-3-662-64939-8_12

## 12.1 Bedeutung der Standardisierung für die Wasserstofftechnologien

Normung, Standardisierung und Zertifizierung sind zentrale Bestandteile einer innovativen Wirtschaftspolitik sowie wesentliches Instrument der Wissensökonomie. Sie tragen entscheidend bei zu einer Beschleunigung der Durchsetzung von Neuerungen sowie zur wirtschaftlichen Leistungsfähigkeit insgesamt [1]. Weiterhin gehören Normen, Standards und Zertifizierungsprozesse zu unserer Wirtschafts- und Rechtsordnung und sind Grundlage für wichtige Bereiche wie beispielsweise den Arbeits- und Umweltschutz [2].

Normen und Standards werden z. B. durch Gremien oder Ausschüsse erarbeitet und definieren den Stand der Technik sowie Anforderungen an Produkte und Dienstleistungen. Weiterhin ermöglichen sie Systemfähigkeit, sichern Qualität und Kompatibilität, schaffen Transparenz und schützen Verbraucher. Darüber hinaus sind sie für einen Wissens- und Technologietransfer ein entscheidender Faktor [2]. Zertifizierungsprozesse werden von unparteiischen Dritten durchgeführt und sollen aufzeigen, dass Erzeugnisse, Verfahren oder Dienstleistungen mit einer bestimmten Norm oder einem bestimmten Standard übereinstimmen [3].

In einer Vielzahl von Branchen, z. B. der Automotive-Branche, dem Maschinen- und Anlagenbau oder auch der Energietechnik, war und ist Deutschland im Bereich der Normung und Standardisierung Vorreiter und wesentlicher Treiber. Im Vergleich dazu sind die Arbeiten zu Normung, Standardisierung und Zertifizierung für Wasserstofftechnologien in Deutschland und Europa aktuell nur im begrenzten Maße fortgeschritten. Die von Industrie, Politik und Wissenschaft kommunizierten Bedarfe in diesem Bereich sind allerdings immens. Der Grund hierfür ist, dass die Erarbeitung und Umsetzung von Normen, Standards und Zertifizierungsprozessen für den Bereich der Wasserstofftechnologien oder für die damit einhergehenden Produktionsverfahren maßgeblich zur erfolgreichen Etablierung einer Wasserstoffwirtschaft und darüber hinaus zum Gelingen der Transformation von Energiesystemen in Deutschland, Europa und weltweit beitragen können und werden.

Durch deren gezielte und verstärkte Bearbeitung und Umsetzung werden sich zukünftig für Hersteller und Anwender sowie z. B. für Banken und Versicherungen eine Vielzahl von Vorteilen ergeben. Im Bereich der Produktion und Herstellung können Normen, Standards und Zertifizierungsprozesse wesentlich dazu beitragen, Wasserstoffsysteme und -technologien aus einem Prototypenstatus in einen marktreifen Status zu überführen. Auch können damit gesicherte und verlässliche Aussagen zu Langzeitverhalten, Lebensdauer und Wartung gemacht werden. Weiterhin können Normen und Standards maßgeblich dazu beitragen, eine Brücke zu schlagen zwischen Wasserstofftechnologien und den immer wichtiger werdenden Themen Recycling und Kreislaufwirtschaft im Bereich Wasserstoff. Diese sind im Allgemeinen technologieübergreifend Kernelemente des nachhaltigen Wirtschaftens bzw. der gleichrangigen Berücksichtigung ökologischer und ökonomischer Belange. Ferner werden sich damit starke Wettbewerbsvorteile für die heimische Industrie ergeben, es wird Transparenz geschaffen und Qualität gesichert. Darüber hinaus wird eine verlässliche Basis für Investoren, Betreiber, Banken und Versicherungen erzeugt. Nicht zuletzt sind Normung, Standardisierung und Zertifizierung im Bereich der Wasserstofftechnologien von hoher Bedeutung für die einzelnen Volkswirtschaften. Damit kann sichergestellt werden, dass zukünftig die systemrelevanten Energiesysteme nicht ausfallen und eine gesicherte Energieversorgung für Industrie und Gesellschaft gewährleistet ist.

## 12.2 Übersicht zu Standardisierung, Akteuren und Prozessen

Im Bereich der Standardisierung sind verschiedene Begrifflichkeiten und Prozesse etabliert, für deren tiefergehendes Verständnis es wichtig ist, Abgrenzungen und die verschiedenen Beteiligten zu kennen. In den folgenden Abschnitten wird daher die Begriffs- und Akteurswelt der Standardisierung im Bereich der Wasserstofftechnologien vorgestellt.

### 12.2.1 Begrifflichkeiten und Prozesse

Normen werden in Gremien unter Einbezug interessierter Kreise (z. B. Unternehmen, Behörden, Institute) erarbeitet, im Konsens verabschiedet und durch anerkannte Normungsorganisationen veröffentlicht [1]. Dieser planmäßige Prozess zur Vereinheitlichung von materiellen und immateriellen Gegenständen wird als Normung bezeichnet (Abbildung 12.1). Das Ergebnis ist ein Dokument, das für die allgemeine und wiederkehrende Anwendung Regeln, Richtlinien (verbindliche normative Forderungen), Leitlinien (empfehlende Handlungsanweisungen) oder Merkmale für Tätigkeiten oder deren Ergebnisse festlegt [4]. Standards können im Gegensatz dazu auch ohne Einbeziehung aller interessierten Kreise, ohne Konsens und in anderen (temporären) Gremien entstehen (z. B. für HTML, Mobilfunkstandards, Bluetooth) [1]. Dieser Prozess zur Erarbeitung von Spezifikationen wird als Standardisierung bezeichnet. Normungs- und Standardisierungsarbeiten finden auf nationaler, europäischer und internationaler Ebene statt. Die Anwendung von

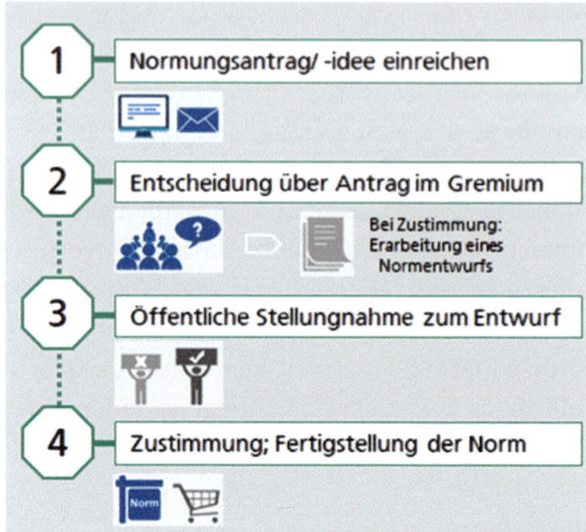


**Abb. 12.1** Normungsprozess. (vereinfachte Darstellung nach [4])

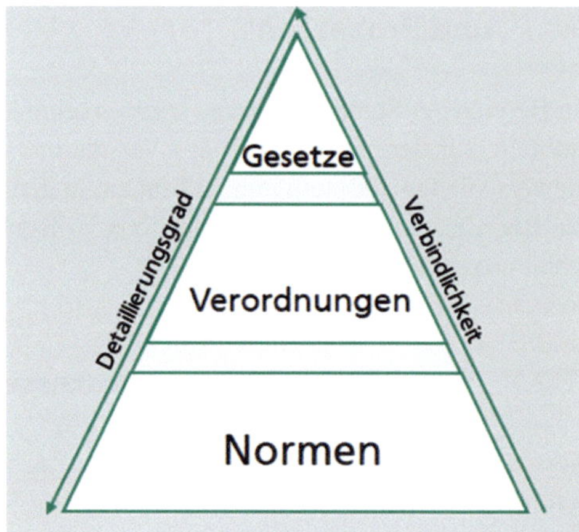


**Abb. 12.2** Normen in der Rechtsordnung. (nach [4])

Normen und Standards ist grundsätzlich freiwillig, wobei sich aufgrund von Verordnungen oder sonstigen Rechtsgründen eine Anwendungspflicht ergeben kann [4]. Eine Verordnung regelt hierbei die verbindliche Ausführung eines Gesetzes (Abbildung 12.2). Werden bei Erzeugnissen, Verfahren oder Dienstleistungen bestimmte Anforderungen eingehalten, z. B. Normen, und wird dies durch eine dritte Seite bestätigt, wird von einer Zertifizierung gesprochen. Bei einer Akkreditierung handelt es sich hingegen um die Bestätigung und Anerkennung der fachlichen Kompetenz für bestimmte Aufgaben, ebenfalls durch eine dritte Seite [5].

### 12.2.2 Nationale Normung und Standardisierung

In der Bundesrepublik Deutschland gibt es verschiedene Akteure, die im Bereich der Normung und Standardisierung für Wasserstofftechnologien aktiv sind.

Das *Deutsche Institut für Normung e.V. (DIN)*, ursprünglich als „Normenausschuss der deutschen Industrie" gegründet, ist seit dem 1975 mit der Bundesrepublik Deutschland abgeschlossenen Normenvertrag die bedeutendste nationale Normungsorganisation. Darüber hinaus wurden durch DIN und den *Verband der Elektrotechnik Elektronik Informationstechnik e. V. (VDE)* die Normungs- und Standardisierungsarbeiten in den Themenfeldern Elektrotechnik, Elektronik und Informationstechnik in der *Deutschen Kommission Elektrotechnik Elektronik Informationstechnik (DKE)* vereint. Die DKE ist daher zugleich Geschäftsbereich des VDE und ein Normenausschuss im DIN. DIN und DKE betreuen eine Vielzahl an Gremien, die sich mit der Normung und Standardisierung von Wasserstofftechnologien beschäftigen, und vertreten die nationale Normung auch im europäischen und internationalen Kontext (Spiegelung der Gremien in CEN/CENELEC und ISO/IEC) (Abbildung 12.3).

Für die Standardisierung gibt es neben DIN und DKE auf nationaler und internationaler Ebene noch zahlreiche weitere Akteure im Wasserstoffbereich. Auf nationaler Ebene wäre hier der *Verein Deutscher Ingenieure e.V. (VDI)* zu nennen, der nach eigenen Angaben die größte Vereinigung von Ingenieuren und Naturwissenschaftlern in Deutschland ist und pro Jahr bis zu 250 VDI-Richtlinien herausgibt. So wird z. B. im Rahmen der Gremienarbeit zu VDI 4635 eine Richtlinien-Familie im Bereich „Power-to-X" erarbeitet, die unter anderem auch die Wasserstofferzeu-

| | Allgemein | Elektrotechnik | Telekommunikationstechnik |
|---|---|---|---|
| International | ISO – International Organization for Standardization | IEC – International Electrotechnical Commission | ITU – International Telecommunication Union |
| Europäisch (regional) | cen – Comité Européen de Normalisation | CENELEC – Comité Européen de Normalisation Électrotechnique | ETSI – European Telecommunications Standards Institute |
| Deutsch (national) | DIN – Deutsche Institut für Normung e. V. | DKE VDE DIN – Deutsche Kommission Elektrotechnik Elektronik Informationstechnik | DKE VDE DIN – Deutsche Kommission Elektrotechnik Elektronik Informationstechnik |

**Abb. 12.3** Übersichtsdarstellung nationaler, europäischer und internationaler Normungsinstitutionen

gung in den Blick nimmt [6]. Der *Deutsche Verein des Gas- und Wasserfaches e.V. (DVGW)* ist Regelsetzer in der Gas- und Wasserbranche und hat unter anderem einen Genehmigungsleitfaden für Power-to-Gas-Anlagen erarbeitet [7].

Ein wesentlicher Aspekt der Qualitätsinfrastruktur der Normung und Standardisierung sind die Konformitätsbewertung und Akkreditierung. Darunter versteht man die Prüfung und Bescheinigung der Erfüllung festgelegter Anforderungen an Produkte und Dienstleistungen. In Deutschland ist die Akkreditierung von Konformitätsbewertungsstellen (Laboratorien, Inspektions- und Zertifizierungsstellen) der gesetzliche Auftrag der *Deutschen Akkreditierungsstelle (DAkkS)*, die als unabhängige Einrichtung die fachliche Kompetenz dieser Stellen überprüft. Mit einer Akkreditierung bestätigt die DAkkS, dass diese Stellen ihre Aufgaben fachkundig und nach geltenden Anforderungen erfüllen. Das Verfahren der Akkreditierung schafft Vertrauen in die Ergebnisse von Zertifikaten, Prüfberichten und Inspektionen und unterstützt deren weltweite Anerkennung und Vergleichbarkeit.

### 12.2.3 Internationale Normung und Standardisierung

Die *International Organisation for Standardization (ISO)* mit Sitz in Genf hat die Aufgabe, internationale Industriestandards in allen Bereichen mit Ausnahme der Elektrotechnik und Telekommunikation aufzustellen sowie bereits bestehende regionale bzw. nationale Standards international vergleichbar zu machen. Der Begriff *International Standard (IS)* entspricht hier inhaltlich dem Begriff einer Norm im deutschen Sprachgebrauch. In einigen Fällen wird mit der anderen internationalen Normungsorganisation zusammengearbeitet, der *International Electrotechnical Commission (IEC)*, die inhaltlich für elektrische und elektronische Bereiche zuständig ist und ebenfalls ihren Sitz in Genf hat. Entsprechende internationale Standards tragen dann, gemäß ihrem Ursprung, die Bezeichnung *ISO/IEC*. Innerhalb von IEC und ISO wird die Erarbeitung und Überarbeitung von Standards in themenspezifischen Arbeitsgruppen geregelt, den *technical committees (TC)* und ihren *subcommittees (SC)*, die ihre Ergebnisse gegenüber einem zentralen *Standardisation Management Board (SMB)* verantworten.

Die europäischen Normungsorganisationen *(CEN, CENELEC)* mit Sitz in Brüssel überführen ISO- und IEC-Normen in das europäische Normensystem und organisieren das Harmonisieren europäischer Normen. Deren Implementierung als nationale Norm ist für die CEN/CENELEC-Mitgliedsstaaten bindend. Die nationale Übernahme international erarbeiteter ISO- und IEC-Normen ist zwar freiwillig, für einen freien weltweiten Handel und das Inverkehrbringen von Produkten und

Dienstleistungen i. d. R. jedoch unverzichtbar. Das *Joint Research Centre (JRC)* ist eine Generaldirektion der Europäischen Kommission und fungiert als wissenschaftlicher Dienst und Expertengremium für die Kommission. Das JRC arbeitet unabhängig von privaten oder wirtschaftlichen Interessen und unterstützt bei europäischen Standardisierungs- und Normungsprozessen sowie bei der Zusammenarbeit mit Drittstaaten (um z. B. EU-Standards zu harmonisieren).

Eine andere Gruppe von meist international tätigen Organisationen übernimmt die unabhängige Überwachung und Zertifizierung von Produkten hinsichtlich der Einhaltung von technischen Richtlinien, Standards und/oder Normen. Dazu gehören die *Underwriters Laboratories (UL)*, eine nicht gemeinnützige Organisation mit Sitz in den USA, die Produkte hinsichtlich ihrer technischen Sicherheit untersucht und zertifiziert. In den UL wird geprüft, ob Produkte, Komponenten oder Materialien spezifischen Ansprüchen genügen; das können auch international bereits anerkannte oder hausinterne Standards oder Normen sein. UL prüft häufig nach eigenen, strengeren Sicherheitsanforderungen, die abhängig von der Norm auch die Produktherstellung mit in die Prüfung einbeziehen. Daher genießen die UL-Prüfplaketten weltweit eine höhere Akzeptanz. Nicht nur in Europa, sondern auch beispielsweise in den USA, Kanada und Asien erhöhen sich so für UL-zertifizierte Produkte die Exportchancen. Dabei besitzt das UL-Zeichen nicht mehr rechtliches Gewicht als andere Handelsmarken. In diesem Punkt unterscheidet es sich von der CE-Kennzeichnung, die gesetzlich vorgeschrieben ist. Eine weitere weltweit tätige Inspektions-, Klassifikations- und Zertifizierungsgesellschaft ist der *DNV (Det Norske Veritas)*, der auch als Anbieter in den Bereichen technische Beratung und Ingenieurdienstleistungen agiert, u. a. für den Bereich konventionelle und regenerative Energien sowie Öl- und Gas-Industrie.

Im Grundsatz ist die Idee der Klassifizierung und Zertifizierung, einheitliche, verbindliche Vorschriften für die Versicherung und die Bewertung von Risiken zu etablieren und damit für Transparenz und Vertrauen bei den Stakeholdern zu sorgen, u. a. mittels der Durchführung von akkreditierten Verfahren, Tests und Messungen.

Bezüglich der Akkreditierung vertritt wiederum die DAkkS als Vollmitglied die deutschen Interessen bei den europäischen und internationalen Akkreditierungsorganisationen. Das sind die *European co-operation for Accreditation (EA)* als Zusammenschluss der Akkreditierungsstellen in Europa, das *International Accreditation Forum (IAF)* als globales Netzwerk von Akkreditierungsstellen sowie die *International Laboratory Accreditation Cooperation (ILAC)*, die weltweite Vereinigung für die Zusammenarbeit von Akkreditierungsstellen im Bereich Laboratorien und Inspektionsstellen. Von besonderer Relevanz für den Wasserstoffbereich ist die *Association of Issuing Bodies AIB*: Diese wird voraussichtlich in Analogie zum Herkunftsnachweissystem für erneuerbare Energien auch das europäische Herkunftsnachweissystem für grünen und kohlenstoffarmen Wasserstoff verantworten (siehe Beispiel 4 in Abschnitt 12.4). Eine gegenseitige Anerkennung von Akkreditierungen, Dienstleistungen und Ergebnissen akkreditierter Stellen ist dabei das zentrale Ziel des internationalen Akkreditierungsnetzwerks, um kostspielige Mehrfachakkreditierungen zu vermeiden.

## 12.3 Existierende Normen im Bereich der Wasserstofftechnologien

### 12.3.1 Überblick

Es gibt zahlreiche nationale und internationale Aktivitäten im Bereich der Standardisierung von Wasserstofftechnologien. Eine vollumfängliche Vorstellung aller Standardisierungsaktivitäten ist nicht Ziel dieses Kapitels, allerdings soll im Folgenden ein Überblick über bereits existierenden Normen aus verschiedenen Bereichen gegeben werden, auch um die Vielschichtigkeit der Thematik darzustellen. Abbildung 12.4 zeigt eine Übersicht zu aktuell existierenden Normen im Bereich der Wasserstofftechnologien, aufgeteilt nach verschiedenen Anwendungsfeldern. Die Normen berücksichtigen Aspekte wie Erzeugung, Transport, Infrastruktur und Speicherung von Wasserstoff, seine Anwendung in Verkehr-, Industrie- und Wärmesektor sowie übergeordnete Sicherheitsmaßnahmen. Die Darstellung erhebt keinen Anspruch auf Vollständigkeit und kann mitnichten die aktuellen Aktivitäten der zahlreichen nationalen und internationalen Normenausschüsse (mit jeweils zahlreicheren Unterausschüssen), die sich aktuell mit der Normierung im Wasserstoffbereich beschäftigen, komplett darstellen.

In den folgenden Abschnitten werden die existierenden Normen der verschiedenen Bereiche noch einmal genauer vorgestellt.

### 12.3.2 Erzeugung

Wasserstoff wird im industriellen Maßstab gezielt erzeugt oder entsteht als Nebenprodukt. Die gezielte Erzeugung untergliedert sich in Verfahren, die über fossile oder elektrische Energie betrieben werden. Die fossilen Verfahren sind in der ISO 16110-1 bis 16110-2 für Erzeugungsanlagen mit Erdgas, methanangereichertem

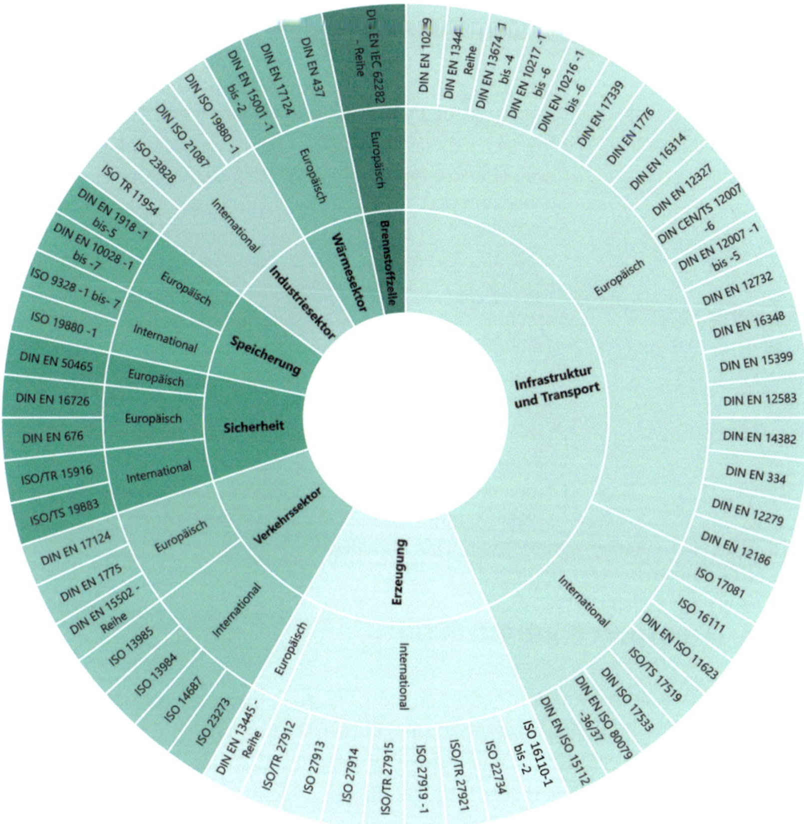


**Abb. 12.4** Veröffentlichte Normen im Bereich der Wasserstoffwirtschaft

Gas, raffiniertem Erdöl, Hydroxy- sowie Ketonverbindungen beschrieben. Die ISO 22734 gilt den Elektrolyseurtechnologien, die im Basischen mit anionleitfähigen Membranen (AEM) oder im Sauren mit protonleitfähigen (PEM) Membranen betrieben werden. Um Klimaneutralität zu gewährleisten, ist für die derzeit maßgeblich angewendeten Verfahren, die von fossilen Kohelnwasserstoffen ausgehen, die $CO_2$-Abscheidung und -Speicherung von besonderer Relevanz. Dementsprechend behandeln sechs der neun festgelegten Normen dieses Technologiefeld. Darüber hinaus ist mit der DIN EN 13445 eine Normenreihe für die zur Wasserstofferzeugung, -verteilung und -speicherung nötigen unbefeuerten Druckbehälter genannt.

**Tab. 12.1** Normen mit Volltitel aus Abbildung 12.4, Bereich Erzeugung

| Kurztitel | Volltitel |
|---|---|
| ISO 22734 | Hydrogen generators using water electrolysis – Industrial, commercial, and residential applications |
| ISO 16110-1 bis -2 | Hydrogen generators using fuel prosessing technologies |
| ISO 27919-1 | Carbon dioxide capture – Part 1: Performance evaluation methods for post-combustion CO2 capture integrated with a power plant |
| ISO 27913 | Carbon dioxide capture, transportation and geological storage – Pipeline transportation systems |
| ISO 27914 | Carbon dioxide capture, transportation and geological storage – Geological storage |
| ISO/TR 27915 | Carbon dioxide capture, transportation and geological storage – Quantification and verification |
| ISO/TR 27912 | Carbon dioxide capture – Carbon dioxide capture systems, technologies and processes |
| ISO/TR 27921 | Carbon dioxide capture, transportation, and geological storage – Cross Cutting Issues – CO2 stream composition |
| DIN EN 13445 – Reihe | Unbefeuerte Druckbehälter |

### 12.3.3 Transport & Infrastruktur

Wasserstoff hat unter Standardbedingungen (273 K, 1 bar) eine sehr niedrige volumetrische Energiedichte. Eine effiziente Wasserstoffverteilung über die Versorgungsinfrastruktur erfordert daher typischerweise eine Kompression. Hierdurch ergeben sich allerdings besondere Anforderungen an Rohrleitungen, Instrumentierung, Gasbehälter und Sicherheitsmanagement. Bereits erschienene Normen decken die genannten Teilaspekte ab und berücksichtigen neben Gastransportleitungen auch weitere Transportmöglichkeiten, z. B. durch die Bahn.

### 12.3.4 Speicherung

Die Wasserstoffwirtschaft bietet den entscheidenden Vorteil, größere Mengen elektrischer Energie in einem stofflichen Speicher über einen längeren Zeitraum einlagern zu können (siehe auch Kapitel 8). Die Entkopplung von Erzeugung und Nachfrage von Wasserstoff könnte so u. a. einen entscheidenden Beitrag zur Stabilisierung der Energienetze liefern. Aktuell verfügbare Normen berücksichtigen die Materialauswahl für Druckbehälter, Untertagespeicherung und Tankstellen.

**Tab. 12.2** Normen mit Volltitel aus Abbildung 12.4, Bereich Transport und Infrastruktur

| Kurztitel | Volltitel |
|---|---|
| DIN CEN/TS 12007-6 | Gasinfrastruktur – Rohrleitungen mit einem maximal zulässigen Betriebsdruck bis einschließlich 16 bar |
| DIN EN 10216-1 bis -6 | Nahtlose Stahlrohre |
| DIN EN 10217-1 bis -6 | Geschweißte Rohre für Druckbeanspruchungen |
| DIN EN 12007-1 bis -5 | Gasinfrastruktur – Rohrleitungen mit einem maximal zulässigen Betriebsdruck bis einschließlich 16 bar |
| DIN EN 12186 | Gasinfrastruktur – Gas-Druckregelanlagen für Transport und Verteilung – Funktionale Anforderungen |
| DIN EN 12279 | Gasversorgungssysteme – Gas-Druckregeleinrichtungen in Anschlussleitungen – Funktionale Anforderungen |
| DIN EN 12327 | Gasinfrastruktur – Druckprüfung, In- und Außerbetriebnahme – Funktionale Anforderungen |
| DIN EN 12583 | Gasinfrastruktur – Verdichterstationen – Funktionale Anforderungen |
| DIN EN 12732 | Gasinfrastruktur – Schweißen an Rohrleitungen aus Stahl – Funktionale Anforderungen |
| DIN EN 13445 – Reihe | Unbefeuerte Druckbehälter |
| DIN EN 13674-1 bis -4 | Bahnanwendungen – Oberbau – Schienen |
| DIN EN 14382 | Sicherheitseinrichtungen für Gas-Druckregelanlagen und -einrichtungen – Gas-Sicherheitsabsperreinrichtungen für Eingangsdrücke bis 100 bar |
| DIN EN 15399 | Gasinfrastruktur – Sicherheitsmanagementsystem für Gasnetze mit maximalem Betriebsdruck bis einschließlich 16 bar |
| DIN EN 16314 | Gaszähler – Zusatzfunktionen |
| DIN EN 16348 | Gasinfrastruktur – Sicherheitsmanagementsystem (SMS) für die Gastransportinfrastruktur und Rohrleitungsintegritätsmanagementsystem (PIMS) für Gastransportleitungen – Funktionale Anforderungen |
| DIN EN 17339 | Ortsbewegliche Gasflaschen – Vollumwickelte Flaschen und Großflaschen aus Kohlenstoff-Verbundwerkstoffen für Wasserstoff |
| DIN EN 1776 | Gasinfrastruktur – Gasmesssysteme – Funktionale Anforderungen |
| DIN EN 334 | Gas-Druckregelgeräte für Eingangsdrücke bis 100 bar |
| DIN EN 10229 | Bewertung der Beständigkeit von Stahlerzeugnissen gegen wasserstoffinduzierte Rissbildung (HIC) |
| DIN EN ISO 11623 | Gasflaschen – Verbundbauweise (Composite-Bauweise) – Wiederkehrende Inspektion und Prüfung |
| DIN EN ISO 15112 | Erdgas – Bestimmung von Energiemengen (ISO 15112:2018) |

**Tab. 12.2** (Fortsetzung)

| Kurztitel | Volltitel |
|---|---|
| DIN EN ISO 80079-36/37 | Explosionsfähige Atmosphären |
| DIN ISO 17533 | Schweißen im Luft- und Raumfahrzeugbau – Schweißinformationen in Bauunterlagen |
| ISO 16111 | Transportable gas storage devices – Hydrogen absorbed in reversible metal hydride |
| ISO 17081 | Method of measurement of hydrogen permeation and determination of hydrogen uptake and transport in metals by an electrochemical technique |
| ISO/TS 17519 | Gas cylinders – Refillable permanently mounted composite tubes for transportation |

**Tab. 12.3** Normen mit Volltitel aus Abbildung 12.4, Bereich Speicherung

| Kurztitel | Volltitel |
|---|---|
| DIN EN 1918-1 bis-5 | Gasinfrastruktur – Untertagespeicherung von Gas |
| DIN EN 10028-1 bis -7 | Flacherzeugnisse aus Druckbehälterstählen |
| ISO 9328-1- bis- 7 | Steel flat products for pressure purposes – Technical delivery conditions |
| ISO 19880-1 | Gaseous hydrogen – Fuelling stations |

### 12.3.5 Verkehr & Industrie

Direkte Abnehmer von Wasserstoff kommen insbesondere aus dem Verkehrs- und Industriesektor. In den entsprechenden Normen werden u. a. Wasserstoff als Kraftstoff, die Effizienz der Betankungsanlagen und Leistungsdaten von Brennstoffzellenfahrzeugen näher spezifiziert.

### 12.3.6 Wärmesektor

Über entsprechend ausgelegte Heizkessel kann Wasserstoff zur Wärmeerzeugung genutzt werden. Die Normen umfassen die Kessel, die Gasleitungen und die Gasstromspezifikationen.

### 12.3.7 Sicherheit

Aufgrund der Tatsache, dass Wasserstoff mit Luft, Sauerstoff und anderen oxydierenden Gasen hochexplosive Gemische bildet, spielen Sicherheitsaspekte für die Normierung eine wichtige Rolle.

**Tab. 12.4** Normen mit Volltitel aus Abbildung 12.4, Bereich Verkehr und Industrie

| Kurztitel | Volltitel |
|---|---|
| ISO 13984 | Flüssigwasserstoff – Schnittstelle für die Betankung von Landfahrzeugen |
| ISO 13985 | Flüssigwasserstoff – Kraftstofftanks für Landfahrzeuge |
| ISO 14687 | Beschaffenheit von Wasserstoff als Kraftstoff – Spezifizierung des Produkts |
| ISO 23828 | Brennstoffzellenfahrzeuge – Energieverbrauchsmessung – Fahrzeuge zur Betankung mit komprimiertem Wasserstoff |
| ISO TR 11954 | Fuel cell road vehicles – Maximum speed measurement |
| DIN EN 15001-1 bis -2 | Gasinfrastruktur – Gas-Leitungsanlagen mit einem Betriebsdruck größer 0,5 bar für industrielle Installationen und größer 5 bar für industrielle und nicht-industrielle Installationen |
| DIN ISO 19880-1 | Gasförmiger Wasserstoff – Betankungsanlagen |
| ISO 23273 | Brennstoffzellenfahrzeuge – Sicherheitsspezifikation – Schutz vor Gefahren resultierend aus dem im Fahrzeug integrierten Treibstoffsystem für komprimierten Wasserstoff |
| DIN EN 17124 | Wasserstoff als Kraftstoff – Produktfestlegung und Qualitätssicherung – Protonenaustauschmembran (PEM) – Brennstoffzellenanwendungen für Straßenfahrzeuge |
| DIN ISO 21087 | Wasserstoff als Kraftstoff – Analytische Verfahren – Protonenaustauschmembran (PEM) – Brennstoffzellenanwendungen für Straßenfahrzeuge |

**Tab. 12.5** Normen mit Volltitel aus Abbildung 12.4, Bereich Wärmesektor

| Kurztitel | Volltitel |
|---|---|
| DIN EN 1775 | Gasversorgung – Gasleitungsanlagen für Gebäude – Maximal zulässiger Betriebsdruck kleiner oder gleich 5 bar – Funktionale Empfehlungen |
| DIN EN 15502 – Reihe | Heizkessel für gasförmige Brennstoffe |
| DIN EN 437 | Prüfgase – Prüfdrücke – Gerätekategorien |

**Tab. 12.6** Normen mit Volltitel aus Abbildung 12.4, Bereich Sicherheit

| Kurztitel | Volltitel |
|---|---|
| DIN EN 16726 | Gasinfrastruktur – Beschaffenheit von Gas – Gruppe H |
| DIN EN 676 | Gebläsebrenner für gasförmige Brennstoffe |
| ISO/TR 15916 | Grundsätzliche Betrachtungen zur Sicherheit von Wasserstoffsystemen |
| ISO/TS 19883 | Sicherheit von Druckwechselabsorptionsanlagen für die Abtrennung und die Reinigung von Wasserstoff |

### 12.3.8 Brennstoffzelle

Der Anwendungsbereich „Brennstoffzellen“ ist im Bereich der Normierung vergleichsweise stark untersetzt. Hier ist insbesondere die Normenreihe DIN EN IEC 62282 – Brennstoffzellentechnologien zu nennen, die über 20 Einzelnormen umfasst. Thematisch adressiert werden Begriffsdefinitionen (Teil 1), Brennstoffzellenmodule (Teil 2), stationäre Brennstoffzellen-Energiesysteme (Teil 3), Antriebe mit Brennstoffzellen-Energiesystemen (Teil 4), portable Brennstoffzellen-Energiesysteme (Teil 5), Mikro-Brennstoffzellen-Energiesysteme (Teil 6), Prüfverfahren (Teil 7) und Energiespeichersysteme mit Brennstoffzellenmodulen (Teil 8).

## 12.4 Anwendungsbeispiele

### Beispiel 1: Testprozeduren für Elektrolyseure

Für eine große Marktdurchdringung von Elektrolyseuren zur Herstellung von grünem Wasserstoff müssen Projektierer, Investoren und Anwender ein breites Vertrauen in die Technologie haben. Grundlage hierfür sind unter anderem anerkannte, im Idealfall standardisierte oder normierte Prüfprotokolle und -verfahren zur Bewertung der Leistung und Haltbarkeit von Elektrolyseuren unter Bedingungen, die für aktuelle und zukünftige Anwendungen repräsentativ sind. Dies bedeutet, dass in Leistungs- und Stresstests realistische dynamische Betriebsbedingungen simuliert werden sollten, z. B. für netzferne Anwendungen von Elektrolyseuren mit intermittierenden Stromquellen wie Wind oder Sonne oder Anwendungen im Teillastbetrieb für den Ausgleich des Stromnetzes.

Solche Tests sind auf Zell-, (Short-)Stack- und insbesondere auf der Systemebene notwendig. Darüber hinaus können auch Tests auf Material- und Komponentenebene hilfreich sein. Die aktuell einzig verfügbare Norm ISO 22734, die Testverfahren für Elektrolyseure definiert, ist relativ allgemein verfasst und bei weitem nicht spezifisch und detailliert genug, um den Bedarf an vertrauensstiftenden Prüfungen zu decken. Unter Beteiligung von Fraunhofer-Experten, Industrievertretern und weiteren Forschungsinstituten werden daher aktuell EU-weit Protokolle für Zelltests, Short-Stack-Tests und Systemtests in einem *JRC Technical Report* zusammengetragen und harmonisiert (aktuell in Bearbeitung).

Insbesondere für den Vergleich von Einzelkomponenten wie der Membran-Elektroden-Einheit von PEM-Elektrolyseuren ist es zudem hilfreich, standardisierte Testhardware zu entwickeln, die eine Vergleichbarkeit von Materialien unter-

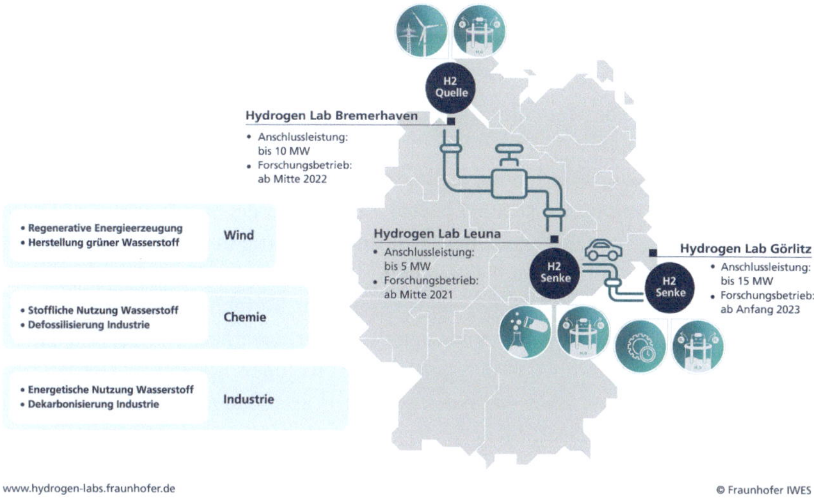


**Abb. 12.5** Fraunhofer Wasserstoffforschungszentren, u. a. für Zertifizierungsprozesse

schiedlicher Hersteller unter realistischen Einsatzbedingungen ermöglicht. Im Bereich der Brennstoffzelle wurde dies bereits umgesetzt [8]. Eine ähnliche Entwicklung ist für Elektrolyseure auf Stack-Ebene durch ein Konsortium verschiedener Fraunhofer-Institute im Rahmen der Wasserstoffleitprojekte $H_2$Giga und $H_2$Mare [9] geplant, die vom Bundesministerium für Bildung und Forschung gefördert werden.

Ein mittelfristiges Ziel ist es, die harmonisierten Testverfahren in einen Zertifizierungsprozess für Elektrolyseure einzubinden. Aktuell gibt es eine kooperative Initiative zwischen der Fraunhofergesellschaft und der internationalen Klassifikationsgesellschaft DNV, in der gemeinsam mit Partnern aus der Industrie ein Zertifizierungsschema für ein Typenzertifikat von Elektrolyseuren entwickelt werden soll (siehe Beispiel 2). Die praktische Erprobung dieses Zertifizierungsschemas soll u. a. an den Fraunhofer Wasserstoffforschungszentren in Bremerhaven, Leuna und Görlitz erfolgen (Abbildung 12.5).

## Beispiel 2: Systemzertifizierung von Elektrolyseuren

Bislang hat sich im Bereich der Wasserstofftechnologien noch kein durchgängiger Prozess bei der Systemzertifizierung etabliert. Die laufenden nationalen und internationalen Aktivitäten beschränken sich u. a. bei den Elektrolyseuren fast ausschließlich auf die grundsätzlich erforderlichen technischen Standardisierungen und Normungen. Die Systemzertifizierung sollte in ihren definierten Verfahrensbeschreibungen idealerweise auf diese Standards und Normen zurückgreifen bzw. diese referenzieren.

Die Idee und der Vorteil eines definierten und abgestimmten Schemas für die Systemzertifizierung lassen sich am besten am Beispiel der Windenergie erklären. Hier startete u. a. der DNV gemeinsam mit der Industrie und wissenschaftlichen Interessengruppen Anfang der 1980er-Jahre Initiativen zur Standardisierung von Windenergieanlagen einerseits und andererseits zur Verfahrensspezifizierung bezüglich Überprüfung des Anlagendesigns und der spezifizierten Eigenschaften sowie der Konformität hinsichtlich der neu geschaffenen Standards. Dieses Zertifizierungsschema umfasste die Auslegungen (Lastannahmen, Festigkeits- und Standsicherheitsnachweise), Sicherheitssysteme und Betriebseigenschaften unter bestimmten Umgebungsbedingungen, z. B. allgemeine Windklassen, Klimazonen, Onshore- und Offshore-Standorte, sowie Emissionen (Lärm, elektrische Netzverträglichkeit). Die Anlagenhersteller können bzw. müssen ihre Anlagen heute vor dem weltweiten Vertrieb nach einem Zertifizierungsschema von unabhängigen Prüforganisationen (u. a. DNV, TÜV, BV) überprüfen lassen, um ein Einheitenzertifikat für das eigene Produkt zu erhalten. Für einige Märkte bzw. Länder entwickelte sich das Einheitenzertifikat schnell zu einer Typzulassung vor dem Anschluss an das elektrische Versorgungsnetz. Heute erfolgen die Nachweise für die Konformitätsbewertung durch Begutachtung, Berechnung und Simulation sowie messtechnische Nachweise im Feld an Prototypen oder auf Großprüfständen (System-, Komponententests) durch akkreditierte Labore bzw. Messinstitute. Diese müssen für die jeweils angewandten Methoden, z. B. vom DAkkS, akkreditiert werden.

Rückblickend schaffte das Verfahren der Systemzertifizierung somit seitens der Windparkbetreiber, Investoren, Versicherer und Netzbetreiber das für einen schnellen Markthochlauf notwendige Vertrauen in technisch ausgereifte und einheitlich überprüfte Anlagentechnik. Die Hersteller müssen den unabhängigen Prüfgesellschaften tiefe Einblicke in die Technik, Produktion und das jeweilige System des Qualitätsmanagements gewähren. Was anfangs noch auf erheblichen Widerstand traf, entwickelte sich für professionell arbeitende Hersteller schnell zum Qualitätssiegel und somit Verkaufsargument, speziell auf neuen Märkten.

Ende 2020 haben der DNV und die Fraunhofer-Gesellschaft eine erste gemeinsame Initiative gestartet, um dieses im Bereich der Windenergie etablierte Vorgehen auf eine Systemzertifizierung von Elektrolyseuren zu übertragen (Abbildung 12.6). Gemeinsam mit verschiedenen Stakeholdern aus der Industrie sollen

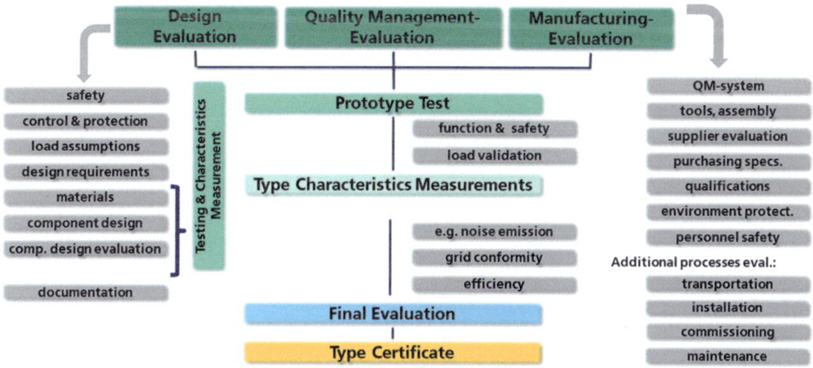


**Abb. 12.6** Schematisierte Darstellung der Elemente einer Typ- bzw. Einheitenzertifizierung für Elektrolyseure

im Rahmen laufender Aktivitäten die hierfür notwendigen Grundlagen erarbeitet und 2022 in einem „Technical Report" als Vorstufe zu einem zukünftigen Zertifizierungsstandard dokumentiert werden.

## Beispiel 3: Genehmigungsverfahren von Power-to-Gas-Anlagen

Power-to-Gas-Anlagen werden als vielversprechende Anwendung von Wasserstofftechnologien gesehen, unter anderem im Energiesystem zur Speicherung von erneuerbaren Energien und zur Entlastung des Stromnetzes. In Deutschland sind bereits mehr als 30 solcher Anlagen im Betrieb. Diese haben gezeigt, dass Anlagenplanung, Bau und Betrieb und insbesondere die erforderlichen Genehmigungsverfahren inklusive der anzuwendenden Richtlinien bzw. Normen, Verordnungen und Gesetze sehr komplex und unübersichtlich sind. Eine Darstellung dieser Komplexität und der hierarchischen Rechtsordnung ist in Abbildung 12.7 gezeigt (siehe auch Analogie zu Abbildung 12.2). Die Abbildung verdeutlicht, wie die verschiedenen Aspekte von Planfeststellung, Baugenehmigung, Umweltschutz, Immissionsschutz, Naturschutz, Arbeitsschutz sowie Sicherheitstechnik/Brandschutz gesetzlich verankert sind und über Verordnungen in der Basis auf Richtlinien, Normen und Regeln zurückgreifen.

Die Genehmigungsverfahren sind hinsichtlich der möglichen Dauer und der Erfolgsaussichten für alle Prozessbeteiligten inklusive Planer, Generalunternehmer und Behörden schwer einzuschätzen und werden für Projekte schnell zu einem

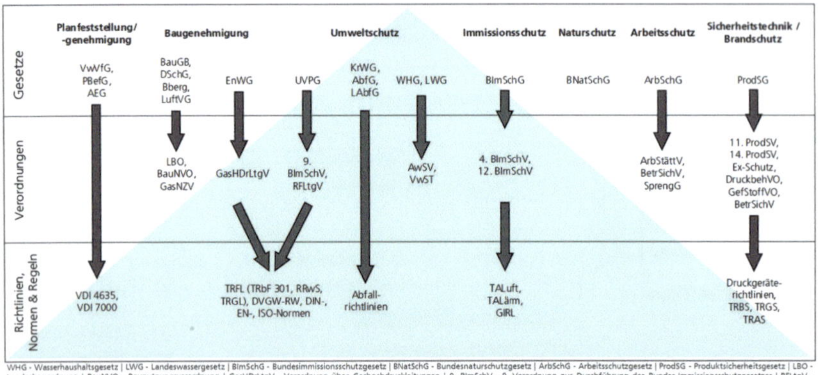


WHG - Wasserhaushaltsgesetz | LWG - Landeswassergesetz | BImSchG - Bundesimmissionsschutzgesetz | BNatSchG - Bundesnaturschutzgesetz | ArbSchG - Arbeitsschutzgesetz | ProdSG - Produktsicherheitsgesetz | LBO - Landesbauordnung | BauNVO - Baunutzungsverordnung | GasHDrLtgV - Verordnung über Gashochdruckleitungen | 9. BImSchV - 9. Verordnung zur Durchführung des Bundes-Immissionsschutzgesetzes | RFLtgV - Verordnung über Rohrfernleitungsanlagen | AwSV - Verordnung über Anlagen zum Umgang mit wassergefährdenden Stoffen | VwST - Verordnung über wassergefährdende Stoffe bei der Beförderung in Rohrleitungen | 4. BImSchV - 4. Verordnung zur Durchführung des Bundes-Immissionsschutzgesetzes | 12. BImSchV - 12. Verordnung zur Durchführung des Bundes-Immissionsschutzgesetzes | ArbStättV - Arbeitsstättenverordnung | BetrSichV - Betriebssicherheitsverordnung | SprengG - Sprengstoffgesetz | 11. ProdSV - 11. Verordnung zum Produktsicherheitsgesetz | 14. ProdSV - 14. Verordnung zum Produktsicherheitsgesetz | Ex-Schutz - Explosionsschutzprodukteverordnung | DruckbehVO - Druckgeräteverordnung | GefStoffVO - Gefahrstoffverordnung | BetrSichV - Betriebssicherheitsverordnung | TRFL (TRbF 301, RRwS, TRGL) - Technische Regeln für Rohrfernleitungen | DVGW-RW - Deutscher Verein des Gas- und Wasserfaches e.V.-Regelwerk | DIN-, EN-, ISO-Normen - Normen des Deutsches Institut für Normung, Europäische Normen, Normen der International Organization for Standardisation | Abfall-Richtlinien - Abfall-Richtlinien | TA Luft - Technische Anleitung zur Reinhaltung der Luft | TA Lärm - Technische Anleitung zum Schutz gegen Lärm | GIRL - Geruchsimmissions-Richtlinie | Druckgeräterichtlinien - Druckgeräterichtlinien | TRBS - Technische Regeln für Betriebssicherheit | TRGS - Technische Regeln für Gefahrstoffe | TRAS - Technische Regeln Anlagensicherheit | BbergG - Bundesberggesetz | LuftVG - Luftverkehrsgesetz | GasNZV - Gasnetzzugangsverordnung | VwVfG - Verwaltungsverfahrensgesetz | PBefG - Personenbeförderungsgesetz | AEG - Allgemeines Eisenbahngesetz | VDI 4635 - Power-to-X | VDI 7000 - Frühe Öffentlichkeitsbeteiligung bei Industrie- und Infrastrukturprojekten

**Abb. 12.7** Hierarchischer Überblick über anzuwendende Gesetze, Verordnungen, Richtlinien, Normen und Regeln für die Genehmigung von Power-to-Gas-Anlagen (nicht abschließend; entlehnt aus [10])

schwer kalkulierbaren Kostenfaktor. Für die Ermöglichung einer hohen Marktdurchdringung von Power-to-Gas-Anlagen bedarf es daher klarer Leitlinien. Um hier Orientierung zu schaffen, haben der *Deutsche Verein des Gas- und Wasserfaches e.V. (DVGW)* und weitere Partner einen umfangreichen genehmigungsrechtlichen Leitfaden für die Themen Planung, Bau und Betrieb von Power-to-Gas-Anlagen zur Integration erneuerbarer Energien erstellt, der im Rahmen des öffentlich geförderten Projekts PORTAL GREEN erarbeitet wurde (siehe [7]).

## Beispiel 4: Herkunftsnachweis von grünem Wasserstoff

Eine der wichtigsten regulatorischen Fragen für die Entwicklung einer weltweit wettbewerbsfähigen Wasserstoffwirtschaft ist die nach einem funktionierenden Zertifizierungs- und Herkunftsnachweissystem. Dieses soll nachweisen, wie eine bestimmte Einheit Wasserstoff hergestellt wurde und welche Umweltauswirkungen, insbesondere Treibhausgasemissionen, damit verbunden sind. Dies ist besonders relevant angesichts der aktuellen Farbklassifizierungen, die verwendet werden, um zu beschreiben, wie Wasserstoff hergestellt wird.

Mit CertifHy wurde ein wegweisendes, EU-weites Herkunftsnachweissystem (GO-System) für grünen und kohlenstoffarmen Wasserstoff entwickelt [11]. Im Oktober 2020 startete hierzu die CertifHy-Phase III, in der das im Rahmen von Pilotversuchen erprobte System in ganz Europa etabliert werden soll. Das System wird dabei innerhalb der neu gegründeten *Gas Scheme Group (GSG)* entwickelt, konform mit der Erneuerbare-Energien-Richtlinie der Europäischen Union RED II Art. 19, der sich in Überarbeitung befindlichen Norm für Herkunftsnachweise CEN-EN 16325 und den allgemeinen Anforderungen der *Association of Issuing Bodies (AIB)*, die bereits das europäische Herkunftsnachweissystem für Energiezertifikate (AIB EECS Standard) verantwortet. Auch international ist CertifHy ein viel beachtetes Projekt und wichtige Grundlage für den Herkunftsnachweis von Wasserstoff.

## Literatur


1. Herrmann P., Blind K. et al (2020): Relevanz der Normung und Standardisierung für den Wissens- und Technologietransfer. https://www.fraunhofer.de/content/dam/zv/de/presse-medien/2020/dezember/studie-relevanz-der-normung-und-standardisierung-fuer-den-wissens-und-technologietransfer.pdf, abgerufen am 11.12.2021
2. Bundesministerium für Wirtschaft und Energie: Normen und Standards. https://www.bmwi.de/Redaktion/DE/Artikel/Technologie/normen-und-standards.html, abgerufen am 11.12.2021
3. VOREST AG: Was ist eine Zertifizierung und wie lautet die Definition? https://www.din-iso-zertifizierung-qms-handbuch.de/zertifizierung/, abgerufen am 11.12.2021
4. DKE VDE DIN (2020): Alles rund um den Normungsprozess. https://www.dke.de/de/normen-standards/grundlagen-der-normung/normungsprozess, abgerufen am 11.12.2021
5. Bayerische Landesanstalt für Landwirtschaft: Qualitätsmanagement LfL: Definitionen, Qualitätssicherung. https://www.lfl.bayern.de/verschiedenes/qualitaetsmanagement/031139/index.php, abgerufen am 11.12.2021
6. VDI (2019): Power-to-X: VDI startet technische Regelsetzung. https://www.vdi.de/news/detail/power-to-x-vdi-startet-technische-regelsetzung, abgerufen am 11.12.2021
7. DVGW Deutscher Verein des Gas- und Wasserfachs e. V. (2020): Portal Green – Entwicklung eines Power-to-Gas-Leitfadens zur Integration erneuerbarer Energien (G 201735). https://www.dvgw.de/themen/forschung-und-innovation/forschungsprojekte/dvgw-forschungsprojekt-portal-green, abgerufen am 11.12.2021
8. Bednarek T., Tsotridis G. (2021): Development of reference hardware for harmonised testing of PEM single cell fuel cells. EUR Vol. 30592 EN. Publications Office of the European Union, Luxembourg. https://publications.jrc.ec.europa.eu/repository/bitstream/JRC123219/jrc123219__zerocell_report_pubsy_v3_%282%29.pdf, abgerufen am 11.12.2021

9. Bundesministerium für Bildung und Forschung: Willkommen bei den Wasserstoff-Leitprojekten! https://www.wasserstoff-leitprojekte.de, abgerufen am 11.12.2021
10. Koralewicz M., Glandien J., Hüttenrauch J. et al (2020): PORTAL GREEN – Genehmigungsrechtlicher Leitfaden für Power-to-Gas-Anlagen – Errichtung und Betrieb. GRS-S-59 Band 1. https://www.grs.de/publikationen/grs-s-59_band-1, abgerufen am 11.12.2021
11. CertifHy. https://www.certifhy.eu, abgerufen am 11.12.2021

# Unfallsicherheit und Lebensdauer – Materialien

# 13

Christian Elsässer[1] • Thorsten Michler[1] • Peter Gumbsch[1,2]
[1] Fraunhofer-Institut für Werkstoffmechanik IWM, Freiburg
[2] Institut für Angewandte Materialien IAM, Karlsruher Institut für Technologie KIT, Karlsruhe

**Zusammenfassung**

Damit die Wasserstoffwirtschaft von der Gesellschaft akzeptiert wird, dürfen von der Infrastruktur technischer Anlagen zur Speicherung, Verteilung und Verwendung von Wasserstoff als Energieträger keine Sicherheitsrisiken und Unfallgefahren ausgehen. Wirtschaftlichkeitsbetrachtungen verlangen für die Anlagen eine hohe Betriebssicherheit und eine lange Lebensdauer. Im Betrieb der Anlagen treten aufgrund mechanischer, thermischer, chemischer oder elektromagnetischer Lasten vielerlei $H_2$-spezifische lokale Werkstoffveränderungen auf. Diese beeinflussen die Sicherheit, Funktion, Zuverlässigkeit und Lebensdauer der Anlagen nur dann negativ, wenn Schwachstellen nicht bereits in den Auslegungskonzepten berücksichtigt und durch systematisches Monitoring von Zustands- und Prozessdaten im Anlagenbetrieb kontrolliert oder durch passende Werkstoffauswahl im Anlagenbau vermieden werden. Tatsächlich steckt für eine sichere Infrastruktur einer am Energiemarkt zukunftsfähigen Wasserstoffwirtschaft noch ein großes Optimierungspotenzial in Auslegungskonzepten für Anlagen mit qualifizierten Werkstoffen, die zum Energieträger Wasserstoff passen. Fraunhofer ergreift hierzu im Rahmen der Nationalen Wasserstoffstrategie in Deutschland bei Technologieplattformen und in Verbundprojekten die Initiative.

In diesem Kapitel wird die Wechselwirkung von Wasserstoff mit Werkstoffen skizziert und deren Bedeutung für die Unfallsicherheit und Lebensdauer von technischen Anlagen einer Wasserstoffinfrastruktur illustriert.



R. Neugebauer (Hrsg.), *Wasserstofftechnologien*,
https://doi.org/10.1007/978-3-662-64939-8_13

## 13.1 Motivation: Wasserstoff als Energieträger

Für die Zerlegung von Wasser in seine chemischen Elemente Wasserstoff und Sauerstoff ist ein hoher Aufwand an Energie notwendig. Bei der erneuten Verbindung der beiden Elemente zu Wasser wird diese Energie wieder frei. Sauerstoff ist als natürlicher Teil der Luft nahezu überall in großer Menge verfügbar. Wasserstoff in elementarer Form liegt dagegen in der Natur nicht in reiner Form vor und muss folglich durch chemische Reaktionen aus Wasser oder anderen Verbindungen getrennt werden. Da Wasser chemisch sehr stabil ist, sind Mischungen seiner Bestandteile Wasserstoff und Sauerstoff sehr reaktiv. Sie verbinden sich bei geringer thermischer oder elektrischer Anregung komplett wieder zu Wasser. Allgemein bekannt oder wegen ihrer Heftigkeit berüchtigt ist die unkontrollierte, exotherme „Knallgasreaktion" von Wasserstoff-Luft-Gasgemischen zu Wasserdampf, bei der eine große Menge an Energie schnell freigesetzt wird.

Der Grund für den hohen Nutzen von Wasserstoff als Energieträger ist genau diese Fähigkeit von getrenntem Wasserstoff und Sauerstoff, sich unter Abgabe von Energie zu verbinden. Für die Eignung von Wasserstoff als Energieträger kommt es besonders darauf an, die Reaktion kontrolliert und gut dosiert ablaufen lassen zu können. Dafür existieren verschiedene Technologien, um die Energie nicht wie bei der Knallgasreaktion in unkontrollierter Form von Wärme, sondern sicher in kontrollierter Form von Arbeit nutzbar zu machen.

Für die Energiewirtschaft besonders wichtig werden elektrochemische Reaktoren: In Elektrolysierzellen wird durch Zufuhr von elektrischer Energie das Edukt Wasser gespalten und es treten als Produkte gasförmiger Wasserstoff und Sauerstoff separat aus. Umgekehrt reagieren in Brennstoffzellen gasförmiger Wasserstoff und Sauerstoff unter Abgabe elektrischer Energie zu Wasser zurück. Die von einer Elektrolysierzelle aufgenommene elektrische Energie kann z. B. von dem Elektrogenerator einer Windkraftanlage geliefert werden. Die von einer Brennstoffzelle abgegebene elektrische Energie kann z. B. einen Elektromotor in einem Fahrzeug antreiben.

Im Gegensatz zur Knallgasreaktion eines freien Gasgemisches aus Wasserstoff und Sauerstoff zu Wasser erfolgt in einer Brennstoffzelle die Reaktion der Elemente im Innern eines anorganischen oder organischen Materialgefüges, das Ionen und Elektronen leitet. Elektrolysierzelle und Brennstoffzelle unterscheiden sich grundsätzlich nur in der Richtung der Zuleitung von Edukten und der Ableitung von Produkten der elektrochemischen Reaktion.

Ein Energieinfrastrukturnetz soll grundsätzlich vier Aufgaben erfüllen: die Erzeugung eines Energieträgers an einem Ort, seine Speicherung und Verteilung sowie die Nutzung an einem anderen Ort. Für den Energieträger Wasserstoff können diese vier Aufgaben z. B. folgendermaßen gelöst werden: Bei einer Windkraftanlage wird mit elektrischer Energie in einer Elektrolysierzelle gasförmiger Wasserstoff produziert. Das Wasserstoffgas kann, bis es gebraucht wird, in einem Behältersystem gespeichert werden. In einem Leitungssystem kann das Gas dorthin transportiert werden, wo es benötigt wird. Dort kann es chemisch genutzt werden oder in einer stationären oder mobilen Brennstoffzelle aus der Mischung und Reaktion des Wasserstoffs mit Sauerstoff aus der Luft wieder zu Wasser und elektrischer Energie produziert werden.

Wasserstoffgas als Energieträger steht im Wettbewerb mit Ionenbatterien als elektrochemische Energiespeicher oder Superkondensatoren als elektrostatische Energiespeicher. Elektrische Spannungen und Ströme nach außen kommen im Innern von Superkondensatoren durch elektrostatische Ladungsverschiebung von leicht beweglichen negativen Elektronen gegenüber unbeweglichen positiven Ionen zustande, bei Ionenbatterien durch elektrochemische Ladungstrennung von beweglichen Ionen und Elektronen, und bei Wasserstoffreaktoren durch chemische Reaktion der positiven Wasserstoffionen und negativen Sauerstoffionen.

Der Vorteil von Wasserstoff gegenüber elektrischem Strom aus Elektronen oder Ionen als Energieträger liegt in seiner hohen Energie- und Leistungsdichte: Der zur Speicherung derselben Energiemenge benötigte Raum ist bei molekularem Druckwasserstoff in gasförmigem oder flüssigem Zustand deutlich kleiner als bei anderen elektrischen Energiespeichern. Auch die zur Freisetzung derselben Energiemenge benötigte Zeit ist bei ihm deutlich kürzer. Weitere Vorteile von Wasserstoff als Energieträger sind die nahezu unbegrenzte Verfügbarkeit und die nachhaltige Gewinnung aus Wasser sowie die für Gesundheit und Umwelt unschädliche Umsetzung mit Sauerstoff zu Wasser. All dies macht Wasserstoff als Energieträger für die Zukunft so attraktiv.

Der Umgang mit Wasserstoff als Energieträger in technischen Anlagen erfordert jedoch eine besondere Aufmerksamkeit. Aus einer Anlage austretendes Wasserstoffgas kann sich in der Luft leicht entzünden (Knallgasreaktion) und zu gefährlichen Unfällen mit erheblichen Schäden führen. Potenzielle Sicherheitsrisiken und Unfallgefahren können die Akzeptanz einer Technologie in einer Gesellschaft infrage stellen. Deshalb ist es für eine Wasserstoffinfrastruktur zwingend erforderlich, die technischen Anlagen so zu bauen und zu betreiben, dass vom Wasserstoff ausgehende Unfallgefahren konsequent vermieden werden, damit die Wasserstofftechnologie nicht nur wirtschaftlich profitabel, sondern auch gesellschaftlich akzeptabel ist. Es kommt also besonders darauf an zu verhindern, dass Wasserstoffgas unkontrolliert aus einer Anlage in die Luft austreten kann.

Für fossile Kohlenwasserstoffverbindungen als Energieträger in gasförmigen oder flüssigen Formen (Erdgas, Otto- oder Diesel-Kraftstoffe) gibt es weltweit seit langer Zeit eine technisch ausgereifte und unfallsichere Infrastruktur. Die besondere Herausforderung von Wasserstoff gegenüber den Kohlenwasserstoffverbindungen im Hinblick auf Unfallgefahren besteht weniger in der hohen chemischen Reaktivität mit Sauerstoff als darin, dass Wasserstoff, das leichteste chemische Element, mit vielen technischen Werkstoffen reagieren kann. Diese Wirkung des Wasserstoffs auf Werkstoffe wird häufig und vereinfachend als Wasserstoffversprödung bezeichnet (hydrogen embrittlement). Wasserstoffmoleküle können sich an Werkstoffoberflächen in Wasserstoffatome aufspalten. Wasserstoffatome können durch eine Oberfläche hindurch ins Werkstoffinnere gelangen und dort kleinskalige Schädigungsvorgänge im Gefüge auslösen oder verstärken, aus denen in Anlagenteilen großskalige Schäden und Risse entstehen. Solche Schäden in Werkstoffen verkürzen einerseits Brauchbarkeit und Lebensdauer der Anlagen und erhöhen andererseits Unfallgefahr und Sicherheitsrisiko dadurch, dass Wasserstoffgas durch diese Schäden austreten kann. Folglich ist schon bei der Konstruktion und Auslegung von Anlagenteilen darauf zu achten, dass nur solche Werkstoffe in Kontakt mit Wasserstoff kommen, in die entweder Wasserstoffatome nur in geringen Mengen eindringen oder in denen durch Wasserstoffatome kaum Schädigungen auftreten.

Die Problematik des Auftretens und die Herausforderung des Vermeidens von großskaligen Schäden in Anlagenteilen durch kleinskalige Wechselwirkungen von Wasserstoffatomen mit Werkstoffgefügen betreffen alle Anlagen der Wasserstoffinfrastruktur: Durch Wasserstoff verursachte Brüche dürfen in Metall- oder Keramikwerkstoffen der Elektrolysier- oder Brennstoffzellen ebenso wenig auftreten wie in Stahl- oder Kunststoffrohren für Speichertanks und Transportleitungen oder in Hochtemperaturlegierungen für Verbrennungsmotoren oder Gasturbinen.

Der Fokus dieses Kapitels liegt auf Anlagen für den Transport, die Speicherung und die Verteilung von Wasserstoffgas in Rohrleitungen, Behältern oder Armaturen aus metallischen Werkstoffen, insbesondere Stählen. Zwei für Werkstoffe wesentliche Fragen werden angesprochen. Die Frage zur Unfallsicherheit von Stahlbauteilen lautet:

- Welche schnellen Schädigungsvorgänge bewirkt Wasserstoff in Stahlgefügen?

Zur Lebensdauer von Stahlbauteilen lautet die Frage:

- Welche langsamen Schädigungsvorgänge bewirkt Wasserstoff in Stahlgefügen?

## 13.2 Unfallsicherheit und Lebensdauer: Hydrogen Embrittlement

Um Anlagen für den Transport, die Speicherung und die Verteilung von Wasserstoffgas unfallsicher und dauerhaft zu betreiben, ist es notwendig, dass alle Bauteile, die mit Wasserstoff in Kontakt kommen, sowohl auf eine ausreichend hohe Belastbarkeit als auch auf eine ausreichend lange Lebensdauer ausgelegt werden. Zur Auslegung von konventionellen Anlagen steht z. B. für viele Stahlwerkstoffe sowohl zur Belastbarkeit als auch zur Lebensdauer ein gründliches Expertenwissen in Form von makroskaligen experimentellen Werkstoffkenndaten und empirischen Werkstoffmodellen zur Verfügung.

Die Berücksichtigung der Wirkung von Wasserstoff auf Werkstoffe bei der Auslegung von Bauteilen ist dagegen deutlich eingeschränkter. Aufgrund der oft geringen Konzentration und hohen Beweglichkeit von atomarem Wasserstoff im Werkstoffgefüge ist es experimentell sehr aufwendig zu analysieren und zu interpretieren, wie makroskalige Werkstoffkenndaten, die für die Bauteilauslegung benötigt werden, durch Wasserstoff systematisch verändert werden. Die Verfügbarkeit von wasserstoffspezifischen makroskaligen Werkstoffkenndaten ist für viele Stahlwerkstoffe noch sehr begrenzt.

Die vielfältigen Aspekte, die zur Bewertung der Eignung eines Werkstoffs für eine Wasserstoffanwendung zu berücksichtigen sind, sind in Abbildung 13.1 skizziert. Diese Aspekte stellen an die Auslegung von Bauteilen die Herausforderung, dass zusätzlich zur makroskaligen Form und Größe des Bauteils die mikroskali-

**Abb. 13.1** Makroskalige Betrachtung von Wechselwirkungsaspekten der Wasserstoffversprödung. HE: hydrogen embrittlement. (Grafik nach Fig. 2 in [1])

ge Kristall- und Gefügestruktur des Werkstoffs, dessen Verhalten gegenüber mechanischen Belastungen und dessen Verhalten im Kontakt mit Wasserstoff nicht getrennt, sondern gemeinsam berücksichtigt werden müssen. Hierzu ist eine umfangreiche Wissensbasis an Werkstoffkenndaten erforderlich.

Der heutige Stand des Wissens ist z. B. in den beiden Übersichtsartikeln von Michler et al. [2], [3] exemplarisch für austenitische (kubisch-flächenzentrierte) Stähle, für Eisen- und Nickel-basierte Superlegierungen sowie für ferritische (kubisch-raumzentrierte) Stähle illustriert und diskutiert. Vielversprechende Perspektiven, den Stand des Wissens in naher Zukunft deutlich erweitern zu können, bieten z. B. Forschungsprojekte zur Materialdigitalisierung im Rahmen der vom BMBF geförderten Innovationsplattform MaterialDigital [4] sowie Forschungsprojekte zur Wasserstoffversprödung im Rahmen der ebenfalls vom BMBF geförderten Wasserstoff-Leitprojekte TransHyDE und H2-Mare [5].

## 13.3 Materialien und Mechanismen: Stahlwerkstoffe

Wasserstoff wechselwirkt mit einem metallischen Werkstoff, z. B. einem Stahl, mit vielfältigen Mechanismen sowie auf mehreren Längen- und Zeitskalen. In Abbildung 13.2 sind die wichtigsten mikroskaligen Phänomene für die Wasserstoffversprödung eines Werkstoffs skizziert, die das makroskopische Verhalten eines Bauteils beeinflussen.

Kommen ein Wasserstoffgas und eine Metalloberfläche in Kontakt, so kann es zu einer schwachen Bindung (Physisorption) sowie zu einer starken Bindung (Chemisorption) von Wasserstoffmolekülen an die Oberfläche kommen. Daraufhin können die Moleküle an der Oberfläche in ihre einzelnen Atome aufgespalten werden (Dissoziation). Die einzelnen Wasserstoffatome können an bestimmten Facetten oder Defekten der Oberfläche in das Metallinnere eindringen (Permeation) und Kristallzwischengitterplätze besetzen sowie zwischen diesen über weite Strecken durch das Metallinnere wandern (Diffusion).

Aufgrund ihres im Vergleich zu Metallatomen zwar kleinen, aber nicht zu vernachlässigenden Atomvolumens verursachen die Wasserstoffatome im Metallinnern lokale mechanische Dehnungen und spüren lokale mechanische Spannungen, die von verschiedenen Kristallbaufehlern im Metall ausgehen. Somit können die wandernden Wasserstoffatome von atomaren Fehlstellen (z. B. Eigenleerstellen oder Fremdatomen im Kristallgitter), linearen Fehlstellen (z. B. Stufen- oder Schraubenversetzungen) sowie planaren Fehlstellen (z. B. Korn- oder Heterophasengrenzen) angezogen und eingefangen werden (hydrogen trapping). Die zu den Fehlstellen gelangten Wasserstoffatome können, wenn sie ausreichend lange dort

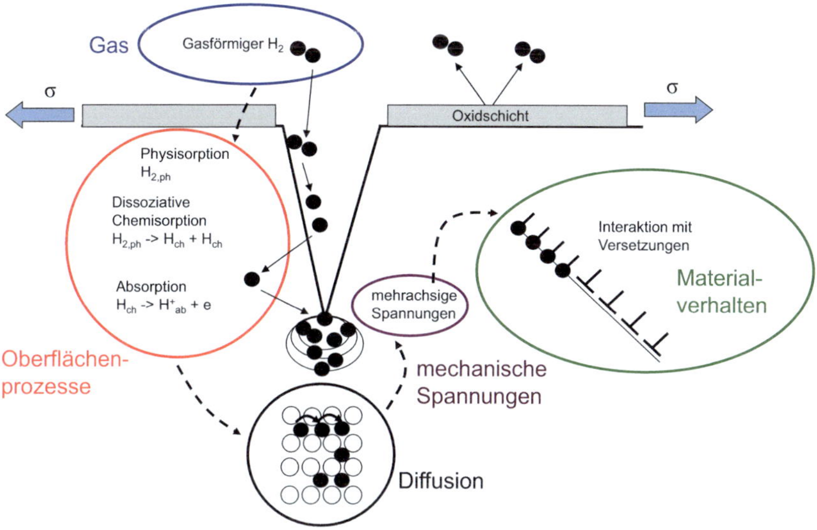


**Abb. 13.2** Die prominenten mikroskaligen Phänomene für die makroskalige Wasserstoffversprödung. (Grafik nach Fig. 1 in [6])

verweilen, die kohäsiven, elastischen oder plastischen Eigenschaften des Metalls lokal so verändern, dass mikroskalige Schädigungsprozesse auftreten, aus denen makroskalige Materialschäden entstehen können.

Die Wasserstoffatome wechselwirken mit den Metallatomen in der Kristallstruktur und an Strukturdefekten auf vielfältige Weisen. Die Aufklärung der für die Wasserstoffversprödung wesentlichen Mechanismen ist trotz ausgiebiger experimenteller und theoretischer Materialforschung seit Jahrzehnten – siehe z.B. [7], [8], [9], [10] – nach wie vor eine anspruchsvolle wissenschaftliche Herausforderung. Den aktuellen Stand des Wissens berichten z. B. die Übersichtsartikel [11], [12], [13], [14], [15], [16]. Einige prominente Mechanismen sind in Abbildung 13.3 skizziert:

- Bei der *Hydrogen Induced Phase Transformation* (HIPT) kommt es durch den Wasserstoff zu einer Phasenumwandlung des Metalls, wobei sich Struktur und Eigenschaften der neuen und der alten Phase stark unterscheiden.
- Bei der *Hydrogen Enhanced Decohesion* (HEDE) wird durch den Wasserstoff lokal die Kohäsion der Metallatome aufgehoben und es bilden sich mikroskalige Poren oder Risse, die makroskopisch zu sprödem Bruchverhalten führen.

**Mechanismen der Wasserstoffversprödung**

- **HIPT** – *H-induced phase transformation*
  Wasserstoff-induzierter Phasenübergang
  → Übergangsmetallhydride
  → Stahl: Ferrit ↔ Martensit ↔ Austenit

- **HEDE** – *H-enhanced decohesion*
  Wasserstoff-verstärkte Dekohäsion
  [Gerberich et al. (1991)]

- **HELP** – *H-enhanced local plasticity*
  Wasserstoff-verstärkte lokale Plastizität
  [Birnbaum & Sofronis (1994)]

- **HESIV** – *H-enhanced strain-induced formation of vacancies*
  Wasserstoff-verstärkte Dehnungs-induzierte Leerstellenbildung

  - **NVC** – *nano-void coalescence*
    Koaleszenz von Nanoporen
    [Neeraj et al. (2012)]

  - **HEDE + HELP**
    [Martin et al. (2011)]

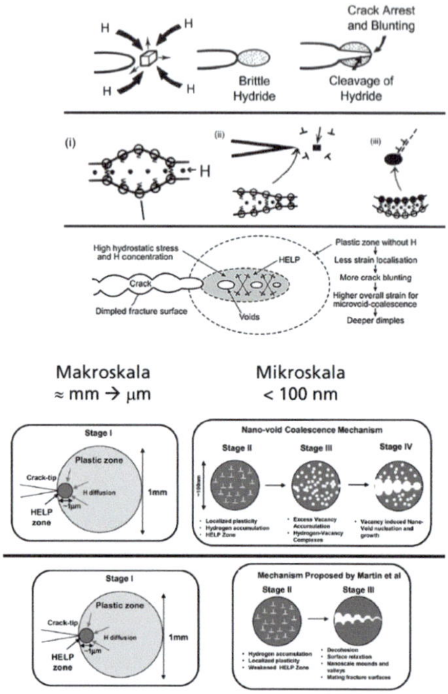


**Abb. 13.3** Schematische Diagramme für Mechanismen der Wasserstoffversprödung. (Grafik nach Fig. 5 in [19]; siehe auch [20], [21], [22], [23])

- Bei der *Hydrogen Enhanced Localized Plasticity* (HELP) wird die lokale Plastizität um eine wandernde Rissspitze im Metall abwechselnd durch hinlaufende Wasserstoffatome erhöht und durch weglaufende Wasserstoffatome erniedrigt, wodurch Bruchflächen mit einem charakteristischen Rippelmuster entstehen.
- Bei der *Hydrogen Enhanced Strain-Induced Vacancy formation* (HESIV) bilden sich im Metall durch die Versetzungsbewegung bei der Verformung mit Wasserstoff gefüllte Leerstellen, die dann die weitere Verformung verhindern [17], [18].
- Ebenso können die durch HESIV in großer Zahl erzeugten Wasserstoff-gefüllten Leerstellen sich durch die *Nano-Void Coalescence* (NVC) zu Poren zusammenlagern und die Kohäsion verringern.

Der Vergleich der beiden unteren Punkte in der Grafik illustriert die experimentelle Problematik, mit bewährten makroskaligen Prüfmethoden die NVC von einer Kombination HEDE und HELP zu unterscheiden. Für eine gründliche und letztlich eindeutige Aufklärung von Mechanismen der Wasserstoffversprödung ist man auf neuartige mikroskalige Prüfmethoden angewiesen.

Nach der kurzen Zusammenstellung von Mechanismen für die Wasserstoffversprödung soll auch die Besonderheit des Wasserstoffs gegenüber anderen leichten Fremdelementen in Stählen und anderen Metallwerkstoffen – interstitiellen Elementen (C, N) oder substitutionellen Elementen (B, O; Al, Si, P, S) – kurz hervorgehoben werden. Wasserstoffatome sind im Vergleich zu Atomen der anderen Elemente sehr klein und leicht. Sie können sich folglich sehr viel schneller durch die Kristallgitter der Metalle bewegen. Atome anderer Elemente bewegen sich im Metall meistens so langsam, dass die Reaktion des Metalls auf eine mechanische Belastung nahezu statisch ist, weil sich während des Ablaufs von Verformungs- oder Bruchvorgängen die Verteilung der Elemente im Metall kaum ändert. Wasserstoffatome bewegen sich dagegen im Metall häufig so schnell, dass das Metall auf eine Belastung sehr dynamisch reagiert, weil sich nahezu gleichzeitig mit lokalen Plastizitäts- oder Dekohäsionsprozessen auch die lokale Verteilung des Wasserstoffs im Metall ändert. Wie stark die Wasserstoffverteilung mit den Schädigungsvorgängen synchronisiert ist, hängt vom Metallgefüge ab. Zudem unterscheiden sich die Diffusivitäten von Wasserstoff in Metallen mit verschiedenen Kristallstrukturen und Kristalldefekten sehr stark. Deshalb ist es bislang noch so schwierig, den an technischen Stahlwerkstoffen beobachteten makroskaligen Schädigungsvorgängen bei der Wasserstoffversprödung einheitliche mikroskalige Schadensmechanismen zuzuordnen.

## 13.4 Experimentelle Materialprüfung und theoretische Materialmodellierung

Zur werkstoffmechanischen Untersuchung der Wasserstoffversprödung und zur Prüfung von Werkstoffen auf ihre Eignung für Bauteile, die in Kontakt mit Wasserstoff stehen, sind insbesondere folgende experimentelle Methoden etabliert:

- Massive Werkstoffproben werden entweder zunächst in einer Wasserstoffgas-Hochdruckkammer oder in einer elektrochemischen Zelle mit Wasserstoff beladen und anschließend in einer mechanischen Prüfmaschine getestet,
- oder sie werden alternativ mit einer in einem Hochdruck-Autoklaven eingebauten Prüfapparatur direkt in der Hochdruckatmosphäre des Wasserstoffgases getestet.

Der große Vorteil der zweiten Methode ist, dass die Werkstoffprüfung unter gut definierten Wasserstoffbedingungen erfolgt, während bei der üblicheren ersten Methode die Wasserstoffkonzentration in der Werkstoffprobe sich zwischen der Beladung in der Hochdruckkammer und der Verformung in der Prüfmaschine nur bei zügiger Versuchsdurchführung wenig verändern kann. Für beide Prüfmethoden mit massiven Werkstoffproben und Wasserstoffgas unter hohem Druck sind aufwändige Laboreinrichtungen notwendig, um die Laborexperimente sowohl wissenschaftlich sorgfältig als auch technisch unfallsicher durchführen zu können. Folglich sind Werkstoffprüfungen zur Wasserstoffversprödung mit diesen Methoden teuer und selten für umfangreiche Probenserien einsetzbar.

Für eine dritte Prüfmethode werden in einer üblichen Prüfapparatur sogenannte Werkstoff-Hohlproben verformt. In diese ist entlang ihrer Längsachse ein Kanal gebohrt, durch den das Wasserstoffgas unter definiertem Innendruck mit dem Werkstoff in Kontakt kommt. Diese Methode erfordert im Vergleich zu den beiden zuvor beschriebenen Methoden einen deutlich geringeren Aufwand an Laboreinrichtungen. Die Prüfexperimente sind weniger teuer und folglich eher für große Probenserien einsetzbar. In Abbildung 13.4 sind links die Fotografie eines Wasserstoff-Hochdruck-Autoklaven-Prüfstands und rechts eine Fotografie eines Werkstoff-Hohlproben-Prüfstands (mit der Skizze einer Hohlprobe) im Fraunhofer IWM Wasserstofflabor zu sehen.

Je früher und je genauer man feststellen kann, wann und wo in einem Bauteil ein Werkstoffschaden entstehen kann, desto besser kann man das Bauteil auf hohe Unfallsicherheit und lange Lebensdauer auslegen. Die hierfür benötigten Werkstoffkenndaten lassen sich experimentell mit den genannten makroskaligen Prüfmethoden nur begrenzt gewinnen. Hierzu bieten mikromechanische Prüfmethoden mit Werkstoffmikroproben [24], [25], [26] ein großes Zukunftspotenzial für die Prüfung von Werkstoffen im Kontakt mit Wasserstoffgas. Mit Mikroproben lassen sich in einem Werkstoffgefüge für die Wasserstoffversprödung kritische Stellen gezielt aufspüren. So können detaillierte Kenndaten über die Entstehung und Ausbreitung von Schädigungsvorgängen im Werkstoff gewonnen werden. Die mikromechanischen Werkstoffprüfmethoden erweitern den Einsatzbereich der Materialprüfung von der Bauteil-Makroskala zur Gefüge-Mikroskala. Ihre Anwendbarkeit und Nützlichkeit für Werkstoffe im Kontakt mit Wasserstoff sind offensichtlich. Hierzu entwickelt das Fraunhofer IWM Wasserstofflabor zurzeit einen mikromechanischen Wasserstoffgas-Druckkammer-Prüfstand für Werkstoffmikroproben. Damit können in naher Zukunft Werkstoffmikroprobenserien sowohl werkstoffmechanisch gründlich als auch kostengünstig auf Schädigungsvorgänge durch Wasserstoffversprödung geprüft werden.

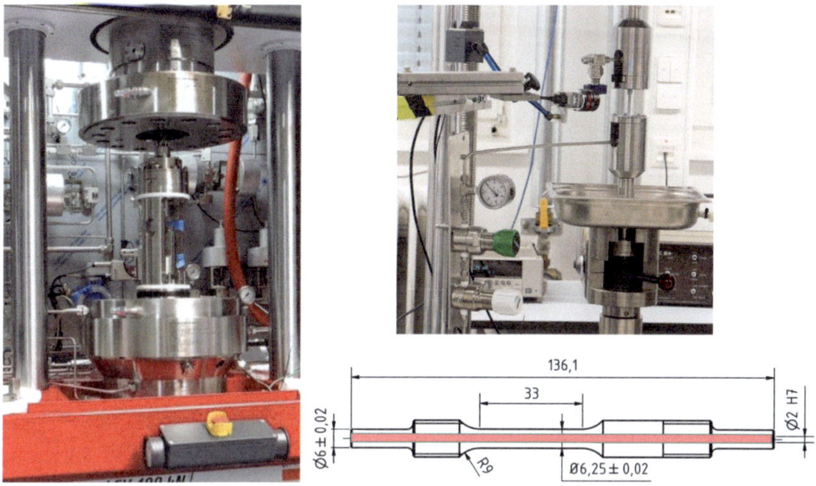


**Abb. 13.4** Prüfstände des Fraunhofer IWM Wasserstofflabors für Metallwerkstoffe im Kontakt mit Wasserstoffgas. Links: Standard-Werkstoffprüfung in einem Wasserstoff-Hochdruck-Autoklaven; rechts: Prüfung mittels Werkstoff-Hohlproben unter Wasserstoff-Innendruck. (Fotografien und Skizze: Fraunhofer IWM)

Einen weiteren Fortschritt auf dem Weg zu einer experimentellen Multiskalen-Werkstoffprüfung versprechen zerstörungsfreie Methoden der Werkstoffprüfung mit neuartigen quantenphysikalischen Sensoren für elektromagnetische Felder. Sehr geringe Feldänderungen an der Probenoberfläche, die aufgrund von kleinen Strukturänderungen infolge von Schädigungsvorgängen durch Wasserstoff im Probeninnern entstanden sind, können von Quantenmagnetsensoren prinzipiell mit extrem hoher Feldempfindlichkeit (z. B. Alkalimetall-Gaszellen-Sensoren) oder mit extrem hoher Ortsauflösung (z. B. Diamantspitzen-NV-Zentren-Sensoren) frühzeitig detektiert und lokalisiert werden. Solche Quantenmagnetsensoren für die Materialprüfung praktisch einsetzbar und anwendbar zu machen, ist eine Aufgabe des Fraunhofer Leitprojektes QMAG – Quantenmagnetometrie [27].

Komplementär zur experimentellen Werkstoffprüfung leistet die theoretische Werkstoffmodellierung auch für Werkstoffe im Kontakt mit Wasserstoff einen zunehmend wichtigen Beitrag zur Erforschung der Wasserstoffversprödung von Werkstoffen und zur Entwicklung von Kriterien zur Bewertung und Auslegung von Bauteilen hinsichtlich Unfallsicherheit und Lebensdauer. Aufgrund der oben skizzierten Multiskaligkeit der Wechselwirkungen von Wasserstoffatomen mit

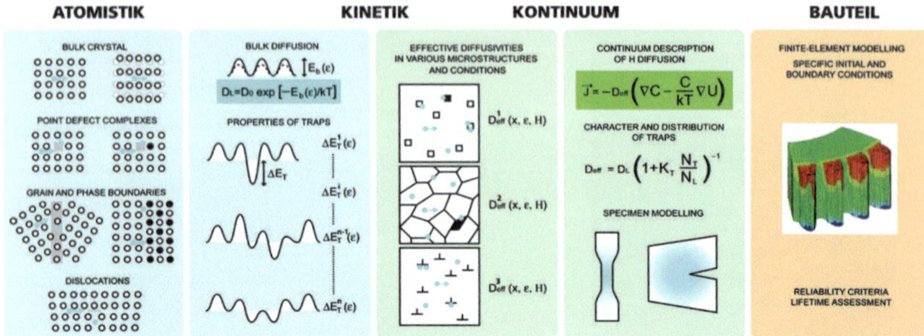


**Abb. 13.5** Multiskalen-Modellierung der Diffusion von Wasserstoff in Werkstoffen (Grafik: Fraunhofer IWM, aus Projekt MultiHy [30], [31])

Werkstoffgefügen werden für die Werkstoffmodellierung eine Vielfalt an Computersimulationsmethoden auf den relevanten Größen- und Zeitskalen entwickelt und untereinander gekoppelt (siehe z. B. die Übersichtsartikel [28], [29]). In Abbildung 13.5 sind die vier Kettenglieder einer Multiskalen-Material-Modellierung (MMM) der Diffusion von Wasserstoff in Metallen skizziert, die im EU-Projekt MultiHy entwickelt und für Problemstellungen der Wasserstoffversprödung eingesetzt wurde [30], [31].

Einige prominente Computersimulationsmethoden der Werkstoffmechanik zur Modellierung von Wasserstoffversprödung werden im Folgenden kurz zusammengefasst:

- Auf der Makroskala eignen sich Kontinuumsmodelle für die Simulation von mechanischen Werkstoffverhalten bei räumlich und zeitlich variabler Konzentration und Diffusion von Wasserstoff im Werkstoffgefüge. Die mathematischen Feldgleichungen der Modelle können mit üblichen Finite-Elemente-Methoden numerisch gelöst werden. Zur Parametrisierung der Modelle werden normalerweise makroskalige Werkstoffkenndaten verwendet, die meistens direkt durch Werkstoffprüfexperimente oder manchmal indirekt aus mikroskaligen Gefügesimulationen durch geeignete statistische Mittelung (coarse graining) bestimmt werden. Eine wesentliche Notwendigkeit für die Weiterentwicklung der Kontinuumsmethoden für die Simulation der Wasserstoffversprödung ist die physikalische Kopplung der relevanten mechanischen Felder (Dehnungen und Spannungen im Werkstoffgefüge) an die thermodynamischen Felder (Temperatur und Druck des Wasserstoffgases, Konzentration und Partialdruck des Wasserstoffs im Werkstoff etc.). Es ist eine anspruchsvolle und wichtige Aufgabe,

hierfür werkstoffmechanisch sinnvolle Näherungsansätze zu entwickeln, die möglichst viele Mechanismen empirisch zuverlässig berücksichtigen und numerisch effizient berechnet werden können.
- Zur Konzentration und Diffusion von Wasserstoffatomen in Werkstoffgefügen auf der Mesoskala werden phänomenologische Kontinuumsmodelle (z. B. Fouriersche Gleichungen für den Wärmetransport oder Ficksche Gleichungen für den Atomtransport) mit atomistisch-diskreten Transporttheorien verknüpft (z. B. Master-Gleichungen mit kinetischen Sprungratenmodellen für Monte-Carlo-Simulationen oder Newton-Gleichungen mit interatomaren Potentialen für Molekulardynamik-Simulationen). Damit lassen sich effektive Beschreibungen individueller Wechselwirkungen von Wasserstoffatomen mit atomaren Fehlstellen, Gitterversetzungen oder Grenzflächen im Werkstoffgefüge entwickeln, die von Werkstoffschädigungsprozessen im Kleinen zur Wasserstoffversprödung im Großen führen.
- Für die Parametrisierung der Sprungratenmodelle oder der interatomaren Potentiale werden Materialkenndaten verwendet, die auf der Mikroskala mit quantenmechanischen Computersimulationsverfahren (z. B. Methoden der Dichtefunktionaltheorie) für atomistische Modelle der individuellen Kristall- und Defektstrukturen im Werkstoffgefüge *from first principles* berechnet werden (siehe z. B. [32], [33], [34], [35], [36]).

Multiskalenketten, wie die in Abbildung 13.5 skizziert, sind bisher nur für spezielle Anwendungsszenarien durchgängig realisiert worden (Projekt MultiHy [30]). Es ist noch eine große Herausforderung, sie für generelle Anwendungsfälle der Wasserstoffversprödung so zu realisieren, dass nicht nur theoretische Materialphysiker damit umgehen können, sondern auch praktische Entwicklungsingenieure diese ohne besondere Expertise nutzen können, um letztendlich bei der Auslegung von Bauteilen die Wasserstoffversprödung zu berücksichtigen und zu vermeiden. Hier sind die theoretische Werkstoffmodellierung, die Bauteilbewertung und die Softwaretool-Entwicklung gefordert.

## 13.5 Diskussion: Hydrogen Readiness

Der heutige Stand der Wissenschaft und Technik zur makroskaligen Wasserstoffversprödung von Werkstoffen in Bauteilen sowie damit verbunden zur mikroskaligen Wechselwirkung von Wasserstoffatomen mit Werkstoffgefügen kann stark vereinfacht ungefähr so zusammengefasst werden: Die experimentelle mechanische Werkstoffprüfung liefert für spezifische Werkstoffe gute, aber oft noch unzureichend vollständige Materialkenndatensätze für die Bewertung und Auslegung von Bauteilen, die im Kontakt mit Wasserstoff unfallsicher und langlebig sein müssen. Makroskalige Computersimulationen liefern gute, aber oft noch unzureichend realistische Beschreibungen des spezifischen Verhaltens von Werkstoffen im Kontakt mit Wasserstoff. Die empirische Interpretation der experimentellen Befunde für bestimmte Werkstoffe erfordert ein gründliches Fachwissen und viel Erfahrung. Die Übertragbarkeit der Befunde und die Verallgemeinerung der Interpretation von einem geprüften Werkstoff auf andere Werkstoffe sind begrenzt. Interpolative Bewertungen mikrostrukturell ähnlicher Werkstoffe hinsichtlich der Wasserstoffversprödung sind möglich, extrapolative Vorhersagen für unterschiedliche Werkstoffe sind wenig zuverlässig.

Für die experimentellen Prüfmethoden und theoretischen Simulationsmethoden der Werkstoffmechanik stellt sich damit vereinfacht folgende Zukunftsaufgabe: Die mechanistische Beschreibung von Werkstoffverhalten sollte wie bisher spezifisch und interpolativ beschreibend sein, aber darüber hinaus auch generisch und extrapolativ vorhersagend werden. Hierfür öffnen Kombinationen von mechanistischen Modellen der Mechanik, Physik und Chemie mit stochastischen Werkstoffdatenmodellen der Materialinformatik (big data, machine learning, artificial intelligence) sowie Skalenkopplungen (coarse graining) von mechanistischen oder statistischen Werkstoffmodellen neue Perspektiven für die methodische Weiterentwicklung der Materialprüfung und Materialmodellierung. Damit können die Bewertungen und Auslegungen unfallsicherer und langlebiger Komponenten der Wasserstoffinfrastruktur zuverlässiger gemacht werden.

Die zukünftigen Anstrengungen sollen die Zwecke verfolgen, „langsame“ Schädigungsprozesse in Gefügen durch statische oder zyklische, unterkritische mechanische Belastungen, die zur Ermüdung von Werkstoffen und Alterung der Bauteile aufgrund von quasistatischer Versprödung durch Wasserstoff führen, bei der Auslegung von Bauteilen für langlebige Anlagen zu berücksichtigen. Bei der Auslegung von Bauteilen für unfallsichere Anlagen zu berücksichtigen sind dagegen „schnelle“ Schädigungsprozesse in Gefügen durch kurzzeitige und lokale, überkritische mechanische Belastungen, die zur plastischen Verformung oder zur Rissbildung und folglich zur Zerstörung der Bauteile aufgrund von dynamischer Versprödung durch Wasserstoff führen können. Damit diese Zwecke letztendlich erfüllbar werden, sind von der Materialwissenschaft mit Werkstoffdaten und Werkstoffmodellen „ausgestattete“ und multiskalig informierte Computersimulationswerkzeuge für die Auslegung von Bauteilen zu entwickeln, die von Entwicklungsingenieuren ohne besonderes Expertenwissen bedient werden können. Dazu wird angestrebt, umfangreiches Fachwissen der mechanischen Werkstoffprüfung und Werkstoffmodellierung in Zukunft in Form von digitalisierten Daten und Modellen zu fassen und so für Problemstellungen zur Wasserstoffversprödung in technischen Anlagen der Wasserstoffinfrastruktur leicht verfügbar und automatisiert einsetzbar zu machen. *Hydrogen readiness* bedeutet somit schließlich, dass Entwicklungsingenieure die Eignung von Werkstoffen für unfallsichere und langlebige Bauteile in Anlagen der Wasserstoffinfrastruktur zuverlässig bewerten können.

## Literatur


1. Barnoush A., Vehoff H. (2010): Recent developments in the study of hydrogen embrittlement: Hydrogen effect on dislocation nucleation. Acta Materialia 58 (16): 5274–5285
2. Michler T., Wackermann K., Schweizer F. (2021): Review and Assessment of the Effect of Hydrogen Gas Pressure on the Embrittlement of Steels in Gaseous Hydrogen Environment. Metals 11 (4): 637
3. Michler T., Schweizer F., Wackermann K. (2021): Review on the Influence of Temperature upon Hydrogen Effects in Structural Alloys. Metals 11 (3): 423
4. MaterialD1g1tal: Die Plattform für die Digitalisierung der Materialien. https://www.materialdigital.de/, abgerufen am 11.12.2021
5. Bundesministerium für Bildung und Forschung: Willkommen bei den Wasserstoff-Leitprojekten! https://www.wasserstoff-leitprojekte.de/, abgerufen am 11.12.2021
6. Michler T., Naumann J. (2009): Coatings to reduce hydrogen environment embrittlement of 304 austenitic stainless steel. Surface and Coatings Technology 203 (13): 1819–1828
7. Oriani R.A. (1972): A mechanistic theory of hydrogen embrittlement of steels. Berichte der Bunsengesellschaft für physikalische Chemie 76 (8): 848–857
8. Oriani R.A. (1978): Hydrogen embrittlement of steels. Annual review of materials science 8: 327–357
9. Oriani R.A. (1987): Whitney award lecture 1987: Hydrogen - The versatile embrittler. Corrosion 43 (7): 390–397
10. Robertson I.M., Sofronis P., Nagao A. et al (2015): Hydrogen embrittlement understood. Metallurgical and Materials Transactions B 46: 1085–1103
11. Barnoush. A., Vehoff H. (2010): Recent developments in the study of hydrogen embrittlement: Hydrogen effect on dislocation nucleation. Acta Materialia 58 (16): 5274–5285
12. Lynch, S. (2012): Hydrogen embrittlement phenomena and mechanisms. Corrosion Reviews 30: 105–123
13. Dadfarnia M., Nagao A., Wang S. et al (2015): Recent advances on hydrogen embrittlement of structural materials. International Journal of Fracture 196: 223–243
14. Bhadeshia H.K.D.H. (2016): Prevention of hydrogen embrittlement in steels. ISIJ International 56: 24–36
15. Barrera O., Bombac D., Chen Y. et al (2018): Understanding and mitigating hydrogen embrittlement of steels: a review of experimental, modelling and design progress from atomistic to continuum. Journal of Materials Science 53 (9): 6251–6290
16. Li X., Ma X., Zhang J. et al (2020): Review of hydrogen embrittlement in metals: Hydrogen diffusion, hydrogen characterization, hydrogen embrittlement mechanism and prevention. Acta Metallurgica Sinica (English Letters) 33 (6): 759–773

17. Li S.Z., Li Y.G., Lo Y.C. et al (2015): The interaction of dislocations and hydrogen-vacancy complexes and its importance for deformation-induced proto nano-voids formation in alpha-Fe. International Journal of Plasticity 74: 175–191
18. Xie D., Li S., Li M., Wang Z., Gumbsch P. et al (2016): Hydrogenated vacancies lock dislocations in aluminium. Nature Communications 7: 13341 1–7
19. Li X., Ma X., Zhang J. et al (2020): Review of hydrogen embrittlement in metals: Hydrogen diffusion, hydrogen characterization, hydrogen embrittlement mechanism and prevention. Acta Metallurgica Sinica (English Letters) 33 (6): 759–773
20. Gerberich W.W., Oriani R.A., Lji M.-J. et al (1991): The necessity of both plasticity and brittleness in the fracture thresholds of iron. Philosophical Magazine A 63: 363–376
21. Birnbaum H.K., Sofronis P. (1994): Hydrogen-enhanced localized plasticity - a mechanism for hydrogen-related fracture. Materials Science and Engineering: A 176: 191–202
22. Neeraj T., Srinivasan R., Li J. (2012): Hydrogen embrittlement of ferritic steels: observations on deformation microstructure, nanoscale dimples and failure by nanovoiding. Acta Materialia 60: 5160–5171
23. Martin M.L., Robertson I. M., Sofronis P. (2011): Interpreting hydrogen-induced fracture surfaces in terms of deformation processes: a new approach. Acta Materialia 59: 3680–3687
24. Gianola D.S., Eberl C. (2009): Micro-and nanoscale tensile testing of materials. JOM 61: 24–35
25. Piotter V., Eberl C., Kraft O. (2016): Miniaturisierung? Ja, bitte! Forschung 41: 24–27
26. Thomas A., Durmaz A.R., Straub T., Eberl C. (2020): Automated Quantitative Analyses of Fatigue-Induced Surface Damage by Deep Learning. Materials 13 (15): 3298
27. Fraunhofer-Gesellschaft: QMAG – Quantenmagnetometrie. https://www.qmag.fraunhofer.de/, abgerufen am 11.12.2021
28. Díaz A., Alegre J.M., Cuesta I.I. (2016): A review on diffusion modelling in hydrogen related failures of metals. Engineering Failure Analysis 66: 577–595
29. Jemblie L., Olden V., Akselsen O.M. (2017): A coupled diffusion and cohesive zone modelling approach for numerically assessing hydrogen embrittlement of steel structures. International Journal of Hydrogen Energy 42 (16): 11980–11995
30. European Commission: MultiHy – Multiscale Modelling of Hydrogen Embrittlement (2011–2015). https://cordis.europa.eu/project/id/263335/reporting, abgerufen am 11.12.2021
31. Winzer N., Mrovec M. (2014): Multiscale Approaches to Hydrogen-Assisted Degradation of Metals. JOM 66: 1366–1367
32. Hickel T., Nazarov R., McEniry E.J. et al (2014): Ab initio based understanding of the segregation and diffusion mechanisms of hydrogen in steels. JOM 66: 1399–1405
33. Di Stefano D., Mrovec M., Elsässer C. (2015): First-principles investigation of quantum mechanical effects on the diffusion of hydrogen in iron and nickel. Physical Review B 92: 224301
34. Di Stefano D., Nazarov R., Hickel T. et al (2016): First-principles investigation of hydrogen interaction with TiC precipitates in α-Fe. Physical Review B 93: 184108
35. Di Stefano D., Mrovec M., Elsässer C. (2015): First-principles investigation of hydrogen trapping and diffusion at grain boundaries in nickel. Acta Materialia 98: 306–312
36. Bombac D., Katzarov I.H., Pashov D.L., Paxton A. T. (2017): Theoretical evaluation of the role of crystal defects on local equilibrium and effective diffusivity of hydrogen in iron. Materials Science and Technology 33 (13): 1505–1514

# Sensorik und Sicherheit 14

Carolin Pannek • Armin Lambrecht • Jürgen Wöllenstein •
Karsten Buse
Fraunhofer-Institut für Physikalische Messtechnik IPM

Armin Keßler
Fraunhofer-Institut für Chemische Technologie ICT

Ralf Tschuncky • Patrick Jäckel • Steven Quirin •
Sargon Youssef • Hans-Georg Herrmann
Fraunhofer-Institut für Zerstörungsfreie Prüfverfahren IZFP

Steven Oeckl
Fraunhofer-Institut für Integrierte Schaltungen IIS

**Zusammenfassung**

Die wichtigste Voraussetzung für eine erfolgreiche Wasserstoffwirtschaft ist, dass von dieser Technologie keine Gefahren ausgehen. Eine zentrale Rolle zur Gewährleistung der Sicherheit nimmt die Sensorik ein. Mit der verfügbaren Sensorik zur zerstörungsfreien Prüfung ist ein Monitoring der Strukturintegrität realisierbar. Wasserstoffleckagen können mit etablierten Sensorkonzepten erkannt werden. Die verfügbaren technischen Lösungen sind jedoch oft nur eingeschränkt nutzbar oder aufwändig. Die vorgestellten Forschungs- und Entwicklungsarbeiten zur Sensorik zeigen, wie die bestehenden Einschränkungen verringert und perspektivisch aufgehoben werden können.



R. Neugebauer (Hrsg.), *Wasserstofftechnologien*,
https://doi.org/10.1007/978-3-662-64939-8_14

## 14.1 Einleitung

Mit der im Juni 2020 veröffentlichten „Nationalen Wasserstoffstrategie" (NWS) plant die Bundesregierung, grünen Wasserstoff ($H_2$) als Energieträger der Zukunft zu etablieren, um damit einen wesentlichen Beitrag zum Klimaschutz zu leisten [1]. Für die erfolgreiche Einführung dieser neuen Technologie ist die gesamtgesellschaftliche Akzeptanz entscheidend. Ausschlaggebend dafür ist, dass von der Wasserstoffwirtschaft keine Gefahr ausgehen wird.

Dies muss in allen Bereichen der Wasserstoffwirtschaft sichergestellt werden: von der Erzeugung über den Transport und die Speicherung bis zur Verwendung. Das ist allerdings nicht trivial, gerade wenn Wasserstoff immer dichter an die Endnutzer vordringt und Infrastruktur und Logistik flächendeckend verfügbar werden. Die Nutzung von Wasserstoff als Energieträger stellt hohe Anforderungen an die Sicherheitstechnik, da $H_2$ ab 4 Vol.-% in Luft zündfähig und ab 18 Vol.-% explosiv ist. Welche Folgen dies haben kann, wird durch einen Unfall am 12.06.2020 an einer Tankstelle des Wasserstoffkonzerns Nel bei Oslo deutlich. Der Unfall führte zum Zusammenbruch der gesamten norwegischen $H_2$-Versorgung. Die nachgewiesene Ursache waren Montagefehler an einem Hochdrucktank [2].

Eine systematische Sicherheitsanalyse ist daher ein unverzichtbares Element bei Planung, Aufbau und Betrieb von Wasserstoffeinrichtungen. Sie wird üblicherweise in Form einer Gefahren- und Risikoanalyse durchgeführt (Abbildung 14.1) [3]. Dazu werden etablierte Werkzeuge der Sicherheitstechnik eingesetzt, z. B. HAZOP (hazard and operability analysis, dt.: Gefährlichkeitsanalyse), FMEA (Fehlermöglichkeits- und Einfluss-Analyse), und FTA (fault tree analysis, dt. Fehlerbaumanalyse) [4]. Zunächst werden dabei die möglichen Gefahrenquellen identifiziert und dann wird anhand charakteristischer Szenarien (z. B. Betankungsvorgängen an einer $H_2$-Tankstelle) eine Risikobestimmung durchgeführt. Abhängig von der Bewertung des Risikos werden Änderungen am Prozess oder der Anlage veranlasst, z. B. die Bereitstellung zusätzlicher Schutzeinrichtungen.

### Sensorik

Die Sensorik ist dabei ein entscheidender Baustein für alle Bereiche der Wasserstoffwirtschaft. Durch Sensorik kann eine Gefahrenquelle schnell und zuverlässig erkannt werden. Danach können sofort aktive Schutzmaßnahmen eingeleitet werden. Damit wird das Schadensrisiko erheblich reduziert; die Sensorik dient der Gefahrenabwehr. Dafür muss die Sensorik möglichst alle Szenarien abdecken.

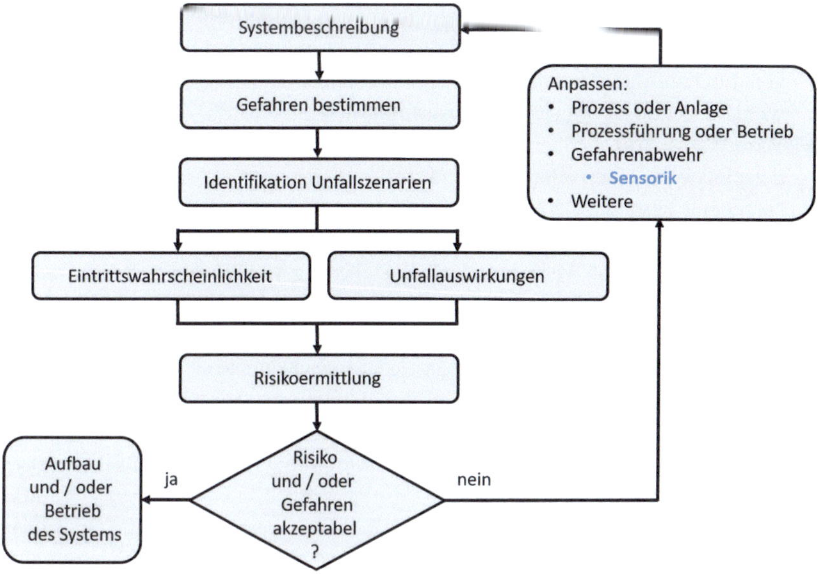


**Abb. 14.1** Ablauf einer Sicherheitsanalyse: Die Sensorik ist ein wichtiger Teil der Gefahrenabwehr

Sensorik ist zur Überprüfung aller Anlagen- und Maschinenteile erforderlich, um über die gesamte Betriebsdauer eine sichere Funktion zu gewährleisten. Weiterhin muss die Sensorik bei allen Anlagen und Geräten für alle möglichen Betriebszustände, aber auch für alle noch so unwahrscheinlichen Störfälle sowohl die Gefährdung von Personen als auch Sachschäden verhindern. Damit ergeben sich folgende Anforderungsbereiche für die Sensorik und eine Klassifizierung von Sicherheitssensoren für die Wasserstofftechnik:

- Materialien, Komponenten und Systeme, die in der Wasserstofftechnik eingesetzt werden, müssen vor und bei einer Installation sowie im Betrieb sicherheitstechnisch geprüft werden. Dafür ist eine geeignete *zerstörungsfreie Sensorik* erforderlich.
- Für eine sichere Verwendung von Wasserstoff und den sicheren Betrieb aller Anlagen und Systeme sind Richtlinien und technische Schutzeinrichtungen notwendig. Die Sicherheit von Personen und Objekten ist dabei auch in der Umgebung von wasserstoffführenden Anlagen und Geräten zu gewährleisten. Hierfür werden zuverlässige *$H_2$-Warnsensoren* für eine sehr große Bandbreite von Anwendungsfällen benötigt.

- Bei Installations- und Wartungsarbeiten sowie bei der regelmäßigen Inspektion von wasserstoffführenden Anlagen und Maschinen sind Dichtigkeitsprüfungen durchzuführen. Etwaige Leckagen müssen erkannt, lokalisiert und behoben werden. Dazu ist *$H_2$-Lecksensorik* erforderlich.
- Wird Wasserstoff vorübergehend an ein Trägermolekül chemisch gebunden, um beispielsweise einen effizienten und sicheren Transport zu ermöglichen, ist entsprechend zusätzlich eine *Wasserstoffträger-Sensorik* erforderlich. Dies trifft beispielsweise für Ammoniak als Wasserstoffträger zu.
- Bei der Erzeugung, Verteilung und Speicherung von Wasserstoff kann es zu prozessbedingten oder zufälligen Kontaminationen kommen; darüber hinaus werden Begleitgase und Odorierungsmittel auch gezielt beigemischt. Für die sichere Nutzung des Wasserstoffgases können Kontaminationen und Beimischungen auch im Spurenbereich entscheidend sein. Aus diesem Grund muss für viele Anwendungen die Reinheit des Wasserstoffgases genau überwacht werden. Dafür ist eine geeignete *Wasserstoffreinheits-Sensorik* erforderlich.

## 14.2 Herausforderungen

Der Aufbau einer großskaligen Wasserstoffinfrastruktur zur Erzeugung, Lagerung und Verteilung großer Wasserstoffmengen wird nur dann mit der notwendigen gesellschaftlichen Akzeptanz erfolgreich gelingen, wenn von Beginn an die maximale Sicherheit und Verfügbarkeit an jedem Ort, in jedem Betriebszustand sowie über lange Zeiträume gewährleistet ist. Gleichzeitig muss dies so effizient und kostengünstig wie möglich erfolgen, um ökologische und ökonomische Ressourcen zu schonen.

Wasserstoff muss in großen Mengen erzeugt, transportiert und gespeichert werden, letzteres in mobilen (Druck-)Behältern oder in Röhren- oder Kavernenspeichern. Hierfür muss Wasserstoff komprimiert oder gekühlt werden, im Fall kryogener Wasserstoffspeicher sogar beides gleichzeitig.

Wegen des hohen Diffusionsvermögens von Wasserstoff und seines Potenzials, Materialeigenschaften zu verändern, müssen sicherheitstechnische Fragestellungen bei allen infrastrukturell relevanten Komponenten aufmerksam beachtet und verfolgt werden. Materialaspekte werden in Kapitel 13 behandelt.

Für den industriellen Einsatz ist der Aufbau eines Wasserstoffpipeline-Netzes notwendig, das große Verbraucher (Chemieindustrie, Raffinerien, Stahlindustrie etc.) mit den Erzeugungs- (Wind-/PV-Elektrolyse) oder Anlandezentren (Häfen für Import-Wasserstoff) verknüpft. Eine Möglichkeit zur beschleunigten Realisierung einer flächendeckenden Verteilung von Wasserstoff ist die Verwendung der existierenden Erdgasinfrastruktur durch Beimischung von $H_2$ zum Erdgas bis in den zweistelligen Prozentbereich. Außerdem können einzelne Elemente der Versorgungskette zur Verwendung mit hohen Wasserstoffkonzentrationen umgerüstet werden. Schon lange bestehende Anlagen wie Erdgasleitungen und Speichersysteme müssen im Detail geprüft, ggfs. umgebaut und erweitert, mit geeigneter *$H_2$-Warnsensorik* ausgestattet und für Wasserstoff zugelassen werden. Parallel müssen die für die Erdgasinfrastruktur bewährten sicherheitstechnischen Einrichtungen und Regelwerke um die spezifischen Eigenschaften und Gefährdungspotenziale von Wasserstoff erweitert werden. Dies betriff die komplette Bandbreite der Planung, Qualifizierung von Komponenten, Baumaßnahmen und Installationen, Inbetriebnahmen, Regelbetrieb, Inspektionen und Wartung der Verteilinfrastruktur.

Die Dichtigkeitsprüfung ist eine unverzichtbare Sicherheitsmaßnahme bei Installation, Umbau, Reparatur, Wartung und regelmäßiger Inspektion gastechnischer Anlagen. Speicher, Armaturen, Messgeräte usw. müssen vor dem Einbau geprüft und zugelassen werden. Für die Dichtigkeitsprüfung und das Aufspüren möglicher Leckagen ist für Erdgas ein umfangreiches Regelwerk der DVGW verfügbar sowie entsprechende Prüfgeräte. Durch die Anwendung dieser Richtlinien und Geräte hat das deutsche Erdgasnetz mit einem Umfang von insgesamt 511.000 km und einer Speicherkapazität von 130 TWh – das entspricht einem Primärenergieverbrauch von etwa 14 Tagen – nur eine geringe Anzahl von Gasunfällen zu verzeichnen [5], [6]. Im Jahr 2017 gab es etwa sechs sofortmeldepflichtige Unfälle pro 100.000 km Leitung. Die Mehrheit dieser Unfälle ist auf mechanische Einwirkungen wie z. B. Baggerschäden zurückzuführen [7].

Die für das Erdgasnetz bewährten Sicherheitskonzepte können als Vorlage für die Sicherheit eines zukünftigen Wasserstoffnetzes dienen. Beispielsweise sind in der DVGW-Richtlinie G 465-4: „Gasspür- und Gaskonzentrationsmessgeräte für die Überprüfung von Gasanlagen“ Eigenschaften definiert, die auch für Wasserstoff gelten, aber dafür noch genauer spezifiziert werden sollten [8]. Allerdings gibt es dennoch beträchtliche Unterschiede und Herausforderungen für ein Wasserstoffnetz: Eine wichtige Sicherheitsfunktion erfüllt beim Erdgasnetz die Odorierung. Ein Gasleck kann sofort von jedem Menschen, auch von Kindern, durch den unangenehmen „Gasgeruch“ bemerkt werden. Nicht zuletzt durch die Odorierung können Gaslecks rasch erkannt und Unfälle vermieden werden. Leider gibt es für Wasserstoff keine effektive Odorierung. Eine Schwierigkeit ist dabei, dass Wasserstoff durch kleinste Undichtigkeiten und im Unterschied zu allen anderen Gasen auch durch viele Materialien diffundiert. Die großen Moleküle der üblichen Odorierungstoffe sind dazu nicht in der Lage. Kleine Lecks können deshalb nicht am Geruch erkannt werden! Umso wichtiger ist eine empfindliche *$H_2$-Warnsensorik*.

## Sensorik zur Leckagelokalisierung

Für Erdgas hat sich die berührungslose Detektion und Lokalisierung möglicher Leckagen aus der Entfernung bewährt. Mit modifizierten Wärmebildkameras [9] oder empfindlichen Laserdetektoren [10] können aus Entfernungen bis zu 30 m Leckagen lokalisiert werden. Zur Überwachung von Gaspipelines ist sogar ein Helikoptersystem im Einsatz, das ein Aufspüren von Gaslecks aus einer Höhe von mehr als 100 m ermöglicht [11]. Ein derartiges Leckage-Screening kann auch automatisch oder aus einem Fahrzeug heraus erfolgen und ermöglicht nachfolgend eine effektive, gezielte Inspektionsmaßnahme vor Ort. Die physikalische Basis dieser Ferndetektionsverfahren ist die Infrarotabsorption von Methan. Leider ist reines $H_2$ nicht infrarotaktiv. Für ein flächendeckendes und verzweigtes Wasserstoffnetz ist daher eine ebenso empfindliche und effiziente Ferndetektionstechnik nötig.

Bei Neuinstallationen werden Leitungsabschnitte, Muffen, Armaturen usw. mit hohem Gasdruck beaufschlagt und auf Druckabfall getestet. Kritische Anlagenteile werden mit empfindlichen Lecksuchgeräten abgeschnüffelt. Dazu wird für Erdgas beispielsweise ein Flammen-Ionisations-Detektor (FID) eingesetzt. Für Wasserstoff ist dies mit Paladium-Feldeffekttransistoren-Sensoren oder mit einem kompakten Massenspektrometer möglich, das selektiv auf $H_2$ anspricht. Diese Technik ist von der Dichtigkeitsprüfung mit Helium bekannt und sehr empfindlich. Jedoch ist eine solche manuelle Prüfung bei komplexen Anlagen sehr personal- und zeitaufwändig und wird daher bei Bestandsanlagen nur in festen Intervallen durchgeführt, z. B. jährlich. Eine bildgebende Technik zur Detektion und Lokalisierung von Leckagen ermöglicht eine deutlich effektivere Durchführung von Inspektionsarbeiten. Dafür ist, analog zu einer Gaskamera bei Methan, eine entsprechende berührungslose $H_2$-Lecksensorik notwendig.

## Warnsensorik

Die kontinuierliche Überwachung von Gasinstallationen im Betrieb erfordert den Einsatz fest installierter $H_2$-Warnsensoren, die eine Konzentration von über 1 Prozent $H_2$ in der Umgebungsluft sicher detektieren und bereits bei Werten unter 0,4 Prozent einen Anstieg der $H_2$-Konzentration innerhalb weniger Sekunden sicher nachweisen können.

Diese Sensorik muss sehr zuverlässig, robust, langzeitstabil, wartungsfrei, aber auch preisgünstig sein, da zur sicheren Erfassung eines Lecks in der Regel mehrere Sensoren als Netzwerk eingesetzt werden müssen. Dabei müssen die Sensoren optimal platziert werden, um z. B. auch bei veränderlichen Luftströmungen in einem Gebäude anzusprechen. Zur Vermeidung von Fehlalarmen dürfen die Sensoren kaum Querempfindlichkeiten gegenüber wechselnden Umweltbedingungen, Staub, Luftfeuchte und anderen Gasen (z. B. Dämpfen von Reinigungsmitteln) aufweisen. Wichtige Spezifikationen von Wasserstoffsensoren sind in der Norm ISO 26142:2010 technologieunabhängig beschrieben. Die Sensoren müssen außerdem ihre Funktion eigenständig überwachen und eine Verschmutzung oder Degradation von Schlüsselkomponenten erkennen können. Darüber hinaus wird eine technologieunabhängige Redundanz von Sensorelementen in einem $H_2$-Detektor gefordert. Das bedeutet, dass zwei Sensorelemente mit unterschiedlichem physikalischen Wirkprinzip in einem System verwendet werden müssen, um die Funktion auch bei Ausfall eines Elements zu gewährleisten. Dies sind Anforderungen zur „funktionalen Sicherheit“, die in den Normen DIN EN 61508, DIN EN 61511 und ISO 26262 (für Straßenfahrzeuge s. u.) geregelt sind.

Wie Tabelle 14.1 zeigt, verflüchtigt sich $H_2$ bei einem Leck viel schneller als Methan oder Benzindämpfe. Das ist einerseits ein Vorteil, da damit das Risiko für entzündliche Mischungen abnimmt. Andererseits sorgt der hohe Diffusionskoeffizient auch dafür, dass sich in einem abgeschlossenen Raum rascher zündfähige Konzentrationen aufbauen können. Zudem ist der Konzentrationsbereich für explosive Gemische für $H_2$ größer als für $CH_4$ oder Benzindämpfe bzw. es wird zur Verbrennung weniger Sauerstoff benötigt als bei den anderen Energieträgern. Die sehr niedrige Zündenergie von Wasserstoff ist eine weitere große Gefahrenquelle. Nur ein kleiner Funke, z. B. durch eine elektrostatische Entladung, kann eine Zündung auslösen. Bei der Vielfalt an Szenarien lässt sich allein aus den Werten (Tabelle 14.1) nicht entscheiden, ob Wasserstoff oder Erdgas der sicherere Energieträger ist. Die Sicherheit beider Systeme hängt entscheidend vom professionellen Umgang ab [12].

### Sensorik für mobile Anwendungen

Neben der stofflichen industriellen Nutzung von Wasserstoff, z. B. zur Herstellung von Ammoniak für Düngemittel, in Raffinerien oder in der Stahlindustrie, ist vor allem die Verstromung in Brennstoffzellen die bedeutendste Anwendung für Wasserstoff. Dabei wird die überwiegende Anzahl der Brennstoffzellensysteme im Transportbereich eingesetzt. Das ist ein großer Unterschied zu Erdgas, das für den Transportsektor lediglich eine Nischenrolle spielt. Während 2020 für Benzin und Diesel in Deutschland 14.470 Tankstellen verfügbar waren [13], gab es für Erdgas (compressed natural gas, CNG) lediglich 832 Tankstellen [14]. Für Wasserstoff gab es Ende 2020 bereits 89 Tankstellen und bis zum Jahr 2025 sind 1.000 weitere

**Tab. 14.1** Vergleich Wasserstoff, Methan (Gase bei 0 °C und 1.013 mbar) und flüssige Kraftstoffe (bei 25 °C) [15]–[17]

| Eigenschaft | Wasserstoff | | Methan | | Benzin | Diesel |
|---|---|---|---|---|---|---|
| Aggregatzustand | gasförmig | flüssig (LH2) | gasförmig | flüssig (LNG) | flüssig | flüssig |
| Dichte (Luft: 1,3 kg/m$^3$) | 0,09 kg/m$^3$ | 0,071 kg/l @-253 °C | 0,72 kg/m$^3$ | 0,42 kg/l @-162 °C | ≈ 0,75 kg/l | ≈ 0,85 kg/l |
| Brennwert massenbezogen [MJ/kg] | 141,8 | | 55,5 | | ≈ 43,5 | ≈ 45,4 |
| Brennwert Volumenbezogen [kWh] | 3,54/m$^3$ | 2,79/l | 11,1/m$^3$ | 6,5/l | ≈ 9,0/l | ≈ 10,4/l |
| Zündtemperatur [°C] | 585 | | 595 | | 200-410 | 220 |
| Mindestzündenergie [mJ] | 0,016 | | 0,2 | | 0,24[(a)] | – |
| Diffusionskoeffizient in Luft [m$^2$/s] @20 °C | 6,9·10$^{-5}$ | | 2,2·10$^{-5}$ | | 0,67·10$^{-5}$ [(b)] | – |
| Schallgeschwindigkeit [m/s] (Luft: 343 m/s) | 1.280 | | 466 | | | |
| Wärmeleitfähigkeit [mW/m·K ] (Luft: 26,2) | 186 | | 34,1 | | | |
| Untere Explosionsgrenze, UEG [Vol.-%] | 4 | | 4,4 | | 1,4 | 0,6 |
| Obere Explosionsgrenze, OEG [Vol.-%] | 77 | | 16,5 | | 7,6 | 7,5 |

[(a)] Heptan-Luft Gemisch, [(b)] n-Heptan Dampf

Tankstellen geplant. Insbesondere der Güterverkehr und der ÖPNV sind die größten Märkte für Brennstoffzellen mit hohen jährlichen Wachstumsraten [32]. Allein für den Gütertransport wurden weltweit in 2019 Brennstoffzellen (BSZ) mit insgesamt 0,9 GW elektrischer Leistung verkauft, was einem Marktanteil von 80 % entspricht [33]. Der Individualverkehr ist dagegen trotz zahlreicher Pilotprojekte und bereits kommerziell verfügbarer Brennstoffzellenfahrzeuge aufgrund fehlender Wirtschaftlichkeit noch ein Nischenmarkt. Essenziell für den Transportsektor ist der Aufbau einer flächendeckenden Tankstelleninfrastruktur, die vorzugsweise an ein stationäres Versorgungsnetzwerk gekoppelt ist. Wasserstoff weist dabei deutliche Unterschiede zu anderen Energieträgern auf (Tabelle 14.1).

Tabelle 14.1 zeigt zum einen, dass der volumenbezogene Energiegehalt der gasförmigen Brennstoffe bei Atmosphärendruck etwa 1.000-mal geringer ist als bei den flüssigen Kraftstoffen. Weiter ist der Energiegehalt pro kg von $H_2$ zwar etwa dreimal so hoch wie der von Erdgas, pro Normalvolumen jedoch dreifach geringer. Das bedeutet, dass Wasserstoff im Vergleich zu Erdgas bei etwa dreifach höherem Druck getankt und gespeichert werden sollte, wenn man eine ähnliche Reichweite bei gleicher Tankgröße erzielen will.

Der maximale Betankungsdruck bei CNG-Fahrzeugen ist auf 200 bar bei 15 °C begrenzt. Da beim Betanken der Druck ansteigt und sich das Gas dadurch erwärmt, wird der Tankvorgang bei einer Obergrenze von 250 bar abgeschaltet. Das Tankvolumen (bei CNG-PKWs ca. 100 l) begrenzt die Reichweite eines Fahrzeugs. Sie beträgt grob die Hälfte der Reichweite eines Dieselfahrzeugs. Verflüssigtes Erdgas (LNG) und kryogener, flüssiger Wasserstoff benötigen kleinere Tankvolumina, sind aber technisch deutlich komplexer zu behandeln. Sie werden bei Pkw nicht und bei Lkw kaum eingesetzt. Daher wird darauf im Folgenden nicht speziell eingegangen.

Der Erdgasvergleich macht klar, dass für einen wirtschaftlich interessanten Einsatz von Wasserstoff im Transportsektor sehr hohe Betankungsdrücke notwendig sind. Beim Betanken erwärmt sich der Wasserstoff stark und muss daher üblicherweise auf −40 °C vorgekühlt werden. Brennstoffzellen-Pkw werden meist bei 700 bar betankt. Die Wasserstofftankstellen in Deutschland sind dafür ausrüstet. Nur wenige sind aber auch für Nutzfahrzeuge geeignet. Diese benötigen größere Wasserstoffmengen und sind überwiegend nur für 350 bar Betankungsdruck ausgelegt.

Ungeklärt ist noch, wie der erhöhte Bedarf an Tankstellen für Brennstoffzellennutzfahrzeuge erfüllt werden kann und wie die gewünschten kurzen Betankungszeiten von ca. 10 min erreicht werden sollen. Die Versorgung der Tankstellen mit Wasserstoff ist ebenfalls nicht trivial. Ein Anschluss an ein stationäres Wasserstoffnetz ist beispielsweise für entlegene Tankstellen an Autobahnen mittelfristig kaum vorstellbar. Die regelmäßige Anlieferung von flüssigem $H_2$ ist die naheliegende Option. Damit verbunden ist ein zusätzlicher Bedarf an Sicherheitseinrichtungen und Sicherungssensorik für den Umgang mit $LH_2$. Bei Verwendung alternativer Wasserstoffträger wie Ammoniak sind auch dafür geeignete Sicherheitsmaßnahmen erforderlich. Ammoniak ist zwar nicht so leicht entzündlich wie Wasserstoff, dafür aber toxisch. Eine geeignete Ammoniak-Sensorik ist somit vorzusehen.

Die rasch wachsende Anzahl von Tankstellen, die hohen Betankungsdrücke, die geforderten kurzen Betankungszeiten, menschliches Versagen und Bedienungsfehler, Abnutzung von Komponenten und nicht zuletzt die rauen Umgebungsbedingungen an einer Tankstelle summieren sich zu erheblichen Herausforderungen an die Sicherheit. Aus diesem Grund gibt es viele Sicherheitsstudien, die sich speziell mit dem Thema Wasserstofftankstelle befassen [18]-[20].

Neben der Sicherheitssensorik für eine stationäre $H_2$-Verteilungsstruktur ist daher der Anwendungsfall „Tankstelle" besonders zu betrachten. Dafür muss spezielle $H_2$-Warnsensorik eingesetzt werden. Da an Tankstellen mit vielen, am einzelnen Tankvorgang meist unbeteiligten Personen zu rechnen ist, ist hier besondere Vorsicht geboten. Dies wird auch durch den eingangs erwähnten Unfall an einer norwegischen Tankstelle deutlich. Dort wurden zwei unbeteiligte Personen verletzt.

Die Sicherheit von $H_2$-betriebenen Brennstoffzellenfahrzeugen ist eine weitere Herausforderung. Auch hier ist der Schutz von Personen vorrangig. Durch Verkehrsunfälle, schwierige Witterungsbedingungen, Verschleiß, Bedienfehler usw. können Gefahrensituationen entstehen, die für mit Wasserstoff betriebene Fahrzeuge besondere Sicherheitsmaßnahmen erforderlich machen. Dazu gehört in erster Linie eine zuverlässige $H_2$-Warnsensorik. Hier sind in vielen Anwendungen vor allem die zur Zulassung nötige Erfüllung der ISO 26262 und der „Safety Integrity Level"-Norm (SIL-Norm) eine große Hürde.

## Reinheitssensorik

Brennstoffzellen, insbesondere die mit Abstand am häufigsten eingesetzte PEM-Technologie (Proton Exchange Membrane), sind besonders empfindlich auf Verunreinigungen im Wasserstoffgas. Speziell für die Betankung von Brennstoffzellenfahrzeugen muss eine ausreichende Qualität bzw. Reinheit von Wasserstoff gewährleistet werden. Wasserstoff als Brennstoff für PEM-Brennstoffzellen ist in den Normen ISO 14687-2: 2012 und EN 17124:2018 und ihrer Überarbeitung 2019 spezifiziert. Beispielsweise sind danach maximale Konzentrationen von nur 5 ppm $H_2O$, 5 ppm $O_2$, 0,2 ppm CO, 0,1 ppm $NH_3$ und nur 4 ppb für alle Schwefelverbindungen zusammen zulässig. Die zur Überprüfung der Reinheit erforderliche Analytik ist aufwändig und steht in Europa nur in wenigen Laboratorien zur Verfügung [21]. Eine kompakte und kostengünstige Reinheitssensorik für den Einsatz an Tankstellen oder im Fahrzeug ist jedoch nicht vorhanden. Eine Verunreinigung von $H_2$ kann zu Ausfällen und dauerhaften Schäden an der Brennstoffzelle führen. Ein Wasserstoffleck ist damit nicht unmittelbar verbunden. Da der Explosionsschutz in diesem Kapitel im Fokus steht, wird auf die $H_2$-Reinheitssensorik nicht weiter eingegangen.

## 14.3 $H_2$-Sensortechnologien und Anwendungen

Im Folgenden werden die unterschiedlichen Messprinzipien zur Detektion von Wasserstoff dargestellt. Die Verfahren werden zusammengefasst und in die Bereiche etablierte Sensoren, MEMS-basierte Sensoren und optische Sensoren unterteilt.

### 14.3.1 Etablierte Sensoren

Auf dem Markt existiert eine Vielzahl von Sensoren zur Erkennung von Wasserstoff und Wasserstoffleckagen. Den größten Marktanteil haben dabei Wärmeleitfähigkeitssensoren (WLD), katalytische Gassensoren (Pellistoren) und Metalloxidgassensoren (MOX). Es können auch Ultraschallsensoren, elektrochemische Gassensoren, gassensitive Feldeffekttransistoren (FET) und Spektroskopiesysteme eingesetzt werden. Deren aufwändigere Technik und damit höhere Kosten führen dazu, dass sie eher in Nischenmärkten zu finden sind. Im FuE Bereich werden darüber hinaus hochspezialisierte Laborgeräte wie beispielsweise Hochgeschwindigkeits-Massenspektrometer, berührungslose optische oder akustische bildgebende Verfahren eingesetzt.

#### Wärmeleitfähigkeitssensoren

Jedes Material besitzt eine typische spezifische Wärmeleitfähigkeit (thermal conductivity). Diese ist eine physikalische Größe und lässt sich für Gase aus der kinetischen Gastheorie ableiten. Bei gegebener Temperatur ist sie unabhängig vom Druck [22]. Aus der kinetischen Gastheorie lässt sich auch ableiten, dass leichte Atome und Moleküle Wärme besser leiten als schwerere. Die Wärmeleitfähigkeit von Wasserstoff unterscheidet sich daher signifikant von der anderer Gase und ist um etwa einen Faktor sieben höher. Lediglich Helium kann Querempfindlichkeiten verursachen, da dessen Wärmeleitfähigkeit 16 Prozent unter dem $H_2$-Wert liegt. Allerdings kommt Helium natürlich in nur geringen Konzentrationen vor und wird technisch nur punktuell eingesetzt, sodass das praktisch keine Einschränkung darstellt. Durch diese Abgrenzung des Wasserstoffs zu anderen Gasen ist die Bestimmung der Wärmeleitfähigkeit eine ideale Grundlage für einen selektiven Wasserstoffsensor.

Das Messprinzip von Wärmeleitfähigkeitssensoren bzw. Wärmeleitfähigkeitsdetektoren (WLD) besteht darin, dass ein Heizwiderstand (Filament) aus Platin, Wolfram, Nickel oder deren Legierungen auf eine definierte Temperatur aufgeheizt

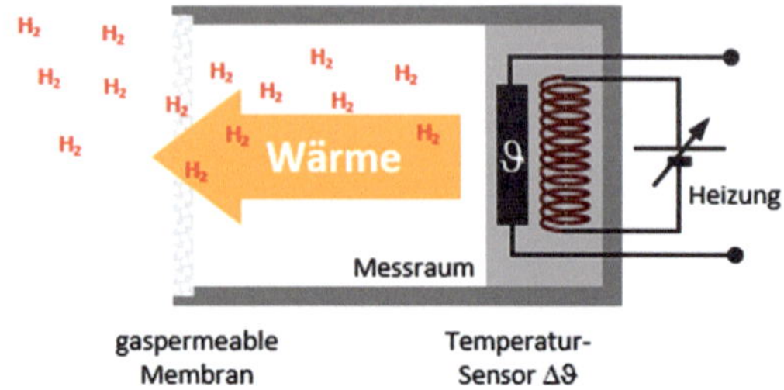


**Abb. 14.2** Schematische Darstellung eines Wärmeleitfähigkeitssensors. Durch eine Heizung wird das Gas innerhalb der Zelle erwärmt. Ändert sich die Zusammensetzung des Gases in der Messzelle, ändert sich auch der Wärmeabfluss und damit die Temperatur. Diese Temperaturänderung wird durch einen Temperatursensor detektiert

wird. Dabei findet ein kontinuierlicher Wärmestrom vom Heizwiderstand zur Umgebung statt, der von der Wärmeleitfähigkeit und damit von der Zusammensetzung der umgebenden Gase abhängig ist. Die Änderungen in der Zusammensetzung des Messgases verursachen Temperaturänderungen des Heizwiderstandes und damit eine Änderung des elektrischen Widerstandes des Filaments. Die Messung kann entweder bei konstanter Temperatur oder bei konstantem Heizstrom erfolgen. Durch das Messprinzip lassen sich bereits geringe $H_2$-Konzentrationen in der Umgebungsluft bestimmen. Vom physikalischen Ansatz her eignet sich die Wärmeleitfähigkeitsmessung zur Analyse der Abgaszusammensetzung einer Brennstoffzelle; allerdings muss sie hinsichtlich Querempfindlichkeitseffekten wie Feuchte und Störungen wie mögliche Betauung analysiert werden. Trotzdem sind WLD aktuell Stand der Technik. Der schematische Aufbau eines Wärmeleitfähigkeitssensors ist in Abbildung 14.2 dargestellt.

Zur Erhöhung der Genauigkeit bzw. der Unabhängigkeit von den Umgebungsbedingungen kann eine zusätzliche Referenzzelle integriert werden. Typischerweise sind WLD kostengünstig und miniaturisiert herstellbar. Sie sind langzeitstabil und verfügen über hohe Selektivität bei moderatem Energieverbrauch. Wärmeleitfähigkeitssensoren werden häufig als Detektoren von Gaschromatographen eingesetzt.

### Pellistoren

Pellistoren (aus engl. pellet und resistor) gehören zu den frühesten Festkörpergassensoren. Ihr Ursprung liegt in 1960er-Jahren, als sie zur Detektion von Methan in Bergwerken eingesetzt wurden. Die erste Grundidee war die Verwendung eines geheizten Drahtes, an dem bei sehr hohen Temperaturen das Gas reagiert und

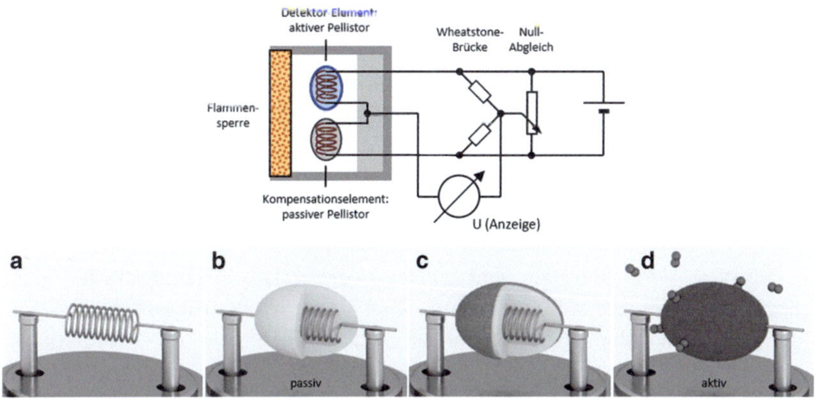


**Abb. 14.3** Schematische Darstellung des Aufbaus eines katalytischen Gassensors (Pellistors). a) Heizwendel, b) Ummantelung mit inertem Oxid (Keramik), c) dünne katalytisch aktive Schicht und d) Reaktion der Schicht mit $H_2$-Molekülen in der Umgebung

der Draht durch die Reaktionswärme seine Temperatur ändert. Um die Stabilität des Sensors zu erhöhen, wurde der Aufbau dieser ersten schnell verbessert (Abbildung 14.3). Kernstück ist ein gewickelter Platindraht (a), der zum Schutz vor Oxidation und mechanischer Beanspruchung in eine keramische Hülle eingebettet ist (b). Die Außenseite der Hülle ist mit einer dünnen, katalytisch aktiven Schicht überzogen (c). Brennbare Gase und Sauerstoff reagieren bereits bei 500 °C mit dieser katalytischen Beschichtung (d) und können als Änderung der Sensortemperatur nachgewiesen werden. Da die Heizwendel auch als Temperatursensor eingesetzt wird, kann analog zu WLD entweder die Gaskonzentration bei konstantem Heizstrom als Temperaturänderung oder bei konstanter Sensortemperatur als Änderung der Heizleistung erfasst werden.

Klassische Ansätze bestehen aus zwei separaten, in Keramik eingesinterten Heizwendeln. Der „aktive" Pellistor wird mit einem Katalysator beschichtet. Der unbeschichtete, „inerte" Pellistor dient als Referenzsensor. Betreibt man beide Pellistoren in einer Messbrücke, werden Störgrößen wie die Luftströmung, die Umgebungstemperatur und die Wärmeleitfähigkeit der Luft kompensiert.

Pellistoren haben den Vorteil, dass sie sich durch ihren einfachen, aber robusten Aufbau prinzipiell zur Detektion aller brennbaren Gase hervorragend eignen und am Markt etabliert sind. Nachteile liegen in der relativ hohen Heizleistung von etwa 1 W und dem nichtselektiven Messprinzip. Durch Betriebstemperaturen oberhalb von 500 °C können Pellistoren jedoch eine potenzielle Zündquelle für brennbare Gemische darstellen. Außerdem ist ein Mindestgehalt von ungefähr 10 Prozent Sauerstoff in der Umgebung erforderlich, damit die Gase nachgewiesen werden können. Ein hoher Wassergehalt in der Umgebungsatmosphäre hat ebenfalls Einfluss auf die Messung. Durch den dreidimensionalen und mehrstufigen Sensoraufbau sind die Fertigungskosten vergleichsweise hoch. Das und der Wunsch nach Low-power-Lösungen führen verstärkt zu Forschungen an MEMS-basierten Sensoraufbauten und alternativen katalytischen Sensorschichten.

Pellistorbasierte Sensoren sind typischerweise relativ preisgünstig bei guter Langzeitstabilität. Sie weisen prinzipbedingt keine Selektivität auf $H_2$ auf, sondern liefern ein Summensignal brennbarer Gase und Dämpfe. Die erforderlichen hohen Oberflächentemperaturen können nicht nur als Zündquelle wirken, sondern gehen auch mit hohem Energieverbrauch einher.

## Metalloxidgassensoren

Die Funktionsweise von Metalloxidgassensoren (MOX) beruht auf der reversiblen Änderung der elektronischen Leitfähigkeit einer Halbleiterschicht. Diese Änderung wird durch Adsorptionsprozesse zwischen der aufgeheizten Sensoroberfläche und der umgebenden Gasatmosphäre hervorgerufen. Für den Betrieb von MOX-Sensoren ist die Anwesenheit von Sauerstoff in der Gasmatrix essenziell. Ab Betriebstemperaturen von 150 °C chemisorbiert dieser reversibel an der Oberfläche und führt zu einem Ladungstransfer mit dem Metalloxid. Oberhalb von 400 °C kommt es darüber hinaus zu einer Dissoziation des molekularen Sauerstoffs. Bei konstanter Temperatur und konstanter Sauerstoffkonzentration stellt sich ein Gleichgewicht an der Halbleiteroberfläche ein. Die Sauerstoffionen an der Oberfläche können nun ihrerseits mit oxidierenden und reduzierenden Gasen reagieren und so Elektronen in das System einbringen oder diesem entziehen. Dieser Ladungstransfer kann als Widerstandsänderung detektiert werden [23]. Der prinzipielle Aufbau eines MOX-Sensors ist in Abbildung 14.4 dargestellt.

Da MOX-Sensoren aufgrund ihres Messprinzips mit nahezu allen reduzierenden und oxidierenden Gasen reagieren, weisen sie leider eine geringe Selektivität auf. Diese kann durch geeignete Wahl des Metalloxids, der Betriebstemperatur und der Verwendung mehrerer Sensoren als Array gesteigert werden. Dadurch und durch die relativ hohen Betriebstemperaturen und den damit verbundenen Leistungsverbrauch eigenen sich MOX-Sensoren nicht für alle Einsatzgebiete. Trotz dieser Nachteile werden die kostengünstigen und langzeitstabilen Sensoren heute standardmäßig in vielen Bereichen wie Automotive, Umwelt-, Lüftungs-, Klima- und Verfahrenstechnik eingesetzt.

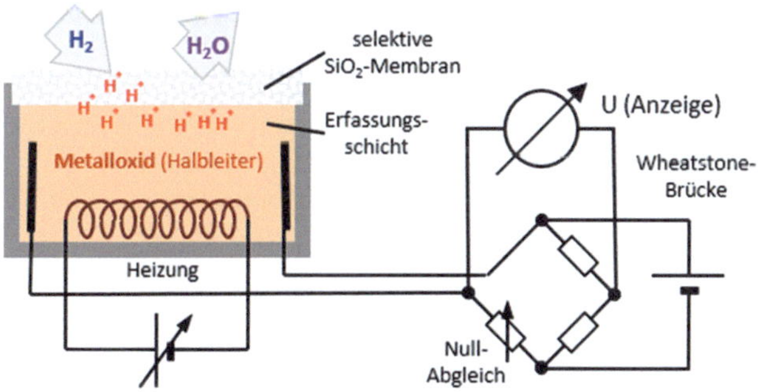


**Abb. 14.4** Schematische Darstellung eines Metalloxidgassensors im Querschnitt. Auf einem nichtleitenden Substrat (Keramik) werden Platinelektronen aufgebracht. Diese werden mit dem halbleitenden Metalloxid elektrisch verbunden, um Gasreaktionen als Widerstandsänderungen detektieren zu können. Die Betriebstemperatur des Sensors wird über einen Heizwiderstand realisiert

## Elektrochemische Gassensoren

Elektrochemische Gassensoren – auch elektrochemische Zellen genannt – sind komplex aufgebaute chemische Sensoren. Sie bestehen aus zwei räumlich getrennten Elektroden, die von einem Elektrolyten umgeben sind. Die Messelektrode kann mit dem Zielgas der Umgebungsluft reagieren, was zu einer Redox-Reaktion im Inneren des Sensors führt. Die Messelektrode ist zusätzlich durch eine Diffusionsbarriere geschützt. Der Elektronenübergang zur Gegenelektrode erfolgt über einen externen Stromkreis (amperometrisches Messprinzip). Der Strom ist dabei direkt proportional zur Gaskonzentration. Die Funktion eines elektrochemischen Gassensors ist in Abbildung 14.5 dargestellt.

Die Reaktion zwischen Elektrolyt und Zielgas ist selektiv. Es werden elektrochemische Sensoren für viele unterschiedliche Gase und Konzentrationen angeboten. Ein Nachteil des Messverfahrens liegt in der geringen Langzeitstabilität des Elektrolyten, der sich mit der Zeit verbraucht oder im Fall flüssiger Elektrolyten eintrocknet. Somit liegt die angegebene Haltbarkeit oft nur bei etwa zwölf Monaten.

## Festkörper-Elektrolyt-Sensoren

Die Funktionsweise entspricht jener der elektrochemischen Sensoren. Da der Elektrolyt ein Festkörper ist, entfallen die Probleme der Austrocknung und Alterung; es bedarf dafür aber höherer Temperaturen und damit der Sensorbeheizung auf dem

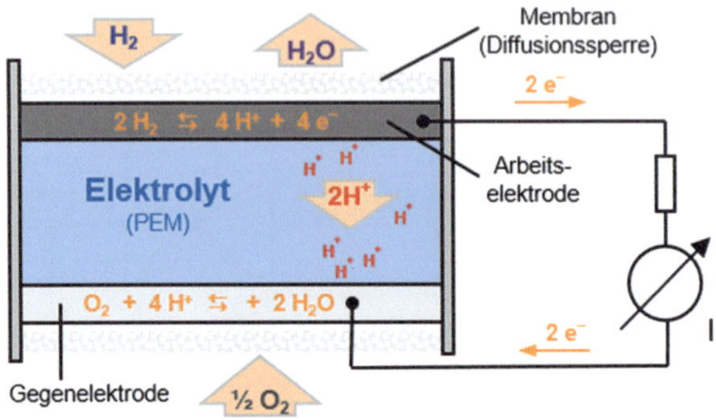


**Abb. 14.5** Schematische Darstellung eines elektrochemischen Gassensors. Durch die Diffusionsbarriere dringt das Gas an die Messelektrode vor. Dort findet eine chemische Reaktion statt, die zu einem Ionenstrom im Elektrolyten hin zur Gegenelektrode führt. Die Elektronen werden über einen externen Messwiderstand geleitet. Der Strom ist dabei direkt proportional zur Gaskonzentration. Als Elektrolyt kommen je nach Zielgas ionenleitende Flüssigkeiten oder Festkörper zum Einsatz

Niveau eines MOX. Der wesentliche Vorteil dieses Sensortyps liegt in seinem Potenzial zu hoher Empfindlichkeit bis 0,1 ppm bei gleichzeitig kurzen Ansprechzeiten unter einer Sekunde. Als Planarsensor ist ein einfacher Schichtaufbau möglich, der eine kostengünstige und stark miniaturisierte Herstellung erlaubt [24]. Diese Eigenschaften prädestinieren diesen Sensortyp für MEMS- und als Schnüffelsensor für Lecksuchgeräte.

### Gassensitive Feldeffekttransistoren

Die mögliche Nutzung von Feldeffekttransistoren (FET) als Gassensoren geht auf die Entdeckung einer Reaktion von Gasen mit der Gate-Oberfläche von FETs zurück. Diese kann durch geeignete Wahl des Gate-Materials genutzt werden. Für die Detektion von Wasserstoff können GASFETs (gas sensitive metal-oxide-semiconductor field-effect transistors) eingesetzt werden. Dabei besteht die Gate-Elektrode aus einem katalytischen Metall, z. B. Palladium (Pd), welches für seine Reaktivität mit Wasserstoff bekannt ist. Wasserstoff aus der Umgebung dissoziiert am Gate-Material zu atomarem Wasserstoff und diffundiert durch das Gate in den Sensor. Dies führt zur Ausbildung einer Dipolschicht, was wiederum eine Änderung der Austrittsarbeit bewirkt. Als Messsignal kann die Verschiebung der Übertragungskennlinie des FETs gemessen werden. Der schematische Aufbau ist in Abbildung 14.6 dargestellt.

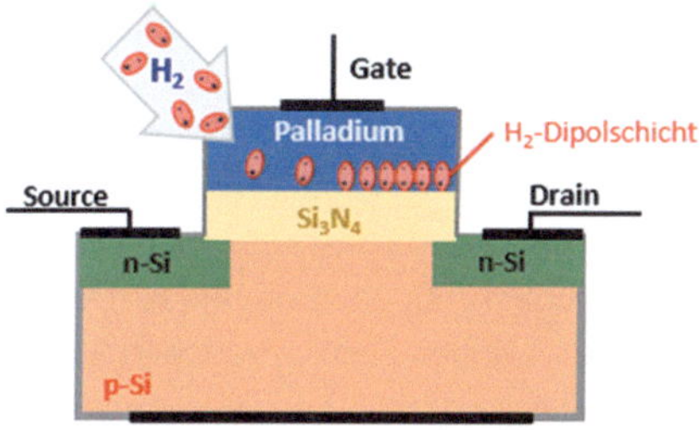


**Abb. 14.6** Schematische Darstellung eines GASFETs mit Pd-beschichtetem Gate. Die Reaktion mit Wasserstoff an der Oberfläche des Gates führt zu dessen Dissoziation und im Folgenden zu Diffusionsvorgängen im Metall und zur Ausbildung einer Dipolschicht am Gate-Isolator. Abhängig von der Geometrie wird dadurch der Stromfluss erhöht oder der FET „schaltet" ab einer Grenzkonzentration den Strom

Durch die Affinität von Palladium zu Wasserstoff können bereits geringe $H_2$-Konzentrationen nachgewiesen werden. Pd-FETs werden daher häufig in Geräten zur Wasserstofflecksuche eingesetzt [25]. Sie sind sehr kostengünstig miniaturisiert herstellbar, langzeitstabil und verbrauchen sehr wenig Energie. Durch das Messprinzip sind Pd-FETs nur zur Messung kleiner Konzentrationen geeignet. Hohe Konzentrationen führen zur Degradation der Paladiumschicht und zum Ausfall des Sensors.

## Ultraschallsensoren

Die hohe Schallgeschwindigkeit in Wasserstoff (1.280 m/s bei 20 °C) im Vergleich zu Luft mit 343 m/s [26] lässt sich zur Detektion von Wasserstoff nutzen. Die Resonanzfrequenz eines akustischen Resonators ist zur Schallgeschwindigkeit proportional. Entsprechende probennehmende Messgeräte für Wasserstoff sind am Markt verfügbar [27]. Darüber hinaus entsteht beim Ausströmen von Gas bei hohem Differenzdruck häufig ein charakteristischer Pfeifton im Ultraschallbereich, der mit einem entsprechenden Mikrophon zur Leckortung genutzt werden kann [28] Allerdings ist dieses Verfahren nur für größere Leckraten geeignet und versagt bei kleinen oder diffusiven Lecks.

## Schallgeschwindigkeitssensoren

Auch hier wird die mit der $H_2$-Konzentration in Luft proportional ansteigende Schallgeschwindigkeit für den Messeffekt genutzt. Auf einer definierten Wegstrecke werden Schallsignale von einem Sender ausgesendet und von einem Empfänger (Mikrophon) empfangen. Aus der Laufzeit ergibt sich die mittlere

$H_2$-Konzentration entlang der Messlinie. Mit geeigneten Sendern, die eine stark gerichtete Abstrahlung bis hin zu Solitonen erlauben, wäre die Überwachung langer Messlinien möglich, sofern Sender und Empfänger dauerhaft mechanisch präzise befestigt werden können. Aufgrund weiterer Umgebungsfaktoren, die die Schallgeschwindigkeit beeinflussen, ist die Methode im sicherheitstechnisch relevanten Konzentrationsbereich zu unempfindlich. Deshalb findet sie nur im wissenschaftlichen Bereich bei hohen Konzentrationen und in speziell angepasster Form Anwendung.

Auch abbildende Verfahren sind in Form von Ultraschall-Radar möglich und können zur zeitlich hochaufgelösten Erfassung der dynamischen Entwicklung explosibler Volumina herangezogen werden. Sie dienen auf diese Weise als Grundlage sicherheitstechnischer Bewertungen, z. B. für die Festlegung von Explosionsschutzzonen.

#### $H_2$-Massenspektrometrie

Massenspektrometrie basiert darauf, Moleküle mittels Elektronenstoßionisation im Vakuum in deren atomare Bestandteile zu zerlegen und die ionisierten Atome durch elektrische Wechselfelder nach deren charakteristischer Atommasse zur Zählung auf Detektoren zu lenken. Die spezielle Auslegung des vakuumtechnischen Aufbaus auf das leichte Gas Wasserstoff nebst der Messung nur der einen Masse des H-Atoms ermöglicht einzigartige Eigenschaften: Das am Fraunhofer ICT entwickelte Echtzeit $H_2$-Massenspektrometer erlaubt Online-Konzentrationserfassung über sieben Dekaden von 100 ppb bis 100 Vol.-% mit 1 ms Zeitauflösung bei $t_{90}$-Anstiegszeiten von 15 ms bei 100 Prozent Selektivität [29]. Zur Messung wird durch eine beheizte Kapillare ein sehr geringer Probegasstrom angesaugt, dessen Durchlaufzeit eine Messverzögerung von $< 200$ ms bewirkt. Gleichzeitig ist die Messung dadurch in sehr weiten Grenzen von den physikalischen Bedingungen wie Druck und Temperatur am Messort und in praktisch beliebiger Gas- oder/und Dampf-Atmosphäre frei von Querempfindlichkeiten.

### 14.3.2 MEMS-basierte Sensoren

Die im Stand der Technik vorgestellten halbleiter-basierten Sensorprinzipen von WLD, Pellistoren und MOX-Sensoren weisen durch die hohen Betriebstemperaturen in ihrer klassischen Bauform einen hohen Leistungsverbrauch auf. Dieser kann durch die Siliziumtechnologie und den Einsatz MEMS-basierter, mikromechanischer Herstellungsprozesse (microelectromechanical systems, MEMS) deutlich minimiert werden. Dazu wird die aktive Sensoroberfläche über Ätzprozesse thermisch vom restlichen Chip entkoppelt. So lassen sich entweder mikromecha-

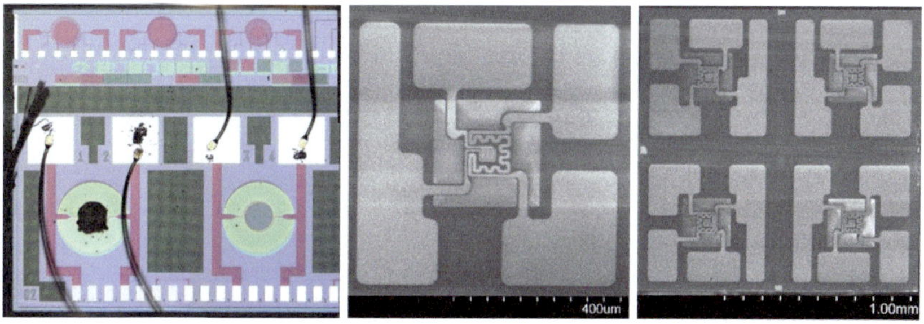


**Abb. 14.7** Mikroskopische Aufnahmen mikrostrukturierter MEMS-basierter $H_2$-Sensoren. Links: Array, bestehend aus einem Pellistor mit aktiver Schicht (Kobaltoxid mit metallischem Katalysator) und einem Referenzsensor. Die aktive Schicht wurde mittels Inkjet-Printing abgeschieden. Ohne Metalloxidschicht kann die Widerstandsstruktur als WLD betrieben werden (Fraunhofer IPM und Fraunhofer IMS). Mitte: MOX-Sensor als Micro-Hotplate. Die aktive Fläche ist über vier Stege frei aufgehängt. Rechts: Ausführungsform als Array bestehend aus 4 unabhängigen MOX-Sensoren (Fraunhofer IPM)

nische Membranstrukturen oder frei aufgehängte Micro-Hotplates realisieren. Die aktiven Flächen sind dadurch auf wenige $\mu m^2$ reduziert, was zu einer Verringerung der Heizleistung bis auf einige wenige mW führt [30].

Der grundlegende Herstellungsprozess ist für alle drei Sensorarten identisch. Als Ausgangsmaterial dient ein Siliziumsubstrat, auf dessen Oberseite metallische Heizstrukturen abgeschieden werden. Die Schichten können durch thermisches Verdampfen des reinen Metalls oder durch Sputtern (Kathodenzerstäubung) hergestellt werden. Die thermische Entkopplung der aktiven Schicht erfolgt entweder durch einen rück- oder einen vorderseitigen nasschemischen Ätzprozess. Im Fall von WLD ist damit der Herstellungsprozess abgeschlossen. Für MOX-Sensoren wird neben dem Heizwiderstand auch die benötigte Elektrodenstruktur auf der Vorderseite abgeschieden. Als letzter Prozessschritt werden die aktiven gassensitiven Materialien auf die Pellistoren (z. B. Kobaltoxid mit Katalysator) und MOX-Sensoren (z. B. Zinndioxid) abgeschieden [31]. Dies erfolgt aufgrund der geringen mechanischen Stabilität der Membran bzw. Micro-Hotplate idealerweise kontaktlos, z. B. über Druckverfahren (Ink-jet printing). Für viele Zielgase gibt es sensitive Schichten, die empfindlicher reagieren als andere, und auch eine ideale Betriebstemperatur. So ist es zur Selektivitätssteigerung naheliegend, MEMS-basierte Sensoren als Array auf einem Chip zu prozessieren und zu betreiben. In Abbildung 14.7 sind mikroskopische Aufnahmen mikrostrukturierter $H_2$-Sensoren gezeigt.

Ein mögliches Anwendungsgebiet MEMS-basierter Sensoren ist der Einsatz in Brennstoffzellenfahrzeugen. Durch die geringen Baugrößen und den Einsatz von

**Abb. 14.8** Links: Laboraufbau eines Abgasstrangs. Eventuell enthaltener Wasserstoff kann durch einen WLD gemessen werden. Durch eine vorgeschaltete Kühlfalle wird dem Abgas die Feuchtigkeit entzogen und es gelangt nur trockenes Gas an den Sensor. Rechts: Ein 4x4 $mm^2$ großer Wärmeleitfähigkeitssensor. (Fraunhofer IPM)

Halbleitertechnologien zur Reduzierung der Herstellungskosten kann dem enormen Preisdruck der Automobilindustrie standgehalten werden.

In der Automobilindustrie haben wegen des hohen Risikos von Personenschäden Sicherheitsstandards die allerhöchste Priorität. Die maximalen $H_2$-Konzentrationen müssen trotz der hermetischen Trennung des $H_2$-Systems zum Kfz kontinuierlich im Abgasstrang, am Antrieb und im Fahrgastinnenraum durch mehrere Sensoren gemessen werden. Dies ist in der Norm ECE-TRANS-180a13e geregelt. Die Zukunft der Sensoren für mobile Brennstoffzellen-Anwendung liegt in der Kombination von mindestens zwei sich ergänzenden Messprinzipien zur Bereitstellung eigensicherer Sensoren (Stichwort „Functional Safety"). Die „Eigensicherheit" ist in der Norm ISO 26262 festgelegt. Beispielsweise müssen bereits 0,4 Prozent Wasserstoff innerhalb von drei Sekunden mit einem eigensicheren Sensor nachweisbar sein. Gerade beim Starten und Stoppen des Motors besteht die Gefahr, dass die Membran der Brennstoffzelle reißt und eine große Menge Wasserstoff freigesetzt wird. Vor allem im Betrieb ist dies eine große Herausforderung, da auch bei Temperaturen unter dem Gefrierpunkt, d. h. bei Vereisung und bei Kondensatbildung im Sensorgehäuse, zuverlässig gemessen werden muss. Eine Möglichkeit ist die Integration einer Kühlfalle als Wasserabscheider. Das im Abgas enthaltene Wasser wird so durch Kondensation dem Gasstrom entzogen. Der Abscheider kann aus einem Metall (z. B. Kupfer) realisiert und direkt als Stack vor den Gassensor angebracht werden. Die Kühlung erfolgt durch seitlich angebrachte Peltier-Elemente, die ein Abkühlen unter 0 °C ermöglichen. Ein Laboraufbau zur Simulation eines Abgasstrangs mit integriertem Sensor-Setup ist in Abbildung 14.8 gezeigt. Damit können Gasströmungen von bis zu 5 l/min erreicht werden.

Neben der Sicherheitssensorik im Abgas ist auch die Überwachung des Fahrzeugtanks von zentraler Bedeutung. Der Wasserstoff wird hier mit einem Druck von bis zu 700 bar verdichtet. Die Sensoren müssen eine Leckage frühzeitig erkennen und über eine Abschaltautomatik den weiteren Betrieb des Fahrzeugs verhindern. Die Entwicklung kostengünstiger und zuverlässiger Wasserstoffsensoren ist also für eine sichere Verwendung erforderlich. Während es prinzipiell eine Reihe möglicher Sensorlösungen für den Nachweis und die Bestimmung der Konzentration von Wasserstoff in mobilen und stationären Anwendungen gibt, scheitern die Konzepte bisher an ihrer praktischen Umsetzung, in der Preis und Zuverlässigkeit enorm wichtig sind.

### 14.3.3 Optische Sensoren

#### Faseroptische Sensoren

Neben den beim GASFET erläuterten elektrisch nutzbaren Effekten beim Kontakt von Palladium mit Wasserstoff tritt gleichzeitig eine Volumenänderung ein. Da diese Volumenänderung sehr gering ist, werden interferierende Lichtwellen zum Nachweis verwendet, womit Längenänderungen im Nanometerbereich messbar sind. Da eine offene Strahlführung für Sensoren nicht praxistauglich ist, wurden verschiedene faseroptische Sensoren entwickelt, die die Volumenänderung des Palladiums zur mechanischen Änderung optischer Weglängen oder zur Veränderung der Gitterkonstante eines eingefügten optischen Gitters nutzen.

Bei Wolframtrioxid ($WO_3$) hingegen ändert sich bei $H_2$-Kontakt der optische Brechungsindex. Auch dieser Effekt kann in einer faseroptischen Konfiguration genutzt werden, indem das Reflexionsverhalten eines $WO_3$-beschichteten Prismas gemessen wird. Die Funktionsweisen derartiger faseroptischer Sensoren ist in Abbildung 14.9 dargestellt. Derartige Sensoren sind und bleiben technisch aufwändig und damit teuer. Ihr Hauptvorteil liegt in der vollständigen Abwesenheit möglicher Zündquellen und der Möglichkeit, Konzentrationserfassung und elektrische Auswertung in der Ansteuerung der Interferometer durch die Glasfaser räumlich zu trennen. Die Volumenänderung von Palladium kann auch für den $H_2$-Nachweis genutzt werden, indem die entstehenden Kräfte auf Platin wirken, das seinen Widerstand unter Druck ändert (Abbildung 14.9). Auch dieser Sensortyp ist fertigungstechnisch aufwändig und damit teuer. Widerstandsänderung als Messeffekt hingegen erlaubt einen sehr geringen Energieverbrauch.

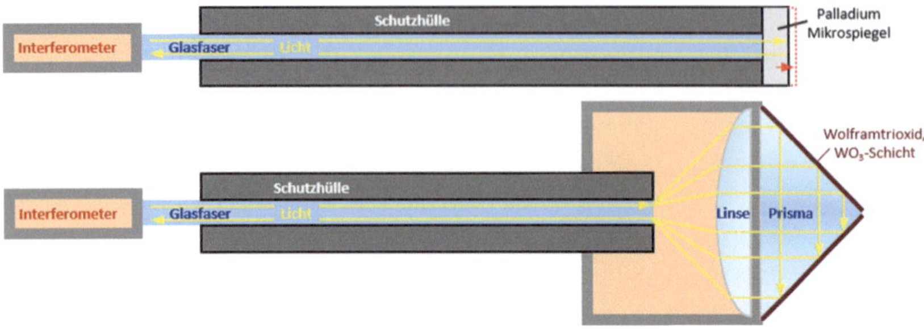


**Abb. 14.9** Faseroptische $H_2$-Sensoren, die die Volumenänderung von Palladium oder die Brechungsindexänderung von Wolframtrioxid unter $H_2$-Kontakt als Messeffekt nutzen

## Berührungslose optische Detektion

In vielen Anwendungsfällen ist eine berührungslose Gasdetektion vorteilhaft. „Berührungslos" heißt, dass zur Detektion keine Gasprobe benötigt wird, um in einer Messzelle analysiert oder chemisch umgesetzt zu werden. Berührungslose Messverfahren können die Gaswolke aus einem Abstand (engl. standoff) erkennen. Das ist auch aus sehr großen Entfernungen möglich, zum Beispiel von einem Flugzeug oder Hubschrauber aus. Nachteil der berührungslosen Detektion ist, dass die Verteilung in einer Gaswolke in drei Dimensionen unbeständig und eine genaue Konzentrationsbestimmung nicht möglich ist. Insbesondere zur effizienten Inspektion von großen Erdgasanlagen und Leitungsnetzen haben sich berührungslose Verfahren zur Detektion und Lokalisierung von Leckagen etabliert. Ein großer Vorteil ist, dass mit einem bildgebenden Messgerät viele mögliche Leckstellen gleichzeitig getestet werden können. Im Unterschied zu einem gasberührenden Sensor, der in der Nähe eines potenziellen Lecks installiert ist, kann eine Gaswolke mit einem berührungslosen System auch dann beobachtet werden, wenn aufgrund von Luftströmungen oder komplexen Einbausituationen das ausströmende Leckagegas nicht an den Gassensor gelangt.

Bei der berührungslosen Gasdetektion unterscheidet man passive und aktive Verfahren.

- Passive Infrarot(IR)-Verfahren nutzen die in der Szene vorhandenen Temperaturunterschiede. Beispielsweise wird die gasspezifische Infrarotabsorption der Wärmestrahlung eines geeigneten Hintergrunds gemessen. Tritt Methangas aus einer Leitung vor einer warmen Hauswand aus, wird die Wärmestrahlung der Hauswand durch die Methangaswolke in einem charakteristischen Spektralbereich absorbiert. Mit konventionellen hochsensitiven Wärmebildkameras, die mit geeigneten Spektralfiltern ausgestattet sind, kann damit die Gaswolke vor der Leckstelle abgebildet werden. Derartige Geräte sind am Markt verfügbar [9].

- Aktive Gasdetektionsverfahren nutzen ebenfalls die Infrarotabsorption, verwenden aber eine eigene Infrarotstrahlungsquelle, um von variablen Hintergrundtemperaturen unabhängig zu sein. Hohe Empfindlichkeiten und Selektivität können dabei insbesondere mit laserbasierten Messgeräten erreicht werden. Dazu wird die Emissionswellenlänge eines Lasers schnell über eine charakteristische Absorptionslinie des Zielgases abgestimmt. Die dabei beobachtete Intensitätsänderung der von einem Objekt reflektierten Laserstrahlung ist vom Produkt aus mittlerer Gaskonzentration und durchstrahlter Wegstrecke – der Säulendichte – abhängig und kann sehr empfindlich gemessen werden. Die Säulendichte wird in ppm·m angegeben. Für Erdgas können Leckagen mit laserbasierten Punktdetektoren [10] aus Entfernungen von bis zu 30 m lokalisiert werden. Wird der Laserstrahl über das Objekt bewegt oder eine mobile Plattform verwendet, können die Messwerte zu Bildern zusammengesetzt werden. Ein solches Verfahren wird zur helikoptergestützten Überwachung von Gasleitungen über 100 m Entfernung verwendet [11]. Für kürzere Entfernungen ist auch eine simultane aktive Bildgebung möglich [34]. Werden die empfindlichen Methoden der Laserspektroskopie mit einer Infrarotkamera kombiniert, lassen sich für $CH_4$ für jeden Bildpunkt Empfindlichkeiten von 1 ppm·m erreichen und damit Lecks von 2 ml/min aus einer Entfernung von 2 m mit einer Bildrate von 125 Hz erkennen (Abbildung 14.10) [35]. Reiner Wasserstoff besitzt keine Infrarotabsorption. Für Trägergase wie $NH_3$ oder Erdgase mit hohem $H_2$-Anteil ist das Verfahren jedoch einsetzbar.

Reiner Wasserstoff lässt sich mit einem Raman-LIDAR-Verfahren aus Entfernungen bis zu 50 m detektieren (Light Detection and Ranging, LIDAR). Allerdings muss die Laserleistung aus Gründen der Augensicherheit und des Explosionsschutzes niedrig sein. Auch bei kompakten Geräten reicht die Empfindlichkeit für die Detektion von $H_2$-Konzentrationen in Luft unterhalb der unteren Explosionsgrenze von 4 Prozent aus [36], [37]. Auf Basis der stimulierten Ramanstreuung erscheint auch die Ferndetektion geringerer Wasserstoffkonzentrationen realisierbar [38]. Da die geringen Signalintensitäten lange Integrationszeiten erfordern, sind schnelle Bildwechsel wie bei den o. g. Infrarotkameras mit der Ramanspektroskopie gegenwärtig nicht möglich.

Eine mögliche Alternative zur spezifischen $H_2$-Detektion kann die Detektion von Veränderungen in der Sauerstoffkonzentration der Umgebungsluft darstellen. Der Grundgedanke ist dabei, dass bei einem Leck das austretende Gas an der Leck-

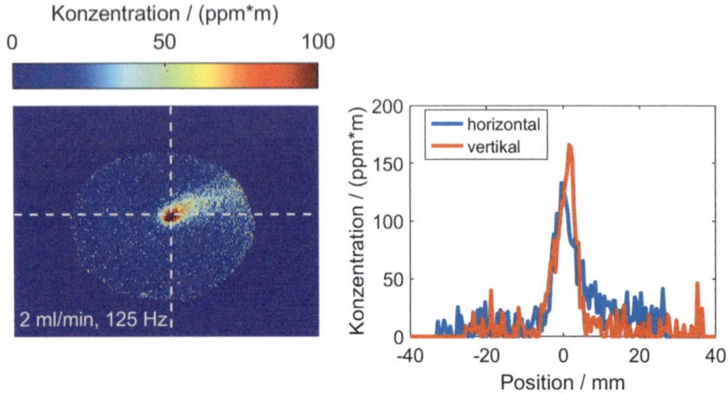


**Abb. 14.10** Aus einer 0,3-mm-Bohrung strömt $CH_4$-Gas mit 2 ml/min. Links: Falschfarbendarstellung einer aktiven bildgebenden $CH_4$-Leckdetektion aus einer Entfernung von 2 m (Ausschnitt aus einem Video mit einer Bildrate von 125 Hz). Der IR-Laser leuchtet einen Kreis von 7,5 cm Durchmesser auf einer Al-Platte aus. Rechts: Horizontale und vertikale Schnitte durch das linke Bild. Durch Luftströmungen verändern sich Form und Richtung der Gasfahne ständig [35]

stelle die Luft verdrängt. Dadurch nimmt an der Leckstelle die Konzentration von Sauerstoff ab. In der freien Atmosphäre ist die Sauerstoffkonzentration konstant und beträgt 21,0 Prozent. Wird beispielsweise durch ein Wasserstoffleck Sauerstoff in einem Bereich mit 2 cm Abstand von der Leckstelle komplett verdrängt, ändert sich bei einer Messung aus 2 m Entfernung die mittlere Sauerstoffkonzentration relativ um ein Prozent, d. h. es würde nur eine Konzentration von 20,8 Prozent gemessen. Am Markt sind laseroptische Sauerstoffmessgeräte verfügbar, mit denen diese Genauigkeit erreicht wird. Im Rahmen eines internen Projektes wurde am Fraunhofer IPM dieses patentierte Prinzip erfolgreich mit Stickstoff als Leckgas demonstriert [39]. Das Verfahren ist gasartunabhängig, außer natürlich für das Hintergrundgas Sauerstoff, und ist daher grundsätzlich ebenso für Wasserstofflecks verwendbar. Aus einer Entfernung von 55 cm konnten mit dem Verfahren $N_2$-Leckraten von 100 ml/min detektiert werden [40]. Die verwendete Punktdetektion ließe sich auf eine bildgebende Detektion erweitern. Wie in [35] gezeigt, ist die Erkennungswahrscheinlichkeit von Leckagen bei bildgebenden Verfahren höher, weil der Einfluss strömungsbedingter Fluktuationen weniger ins Gewicht fällt. Im Unterschied zur Detektion von $CH_4$ wird für Sauerstoff keine Infrarotkamera benötigt. Die Sauerstoffkonzentration wird bei einer Wellenlänge von 761 nm (bei der Fraunhoferlinie A) gemessen.

**Bildgebende Erfassung im Ex-Bereich**

Die Background-Oriented-Schlieren-Methode (BOS) wurde von der DLR zur Visualisierung hochtransienter Strömungsvorgänge in der Aeronautik entwickelt und von Fraunhofer ICT zur Anwendung für Wasserstoffsicherheit vorgeschlagen [41]. Diese passive Methode nutzt die gegenüber Luft 14,6-fach niedrigere Dichte von Wasserstoff. Ebenso wie man es bei heißem Gas oberhalb einer Flamme beobachten kann, erzeugen Dichtegradienten eine Verzerrung des Hintergrundes. Durch Betrachtung eines statistisch strukturierten Hintergrunds wird, bezogen auf ein ungestörtes Referenzbild, aus digitalen Bilddaten eine lokale Verzerrungsstärke berechnet. Die Empfindlichkeit der Methode deckt den gesamten, sicherheitstechnisch relevanten Konzentrationsbereich von 100 Vol.-% bis herunter zur unteren Zündgrenze ab. Sie ermöglicht so die Abschätzung dynamischer brennbarer Gasvolumina mit einer Zeitauflösung, die allein durch die verwendete Kamera limitiert ist. Abbildung 14.11 zeigt ein Anwendungsbeispiel.

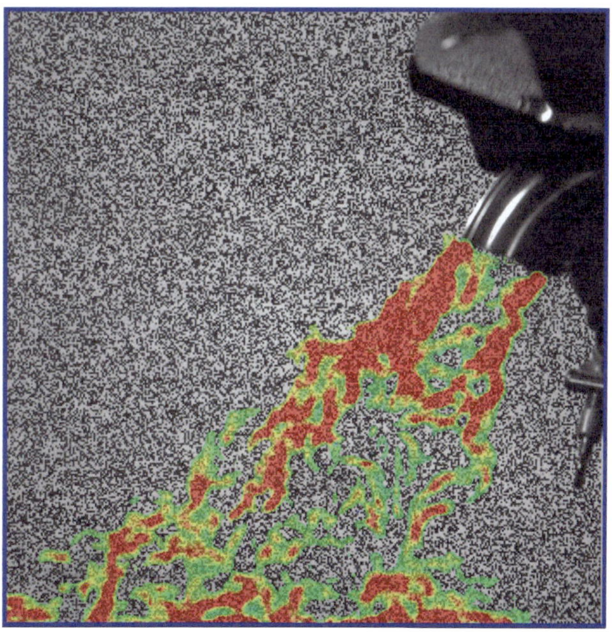

**Abb. 14.11** Berührungslose BOS-Visualisierung von unverbranntem Wasserstoff im Abgas eines Brennstoffzellenfahrzeugs während einer Notabschaltung. (Fraunhofer ICT)

## 14.4 Sensoren für die zerstörungsfreie Prüfung

Im Folgenden werden Sensoren für die zerstörungsfreie Prüfung (zfP) und ihr Einsatz für das Monitoring der Strukturintegrität von Wasserstoffinfrastruktur hinsichtlich Korrosion und Wasserstoffversprödung dargestellt.

### Langreichweitiger Ultraschall

Wasserstoffinfrastruktur wie stählerne Rohrleitungen können bei ausfallendem kathodischem Korrosionsschutz (KKS mit galvanischen Opferanoden) oder unzureichender und fehlerhafter Isolierung korrodieren. Da die Sichtprüfung vielfach nicht anwendbar ist und die Korrosionsbereiche für andere Verfahren oft nicht direkt zugänglich sind, ist die Erfassung und Bewertung der Schäden schwierig. Zusätzlich führt die Oberflächenkorrosion gewöhnlich zu einer meist flächig ausgebildeten und wenig tiefenbetonten Wanddickenschwächung mit komplexer Geometrie, sodass kommerzielle Mess- und Prüfverfahren an ihre Grenzen stoßen und keine belastbaren Aussagen über den schadhaften Bereich treffen können. Der Einsatz langreichweitiger Ultraschallwellen (geführter Ultraschall; long range ultrasonic testing, LRUT) kann in solchen schwierigen Fällen für verlässliche Aussagen sorgen.

In ausgedehnten dreidimensionalen Bauteilen erfolgt die Schallausbreitung vornehmlich durch reine Longitudinal- und Transversalwellen, sogenannten Volumenwellen, die eine Teilchenauslenkung in Ausbreitungsrichtung oder senkrecht dazu vollführen. In räumlich begrenzten Bauteilen (Stäben, Rohren, Platten usw.) erfolgt die Schallausbreitung dagegen in Form geführter Ultraschallwellen (langreichweitiger Ultraschall) [42], [43], [44].

Unzugängliche Prüfbereiche können unter guten Bedingungen über Strecken von bis zu 50 m untersucht werden, ohne dass mit großem Aufwand die Isolierung entfernt oder das Bauteil ausgegraben werden muss [45], [46]. Werden zudem Wandler auf Grundlage von elektromagnetisch angeregtem Ultraschall (EMUS-Wandler) eingesetzt, ist kein direkter Kontakt zwischen Prüfkopf und Prüfling erforderlich; somit kann auf ein Koppelmittel verzichtet werden [44].

Der Einsatz dieser dispersiven, geführten Ultraschallwellenmoden bietet die Möglichkeit, sehr geringe Wanddickenschwächungen im Schallweg einer Ultraschall-Transmissions- und/oder -Reflexionsmessung zu detektieren [47], [48]. Daher eignen sie sich zum Erfassen kleinster Korrosionsschäden. Der physikalische Messeffekt basiert auf der Veränderung sowohl der Phasen- als auch der

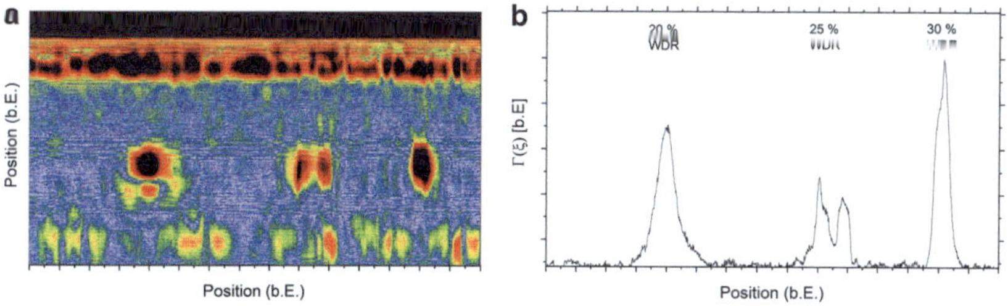


**Abb. 14.12** Links: Ausgewertete und visualisierte langreichweitige Ultraschall-Daten einer $H_2$-Versorgungsleitung mit drei natürlichen Muldenkorrosionen. Rechts: Ausgewertete und bewertete Messdaten zur Schädigungsinterpretation (WDR: Wanddickenreduktion). (Fraunhofer IZFP)

Gruppengeschwindigkeit der dispersiven Ultraschallwellenmode über die Wanddicke. Durch Auswertung der Phasenlage, der Schalllaufzeit des Empfangssignals und der durch Schäden hervorgerufenen Modenkonversionen sind somit quantitative Informationen über die Schäden zugänglich.

In Abbildung 14.12 wird ein Ausschnitt eines verarbeiteten und ausgewerteten Datensatzes eines Rohrleitungs-Scans gezeigt, der drei Korrosionsschäden offenbart. Die farbliche Darstellung ist eine Visualisierung der Lage und räumlichen Ausdehnung der Schäden, daneben ist ein Schädigungsindikator für den Wanddickenabtrag. Je nach Wahl der Prüfparameter können gezielt bestimmte Signalintensitäten bei bestimmten Schädigungsgraden erreicht werden. Durch eine derartige Prüfung können zuverlässig schadhafte Stellen ab einer Wanddickenreduktion von fünf Prozent identifiziert und lokalisiert werden.

## Elektromagnetische Verfahren zum Monitoring der Strukturintegrität ferromagnetischer Komponenten der Wasserstoffinfrastruktur

Mittels elektromagnetischer Verfahren lassen sich Materialeigenschaften sowie Alterungs- und Ermüdungserscheinungen von ferromagnetischen Materialien zerstörungsfrei bestimmen [49], [50], [51], [52]. Hierbei werden charakteristische Korrelationen zwischen mechanischen und magnetischen Eigenschaften zum qualitativen und quantitativen Monitoring der Materialeigenschaften ausgenutzt, wie z. B. der Zusammenhang zwischen der mechanischen Härte und der Koerzitivfeldstärke $H_C$ (magnetische Härte) [53]. Die Kombination mehrerer elektromagnetischer Verfahren in einem Multiparameter-Hybridansatz bietet zusätzliche Stabilität, Störsicherheit und Genauigkeit bei der elektromagnetischen Materialcharakterisierung und die Möglichkeit der Applikation von KI-basierten und maschinellen Lernmethoden [54], [55].

Ein derartiger Multiparameteransatz wird im Rahmen der 3MA-Technologie (Mikromagnetische Multiparameter-, Mikrostruktur- und Spannungsanalyse) in unterschiedlichen industriellen und Forschungsbereichen bereits angewandt und befindet sich in stetiger Weiterentwickelung [55], [56], [57]. Abhängig von den Anwendungsanforderungen und den sich daraus ergebenden Details für die Sensorik kombiniert der 3MA-Ansatz die Oberwellenanalyse im Zeitsignal der tangentialen Magnetfeldstärke bzw. des Magnetisierungsstroms, die magnetische Barkhausen-Rausch-Analyse, die Überlagerungspermeabilität und die Wirbelstromimpedanz-Analyse [55].

Im Zusammenhang mit der Interaktion von Wasserstoff mit ferromagnetischen Materialien (Rohleitungen etc.) können Versprödungsphänomene und Spannungsriss-Korrosionseffekte entstehen. Die Anwendung der 3MA-Prüftechik bietet das Potenzial, wasserstoffbedingte Veränderungen in ferromagnetischen Werkstoffen bereits frühzeitig zerstörungsfrei zu ermitteln. Dieses Potenzial konnte bereits in Forschungs- und Entwicklungsvorhaben im Kontext der Kerntechnik sowohl für wasserstoffbedingte Werkstoffschädigungen als auch für andere Versprödungsmechanismen (z. B. der Neutronenversprödung) aufgezeigt werden [50], [58], [59].

## Magnetisches Streuflussverfahren zur Detektion korrosionsbedingter Wanddickenreduktion an ferromagnetischen Werkstoffen

Das sondengestützte magnetische Streuflussverfahren basiert auf einem physikalischen Effekt, der auch bei der Magnetpulverprüfung zum Nachweis rissartiger Oberflächenfehler in ferromagnetischen Werkstoffen ausgenutzt wird [60]. An Unterbrechungen der Oberfläche bilden sich beim Anlegen eines externen Magnetfeldes durch die Permeabilitätsunterschiede magnetische Dipole, die ein oberflächennahes magnetisches Streufeld hervorrufen (siehe das Feldlinienmodell in Abbildung 14.13 links). Diese können durch den Einsatz hochempfindlicher Magnetfeldsensoren detektiert werden (vgl. Kurvenverlauf in Abbildung 14.13 rechts).

Im Gegensatz zur Magnetpulverprüfung entfällt beim magnetischen Streuflussverfahren die Notwendigkeit, Magnetpulver zur Visualisierung der Fehlstellen einzusetzen. Der Einsatz hochempfindlicher Magnetfeldsensor-Arrays erlaubt in

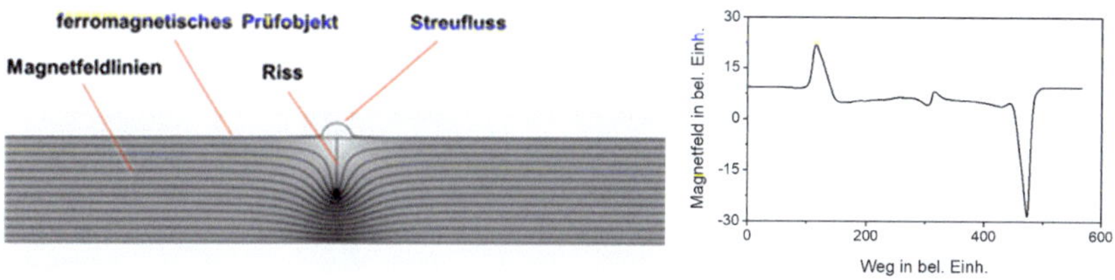


**Abb. 14.13** Verlauf des Magnetfeldes an einem Riss in einem magnetisierten Bauteil. Links: schematisch. Rechts: gemessene Normalkomponente des Magnetfeldes. (Fraunhofer IZF)

Kombination mit maschinellen Lernalgorithmen, die Unterschiede in den aufgenommenen Messsignalen automatisiert zu bewerten. Dadurch ist es möglich, korrosionsbedingte Schäden wie Wandabtrag, Lochkorrosion oder Risse berührungslos und zerstörungsfrei in ferromagnetischen Infrastrukturen wie Pipelines o. ä. zu detektieren. Aufgrund analoger Schadensbilder eignet sich das magnetische Streuflussverfahren daher auch prinzipiell zur Detektion wasserstoffinduzierter Korrosionsschäden.

## Magnetisches Streuflussverfahren zur Korrosionsprüfung an $H_2$-Rohrleitungen

Das so genannte PipeFlux-System ist das Ergebnis einer Studie, in der untersucht wurde, inwieweit korrosionsbedingte Testfehler von der sensorzugewandten und sensorabgewandten Seite in Rohrleitungsstählen detektiert und separiert werden können. Durch Synergien in der Messtechnik konnte eine modifizierte Sensoranordnung ergänzt werden. Abbildung 14.14 zeigt zwei Flächenbilder einer Rohrstahlplatte mit zwei Testfehlern. Die beiden linken Abbildungen zeigen dabei das Ergebnis des magnetischen Streuflussverfahrens, die beiden rechten wurden mit der magnetischen Feldverzerrung aufgenommen.

Während das magnetische Streuflussverfahren Streufelder aus dem gesamten Volumen aufnimmt und somit Schäden auf der sensorzugewandten (links) und sensorabgewandten Seite (Mitte links) nicht ohne Weiteres getrennt abbilden kann, zeigt die zusätzliche Bestimmung der Feldverzerrung lediglich oberflächennahe Strukturen auf der sensorzugewandten (Mitte rechts) und keine auf der sensorabgewandten Seite (rechts). Durch diesen multimodalen Ansatz ist es möglich, Fehler von der sensorzu- und sensorabgewandten Seite getrennt abzubilden.

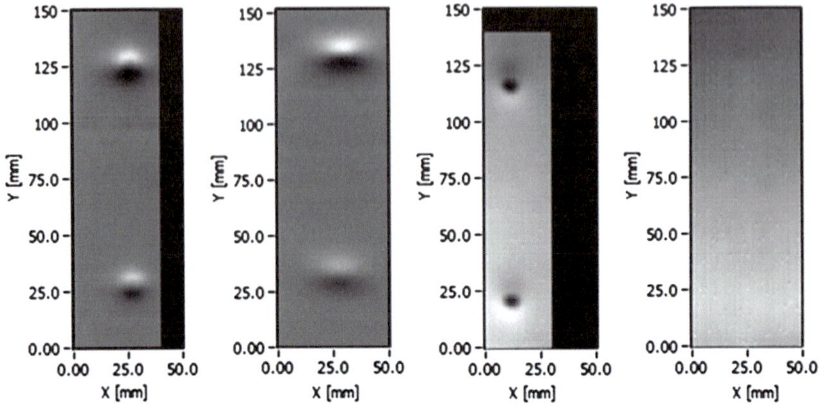


**Abb. 14.14** Streuflussmessung der sensorzugewandten (links) und sensorabgewandten Seite (Mitte links); Feldverzerrungsmessung der sensorzugewandten (Mitte rechts) und sensorabgewandten Seite (rechts). (Fraunhofer IZFP)

Abbildung 14.15 zeigt links die Umsetzung des auf dem magnetischen Streuflussverfahren basierenden Handmesssystems PipeFlux zur Charakterisierung von Korrosionsschäden an Rohrleitungen. Über Permanentmagnete wird das System an eine Rohrleitung angekoppelt und in Umfangsrichtung über die Rohrleitung bewegt (vgl. Abbildung 14.15 rechts). Durch die Permanentmagnete wird zudem die zur Streufelderzeugung induzierte Flussdichte in das Rohrsegment eingebracht. Mit je einem 80-kanaligen Sensor-Array zur Streufluss- und Feldverzerrungsmessung werden dabei die Magnetfelder aufgenommen und mithilfe eines Weggebers in Umfangsrichtung in Form eines Flächenbildes dargestellt. Dieser Ansatz kann flexibel an nahezu jeder beliebigen ferromagnetischen Struktur adaptiert werden.

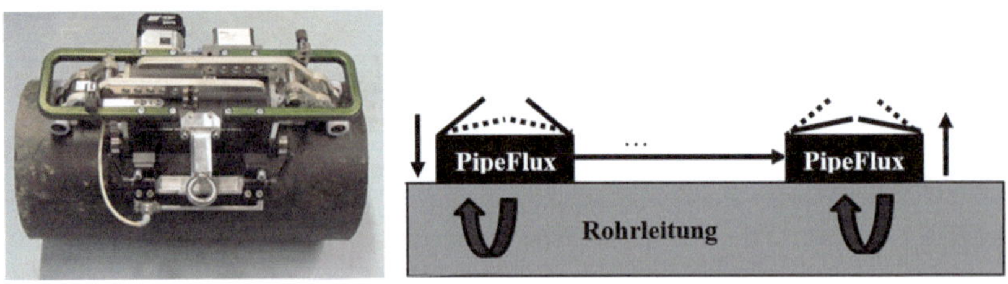


**Abb. 14.15** Streuflussbasiertes Handmesssystem PipeFlux zur Charakterisierung von Korrosionsschäden an ferromagnetischen Rohrleitungen. (Fraunhofer IZFP)

## Röntgenprüfung zur Untersuchung innerer Strukturen von Brennstoffzellen-Stacks und $H_2$-Infrastruktur

Die zerstörungsfreie Prüfung hinsichtlich innerer Strukturen mit bildgebenden Röntgenverfahren kommt auch bei Brennstoffzellen-Stacks und Komponenten für die Wasserstoffinfrastruktur zum Einsatz. Röntgenstrahlung ist elektromagnetische Strahlung im Energiebereich zwischen einem und mehreren 100 keV. Bei der 2D-Radioskopie durchdringt die von der nahezu punkförmigen Röntgenquelle ausgehende Strahlung den zu prüfenden Gegenstand und wird dabei abhängig von der inneren Objektstruktur geschwächt. Die geschwächte Strahlung wird von einem flächigen Detektor erfasst und generiert dem Prinzip des Schattenwurfs folgend ein Projektionsbild des Objekts. Sollen 3D-Merkmale der zu untersuchenden Strukturen bestimmt werden, dann ist ein 2D-Projektionsbild nicht ausreichend. In diesem Fall bietet sich die 3D-Computertomographie (3D-CT) an. Hierbei werden mehrere Projektionsbilder des zu prüfenden Gegenstands aus unterschiedlichen Richtungen generiert, um daraus mit mathematischen Verfahren ein 3D-Modell mit allen innenliegenden Strukturen zu berechnen. Um auch große, schwer zugängige Objekte lokal mit hoher Auflösung mittels 3D-Computertomographie untersuchen zu können, wurde die robotergestützte Computertomographie entwickelt, bei der die Röntgenquelle und der Detektor jeweils an einem Roboter befestigt sind und somit nahezu beliebige Durchstrahlungsrichtungen durch ein Objekt möglich werden. Mit der robotergestützten Computertomographie können aktuell Defekte wie beispielsweise Porositäten, Gaseinschlüsse oder Fremdkörper in Objekten mit einer Auflösung (Voxelkantenlänge) von 50 $\mu$m detektiert werden.

## Charakterisierung keramischer Festelektrolyte für Brennstoffzellen mittels Kernspinresonanzspektroskopie

In einer Brennstoffzelle kommen (je nach Anwendungsfall) unterschiedliche Elektrolyte, Reaktionsgase und Prozesstemperaturen zum Einsatz, für ein Kfz beispielsweise eine Polymer-Elektrolyt-Membran (PEM), Wasserstoff und Luft bei Temperaturen um 80 °C. In der Raumfahrt hingegen kommen Kalilauge (alkaline fuel cell), Wasserstoff und Sauerstoff bei 80 °C zur Anwendung. Bei der Kraft-Wärme-Kopplung reagieren bei einer Prozesstemperatur zwischen 160 und 220 °C Phosphorsäure, Erdgas und Luft. Festbrennstoffzellen werden beispielsweise für die zukünftige Nutzung in der Kraft-Wärme-Kopplung oder im Kfz-Betrieb entwickelt. Diese Hochtemperatur-Brennstoffzellen arbeiten oberhalb von 600 °C unter Verwendung keramischer Festoxidelektrolyten. Mithilfe der Festkörper-Kernspinresonanzspektroskopie (NMR-Spektroskopie) lassen sich sowohl dynamische Phänomene wie Austausch- und Diffusionsprozesse von Ladungsträgern als auch strukturelle Phasenumwandlungen und chemische Prozesse temperaturabhängig beobachten.

## 14.5 Zusammenfassung und Ausblick

Für eine erfolgreiche und von der Gesellschaft befürwortete Wasserstoffwirtschaft ist die wichtigste Voraussetzung, dass von der Technik keine Gefahren ausgehen. Die neue Infrastruktur und ihre Nutzung müssen ebenso selbstverständlich werden, wie das bei der Strom-, Wasser- und Gasversorgung heute der Fall ist. Sowohl beim Aufbau der erforderlichen Infrastruktur zur Erzeugung, Speicherung, Verteilung und Umwandlung von Wasserstoff als Energieträger wie auch beim Betrieb dürfen keine Sicherheitsrisiken und Unfallgefahren bestehen. Die Wirtschaftlichkeit verlangt für die Anlagen zudem eine lange Lebensdauer bei effizienter und zuverlässiger Wartung.

Eine zentrale Rolle zur Gewährleistung der Sicherheit nimmt dabei die Sensorik ein. Durch sie können unmittelbare und zukünftige Gefahren rechtzeitig erkannt und vermieden werden. Bereits bei der Planung von $H_2$-Infrastrukturanlagen und -anwendungen ist daher ein für alle möglichen Szenarien passendes Sensorkonzept vorzusehen. Eine große Herausforderung liegt dabei in der betrieblichen Strukturüberwachung (Condition Monitoring) von wasserstoffbeaufschlagten Bauteilen in stationären und mobilen Systemen, die es mit Sensorsystemen zu erkennen und zu beherrschen gilt. Mit der verfügbaren Sensorik zur zerstörungsfreien Prüfung ist ein Monitoring der Strukturintegrität realisierbar. Zum anderen sind alle Anlagen und mobile Anwendungen, z. B. Fahrzeuge mit Brennstoffzellen, auf Leckagen zu überwachen. Mit etablierten Sensorkonzepten können bei einer reaktiven, regelmäßigen oder prädiktiven Wartung Dichtigkeitsprüfungen durchgeführt werden. Mit fest installierten $H_2$-Warnsensoren ist eine dauerhafte Überwachung möglich. Allerdings sind die verfügbaren technischen Lösungen oft nur eingeschränkt nutzbar, oder der Einsatz ist mit einem hohen Zeit- und Kostenaufwand verbunden. Daher ist es wichtig, durch Forschung und Entwicklung zeitnah die Basis für markt- und betriebsfähige Lösungen und Standards zu schaffen, welche für die Sicherheit der Wasserstoffwirtschaft sorgen. Die vorgestellten Forschungs- und Entwicklungsarbeiten zur Sensorik zeigen, wie die bestehenden Einschränkungen verringert und perspektivisch aufgehoben werden können.

## Literatur

1. Bundesministerium für Wirtschaft und Energie: Die Nationale Wasserstoffstrategie. https://www.bmbf.de/de/nationale-wasserstoffstrategie-9916.html
2. Wasserstofftankstelle explodiert – Versorgung mit dem Treibstoff eingestellt. https://www.spiegel.de/auto/aktuell/norwegen-wasserstofftankstelle-explodiert-toyota-reagiert-a-1271980.html, abgerufen am 13.12.2021
3. Crowl D.A., Jo Y.-D. (2007): The hazards and risks of hydrogen. Journal of Loss Prevention in the Process Industries 20, 158–164
4. Casamirra M., Castiglia F., Giardina M., Lombardo C. (2009): Safety studies of a hydrogen refuelling station: Determination of the occurrence frequency of the accidental scenarios. International Journal of Hydrogen Energy 34, 5846–5854
5. VNG: Gasinfrastruktur. https://vng.de/de/erdgas-kann-mehr-wir-auch/gasinfrastruktur, abgerufen am 13.12.2021
6. Wikipedia: Energieverbrauch. https://de.wikipedia.org/wiki/Energieverbrauch
7. Lange R., Schmidinger J., Schwigon A., Steiner M. (2019): Bestands- und Ereignisdatenerfassung Gas 2011-2017. energie | wasser-praxis 6/7 2019. https://www.energie-wasser-praxis.de/heftarchiv/2019/6-7/
8. DVGW: DVGW G 465-4:2019-05. Gerätetechnik für die Überprüfung von Gasleitungen und Gasanlagen. https://www.beuth.de/de/technische-regel/dvgw-g-465-4/308686557, abgerufen am 13.12.2021
9. FLIR: FLIR GF320. Infrarotkamera zur Erkennung von Methan und VOC. https://www.flir.de/products/gf320/
10. crowcon: LaserMethane MIni," https://www.crowcon.com/products/portables/lmm-gen-2/#description
11. Open Grid Europe: CHARM® – Laser-Based System for Remote Gas Detection. https://oge.net/en/for-customers/services/technical-services/integrity-and-safety/charm
12. Dadashzadeh M., Kashkarov S., Makarov D., Molkov V. (2018): Risk assessment methodology for onboard hydrogen storage. International Journal of Hydrogen Energy 43, 6462–6475
13. MWV e.V.: Tankstellenbestand. https://archiv.en2x.de/tankstellenbestand/, abgerufen am 13.12.2021
14. Zukunft Erdgas e.V.: Tankstellennetz. https://www.erdgas.info/erdgas-mobil/alternative-kraftstoffe/vergleich-cng-und-lpg/, abgerufen am 13.12.2021
15. Wikipedia: Wasserstoff. https://de.wikipedia.org/wiki/Wasserstoff
16. Nabert K., Schön G., Redeker T. (2016): Sicherheitstechnische Kenngrößen brennbarer Gase und Dämpfe. Kenngrößen des Explosionsschutzes, zusammengestellt aus Schrifttum und eigenen Messungen, 3. Auflage. Deutscher Eichverlag, Braunschweig
17. PTB: CHEMSAFE – Database for safety characteristics in explosion protection. https://www.chemsafe.ptb.de/
18. Gye H.-R., Seo S.-K., Bach Q.-V., Ha D., Lee C.-J. (2019): Quantitative risk assessment of an urban hydrogen refueling station. International Journal of Hydrogen Energy 44: 1288–1298
19. Hirayama M., Shinozaki H., Kasai N., Otaki T. (2018): Comparative risk study of hydrogen and gasoline dispensers for vehicles. International Journal of Hydrogen Energy 43: 12584–12594

20. Kikukawa S., Yamaga F., Mitsuhashi H. (2008): Risk assessment of Hydrogen fueling stations for 70MPa FCVs. International Journal of Hydrogen Energy 33: 7129–7136
21. HYDRAITE – Hydrogen Delivery Risk Assessment and Impurity Tolerance Evaluation (2019): D4.1 Report on European analytical capabilities for hydrogen purity according to ISO 14687 and quality assurance. https://hydraite.eu/public-reports/, abgerufen am 13.12.2021
22. Atkins P.W., de Paula J., Bär M. (2013): Physikalische Chemie, 5. Aufl. Wiley-VCH, Weinheim
23. Madou M.J., Morrison S.R. (1989): Chemical Sensing with Solid State Devices. Academic Press
24. Fraunhofer ICT: LHyCon – Low Hydrogen Concentration Measurement Sensor. https://www.ict.fraunhofer.de/de/projekte/LHyCon.html, abgerufen am 12.12.2021
25. Inficon: Sensistor® Sentrac Wasserstoff-Lecksuchgerät. https://products.inficon.com/de-de/nav-products/product/detail/hydrogen-leak-detector-sensistor-sentrac/
26. Wikipedia: Schallgeschwindigkeit. https://de.wikipedia.org/wiki/Schallgeschwindigkeit
27. Gesellschaft für Labor-und Prozessanalytik mbH: Kontinuierliche Gasanalysesysteme, Typ SONOS. https://www.glp-gasanalytik.de/deutsch/produkte/kontinuierliche-gasanalysesysteme-typ-sonos/
28. SONOTEC GmbH: SONAPHONE E. für den Einsatz in explosionsgefährdeten Bereichen. https://www.sonotec.de/produkte/vorbeugende-instandhaltung/produkte/sonaphone-e/
29. Joos M.: Echtzeitmassenspektrometer für Wasserstoff. https://www.ict.fraunhofer.de/content/dam/ict/de/documents/medien/ae/AE_Echtzeitmassenspektrometer_fuer_Wasser_V01_de.pdf
30. Hildenbrand J., Korvink J., Wollenstein J. et al (2010): Micromachined Mid-Infrared Emitter for Fast Transient Temperature Operation for Optical Gas Sensing Systems. IEEE Sensors J. 10: 353–362
31. Yurchenko O., Pernau H.-F., Bierer B. et al (2020): Low Temperature Methane Combustion Catalysts for Pellistors Investigated By Simultaneous Thermal Analysis. Meet. Abstr. MA2020-01: 2438
32. Friedrich K.A., Mitzel J. (2020): Wasserstoff und Brennstoffzellen. BWK 79 (5): 128–138
33. E4tech: Fuel Cell Industry Review 2019 – The Year of the Gigawatt. https://www.e4tech.com/news/2018-fuel-cell-industry-review-2019-the-year-of-the-gigawatt.php
34. Nutt K.J., Hempler N., Maker G.T. et al (2020): Developing a portable gas imaging camera using highly tunable active-illumination and computer vision. Opt. Express 28: 18566–18576
35. Strahl Th., Herbst J., Lambrecht A. et al (2021): Methane leak detection by tunable laser spectroscopy and mid-infrared imaging. Applied Optics 60(15):C68-C75
36. Ninomiya H., Yaeshima S., Ichikawa K., Fukuchi (2007): Raman lidar system for hydrogen gas detection. Optical Engineering 46 (9): 094301
37. Shiina T. (2018): Hydrogen Gas Detection by Mini-Raman Lidar. In: B. Djezzar (Hrsg.): Ionizing Radiation Effects and Applications. InTech
38. Vasa N.J., Hatada A., Nakazono S. et al (2002): Feasibility of nonlinear Raman lidar based on stimulated Raman gain spectroscopy without a tunable laser. Applied Optics 41: 2328–2332

39. Lambrecht A. (2013): Vorrichtung und Verfahren zur Ferndetektion eines nicht infrarotaktiven Zielgases. DE 10 2013 101 610 B4 (19 February 2013)
40. Lambrecht A., Maier E., Pernau H.F. et al (2017): Gas Leak Detection by Dilution of Atmospheric Oxygen. Sensors 17: 2804
41. Keßler A., Ehrhardt W., Langer G. (2005): Hydrogen Detection: Visualisation of Hydrogen Using Non-Invasive Optical Schlieren Technique. BOS 9
42. Viktorov I.A. (1967): Rayleigh and Lamb waves. Physical theory and applications. Plenum Press
43. Achenbach J.D. (1973): Wave propagation in elastic solids. North-Holland
44. Hirao M., Ogi H. (2003): EMATs for Science and Industry. Noncontacting Ultrasonic Measurements. Springer, Heidelberg Berlin
45. Salzburger H.J., Niese F., Dobmann G. (2012): EMAT pipe inspection with guided waves. Welding in the world 56: 35–43
46. Niese F., Salzburger H.-J., Zenner J. (2007): Scannende Prüfung auf Außenkorrosion an Rohrleitungen mittels umlaufenden geführten Wellen. In: ZfP in Forschung, Entwicklung und Anwendung. DGZfP-Jahrestagung 2007. CD-ROM
47. Jäckel P., Niese F. (2013): Neue Ansätze in der quantitativen Korrosionsdetektion unter gezielter Ausnutzung des dispersiven Verhaltens geführter Ultraschallwellenmoden. In: ZfP in Forschung, Entwicklung und Anwendung. DGZfP-Jahrestagung 2013. CD-ROM, Paper Mi.3.B.3.
48. Jäckel P., Niese F., Boller C. (2014): Anwendungen und Chancen bei der quantitativen Korrosionsdetektion mittels Nutzung des charakteristischen Phasenverhaltens geführter Ultraschallwellenmoden in Transmissionsanordnung. In: ZfP in Forschung, Entwicklung und Anwendung. DGZfP-Jahrestagung 2014. CD-ROM, Paper Mi.1.A.2
49. Dobmann G., Kern R. (2000): Micro-Magnetic, Multiple-Parameter, Microstructure and Stress Analysis – 3MA – For Non-Destructive Material Properties Determination and Ageing Prediction. AMES-NDT-Workshop 2000
50. Szielasko K., Tschuncky R., Rabung M. et al (2014): Early detection of critical material degradation by means of electromagnetic multi-parametric NDE. AIP Conference Proceedings. AIP Publishing LLC: 711–718
51. Hübschen G., Herrmann H.-G., Altpeter I., Tschuncky R. (Hrsg.) (2016): Materials characterization using nondestructive evaluation methods. Woodhead Publishing
52. Rabung M., Kopp M., Kuhn B. et al (2016): Nondestructive Characterization of Ageing Phenomena in Heat Resistant Steels by Means of Micromagnetic Techniques. 19th World Conference on Nondestructive Testing, Berlin
53. Hering E., Martin R., Stohrer M. (2002): Physik für Ingenieure, 8. Auflage. Springer, Berlin Heidelberg
54. Tschuncky R., Szielasko K., Altpeter I. (2016): Hybrid methods for materials characterization. In: Materials Characterization Using Nondestructive Evaluation (NDE) Methods. ISBN 978-0-08-100040-3: 263–291
55. Szielasko K., Wolter B., Tschuncky R., Youssef S. (2020): Micromagnetic materials characterization using machine learning. tm Technisches Messen 87, 428–437
56. Wolter B., Szielasko K., Tschuncky R., Conrad C. (2017): Micromagnetic Testing at Fraunhofer IZFP:Highlights and Experiences of more than 3 Decades of Research. 12th International Conference on Barkhausen Noise and Micromagnetic Testing (ICBM12) Vaajakoski: Stresstech Oy

57. Altpeter I., Becker R., Dobmann G. et al (2002): Robust solutions of inverse problems in electromagnetic non-destructive evaluation. Inverse Problems 18: 1907–1921
58. Altpeter I., Dobmann G., Hübschen G. et al (2011): Nondestructive Characterization of Neutron Induced Embrittlement in Nuclear Pressure Vessel Steel Micros. Electromagnetic Nondestructive Evaluation XIV: 322–329
59. Lang M., Altpeter I., Dobmann G. (1995): Zerstörungsfreier Nachweis der Werkstoffschädigung durch wasserstoffinduzierte Spannungsrißkorrosion mittels mittels mikromagnetischer Verfahrensansätze. Korrosionsüberwachung mit zfP 1995: 151–158
60. Walther A., Hillemeier B. (2012): Vergleichende Signalinterpretation von Spannstahlbrüchen im remanenten und aktiven magnetischen Streufeld. Dissertation Technische Universtität Berlin. http://nbn-resolving.de/urn:nbn:de:kobv:83-opus-37587

# Digitalisierung und Simulation von Wasserstofftechnologien

15

Sylvia Schattauer • Alexander Spieß
Fraunhofer-Institut für Windenergiesysteme IWES

Alexander Martin • Robert Burlacu
Fraunhofer-Institut für Integrierte Schaltungen IIS

Gregor Herz
Fraunhofer-Institut für Keramische Technologien und Systeme IKTS

Christian Leithäuser
Fraunhofer-Institut für Techno- und Wirtschaftsmathematik ITWM

Ulrike Beyer
Fraunhofer-Institut für Werkzeugmaschinen und Umformtechnik IWU

Joachim Seidelmann
Fraunhofer-Institut für Produktionstechnik und Automatisierung IPA

Fabian Frank
Fraunhofer-Institut für Chemische Technologie ICT

**Zusammenfassung**

Die stetig fortschreitende Digitalisierung erweitert die Analysemöglichkeiten auch im Forschungsfeld der Wasserstofftechnologien und wird, in den verschiedenen Formen, in nahezu allen Teilgebieten eingesetzt. Dieses Kapitel soll einen Einblick in verschiedene Anwendungsgebiete geben, in denen digitale Me-


R. Neugebauer (Hrsg.), *Wasserstofftechnologien*,
https://doi.org/10.1007/978-3-662-64939-8_15

thoden und modellgestützte Analysen eingesetzt werden. Dazu gehören die Energiesystemmodellierung, die Abbildung der Transportinfrastrukturen, die verfahrenstechnische Modellierung in der Chemischen Industrie, die zielgerichtete Weiterentwicklung der Elektrolyse, das Upscaling der Produktion und die simulationsgestützte Gestaltung sicherer Wasserstoffinfrastrukturen.

## 15.1 Einleitung und Übersicht

Die Digitalisierung durchdringt und verändert unseren Alltag sowie unser Berufsleben in nahezu allen Bereichen. Entsprechend erweitert die stetig fortschreitende Digitalisierung die Analysemöglichkeiten auch im Forschungsfeld der Wasserstofftechnologien und wird, in den verschiedenen Formen, in nahezu allen Teilgebieten eingesetzt.

Dieses Kapitel soll einen Einblick geben in verschiedene Anwendungsgebiete, in denen digitale Methoden und modellgestützte Analysen eingesetzt werden. Hierbei kann nur ein kleiner Ausschnitt beleuchtet werden. Eine einfache übersichtliche Klassifizierung ist aufgrund der Vielzahl an Anwendungsgebieten, Modellierungsansätzen sowie Unterscheidungsmerkmalen schwer umsetzbar. Allein im Bereich der Zell- und Stack-Entwicklung von Elektrolyseuren ergibt sich ein Spannungsfeld von der Modellierung stofflicher, elektrischer und thermischer Prozesse in der Elektrolysezelle bis hin zur Abbildung materialseitiger Degradationsmechanismen an der Katalysatoroberfläche [1]. Neben der detailgetreuen Abbildung physikalischer und chemischer Prozesse in der Elektrolysezelle ist die Kopplung technischer Anlagenkomponenten zu ganzen Anlagensystemen sowie die Integration der Anlagen in das Energiesystem Gegenstand simulativer Betrachtungen. Nicht zuletzt bieten digitale Methoden neue Wege zur Gestaltung einer skalierungsfähigen Produktion. Daher werden in den nachfolgenden Unterkapiteln folgende Themen beleuchtet:

- Ein Hauptmotiv für die aktuelle Diskussion über grüne Wasserstofftechnologien findet sich in den Potenzialen zur Transformation hin zu einer klimaneutralen Energiewirtschaft und Industrie. Doch wie groß sind diese Bedarfe wirklich? Welche Kosten sind damit verbunden und welche Investitionen müssen getätigt werden? Die Beantwortung solcher Fragestellungen ist im Betrachtungsbereich der Energiesystemmodellierung. Abschnitt 15.2 gibt einen kurzen Einblick in Einsatzgebiete, Ansätze und Unterscheidungsmerkmale.

- Eng verbunden und teilweise integraler Bestandteil der Energiesystemmodellierung ist die Abbildung der Transportinfrastrukturen. Neben dem Wasserstofftransport über Schiffe oder Trailer stehen als Lösungsoption Pipelines zur Debatte. Die Ermittlung eines optimalen Wasserstofftransportnetzes ist eine herausfordernde Modellierungsaufgabe. Einblicke in den aktuellen Forschungsstand und die unterschiedlichen Ansätze bietet Abschnitt 15.3.
- Die chemische Industrie ist eines der aussichtsreichsten Einsatzgebiete für grünen Wasserstoff. Doch wie können Elektrolyseure optimal mit den chemischen Synthesen gekoppelt werden? Abschnitt 15.4 zeigt hier Möglichkeiten der verfahrenstechnischen Modellierung auf.
- Die Erhöhung der Zell- und Stack-Effizienz sind wichtige Zielgrößen in der Technologieentwicklung. Inwieweit detaillierte physikalische Modelle eine zielgerichtete Weiterentwicklung der Elektrolyse ermöglichen, beschreibt Abschnitt 15.5.
- Ein strategisches Ziel der nationalen Wasserstoffstrategie zum Markthochlauf grüner Wasserstofftechnologien ist das Upscaling der Produktion. Welche Rolle kann hier die Digitalisierung spielen und was sind entsprechende Ansätze im Bereich digitaler Fabriken? Abschnitt 15.6 gibt hierzu einen kurzen Einblick.
- Nicht zuletzt sind die Entwicklung und der Markthochlauf neuer Technologien immer mit der Entwicklung einer entsprechenden Sicherheitstechnik und notwendigen sicherheitsrelevanten Betrachtungen verbunden. Wasserstoff ist aufgrund der Stoffeigenschaften als besonders sensibel zu bewerten. Simulationsgestützte Analysen sind ein integraler Bestandteil zur Vorhersage des sicherheitskritischen Verhaltens von Wasserstoffanwendungen und -systemen. Abschnitt 15.7 gibt einen kurzen Einblick in die simulationsgestützte Gestaltung sicherer Wasserstoffinfrastrukturen.

## 15.2 Zukünftige Wasserstoffbedarfe und Integration in Energiemärkte

Die grüne Wasserstofftechnologie gilt als großer Hoffnungsträger für die klimaneutrale Gestaltung der Energiewirtschaft und der Industrie. Doch wie groß sind diese Bedarfe an grünem Wasserstoff wirklich? Welche Kosten sind damit verbunden und welche Investitionen müssen getätigt werden? Wie integrieren sich die Technologien in die Märkte und welche Einnahmen können generiert werden?

In der Literatur finden sich eine Vielzahl von Studien und wissenschaftlichen Publikationen, die diese und ähnliche Fragestellungen behandeln [2]. Ein gemeinsames Merkmal der Studien ist der Einsatz ähnlicher Methoden und Modellierungsansätze, die dem Fachgebiet der Energiesystemmodellierung zugeordnet werden können. Die Grundlage bilden Zukunftsszenarien, die notwendige Randbedingungen wie den maximal erlaubten THG-Emissionsaustausch und Technologieentwicklungspfade definieren. Zur Berechnung werden meist mathematische Optimierungsverfahren eingesetzt, welche z. B. die zukünftige Zusammensetzung des Kraftwerkparks ermitteln oder die kostenoptimale Marktintegration einzelner Anlagen im Betrieb analysieren.

Untersuchungen, die ausgedehnte Bilanzräume (national, EU, global) sowie mehrere Sektoren betrachten, können als Systemstudien bezeichnet werden. Bekannte Studien der letzten Jahre auf nationaler Ebene sind die „dena Leitstudie – Integrierte Energiewende“ [3] oder „Wege für die Energiewende“ [4]. Auf EU-Ebene können die „Hydrogen Roadmap Europe“ [5] oder „Industrial Innovation: Pathways to deep decarbionization of Industry“ [6] als Beispiele genannt werden.

Die Ergebnisdarstellung umfasst üblicherweise die ermittelten räumlich aufgelösten Energie- und Rohstoffnachfragen sowie eingesetzten Technologien für die betrachteten Szenarien. Abbildung 15.1 zeigt exemplarisch eine solche Ergebnisdarstellung in Bezug auf ermittelte Bedarfe an Wasserstoff und wasserstoffbasierter Folgeprodukten nach einer Studie im Auftrag des Umweltbundesamts (UBA) aus 2019 [7]. Die Darstellung ist nach Nachfragesektoren sowie Energieträgern unterteilt. Ausgangspunkt ist ein Szenario für eine „Treibhausgas-neutrale EU im Jahr 2050“ ohne den Einsatz von CarbonCapture and Storage Technologien (CCS) und begrenztem Biomassepotenzial. Hierbei kam für die EU-weite Analyse das Energiesystemmodell Enertile® zum Einsatz. Das Modell beschreibt die Bestandteile des Energiesystems als lineares Optimierungsproblem, welches die minimalen Kosten aus Nachfragesektoren und Erzeugungstechnologien unter Berücksichtigung von Netzinfrastrukturen bestimmt. Enertile® arbeitet mit Bezug auf das Erzeugungspotenzial über erneuerbare Energien mit einer stündlichen Zeitauflösung sowie einer räumlichen Auflösung von zehn Quadratkilometern. Detailliertere Beschreibungen des Modells und der Methodik zur Analyse der Wasserstoffbedarfe finden sich unter anderem in [8] und [9]. Im Rahmen der Energiesystemmodellierung ist aktuell die Modellierung der Wasserstofftransportnetzwerke ein Schwerpunkt der wissenschaftlichen Diskussionen. Hierauf geht Abschnitt 15.3 näher ein.

Im Gegensatz zu Systemstudien erfolgen die Analysen zur Identifikation optimaler Vermarktungsstrategien aus betriebswirtschaftlicher Sicht mit Fokus auf einzelne Anlagen oder Anlagennetzwerke. Einblicke hierzu bietet die Untersuchung zur „Strommarktseitigen Optimierung des Betriebs einer PEM-Elektrolyseanlage“ am Beispiel des Energiepark Mainz aus 2018 [10]. Ziel ist die betriebswirtschaftlich optimale Anlagensteuerung unter Berücksichtigung der

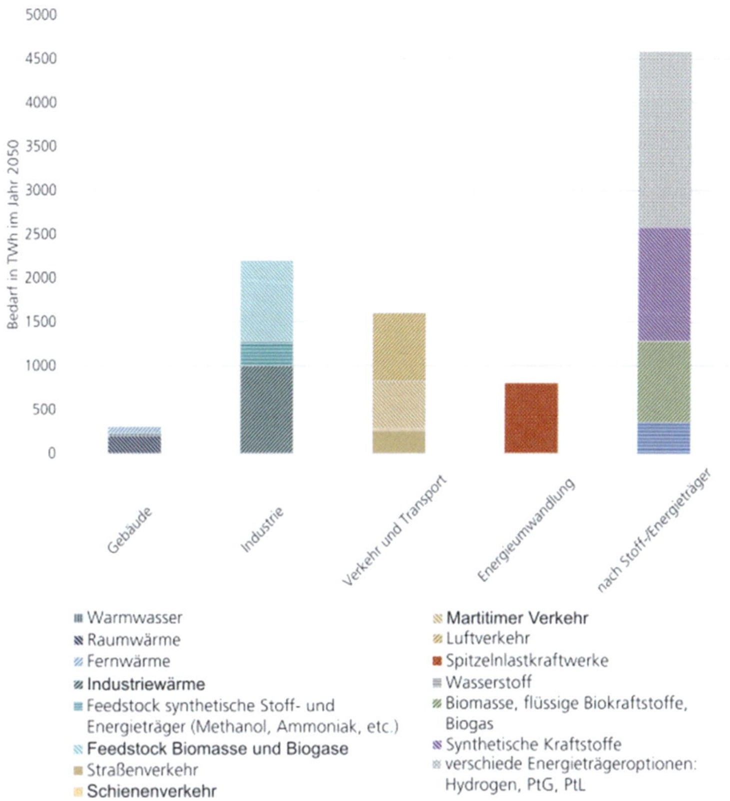


**Abb. 15.1** Bedarfe an Wasserstoff und wasserstoffbasierter Folgeprodukte für eine treibhausgasneutrale EU

Strombeschaffungskosten, möglicher Einnahmen über die Teilnahme am Sekundärregelleistungsmarkt und Vermarktungsoptionen des produzierten Wasserstoffs. Die Teilmodelle sind als gemischt-ganzzahlige lineare Probleme beschrieben. Im Vergleich zu Systemstudien erfolgt die Simulation bei einer höheren zeitlichen Auflösung, um die Teilnahme am Strom- und Regelleistungsmarkt abbilden zu können. Weiterhin wird eine detailliertere Modellierung der Elektrolyse benötigt. Für eine realitätsnahe Simulation wird das Prinzip der rollierenden Planung angewendet. Dazu werden kurzfristige Vorhersagen zur Preisentwicklung am Strom-

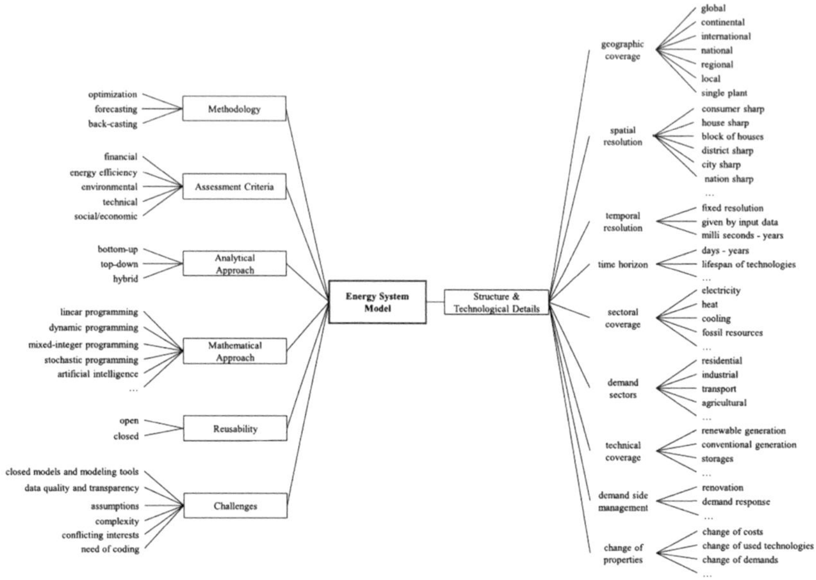


**Abb. 15.2** Eigenschaften und mögliche Klassifizierungskriterien für Energiesystemmodelle. (aus [11])

und Regelleitungsmarkt ermittelt, die wiederum in die Ermittlung des Betriebsplans für die Elektrolyseanlage einfließen.

Die aufgeführten Beispiele zeigen das breite Anwendungsspektrum der Energiesystemmodellierung zur Beantwortung verschiedener Fragestellungen im Kontext einer grünen Wasserstoffwirtschaft. Dabei unterscheiden sich die verwendeten Modelle meist stark. Entsprechende Unterscheidungsmerkmale sind in Abbildung 15.2 aufgeführt. Diese reichen von mathematischen Ansätzen über die Unterscheidung nach Top-Down- oder Bottom-Up-Modellen bis hin zu technischen Details (geographischer Bilanzierungsraum, räumliche Auflösung, zeitliche Auflösung abgedeckten Sektoren etc.) [11]. In der Interpretation der Ergebnisse sind sowohl die methodischen Unterscheidungsmerkmale als auch die durch Szenarien gesetzten Randbedingungen unbedingt zu berücksichtigen. Die Herausforderungen, die bei einem Vergleich verschiedener Studien entstehen, zeigt die „Metastudie Wasserstoff – Auswertung von Energiesystemstudien“ [2].

## 15.3 Modellierung und Simulation von Wasserstoff-Pipelines

Der derzeitige weltweite Wasserstoffmarkt wird von den Bedarfen der chemischen Industrie und der Petrochemie bestimmt. Mit dem Wandel zu einem klimaneutralen Wirtschafts- und Energiesystem werden weitere Absatzmärkte und Einsatzgebiete für Wasserstoff hinzukommen. Dadurch wird – neben dem Wandel der Erzeugungsmethoden – die Transportmenge steigen. Hierdurch entstehen neue Anforderungen an das Transportsystem. Der Wasserstofftransport via Pipeline über lange Strecken rückt als vielversprechende Transport- und Distributionstechnologie in den Fokus. Die technische Eignung neuer Rohrleitungen sowie bestehender Erdgassysteme ist Gegenstand einer Vielzahl von Projekten. Mit Blick auf das gesamte Versorgungsnetzwerk stehen Forschungsfragen im Vordergrund, die nur über die detaillierte Modellierung des Gesamtsystems beantwortet werden können.

Eine Herausforderung hierbei liegt in einer ausreichend realitätsnahen Modellierung des Zusammenspiels physikalisch abzubildender Eigenschaften und diskreter Entscheidungen. Dazu werden entsprechende Modelle meistens als Mischung eines nichtlinearen und eines diskreten ganzzahligen Problems beschrieben. Die Physik des Gases ist als ein System von nichtlinearen partiellen Differentialgleichungen gegeben und kann geeignet bis zu algebraischer Form vereinfacht werden. Steuerungen bzw. Entscheidungen, die nicht kontinuierlich sind (wie das An- und Ausschalten eines Kompressors), werden durch ganzzahlige Variablen dargestellt. Die Modelle werden hierzu in stationäre und transiente Modelle unterschieden. An dieser Stelle sei der seit 2014 laufende Sonderforschungsbereich Transregio 154 „Mathematische Modellierung, Simulation und Optimierung am Beispiel von Gasnetzen“ (Sprecher: Prof. Alexander Martin, Institutsleitung IIS) zu nennen.

### 15.3.1 Stationäre Modelle

Stationäre Modelle sind einfacher zu handhaben als transiente Modelle. Somit können Problemstellungen adressiert werden, die auf längeren Zeitskalen formuliert sind und in denen die physikalische Dynamik weniger Bedeutung hat. Eine zentrale Fragestellung, die mit entsprechenden stationären Lösungsansätzen adressiert wird, ist beispielsweise, ob eine bestimmte Menge an Gas (Nominierung) durch ein Netzwerk transportiert werden kann. Einen Einblick in die verschiedenen stationären Modellierungsansätze bietet [12]. In den meisten Fällen, die diskrete Entscheidungen einbeziehen, wird die Physik des Gases durch die sogenannte Weymouth-Gleichung beschrieben, die in algebraischer Form vorhanden ist. Eine Alternative bieten [13] und [14], die den Gasfluss durch ein System von gewöhnlichen Differentialgleichungen (GDGL) formulieren und darauf aufbauend ein lernendes Verfahren entwickeln. Mischungen von Wasserstoff und Erdgas auf größeren Netzwerken mit schaltbaren Elementen sind mathematisch höchst komplex. [15] stellt z. B. ein Verfahren vor, dass optimale Mischverhältnisse bestimmen kann. Das Verfahren ist allerdings heuristischer Natur und liefert nicht garantiert die optimale Lösung.

### 15.3.2 Transiente Modelle

Gewisse Problemstellungen benötigen ein dynamisches transientes Modell des Gasflusses und können durch stationäre Modellierungen nicht geeignet dargestellt werden. Ein Beispiel hierzu sind Problemstellungen, in denen dynamische Lastprofile vorkommen. Hier ist ein transientes Modell zwingend notwendig, um die Dynamik des Gases adäquat abbilden und somit eine realistische Reaktion des Netzes bestimmen zu können.

Einen Einblick in die aktuellen forschungsseitigen Entwicklungen geben die nachfolgenden Beispiele. So wurde in [16] ein Power-to-Gas-System als transientes Modell optimiert, indem ein Verfahren entwickelt wurde, dass stationäre, auf der Weymouth-Gleichung basierte Modelle zu einem transienten Modell erweitert.

Eine weitere Richtung, die intensiv erforscht wurde, ist die gemischt-diskrete dynamische Optimierung. Hierbei wird das Problem typischerweise als ein System von Differentialalgebraischen Gleichungen beschrieben. Ein Überblick hierzu gibt [17]. Ergänzend zu den Optimierungsverfahren gibt es viele verschiedene Softwarelösungen, die den Gasfluss durch eine Pipeline und im Größeren durch ein gesamtes Netzwerk transient (und somit auch stationär) simulieren können.

### 15.3.3 Herausforderungen und Ausblick

Die meisten Softwarelösungen im Kontext des Gastransports durch Pipelines bilden die reine Simulation eines Netzes nach. Diskrete Entscheidungen wie das An- und Ausschalten eines Kompressors werden durch den Algorithmus nur bedingt berücksichtigt oder sogar als fester Input vorausgesetzt. Eine Optimierung ist somit nur beschränkt möglich. Derzeit wird am Fraunhofer IIS ein Löser entwickelt, der diese Beschränkung auflöst und bei verschiedensten Fragestellungen im

Rahmen der Gasnetzoptimierung Entscheidungshilfen bietet. Dieses Tool liefert diskrete und kontinuierliche Entscheidungsvorschläge, beispielsweise kostenoptimale Ausbaupfade von Wasserstoffpipelines oder auch Steuerungen von Kompressoren. Diese Entscheidungen können in einem zweiten Schritt durch bekannte Simulationssoftware, z. B. MYNTS-Gas, validiert und iterativ angepasst werden. Hiermit wird eine umfassendere und realitätsnähere Behandlung von Gaspipelinespezifischen Fragestellungen möglich.

## 15.4 Integration in verfahrenstechnische Prozesse

Bei der Reduzierung der Treibhausgasemissionen in verfahrenstechnischen Prozessen kommt dem Einsatz der Elektrolyse zur Herstellung von grünem Wasserstoff und Synthesegas eine besondere Bedeutung zu. Wird als Kohlenstoffquelle $CO_2$ eingesetzt, welches aus der Luft oder aus Abgasen abgetrennt wird, können derartige Prozesse genutzt werden, um Kohlenstoff zu binden. Es wird in diesem Fall von CCU-Verfahren gesprochen (CCU = Carbon Capture and Utilization). Werden dabei flüssige Produkte erzeugt, handelt es sich um sogenannte Power-to-Liquid-Ansätze. Anhand eines solchen Verfahrens soll in diesem Kapitel die Bedeutung und die Vorgehensweise der Prozesssimulation bei der Entwicklung neuer Verfahren unter Einbindung der Elektrolyse erläutert werden. Eine Übersicht zu verschiedenen Power-to-Liquid-Ansätzen findet sich bei Dieterich et al. [18]. Da es sich grundsätzlich um neue Produktionsketten handelt, ist es für eine verfahrenstechnische und wirtschaftliche Bewertung der Verfahren sinnvoll, vor einer Investitionsentscheidung eine prozesstechnische Simulation durchzuführen. Dazu werden vielfältige Softwarepakete eingesetzt. Etabliert hat sich insbesondere die Nutzung fließbildbasierter Anwendungen, wobei Aspen One® die weiteste Verbreitung gefunden hat. Neben den verfügbaren Modellen müssen insbesondere für die Elektrolyse noch eigene Modelle erstellt werden. Hierzu sind in der Software entsprechende Möglichkeiten vorgesehen. Zur besseren Veranschaulichung werden im Folgenden Tools und Vorgehen dargestellt, die am Fraunhofer IKTS im Rahmen des Leitprojekts „Strom als Rohstoff" entwickelt wurden und zur Simulation von Ansätzen zur Vermeidung und Nutzung von $CO_2$ eingesetzt werden.

Zur Beurteilung des Prozesses werden zunächst die Zielgrößen der Berechnung definiert. Da die verfügbare elektrische Leistung der erneuerbaren Energien begrenzt ist, gehören dazu der energetische Wirkungsgrad

$$\eta_{\text{en}} = \frac{P_{\text{ch,Produkt}}}{P_{\text{el,ein}}}$$

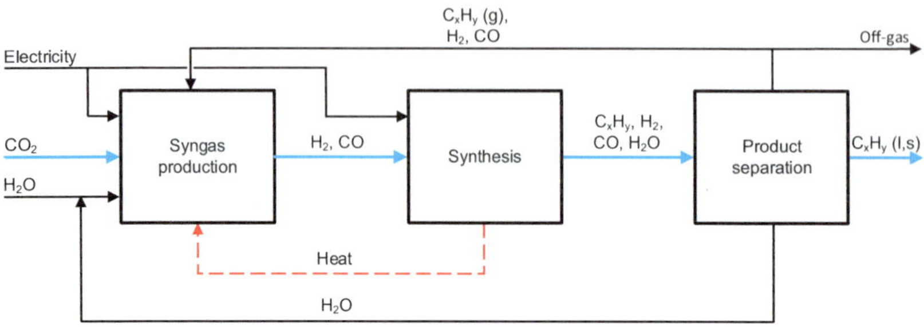


**Abb. 15.3** Vereinfachtes Fließbild eines Fischer-Tropsch-basierten Power-to-Liquid Prozesses

und für die Nutzung der Kohlenstoffquelle (in dem Fall $CO_2$) der Kohlenstoffwirkungsgrad

$$\eta_C = \frac{n_{C,\text{Produkt}}}{n_{C,\text{ein}}}$$

Im Beispielprozess wird eine elektrolysebasierte Synthesegaserzeugung mit einer Fischer-Tropsch-Synthese gekoppelt. Ein vereinfachtes Verfahrensfließbild ist in Abbildung 15.3 dargestellt. Im ersten Prozessschritt, der Synthesegaserzeugung, wird aus $CO_2$ und Wasser ein für die Synthese geeignetes Stoffgemisch aus Kohlenstoffmonoxid (CO) und Wasserstoff ($H_2$) gewonnen. Das Gasgemisch wird verdichtet, temperiert und dem Fischer-Tropsch-Reaktor zugeführt. In diesem wird das Gasgemisch an einem Eisen- oder Kobaltkatalysator zu Kohlenwasserstoffen verschiedener Kettenlängen umgewandelt. Vom Produktstrom werden flüssige und wachsförmige Produktfraktionen abgetrennt. Das Restgas besteht aus nicht umgesetztem Synthesegas und kurzkettigen Kohlenwasserstoffen. Es wird in die Synthesegaserzeugung zurückgeführt und dort stofflich oder thermisch weiterverwendet. Außerdem besteht die Möglichkeit, die Abwärme der exothermen Synthesereaktion in der Synthesegaserzeugung zu nutzen. Dies wird als „waste heat integration" (WHI) bezeichnet.

Auf Basis des vereinfachten Fließbildes (Abbildung 15.3) können drei unterschiedliche Prozessrouten abgeleitet werden, die sich vor allem durch das eingesetzte Elektrolyseverfahren unterscheiden:

- Eine unter Synthesedruck betriebene Niedertemperatur-Polymermembran-Wasserelektrolyse (PEMEL) wird mit einer rWGS-Stufe (rWGS = reverse Wassergas-Shift) zum Umsetzen des $CO_2$ zu CO und des Restgases gekoppelt angelehnt an das Verfahrenskonzept von König et al. [19].

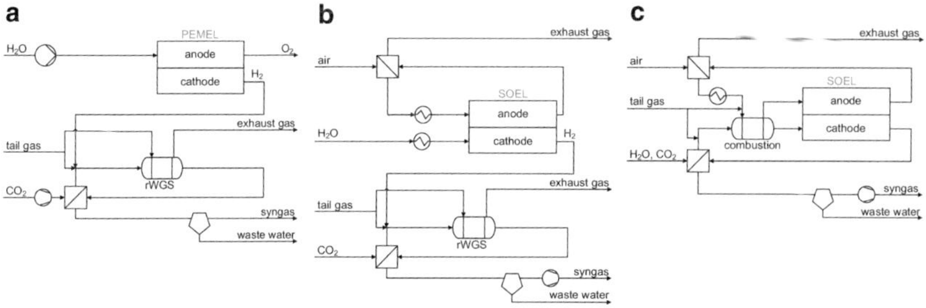


**Abb. 15.4** Vereinfachte Fließbilder der Synthesegaserzeugung auf Basis einer PEM-Elektrolyse (a), einer Hochtemperatur-Wasserelektrolyse (b) und einer Hochtemperatur-Co-Elektrolyse (c)

- Eine atmosphärische Hochtemperatur-Wasserelektrolyse (SOEL) wird mit einer atmosphärischen rWGs-Stufe zur Umsetzung von $CO_2$ und des Restgases gekoppelt nach einem Verfahrensansatz von Cinti et al. [20].
- Eine Hochtemperatur-Co-Elektrolyse (Co-SOEL) mit interner Reformierung wird genutzt, um in einem einstufigen Prozess Synthesegas zu produzieren nach Herz et al. [21].

Neben den unterschiedlichen Pfaden zur Bereitstellung des Synthesegases ist die Verwendung und Prozessführung des Restgases ein weiteres wichtiges Prozessmerkmal. In Abbildung 15.4 ist zu erkennen, dass in allen Prozesskonzepten ein Teil des Restgases abgetrennt und verbrannt wird, um thermische Energie für die Reformierung des anderen Teils des Restgases bereit zu stellen. Diese Reformierung findet in Prozesskonzepten (a) und (b) in der rWGS-Stufe statt, welche durch die Verbrennung mit thermischer Energie versorgt wird. In Prozesskonzept (c) wird das Restgas am katalytisch aktiven Elektrodenmaterial umgewandelt und die thermische Energie durch die eine Spülung der Luftseite des Stacks mit heißem Abgas zugeführt.

Zur Modellerstellung werden die Prozessabläufe in einer fließbildbasierten Softwarelösung abgebildet. Für die Prozessstufen der Elektrolyse und der Fischer-Tropsch-Synthese existieren keine vorgefertigten Blöcke, weshalb diese in Form von Ersatzschaltbildern abgebildet werden. Im Falle der Hochtemperaturelektrolyse werden die Teilprozesse interne Reformierung, elektrochemischer Umsatz und Methanisierung getrennt und durch jeweilige Blöcke dargestellt. Die elektrochemischen Berechnungen werden im Hintergrund mittels eines Calculator-Blocks durchgeführt [21].

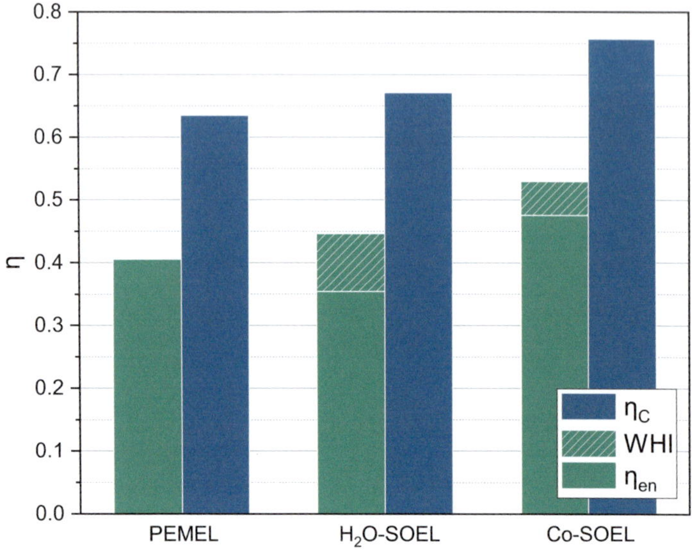


**Abb. 15.5** Energetischer Wirkungsgrad und Kohlenstoffwirkungsgrad der untersuchten elektrolysebasierten Power-to-Liquid-Prozesse

Zur Modellierung von Syntheseprozessen können empirische Reaktionskinetiken hinterlegt werden. Für das Beispiel der Fischer-Tropsch-Synthese ist jedoch keine einsetzbare Kinetik verfügbar. Daher hat sich eine vereinfachte Abbildung über die Vorgabe von Umsatz und Produktspektrum etabliert [22]. Die Ergebnisse sind somit von der verwendeten Datenbasis abhängig. Ein relativer Konzeptvergleich ist damit jedoch sehr gut möglich. Die unterschiedlichen Ansätze können über den energetischen Wirkungsgrad verglichen werden (Abbildung 15.5), wobei die schraffierten Flächen eine Steigerung des Wirkungsgrades durch die Wärmeintegration der Eduktwasserverdampfung mit der exothermen Synthese repräsentieren.

Im Falle einer PEMEL muss das Eduktwasser flüssig zugeführt werden, wodurch eine Wärmeintegration nicht möglich ist. Ohne Berücksichtigung der Wärmeintegration ist der energetische Wirkungsgrad des PEMEL-basierten Prozesses höher als der des $H_2O$-SOEL-basierten Prozesses. Da sowohl die Elektrolyse als auch die rWGS-Stufe unter Synthesedruck betrieben wird, muss nur der $CO_2$-Eduktstrom verdichtet werden, womit Verdichtungsaufwand minimiert wird. Im Falle einer $H_2O$-SOEL wird Elektrolyse und rWGS-Stufe atmosphärisch betrieben, woraus sich ein hoher Energiebedarf für die Verdichtung des Synthesegases ergibt. Dem gegenüber steht ein großes Potenzial zur Wärmeintegration, woraus sich insgesamt ein höherer energetischer Wirkungsgrad ergibt. Im Falle einer Co-Elektrolyse kann dieser noch gesteigert werden.

Da ein Teil des Restgases zur Aufrechterhaltung der endothermen Reformierung genutzt wird, besteht ein direkter Zusammenhang zwischen der Effizienz der Reformierung und dem Kohlenstoffwirkungsgrad: Ist die Reformierung effizient ausgelegt, wird weniger Energie benötigt. Durch den geringeren Stoffstrom an verbrannten Kohlenwasserstoffen wird weniger $CO_2$ freigesetzt. Hier ergibt sich ein Vorteil der $H_2O$-SOEL gegenüber der PEMEL, weil der Wasserstoff mit Stack-Temperatur in die rWGS-Stufe gespeist werden kann und somit keine Energie zum Aufheizen benötigt wird. Daher ist der Kohlenstoffwirkungsgrad der Hochtemperaturelektrolyse höher. Der nochmalige Gewinn an Kohlenstoffwirkungsgrad im Falle der Co-Elektrolyse wird analog zum energetischen Wirkungsgrad durch eine Verminderung der Hochtemperaturprozessstufen und somit in einer Minimierung der Wärmeverluste begründet.

Anhand des kurzen Beispiels sollte die zentrale Rolle, die eine Prozesssimulation beim Entwurf und der Auslegung von elektrolysebasierten Prozessen einnimmt, illustriert werden. Es konnte gezeigt werden, dass ein belastbares Modell ein wichtiges Werkzeug bei der Prozessauslegung darstellen kann.

## 15.5 Optimiertes Stack-Design

Dieser kurze Überblick zeigt die vielfältigen Unterstützungsmöglichkeiten, die modellbasierte Ansätze bei der Auslegung und Prozessintensivierung von Elektrolyseanlagen bieten.

### 15.5.1 Modellbasierte Simulationsansätze

Bei der Technologieentwicklung von Elektrolyseuren spielen modellgestützte Simulationsansätze eine zunehmende Rolle. Durch neue digitale Analyse- und Optimierungsmöglichkeiten kann die Zell- und Stack-Effizienz gesteigert werden. Möglich wird dies durch die innovative Zusammenführung von Modellierungsansätzen aus den Bereichen Strömungsdynamik, Multiphysics und porösen Medien mit Surrogat-Modellen und Optimierungsmethoden. Die verschiedenen Komponenten eines Elektrolyseurs verlangen nach unterschiedlichen Ansätzen, die wir im Folgenden kurz beleuchten wollen. Zur Lösung der einzelnen Fragestellungen greift das Fraunhofer ITWM auf eigene, etablierte Softwaretools zurück und entwickelt maßgeschneiderte neue Lösungen.

Bei der Auslegung der Bipolarplatte sind strömungsdynamische Kriterien entscheidend. Simuliert wird dazu ein Multiphysics-Problem mit den Aspekten Strömung, Thermodynamik und Stoffkonzentrationen. Als Zielkriterium spielt die Stoffkonzentration eine wichtige Rolle: So muss beispielsweise bei der PEM-Elektrolyse der entstehende Sauerstoff ausreichend schnell abgeführt werden, um die Zelleffizienz nicht zu verringern. Zur Auslegung von Bipolarplatten kommt das Werkzeug CASHOCS zum Einsatz [23], dass für allgemeine Formoptimierungsaufgaben entwickelt wurde. Ähnliche Fragestellungen ergeben sich bei der strömungsdynamischen Stack-Auslegung. Auch hier ist es wichtig, dass alle Zellen möglichst gleichmäßig und ohne größere Druckverluste angeströmt werden.

Innerhalb einer Elektrolysezelle befinden sich poröse Mikrostrukturen. Deren Beschaffenheit hat einen großen Einfluss auf die Zelleffizienz, wobei der genaue Zusammenhang hochkomplex ist. Auf der Suche nach neuen Materialien und Strukturen kommen Simulationswerkzeuge zum Einsatz, die sich bereits bei Brennstoffzellen [24] und in der Batteriezellenforschung [25] bewährt haben. Mit speziellen Modellen wird die Strömung innerhalb der porösen Mikrostrukturen simuliert, um eine Verbindung zu den Zielkriterien herzustellen. Auf dieser Basis lässt sich ein virtuelles Materialdesign als Unterstützung zum experimentellen Zugang durchführen. Insbesondere erlaubt der virtuelle Ansatz einen detaillierten Blick in die komplexen Vorgänge innerhalb der Mikrostrukturen, der rein experimentell nicht möglich wäre.

Für die Gesamtbetrachtung einer Elektrolyse-Anlage werden typischerweise kommerzielle Fließbildsimulatoren eingesetzt (Abschnitt 15.4). Die oben diskutierten strömungsdynamischen Komponentenmodelle bieten einen deutlich höheren Detaillierungsgrad als die einfachen Bilanzmodelle von Fließbildsimulatoren, allerdings geht dies mit einem viel größeren Rechenaufwand einher. Einen Ausweg bietet die Verwendung eines Multiskalen-Ansatzes unter Nutzung von Surrogat-Modellen. Dafür wird das komplexe Modell an verschiedenen, geschickt gewählten Parametersätzen ausgewertet. Daraus wird ein Ersatzmodell abgeleitet, welches die grundlegende Dynamik des komplexen Modells enthält, aber viel schneller ausgewertet werden kann. Dieses speziell trainierte Surrogat-Modell kann dann in einen kommerziellen Fließbildsimulator eingebunden werden. Sobald ein Fließbild-Modell einer Elektrolyseanlage vorliegt, kann eine Systemoptimierung durchgeführt werden. Der Optimierer greift dabei direkt auf das Fließbild-Modell zu und ermittelt die optimalen Designparameter. Damit lassen sich zunächst die Systemauslegung und die Dimensionierung der Einzelkomponenten optimieren. Wenn die Anlage realisiert ist, lassen sich dann die optimalen Betriebsparameter ermitteln.

### 15.5.2 Auslegung von Bipolarplatten

Exemplarisch werden nachfolgend die Methoden zur Auslegung von Bipolarplatten genauer vorgestellt. Als Beispiel wird dafür die PEM-Elektrolyse herangezogen. Hier wird über die Bipolarplatte auf der Anodenseite Wasser zugeführt und dann innerhalb der Zelle aufgespalten. Der dabei entstehende Sauerstoff muss auf der Anodenseite abgeführt werden, da sonst die Zelleffizienz sinkt. Eine Bipolarplatte muss also gleichmäßig durchströmt sein und darf keine Totzonen aufweisen, aus denen der Sauerstoff nicht ausreichend schnell entweichen kann. Bei der Auslegung dieser strömungsoptimierten Bipolarplatten helfen unsere Formoptimierungswerkzeuge. Die optimierten Geometrien zeichnen sich durch eine gleichmäßige Durchströmung und eine günstigere Konzentrationsverteilung aus. Auch der Druckabfall über die Zelle lässt sich typischerweise durch eine gezielte Auslegung reduzieren. Abbildung 15.6 illustriert eine solche Auslegung.

Auf der linken Seite von Abbildung 15.6 ist das Referenzdesign dargestellt mit der Zuführung in der linken oberen Ecke und dem Abfluss in der rechten unteren Ecke. Die lokale Strömungsgeschwindigkeit ist über die Farbe dargestellt. In der linken unteren und der rechten oberen Ecke der Referenz-Bipolarplatte befinden sich Totzonen mit unzureichender Durchströmung. Diese Totzonen können ein limitierender Faktor für die Zelleffizienz sein. Die rechte Seite der Grafik zeigt eine optimierte Bipolarplatte. Dazu werden neue Methoden [26] aus dem mathematischen Gebiet der Formoptimierung eingesetzt. Der Algorithmus am Fraunhofer ITWM manipuliert dabei die Referenzgeometrie so lange auf geschickte Weise, bis

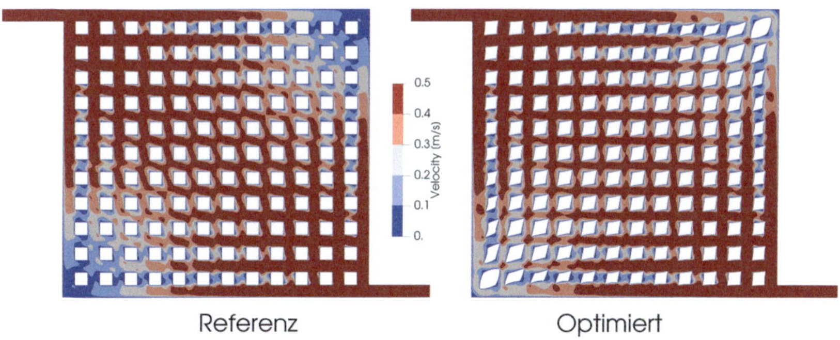


**Abb. 15.6** Zwei Bipolarplatten vor und nach der Formoptimierung. Blaue Bereiche sind Totzonen mit unzureichender Durchströmung

das Zielkriterium der gleichmäßigen Durchströmung bestmöglich erfüllt ist. Die optimierte Bipolarplatte ist nun frei von Totzonen und die Durchströmung aller Bereiche ist deutlich verbessert. Eine Umsetzung des neuen Designs ist mittlerweile mit additiven Fertigungsverfahren problemlos möglich.

## 15.6 Skalierung und Flexibilisierung durch Digitalisierung

Die zielgerichtete Forschung zur Elektrolyseur- und Brennstoffzellentechnologie ist ein neues Handlungsfeld. Es werden eine Vielzahl neuer Lösungen erwartet, die einerseits eine hochratenfähige, kostenoptimierte Produktion ermöglichen und andererseits eine Weiterentwicklung der Elektrolyseure und Brennstoffzellen mit sich bringen. Gleichzeitig ist der Markt sehr agil. Dieser verspricht zwar signifikante Wachstumsraten, jedoch sind detaillierte technische Lösungen für die Elektrolyseur-Produktion noch unscharf. Somit ist es erforderlich, ein agiles, serviceorientiertes digitales System aufzubauen, das Technologieoffenheit und Stückzahlskalierbarkeit garantiert.

Um dies zu realisieren, wurde im Rahmen des „Nationalen Aktionsplans Brennstoffzellen-Produktion" und im Verbundprojekt „FRHY: Referenzfabrik für hochratenfähige Elektrolyseur-Produktion" ein zentraler Nexus in Form einer Plattform konzipiert. Wesentlicher Bestandteil ist hierbei die digitale Referenzarchitektur, die die virtuellen Abbilder der vielfältigen Produktionsschritte der Stack-Herstellung vereint und wirksam verknüpft. So werden Synergieeffekte geboten und zusätzlich eine hohe Reaktionsfähigkeit bei der Abbildung und Umsetzung neuer technologischer Lösungen gewährleistet. Basis für die Entwicklung der digitalen Referenzarchitektur ist ein virtuelles Abbildungskonzept. Dieses muss einerseits bestimmte Vorgaben einbringen, um eine gemeinsame übergeordnete Betrachtung zu ermöglichen; andererseits eine hohe Flexibilität bieten, um den interagierenden Standorten bzw. Partnern im Wertschöpfungsnetzwerk eine dynamische, jedoch zugleich interoperable Umsetzung zu gestatten.

Durch die virtuelle Abbildung eines Fertigungsprozesses oder eines Produkts entsteht ein digitaler Zwilling in der Produktion. Zugrunde liegt die Idee, dass jedes zu fertigende Produkt einen digitalen Zwilling bekommt, der von den ersten Entwürfen bis zur Fertigungslinie kontrolliert und angepasst werden kann. Ausgangsbasis ist die Bestückung aller Maschinen einer Fertigungslinie mit Sensoren, die in Echtzeit detaillierte Informationen über den aktuellen Zustand der Produktion an ein Backend senden. Dort werden die Daten zusammengeführt und verknüpft. Simulationsmodelle können erstellt werden, die mithilfe dieser Eingangsdaten den

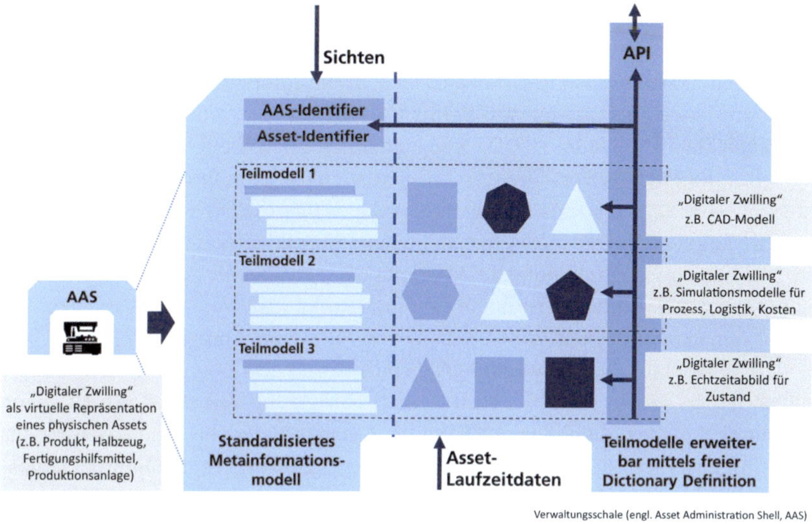


**Abb. 15.7** Verwaltungsschale und Teilmodelle [27], S. 5

realen Prozess vereinfacht abbilden und gleichzeitig durch physikalische Modelle die Eigenschaften des Fertigungsschrittes sowie des entstehenden Produkts bzw. Halbzeugs vorhersagen können. Dadurch ist es möglich, Aussagen über die Güte des Herstellungsschritts zu treffen und die Qualität des erzeugten Produktes vorherzusagen. Im Umkehrschluss können auch Parametervariationen am digitalen Zwilling vorgenommen werden, die Aussagen über den realen Prozess ermöglichen, ohne dass hierfür die Produktion unterbrochen oder wertvolles Material verbraucht wird. Diese neuen Optimierungsmöglichkeiten bieten flexible Qualitätssicherungsmaßnahmen, gewährleisten die Nachverfolgung von eingesetztem Material über das Halbzeug bis zum Produkt und erleichtern erheblich die Skalierung von Fertigungslinien.

Die digitale Abbildung der Prozessschritte und Ressourcen in Form von Betriebsmitteln und der Infrastruktur gestattet es nicht nur, datengetriebene Technologien effektiver einzusetzen, sondern dient allgemein der Interoperabilität. Hierfür müssen gemeinsame Standards genutzt und erweitert werden. Die im Kontext von Industrie 4.0 entwickelte Verwaltungsschale (Abbildung 15.7) [27], die sich aktuell in der Standardisierung und Weiterentwicklung befindet, ist die Umsetzung des digitalen Zwillings. So kann beispielsweise jedem Asset eine Verwaltungsschale zugewiesen werden, die zusammen mit dem Asset eine Industrie 4.0-Komponente in einer Einheit bilden. Verwaltungsschalen beinhalten sogenannte Teilmodelle. Diese stellen funktionale und domänenspezifische Informationen dar, die mittels standardisierter Dictionaries wie dem ECLASS-Standard oder dem IEC 61360 Common Data Dictionary (CDD) eine einheitliche Beschreibung und Austauschsprache ermöglichen. Verwaltungsschalen können passiv in Informationssystemen abgelegt oder aktiv als Teile intelligenter Anlagen umgesetzt werden. Letztere stellen ihre Teilmodelle und die darin enthaltenen Informationen direkt bereit und sind in der Lage, mit anderen Industrie-4.0-Komponenten über die API-Schnittstelle zu kommunizieren. Eine standardkonforme Infrastruktur für Verwaltungsschalen befindet sich aktuell in einer Entwicklungs- und Pilot-Umsetzungsphase.

Die Entwicklung von anwendungsfallspezifischen und -übergreifenden Teilmodellen ist der ideale Ansatz zur effizienten Umsetzung vernetzter Produktionen und ihrer digitalen Zwillinge. So kann über planbare digitale Produktionsmodule verfügt werden, die die Basis für eine kostengünstige Produktion darstellen. Dabei ist die digitale Referenzarchitektur das virtuelle Pendant zur realen Herstellung von Elektrolyseur- und Brennstoffzellen-Stacks und bildet den Rahmen für die virtuellen Abbilder der dezentralen Produktionsmodule, die innerhalb der Referenzarchitektur über verschiedene Funktionalitäten verfügen. Die digitalen Zwillinge bieten, als Einzelelement betrachtet, die über den Standard konfigurierten Informationen (z. B. Technologie, Kosten) für das jeweilige Produktionsmodul. Somit gestattet die digitale Referenzarchitektur eine Bewertung und Planung einzelner Produktionsmodule, d. h. Maschinen, Anlagen und Prüfeinrichtungen. Werden verschiedene Einzelmodule miteinander verknüpft, entstehen ganze Produktionslinien, die weitreichendere Betrachtungen erlauben. Auf diesem Wege können einzelne Technologien hinsichtlich Qualität und Skalierbarkeit verglichen werden. Auch lassen sich Produktionsvarianten berechnen, die mögliche Produktionsstrategien zu Parallelisierung und Automatisierung sowie integrative kontinuierliche Produktionsprozesse gegenüberstellen und bewertbar machen. So können nicht nur Investitionskosten, sondern auch Aussagen über den Return-on-Investment in Abhängigkeit der geplanten Produktionsmenge validiert dargestellt werden. Die Referenzarchitektur gestattet auch eine Vernetzung von Produktionslinien zu einer gesamten Wertschöpfungskette. Damit sind Beurteilungen zu Fertigungstiefe und zur Notwendigkeit von Lieferanten möglich, aber auch Aussagen zu Fabrikplanungsaspekten und somit die Erarbeitung eines ganzheitlichen und energieträgerübergreifenden Energiekonzeptes als Voraussetzung einer ressourceneffizienten Produktion.

## 15.7 Simulationsgestützte Gestaltung sicherer Wasserstoffinfrastrukturen

Die Entwicklung sicherer Technologien und die projektspezifische Bewertung des Sicherheitsrisikos von Wasserstoffanwendungen spielen aufgrund der spezifischen Stoffeigenschaften von Wasserstoff eine hervorgehobene Rolle in Forschung und Industrie. Insbesondere die Anwendung von Wasserstofftechnologien im urbanen Umfeld bedingt die Betrachtung völlig neuer Szenarien, wobei Simulationsmodelle als ein wichtiges prädiktives Werkzeug zum Einsatz kommen. So ist bei komplexen Systemen, wie sie zukünftige Wasserstoffinfrastrukturen darstellen, die funktionale Sicherheit von großer Bedeutung. Die funktionale Sicherheit befasst sich mit der Minimierung der Auftrittswahrscheinlichkeit gefährlicher Fehlerfälle – ein Ziel, welches anhand von Systemsimulationen überprüft werden kann. Die Spanne reicht dabei von der Analyse zufälliger Fehler mittels digitaler Fault Tree Analysis (FTA) bis hin zur Detektion systematischer Fehler durch automatisiertes Testing an digitalen Zwillingen.

Fehler- und Unfallszenarien können durch die Methoden der funktionalen Sicherheit nicht vollständig ausgeschlossen werden. Ein wichtiges Thema sicherheitstechnischer Betrachtungen ist daher die Risikobewertung in Schadensfällen. Als brennbares Gas kann Wasserstoff explosionsfähige Atmosphären bilden, wenn er in die Umgebungsluft entweicht. Eine Freisetzung kann prinzipbedingt notwendig sein (z. B. Boil-Off beim Kryospeicher) oder aufgrund von Beschädigungen an Rohrleitungen, Armaturen und Speichern auftreten. Mithilfe dreidimensionaler, transienter Ausbreitungssimulationen können verschiedenste Freisetzungsszenarien bewertet und adäquate Schutzmaßnahmen gegen die Bildung gefährlicher Explosionsfähiger Atmosphären (GEA) entwickelt werden. Ein Beispiel bietet das Modell des Fraunhofer ICT zur Wasserstoffausbreitung in geschlossenen Räumen, welches auf Basis des Fire Dynamics Simulator (FDS) entwickelt wurde. Das Modell erlaubt die orts- und zeitaufgelöste Konzentrationsbestimmung von Wasserstoff für unterschiedlichste Austrittsszenarien. Als Eingangsdaten benötigt das Modell Leckageparameter wie Austrittsdauer, Freisetzungsrate und Medientemperatur sowie äußere Bedingungen wie Raumgeometrie und technische Belüftungsmaßnahmen. Anhand der detaillierten Simulationsergebnisse können bauliche und technische Schutzmaßnahmen entwickelt und deren Wirksamkeit abgeschätzt werden. Das Modell erlaubt dabei auch die Implementierung von Fehlerfallsteuerungen, sodass beispielsweise Kopplungen zwischen Wasserstoffsensorik und technischen Belüftungsmaßnahmen simuliert werden können. Neben der Dimensionierung der Belüftung können so auch sinnvolle Alarmgrenzen für Gaswarnanlagen festgelegt werden.

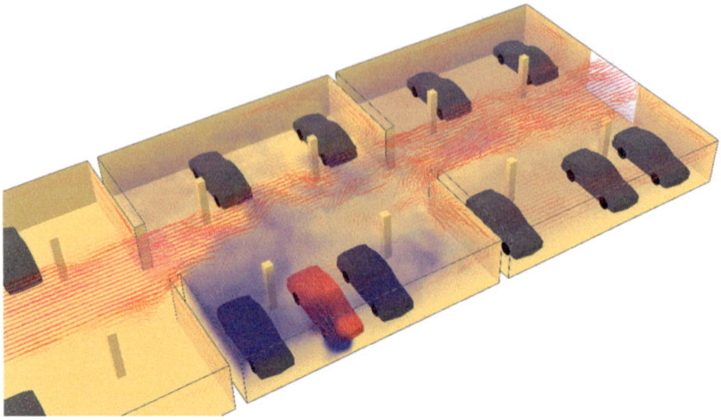

**Abb. 15.8** Simulation einer Wasserstoffleckage an einem FCEV in einer Tiefgarage. Blau: volumetrische Darstellung der Wasserstoffkonzentration. Rot: Strömungsfeld, hauptsächlich bedingt durch technische Belüftung

Das Modell eignet sich zur sicherheitstechnischen Auslegung neuer Anlagen sowie bestehender Objekte. So zeigt Abbildung 15.8, die Anwendung des Modells auf eine Tiefgarage mit einer technischen Belüftung wie sie bisher hauptsächlich zur Entrauchung im Falle eines Brandausbruchs eingesetzt wird. Mit der Simulation kann geprüft werden, inwiefern sich diese Rauch- und Wärmeabzugsanlage zur Vermeidung gefährlicher explosionsfähiger Atmosphären in Verbindung mit entsprechender Wasserstoffsensorik eignet.

Das Modell wurde speziell für die Anwendung in atmosphärischen Bedingungen ausgelegt, bei denen mit geringen Druckunterschieden und niedrigen Machzahlen (< 0,3 Ma) zu rechnen ist. Während dies den Anwendungsbereich auf entsprechende Austrittsszenarien beschränkt, verringert sich die Simulationsdauer durch diese Annahmen immens. Dies ermöglicht detaillierte Betrachtungen in großen Strukturen wie Sonder- und Industriebauten oder ganzen Wohnsiedlungen.

Kann eine Entzündung des Wasserstoffs nicht ausgeschlossen werden, können auch die mechanischen und thermischen Auswirkungen auf die Umgebung simulativ analysiert werden. Die Simulation von Brand- und Explosionsereignissen erfordert eine Kopplung reaktionskinetischer und fluiddynamischer Modelle, was die Komplexität gegenüber einfachen Ausbreitungssimulationen erheblich vergrößert. Daher werden bei derartigen Betrachtungen häufig vereinfachende Annahmen getroffen, die den Berechnungsaufwand auf einem akzeptablen Niveau halten [28]. Der aus den Vereinfachungen resultierende Präzisionsverlust muss bei Sicherheitsbetrachtungen in Form eines erhöhten Sicherheitsfaktors berücksichtigt werden.

Modelle, die zur Bewertung der Sicherheit eingesetzt werden sollen, müssen eingehend verifiziert und validiert werden. Im Rahmen des SUSANA-Projekts wurde daher eine Richtlinie zur Evaluierung von Simulationsmodellen im Bereich der Wasserstoffsicherheit entwickelt. Das Projekt stellt eine Datenbank zur Verifizierung sowie eine Literatursammlung mit Validierungsbeispielen zur Verfügung [29].

## Literatur

1. Oliver P., Bourasseau C., Bouamama P.B. (2017): Low-temperature electrolysis system modelling: A review. Renewable and Sustainable Energy Reviews 78: 280–300
2. Wietschel M., Zheng L., Arens M. et al (2021): Metastudie Wasserstoff – Auswertung von Energiesystemstudien. https://www.ise.fraunhofer.de/de/veroeffentlichungen/studien/metastudie-wasserstoff.html, abgerufen am 14.12.2021
3. Deutsche Energieagentur (2018): dena-Leitstudie Integrierte Energiewende: Impulse für die Gestaltung des Energiesystems bis 2050. https://www.dena.de/newsroom/publikationsdetailansicht/pub/dena-leitstudie-integrierte-energiewende-ergebnisbericht/
4. Robinius M. et al (2020): Wege für die Energiewende: Kosteneffiziente und klimagerechte Transformationsstrategien für das deutsche Energiesystem bis zum Jahr 2050. Schriften des Forschungszentrums Jülich, Reihe Energie & Umwelt, Band 499. ISBN 978-3-95806-483-6
5. Fuel Cells and Hydrogen Joint Undertaking: Hydrogen Roadmap Europe. A sustainable pathway for the European Energy Transition. https://www.fch.europa.eu/sites/default/files/Hydrogen%20Roadmap%20Europe_Report.pdf, abgerufen am 14.12.2021
6. Fleiter T., Herbst A., Rehfeldt M., Arens M. (2019): Industrial Innovation. Pathways to deep decarbonisation of Industry. Part 2: Scenario analysis and pathways to deep decarbonisation. ICF Consulting Services Ltd. and Fraunhofer ISI
7. Duscha V., Wachsmuth J., Eckstein J., Pfluger B. (2019): GHG-neutral EU2050 – a scenario of an EU with net-zero greenhouse gas emissions and its implications. Umweltbundesamt (Hrsg), Climate Change 40. https://www.umweltbundesamt.de/publikationen/ghg-neutral-eu2050, abgerufen am 14.12.2021
8. Lux B., Poslowsky S., Pfluger B. (2019): The economics of possible CO2 utilization pathways in a highly decarbonized European energy system. IEEE/PES/EEM 18.–20.09.2019, Ljubljana. DOI: https://doi.org/10.1109/EEM.2019.8916453
9. Bernath C., Deac G., Sensfuß F. (2019): Modellbasierte Analyse der Auswirkung von Sektorkopplung auf die Marktwerte erneuerbarer Energien. 11. Internationale Energiewirtschaftstagung „Freiheit, Gleichheit, Demokratie: Segen oder Chaos für Energiemärkte?“ 13.–15.02.2019, Wien, Österreich
10. Kopp M. (2018): Strommarktseitige Optimierung des Betriebs einer PEM-Elektrolyseanlage. Kassel University Press. DOI: https://doi.org/10.19211/KUP9783737605892

11. Klemm C., Vennemann P. (2021): Modeling and optimization of multi-energy systems in mixed-use districts: A review of existing methods and approaches. Renewable and Sustainable Energy Reviews 135: 110206. DOI: https://doi.org/10.1016/j.rser.2020.110206
12. Koch T., Hiller B., Pfetsch M.E., Schewe L. (Hrsg.) (2015): Evaluating Gas Network Capacities. SIAM, 364 S. DOI: https://doi.org/10.1137/1.9781611973693
13. Gugat M., Leugering G., Martin A. et al (2018): Towards simulation based mixed-integer optimization with differential equations. In: Networks 72 (1): 60–83. DOI: https://doi.org/10.1002/net.21812
14. Sirvent M. (2018): Incorporating Differential Equations into Mixed-Integer Programming for Gas Transport Optimization". Dissertation, FAU Erlangen-Nürnberg
15. Geißler B., Morsi A., Schewe L., M. Schmidt (2015): Solving powerconstrained gas transportation problems using an MIP-based alternating direction method. Computers & Chemical Engineering 82: 303–317. DOI: https://doi.org/10.1016/j.compchemeng.2015.07.005
16. Burlacu R., Egger H., Groß M. et al (2018): Maximizing the storage capacity of gas networks: a global MINLP approach. Optimization and Engineering 20 (4): 1–31. DOI: https://doi.org/10.1007/s11081-018-9414-5
17. Allgor R., Barton P. (1999): Mixed-integer dynamic optimization I: problem formulation. Computers & Chemical Engineering 23 (4): 567–584. DOI: https://doi.org/10.1016/S0098-1354(98)00294-4
18. Dieterich V., Buttler A., Hanel A. et al (2020): Power-to-liquid via synthesis of methanol, DME or Fischer–Tropsch-fuels: a review. Energy Environ. Sci. 13: 3207–3252. DOI: https://doi.org/10.1039/D0EE01187H
19. König D.H., Freiberg M., Dietrich R.-U. et al (2015): Techno-economic study of the storage of fluctuating renewable energy in liquid hydrocarbons. Fuel 159: 289–297
20. Cinti G., Baldinelli A., Di Michele A. et al (2016): Integration of Solid Oxide Electrolyzer and Fischer-Tropsch: A sustainable pathway for synthetic fuel. Applied Energy 162: 308–320
21. Herz G., Reichelt E., Jahn M. (2018): Techno-economic analysis of a co-electrolysis-based synthesis process for the production of hydrocarbons. Applied Energy 215: 309–320
22. Förtsch D., Pabst K., Groß-Hardt E. (2015): The product distribution in Fischer-Tropsch synthesis: An extension of the ASF model to describe common deviations. Chemical Engineering Science 138: 333–346
23. Blauth, S. (2021): CASHOCS: A Computational, Adjoint-Based Shape Optimization and Optimal Control Software. SoftwareX 13: 100646
24. Becker J., Wieser C., Fell S., Steiner K. (2011): A multi-scale approach to material modeling of fuel cell diffusion media. International Journal of Heat and Mass Transfer 54: 1360–1368
25. Less G.B., Seo J.H., Han S. et al (2012): Micro-Scale Modeling of Li-Ion Batteries: Parameterization and Validation. J. Electrochem. Soc. 159: A697-A704
26. Blauth S., Leithäuser C., Pinnau R. (2020): Shape sensitivity analysis for a microchannel cooling system. Journal of Mathematical Analysis and Application 492 (2): 124476
27. Bedenbender H., Billmann M., Epple U. et al (2016): Beispiele zur Verwaltungsschale der Industrie 4.0-Komponente – Basisteil. Zentralverband Elektrotechnik- und Elektronikindustrie e. V., Frankfurt a. M.

28. Mulenga L. (2018): Modeling Of Detonations Using Scenarios With Hydrogen As A Fuel. Dissertation, University of North Dakota. https://commons.und.edu/theses/2294
29. Baraldi D., Melideo D., Kotchourko A. et al (2017): Development of a model evaluation protocol for CFD analysis of hydrogen safety issues the SUSANA project. DOI: https://doi.org/10.1016/j.ijhydene.2016.05.212

# Die internationale Dimension der Wasserstofftechnologien im Energiesystem

# 16

Christopher Hebling • Kira Schlüter • Ombeni Ranzmeyer
Fraunhofer-Institut für Solare Energiesysteme ISE

Norman Gerhardt • Maximilian Pfennig
Fraunhofer-Institut für Energiewirtschaft und Energiesystemtechnik IEE

Martin Wietschel
Fraunhofer-Institut für System- und Innovationsforschung ISI

Natalia Pieton • Kristin Kschammer • Mario Ragwitz
Fraunhofer-Einrichtung für Energieinfrastrukturen und Geothermie IEG

**Zusammenfassung**

Weitgehender internationaler Common Sense ist, dass aus Gründen des Ressourcen- und Klimaschutzes die Verwendung fossiler Energieträger bis Mitte des Jahrhunderts vollständig beendet und ein Großteil unserer Produktionsprozesse mit dem Ziel einer Kreislaufwirtschaft umgebaut werden muss. Hierbei kommt $CO_2$-neutral hergestelltem Wasserstoff eine Schlüsselrolle zu, ebenso wie den daraus synthetisch hergestellten längerkettigen Molekülen, stofflichen Energieträgern und Chemierohstoffen in einer Vielzahl von Produkten in der Mobilität und in der Industrie. Da Ressourcennutzung und $CO_2$-Produktion sich in ihren Auswirkungen grundsätzlich international niederschlagen, kann auch dieser Transformationsprozess nur mit einer internationalen Zusammenarbeit nach gemeinsam definierten Regeln bewältigt werden. Dies betrifft die Erforschung und Entwicklung der entsprechenden Technologien ebenso wie deren Anwendung und Förderung. Der Beitrag liefert einen Überblick über Vereinbarungen, Initiativen, Ziele und Erfolge dieser internationalen Zusammenarbeit.



R. Neugebauer (Hrsg.), *Wasserstofftechnologien*,
https://doi.org/10.1007/978-3-662-64939-8_16

## 16.1 Relevanz von grünem Wasserstoff

Im Sinne einer klimaneutralen und ressourcenschonenden Ausrichtung von Gesellschaft und Wirtschaft muss die Verwendung fossiler Energieträger bis Mitte des Jahrhunderts vollständig beendet und ein Großteil unserer Produktionsprozesse mit dem Ziel einer Kreislaufwirtschaft umgebaut werden. Diese Anforderung wird in den nächsten Dekaden eine grundlegende Transformation unseres Energie- und Wirtschaftssystems bedingen. Hierbei kommt klimaneutral hergestelltem Wasserstoff ebenso wie daraus synthetisch hergestellten längerkettigen Molekülen, stofflichen Energieträgern und Chemierohstoffen in einer Vielzahl von Produkten in der Mobilität und in der Industrie eine Schlüsselrolle zu. Global wird eine Multi-Milliarden-Euro-Industrie entstehen, die sich aus einer Konvergenz von klimaneutraler Energiebereitstellung und elektro- bzw. thermochemischen Prozessen ergibt. Ausgangspunkt ist dabei die Wasserstofferzeugung durch Wasserelektrolyse auf Basis erneuerbar erzeugten Stroms. Dieser grüne Wasserstoff kann den unterschiedlichen Weiternutzungen zugeführt werden – von der Rückverstromung in Brennstoffzellen oder Gasturbinen für mobile und stationäre Anwendungen über die Verwendung als Reduktionsmittel in Industrieprozessen bis hin zur Weiterkonversion in unterschiedliche Moleküle und die weitere Nutzung von (nicht fossilem) Kohlenstoff oder Stickstoff.

Die Entwicklung der beschriebenen Syntheseprozesse befindet sich global in einer Übergangsphase hin zu einer großtechnischen, industriellen Nutzung. Insbesondere in den letzten Jahren ist die Erkenntnis hinsichtlich der Relevanz der Wasserstofftechnologien für eine globale Energiesystemtransformation massiv gereift und es findet weltweit in vielen Volkswirtschaften eine sehr dynamische Entwicklung zum Aufbau einer Wasserstoffwirtschaft statt. Hierbei kann unterschieden werden zwischen Regionen mit erheblichen Potenzialen für erneuerbare Energien, die durch wasserstoffbasierte Energieträger an einem globalen Erneuerbaren-Energien-Handel teilnehmen möchten (Netto-Exporteure wie Australien, Chile, MENA-Region, Südafrika, Norwegen, Iberische Halbinsel) und den Volkswirtschaften, die auf den Import von nachhaltigen Energieträgern für das eigene klimaneutrale Energiesystem angewiesen sind (Netto-Importeure wie Japan, Korea, China, Zentraleuropa), aber häufig zugleich große wirtschaftliche Chancen für den Export von technologischen Anlagen und Know-how erkennen. Die aktuelle Situation lässt sich gemäß dem Hydrogen Council (Hydrogen Insights Report 2021) wie folgt in Zahlen fassen:

- Über 80 Nationen, die in Summe die überwiegenden Anteile des globalen Bruttowirtschaftsprodukts vertreten, haben sich dem Ziel der Klimaneutralität bis 2050 oder 2060 verpflichtet.

- Bislang haben 35 Länder nationale Wasserstoffstrategien, Roadmap-Papiere oder Wasserstoff-R&D-Programme verabschiedet.
- Regierungen haben in ihren Strategiepapieren in Summe größenordnungsmäßig etwa 100 Mrd. US-Dollar für Wasserstoffprogramme bis 2030 angekündigt bzw. budgetmäßig hinterlegt (Deutschland 7+2 Mrd. €)
- Derzeit sind 228 Großprojekte (davon 85 Prozent in Europa, Asien und Australien) mit einer Elektrolyseleistung von 17 GW und dem nachfolgenden Infrastrukturausbau bzw. der Wasserstoffnutzung in Industrie- und Mobilitätsanwendungen in der Entwicklung.
- In Summe sind derzeit Investitionen von 350 Mrd. US-Dollar aus den staatlichen und privatwirtschaftlichen Sektoren bis 2030 in die Bereiche Wasserstofferzeugung, Transport/Verteilung sowie in den Einsatz von Wasserstoff in den verschiedenen Endanwendungen angekündigt.
- Im Transportsektor sind bis 2030 fünf Millionen Brennstoffzellenfahrzeuge und 10.000 Wasserstofftankstellen angekündigt.
- 24 Länder haben bislang den vollständigen Ausstieg in den 2030er-Jahren aus der verbrennungsmotorischen Antriebstechnik angekündigt.

## 16.2 Internationale Wasserstoffwirtschaft

### 16.2.1 Green Deal

Am Vorabend des Jahreswechsels 2019/20 stellte die Europäische Kommission ein neues Konzept zur Erreichung des Null-Emissionsziels vor. Unter dem Titel „European Green Deal" stellt das Konzept ein umfassendes Maßnahmenprogramm und Regelwerk dar, das inzwischen im Zentrum der europäischen Klimapolitik steht und die Mitgliedsstaaten der Europäischen Union richtungsweisend auf ihrem Weg zur Klimaneutralität begleitet.

Ein zentrales Element des Green Deals ist die Verschärfung der $CO_2$-Reduktionsziele. Die ursprünglich angesetzte Reduzierungsrate von 40 Prozent gegenüber 1990 wird hierin auf 55 Prozent verschärft. Um dieses Ziel zu verwirklichen, stellte die Europäische Kommission im Sommer 2021 das „Fit for 55 Package" vor, ein Vorschlagspaket, das den ‚notwendigen transformativen Wandel [der europäischen] Wirtschaft, Gesellschaft und Industrie' herbeiführen soll [1]. Hierfür formuliert die Kommission einen Policy-Mix aus acht Vorschlägen für den Ausbau bestehender Rechtsakte und fünf neuen Initiativen für verschiedene Politikbereiche und Wirtschaftssektoren. Neben der Bepreisung werden auch Zielvorgaben, Vorschriften und Unterstützungsmaßnahmen diskutiert.

Schon vor der Kommunikation des Fit-for-55-Pakets spielte die Renewable Energy Directive (RED II) eine Schlüsselrolle in der Förderung erneuerbarer Energien. Nun soll im Rahmen des Pakets eine wiederholte Überarbeitung der Richtlinie stattfinden, die schlussendlich konsistent mit den ebenfalls vorzunehmenden Anpassungen der Richtlinien über das europäische Emissionshandelssystem (EU-ETS), die Energiesteuer (ETD) und die Energieeffizienz (EED), die Kraftstoffqualität (FQD), Gebäude (EPBD), das Ökodesign und die Infrastruktur alternativer Kraftstoffe (DAFI) sein soll [2].

In Bezugnahme auf die Erstellung des Fit-for-55-Pakets veröffentlichte der Europäische Wasserstoff-Dachverband *Hydrogen Europe* ein Positionspapier, in dem umfassende Empfehlungen gegeben und die grundsätzlichen Vorteile der Nutzung von Wasserstoff hervorgehoben wurden [3].

Tatsächlich umfassen die Anpassungen der Richtlinien klare Bestimmungen und Handlungsempfehlungen für das Themenfeld Wasserstoff. So sieht die Richtlinie über die Infrastruktur alternativer Kraftstoffe (DAFI) Vorgaben für ein Mindestangebot an öffentlich zugänglichen Wasserstofftankstellen für schwere und leichte Nutzfahrzeuge sowie für die Gewährleistung einer benutzerfreundlichen Wasserstoffbetankungsinfrastruktur vor [4]. Hierfür seien Mindestanforderungen für Zahlungsmöglichkeiten, Preistransparenz und vertragliche Wahlmöglichkeiten erforderlich. Die Angabe einer Maximaldistanz von 150 km zwischen einzelnen Wasserstofftankstellen bis Ende 2030 konkretisiert diese Zielsetzungen. Öffentlich zugängliche Wasserstofftankstellen mit flüssigem Wasserstoff sollen innerhalb von 450 km erreichbar sein. Generell soll bis Ende 2030 jeder städtische Knotenpunkt über eine Wasserstofftankstelle verfügen.

Auch im Kontext der Initiativen „ReFuel-EU-Aviation" [5] und „Fuel-EU-Maritime" [6] spielt Wasserstoff eine Rolle, da die Nutzung bzw. Beimischung nachhaltiger Kraftstoffe im Schiffs- und Flugverkehr gefördert werden soll.

Während die ursprüngliche Fassung der Richtlinie über die Energiesteuer [7] die Einführung alternativer Kraftstoffe, beispielsweise erneuerbaren Wasserstoff oder synthetische Kraftstoffe, nicht ausreichend fördert, sollen nach den Anpassungen fortgeschrittene Biokraftstoffe, Biobrennstoffe und grüner Wasserstoff mit der niedrigsten Rate besteuert werden.

Grundsätzlich stellt Wasserstoff ein Themenfeld dar, das auch im Rahmen der Änderungen der übrigen Richtlinien und Initiativen behandelt wird. In diesem Zusammenhang lässt sich beobachten, dass sich Wasserstoff von seiner bislang untergeordneten bzw. zeitlich nachgelagerten Rolle zu einer Schlüsselkomponente des Energiesystems entwickelt hat. Die Mitgliedsstaaten der Europäischen Union sind dazu angehalten, die Richtlinien in nationales Recht umzuwandeln. Die Europäische Union sieht sich weltweit in einer Führungsrolle bei der Bekämpfung des Klimawandels. Im Rahmen der offiziellen Mitteilung über die Fit-for-55-Kampagne wird in diesem Zusammenhang jedoch betont, dass die Bemühungen der EU allein nicht ausreichend für eine effektive Reduktion der Treibhausgasemissionen sind [1]. Daher sei eine umfassende internationale Zusammenarbeit anzustreben, die über die der 27 Mitgliedsstaaten hinausgeht.

### 16.2.2 Pariser Abkommen

Bereits 2015 haben sich im Rahmen des Pariser Klimaabkommens alle 195 Vertragsparteien der Klimarahmenkonvention der Vereinten Nationen auf ein gemeinsames Wirken gegen die globale Erwärmung geeinigt. Die im Abkommen formulierten Ziele umfassen unter anderem eine Begrenzung des durchschnittlichen Erdtemperaturanstieges auf deutlich unter 2 °C gegenüber dem vorindustriellen Niveau, die Förderung einer klimaresistenten und emissionsarmen Entwicklung sowie die dazu notwendige Klimafinanzierung. Zur erfolgsversprechenden Verwirklichung der Ziele soll die Ausarbeitung langfristiger individueller Strategien dienen. Die entstandenen Klimastrategien der Nationen beschreiben umfassende Maßnahmenprogramme und Reformen zur Realisierung der Klimaziele.

## 16.3 Wasserstoffstrategien und -Roadmaps

Nahezu alle Mitgliedsstaaten der Europäischen Union nennen konkrete wasserstoffbezogene Ziele in den Nationalen Energie- und Klimaplänen (NECP) [8]. Bislang arbeiteten 20 Nationen ausführliche Wasserstoffstrategien aus oder können derartige bereits vorweisen [9].

Andere Länder verfassen Status-Quo-Analysen sowie Chancen-und-Risiko-Bewertungen. In diesem Rahmen führte Finnland eine traditionelle SWOT-Analyse durch zur Beurteilung der Stärken, Schwächen, Möglichkeiten und Bedrohungen, die aus der Produktion und der Verwendung von kohlenstoffarmem Wasserstoff resultieren [10].

### 16.3.1 Zeitliche Einordnung

In Bezug auf die Ausarbeitung von Wasserstoffstrategien nahm Japan mit der Veröffentlichung eines nationalen Strategiepapiers im Dezember 2017 eine Vorreiterposition ein [11]. Im Juni 2018 folgte Frankreich mit der Bekanntmachung der eigenen Strategie und im Jahr 2019 folgte Russland [12], [13]. Im Jahr 2020 gaben die Niederlande, Deutschland, Norwegen, die Vereinigten Staaten, Spanien, Portugal, Chile, Kanada und die Europäische Union ihre Strategien bekannt [14], [15], [16], [17], [18], [19], [20], [21], [22]. Finnland veröffentlichte eine Chancen-Risiko-Bewertung und Italien verfasste ein Strategiepapier mit vorläufigen Richtlinien. Zwischenzeitlich gibt es über 35 nationale Wasserstoff-Strategiepapiere, R&D-Programme oder sonstige Roadmap-Dokumente zur Beschreibung der Ambitionen für die Einführung von Wasserstofftechnologien in den jeweiligen nationalen Ökonomien. Auch wenn ausnahmslos der Klimaschutz genannt wird, gibt es ein breites Portfolio an Motivationen wie industriepolitische Aspekte zur Stärkung der nationalen Wertschöpfungsketten, die Reduktion der Lokalemissionen in den Ballungszentren – nicht zuletzt aus Gesundheitsaspekten zum Schutz der Bevölkerung –, der Aufbau einer Energieexportindustrie mit erneuerbaren Energieträgern, Energieautarkie oder die Flexibilisierung des Energiesystems.

Zur Umsetzung der jeweiligen Wasserstoffstrategien wurden in der Regel nationale Gremien etabliert als Vermittler und Berater für Politik, Industrie sowie Forschung. Diese Gremien, beispielsweise die australische Hydrogen Working Group, der deutsche Nationale Wasserstoffrat, der chilenische Consejo Nacional des Hidrógeno Verde, das kanadische Strategic Steering Committee oder die European Clean Hydrogen Alliance, beraten und entscheiden über Verfahrensweisen sowie mögliche Finanzierungsmaßnahmen, die häufig auch über die in der Strategie festgelegten Regulierungen hinausgehen.

### 16.3.2 Strategiepapiere von nicht-staatlichen Institutionen

Neben Strategiepapieren aus staatlicher Hand konzipierten auch Unternehmen aus Wissenschaft oder Industrie regionsbezogene Roadmaps und Strategien. So entstand bereits im Jahr 2018 eine Roadmap für Australien unter der Federführung der Commonwealth Scientific and Industrial Research Organisation (CSIRO) [23]. Die Fraunhofer Institute ISE und ISI entwarfen im Jahr 2019 federführend eine Wasserstoff Roadmap für Deutschland [24] und die Desertec Industrial Initiative (Dii) veröffentlichte in den Jahren 2019 und 2020 ein Manifest für Nord Afrika und eine Chancen-und-Risiko-Bewertung bezüglich Wasserstoffexporten für die MENA-Region [25], [26].

## 16.4 Antreiber einer Wasserstoffwirtschaft

Die Ausführungen der Strategiepapiere weisen deutliche Abweichungen im Inhalt und der Ausrichtung auf. Einige Ausführungen enthalten umfassende Status-Quo-Analysen, während andere national ausgerichtete Zielsetzungen konkret darlegen. Dennoch lassen sich in nahezu allen Strategiepapieren umweltpolitische, wirtschaftspolitische und energiepolitische Interessen als gemeinsame Antreiber für eine globale Wasserstoffwirtschaft extrahieren.

### 16.4.1 Umweltpolitik

Neben der Reduzierung von $CO_2$-Emissionen, die der Hauptfokus beinahe aller Nationen zu sein scheint, definieren Australien, die Niederlande sowie die Vereinigten Staaten und Kanada die Verbesserung der Luftqualität als weiteres wichtiges umweltpolitisches Ziel.

### 16.4.2 Wirtschaftspolitik – Export, Industrie, Wohlstand

Wirtschaftspolitisch streben Regionen wie z. B. die MENA-Region (Middle East, North Africa), Australien, Norwegen und Kanada, Spanien und Portugal sowie Chile und die Vereinigten Staaten wegen ihrer vorteilhaften Ressourcenausstattung hinsichtlich Solar- und Windkraftpotenzialen und die Niederlande wegen der bedeutsamen Lage des Rotterdamer Hafens für die Energieversorgung Europas einen Aufbau der exportierenden Wirtschaft an. Weiterhin sehen Nationen, die bereits in der Vergangenheit starke exportorientierte Wirtschaftszweige hatten (u. a. Deutschland, Frankreich, Russland, die Vereinigten Staaten, Chile, Kanada und Norwegen) in den Wasserstofftechnologien ein enormes industriepolitisches Potenzial. Allen Staaten gemein ist die hohe Erwartung in die Wasserstofftechnologien als Chance zur Verbesserung des nationalen Wohlstandes. So beschreibt Chile die Möglichkeit, 100.000 neue Arbeitsplätze einzurichten. Australien schätzt die jährliche Zunahme des nationalen Bruttoinlandsproduktes auf etwa 11 Milliarden US-Dollar.

### 16.4.3 Energiepolitik

Energiepolitisch sehen nahezu alle Nationen die Versorgungssicherheit als ein wichtiges Ziel. In diesem Zusammenhang hebt Spanien die Möglichkeit hervor, auch in isolierten Gebieten wie auf den Inseln eine sichere Energieversorgung zu garantieren. Wenige Staaten streben Importunabhängigkeit oder Autarkie an. Im Gegensatz dazu erwähnen eine Reihe von Nationen wie Deutschland oder die gesamte Europäische Union die Notwendigkeit von Wasserstoffimporten und die damit verbundenen internationalen Lieferketten und globale Partnerschaften.

Die umweltpolitischen, wirtschaftspolitischen und energiepolitischen Interessen lassen sich als komplementäre Zielsetzungen betrachten. Zur Umsetzung der Ziele beschreiben einige Strategien detaillierte Strategien zur Entwicklung von Finanzierungsmodellen, regulatorische Randbedingungen sowie Regelwerke zur Entwicklung von Standards und daraus folgenden Zertifizierung, mit Bezug auf das Erreichen von Zwischenzielen, die teilweise sektorspezifisch gesetzt werden. Das Hauptaugenmerk liegt hierbei auf dem Industriesektor mit den Raffinerien sowie der Stahl- und der Chemiebranche und dem Transport-Sektor.

Nationen mit industriellen Schwerpunkten, beispielsweise Chile, Australien oder Südafrika mit ihren ausgeprägten Bergbauaktivitäten sowie die Vereinigten Staaten mit der Eisen- und Stahlproduktion, beschreiben diese Bereiche als wichtige Anwendungsgebiete für Wasserstoff. Andere Nationen fokussieren sich in Verbindung mit Wasserstofftechnologien auf den Transportsektor (Straßen-, Schienen-, Schiffs- und Flugverkehr). Während sich viele Staaten auf Bereiche fokussieren, die schwer zu elektrifizieren sind, liegt das Hauptaugenmerk asiatischer Regionen auf der Verwendung von Wasserstoff im Bereich der Pkw [9]. Europaweit verfügt die für brennstoffzellenbetriebene Fahrzeuge in Verbindung zu bringende Wasserstoffinfrastruktur etwa 150 Tankstellen, von denen sich knapp 100 in Deutschland, 10 im Vereinigten Königreich und weitere z. B. in der Schweiz befinden. Insgesamt sind momentan etwa 50 weitere Tankstellen in Planung oder im Bau [27].

## 16.5 Internationaler Handel und Partnerschaften

### 16.5.1 Europa – Naher Osten und Nordafrika (MENA)

Die Wasserstoffstrategie der Europäischen Union kommuniziert die Notwendigkeit von $H_2$-Importen. Im Hinblick auf das vielversprechende Ressourcenaufkommen im Nahen Osten und Nordafrika sieht die MENA-Region die Möglichkeit, zur Deckung der europäischen Nachfrage nicht nur beizutragen, sondern eine internationale Partnerschaft zu etablieren. In diesem Zusammenhang werden in der Green-Hydrogen-Strategie der MENA-Region von der Dii-Initiative vor allem Deutschland und Frankreich als potenzielle Partner hervorgehoben, da die Strategien der beiden Nationen Finanzmittel in Höhe von 16 Milliarden Euro für internationale Partnerschaften vorsehen.

Die bereits existierende Maghreb-Europa-Gas-Pipeline stellt eine Verbindung zwischen Marokko und Spanien dar und verspricht eine Möglichkeit zur Einspeisung von grünem Wasserstoff. Darüber hinaus besitzt der Tanger-Med-Hafen direkte Seeverbindungen zu 186 Häfen in 74 Staaten und ermöglicht somit interkontinentalen Wasserstoffhandel. Auch die Häfen in Jorf Lasfar und Agadir werden für den Handel mit Wasserstoff und Ammoniak in Betracht gezogen. Ein Ausbau des Transportnetzes aus dem ertragreichen Süden in den exportorientierten Norden des Landes sei laut Green-Hydrogen-Strategie notwendig [28].

### 16.5.2 Deutschland – Westafrika

Das Projekt „H2 Atlas Africa" ist eine Kooperation zwischen dem Bundesministerium für Bildung und Forschung und Ländern der Subsahararegion zur Erforschung von Wasserstofferzeugungs- und Exportpotenzialen nach Deutschland. Hierbei wurden die einzelnen Länder in ökologischer, techno- und sozioökonomischer Hinsicht mit einem besonderen Fokus auf Wasserstress für die Erzeugung von grünem Wasserstoff untersucht. Das Ergebnis zeigt ein Potenzial in Höhe von 165.000 TWh grünen Wasserstoffs pro Jahr und Herstellkosten zwischen 2 und 4 EUR/kg [29]. In Form eines Atlanten sind die Daten zum westafrikanischen Wasserstoffangebot geografisch aufbereitet. So sollen Investitionsentscheidungen zur Ansiedlung von Pilotanlagen anhand von Hot Spots abgeleitet werden können. Die Konzeptionierung der Pilotanlagen soll in der nächsten Projektphase erfolgen. Im weiteren Verlauf werden zudem die südafrikanischen Länder untersucht.

Als Grundlage für diese interkontinentale Kooperation hat die RWTH Aachen gemeinsam mit dem Forschungszentrum Jülich und dem Klimakompetenzzentrum WASCAL einen Masterstudiengang zu grünen Wasserstofftechnologien ins Leben gerufen, um die benötigten wissenschaftlichen Fachkräfte auszubilden und die Wasserstofferzeugungspotenziale zu heben [30]. Das Programm startete in 2021 und bildet 180 Studenten aus.

### 16.5.3 Australien – Japan/Deutschland

Australien greift ebenfalls auf den maritimen Transport von Wasserstoff zurück und exportiert innerhalb eines vierjährigen Pilotprojektes (Hydrogen Energy Supply Chain – HESC) flüssigen Wasserstoff nach Japan. Ziel ist es laut australischer

Wasserstoffstrategie, die Zulieferungskette von Victoria aus nach Japan ab 2030 kommerziell zu betreiben [31]. Aktuell erarbeiten australische und deutsche Partner Optionen zum Wasserstoffexport von Australien nach Deutschland im Rahmen des Projekts HySupply [32].

## 16.6 Rahmenbedingungen und Designelemente für den Import von grünem Wasserstoff und Syntheseprodukten

In den letzten Jahren wurde eine Reihe von Studien zum Potenzial von grünem Wasserstoff aus denkbaren Lieferländern durchgeführt, häufig mit Fokus auf (Nord-)Afrika. Dabei liegt der Schwerpunkt i. d. R. auf der techno-ökonomischen Bewertung der Wasserstoff- und Syntheseproduktherstellung und des Transports. Allerdings sollte man beim Thema des Imports von Wasserstoff und Syntheseprodukten deutlich über die bisher diskutierten techno-ökonomischen Fragen hinausblicken und die Thematik aus allen möglichen Blickwinkeln diskutieren. Diese werden im Folgenden thematisiert[1].

### 16.6.1 Markt für Importe

Der Markt für den Import wird nach heutigem Kenntnisstand langfristig zwischen 100 Milliarden und 700 Milliarden Euro pro Jahr liegen. Die Spannbreite wird dadurch bestimmt, in welche Anwendungsbereiche Wasserstoff und abgeleitete Energieträger eindringen können. Dadurch entstehen relevante Marktchancen für die deutsche Industrie, aber auch neue Importabhängigkeiten und Risiken.

### 16.6.2 Potenziale für erneuerbare Energien und Import

Die Potenziale für erneuerbare Energien in Deutschland und der EU reichen unter den Aspekten der Verfügbarkeit, der Wirtschaftlichkeit und der Akzeptanz sehr wahrscheinlich nicht aus, um diesen Bedarf kosteneffizient zu decken. Importe

[1] Ausführlich werden diese Themen behandelt in Wietschel, M. et al. (2020): Chancen und Herausforderungen beim Import von grünem Wasserstoff und Syntheseprodukten; Policy Brief des Fraunhofer Instituts für System- und Innovationsforschung

von grünem Wasserstoff und Syntheseprodukten werden deshalb als notwendig erachtet, um die gesetzten politischen Ziele erreichen zu können.

Die Importpotenziale von grünem Wasserstoff und Syntheseprodukten aus Regionen mit entsprechenden klimatischen und geographischen Voraussetzungen sind techno-ökonomisch bereits recht umfassend analysiert worden. Der Import wird als realisierbar erachtet. Dabei ist allerdings zu beachten, dass der Aufbau von entsprechenden Produktions- und Transportkapazitäten zeit- und kapitalintensiv ist. Das Importrisiko reduziert sich, wenn partnerschaftliche und langfristige Beziehungen zu demokratisch, politisch und wirtschaftlich stabilen Produktionsländern für Wasserstoff aufgebaut werden können.

### 16.6.3 Nachhaltigkeit

Der Aufbau der erneuerbaren Stromerzeugungskapazitäten, der Elektrolyseure zur Wasserstoffherstellung und der Syntheseanlagen benötigt Ressourcen wie Bauflächen, Wasser, Energie und $CO_2$ und ist mit entsprechenden Umweltfolgen behaftet. Die Stromproduktion in potenziellen Produktionsländern basiert oftmals noch auf fossilen Quellen. Deshalb ist es wichtig, Nachhaltigkeitskriterien möglichst auf internationaler Ebene zu entwickeln und anzuwenden. Dabei ist darauf zu achten, dass diese Länder auch ihre eigenen energie- und klimapolitischen Ziele erreichen können. In den Produktionsländern sind deshalb eine Einbettung der Wasserstoffstrategie in die nationale Energiestrategie sowie eine enge Koordination mit industriepolitischen Instrumenten zentral, um nationale Ziel- und Ressourcenkonflikte zu vermeiden.

### 16.6.4 Marktmechanismen und Preis

Kapitalgeber werden nur dann ausreichend und günstiges Kapital zur Verfügung stellen, wenn eine stabile, langfristige und sichere Nachfrage nach Wasserstoff gegeben ist sowie bi- und multilaterale Abkommen länderspezifische Risiken adressieren. Weiterhin werden private Kapitalgeber wegen der i. d. R. höheren Investitionsrisiken eine höhere Verzinsung ihres Kapitals einfordern, was den Import verteuern kann.

Bisher fehlen Anreizsysteme oder werden gerade erst entwickelt, um für die Exportländer attraktive Marktbedingungen für die Wasserstoffproduktion und den Transport zu schaffen. Hierzu zählen Investitionsförderinstrumente, Maßnahmen zur Schaffung einer gesicherten Wasserstoffnachfrage (z. B. Quoten) und Instrumente zum Ausgleich der höheren Kosten (z. B. Einspeisetarife oder Contracts for Difference). Diese müssen die vorab angesprochenen Anforderungen von Kapitalgebern berücksichtigen.

Der Themenkomplex von Kapitalgebern, Verzinsungserwartung und Anreizsystemen führt zu der Frage, welcher Wasserstoff- und Syntheseimportpreis sich in einem internationalen Markt herausbilden wird. Bestehende Analysen unterschätzen den sich herausbildenden Marktpreis wohl deutlich, weil sie sich üblicherweise nur an durchschnittlichen Herstellkosten orientieren und dabei andere wichtige Preisbestandteile vernachlässigen. Hierzu ist auch erst einmal das künftige weltweite Potenzial an Wasserstoff- und Syntheseproduktnachfrage dem Angebot gegenüberzustellen.

### 16.6.5 Governance

Die Umweltauswirkungen einer Wasserstoffwirtschaft, verbunden mit den geringen Effizienzen von Erzeugung bis Nutzung, erfordern deren Einbindung in die Governance-Strukturen der Transformation des Energiesystems über ein hierarchisches Prinzip. Dies beinhaltet vier Stufen:

- Das „Energy-Efficiency-First"-Prinzip zur Minimierung der Nachfrage
- Den Vorrang der Dekarbonisierung des Stromsektors
- Die prioritäre Nutzung von Alternativen auf Grundlage erneuerbarer Energiequellen mit ähnlichen Dienstleistungen, aber weniger Umweltauswirkungen, z. B. die direkte elektrische Nutzung von nachhaltiger Biomasse, Biokraftstoffen, Biogas unter Berücksichtigung der begrenzten Verfügbarkeit
- Die Nutzung von Wasserstoff und Syntheseprodukten, wenn die ersten drei Stufen (soweit sinnvoll) ausgeschöpft wurden.

Dieses vierstufige Prinzip kann als Erweiterung des Energy-Efficiency-First-Prinzips gesehen werden und sollte im Rahmen der Transformation des Energiesystems sowohl in die Governance-Strukturen der Länder implementiert werden, die Wasserstoff und Syntheseprodukte nachfragen, als auch in die Strukturen der Länder, die eben diese erzeugen.

### 16.6.6 Internationale Zusammenarbeit

Den komplexen gesellschaftlichen Herausforderungen in potenziellen Produktionsländern des globalen Südens – einschließlich der Folgen des Klimawandels –

kann durch eine geordnete Integration der Importstrategie in die internationale Zusammenarbeit begegnet werden. Dieses erfordert den gezielten Aufbau von Vertrauen, um entgegenzuwirken, dass Länder im Bereich technologischen und wissenschaftlichen Wissens trotz lokaler Produktion und Export international weiterhin und langfristig abgehängt werden könnten.

### 16.6.7 Lokale Kompetenzen

Dabei sollten lokale Wissensträger und Kompetenzen identifiziert werden, die an der Schnittstelle zur Gesellschaft sowie geographischen und infrastrukturellen Fragestellungen agieren. Lokale Forschungseinrichtungen können beispielsweise als Intermediäre zwischen Politik und Gesellschaft integrierend gefördert werden. Dieses sollte im Zusammenspiel mit bestehenden Energiepartnerschaften, NGOs und zwischenstaatlichen Akteuren geschehen. Capacitybuilding und die geordnete Integration der notwendigen Infrastruktur in einen regionalen sozialen und ökonomischen Kontext kann die notwendige multilaterale Zuverlässigkeit, lokale Energieversorgung sowie ökonomische Marktattraktivität begünstigen. Neben dem Beitrag zur globalen Energiewende sind die Schaffung von Arbeitsplätzen und der Ausbau lokaler Wertschöpfung in den Produktionsländern zentrale Treiber für den Aufbau einer global vernetzten Wasserstoffwirtschaft. Dies erfordert zielgerichtete Strategien für den Aufbau wettbewerbsfähiger Industrie- und Dienstleistungssektoren entlang der Wertschöpfungskette.

### 16.6.8 Technologiesouveränität

Bisher stehen umfassende Bewertungen der Technologiesouveränität bei Wasserstofftechnologien noch aus. Erste Hinweise deuten allerdings darauf hin, dass aus deutscher und europäischer Sicht eine Gefährdung der Technologiesouveränität vermutlich eher hinsichtlich der Verlässlichkeit der Exportländer von grünem Wasserstoff als hinsichtlich des Zugangs zu bestehenden Technologien auftreten könnte. Um zu belastbaren Aussagen zu kommen, sind hier aktualisierte und technologisch ausdifferenziertere Analysen erforderlich. Gleichzeitig wird deutlich, dass die Perspektive, grünen Wasserstoff zu importieren, auch eine Erweiterung der Technologiesouveränität um die Perspektive der Entwicklungsländer erfordert. Denn für viele Exportländer von grünem Wasserstoff liegen sowohl das verfügbare Technologiewissen als auch die Hersteller der Technologien im Ausland.

Abschließend ist zu bilanzieren, dass das Thema des Imports von grünem Wasserstoff in seiner Komplexität noch zu wenig verstanden wird und die Herausforderungen sowie die künftig noch zu lösenden Aufgaben deshalb teilweise unterschätzt werden. Hier besteht noch relevanter Forschungsbedarf.

## 16.7 Globale Erzeugungspotenziale für grünen Wasserstoff und synthetische Brenn- und Kraftstoffe

Wie in vielen anderen Ländern Europas muss auch in Deutschland der Bedarf an grünem Wasserstoff sowie synthetischen Kraft- und Brennstoffen zu hohen Anteilen durch Importe gedeckt werden. Woher diese Energieträger kommen könnten, zeigt der erste globale Power-to-X-Atlas, den das Fraunhofer IEE erarbeitet hat.[2] Dabei lag der Fokus auf außereuropäischen Standorten. Für die Standortbewertung wurden hohe Kriterien an ökologische Nachhaltigkeit gestellt. Bei dem Altas handelt es sich um Erzeugungspotenziale. Nicht berücksichtigt wird der Eigenbedarf an Power-to-X (PtX), der in den Ländern zu erwarten ist.

Die Wasserstoffpotenziale von europäischen Offshore-Standorten ohne Stromnetzanbindung und die innerdeutschen, durch Engpässe im Stromübertragungsnetz bedingten Vorteile einer $H_2$-Erzeugung sind in Kapitel 4 dargestellt.

### 16.7.1 Faktoren bei der Potenzialanalyse

Die Bewertung der technischen und ökonomischen PtX-Potenziale basiert auf umfangreichen Analysen beispielsweise der Flächenverfügbarkeit und der Wetterbedingungen. Auch Parameter wie die Peripherie-, Speicher- und Transportkosten wurden berücksichtigt, ebenso Varianten bei der Systemauslegung. Ein weiterer Faktor sind die sozioökonomischen Bedingungen der einzelnen Regionen. Deren Evaluation basiert auf siebzig Indikatoren, u. a. von der Weltbank. Sie drücken unter anderem aus, wie groß die politische Stabilität und wie hoch die Investitionssicherheit eines Standorts ist.

Der PtX-Atlas berücksichtigt nur Regionen, in denen eine nachhaltige Produktion der Energieträger möglich ist. Konkret bedeutet das, dass Standorte ausge-

[2] Der PtX-Atlas ist im Rahmen des vom Bundesumweltministerium geförderten Projektes „DeVKopSys – Dekarbonisierung Verkehr – Rückkopplung Energiesystem" entstanden. Zugriff auf die Projektergebnisse und weiterführende Informationen finden Sie auf der Projekthomepage unter https://devkopsys.de/ und per Direktlink zum Atlas über https://maps.iee.fraunhofer.de/ptx-atlas/.

**Abb. 16.1** Globaler Blick auf die Verteilung nachhaltiger PtX-Potenzialflächen. Ausschnitt aus dem PtX-Atlas des Fraunhofer IEE. (Fraunhofer IEE, Kartenhintergrund: ©Esri HERE, Garmin)

schlossen sind, an denen es zu Konflikten mit dem Naturschutz kommen könnte. Gleiches gilt für Regionen im Binnenland, wenn eine Elektrolysenutzung dort zu Wasserstress führen würde. Tabu sind – insbesondere in Hinblick auf die Nutzung von Photovoltaik-Freiflächenanlagen – auch Flächen, auf denen Nahrungsmittel produziert werden können. Abbildung 16.1 zeigt die globale Verteilung der identifizierten PtX-Potenzialflächen.

Allen Berechnungen liegt zugrunde, dass das für synthetische Kraft- und Brennstoffe nötige Kohlendioxid aus der Luftabscheidung (Direct Air Capture, DAC) stammt. Darüber hinaus wird angenommen, dass an den Standorten Inselsysteme installiert sind – dass also die Elektrolyseure nicht in das öffentliche Stromnetz einspeisen.

### 16.7.2 Zentrale Ergebnisse

Die prozentuale Verteilung des globalen Potenzials nach Kontinenten und Gesamtfläche der PtX-Vorzugsregionen ist in Abbildung 16.2 dargestellt. Da für die Elektrolyse Süßwasser benötigt wird, sind Binnengewässer vielfach sehr attraktive Standorte für PtX – vorausgesetzt, sie bieten gute Bedingungen für Windenergie

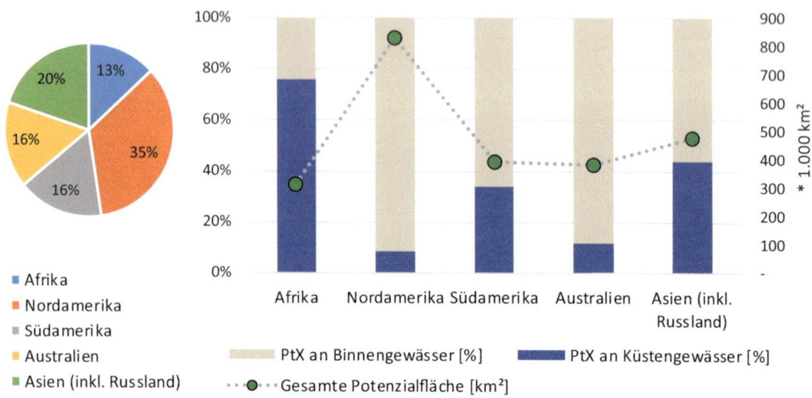


**Abb. 16.2** Prozentuale Verteilung und Gesamtfläche der PtX-Vorzugsregionen. (Fraunhofer IEE)

und/oder Photovoltaik und weisen keinen Wasserstress-Indikator auf. Am größten sind die Potenziale an Binnengewässern in den USA, Argentinien und Australien. Weltweit gesehen entfallen insgesamt 70 Prozent der PtX-Potenziale auf Standorte an Binnengewässern. Die zehn Länder mit den weltweit größten Potenzialflächen sind in Abbildung 16.3 dargestellt.

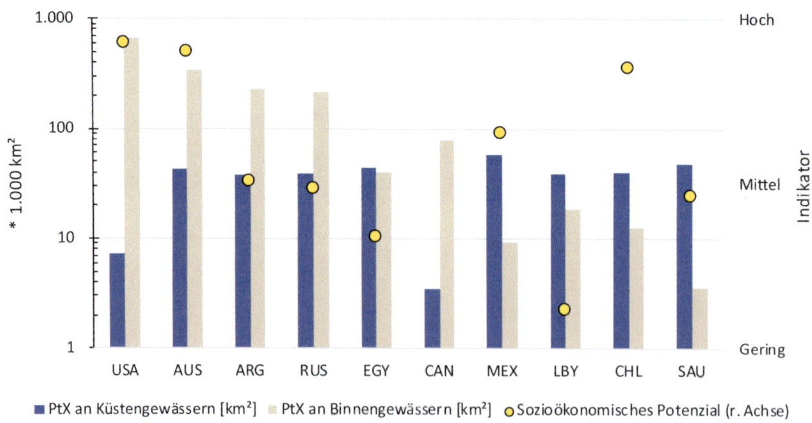


**Abb. 16.3** Länderübersicht mit den zehn größten PtX-Flächenpotenzialen. (Fraunhofer IEE)

### 16.7.3 Globale PtX-Potenziale

Unter diesen Prämissen kommt der Atlas zu dem Ergebnis, dass außerhalb Europas langfristig insgesamt etwa 109.000 Terawattstunden flüssiger grüner Wasserstoff beziehungsweise 87.000 Terawattstunden klimaneutrale synthetische Kraft- und Brennstoffe (Power-to-Liquids, PtL) pro Jahr produziert werden könnten.

Ein großer Teil des Potenzials entfällt auf Regionen, die sich sowohl für die Windenergie als auch für die Photovoltaik eignen, also eine relativ hohe Windgeschwindigkeit und Solarstrahlung aufweisen. In Australien und in den USA besteht zusätzlich erhebliches Potenzial an reinen Photovoltaikstandorten, also Standorten, die zwar eine geringe Windgeschwindigkeit, aber hohe Solarstrahlung aufweisen. Hinzu kommen signifikante Potenziale an reinen Windstandorten in den USA, Kanada und Russland.

Dieses Gesamtpotenzial lässt sich realistischer Weise jedoch nur zum Teil erschließen. Für alle Standorte gilt, dass die maximal mögliche Ausbaudynamik der erneuerbaren Energien von heute bis zum Jahr 2050 der wesentliche limitierende Faktor ist. Die Nutzung des Wind- oder Solarstroms für PtX steht oftmals in Konkurrenz zur Dekarbonisierung der Stromerzeugung vor Ort. Denn mit dem vorzeitigen Abschalten von Kohlekraftwerken lassen sich die $CO_2$-Emissionen der Länder deutlich stärker reduzieren als mit der Produktion von PtX-Energieträgern. Außerdem ist mancherorts keine ausreichende Investitionssicherheit gegeben oder

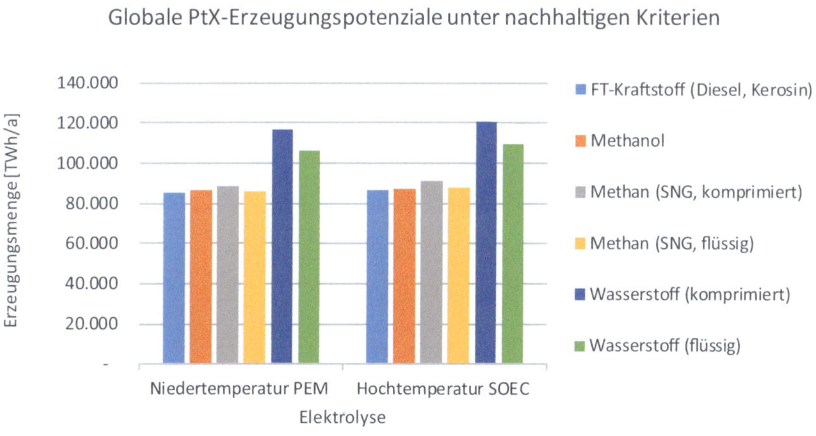


**Abb. 16.4** Globale PtX-Erzeugungspotenziale unter Berücksichtigung verschiedener PtX-Kraftstoffvarianten. Quelle: Fraunhofer IEE

es fehlt an nötiger Infrastruktur. Berücksichtigt man solche Faktoren durch sozioökonomische Indikatoren, liegt das umsetzbare Potenzial aber immer noch bei jährlich 69.000 TWh Wasserstoff beziehungsweise 57.000 TWh PtL. Zum Vergleich: Die globale Erdgasförderung betrug 2019 insgesamt 45.380 Terawattstunden, beim Erdöl waren es 53.610 Terawattstunden.

In Szenarien zur Effizienz, die auch Biomasse energetisch einsetzen („Barometer der Energiewende" des Fraunhofer IEE [33] oder „Klimaneutrales Deutschland" der Agora Energiewende [34]), liegt der jährliche PtX-Importbedarf bei ca. 500 TWh (inkl. internationaler Verkehr, Anteil der deutschen Wirtschaft am globalen Schiffsverkehr und stofflicher Nutzung). Ohne Biomassenutzung kann der Bedarf höher ausfallen und in Suffizienz-Szenarien niedriger. Geht man davon aus, dass die Steigerung der Energieeffizienz in allen Sektoren des Energiesystems und zusätzlich bei Endanwendungen die direkte Stromnutzung Priorität haben, reichen die ermittelten Potenziale aus, um den verbleibenden weltweiten Bedarf an grünem Wasserstoff sowie klimaneutralen Brenn- und Kraftstoffen zu decken.

### 16.7.4 Kosten der Standorte

Eine Verteilung der Erzeugungskosten von Flüssigwasserstoff in Bezug auf die Erzeugungsmengen ist in Abbildung 16.5 zu sehen. Dargestellt sind die Kosten und die kumulierte Erzeugungsmenge für global untersuchte Küstenstandorte bei Einsatz einer Niedertemperatur-PEM-Elektrolyse.

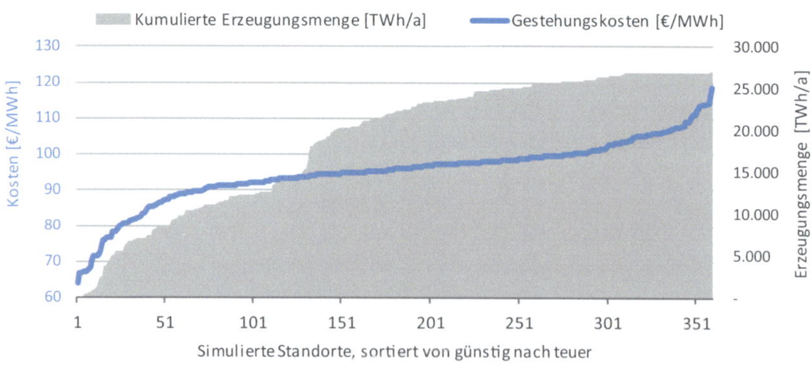


**Abb. 16.5** Erzeugungskosten und kumulierte Erzeugungsmenge global untersuchter Küstenstandorte zur Herstellung von flüssigem Wasserstoff unter Verwendung einer Niedertemperatur-PEM-Elektrolyse in 2050. (Fraunhofer IEE)

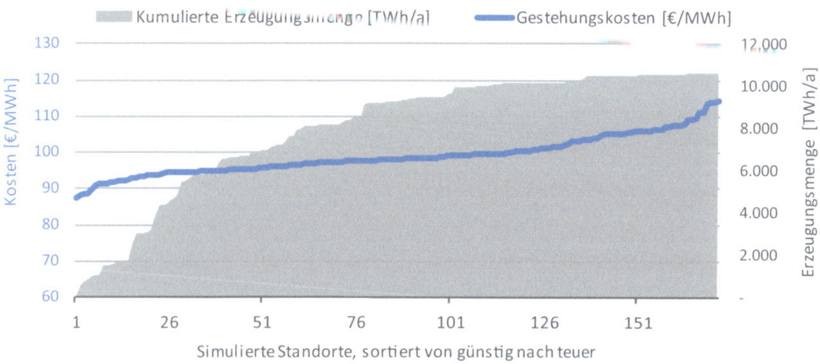


**Abb. 16.6** Erzeugungskosten und -mengen reiner PV-Standorte an Küsten zur Herstellung von flüssigem Wasserstoff unter Verwendung einer Niedertemperatur-PEM-Elektrolyse in 2050. (Fraunhofer IEE)

Generell gilt: Die niedrigsten Kosten weisen Standorte auf, an denen sehr gute Windenergiebedingungen – auch in Verbindung mit Photovoltaik – herrschen. Allerdings ist deren Zahl begrenzt. Der PtX-Marktpreis wird daher vor allem von Hybridstandorten bestimmt, die für die Windenergie nicht optimal sind, sich dafür aber auch für die Photovoltaik eignen. Auch Standorte mit guten Bedingungen ausschließlich für die Photovoltaik haben signifikanten Einfluss auf die Marktpreise. Hier sind die Erzeugungskosten allerdings höher (Abbildung 16.6). Deshalb kann das wirtschaftliche Potenzial dieser Standorte je nach Nachfrage auch geringer ausfallen.

Die niedrigsten $H_2$-Gestehungskosten in Ländern mit relevanten Erzeugungskapazitäten sind in Chile, Argentinien und Kanada zu finden (Abbildung 16.7).

Berücksichtigt man allerdings zusätzlich die Transportkosten nach Europa, fällt das Bild zumindest bei Wasserstoff an vielen Standorten anders aus. Denn dessen Transport per Schiff ist energieaufwändig und damit teuer, was die Vorteile mancher Regionen bei den Gestehungskosten wieder zunichtemacht. In Australien zum Beispiel lässt sich grüner Wasserstoff kostengünstig produzieren – der weite Transport macht diesen Standort aber mit Blick auf die Gesamtkosten für europäische Importeure zu einem der teuersten weltweit. Umgekehrt gehört das relativ nah gelegene Marokko trotz teurerer Produktion zu den Regionen mit den geringsten Kosten, wenn man den Transport einrechnet. In Ländern wie Brasilien oder Mexiko relativieren sich die Kostenvorteile der Wasserstofferzeugung aufgrund der

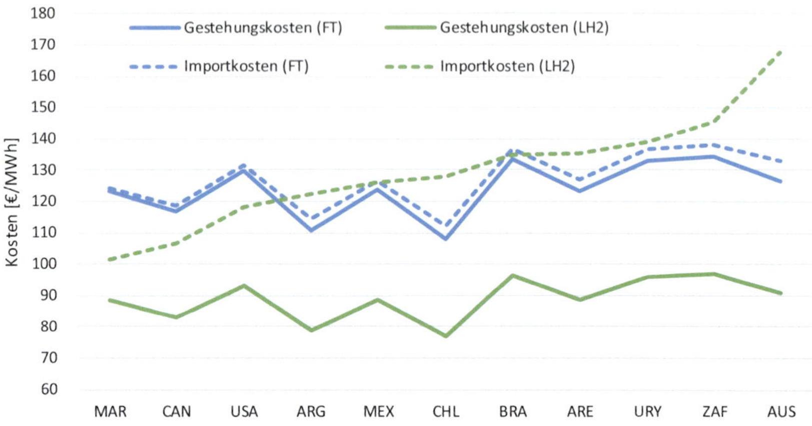


**Abb. 16.7** Mittlere Gestehungskosten und Importkosten (Transport nach Deutschland) für FT-Kraftstoffe und flüssigen Wasserstoff (LH2). (Fraunhofer IEE)

anfallenden Transportkosten und führen zu nahezu identischen Importkosten von Wasserstoff und PtL.

Der Atlas zeigt auch, dass es oftmals kostengünstiger ist, die relativ einfach zu transportierenden PtL-Energieträger dort zu produzieren, wo auch der grüne Wasserstoff erzeugt wird. Das nötige $CO_2$ lässt sich mittels Luftabscheidung (Direct Air Capture) direkt an diesen Standorten gewinnen. Dies trifft insbesondere für Länder aus Südamerika oder Australien zu.

## 16.7.5 Ergebnisse für einzelne Energieträger

Um Wasserstoff per Schiff nach Deutschland befördern zu können, muss er verflüssigt werden. Dafür ist viel Energie notwendig, was wiederum erhebliche Kosten verursacht. Dazu kommen die unterwegs unweigerlich auftretenden Verdampfungsverluste. Daher muss sichergestellt sein, dass der Wasserstoff auch für den Antrieb des Schiffs selbst verwendet wird. Die mittleren Gestehungskosten von Flüssigwasserstoff liegen je nach Land zwischen 64 und 153 Euro pro Megawattstunde. Rechnet man die Transportkosten z. B. von Argentinien nach Deutschland hinzu, ergeben sich Importkosten von 112 Euro pro Megawattstunde. Die Preisuntergrenze für den Import von flüssigem Wasserstoff nach Deutschland liegt bei

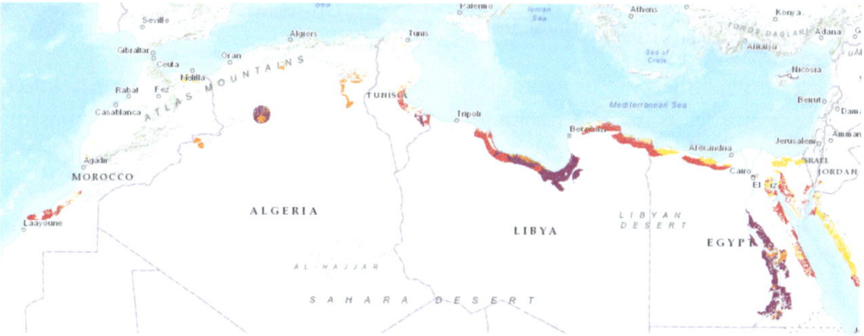


**Abb. 16.8** PtX-Potenzialflächen in Nordafrika. Ausschnitt aus dem PtX-Atlas des Fraunhofer IEE. ( Fraunhofer IEE, Kartenhintergrund: ©Esri HERE, Garmin)

82 Euro pro Megawattstunde aus Mauretanien. Anders sieht es bei näher gelegenen Standorten etwa in Nordafrika aus (Abbildung 16.8): Von hier aus könnte Wasserstoff relativ kostengünstig per Pipeline nach Europa gebracht werden. In den politisch recht stabilen Ländern Marokko und Tunesien lassen sich allerdings lediglich 971 Terrawattstunden Wasserstoff pro Jahr produzieren. Mit 8.728 Terawattstunden ist das Potenzial in Ägypten, Libyen und Algerien weitaus größer. Jedoch sind die sozioökonomischen Bedingungen hier deutlich schlechter.

Für SNG (Synthetic Natural Gas) gilt analog zum Wasserstoff: Für den Transport per Schiff ist eine energieaufwändige Verflüssigung notwendig. Das Potenzial für Importe per Pipeline wiederum ist begrenzt. Die mittleren Gestehungskosten von verflüssigtem SNG liegen zwischen 87 und 195 Euro pro Megawattstunde – und damit auf ähnlichem Niveau wie die von Fischer-Tropsch-(FT)-Kraftstoffen und Methanol. PtL-Energieträger wie Fischer-Tropsch-Kraftstoffe und Methanol lassen sich zu Kosten zwischen 86 und 190 Euro pro Megawattstunde produzieren. Am günstigsten sind dabei Standorte mit sehr guten Windbedingungen. Auch Regionen mit sehr hoher Sonneneinstrahlung, etwa in Chile, können attraktiv sein, selbst wenn die Windenergie dort kaum eine Rolle spielt. An diesen Standorten beträgt die Kostenuntergrenze 112 Euro pro Megawattstunde für flüssiges SNG oder PtL. Die Importkosten der untersuchten Kohlenwasserstoffe unterscheiden sich zwar nur geringfügig, die FT-Kraftstoffe erweisen sich aber aufgrund der guten chemischen Eigenschaften (hohe Energiedichte, flüssig bei Normalbedingungen) als die günstigste Option. Hier ergeben sich Importkosten von mindestens 88 Euro pro Megawattstunde aus Chile.

## 16.8 Schlussfolgerungen

In den vergangenen Jahren sind die Erkenntnis und das Verständnis hinsichtlich der Relevanz der Wasserstofftechnologien für eine globale Energiesystemtransformation massiv gereift. Auf Basis des Pariser Klimaabkommens, welches u. a. die Begrenzung des durchschnittlichen Erdtemperaturanstieges, die Förderung einer klimaresistenten und emissionsarmen Entwicklung sowie die notwendige Klimafinanzierung zum Ziel hat, wurden und werden Strategien, Maßnahmenprogramme und Energie- und Klimapläne erarbeitet sowie entsprechende nationale Gremien etabliert. Als weitere Treiber für eine globale Wasserstoffwirtschaft werden der Aufbau der Infrastrukturen und Handelssysteme in den Exportländern und dadurch die Verbesserung des nationalen Wohlstands, der Zuwachs von Arbeitsplätzen, die Versorgungssicherheit und starke internationale Partnerschaften gesehen. Diese globale Entwicklung bedingt, dass klimaneutral hergestellter Wasserstoff und dessen Syntheseprodukte als stofflicher Energieträger und Chemierohstoff zukünftig verstärkt in den Bereichen Mobilität und Industrie eingesetzt wird. Um den jeweiligen nationalen Bedarf zu decken, wird dem Import von Wasserstoff und seinen Syntheseprodukten langfristig eine bedeutende Rolle zukommen. Bei der Bewertung der Lieferländer sind zukünftig weitere, über die bisher diskutierten techno-ökonomischen Fragen hinausgehende Faktoren und Gegebenheiten in den Regionen mit den entsprechenden klimatischen und geografischen Voraussetzungen zu berücksichtigen. So ist es wichtig, Nachhaltigkeitskriterien sowie Marktmechanismen und Anreizsysteme möglichst auf internationaler Ebene zu entwickeln und anzuwenden und in die Governance-Strukturen der Import- und Exportländer einzubetten. Der Aufbau lokaler Kompetenzen und Wertschöpfung sowie die Schaffung der notwendigen Infrastruktur unter Berücksichtigung der regionalen, sozialen und ökonomischen Rahmenbedingungen in den Produktionsländern sind die Treiber für den Aufbau einer global vernetzten Wasserstoffwirtschaft.

Die globalen Klimaziele lassen sich nur erreichen, wenn die nachhaltig erschließbaren PtX-Potenziale für den Import genutzt werden. Mit Blick auf Kosten, Umsetzbarkeit und Nachhaltigkeit zeigt sich jedoch, dass diese Potenziale begrenzt sind. In Hinblick auf robuste Szenarien sollte deswegen die Steigerung der Energieeffizienz in allen Energiesektoren und die direkte Stromnutzung in Endanwendungen stets Priorität haben – Wasserstoff und PtL sollten dazu eine Ergänzung sein.

Besonders groß ist das Exportpotenzial in Ländern wie Australien und den USA – sie bieten sehr gute räumliche und meteorologische Bedingungen, um große Mengen an PtX-Energieträgern produzieren zu können. Zudem sind sie politisch stabil und bieten einen verlässlichen Investitionsrahmen. Aus Australien würde in erster Linie PtL nach Europa gelangen. Wegen der großen Distanzen ist es in absehbarer Zukunft unwirtschaftlich, von dort grünen Wasserstoff nach Europa zu transportieren. Für die USA ist noch offen, welcher Anteil der Erzeugungsmengen für die Ausfuhr zur Verfügung steht. Die klimaneutralen Kraft- und Brennstoffe werden auch im Inland sowie von anderen Importregionen nachgefragt werden. Auch näher an Europa gelegene Staaten wie die MENA-Region, insbesondere Ägypten oder Libyen, wären prinzipiell in der Lage, große PtX-Volumina zu liefern – darunter auch grüner Wasserstoff, da die Transportstrecken vergleichsweise kurz sind und eine Belieferung per Pipeline möglich ist. In diesen Ländern sind die sozioökonomischen Bedingungen jedoch schlechter. Die Investitionsrisiken sind daher höher, was auch die Finanzierungskosten steigen lässt. Das verringert die Wahrscheinlichkeit, dass dort PtX-Projekte in großem Umfang realisiert werden.

Über das Erschließen von Importoptionen hinaus sollte Europa auch eine eigene Wasserstoffproduktion aufbauen. Elektrolyseure, die mit Offshore-Windstrom betrieben werden, können den gasförmigen Wasserstoff für Industrieverbraucher (z. B. die Stahlindustrie) für neue Gasturbinen oder Brennstoffzellen-BHKW in der Energiewirtschaft effizient bereitstellen. Hier ist eine höhere Wettbewerbsfähigkeit gegeben. PtL-Produkte werden dagegen überwiegend nach Europa importiert.

## Literatur

1. Europäische Kommission (2021): MITTEILUNG DER KOMMISSION AN DAS EUROPÄISCHE PARLAMENT, DEN RAT, DEN EUROPÄISCHEN WIRTSCHAFTS- UND SOZIALAUSSCHUSS UND DEN AUSSCHUSS DER REGIONEN „Fit für 55“: auf dem Weg zur Klimaneutralität – Umsetzung des EU- Klimaziels für 2030. COM (2021) 550 final
2. Europäische Kommission (2021): Proposal for a DIRECTIVE OF THE EUROPEAN PARLIAMENT AND OF THE COUNCIL amending Directive (EU) 2018/2001 of the European Parliament and of the Council, Regulation (EU) 2018/1999 of the European Parliament and of the Council and Directive 98/70/EC of the European Parliament and of the Council as regards the promotion of energy from renewable sources, and repealing Council Directive (EU) 2015/652. COM (2021) 557 final 2021/0218 (COD)
3. Hydrogen Europe (2020): H2ero Net Zero. Hydrogen Europe Position Paper on the ‚Fit for 55 Package’
4. Europäische Kommission (2021): Proposal for a REGULATION OF THE EUROPEAN PARLIAMENT AND OF THE COUNCIL on the deployment of alternative fuels infrastructure, and repealing Directive 2014/94/EU of the European Parliament and of the Council. COM (2021) 559 final 2021/0223 (COD)

5. Europäische Kommission (2021): Proposal for a REGULATION OF THE EUROPEAN PARLIAMENT AND OF THE COUNCIL on ensuring a level playing field for sustainable air transport. COM (2021) 561 final 2021/0205 (COD)
6. Europäische Kommission (2021): Proposal for a REGULATION OF THE EUROPEAN PARLIAMENT AND OF THE COUNCIL on the use of renewable and low-carbon fuels in maritime transport and amending Directive 2009/16/EC. COM (2021): 562 final 2021/0210 (COD)
7. Europäische Kommission (2021): Proposal for a COUNCIL DIRECTIVE restructuring the Union framework for the taxation of energy products and electricity (recast). COM (2021): 563 final 2021/0213 (CNS);
8. Gèrard, F. (2020): Opportunities for Hydrogen Energy Technologies considering the National Energy & Climate Plans. https://www.fch.europa.eu/sites/default/files/file_attach/Final%20Report%20Hydrogen%20in%20NECPs%20%28ID%209501746%29.pdf, abgerufen am 15.12.2021
9. Albrecht, U., Bünger, U., Michalski, J. et al (2020): International Hydrogen Strategies. https://www.weltenergierat.de/wp-content/uploads/2020/10/WEC_H2_Strategies_finalreport.pdf, abgerufen am 15.12.2021
10. National Hydrogen Roadmap for Finland (2020)
11. Basic Hydrogen Strategy Japan (2017)
12. Plan de dèploiment de l´hydrogene pour la transition ènergètique Frankreich (2018)
13. The Hydrogen Economy Russland (2019)
14. Government Strategy on Hydrogen Netherlands (2020)
15. Die Nationale Wasserstoffstrategie Deutschland (2020)
16. Regjerigens hydrogenstrategi Norwegen (2020)
17. Hydrogen Strategy – Enabling A Low-Carbon Economy USA (2020)
18. Hoja de Ruta del Hidrógeno: una apuesta por el hidrógeno removable Spanien (2020)
19. Portugal National Hydrogen Strategy (2020)
20. National Green Hydrogen Strategy – Chile, a clean energy provider for a carbon neutral planet (2020)
21. Hydrogen Strategy for Canada (2020)
22. A hydrogen strategy for a climate-neutral Europe (2020)
23. CSIRO (2018): National Hydrogen Roadmap – Pathway to an economically sustainable hydrogen industry in Australia
24. Hebling, C., Ragwitz, M., Fleiter, T. et al (2019): Eine Wasserstoff-Roadmap für Deutschland. https://www.ise.fraunhofer.de/content/dam/ise/de/documents/publications/studies/2019-10_Fraunhofer_Wasserstoff-Roadmap_fuer_Deutschland.pdf, abgerufen am 15.12.2021
25. Van Wijk, A., Wouters, F., Rachidi, S., Ikken, B. (2019): A North Africa – Europe Hydrogen Manifesto. Dii Desert Energy. https://dii-desertenergy.org/wp-content/uploads/2019/12/Dii-hydrogen-study-November-2019.pdf, abgerufen am 11.12.2021
26. Matthes, C., Aruffo V., Retby-Pradeau L. (2020): Risks and Opportunities of Green Hydrogen Production and Export From the Mena Region to Europe. Dii Desert Energy, November 2020
27. H2 Mobility Tankstellennetz. https://h2.live/tankstellen, abgerufen am 11.03.2021
28. Matthes, C. (2020): Risks and Opportunities of Green Hydrogen Production and Export From the Mena Region to Europe

29. Forschungszentrum Jülich: https://africa.h2atlas.de/, abgerufen am 15.12.2021
30. BMBF (2021) Karliczek: Westafrika kann zum klimafreundlichen „Powerhouse" der Welt werden. Pressemitteilung 110/2021
31. Commonwealth of Australia (2019): Australia's National Hydrogen Strategy
32. BDI: Projekt HySupply. https://bdi.eu/themenfelder/energie-und-klima/wasserstoff/hysupply/
33. Fraunhofer IEE: Barometer der Energiewende. https://www.barometer-energiewende.de/, abgerufen am 15.12.2021
34. Agora Energiewende (Hrsg.): Klimaneutrales Deutschland. In drei Schritten zu null Treibhausgasen bis 2050 über ein Zwischenziel von -65 % im Jahr 2030 als Teil des EU-Green-Deals. https://static.agora-energiewende.de/fileadmin/Projekte/2020/2020_10_KNDE/A-EW_195_KNDE_WEB.pdf, abgerufen am 15.12.2021

# Ausblick und Perspektiven der Wasserstofftechnologien

17

Uwe Spohn • Klemens Ilse • Jörg Kleeberg • Peter Michel
Fraunhofer-Institut für Mikrostruktur von Werkstoffen und Systemen IMWS

Sylvia Schattauer • Alexander Spieß
Fraunhofer-Institut für Windenergiesysteme IWES

Ulrike Beyer
Fraunhofer-Institut für Werkzeugmaschinen und Umformtechnik IWU

Detlef Kratz
BASF SE

Stefan Spindler • Stefan Gossens
Schaeffler Technologies AG & Co. KG

Armin Schnettler
Siemens Energy AG

**Zusammenfassung**

Vor dem Hintergrund internationaler Vereinbarungen zur Klimaneutralität und zur Ressourcenschonung wird Wasserstoff zu einem zentralen Teil künftiger industrieller Produktion und der allgemeinen Energieversorgung werden. Der steigende Wasserstoffbedarf eröffnet nicht nur nationale, sondern auch internationale Zukunftsmärkte. Technologische Lösungen, die die anwendungsspezifischen Bedarfe adressieren, können sich somit zu international erfolgreichen Produkten und Verfahren entwickeln. Der Beitrag zeigt Ansätze und Möglichkeiten, um nicht nur vorhandene Technologien evolutionär weiterzuentwickeln, sondern auch neue Wege zu finden und zu gehen. Dies schließt neue Wege



R. Neugebauer (Hrsg.), *Wasserstofftechnologien*,
https://doi.org/10.1007/978-3-662-64939-8_17

des Recyclings ebenso ein wie innovative Verfahren der Wasserstoffproduktion oder der Entwicklung verschiedener Technologien für eine funktionelle und wirtschaftliche wasserstoffbasierte Energieversorgung und Grundstoffindustrie.

## 17.1 Einleitung

Mit der Verabschiedung des Klimaschutzgesetzes 2021 hat der Bundestag die Erreichung der Treibhausgasneutralität auf 2045 festgeschrieben [1]. Der Aufbau einer sektorenübergreifenden und nachhaltigen Wasserstoffwirtschaft gilt national [2], europäisch [3], [4] und global [5] als ein tragender Bestandteil zur Umsetzung der Klimaschutzziele. Treibhausgasneutraler Wasserstoff findet sich dabei in nahezu allen Anwendungssektoren wieder: als Roh- und Ausgangsstoff für die Grundstoffindustrie[1], in der Wärme- und Stromversorgung sowie in der Mobilität zu Land, in der Luft und zur See. Die Eignung einer Technologie für Produktion, Transport oder auch Verwertung von Wasserstoff steht in starker Abhängigkeit zu den Standortfaktoren und dem jeweiligen Anwendungszweck. Die Menge an klimawirksamen Emissionen, die durch die Produktion und den Einsatz einer Technologie entstehen, sind unter der Klimaschutzperspektive das herausragende Bewertungskriterium. Hierbei gilt es, für deren Einsatz die Treibhausgasneutralität anzustreben, wobei schlussendlich auch die ökonomischen Fragestellungen frühzeitig zu berücksichtigen sind.

Bereits heute ist Wasserstoff mit einem weltweiten Verbrauch von ca. 70 Millionen Tonnen für viele Industriesektoren (z. B. Raffinerien, Chemie) ein unverzichtbarer Rohstoff für die Herstellung von Produkten. Für andere Sektoren, z. B. die Stahlproduktion, wird grüner Wasserstoff als einzige technologische Option zur Erreichung der Treibhausgasneutralität betrachtet. Gemäß des im Juli 2021 veröffentlichten „Aktionsplan für Wasserstoff in Deutschland“ verbraucht allein die Grundstoffindustrie in Deutschland bereits heute 1,1 Millionen Tonnen Wasserstoff pro Jahr [6]. Nach dieser Studie wird der Wasserstoffbedarf in Deutschland auf ein Vielfaches des heutigen Verbrauchs steigen: Im Industriesektor[2] wird mit einem Bedarf von rund 9 Millionen Tonnen Wasserstoff im Jahr 2050 gerechnet. Im Verkehrs- und Transportsektor wird für 2050 ein Bedarf von 6,1 Millionen Tonnen Wasserstoff skizziert, wobei von einem Szenario mit hohem E-Fuel-Anteil ausgegangen wird. Eine mögliche Einschätzung der Nachfrage an Wasserstoff in der Energie- und Wärmeversorgung gestaltet sich aufgrund vielfältiger Abhängigkei-

[1] Umfasst u. a. Chemieindustrie, Stahlindustrie, Metallurgie, Biotechnologie

[2] ohne Raffinerien

ten deutlich schwerer. Der Aktionsplan nennt unter den genannten Einschränkungen für die Energieversorgung einen Bedarf von rund 288 TWh (ca. 17 Millionen Tonnen Wasserstoff) für das Jahr 2040.

Der steigende Wasserstoffbedarf eröffnet nicht nur nationale, sondern auch internationale Zukunftsmärkte. Technologische Lösungen, welche die anwendungsspezifischen Bedarfe adressieren, haben das Potenzial, sich zu Exportprodukten zu entwickeln. In Deutschland sind hierbei eine Vielzahl an Unternehmen aktiv, die die technologischen Entwicklungen entlang der gesamten Wertschöpfungskette vorantreiben. In den vorangegangenen Kapiteln dieses Buches wurden bereits eine Vielzahl dieser Technologien und Anwendungssektoren beleuchtet. Dies umfasst u. a. den Einsatz von Wasserstoff im Energiesystem, der Industrie, in Gebäuden sowie in der Mobilität und Transport. Die hierfür notwendigen Infrastrukturen wurden untersucht. Ebenso wurden die technische Basis der Wasserstofferzeugung durch Elektrolyse, der Wasserstoffnutzung durch Brennstoffzellensysteme, relevante Produktionsprozesse sowie zahlreiche weitere Querschnittsthemen (Sicherheit, Standardisierung, Digitalisierung) adressiert. Es wurde gezeigt, dass Wasserstoff ein wichtiges Rückgrat der Energiewende werden kann. Ziel der kommenden Dekade ist es, skalierbare Technologien zur Erzeugung, Speicherung, Verteilung sowie Nutzung von Wasserstoff in den Sektoren Industrie, Mobilität, Energie und Wärme zu entwickeln und zu etablieren. Aufgrund dieser systemischen Bedeutung gehören die Wasserstofftechnologien zu einem der sieben strategischen Forschungsfelder der Fraunhofer-Gesellschaft. Dies wird verdeutlicht durch das Fraunhofer-Wasserstoff-Netzwerk, in welchem 32 unserer derzeit 75 Institute Mitglied sind.

Dieses Kapitel bietet nochmals einen Einblick in ausgewählte Anwendungsbereiche und Technologien mit einer erwartet hohen Relevanz für die weitere Forschung und Entwicklung einer nachhaltigen Wasserstoffwirtschaft:

- Die zukünftigen Bedarfe an grünem Wasserstoff für die Industrie sowie den Energiesektor übersteigen die aktuell größtenteils auf fossilen Energieträgern basierende Wasserstoffproduktion. Die Standortfrage für eine nachhaltige Wasserstoffproduktion ist hierbei essenziell. Das Standortpotenzial an Land ist begrenzt. Dagegen bietet die Offshore-Wasserstoffproduktion enorme Mengenpotenziale zur Deckung zukünftiger Bedarfe an grünem Wasserstoff. Abschnitt 17.2 gibt daher einen Einblick in Konzepte und den aktuellen Forschungsstand einer Offshore-Wasserstoffproduktion.
- Um Klimaneutralität in der chemischen Grundstoffindustrie zu erreichen, ist neben der Umstellung der Energie-, Prozesswärme- sowie Prozesskälteversorgung auf Energien aus erneuerbaren Quellen, auch die Umstellung der Stoffwand-

lungen auf Kreislaufprozesse notwendig. Mögliche Pfade für die Bereitstellung solcher Grundstoffe mithilfe von grünem Wasserstoff und alternativen Kohlenstoffquellen, resultierend in der Integration neuer Kreislaufprozesse, werden in Abschnitt 17.3 aufgezeigt.

- Um den Markthochlauf der Wasserstofftechnologien und insbesondere die kostengünstige Produktion von grünem Wasserstoff zu ermöglichen, bedarf es zeitnah intensiver Kostensenkungen im Bereich der Produktion von Elektrolyseuren. Neben der Verbesserung und Hochskalierung vorhandener Produktionstechnologien sind hierzu fundamentale systemische Entwicklungen und Forschungen erforderlich, die Handlungsoptionen für eine Evolution der Fertigungstechnologien für Elektrolyseure aufzeigen (Abschnitt 17.4).

## 17.2 Offshore-Wasserstoffproduktion – Wege zur Deckung zukünftiger Wasserstoffbedarfe

Der EU-Bedarf an Wasserstoff und auf Wasserstoff basierenden Syntheseprodukten wird nach aktueller Studienlage für das Jahr 2050 auf einen Bereich zwischen 550 bis 1.800 TWh geschätzt. Allein in Deutschland wird eine Nachfrage von 400 bis knapp 800 TWh erwartet. Dies zeigt eine aktuelle Metastudie, die EU-weite und nationale Klimaschutzszenarien mit einer Treibhausgas-Reduktion von mindestens 95 Prozent analysiert hat [7]. Unter Berücksichtigung begrenzter Biomassepotenziale und eingeschränkter Nutzung von Carbon Capture and Storage (CCS) ist die Herstellung von grünem Wasserstoff durch Elektrolyse der aussichtsreichste Technologiepfad zur Deckung der Bedarfe. Günstige, auf Basis von erneuerbaren Energien (EE) produzierte elektrische Energie ist hierbei eine der Voraussetzungen zur Erreichung konkurrenzfähiger Wasserstoffgestehungskosten (LCOH).

Offshore-Windkraft bietet in Bezug auf das Mengen- und Kostenpotenzial gute Voraussetzungen für eine im Vergleich zur Direktstromnutzung energieintensive Wasserstoffproduktion. Ende 2020 betrug die installierte Leistung an Offshore-Windkraft in der EU 25 GW [8]. Das globale küstennahe (< 90 km) technische Offshore-Potenzial für die untere Atmosphäre und mittlere Wassertiefe (< 200 m) wird auf 180.000 TWh pro Jahr geschätzt [9]. Das technische Potenzial der EU liegt nach einem Bericht der Europäischen Umweltagentur aus dem Jahr 2009 bei 3.500 TWh, wobei das Potenzial nur bis zu einer Wassertiefe bis 50 m betrachtet wurde [10]. Küstenferne Standorte für Offshore-Windkraftanlagen bieten zusätzlich ein Vielfaches an Potenzial, sind jedoch aufgrund der Entfernung zum Land nicht zur Anbindung an das Stromnetz geeignet und je nach Wassertiefe nicht mit festen Fundamenten zu erschließen [11]. Grundsätzlich weist die Offshore-

Windkraft im Vergleich zu Onshore-Bedingungen höhere und stabilere Windgeschwindigkeiten auf, was vorteilhaft für einen kontinuierlicheren Betrieb von Elektrolyseuren ist und zu niedrigeren Wasserstoffgestehungskosten führt. Man unterscheidet Konzepte zur Offshore-Wasserstoffproduktion in Konzepte zur autarken Offshore-Wasserstoffproduktion ohne eine Anbindung der Offshore-Windparks an das Stromnetz und hybride Konzepte, die über eine entsprechende Stromnetzanbindung verfügen.

### 17.2.1 Hybride Offshore-Wasserstoffproduktion

Vorteile einer hybriden Offshore-Wasserstoffproduktion ergeben sich durch die höhere Flexibilität im Betrieb sowie einen höheren Anteil an nutzbarer elektrischer Energie. Eine simulative Analyse eines hybriden Offshore-Konzepts für die Region Pays de la Loire mit einer Leistung von 1.000 MW (Kapazität Offshore-Windpark) zeigt, dass die Abregelung des Windparks, welche ohne $H_2$-Produktion rund 35 Prozent des potenziellen produzierten Windstroms erreicht, deutlich reduziert werden kann [12]. Darüber hinaus kann im hybriden Betrieb, sofern keine Netzengpässe im vorgelagerten Stromnetz bestehen bzw. ausreichende Transport- und Speicherkapazitäten für den Wasserstoff zur Verfügung stehen, flexibel entschieden werden, ob die produzierte elektrische Energie in das Stromnetz eingespeist oder zur Wasserstoffproduktion verwendet werden soll. Unter Zuhilfenahme entsprechender modellprädiktiver Regelungsverfahren kann anhand der Deckungsbeiträge sowie weiterer technischer Kriterien während des Betriebs automatisiert entschieden werden, welche Betriebsform ökonomisch vorteilhaft ist. Neben der Teilnahme am klassischen Strommarkt (Strombörse oder Over-the-Counter-Handel) ermöglicht eine Netzanbindung die Bereitstellung negativer Regelenergie. Über die Ergänzung einer Brennstoffzelleneinheit kann eine hybride Offshore-Wasserstoffproduktion zu einem Stromspeicher erweitert werden und positive Regelenergie bereitstellen. Nachteile dieses Ansatzes sind die deutlich höheren Investitionskosten. Bisherige Untersuchungen deuten darauf hin, dass hybride Konzepte sich nur für wenige Standorte mit besonderen Markt- und Umgebungsbedingungen lohnen [13]. Dies begründet sich darin, dass hybride Konzepte aufgrund des hohen Kostenanteils für Stromnetzanbindung (Seekabel, Umrichter etc.) vor allem für küstennahe Standorte interessant sind. Dabei stehen sie jedoch gleichzeitig in Standortkonkurrenz mit Offshore-Windparks zur reinen Stromproduktion. Steht die Funktion als Stromspeicher und nicht die Wasserstoffproduktion im Fokus der Anwendung, sind auch andere Speichertechnologien in Betracht zu ziehen [14]. Das hybride Konzept eignet sich am ehesten in Regionen mit hohem Windpotenzial bei gleichzeitig hohen Abregelungsanteilen, welche die bisherige Entwicklung der Standorte behindern.

Als Alternative zur direkten Offshore-Wasserstoffproduktion ist auch die Elektrolyse an Land denkbar. Eine Wirtschaftlichkeitsbetrachtung dieser Anlagenkonfiguration deutet an, dass auch in diesem Szenario eine autarke Offshore-Wasserstoffproduktion zu bevorzugen ist. Dies gilt insbesondere bei zunehmender Elektrolyseleistung und Entfernung zur Küste [15].

### 17.2.2 Autarke Offshore-Wasserstoffproduktionsanlagen

Autarke Offshore-Wasserstoffproduktionsanlagen weisen aufgrund der fehlenden Stromnetzanbindung niedrigere Investitionskosten und eine höhere Standortflexibilität auf. Der Abtransport des Wasserstoffs kann entweder über Pipelines oder über Schiffe erfolgen. Der Vorteil von Pipelines sind die hohen und kontinuierlichen Durchsatzmengen sowie der Transport im gasförmigen Zustand. Durch letzteres werden weitere Energieverluste vermieden, die z. B. im Rahmen einer Verflüssigung des Wasserstoffs anfallen. Welche Transportlösung vorteilhaft ist, hängt ebenfalls wieder stark von der Küstenentfernung und der Transportmenge ab. Bei küstennahen[3] Standorten und gleichzeitig hoher Produktionsleistung besitzen Pipelines einen deutlichen Kostenvorteil gegenüber dem Schiffstransport. Bei besonders küstenfernen Standorten ist der Abtransport voraussichtlich mit dem Schiff zu bevorzugen, da die Kosten einer Pipeline weitestgehend proportional zur Pipelinelänge sind [11]. Eine Herausforderung von autarken Offshore-Wasserstoffproduktionsanlagen ist die Dimensionierung und Regelung der Windkraftanlagen und der Elektrolyse bzw. der einzelnen Anlagenkomponenten. Ziel ist es, eine maximale Nutzungsquote der elektrischen Energie bei gleichzeitiger Berücksichtigung der technischen Restriktionen der Elektrolyseanlage zu erreichen. Dabei ist das Degradationsverhalten der Elektrolysezelle zur Vermeidung schädlicher Betriebszustände zu berücksichtigen.

Im autarken Konzept erfolgt die Energieversorgung des Gesamtsystems inklusive der peripheren Komponenten durch die Windkraftanlagen. Dies umfasst neben der Elektrolyse auch die Wasserversorgung, Meerwasseraufbereitung, Verdichter, Kühlung, die automatische Anlagensteuerung sowie die Beleuchtung und die Beheizung von sensiblen Anlagenteilen mit Strom. Im Falle einer Windflaute muss weiterhin eine Basisenergieversorgung gewährleistet werden. Dies kann unter anderem durch die Rückverstromung des produzierten Wasserstoffs mittels einer

[3] Bei Dambeck et al. [15] betrug die Pipelinelänge 150 km.

Brennstoffzelle erfolgen. Weiteres Optimierungspotenzial kann ggf. ein Batteriespeicher bieten.

Für die Positionierung der Elektrolyseeinheiten werden In-Turbine- und Hub-Konzepte diskutiert. Bei In-Turbine-Konzepten wird der Elektrolyseur direkt im Turm der Windkraftanlage bzw. auf einer eigenen Plattform darum herum platziert. Im Vergleich zu Onshore-Windkraftanlagen weisen Offshore-Windkraftanlagen deutlich größere Einzelleistungen auf (aktuelle Leistungsgröße zwischen 6 und 14 MW). Umfasst ein Standort mehrere In-Turbine-Anlagen, wird der Wasserstoff über kleinere Leitungen an einer zentralen Sammelstelle zusammengeführt und komprimiert. Nachfolgend kann er über eine größere Pipeline abtransportiert werden. Dagegen wird bei Hub-Konzepten die Elektrolyse auf einer zentralen Plattform installiert. Die Windkraftanlagen sind in diesem Fall nicht über Gasleitungen, sondern durch Stromleitungen mit dem Hub verbunden [16]. In beiden Konzepten werden üblicherweise Puffer- und Zwischenspeicher vorgesehen. Je nach Größe des Gesamtsystems und der Wasserstofflogistik bieten sich unterschiedliche Speicherlösungen an.

### 17.2.3 Die Rolle der Elektrolysetechnologie

Nicht zuletzt ist die optimale Anlagenkonstellation abhängig von der eingesetzten Elektrolysetechnologie. Im Vordergrund steht hierbei die Dynamikfähigkeit der Elektrolyseure in Kopplung mit den fluktuierenden Lastprofilen der Windkraftanlagen. In techno-ökonomischen Betrachtungen [11], [12], [13], [15] stehen bisher zumeist die alkalische und die PEM-Elektrolyse im Fokus (AEL und PEMEL). Aufgrund der günstigeren spezifischen Investitionskosten der alkalischen Elektrolyse weisen die Ergebnisse der techno-ökonomischen Analysen häufig einen kleinen Kostenvorteil gegenüber der PEMEL auf. Jedoch wird zum einen mittelfristig eine Annäherung der spezifischen Investitionskosten erwartet und zum anderen wurde aufgrund von stündlichen Simulationsschrittweiten das Dynamikverhalten nur bedingt berücksichtigt. Gerade im dynamischen Lastverhalten, beim Platzbedarf und bei der Betriebsstabilität mit sich verändernden Stromdichten weist die PEMEL Vorteile gegenüber der alkalischen Elektrolyse auf [17], [18].

Die Bereitstellung von entionisiertem Wasser kann prinzipiell über Umkehrosmose [19], [20], Elektrodialyse [21], isotherme Destillation und andere destillative Verfahren [19] erfolgen. Die Umkehrosmose führt mit geringem Energieaufwand über die Hyperfiltration durch asymmetrische Polyamid-Polysulfonmembranen zum entionisierten Wasser und zu einer konzentrierten Salzlauge. Ließe sich die Elektrodialyse in eleganter Kombination mit der Wasserelektrolyse betreiben, könnte auch Kohlendioxid aus dem Meerwasser extrahiert werden [22]. Grundsätzlich ist die Offshore-Wasserstoffproduktion im Rahmen der Wasserbereitstellung mit deutlich höheren technischen Herausforderungen und damit auch Aufwänden verbunden, was sich in den Kosten für die Wasserbereitstellung niederschlagen wird [23].

In der Diskussion zu PtX-Prozessen wird häufig die Hochtemperaturelektrolyse genannt (Solid Oxide Electrolysis, SOE). Ein Vorteil der SOE besteht in der möglichen Wärmeintegration in vor- und nachgelagerten Prozessen. Bei einer möglichen Abwärmenutzung weist die SOE Vorteile im Gesamtwirkungsgrad gegenüber dem Einsatz einer PEMEL oder AEL auf. Entsprechend eignet sich die Technologie zur Kombination mit PtX-Synthesen [24]. Dagegen existieren Einschränkungen in der Dynamikfähigkeit.

### 17.2.4 Leitprojekte zur Produktion von Wasserstoff auf hoher See

Die Offshore-Wasserstoffproduktion steht nach wie vor in ihren Anfängen und ist zur Erreichung des Ziels einer kostengünstigen Produktion von Wasserstoff mit entsprechenden Forschungs- und Entwicklungsaufgaben konfrontiert. Diese umfassen das ganze Ökosystem von der Auslegung und Kopplung der Komponenten über die Weiterentwicklung von einzelnen Technologien bis hin zur Untersuchung möglicher Auswirkungen auf die marine Umwelt. Auf der Systemebene steht die Gesamteffizienz in Bezug auf Wirkungsgrad und Kosten im Vordergrund. Entsprechend müssen und werden Anlagenkonfigurationen in Kopplung der verschiedenen Technologien optimiert, um z. B. unnötige Verluste durch zusätzliche Umrichterstufen zu vermeiden. Mit Blick auf die Wasserstoffkomponenten stehen besonders die Auswirkungen und Belastungen der Meeresumgebung auf Materialien im Vordergrund. Zu erforschen sind die Korrosionsbelastung auf die Materialien in der Salzumgebung. Mit Blick auf das Scale-up vom Forschungslabor zum Industriemaßstab sind mechanische Belastungen sowohl bei In-Turbine-Konzepten als auch bei Hub-Konzepten zu untersuchen und in der Technologieentwicklung zu berücksichtigen. Elektrolysetechnologien sind in Bezug auf die Erzeugungsprofile der Windkraftanlagen so zu optimieren, dass diese bei minimalen Degradationserscheinungen abgefahren werden können. Schädliche Zustände sind so weit zu erforschen, dass entsprechend ausgelegte Regelungsverfahren diese vermeiden können. Mit Blick auf die Medienversorgung ist die Meerwasseraufbereitung ein zentraler Forschungsgegenstand.

Eine Vielzahl dieser Forschungsfragestellungen werden durch das Leitprojekt „$H_2$Mare“ adressiert, welches als ein Leuchtturmprojekt in der deutschen Forschungslandschaft bezeichnet werden kann. In vier verschiedenen Verbundprojekten wird die Offshore-Wasserstoffproduktion inklusive nachgelagerter Syntheseschritte erforscht und in dieser Form erstmalig demonstriert [25].

- Das Verbundvorhaben „OffgridWind“ verfolgt die Umsetzung eines In-Turbine-Konzepts mit dem Ziel, den elektrischen Wirkungsgrad der Wasserstoffherstellung zu maximieren. Ergänzt wird dies um Entwicklungen zur Speicherung und zum Abtransport des Wasserstoffs an Land.
- Im Verbundprojekt „$H_2$Wind“ ist das Entwicklungsziel eine an die Offshore-Bedingungen angepasste PEM-Elektrolyse. Dies umfasst das Elektrolysezell- und das Systemdesign mit besonderem Fokus auf die Membraneinheit. Neben weiteren Bestandteilen bildet die auf die PEM-Entwicklung abgestimmte optimierte Meerwasseraufbereitung einen weiteren wichtigen Teil des Vorhabens.
- Im Vorhaben „PtX-Wind“ steht die direkte Erzeugung weiterer Power-to-X-Produkte auf See im Mittelpunkt der Arbeiten. Themen sind unter anderem die Offshore-Erzeugung von verflüssigtem Methan, Fischer-Tropsch-Kohlenwasserstoffen, Methanol und Ammoniak, direkt gekoppelt an nicht netzangebundene Offshore- Windenergieanlagen. Als Elektrolysetechnologien werden die Hochtemperaturelektrolyse und die direkte Meerwasserelektrolyse erforscht.
- Im Rahmen des vierten Verbundvorhaben „TransferWind“ werden übergeordnete Fragestellungen wie Sicherheits- und Umweltfragen sowie Infrastrukturanforderungen adressiert.

In allen Verbundprojekten erfolgen begleitende simulative Analysen. Diese unterstützen die Technologieentwicklung, z. B. in der Zellentwicklung, ermöglichen die Optimierung von Einzel- und Teilsystemen und dienen der Durchführung technoökonomischer Bewertungen auf unterschiedlichen Systemebenen. Das Konsortium besteht aus über 40 Projektpartnern und ist verteilt auf vier Verbundprojekte. Es wird als Technologieplattform von der Siemens Energy AG koordiniert, welche auch das Verbundprojekt $H_2$Wind leitet. Mit dem Fokus auf OffgridWind und $H_2$Wind sind dabei sechs Fraunhofer-Institute zentral an den Entwicklungen beteiligt und unterstützen Siemens Energy bei der Plattformkoordination aus wissenschaftlicher Sicht.

## 17.3 Der Weg der chemischen Grundstoffindustrie zur Klimaneutralität

Um in der chemischen Grundstoffindustrie Klimaneutralität zu erreichen, ist neben der Umstellung der Energie-, Prozesswärme- und Prozesskälteversorgung auf Energien aus erneuerbaren Quellen die Umstellung der Stoffwandlungen auf Kreislaufprozesse notwendig. Dazu können u. a. die Methanolsynthese, die Fischer-Tropsch-Synthese, das thermochemische Kunststoffrecycling (Pyrolyse, Verölung und Vergasung) im Verbund mit Raffinerie- und Cracking-Prozessen und Prozessen zur Herstellung von Monomeren und Polymermaterialien betrieben werden (Abbildung 17.1). Dabei spielt der schon jetzt in sehr großen Mengen, bisher jedoch noch vorwiegend durch Dampfreformierung von Methan und anderen

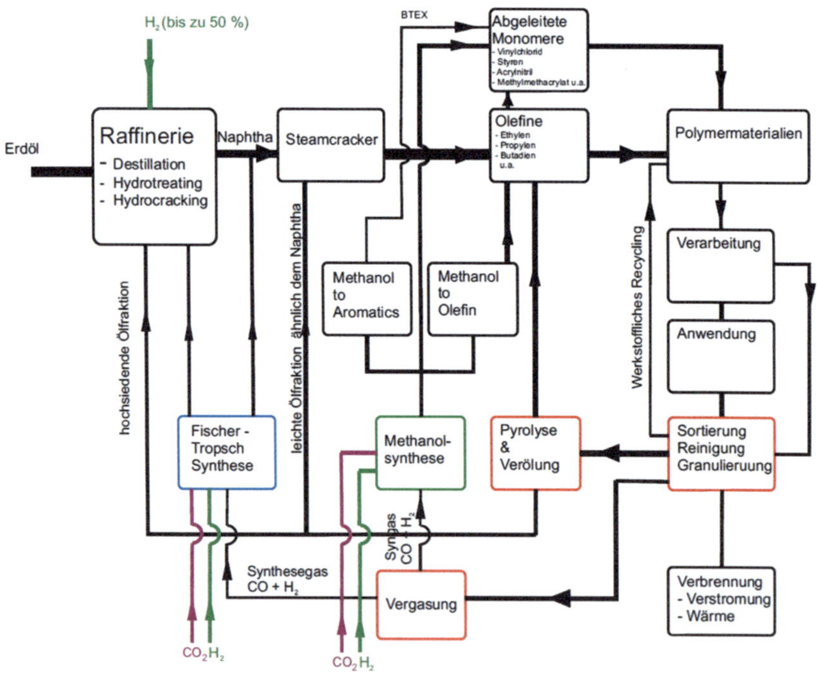


**Abb. 17.1** Vernetzung und Kreislaufführung in der chemischen Industrie zwischen Raffinerie und Kunststoffrecycling (rot) mit der Methanolsynthese (grün), der Fischer-Tropsch-Synthese (blau) und dem Cracking als Schlüsselverfahren zur Bereitstellung von Olefinen, Methanol, aliphatischen und aromatischen Kohlenwasserstoffen. (in Anlehnung an [28])

Kohlenwasserstoffen hergestellte Wasserstoff eine entscheidende Rolle. Dessen Substitution durch grünen Wasserstoff ist eine der Schlüsselfragen auf dem Weg zur Klimaneutralität und muss schrittweise unter Maßgabe der von der EU und der Bundesregierung gesetzten Klimaziele sowie der Wettbewerbsfähigkeit erfolgen. Die technische Realisierung setzt neben der Umstellung der Wasserstoffherstellung auf die Elektrolyse mit grünem Strom die Einkopplung in die Bereitstellung und das Management der prozesstechnisch optimierten Synthesegase $CO/H_2$, $CO_2/H_2$, $CO_2/CO/H_2$ und $N_2/H_2$ voraus. Zu beachten ist jedoch, dass eine vollständige Defossilisierung der chemischen Industrie, d. h. die Umstellung von Erdöl und Erdgas auf grünen Wasserstoff und Kohlendioxid, ein Vielfaches der bisher eingesetzten Wasserstoffmenge von 1,1 Mt und entsprechende elektrische Energie erfordern würde. Dies kann nur erreicht werden durch einen ausreichenden Ausbau der Stromerzeugung aus erneuerbaren Energiequellen für die Herstellung von Wasserstoff und den Import von regenerativ erzeugten Energieträgern, u. a. auch von grünem Wasserstoff. Andererseits verfügen die chemische Industrie und die Raffinerieindustrie bereits über eine gut entwickelte Infrastruktur zur Prozesstechnik, zum Transport (Pipeline- und Verteilungsnetze) und zur Lagerung von Wasserstoff, sodass ihr bei der großtechnischen Einführung von grünem Wasserstoff eine Vorreiterrolle zukommt.

Neben der zunehmenden Anwendung von klimaneutralem Wasserstoff ist es entscheidend, die klimafreundlichste und wirtschaftlichste Quelle von Kohlenstoff zu identifizieren und zu nutzen. Hier wäre die Verwendung von $CO_2$ eine naheliegende und nachhaltige Lösung. Neben der Gewinnung aus $CO_2$-haltigen Prozessgasen (sog. Punktquellen), wie sie beispielsweise in der Zementherstellung anfallen, wird aktuell auch vermehrt die Gewinnung von $CO_2$ aus der Atmo- oder Hydrosphäre untersucht, wobei die hohe Verdünnung von $CO_2$ hier eine große Herausforderung darstellt. Methoden zur $CO_2$-Abscheidung aus der Luft oder dem Wasser sind dabei beispielsweise die kryogene Luftzerlegung [26], Adsorptionstechnologien, der Einsatz von Molekularfiltern oder elektrochemischen Verfahren.

Im Fokus steht die Umsetzung von Kohlendioxid und Stickstoff mit grünem Wasserstoff zur Herstellung der Plattformchemikalien Methanol, Ammoniak (siehe Kapitel 5), Ethylen, Propylen, von BTX-Aromaten bzw. Leichtbenzin (Naphtha) (Abbildung 17.1). Dies wird u. a. auch durch die Bedeutung und Vielfalt von Carbonylierungsprozessen deutlich, bei denen das leicht durch inverse Wassergas-Shift-Reaktion aus Kohlendioxid zugängliche CO z. B. mit Methanol zu Essigsäure und mit Olefinen zu Alkanalen umgesetzt wird [27]. Die katalytische Aktivierung von CO und $CO_2$ spielt auch bei der Methanol- und der Fischer-Tropsch-Synthese die entscheidende Rolle. Grüner Wasserstoff, Kohlendioxid und der im Kreislauf über klimaneutral erzeugte Moleküle (CO, Ethylen und Propylen) geführte Kohlenstoff werden deshalb Schlüsselrollen bei der Entwicklung einer klimaneutralen Chemieindustrie spielen.

In den folgenden Abschnitten werden die drei zentralen Prozesse Methanolsynthese, Fischer-Tropsch-Synthese und Kunststoffrecycling, die Rolle von Wasserstoff und die möglichen Beiträge zur Erreichung einer klimaneutralen Grundstoffchemie beispielhaft betrachtet.

### 17.3.1 Zur klimaneutralen Methanolsynthese und Folgechemie

Methanol ist eines der wichtigsten Zwischenprodukte der Chemieindustrie und gewinnt diesbezüglich und als umweltfreundlicher und leicht zu lagernder Treibstoff schnell an Bedeutung. Abbildung 17.2 veranschaulicht die durch grünen Wasserstoff ermöglichte Kreislaufführung des in weiten Bereichen der chemischen Industrie eingesetzten Kohlenstoffs am Beispiel der Methanolsynthese. Der Prozess basiert auf der Umsetzung von Kohlendioxid mit grünem Wasserstoff, der mit Strom aus erneuerbaren Energiequellen erzeugt wurde. Bei diesem und den im Folgenden diskutierten Prozessen ist der optimale Einsatz ausreichend leistungsfähiger Katalysatoren zur Erreichung hoher Selektivitäten und Raum-Zeit-Ausbeuten sowie zur Absenkung der aufzubringenden Aktivierungsenergien (Minimierung der Prozesstemperatur) von entscheidender Bedeutung [29], [30], [31].

Aufgrund der hochentwickelten katalytischen Drucksynthesen aus Wasserstoff, Kohlenmonoxid (17.1), Kohlendioxid (17.2) und ihrer Verknüpfung über das Wassergasgleichgewicht (17.3) werden sich sowohl die Herstellung von Methanol als auch die Folgechemie zu einem der entscheidenden Wege zur Substitution fossiler Kohlenstoffquellen in der chemischen Industrie und zum Recycling des Kohlendioxids entwickeln [30], [31], [32], [33].

$$CO + 2\,H_2 \leftrightarrow CH_3OH \qquad \Delta_R H_{289K} = -90{,}8\,\text{kJ/mol} \tag{17.1}$$

$$CO_2 + 3\,H_2 \leftrightarrow CH_3OH + H_2O \qquad \Delta_R H_{289K} = -49{,}5\,\text{kJ/mol} \tag{17.2}$$

$$CO_2 + H_2 \leftrightarrow CO + H_2O \qquad \Delta_R H_{289K} = 41{,}2\,\text{kJ/mol} \tag{17.3}$$

Für die optimale Prozessführung müssen die Reaktionswärmen der Reaktionen (17.1) und (17.2) abgeführt und ausreichend hohe Drücke aufrechterhalten werden. Die Nutzung der Reaktionswärme zur Vorheizung der Synthesegase und zur Abdestillation des Methanols bestimmt die energetische Effizienz.

Die Synthese von Methanol (MeOH) und Dimethylether (DME) aus Kohlendioxid als Rohstoff und mit Strom aus erneuerbaren Energiequellen führt

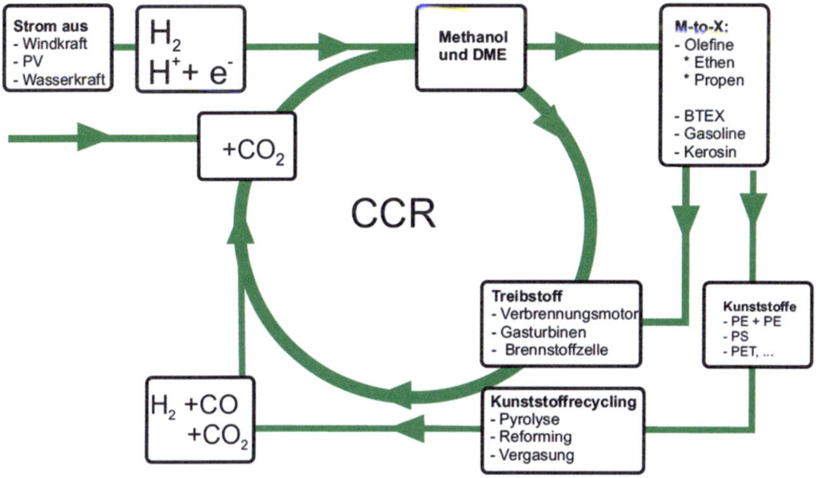


**Abb. 17.2** Carbon Capture and Recycling (CCR) durch Methanolsynthese und thermochemisches Recycling von Kunststoffen. (in Anlehnung an [30], [31] und darin zitierte Arbeiten)

nach Berechnungen in der chemischen Industrie zu Kohlendioxideinsparungen von 1,43 kg $CO_2$/kg MeOH bzw. 2,17 kg $CO_2$/kg DME [34]. Dies hätte für die Jahresproduktion 2019 in Deutschland eine potenzielle $CO_2$-Reduktion von 2 Mio. t bedeutet [35]. Eine denkbare Umstellung der Produktion von Propylen und Ethylen auf Methanol-to-Olefin-Prozesse würde auf dieser Grundlage über 30 Mio. t $CO_2$-Einsparungen jährlich bedeuten. Über diese Prozesse [36] wird ein in Zukunft immer wichtiger werdender und vergleichsweise selektiver Zugang zu Ethylen (17.4), Propylen und anderen Olefinen (17.5) wie Butylen und Isobuten realisiert. Hohe Ausbeuten an Ethylen und Propylen (bis zu 99 Prozent bezogen auf Methanol und DME) werden mit zeolithartigen Katalysatoren auf der Basis von Silikoalumophosphaten (SAPO) erreicht.

$$2\,\text{Methanol} \rightarrow \text{CH}_2{=}\text{CH}_2 + 2\,\text{H}_2\text{O} \tag{17.4}$$

$$n\,\text{Methanol} \rightarrow \text{CH}_3(\text{CH}_2)_{n-3}{-}\text{CH}{=}\text{CH}_2 + n \cdot \text{H}_2\text{O} \tag{17.5}$$

Eine weitere Möglichkeit, $CO_2$ direkt in Produkte wie Ethylen oder Propylen einzubauen, ist die Nutzung des Dryreformings. Hier wird die Erzeugung von Wasserstoff und CO anstatt mit Methan und Wasserdampf durch den Einsatz von Methan und $CO_2$ erreicht (Abbildung 17.3). Durch Kombination der Reaktionen des Dryreformings, der Herstellung von Dimethylether (DME) in Gegenwart eines

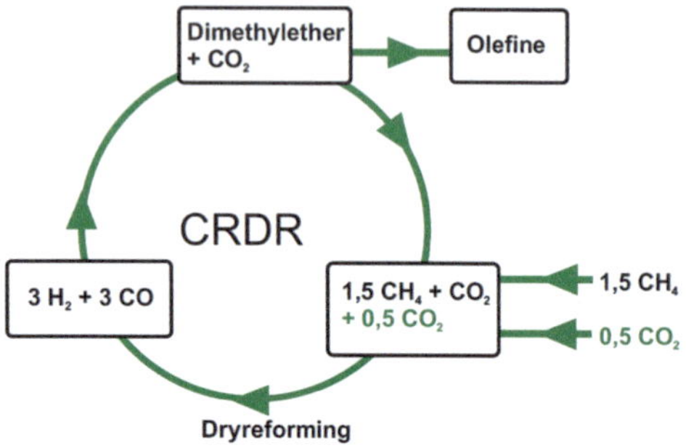


**Abb. 17.3** Olefinsynthese aus Methan und Kohlendioxid, CRDR: $CO_2$-Recycling durch Dryreforming mit 25 % Kohlenstoff aus externem $CO_2$ und 75 % aus Methan (BASF)

bifunktionellen Katalysators und der Konversion des DME zu Olefinen mit der Rückführung von $CO_2$ kann ein Einbau von etwa 25 Prozent des Kohlenstoffs aus zugeführtem $CO_2$ in den Olefinen erreicht werden. Methan wird letztlich ohne Kohlendioxidfreisetzung zu Olefinen umgesetzt.

Über kohlendioxidnegatives Methanol oder durch Cracking-Prozesse zugängliches Ethylen und Propylen gehören mit einer Weltjahresproduktion von 158 Mt bzw. 108 Mt [37], [38] zu den fünf wichtigsten Produkten der chemischen Industrie und sind die Grundlage für die Herstellung von Polyethylen und Polypropylen, den beiden wichtigsten Polymermaterialien. Der Einsatz von grünem Wasserstoff und Kohlendioxid würde in diesen Wertschöpfungsketten besonders stark zur Klimaneutralität beitragen.

Über die homogenkatalytische Umsetzung von Ethylen mit CO, Methanol und Formaldehyd ist nach dem Lucite-Alpha-Prozess [39] ein leistungsfähiger Weg zu Methylmethacrylat und damit zu PMMA (Polymethylmethacrylat) eröffnet. Die Nutzung des bei der Wasserelektrolyse zusammen mit Wasserstoff anfallenden Sauerstoffs, der auch bei der Luftzerlegung anfällt, zur silberkatalysierten Epoxidierung von Ethylen bedeutet einen klimafreundlichen Weg zu den Polyethylenoxiden. Propylenoxid wird über die Umsetzung von Propylen mit hypochloriger Säure zu 1-Chlor-2-propanol/2-Chlor-1-propanol und anschließender alkalischer Dehydrochlorierung, durch katalytische Oxidation mit organischen Hydroperoxiden, Wasserstoffperoxid oder mit Sauerstoff hergestellt, wobei der letztgenannte Weg inzwischen aufgrund hoher Selektivitäten von über 99 Prozent favorisiert wird [40]. Die katalytische Konversion von Methanol zu Aromaten (Methanol to Aromatics process [41], [42]) weist einen ähnlich $CO_2$-armen Weg zu Benzol, Toluol, Ethylbenzol und Xylolen, der mit den immer leistungsfähiger gewordenen Katalysatoren zu sehr hohen Selektivitäten und Raum-Zeit-Ausbeuten führt. Über analoge Entwicklungen des zugrunde liegenden Prozesskonzepts konnten durch gezieltes Design der Katalysatoren und entsprechende Einstellungen der Prozessparameter Temperatur, Druck und Verweilzeiten Methanol-zu-Gasoline und Methanol-zu-Kerosin Prozesse entwickelt werden [43], [44]. Dies eröffnet strategische Zukunftswege zu grünen Treibstoffen in der Luftfahrt, in der Schifffahrt und im schweren Lastverkehr.

Das Konzept der katalytisch-dehydratisierenden Methanolkondensation könnte über die nachhaltig klimaneutrale Bereitstellung von CO, $CO_2$ und grünem Wasserstoff eine strategische Rolle bei der Entwicklung zur klimaneutralen Chemie- und Raffinerieindustrie spielen. Die immer wichtiger und dringender werdende Nutzung von Kohlendioxid und die stete Entwicklung von selektiveren Katalysatoren rücken „grünes" Methanol zunehmend in den Fokus als Schlüsselsubstanz für die Energie- und Rohstoffwende.

### 17.3.2 Zur klimaneutralen Fischer-Tropsch-Synthese

Die Fischer-Tropsch-Synthese, ein weiterer als strategisch betrachteter Prozess zur Nutzung grünen Wasserstoffs, führt heterogenkatalytisch über z. B. Eisen- oder Cobaltkatalysatoren vom Synthesegas $CO/H_2$ zur Bildung von aliphatischen Kohlenwasserstoffen (Alkanen und Alkenen) und höheren aliphatischen Alkoholen, wobei die Zusammensetzung des Produktgemisches vom Verhältnis der Partialdrücke $p_{CO}/p_{H2}$, dem Gesamtdruck, dem Katalysator und nicht zuletzt der Temperatur bestimmt wird [45].

Durch Tandem-Katalyse [46], [47], [48] bei jeweils optimaler Temperatur und nachgeschaltetem Hydrocracking lassen sich über die Synthese wachsfreier Kohlenwasserstoffe klimaneutrale Kraftstoffe (Benzin, Diesel, Kerosin) herstellen. Durch speziell designte Eisenkatalysatoren [49] kann die Hydrierung von CO (17.6) kombiniert mit der Rückreaktion des Wassergasgleichgewichtes (17.7) ablaufen, was auf die Umsetzung von Kohlendioxid mit grünem Wasserstoff zu Kohlenwasserstoffen (17.8) hinausläuft ($x = 0$ bis 1 für Alkene bzw. Alkane).

$$n\,CO + (2n + x)\,H_2 \rightarrow C_nH_{2n+2x} + n\,H_2O \tag{17.6}$$

$$n\,[CO_2 + H_2 \leftrightarrow CO + H_2O] \tag{17.7}$$

$$n\,CO_2 + (3n + x)\,H_2 \leftrightarrow C_nH_{2n+2x} + 2n\,H_2O \tag{17.8}$$

Dem direkten Einsatz von $CO_2$ steht jedoch eine drastische Verschiebung der Produktverteilung in Richtung Methan und anderen niederen Kohlenwasserstoffen entgegen, was die Bedeutung des grünen Wasserstoffs im Gleichgewicht (17.7) unterstreicht.

Da die Fischer-Tropsch-Synthese aufgrund relativ moderater Reaktionsbedingungen (T = 250 bis 300 °C und p < 5 MPa) besonders gut zur Herstellung von Treibstoffen geeignet ist, stellt sie einen weiteren der strategischen Hauptpfade zur klimaneutralen Grundstoffindustrie dar, zumal die umgesetzte Menge an Kohlenwasserstoffen die für die Herstellung von Zwischenprodukten wie Ethylen, Propylen oder Methanol für die chemische Industrie selbst um ein Vielfaches übertreffen würde.

Die von grünem Wasserstoff und Kohlendioxid/Kohlenmonoxid ausgehende Fischer-Tropsch-Synthese kann über die Erzeugung von Naphtha und dessen Weiterverarbeitung durch Cracking zur kohlendioxidneutralen Herstellung von Ethylen und anderen Olefinen weitergeführt werden (Abbildung 17.1). Dadurch lassen sich auch in der Chemie- und Raffinerieindustrie bereits vorhandene, z. T. teure Anlagen wie Dampf- und Hydrocracker weiter nutzen. Auch auf diese Weise kann die Umstellung der chemischen Industrie auf klimaneutrale Wertschöpfungsketten vorangetrieben werden. In Verbindung mit der klimaneutralen Methanolsynthese und dem thermochemischen Kunststoffrecycling durch Vergasung und Pyrolyse zeichnet sich die Notwendigkeit ab, ein intelligent gesteuertes Management der über die Schlüsselkomponenten Wasserstoff, CO, $CO_2$, Naphtha, Ethylen, Propylen u. a. führenden Stoffströme zu entwickeln und aufzubauen.

### 17.3.3 Beiträge des stofflichen Kunststoffrecyclings

Kunststoffe gehören zu den weltweit wichtigsten Werkstoffen. Viele Alltagsprodukte und moderne Technologien wären ohne ihren Einsatz undenkbar. Die in Deutschland verarbeiteten Kunststoffe werden fast ausschließlich aus fossilen Rohstoffen hergestellt. Mit Blick auf die in Europa bzw. Deutschland hergestellten Kunststoffmengen von jährlich 57,9 bzw. 18 Megatonnen [50], [51] kann das stoffliche, insbesondere das chemische Recycling wesentlich zur Erreichung der Klimaschutzziele der Bundesregierung beitragen. In Deutschland fallen jährlich etwa 6 bis 6,5 Megatonnen Kunststoffabfälle an, also in etwa ein Drittel der produzierten Menge [52]. Bilanziert man für die stoffliche Verwertung zu Recyclaten entsprechend [53] 1,5 kg $CO_2$-Äquivalente pro kg Kunststoffabfall, resultiert aus einer angestrebten Recyclingquote von 60 Prozent bis 2030 eine $CO_2$-Einsparung von 5,6 Megatonnen. Entscheidend für die Erreichung dieser $CO_2$-Einsparung ist der effiziente Einsatz von erheblichen Mengen klimaneutraler Energie, da in der Regel Recyclingverfahren mit hohem Energieaufwand verknüpft sind. Demnach müssen die Systemgrenzen der Einzelindustrien in den Wertschöpfungsketten

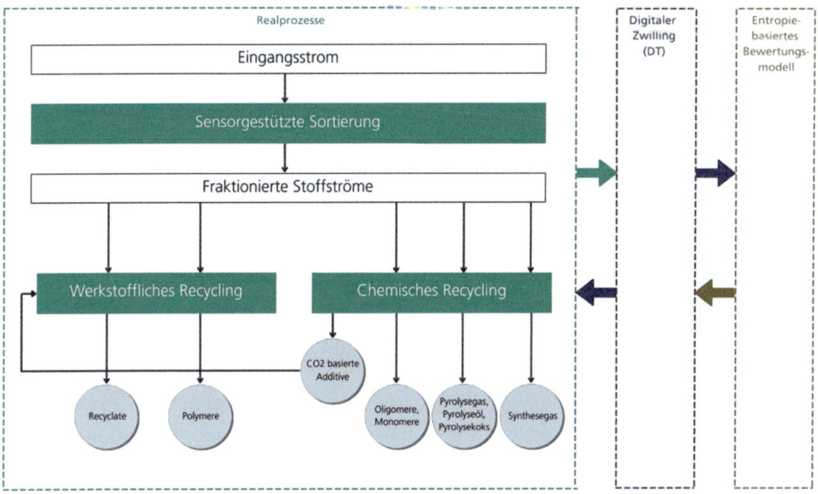


**Abb. 17.4** Prozesslandkarte des Fraunhofer-Leitprojektes WASTE4Future (siehe dazu auch Abbildungen 17.1 und 17.2)

erweitert werden, um in einer Gesamtbilanz sowohl direkte als auch indirekte Emissionen zu erfassen.

Dabei kann durch den Einsatz von grünem Wasserstoff ein wesentlicher Beitrag zur Schließung der Kohlenstoffkreisläufe in der Industrie geleistet werden (Abbildung 17.1, Abbildung 17.2). In der heute etablierten Abfallwirtschaft überwiegt jedoch die thermische Verwertung von kunststoffhaltigen Abfällen. Der in den Abfällen enthaltene Kohlenstoff wird überwiegend als $CO_2$ in die Atmosphäre emittiert. Durch den Übergang zur Kreislaufwirtschaft muss diese Emission weitgehend abgestellt und der Ressourcenverbrauch minimiert werden. Dazu ist eine grundsätzliche Neuordnung der Behandlung von kunststoffhaltigen Abfallströmen notwendig.

Im Fraunhofer-Leitprojekt „Waste4Future" wird deshalb entsprechend dem in 17.4 dargestelltem Schema das zukunftsweisende Konzept „Vom Abfall zum Rohstoff – grüne Moleküle für die Chemie" verfolgt. Im Fokus stehen sowohl werkstoffliches als auch chemisches Recycling, um dort, wo möglich, den Werkstoff zurückzugewinnen und auf der anderen Seite die stoffliche Nutzung des Kohlenstoffs durch Gewinnung von wieder einsetzbaren Monomeren, ausgewählten Spaltprodukten und Synthesegas zu gewährleisten. Es geht um ein ganzheitlich ausgerichtetes, über Stoffströme gesteuertes Recyclingkonzept, das über ein entropiebasiertes Bewertungsmodell auf die Optimierung der Recyclingquoten bei minimiertem Energieaufwand fokussiert. Bisher prozessgeführte Recyclingketten werden zu stoffgeführten Recyclingketten umgestaltet. Die Entropie soll hierbei als Maß für die Unordnung im System der Verfahrenswege und als Leitgröße für die Bewertung des Recyclingerfolgs dienen.

Da Abfallströme in hohem Maße unsortiert sind sowie sehr unterschiedliche Abfalltypen enthalten – und das voraussichtlich auch so bleiben wird –, wird in einem neuartigen Konzept der Sortierung bestimmt, welche Materialien und insbesondere welche Kunststofffraktionen in welchen Mengen im Abfall enthalten sind. Auf dieser Grundlage wird dann entschieden, welcher Weg des Recyclings für die spezifizierten Abfallfraktionen der technisch, ökologisch und ökonomisch sinnvollste ist. Die Optimierung geht über die der Einzelprozesse hinaus und strebt die entropieoptimierte Trennung des Gesamtabfallstroms und die zielgerichtete Zuordnung in die energetisch günstigsten Verwertungsverfahren an. Der Abfallstrom wird in die spezifizierten Teilströme zerlegt, die dann anhand einer Technologiehierarchie verschiedenen Aufbereitungsrouten zugeführt werden. Die durch das werkstoffliche Recycling (z. B. mechanische Wiederverarbeitung, lösungsmittelbasierte Aufreinigung und Fraktionierung) nicht nutzbaren Abfallfraktionen stehen am Ende der Recyclingkette für das chemische Recycling durch z. B. Solvolyse [54], Pyrolyse/Verölung und Vergasung zur Verfügung.

Bei Vermeidung der thermischen Verwertung durch Verbrennung wird das Recycling auf den maximal möglichen Erhalt von Kohlenstoffverbindungen ausgerichtet, wobei die Wertschöpfung maximiert und der resultierende, durch Treibhausgase bedingte Fußabdruck minimiert werden. Es sollen innovative Recyclingtechnologien für komplexe Abfälle bereitgestellt werden, mit denen sich hochwertige Recyklate und Rohstoffe für die chemische Industrie gewinnen lassen.

Da die Verbrennung zur Wärme- und Stromerzeugung eine inakzeptabel hohe Kohlendioxidbelastung verursacht und eine Vernichtung wertvoller Rohstoffe darstellt, zudem Sortenreinheit beim Recycling oft nur schwer herstellbar ist, gewinnen chemische Recyclingverfahren wie die Vergasung (autotherm mit Luft oder Sauerstoff, von außen beheizt oder im Plasma betrieben [55], [56]), die Pyrolyse mit und ohne Zuhilfenahme von Wasserstoff [54], [57], [58] sowie die physikalische und chemische Solvolyse stark an Bedeutung. Daneben werden mit Heißdampf und überkritischem Wasserdampf arbeitende Vergasungsverfahren entwickelt, die Synthesegase mit höheren Wasserstoffgehalten liefern. Durch eine mit Heißdampf ausgeführte Reformierungsstufe lassen sich intermediär gebildete Teer- und Kohlerückstände in Kohlenmonoxid und Wasserstoff konvertieren. Zur

Einstellung der optimalen Zusammensetzung $[H_2]/[CO]/[CO_2]$ des anfallenden Gasgemisches kann grüner Wasserstoff zudosiert werden, was z. B. zu Synthesegas führt, das für die Fischer-Tropsch- und die Methanolsynthese prozesstauglich ist (Abbildungen 17.2 und 17.4). Darüber hinaus kann Wasserstoff auch für die Nutzung des bei der Vergasung anfallenden $CO_2$ verwendet werden. Das $CO_2$ entsteht vor allem bei der autothermen Vergasung, da hierbei die erforderliche Prozesswärme durch Oxidation eines Teils des Kunststoffs gewonnen wird. Das abgetrennte $CO_2$ könnte zum Beispiel durch Zumischung von Wasserstoff zu einem für die Methanolsynthese geeigneten $CO_2/3H_2$-Synthesegas weiterverarbeitet werden.

Eine weitere Anwendung des Wasserstoffs im Zuge des chemischen Recyclings stellt die Aufbereitung von Pyrolyseölen dar (Abbildungen 17.1 und 17.4). Bei der Pyrolyse von kunststoffhaltigen Abfällen entsteht ein Gemisch organischer Verbindungen, dessen Zusammensetzung durch die Prozessbedingungen Temperatur, Druck, Gaszusammensetzung, Zusammensetzung des Kunststoffabfalls, Verweilzeit im Reaktor und katalytische Effekte bestimmt wird. Die organischen Verbindungen finden sich in den Produktströmen Pyrolysekoks, Pyrolyseöl sowie Prozessgas wieder. Gegenwärtig stellt das Pyrolyseöl den wesentlichen Wertstoffstrom dar. Die Koks- und Prozessgasströme werden häufig zur Bereitstellung der für den Prozess erforderlichen Prozesswärme genutzt.

Zur Verbesserung der Produkteigenschaften der Pyrolyseöle ist es erforderlich, diese anschließend aufzubereiten. Hierzu kommen hydrierende Verfahren zur Anwendung, um das H/C-Verhältnis zu erhöhen und Sauerstoff aus dem Pyrolyseöl zu entfernen [59]. Ein optimal gesteuertes Stoffstrommanagement mit dem Ziel der flexiblen Bereitstellung des jeweiligen Synthesegases wird in Zukunft zur kombinierten Umsetzung von grünem und recyceltem Wasserstoff und von Kohlendioxid aus Prozessgasen, z. B. der thermochemischen Verwertung von Kunststoffabfällen, sowie zur Aufwertung von Kohlenmonoxid zum Synthesebaustein (Methanol- und Fischer-Tropsch-Synthese sowie Folgechemie, z. B. Methanol-to-Olefin-Prozess) führen. Abbildung 17.1 verdeutlicht die Zusammenhänge und zeigt mögliche Wege, grünen Wasserstoff und Kohlendioxid einzukoppeln, um dadurch die Defossilisierung in der chemischen Industrie voranzutreiben.

Durch die Einbeziehung der in der Chemie- und Raffinerieindustrie etablierten Prozesse des thermischen und katalytischen Crackens und Hydrocrackens (die derzeitigen Hauptwege zur Herstellung von Ethylen und Propylen) sowie der Behandlung und Umsetzung mit Wasserstoff wird die Bedeutung der Pyrolyse und der mit dieser verwandten Verölung von Kunststoffabfällen zusätzlich unterstrichen.

## 17.4 Evolutionäre Fertigungstechnologien für Elektrolyseure

### 17.4.1 Status quo

Die global installierte Elektrolyseleistung beträgt aktuell ungefähr ein Gigawatt. Aufgrund der derzeitig geringen Marktnachfrage werden Elektrolyseure meist projektbezogen und in kleinen Stückzahlen hergestellt. Die Wertschöpfung ist daher noch nicht auf hohe Ausbringungsmengen optimiert. Die Lieferketten sind wenig und nur fragmentiert ausgeprägt. Investitionen der involvierten Unternehmen erfolgen zögerlich, da Unsicherheiten bezüglich der regulatorischen Rahmenbedingungen, des Zeitpunkts, der Geschwindigkeit und dem Umfang des Markthochlaufs bei aktuell noch geringer Nachfrage bestehen. Somit stehen heute wenige Produktionstechnologien bereit, die für eine hochratenfähige Fertigung standardisiert und auf hohe Prozessautomation der Produktions- und Prüftechnik optimiert sind.

Gleichzeitig wird grüner Wasserstoff, der über erneuerbare Energien durch Elektrolyse hergestellt wird, mittlerweile als ein wesentlicher Energieträger in einem zukünftigen Energiesystem gesehen. Dieser soll einen signifikanten Beitrag zur Erreichung der Klimaziele und zu einer nachhaltigen Energiebereitstellung über alle Sektoren leisten. Stand heute deckt Wasserstoff ca. 2,5 Prozent des globalen Energiebedarfs (110.000 TWh). In Abhängigkeit des zugrunde liegenden Entwicklungsszenarios soll dieser Anteil bis in das Jahr 2050 auf bis zu 18 Prozent steigen. Jedoch wird heute nahezu ausschließlich grauer Wasserstoff verwendet. Um diesen zu substituieren und durch klimafreundlichere Alternativen zu ersetzen, sollen die Anteile von blauem, türkisen und vor allem grünem Wasserstoff sukzessive gesteigert werden.

Die Schwerpunkte der aktuellen Forschungsvorhaben liegen überwiegend in der Analyse von vorhandenen Produktionstechnologien und deren Skalierung. Diese Projekte sind notwendig und wichtig, reichen jedoch nicht aus, um die angestrebte immense Kostenreduktion in der Wasserstofferzeugung und schließlich beim Produkt „grüner Wasserstoff" zu erreichen. Es sind fundamentale systemische Entwicklungen und Forschungen erforderlich, die Handlungsoptionen für eine Evolution der Elektrolyseurtechnologie aufzeigen, um eine Wettbewerbsfähigkeit von grünem Wasserstoff zu erreichen und letztlich nachhaltig zu garantieren. Dies kann nur mit einem synergetischen Vorgehen aller wesentlichen Akteure realisiert werden.

### 17.4.2 Wesentliche Herausforderungen

Der potenzielle Mehrbedarf an grünem Wasserstoff geht mit einem nennenswerten Aufbau der global installierten Elektrolyseleistung und dem Ausbau der erneuerbaren Energien einher. In Abhängigkeit des gewählten Szenarios soll im Jahr 2030 global eine Elektrolyseleistung von 75 GW bis 234 GW installiert sein. Das entspricht allein im Jahr 2030 einem vorhergesagten Zuwachs von 26 GW bis 100 GW. Dieser Markthochlauf ist nur umsetzbar, wenn die Wasserstofftechnologien wirtschaftlich, technisch und regulatorisch wettbewerbsfähig zu alternativen Energieträgen sind.

Die Kosten von grünem Wasserstoff belaufen sich heute auf ca. 5 bis 6 USD/kg, währenddessen grauer und blauer Wasserstoff für 1 bis 2 USD/kg verfügbar ist. Um die Wettbewerbsfähigkeit von grünem Wasserstoff zu verbessern, sind signifikante Kosteneinsparungen notwendig. Die wesentlichen Kostensenkungspotenziale liegen sowohl im Capex als auch im Opex des Elektrolyseurs. So belaufen sich die Kosten für einen PEM-Elektrolyseur in Abhängigkeit der Anlagengröße auf 700 bis 1.200 USD/kW. Bei einem alkalischen Elektrolyseur sind 650 bis 950 USD/kW aufzuwenden. Die Kosten, die vom Markt akzeptiert werden, liegen zwischen 350 und 450 USD/kW. Somit muss eine Kostenreduzierung von 50 Prozent bei der alkalischen Elektrolyse bis 70 Prozent bei der PEM-Elektrolyse realisiert werden.

Für die Herstellung von Elektrolyseuren ergeben sich dadurch eine Vielzahl von Herausforderungen. Die Schwerpunkte liegen dabei auf der Entwicklung von hochratenfähigen Produktions- und Prüflösungen auf Basis des aktuellen Produktdesigns. Dabei müssen bestehende Systeme hochskaliert und neue Serienlösungen für große Stückzahlen bei reduzierten Kostenniveaus entwickelt werden. Der Schwerpunkt liegt dabei auf einer Optimierung von Funktion, Komponentendesign und Produktionstechnologie in Abhängigkeit der Ausbringungsmenge.

Weitere übergeordnete Entwicklungsthemen sind insbesondere die Verlängerung der Stack-Lebensdauer (PEMEL auf bis zu 80.000 h, AEL auf bis zu 120.000 h, HTEL > 20.000 h) durch die Minimierung der Zelldegradation. Auch die optimale Ausgestaltung der Betriebsparameter, z. B. steigende Stromdichten, höhere Betriebsdrücke oder eine effiziente und flexible Fahrweise in optimalen Betriebspunkten, sind wesentliche Forschungsfelder. Darüber hinaus sind der Einsatz kritischer Materialien (z. B. die seltenen Erden Iridium und Platin) zu reduzieren und Wiederaufbereitungsverfahren und entsprechende Stoffströme frühzeitig zu entwickeln.

## 17.5 Handlungsoptionen für die Entwicklung einer systemischen Roadmap zur fundamentalen Skalierung der Elektrolyseurproduktion

Eine systemische Roadmap muss in zwei aufeinander abgestimmten Handlungssträngen – den Pfaden A und B – umgesetzt werden (Abbildung 17.5). In einem ersten Schritt – Pfad A – muss eine Ausarbeitung eines Skalierungskonzepts für die Produktion auf Basis bestehender Produkte erfolgen. Parallel muss Pfad B, der die Evolution mit einer analytischen Optimierung von Elektrolyseurdesign und dessen Fertigungstechnologien betrachtet, ausgebaut werden. Der Rahmen für Pfad B muss bereits jetzt entwickelt werden, um eine nachhaltige Fortführung des Pfades A zu gewährleisten und schließlich das Ziel „Kostenparität des grünen Wasserstoffs zu fossilen Alternativen" zu gewährleisten.

### 17.5.1 Pfad A – Skalierung bestehender Produkte

Schwerpunkt muss die Ausarbeitung eines Hochskalierungskonzepts für die Herstellung der etablierten Elektrolyseure bilden. Dabei gilt es, die Inhalte ausgeschriebener bzw. bereits gestarteter Initiativen wie $H_2$Giga zu implementieren. Ziel ist es, eine Konsolidierung der laufenden Projekte mit den weiterhin offenen Forschungsfragen zu erreichen und die entsprechenden Handlungsbereiche abzuleiten. Dabei müssen die bestehenden Fertigungsverfahren bezüglich Kosten-

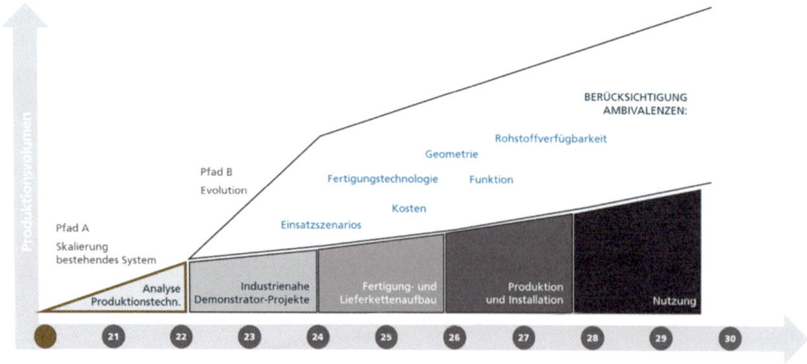


**Abb. 17.5** Darstellung der notwendigen Handlungsstränge: Pfade A und B

treiber analysiert und hinsichtlich ihrer Eignung für verschiedene Stückzahlszenarien sowie unter Funktions-, Qualitäts-, Geometrie- und Kostengesichtspunkten bewertet werden. Auch müssen alternative Produktionsprozesse in Bezug auf technologische bzw. wirtschaftliche Parameter und neue Zielkorridore unter Berücksichtigung internationaler Wettbewerber erschlossen werden. Darüber hinaus ist es grundsätzlich notwendig, die Passfähigkeit der Hochskalierung zur Zeitschiene des Markthochlaufs und nationalen bzw. internationalen Roadmaps zu synchronisieren (EU-weit, global). Weiterhin gilt es, Standards für die Elektrolyseursysteme sowie deren Herstellung und Testung zu entwickeln. Schließlich ist es erforderlich, den Aufbau von Wertschöpfungsnetzwerken (OEM, Zulieferer, Anlagenbauer) deutlich zu forcieren. Insbesondere muss dabei auch eine heute noch nicht existierende, hoch kompetente Zulieferindustrie etabliert werden, damit die zur Realisierung benötigten Skalen überhaupt erst erreicht werden können. Erst dann kann die damit verbundene Industrialisierung ihren Beitrag leisten und die Anlagenkosten auf das erforderliche Niveau senken.

### 17.5.2 Pfad B – Evolution von Design und Fertigungstechnologie

Inhalt des Evolutionsprozesses muss die Erarbeitung eines analytischen Ansatzes sein. Dieser sollte die multidirektionalen Zusammenhänge zwischen den funktionalen, wirtschaftlichen und räumlichen Anforderungen sowie der technologischen Realisierbarkeit umfassend abbilden. Zudem sollte dieser Ansatz die Grundlage für die Definition zukünftiger Elektrolyseure darstellen. Ausgehend von einem Screening möglicher Produktionstechnologien und der Analyse ihrer Vor- und Nachteile ist es erforderlich, strategische Forschungs- und Entwicklungsfelder abzuleiten. Dabei sollte die gesamte Bandbreite von „kostenintensiv und hochpräzise" bis „kostenoptimiert und ausreichend performant" quantifiziert werden. Ergebnis müssen verschiedene Lösungen sein, die die komplette Ambivalenz zwischen hoher funktionaler Integration und einfach zu fertigenden Komponenten repräsentieren. Ergänzt werden sollten diese Untersuchungen durch Analysen zu Materialverfügbarkeit und Recyclingstrategien sowie durch fortlaufende Berücksichtigung weiterer ökologischer und ökonomischer Gesichtspunkte.

Durch den zu erwartenden intensiven internationalen Wettbewerb wird bei aktuellen und zukünftigen Elektrolysetechnologien ein hoher Innovationsdruck entstehen. Um die notwendige schnelle Umsetzung zu gewährleisten, sollten Forschung und Industrie in diesem Prozess von Anfang an Hand in Hand arbeiten.

### 17.5.3 Systemische Roadmap

Substanziell für die Hochskalierung der Elektrolyseurproduktion, die schließlich den Markthochlauf des grünen Wasserstoffs ermöglicht, ist die Entwicklung einer systemischen Roadmap als ein gemeinsames Projekt von Industrie und angewandter Forschung. Diese sollte die folgenden Handlungsoptionen enthalten:

1. Erstellung eines Lastenheftes, das die laufenden Aktivitäten und offenen Forschungs-, Entwicklungs- und Industrialisierungsfelder zur Produktionsskalierung bestehender Produkte konsolidiert (Pfad A)
2. Abgleich der technischen Machbarkeit (z. B. Stückzahlen, Qualität) mit den beim Markthochlauf erwarteten Marktanforderungen. Zudem die Synchronisation der Produktionstechnologien mit den Marktanforderungen hinsichtlich technischer und wirtschaftlicher Parameter (Pfad A). Schließlich muss die Frage beantwortet werden, wie weit mit den bestehenden Elektrolyseuren der Markthochlauf bis 2030 realisiert werden kann.
3. Start der Evolution (Pfad B) mit dem Ziel, eine hochskalierbare Anzahl von Komponenten und Systemen zu Qualitäten und Kosten anzubieten, die dem internationalen Wettbewerb um grünen Wasserstoff und andere Energieträger entsprechen
4. Aufbau der Wertschöpfungskette mit funktionierenden Lieferstrukturen, um eine schrittweise Implementierung der neuen Lösungen in den bestehenden Fertigungsprozess zu realisieren

Derzeit wird mit den laufenden Förderaktivitäten vor allem der Pfad A zur Skalierung existierender Technologien verfolgt. Dieser unmittelbar wirkenden Aktivität muss eine evolutionäre und alle Ressorts koordinierende Förderaktivität folgen, um die vorhandenen Potenziale der Elektrolyseurtechnologien so zu nutzen, dass weltweit konkurrenzfähige Leistungsdaten und Kostenstrukturen erreicht werden. Dies ist mit den jetzt angelaufenen Maßnahmen allein nicht zu erreichen. Es ergibt sich als Handlungsoption, dem aufgezeigten Pfad B zu folgen und zeitnah ein Maßnahmenpaket zu entwickeln, das neben Forschung und Entwicklung weitere Elemente zur Etablierung der notwendigen großskaligen Produktionsmöglichkeiten beinhaltet.

## Literatur

1. Bundesministerium für Umwelt, Naturschutz und nukleare Sicherheit (2021): Novelle des Klimaschutzgesetzes vom Bundestag beschlossen. Pressemitteilung vom 24.06.2021. https://www.bmu.de/pressemitteilung/novelle-des-klimaschutzgesetzes-vom-bundestag-beschlossen, abgerufen am 27.07.2021

2. Bundesministerium für Wirtschaft und Energie (2020): Nationale Wasserstoffstrategie. https://www.bmwi.de/Redaktion/DE/Publikationen/Energie/die-nationale-wasserstoffstrategie.html, abgerufen am 27.07.2021
3. European Comission (2019): Der europäische Grüne Deal. COM(2019) 640 final, Brüssel, 11.12.2019
4. European Comission (2020): A hydrogen strategy for a climate-neutral Europe. COM(2020) 301 final, Brüssel, 08.07.2020
5. International Energy Agency (2019): The Future of Hydrogen – Seizing today's opportunities. https://www.iea.org/reports/the-future-of-hydrogen, abgerufen am 15.12.2021
6. Nationaler Wasserstoffrat (2021): Wasserstoff Aktionsplan Deutschland 2021–2025. https://www.wasserstoffrat.de/, abgerufen 27.07.2021
7. Wietschel M., Zheng L., Arens M. et al (2021): Metastudie Wasserstoff – Auswertung von Energiesystemstudien. https://www.ise.fraunhofer.de/de/veroeffentlichungen/studien/metastudie-wasserstoff.html, abgerufen am 14.12.2021
8. Wind Europe (2021). Wind Energy Europe – Statistics and the outlook for 2021–2025. https://windeurope.org/intelligence-platform/product/wind-energy-in-europe-in-2020-trends-and-statistics/, abgerufen am 15.12.2021
9. Lu X., McElroy M.B., Kiviluoma J. (2009): Global potential for wind-generated electricity. Proceedings of the National Academy of Sciences 106 (27): 10933–10938. DOI: https://doi.org/10.1073/pnas.0904101106
10. European Environment Agency: Europe's onshore and offshore wind energy potential: An assessment of environmental and economic constraints. EEA Technical Report No 6/2009
11. Babarit A., Gilloteaux J.C., Clodic G et al (2018): Techno-economic feasibility of fleets of far offshore hydrogen-producing wind energy converters. Int J Hydrog Energy 43: 7266–7289
12. Loisel R., Baranger L., Chemouri N. et al (2015): Economic evaluation of hybrid offshore wind power and hydrogen storage system. Int J Hydrog Energy. 40: 6727–6739
13. Mcdonagh S., Ahmed S., Desmond C., Murphy, J. (2020): Hydrogen from offshore wind: Investor perspective on the profitability of a hybrid system including for curtailment. Applied Energy 265
14. Wang Zh., Carriveau R., Ting D.S.-K. et al (2019): A review of marine renewable energy storage. Int J Energy Res. 43: 6108–6150
15. Dambeck H., Wendring P., Wilms J. (2020): Wirtschaftlichkeitsbetrachtung der Wasserstofferzeugung aus Offshore. https://www.bsh.de/DE/THEMEN/Offshore/Meeresfachplanung/Fortschreibung/_Anlagen/Downloads/Kurzstudie_Wasserstofferzeugung.pdf?__blob=publicationFile&v=1, abgerufen am 15.12.2021
16. Singlitico, A., Østergaard, J., & Chatzivasileiadis, S. (2021): Green Hydrogen from Offshore Wind Power Hubs
17. Carmo M., Fritz D.L., Mergel J., Stolten D. (2013): A comprehensive review on PEM water electrolysis. International Journal of Hydrogen Energy 38: 4901–4934
18. Kumar S.S., Himabindu V. (2019): Hydrogen production by PEM water electrolysis – A review. Materials Science for Energy Technologies 2 : 442–454
19. Meier K. (2014): Hydrogen production with sea water electrolysis using Norwegian offshore wind energy potentials. Techno-economic assessment for an offshore-based hy-

drogen production approach with state-of-the-art technology. Int J Energy Environ Eng 5: 104
20. Shi L., Rossi R., Son M. et al (2020): Using reverse osmosis membranes to control ion transport during water electrolysis. Energy Environ. Sci.13: 3138–3148
21. Sadrzadeh M., Mohammadi T. (2008): Sea water desalination using electrodialysis. Desalination 221: 440–447
22. Willauer H.D., DiMascio F., Hardy D.R. (2017): Extraction of Carbon Dioxide and Hydrogen from Seawater by an Electrolytic Cation Exchange Module (E-CEM) Part V: E-CEM Effluent Discharge Composition as a Function of Electrode Water Composition. Naval Research Laboratory Washington, DC 20375–5320, NRL/MR/6360-17-9743
23. Tong W., Forster M., Dionigi F. et al (2020): Electrolysis of low-grade and saline surface water. Nature Energy 5: 367–377
24. Cinti G. et al (2016): Integration of Solid Oxide Electrolyzer and Fischer-Tropsch: A sustainable pathway for synthetic fuel. Applied energy 162: 308–320
25. Bundesministerium für Bildung und Forschung: Wasserstoff Leitprojekte H2Mare. https://www.wasserstoff-leitprojekte.de/leitprojekte/h2mare, abgerufen am 15.12.2021
26. Kempkens W. (2019): Erste Großanlage speichert Windstrom in flüssiger Luft. https://www.ingenieur.de/technik/fachbereiche/energie/erste-grossanlage-speichert-windstrom-in-fluessiger-luft/, abgerufen am 15.12.2021
27. Peng J.-B., Geng H.-Q., Wu X.-F. (2019): The Chemistry of CO: Carbonylation. Chem 5: 526–552
28. Seitz M., Cepus V., Klätte M. et al (2020): Evaluierung unter Realbedingungen von thermisch-chemischen Depolymerisationstechnologien (Zersetzungsverfahren) zur Verwertung von Kunststoffabfällen. Studie für die Deutsche Bundesstiftung Umwelt
29. Centi G., Cejka J. (2019): Needs and Gaps for Catalysis in Addressing Transitions in Chemistry and Energy from a Sustainability Perspective. ChemSusChem 12: 621–632
30. Olah G.A., Goeppert A., Prakash G.K.S. (2009): Chemical Recycling of Carbon Dioxide to Methanol and Dimethyl Ether: From Greenhouse Gas to Renewable, Environmental Carbon Neutral Fuels and Synthetic Hydrocarbons. J. Org. Chem. 74(2): 487–498
31. Olah G.A., Goeppert A., Prakash G.K.S. (2018): Beyond Oil and Gas: The Methanol Economy, 3. Auflage. Wiley-VCH, Weinheim
32. Goeppert A., Czaun M., Jones J.-P. et al (2014): Recycling of carbon dioxide to methanol and derived products – closing the loop. Chem. Soc. Rev. 43: 7995–8048
33. Roode-Gutzmer Q.I., Kaiser D., Bertau M. (2019): Renewable Methanol Synthesis. ChemBioEng Rev 6: 209–236
34. Otto A. (2015): Chemische, verfahrenstechnische und ökonomische Bewertung von Kohlendioxid. Schriften des Forschungszentrums Jülich, Reihe Energie & Umwelt, Band 268
35. Chemiewirtschaft in Zahlen 2020. https://www.vci.de/vci/downloads-vci/publikation/chiz-historisch/chemiewirtschaft-in-zahlen-2020.pdf, abgerufen am 15.12.2021
36. Gogate M.R. (2019): Methanol-to-olefins process technology: current status and future prospects. Petroleum science and technology 37: 559–565
37. https://mcgroup.co.uk/researches/ethylene, abgerufen am 15.12.2021
38. https://www.globenewswire.com/news-release/2020/07/10/2060361/0/en/Global-Propylene-Industry.html, abgerufen am 15.12.2021
39. Harris B. (2010): Acrylics for the future. Ingenia 45: 19–23

40. Schultz E.W., Schwartz M.B., Yu K.M. (2016): Propylene Oxide from Propylene Using Patented Silver Based Catalyst. Senior Design Reports (CBE), Paper 86. http://repository.upenn.edu/cbe_sdr/86
41. Qiao J., Wang J., Frenkel A.I. et al (2020): Methanol to aromatics: isolated zinc phosphate groups on HZSM-5 zeolite enhance BTX selectivity and catalytic stability. RSC Adv. 10: 5961–5971
42. Conte M., Lopez-Sanchez J.A., He Q. et al (2012): Modified zeolite ZSM-5 for the methanol to aromatics reaction. Catal. Sci. Technol. 2: 105–112
43. ExxonMobil (2018): Simple, scalable gasoline production. Produce transportation fuels with low technical and project risk. Fact Sheet, ExxonMobil, 2018
44. Chemieanlagenbau Chemnitz GmbH (CAC) (2018): Flying on Green Fuel. KERO-SyN100 research project. Pressemitteilung vom 27.07.2018
45. Krylov A.Y. (2014): Products of the Fischer-Tropsch Synthesis (A Review). Solid Fuel Chemistry 48: 22–35
46. Duyckaerts N., Bartsch M., Trotus I.-T. et al (2017): Intermediate Product Regulation in Tandem Solid Catalysts with Multimodal Porosity for High-Yield Synthetic Fuel Production. Angew. Chem. Int. Ed. 56: 11480–11484
47. Kirsch H., Brubach L., Loewert M. et al (2020): CO2-neutrale Fischer-Tropsch-Kraftstoffe aus dezentralen modularen Anlagen:Status und Perspektiven. Chem. Ing. Tech. 92: 91–99
48. Kirsch H., Lochmahr N., Staudt Ch. et al (2020): Production of CO2-neutral liquid fuels by integrating Fischer-Tropsch synthesis and hydrocracking in a single micro-structured reactor: Performance evaluation of different configurations by factorial design experiments. Chem. Eng. Journal 393: 124553
49. Riedel Th., Claeys M., Schulz H. et al (1999): Comparative study of Fischer-Tropsch synthesis with H2/CO and H2/CO2 syngas using Fe- and Co-based catalysts. Applied Catalysis A: General 186: 201–213
50. Hohmann M. (2019): Kunststoffproduktion weltweit und in Europa 2019. https://de.statista.com/statistik/daten/studie/167099/umfrage/weltproduktion-von-kunststoff-seit-1950/, abgerufen am 15.12.2021
51. Hohmann M. (2019): Produktionsmenge der deutschen Kunststoffindustrie 2019. https://de.statista.com/statistik/daten/studie/167099/umfrage/weltproduktion-von-kunststoff-seit-1950/, abgerufen am 15.12.2021
52. Conversio Market & Strategy, Stoffstrombild Kunststoffe in Deutschland 2017
53. Pilz H., Brandt B., Fehringer R. (2010): The impact of plastics on life cycle energy consumption and greenhouse gas emissions in Europe. Denkstatt Study: summary report June 2010. PlasticsEurope. https://plasticseurope.org/knowledge-hub/the-impact-of-plastics-on-life-cycle-energy-consumption-and-greenhouse-gas-emissions-in-europe/, abgerufen am 15.12.2021
54. Vollmer I., Jenks M.J.F., Roelands M.C.P. et al (2020): Beyond Mechanical Recycling: Giving New Life to Plastic Waste. Angew. Chem. Int. Ed. 59: 15402–15423
55. Ciuffi B., Chiaramonti D., Rizzo A.M. et al (2020): A Critical Review of SCWG in the Context of Available Gasification Technologies for Plastic Waste. Applied Sciences 10: 6307–6342

56. Lopez G., Artetxe M., Amutio M. et al (2018): Recent advances in the gasification of waste plastics. A critical overview. Renewable and Sustainable Energy Reviews 82: 576–596
57. Sharuddin S.D.A., Abnisa F., Daud W.M.A.W., Aroua M.K. (2016): A review on pyrolysis of plastic wastes. Energy Conversion and Management 115: 308–326
58. López A., de Marco I., Caballero B.M. et al (2011): Influence of time and temperature on pyrolysis of plastic wastes in a semi-batch reactor. Chem. Eng. Journal 173: 62–71
59. Weber B. (2021): Einsatz von Pyrolyseöl unterschiedlicher Hydrierungsstufen in einer FCC-Pilotanlage zur Evaluierung der Auswirkungen auf das Produktspektrum. Diplomarbeit, Technische Universität Wien

# Glossar

**3D** Dreidimensional

**AEL, alkaline electrolysis** Alkalische Elektrolyse

**AEM, anion exchange membrane** Anionen-Austauschmembran

**AEMEL** AEM-Elektrolyse

**BBP** Bipolarplatte

**Blauer Wasserstoff** Herstellung durch $CO_2$-Abscheidung und -Speicherung (CCS); $CO_2$-neutral, wenn bei der Herstellung kein $CO_2$ in die Atmosphäre entweicht

**BZ** Brennstoffzelle

**CapEx** Investitionsausgaben (engl. capital expenditures)

**CCM, catalyst coated membrane** Katalysatorbeschichtete Membran

**CCS/CCU, carbon capture and storage/utilisation** Abtrennung und Sequestrierung bzw. Nutzung von Kohlenstoffdioxid

**CSC, cathode supported cell** Kathodengestützte Zelle

**Digital Twin** Digitaler Zwilling; Repräsentanz einer Produktionseinheit/kette in einer digitalen Welt

**EE** Erneuerbare Energien

**E-Fuels** (auch **SynFuels**) Synthetischer Kraftstoff (engl. Synthetic fuel); langkettige Kohlenwasserstoffe, die sich technisch nicht von herkömmlichen Kraftstoffen unterscheiden; Herstellung auf Basis von Wasserstoff

**Energiedichte, volumetrische** Maß für die Energie pro Raumvolumen eines Stoffes

**ESC, electrolyte supported cell** Elektrolytgestützte Zelle

***F*** Faraday-Konstante ($F = 96{,}485\,\mathrm{C/mol}$)

**Gasmanifold** Gasverteiler; eine Gruppe von Gasflaschen, die in Reihe geschaltet sind; über eine Rohrleitung wird das Gas zu einer Anlage oder zu einem Gebäude geleitet. Speziell: Name der Erdgaspipeline zwischen GB und NL

**GDL, gas diffusion layer** Gasdiffusionslage, Gasdiffusionsschicht



R. Neugebauer (Hrsg.), *Wasserstofftechnologien*,
https://doi.org/10.1007/978-3-662-64939-8

**Grauer Wasserstoff** Herstellung aus fossilen Energiequellen wie Erdgas oder Entstehung bei Industrieprozessen; nicht $CO_2$-neutral

**Gravimetrische Speicherdichte, gravimetrische Energiedichte** oder spezifische Energie: Maß für die Energie pro Masse eines Stoffes (J/kg)

**Grüner Wasserstoff** Herstellung durch Elektrolyse über Strom aus erneuerbaren Energien (Power-to-Gas); $CO_2$-neutral

**HER, hydrogen evolution reaction** Wasserstoff-Entwicklungsreaktion

**HHV, higher heating value** Brennwert

**HT-, high temperature** Hochtemperatur-

**HTEL** Hochtemperaturelektrolyse

**IK** Investitionskosten

**Interkonnektor** Grenzkuppelstelle; Stromnetze und Gasleitungen über Ländergrenzen hinweg

**LHV, lower heating value** Heizwert

**Linepack** Energiemenge des in der Infrastruktur gespeicherten Gases

**LT-, low temperature** Niedertemperatur-

**MEA, membrane electrode assembly** Membran-Elektroden-Einheit

**NT-** Niedertemperatur-

**OER, oxygen evolution reaction** Sauerstoff-Entwicklungsreaktion

**OpEx** Betriebsausgaben (engl. Operational expenditures)

**PCCEL, proton conducting ceramic electrolysis** Protonenleitende Hochtemperaturelektrolyse auf Keramikbasis

**PEC, photo electrochemical** Photoelelektrochemisch, auch photokatalytisch

**PEM, proton exchange membrane** Protonen-Austauschmembran

**PEMEL** PEM-Elektrolyse

**Petawattstunden** 1 Billiarde Wattstunden bzw. 1 Billion Kilowattstunden, $10^{12}$ kWh

**PFSA** Perfluorierte Sulfonsäure (Ionomertyp für Membrane)

**PGM, precious metal group** Edelmetallgruppe

**pH** Negativer dekadischer Logarithmus der Protonenaktivität ($-\log[\gamma \cdot C(H^+)]$)

**Power to Gas (PtG, P2G)** Es wird Strom (engl. power) genutzt, um Gase herzustellen.

**Power-to-X-Technologien (PtX-Technologien)** Es wird Strom (engl. power) genutzt, um Gase (Power-to-Gas), Wärme (Power-to-Heat) oder flüssige Energieträger (Power-to-Liquid) herzustellen.

**PTL, porous transport layer** Poröse Strömungsschicht

**rWGS, reverse water gas shift reaction** Reverse Wassergas-Shiftreaktion

**ScSZ** Skandia-stabilisiertes Zirkoniumdioxid

**SFB** Sonderforschungsbereich

**Smart Grid** Intelligentes Stromnetz; Steuerung des Netzes durch IT- und regelungstechnische Innovationen zur Verbesserung der Auslastung

**SOEL, solid oxide electrolysis** Festoxidelektrolyse

**SOFC, solide oxide fuel cell** Hochtemperaturbrennstoffzelle

**Stack** Stapel (von z. B. Elektrolysezellen)

**SynFuels** (auch **E-Fuels**) Synthetischer Kraftstoff (engl. Synthetic fuel); langkettige Kohlenwasserstoffe, die sich technisch nicht von herkömmlichen Kraftstoffen unterscheiden; Herstellung auf Basis von Wasserstoff

**Technology Readiness Level, TRL** Technologie-Reifegrad; diese Skala zur Bewertung des Entwicklungsstands neuer Technologien reicht von 1 (Basic Research) bis 9 (System Test, Launch, Operations)

**THG-Emissionen** Treibhausgasemissionen

**Türkiser Wasserstoff** Herstellung durch die thermische Spaltung von Methan (Methanpyrolyse); dabei entstehen fester Kohlenstoff und Wasserstoff. Ist nur $CO_2$-neutral, wenn der Hochtemperaturreaktor mit EE betrieben und der Kohlenstoff dauerhaft gebunden wird.

**WGK** Wasserstoffgestehungskosten

**YSZ** Yttrium-stabilisiertes Zirkoniumdioxid

MIX
Papier aus verantwortungsvollen Quellen
Paper from responsible sources
FSC® C105338

If you have any concerns about our products,
you can contact us on
**ProductSafety@springernature.com**

In case Publisher is established outside the EU,
the EU authorized representative is:
**Springer Nature Customer Service Center GmbH**
**Europaplatz 3, 69115 Heidelberg, Germany**

Printed by Libri Plureos GmbH
in Hamburg, Germany